"十三五"国家重点出版物出版规划项目
材料科学研究与工程技术系列

材料科学基础教程

Fundamentals of Materials Science Course

● 赵　品　谢辅洲　孙振国　主编

● 崔占全　宋润滨　主审

哈爾濱工業大學出版社

内 容 提 要

本书是材料科学与工程系列教材之一，主要内容包括材料的结构，晶体缺陷，纯金属的凝固，二元相图，三元相图，固体材料的变形与断裂，回复与再结晶，扩散，固态相变，金属材料，高分子材料，陶瓷材料，复合材料及功能材料的基础知识。

本书可作为材料科学与工程各专业本科生教材，也可作为研究生、教师和工程技术人员的参考书。

图书在版编目(CIP)数据

材料科学基础教程/赵品，谢辅洲，孙振国主编.
—哈尔滨：哈尔滨工业大学出版社，2015.12(2024.7 重印)
ISBN 978－7－5603－5775－1

Ⅰ.①材… Ⅱ.①赵… ②谢… ③孙… Ⅲ.材料科学-高等学校-教材 Ⅳ.①TB3

中国版本图书馆 CIP 数据核字(2015)第 295704 号

材料科学与工程
图书工作室

责任编辑 孙连嵩 张秀华
封面设计 卞秉利
出版发行 哈尔滨工业大学出版社
社　　址 哈尔滨市南岗区复华四道街 10 号 邮编 150006
传　　真 0451－86414749
网　　址 http://hitpress.hit.edu.cn
印　　刷 哈尔滨久利印刷有限公司
开　　本 787 mm×1 092 mm 1/16 印张 22 字数 510 千字
版　　次 2016 年 1 月第 1 版 2024 年 7 月第 8 次印刷
书　　号 978－7－5603－5775－1
定　　价 38.00 元

前　言

为适应高等教育改革的需要，作者本着加强基础，淡化专业，宽口径的原则，以及教学时数普遍减少的实际情况，编写了《材料科学基础教程》一书，作为材料学科铸、锻、焊、防腐及热处理等专业的通用教材。

《材料科学基础教程》是材料科学与工程系列教材之一，材料科学基础则是研究材料的成分、结构与性能之间关系及其变化规律的一门应用基础科学。本书在内容上综合了原《金属学原理》和《金属学及热处理》的内容，并在《金属学原理》和《金属学及热处理》的基础上，从材料的共性出发，注意揭示各种材料的共性及普遍规律，保留了完整的物理冶金原理，并拓展了知识面，并从金属材料扩展到无机非金属材料、高分子材料、复合材料及功能材料。

《材料科学基础教程》主要内容包括材料的结构，晶体缺陷，纯金属的凝固，二元相图，三元相图，固体材料的变形与断裂，回复与再结晶，扩散，固态相变，金属材料，高分子材料，陶瓷材料，复合材料及功能材料的基础知识。不论在内容上还是在结构上，力争做到安排合理，以满足教与学的需要。

全书由 14 章组成，第 1，2，6，7，11 ~ 14 章由燕山大学赵品编写；第 3，4，5，8 章由哈尔滨工程大学谢辅洲编写；第 9 章由东北林业大学赵晏编写；第 10 章 10.1，10.2，10.3.1 ~ 10.3.3 由燕山大学高聿为编写；10.3.4 由江苏科技大学孙振国编写。书中部分扫描电镜及透射电镜照片由王爱荣，张静武摄制；书中部分金相照片由李慧，王燕，孙大民为摄制。本书由赵品，谢辅洲，孙振国主编。

在本书的编写过程中参考和引用了一些文献和资料的有关内容，并得到哈尔滨工业大学，燕山大学，哈尔滨工程大学，哈尔滨理工大学及江苏科技大学等院校的大力支持与协作，谨此表示衷心的感谢。

由于作者水平有限，书中不足之处在所难免，敬请批评指正。

编　者

2015 年 2 月

目　录

第1章 材料的结构

材料的成分不同其性能也不同。对同一成分的材料也可通过改变内部结构和组织状态的方法,改变其性能,这促进了人们对材料内部结构的研究。组成材料的原子的结构决定了原子的结合方式,按结合方式可将固体材料分为金属、陶瓷和聚合物。根据其原子排列情况,又可将材料分为晶体与非晶体两大类。本章首先介绍材料的晶体结构。

1.1 材料的结合方式

1.1.1 化学键

组成物质整体的质点(原子、分子或离子)间的相互作用力叫化学键。由于质点相互作用时,其吸引和排斥情况的不同,形成了不同类型的化学键,主要有共价键、离子键和金属键。

1. 共价键

有些同类原子,例如周期表 IVA,VA,VIA 族中大多数元素或电负性相差不大的原子互相接近时,原子之间不产生电子的转移,此时借共用电子对所产生的力结合,形成共价键。金刚石、单质硅、SiC 等属于共价键。实践证明,一个硅原子与 4 个在其周围的硅原子共享其外壳层能级的电子,使外层能级壳层获得 8 个电子,每个硅原子通过 4 个共价键与 4 个邻近原子结合,如图 1.1 所示。共价键具有方向性,对硅来说,所形成的四面体结构中,每个共价键之间的夹角约为 109°。在外力作用下,原子发生相对位移时,键将遭到破坏,故共价键材料是脆性的。为使电子运动产生电流,必须破坏共价键,需加高温、高压,因此共价键材料具有很好的绝缘性。金刚石中碳原子间的共价键非常牢固,其熔点高达3 750 ℃,是自然界中最坚硬的固体。

2. 离子键

大部分盐类、碱类和金属氧化物在固态下是不能导电的,熔融时可以导电。这类化合物为离子化合物。当两种电负性相差大的原子(如碱金属元素与卤族元素的原子)相互靠近时,其中电负性小的原子失去电子,成为正离子,电负性大的原子获得电子成为负离子,两种离子靠静电引力结合在一起形成离子键。

由于离子的电荷分布是球形对称的,因此它在各方向上都可以和相反电荷的离子相吸引,即离子键没有方向性。离子键的另一个特性是无饱和性,即一个离子可以同时和几个异号离子相结合。例如,在 NaCl 晶体中,每个 Cl^- 离子周围都有 6 个 Na^+ 离子,每个 Na^+ 离子周围也有 6 个 Cl^- 离子等距离排列着。离子晶体在空间三个方向上不断延续就形成了巨大的离子晶体。NaCl 是离子型晶体,结构如图 1.2 所示。

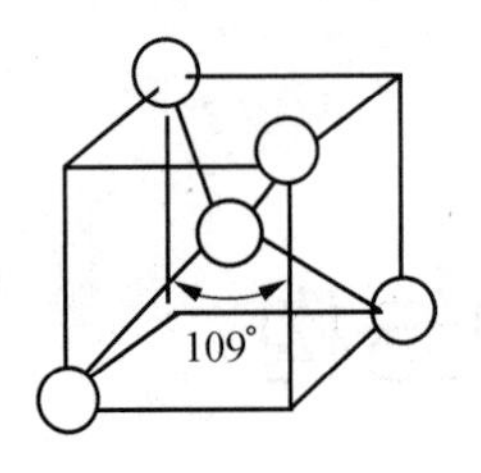

图 1.1　Si 形成的四面体

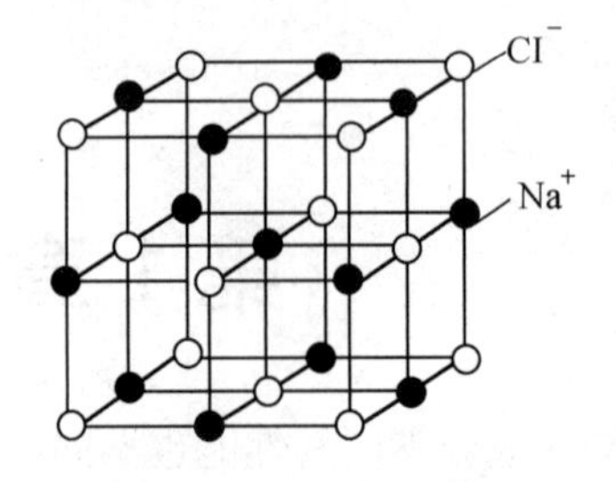

图 1.2　NaCl 晶体结构

离子型晶体中,正、负离子间有很强的吸引力,所以有较高熔点,离子晶体如果发生相对移动,将失去电平衡,使离子键遭到破坏,故离子键材料是脆性的。离子的运动不像电子那么容易,故固态时导电性很差。

3. 金属键

金属原子的结构特点是外层电子少,容易失去。当金属原子相互靠近时,其外层的价电子脱离原子成为自由电子,为整个金属所共有,它们在整个金属内部运动,形成电子气。这种由金属正离子和自由电子之间互相作用而结合的称为金属键。金属键的经典模型有两种,一种认为金属原子全部离子化,一种认为金属键包括中性原子间的共价键及正离子与自由电子间的静电引力的复杂结合,如图 1.3(a),(b)所示。

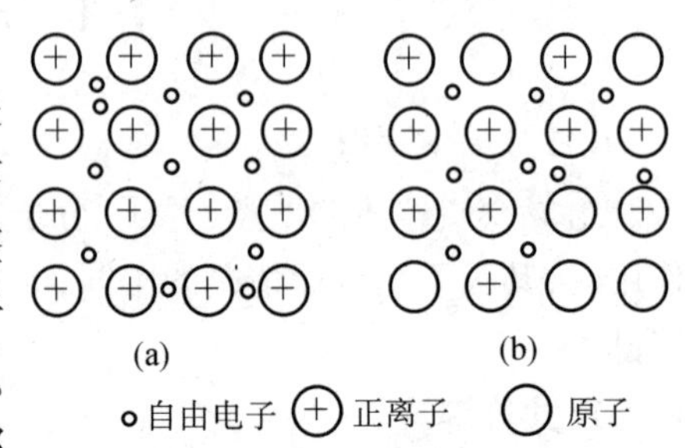

图 1.3　金属键模型

金属键无方向性和饱和性,故金属的晶体结构大多具有高对称性,利用金属键可解释金属所具有的各种特性。金属内原子面之间相对位移,金属键仍旧保持,故金属具有良好的延展性。在一定电位差下,自由电子可在金属中定向运动,形成电流,显示出良好的导电性。随温度升高,正离子(或原子)本身振幅增大,阻碍电子通过,使电阻升高,因此金属具有正的电阻温度系数。固态金属中,不仅正离子的振动可传递热能,而且电子的运动也能传递热能,故比非金属具有更好的导热性。金属中的自由电子可吸收可见光的能量,被激发、跃迁到较高能级,因此金属不透明。当它跳回到原来能级时,将所吸收的能量重新辐射出来,使金属具有光泽。

4. 范德瓦尔键

许多物质其分子具有永久极性。分子的一部分往往带正电荷,而另一部分往往带负电荷,一个分子的正电荷部位和另一分子的负电荷部位间,以微弱静电力相吸引,使之结合在一起,称为范德瓦尔键,也叫分子键。分子晶体因其结合键能很低,所以其熔点很低。金属与合金这种键不多,而聚合物通常链内是共价键,而链与链之间是范德瓦尔键。

1.1.2　工程材料的键性

在实际的工程材料中,原子(或离子、分子)间相互作用的性质,只有少数是这四种键型的极端情况,大多数是这四种键型的过渡。如果以四种键为顶点,作个四面体,就可把工程材料的结合键范围示意在四面体上,如图1.4所示。

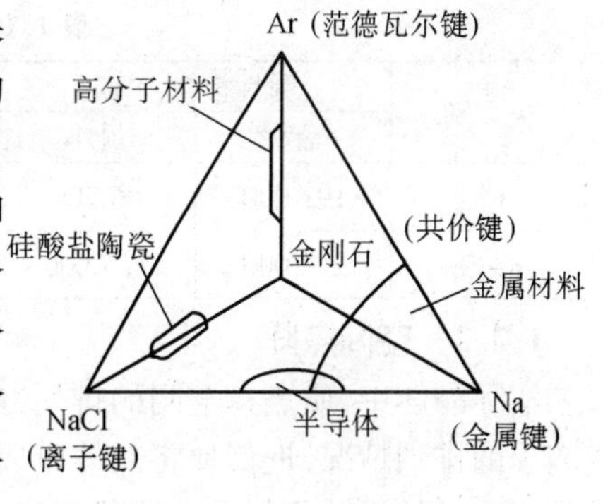

图1.4　工程材料键性

金属材料的结合键主要是金属键,但四价锡却有明显共价键特点,而 Mg_3Sb_2 这样的金属间化合物却显示出强烈的离子键特性。陶瓷材料的结合键主要是离子键与共价键。高分子材料的链状分子间的结合是范德瓦尔键,而链内是共价键。材料的键型不同,表现出不同的特性。

1.2　晶体学基础

1.2.1　晶体与非晶体

如果不考虑材料的结构缺陷,原子的排列可分为三个等级,如图1.5所示。可分为无序排列,短程有序和长程有序。

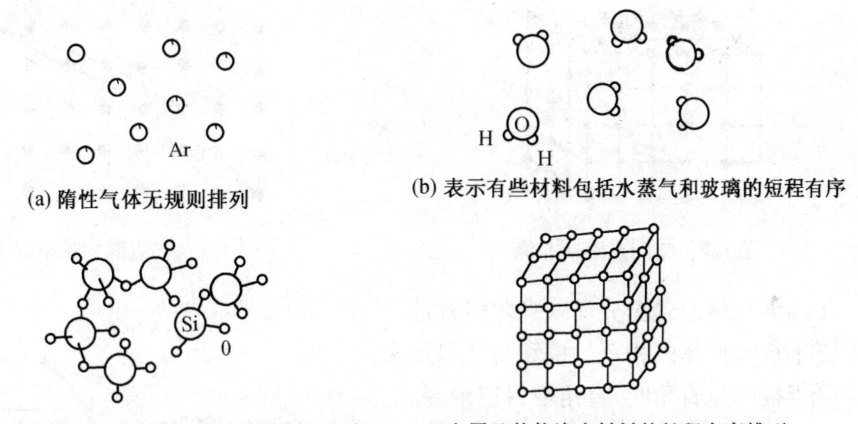

(a) 隋性气体无规则排列　(b) 表示有些材料包括水蒸气和玻璃的短程有序

(c) 表示有些材料包括水蒸气和玻璃的短程有序　(d) 金属及其他许多材料的长程有序排列

图1.5　材料中原子的排列

物质的质点(分子、原子或离子)在三维空间作有规律的周期性重复排列所形成的物质叫晶体,如图1.5(d)所示。

非晶体在整体上是无序的,但原子间也靠化学键结合在一起,所以在有限的小范围内观察还有一定规律,可将非晶体的这种结构称为近程有序,如图1.5(b),(c)所示。

晶体与非晶体中原子排列方式不同,导致性能上出现较大差异。首先晶体具有一定的熔点,非晶体则没有。熔点是晶体物质的结晶状态与非结晶状态互相转变的临界温度,对于一定的晶体其熔点是一恒定的值。固态非晶体则是液体冷却时,尚未转变为晶体就凝固了,它实质是一种过冷的液体结构,往往称为玻璃体,故液固之间的转变温度不固定。其次,晶体的某些物理性能和力学性能在不同方向上具有不同的数值称为各向异性,而非晶体则是各向同性。表1.1列出几种常见金属单晶体沿不同方向测得的力学性能。

表 1.1　单晶体的各向异性

类　别	弹性模量/MPa		抗拉强度/MPa		延伸率/%	
	最大	最小	最大	最小	最大	最小
Cu	191 000	66 700	346	128	55	10
α-Fe	293 000	125 000	225	158	80	20

1.2.2　空间点阵

实际晶体中，质点在空间的排列方式是多种多样的，为了便于研究晶体中原子、分子或离子的排列情况，近似地将晶体看成是无错排的理想晶体，忽略其物质性，抽象为规则排列于空间的无数几何点。这些点代表原子（分子或离子）的中心，也可是彼此等同的原子群或分子群的中心，各点的周围环境相同。这种点的空间排列称为空间点阵，简称点阵，这些点叫阵点。从点阵中取出一个仍能保持点阵特征的最基本单元叫晶胞，如图 1.6 所示。将阵点用一系列平行直线连接起来，构成一空间格架叫晶格。显然晶胞作三维堆砌就构成了空间点阵。

同一点阵，可因晶胞选择方式不同，得到不同的晶胞如图 1.7 所示。因此，晶胞选取应满足下列条件。

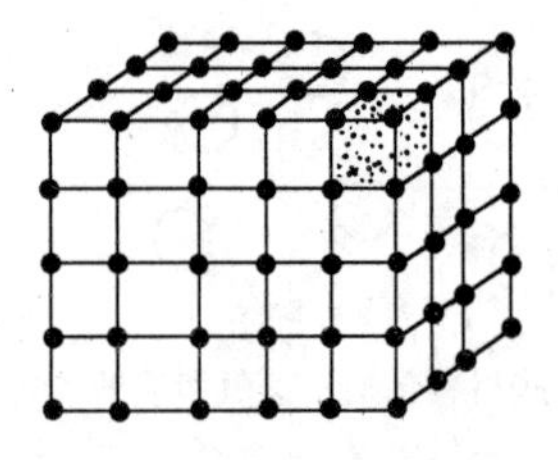

图 1.6　空间点阵及晶胞

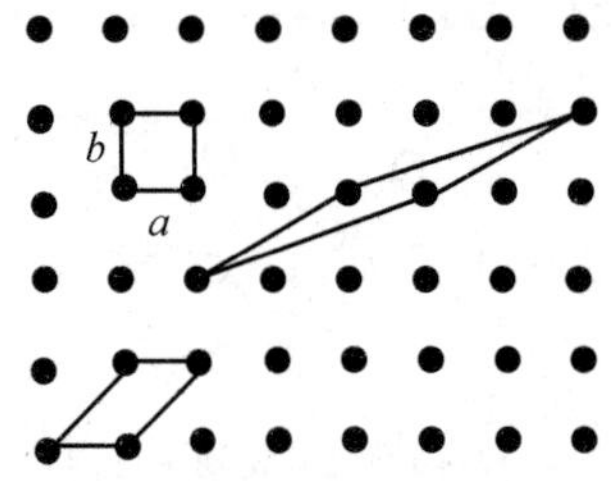

图 1.7　在点阵中选取晶胞

①晶胞几何形状充分反映点阵对称性。

②平行六面体内相等的棱和角数目最多。

③当棱间呈直角时，直角数目应最多。

④满足上述条件，晶胞体积应最小。

晶胞的尺寸和形状可用点阵参数来描述，它包括晶胞的各边长度和各边之间的夹角，如图 1.8 所示。对于立方系，只要知道立方一边的长度，就可完全描述晶胞特征。

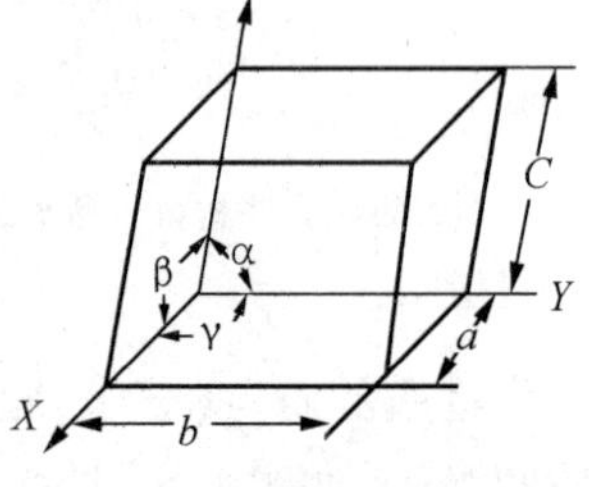

图 1.8　晶胞、晶轴及点阵参数

根据以上原则，可将晶体划分为 7 个晶系。布拉菲（A. Bravais）在 1848 年根据“每个阵点环境相同”，用数学分析法证明晶体的空间点阵只有 14 种，故这 14 种空间点阵叫做布拉菲点阵，分属 7 个晶系，见表 1.2。空间点阵虽然只可能有 14 种，但晶体结构则是无限多的。这是因为空间点阵的每个阵点上，都可放上一个“结构单元”，这个结构单元可以由各种原子、离子、分子或原子集团，分子集团所组成，由于“结构单元”是任意的，故晶体结构为无限多。Cu，NaCl，CaF_2 具有不同的晶体结构，但都是属于面心立方点阵，如图 1.9 所示。NaCl 结构中，每个阵点，包含一个 Na^+ 和一个 Cl^-。而 CaF_2 可看成每阵点包含两个 F^- 和一个 Ca^{2+}。

表 1.2　十四种布拉菲点阵

	P	C	I	F
三斜 $a\neq b\neq c$ $\alpha\neq\beta\neq\gamma\neq 90°$				
单斜 $a\neq b\neq c$ $\alpha=\gamma=90°\neq\beta$				
正交 $a\neq b\neq c$ $\alpha=\beta=\gamma=90°$				
四方 $a=b\neq c$ $\alpha=\beta=\gamma=90°$				
菱方 $a=b=c$ $\alpha=\beta=\gamma\neq 90°$				
六方 $a=b\neq c$ $\alpha=\beta=90°$ $\gamma=120°$				
立方 $a=b=c$ $\alpha=\beta=\gamma=90°$				

P–不带心；C–底心；I–体心；F–面心

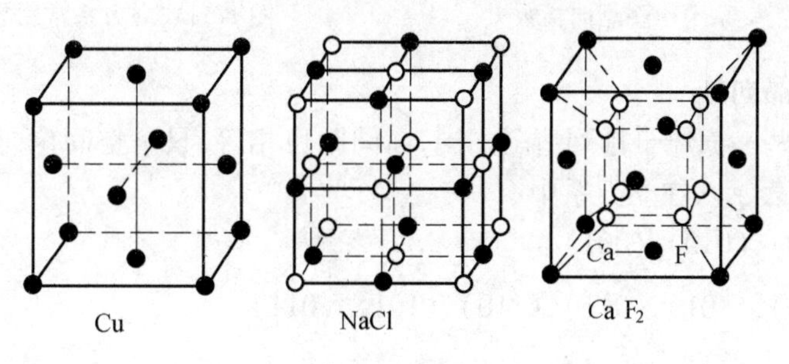

图 1.9　具有相同点阵的晶体结构

1.2.3　晶向指数与晶面指数

在分析材料结晶、塑变和相变时，常常涉及到晶体中某些原子在空间排列的方向（晶向）和某些原子构成的空间平面（晶面），为区分不同的晶向和晶面，需采用一个统一的标号来标定它们，这种标号叫晶向指数与晶面指数。

1. 晶向指数的标定

① 以晶格中某结点为原点，取点阵常数为三坐标轴的单位长度，建立右旋坐标系，如图 1.10 所示。定出欲求晶向上任意两个点的坐标。

② "末"点坐标减去"始"点坐标，得到沿该坐标系各轴方向移动的点阵参数的数目。

③ 将这三个值化成一组互质整数，加上一个方括号即为所求的晶向指数[$u\ v\ w$]，如有某一数为负值，则将负号标注在该数字上方。

图 1.10 给出了正交点阵中的几个晶向指数。显然一个晶向指数代表一组互相平行的晶向。如果晶向指数数字相同而正负号完全相反，则这两组晶向互相平行，方向相反，如图 1.10 中[$0\bar{1}0$]与[010]。

2. 晶面指数的标定

① 建立如前所述的参考坐标系，但原点应位于待定晶面之外，以避免出现零截距。

② 找出待定晶面在三轴的截距，如果该晶面与某轴平行，则截距为无穷大。

③ 取截距的倒数，将其化为一组互质的整数，加圆括号，如有某一数为负值，则将负号标注在该数字上方得到晶面指数($h\ k\ l$)。

与晶向指数类似，($h\ k\ l$)代表互相平行的一组晶面。晶面指数遍乘-1 所表示的晶面仍与原晶面互相平行。立方系一些常用晶面指数，如图 1.11 所示。具有相同指数的晶面与晶向必定互相垂直，如[010]⊥(010)，但此关系显然不适用于其他晶系。

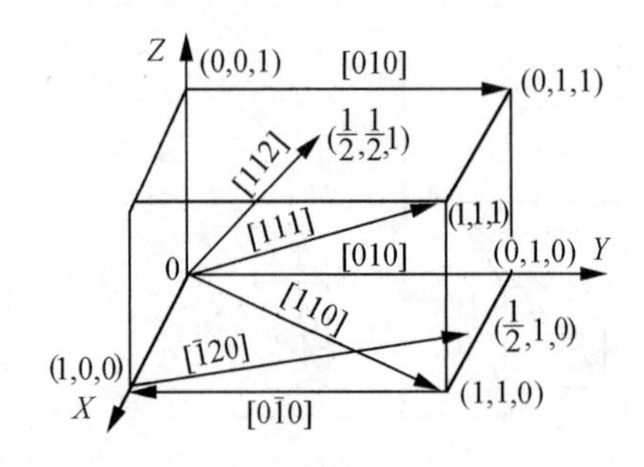

图 1.10　正交系中一些晶向指数

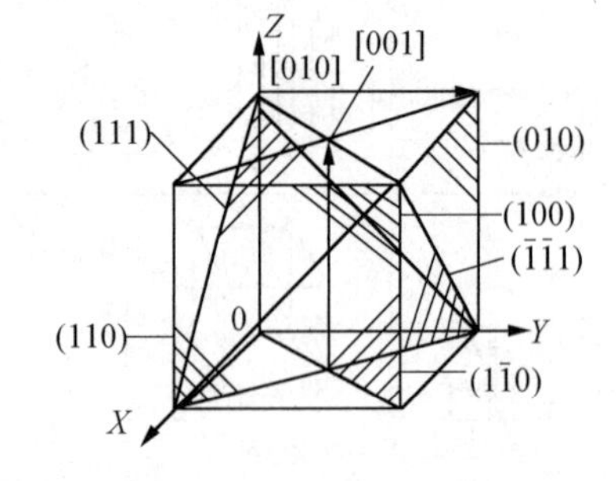

图 1.11　立方系常用晶面指数

3. 晶面族与晶向族

在晶体中有些晶面原子排列情况相同，面间距也相等，只是空间位向不同，属于同一晶面族用{$h\ k\ l$}表示。在立方系中：

{100}：(100)，(010)，(001)

{110}：(110)，(101)，(011)，($\bar{1}$10)，($\bar{1}$01)，($0\bar{1}$1)

{111}：(111)，($\bar{1}$11)，($1\bar{1}$1)，($11\bar{1}$)

与此类似，晶向族用〈$u\ v\ w$〉表示，代表原子排列相同，空间位向不同的所有晶向。

4. 六方系晶面及晶向指数标定

由于六方系的独特对称性，为它采用了一套专用的密勒-布拉菲指数。坐标系使用了四轴，其中一轴是多余的。四轴制中，等同晶面及晶向属于同一晶面族和晶向族。

晶面指数的标定同前，六方系的一些晶面如图 1.12 所示。六个侧面的指数分别用 $(1\bar{1}00)$，$(01\bar{1}0)$，$(10\bar{1}0)$，$(\bar{1}100)$，$(0\bar{1}10)$，$(\bar{1}010)$ 表示。各面原子排列情况相同，属同一晶面族，用 $\{1\bar{1}00\}$ 表示。由几何学可知三维空间独立坐标最多不超过三个。应用上述方法标定的晶面指数 $\{h\ k\ i\ l\}$，四个指数中前三个指数只有两个是独立的，其关系为

$$i=-(h+k) \tag{1.1}$$

采用四轴坐标，晶向指数的确定方法如下：当晶向通过原点时，把晶向沿四个轴分解成四个分量，晶向$\boldsymbol{OP}$可表示为

$$\boldsymbol{OP}=u\boldsymbol{a}_1+v\boldsymbol{a}_2+t\boldsymbol{a}_3+wc \tag{1.2}$$

晶向指数用 $[u\ v\ t\ w]$ 表示，其中 $t=-(u+v)$。原子排列相同的晶向为同一晶向族，图1.12 中，a_1 轴为 $[2\bar{1}\bar{1}0]$，a_2 轴 $[\bar{1}2\bar{1}0]$，a_3 轴 $[\bar{1}\bar{1}20]$ 均属 $\langle 2\bar{1}\bar{1}0\rangle$。其缺点是标定较麻烦。可先用三轴制确定晶向指数 $[U\ V\ W]$，再利用公式(1.3)转换为 $[u\ v\ t\ w]$。采用三轴坐标系时，c 轴垂直底面，a_1、a_2 轴在底面上，其夹角为 120°，如图 1.12 所示。确定晶向指数的方法同前。采用三轴制虽然指数标定简单，但原子排列相同的晶向本应属于同一晶向族，其晶向指数的数字却不尽相同，例如 $[100]$，$[010]$，$[\bar{1}\bar{1}0]$，如图 1.12 所示。

六方系按两种晶轴系所得的晶向指数可相互转换如下

$$\begin{cases} u=\dfrac{1}{3}(2U-V) \\ v=\dfrac{1}{3}(2V-U) \\ t=-(u+v) \\ w=W \end{cases} \tag{1.3}$$

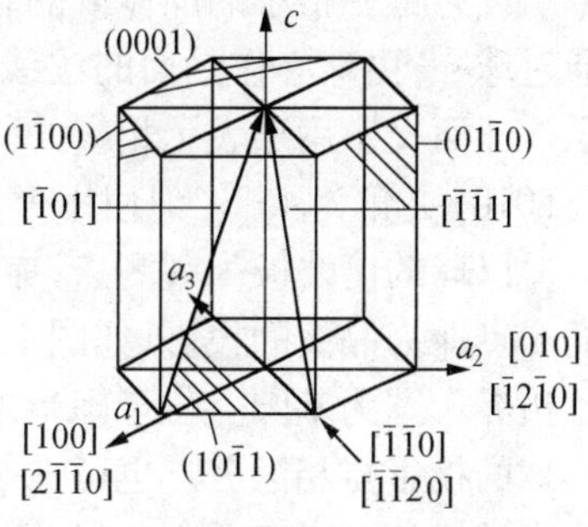

图 1.12　六方系的一些晶面与晶向指数

例如，$[\bar{1}\bar{1}0]\rightarrow[\bar{1}\bar{1}20]$，$[100]\rightarrow[2\bar{1}\bar{1}0]$，$[010]\rightarrow[\bar{1}2\bar{1}0]$。这样等同晶向的晶向指数的数字都相同。

5. 晶带

相交于某一晶向直线或平行于此直线的晶面构成一个晶带，此直线称晶带轴。立方系某晶面 $(h\ k\ l)$ 以 $[u\ v\ w]$ 为晶带轴必有

$$hu+kv+lw=0 \tag{1.4}$$

反之亦成立。两个不平行的晶面 $(h_1k_1l_1)$，$(h_2k_2l_2)$ 的晶带轴 $[u\ v\ w]$ 可如下求得

$$\begin{cases} u=k_1l_2-k_2l_1 \\ v=l_1h_2-l_2h_1 \\ w=h_1k_2-h_2k_1 \end{cases} \tag{1.5}$$

6. 晶面间距

对于不同的晶面族 $\{hkl\}$ 其晶面间距也不同。总的来说，低指数晶面的面间距较大，高指数晶面的面间距较小，如图 1.13 所示。由晶面指数的定义，可用数学方法求出晶面间距，其计算公式为

$$
\begin{cases}
d_{hkl}=\dfrac{1}{\sqrt{(\dfrac{h}{a})^2+(\dfrac{k}{b})^2+(\dfrac{l}{c})^2}} & \text{正交系} \\
d_{hkl}=\dfrac{a}{\sqrt{h^2+k^2+l^2}} & \text{立方系} \\
d_{hkl}=\dfrac{1}{\sqrt{\dfrac{4}{3}\dfrac{(h^2+hk+k^2)}{a^2}+(\dfrac{l}{c})^2}} & \text{六方系}
\end{cases}
\tag{1.6}
$$

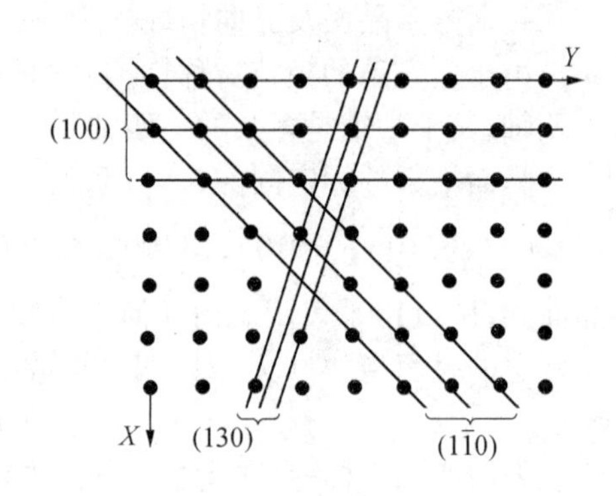

图 1.13　晶面间距

此公式用于复杂点阵（如体心立方，面心立方等）时要考虑晶面层数的增加。例如，体心立方（001）面之间还有一同类的晶面，可称为（002）面，故晶面间距应为简单晶胞 d_{001} 的一半，等于$\frac{a}{2}$。由式（1.6）也可看出低指数晶面的面间距大。

1.2.4　晶体的极射赤面投影

采用立体图难以做到清晰表达晶体的各种晶向、晶面及它们之间的夹角。通过投影图可将立体图表现于平面上。晶体投影方法很多，广泛应用的是极射赤面投影。

1. 参考球与极射赤面投影

设想将一很小的晶体或晶胞置于一个大圆球的中心，由于晶体很小，可认为各晶面均通过球心，由球心作晶面的法线与球面的交点称为极点，这个球称参考球，如图 1.14 所示。球面投影用点表示相应的晶面，两晶面的夹角可在参考球上量出，如图 1.14，（110）与（010）夹角为 45°。但使用上仍不方便。可在此基础上再作一次极射赤面投影。

以球的南北极为观测点，赤道面为投影面。连结南极与北半球的极点，连线与投影面的交点即为晶面的投影，如图 1.15 所示。投影面上的边界大圆直径与参考球直径相等，称边界大圆为基圆。位于南半球的极点应与北极连线，所得投影点可另选符号，以便与北半球的投影点相区分。也可选与赤道平行的其他平面作投影面，所得投影图形状不变，只改变其比例。对于立方系，相同指数的晶面和晶向互相垂直，所以立方系标准投影图的极点既代表了晶面又代表了晶向。若将参考球比拟为地球，以地球的两极为投影点，将球面投影投射到赤道平面上，就叫极射赤面投影。

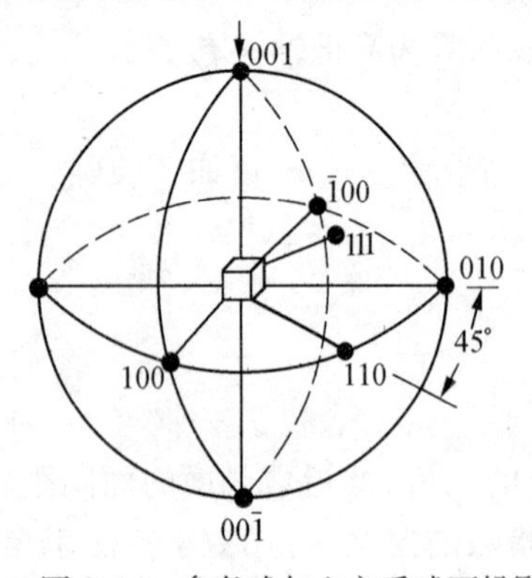

图 1.14　参考球与立方系球面投影

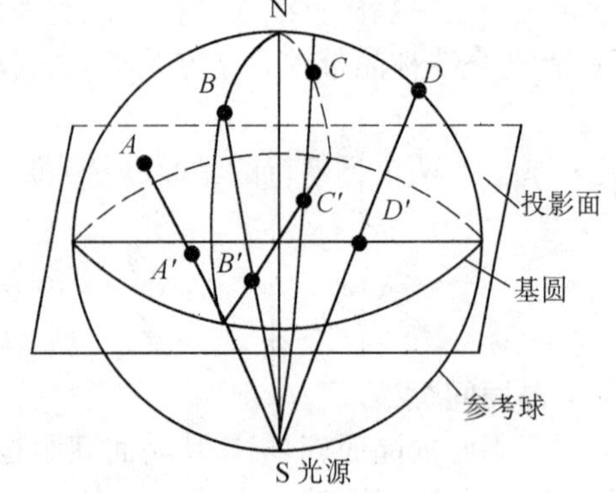

图 1.15　极射赤面投影

2. 标准投影图

以晶体的某个晶面平行于投影面,作出全部主要晶面的极射投影图称为标准投影图。一般选择一些重要的低指数晶面作投影面,如立方系(001),(011),(111)及六方系(0001)等。例如(001)标准投影图是以(001)为投影面,进行极射投影而得到的,如图1.16所示。

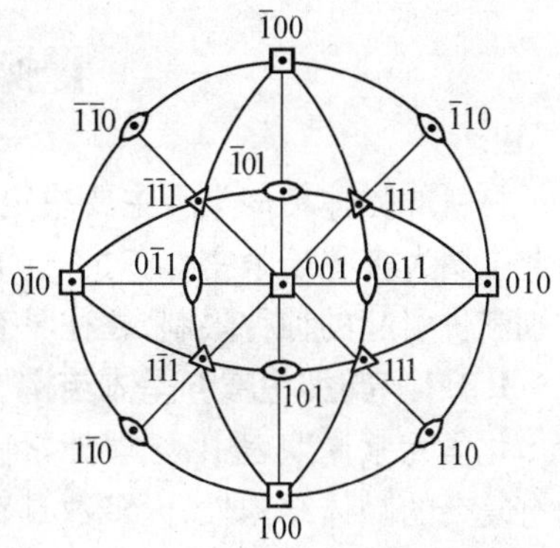

图 1.16　立方系(001)标准投影图

3. 吴氏网

吴氏网是球网坐标的极射平面投影,分度为2°,具有保角度的特性。其读数由中心向外读,分东、南、西、北,如图1.17所示。

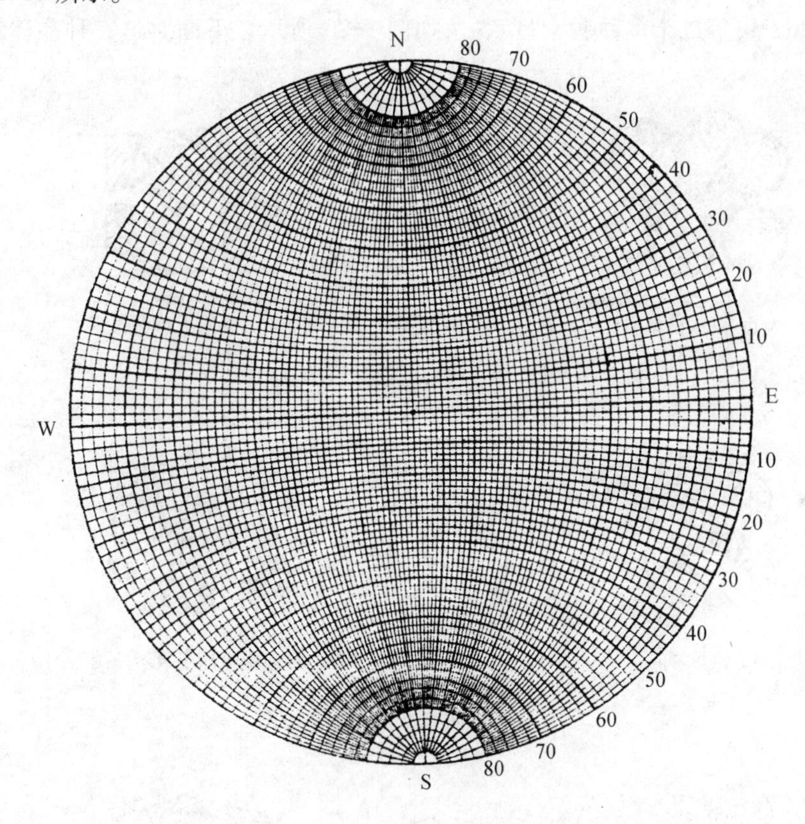

图 1.17　吴氏网(分度为2°)

使用吴氏网时,投影图大小与吴氏网必须一致。利用吴氏网可方便读出任一极点的方位,并可测定投影面上任意两极点间的夹角,是研究晶体投影,晶体取向等问题的有力工具。在测量时,用透明纸画出直径与吴氏网相等的基圆,并标出晶面的极射赤面投影点。将透明纸盖于吴氏网上,两圆圆心始终重合,转动透明纸,使所测两点落在赤道线上,子午线上,基圆上,同一经线上。两点纬度差(在赤道上为经度差)就等于晶面夹角。不能转到某一纬线去测夹角,因为此时所测得的角度不是实际夹角。

1.3　材料的晶体结构

材料的晶体结构类型主要决定于结合键的类型及强弱。金属键具有无方向性特点，因此金属大多趋于紧密、高对称性的简单排列。共价键与离子键材料为适应键、离子尺寸差别和价引起的种种限制，往往具有较复杂的结构。

1.3.1　典型金属的晶体结构

化学元素周期表中，金属元素占 80 余种。工业上使用的金属也有三四十种，除少数具有复杂的晶体结构外，大多数具有比较简单的高对称性的晶体结构。最常见的金属的晶体结构有体心立方、面心立方和密排六方。α-Fe，β-Ti，Cr，W，Mo，V，Nb 等三十余种属体心立方，如图 1.18 所示；γ-Fe，Al，Cu，Ni，Au 等二十多种属面心立方，如图 1.19 所示；α-Ti，Be，Zn，Mg 等二十多种属密排六方，如图 1.20 所示。下面对这三种晶体结构进行简要分析。

(a) 刚球模型

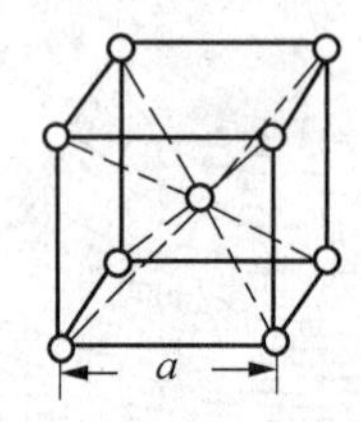

(b) 质点模型

(c) 晶胞中原子数示意图

图 1.18　体心立方晶胞示意图

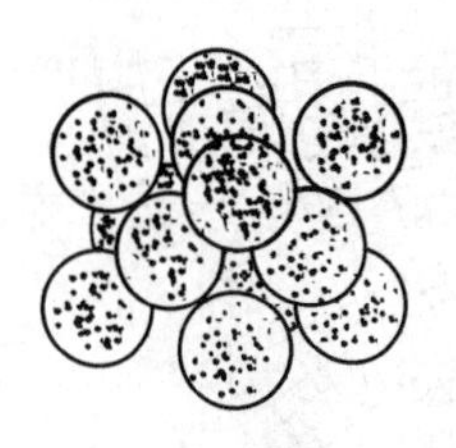

(a) 刚球模型

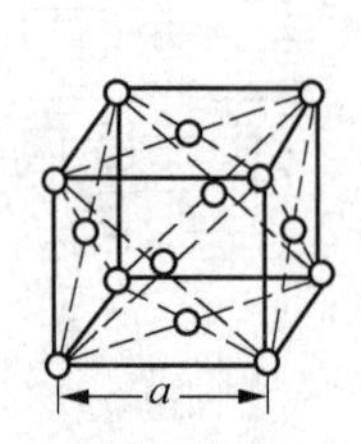

(b) 质点模型

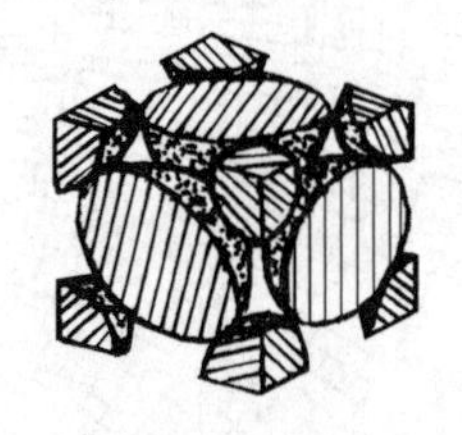

(c) 晶胞中原子数示意图

图 1.19　面心立方晶胞示意图

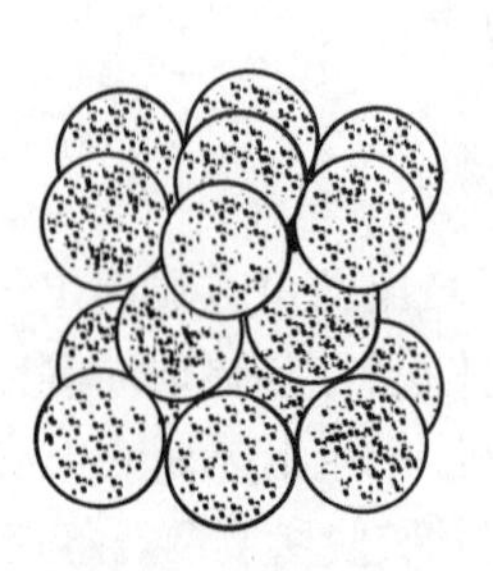

(a) 刚球模型

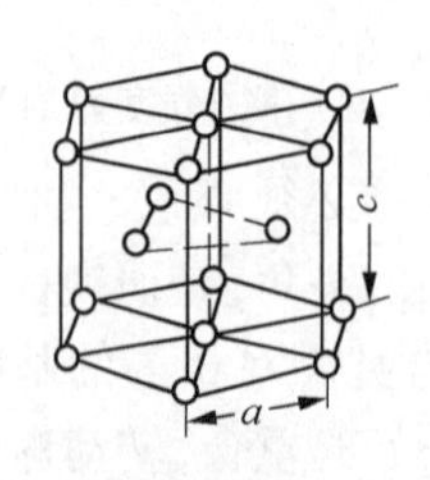

(b) 质点模型

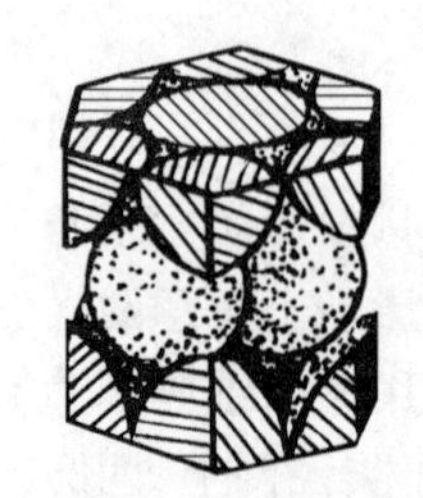

(c) 晶胞中原子数示意图

图 1.20　密排六方晶胞示意图

1. 晶胞中原子数

晶体由大量晶胞堆砌而成,故处于晶胞顶角或周面上的原子就不会为一个晶胞所独有,只有晶胞内的原子才为晶胞所独有。由图1.18(c)、图1.19(c)、图1.20(c)可清楚看出这一点。若用 n 表示晶胞占有的原子数,则上述晶胞原子数为

体心立方　　$n=8\times\frac{1}{8}+1=2$

面心立方　　$n=8\times\frac{1}{8}+6\times\frac{1}{2}=4$

密排六方　　$n=12\times\frac{1}{6}+2\times\frac{1}{2}+3=6$

2. 原子半径

目前尚不能从理论上精确计算出原子半径,实验表明原子半径大小随外界条件、结合键、配位数等因素变化,并随价电子数的增加而先减小后增加。在研究晶体结构时,假设相同的原子是等径刚球,最密排方向上原子彼此相切,两球心距离之半便是原子半径。体心立方晶胞在〈111〉方向上原子彼此相切,参考图1.18(a),可推导出原子半径 r 与晶格常数 a 的关系为,$r=\sqrt{3}\,a/4$。对于面心立方与密排六方结构分别参考图1.19、图1.20可计算出原子半径分别为,$\sqrt{2}\,a/4$ 与 $a/2$。

3. 配位数与致密度

晶体中原子排列的紧密程度是反映晶体结构特征的一个重要因素。为了定量地表示原子排列的紧密程度,通常应用配位数和致密度这两个参数。

配位数是指晶体结构中,与任一原子最近邻并且等距离的原子数。

致密度(K)是晶胞中原子所占的体积分数,即

$$K=nv/V \tag{1.7}$$

式中,n 为晶胞原子数;v 原子体积;V 晶胞体积。

由图1.18(a)知,体心立方的体心原子与8个原子最近邻,配位数为8。致密度可计算如下

$$K=\frac{nv}{V}=\frac{2\times\frac{4\pi}{3}(\frac{\sqrt{3}}{4}a)^3}{a^3}\approx0.68$$

参考图1.21,可求出面心立方配位数为12。面心立方结构致密度为

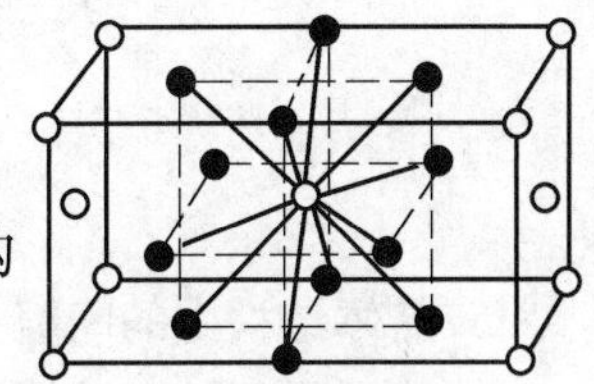

图1.21　面心立方结构配位数

$$K=\frac{nv}{V}=\frac{4\times\frac{4\pi}{3}(\frac{\sqrt{2}}{4}a)^3}{a^3}\approx0.74$$

同理可算出理想的密排六方结构($c/a\approx1.633$)配位数也是12,致密度也是0.74。

以上分析表明,面心立方与密排六方的配位数与致密度均高于体心立方,故称为最紧密排列。

4. 晶体中原子的堆垛方式

如前所述,面心立方与密排六方虽然晶体结构不同,但配位数与致密度却相同,为搞清其原因,必须研究晶体中原子的堆垛方式。

面心立方与密排六方的最密排面{111}与(0001)原子排列情况完全相同,如图 1.22 所示。密排六方结构可看成由(0001)面沿[0001]方向逐层堆垛而成,其刚球模型如图 1.20(a) 所示。其堆垛顺序可参考图 1.23,图中"·"代表 A 层原子中心,A 层堆完后,有两种凹坑"Y"与"⅄",如果第二层原子占 B 位置"Y",第三层又占"·"位置,即按 ABAB…顺序堆垛即为密排六方结构。

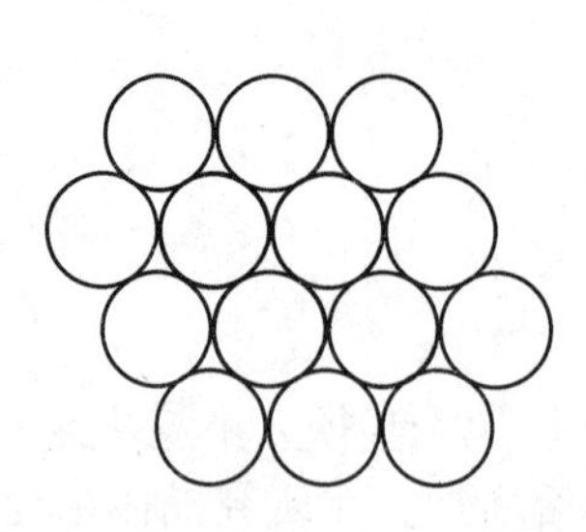

图 1.22　面心立方与密排六方密排面原子排列情况

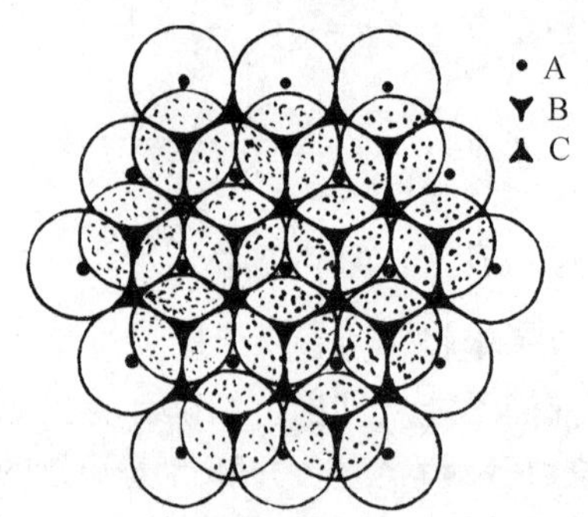

图 1.23　面心立方与密排六方原子堆垛顺序

面心立方结构堆垛方式的刚球模型与质点模型,如图 1.24 所示。它是以(111)面逐层堆垛而成的,堆垛顺序可参考图 1.23。第一层与第二层与密排六方完全相同,第三层不与第一层重合,而是占"⅄"位置,即按 ABCABC…顺序堆垛。显然,这种堆垛顺序的差别不影响原子排列的紧密程度,故两者都是最紧密排列。

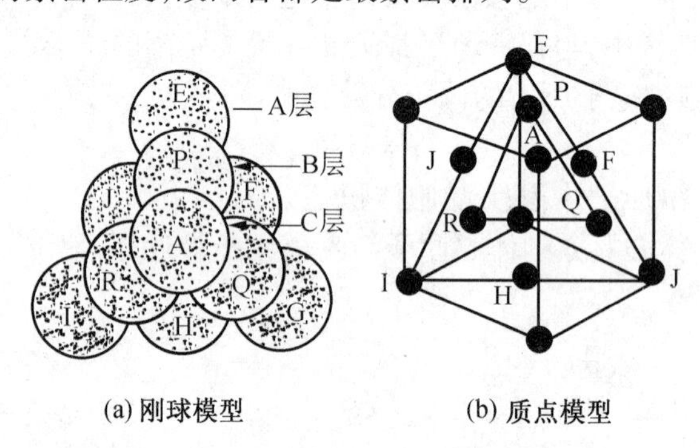

(a) 刚球模型　　(b) 质点模型

图 1.24　面心立方结构密排面堆垛方式

5. 晶体结构中的间隙

由原子排列的刚球模型可看出球与球之间存在许多间隙,分析间隙的数量、大小及位置对了解材料的相结构、扩散、相变等问题都是很重要的。

金属的三种典型晶体结构的间隙,如图 1.25、图 1.26、图 1.27 所示。由图可清晰地判定间隙所处位置。按计算晶胞原子数的方法可算出晶胞所包含的间隙数目,得出晶胞原子数与间隙数之比。对于体心立方晶脆的四面体间隙而言,单胞中间隙数目为 $4\times6\times\frac{1}{2}=12$,体心立方晶胞原子数为 2,故单胞中间隙数比原子数为 6。同理可计算出不同晶格类型其他单胞中各类间隙数与原子数之比,见表 1.3。通过几何方法可算出各种间隙的间隙半径 r_B,得出间隙半径与原子半径之比 r_B/r_A,用以表示间隙的大小。例如,图

1.25(a)所示为体心立方四面体间隙,图中四面体间隙坐标为($\frac{1}{2}$,$\frac{1}{4}$,1),体心原子坐标为($\frac{1}{2}$,$\frac{1}{2}$,$\frac{1}{2}$),两点间距离为 $a\sqrt{(\frac{1}{2}-\frac{1}{2})^2+(\frac{1}{2}-\frac{1}{4})^2+(\frac{1}{2}-1)^2}=\frac{\sqrt{5}}{4}a$,故 $r_B=\frac{\sqrt{5}}{4}a-r_A=\frac{\sqrt{5}-\sqrt{3}}{4}a$,所以$\frac{r_B}{r_A}=\frac{\sqrt{5}-\sqrt{3}}{4}a/\frac{\sqrt{3}a}{4}=0.291$。三种典型晶体结构中的间隙类型,数量及 r_B/r_A 值列于表 1.3 中。由表 1.3 可知面心立方八面体间隙比体心立方中间隙半径较大的四面体间隙半径还大,因此面心立方结构的 γ-Fe 的溶碳量大大超过体心立方结构的α-Fe。密排六方的间隙类型与面心立方相同,同类间隙的形状完全相同,仅位置不同,如图1.26、图 1.27 所示。在原子半径相同的条件下,这两种结构同类间隙的大小完全相同。

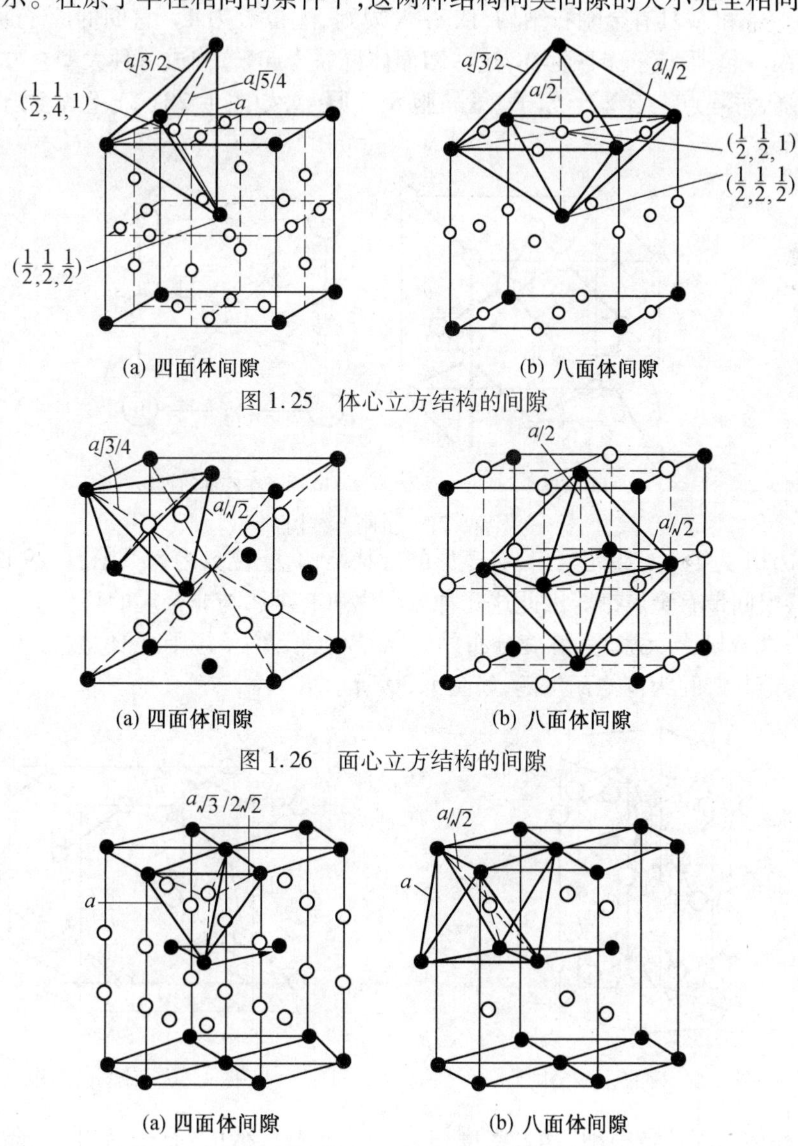

(a) 四面体间隙　　(b) 八面体间隙

图 1.25　体心立方结构的间隙

(a) 四面体间隙　　(b) 八面体间隙

图 1.26　面心立方结构的间隙

(a) 四面体间隙　　(b) 八面体间隙

图 1.27　密排六方结构的间隙

表 1.3　典型晶体结构中的间隙

晶体结构	间隙类型	r_B/r_A	单胞中间隙数与原子数之比
体心立方	四面体间隙	0.291	6
	八面体间隙	0.154(〈001〉方向)	3
面心立方 (密排六方)	四面体间隙	0.225	2
	八面体间隙	0.414	1

1.3.2　共价晶体的晶体结构

周期表中 IVA,VA,VIA 元素大多数为共价结合,配位数等于 $8-N$,N 是族数。这是因为,为使外壳层填满必须形成 $8-N$ 个共价键。

Si,Ge,Sn 和 C 具有金刚石结构,依 $8-N$ 规则,配位数为 4。它们的原子通过 4 个共价键结合在一起,形成一个四面体,这些四面体群联合起来,构成一种大型立方结构,属面心立方点阵,每阵点上有 2 个原子,每晶胞 8 个原子,如图 1.28(a),8 个原子坐标如图 1.28(b)所示。

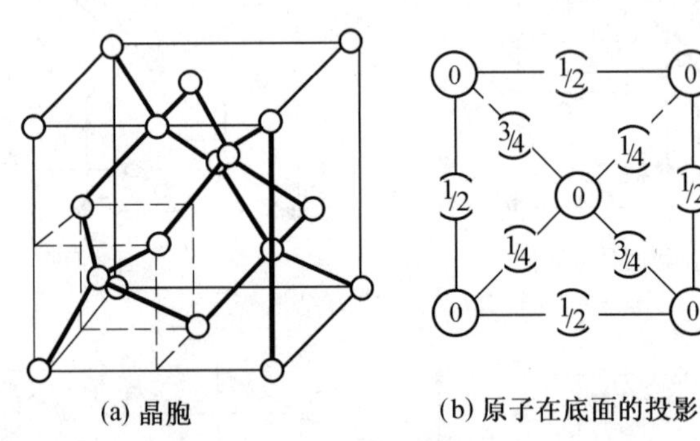

图 1.28　金刚石结构

As,Sb,Bi 为第 VA 族元素,具有菱形的层状结构,配位数为 3,如图 1.29 所示。层内共价结合,层间带有金属键。因此这几种亚金属兼有金属与非金属的特性。

Se,Te 为 VIA 族元素,呈螺旋分布的链状结构,依 $8-N$ 规则,配位数为 2。链本身为共价结合,链与链间为范德瓦尔键,如图 1.30 所示。

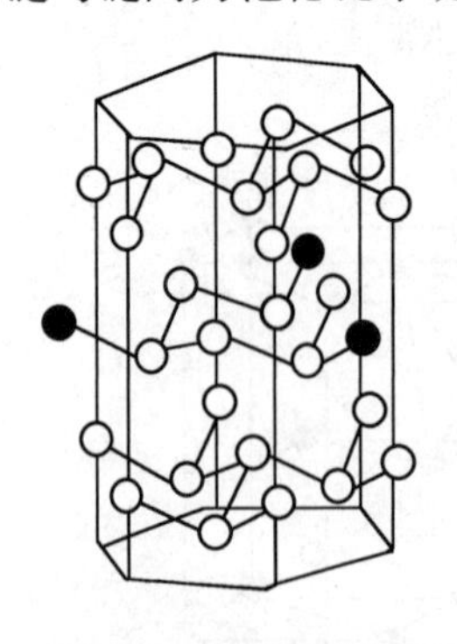
图 1.29　砷的层状结构

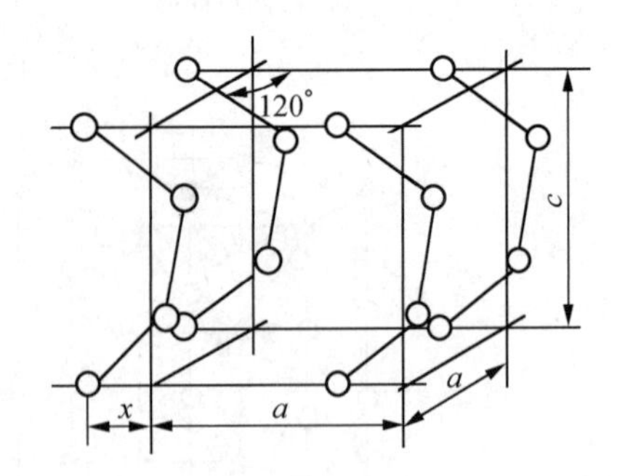

图 1.30　碲的链结构

共价晶体的配位数很小,其致密度很低。对金刚石结构,原子沿〈111〉晶向相邻接,如无原子,则看成有与原子大小相同的空洞存在,原子半径 $r=a\sqrt{3}/8$,故致密度为

$$K=\frac{nv}{V}=\frac{8\times\frac{4}{3}\pi(a\sqrt{3}/8)^3}{a^3}\approx 0.34$$

比面心立方结构致密度低得多，这是由于共价键所造成的。

1.3.3　离子晶体的晶体结构

离子键化合物的晶体结构必须确保电中性，而又能使不同尺寸的离子有效地堆积在一起。离子半径比的大小，决定了配位数的多少，并显著影响晶体结构。

正、负离子的电子组态与惰性气体原子的电子组态相同，电子云的分布是球面对称的。因此可以把离子看作是带电的圆球。在离子晶体中正、负离子间的平衡距离为 r_0，等于球状正离子的半径 r^+ 与球状负离子的半径 r^- 之和。利用 X 射线结构分析，求得 r_0 后，再把 r_0 分成 r^+ 和 r^-。通常正离子因失去电子而离子半径较小，负离子因获得电子而离子半径较大。所要说明的是离子半径并不是绝对不变的，同一离子随价态、配位数不同，离子半径将发生变化。表 1.4 给出部分离子半径。

表 1.4　部分离子半径

元素	价	离子半径/nm	元素	价	离子半径/nm
0	−2	0.132	K	+1	0.133
S	−2	0.184	Na	+1	0.097
Se	−2	0.191	Ca	+2	0.099
F	−1	0.133	Mg	+2	0.066
Cl	−1	0.181	Ti	+4	0.071
I	−1	0.220	Si	+4	0.042
H	−1	0.154	Zn	+2	0.074
			Al	+3	0.051

离子晶体的配位数主要决定于正、负离子的半径比 r^+/r^-。表 1.5 给出了离子半径比与配位数的关系。

表 1.5　离子半径比 r^+/r^- 与配位数的关系

正离子配位数	间隙位置	半径比	示意图
2	线　性	0～0.155	
3	三角形间隙	0.155～0.225	
4	四面体间隙	0.225～0.414	
6	八面体间隙	0.414～0.732	
8	立方体间隙	0.732～1.000	

复杂的离子晶体结构将在陶瓷材料中加以介绍。这里仅介绍几种简单的结构类型。图1.31给出了典型的离子晶体的晶体结构。

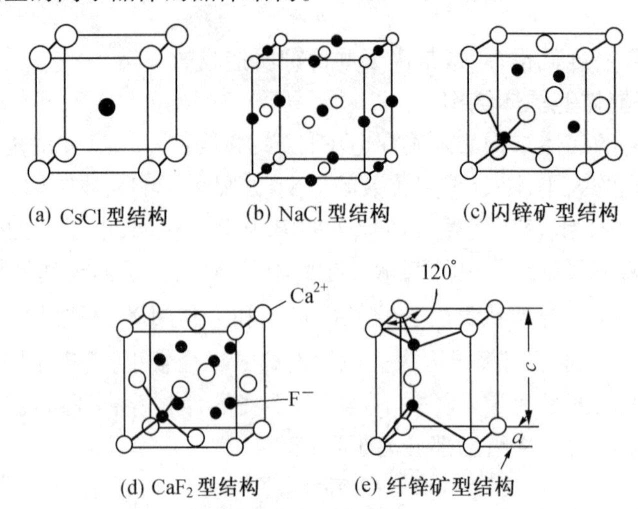

图1.31　典型的离子化合物的晶体结构

图1.31(a)为CsCl型结构，属简单立方点阵，负离子占阵点位置，正离子占立方体间隙位置。离子配位数为8，如CsCl，CsBr等。图1.31(b)为NaCl型结构，属面心立方点阵，负离子占阵点位置，正离子占八面体间隙，配位数为6。每晶胞有4个负离子，4个正离子，如NaCl，KCl，MgO，CaO等。图1.31(c)为闪锌矿结构，也属面心立方点阵，负离子占阵点位置，正离子占1/2四面体间隙，相当于将金刚石结构中处在四面体间隙位置的原子换成异类原子而得到的，离子配位数为4。ZnS，BeO，SiC等具有这种结构。图1.31(d)为萤石结构，即CaF_2结构，属面心立方点阵。负离子位于所有四面体间隙位置上，正离子占阵点位置。正离子配位数为8，负离子配位数为4。分子式为AX_2，如CaF_2，ZrO_2，CeO_2等。若金属与非金属互换则叫反萤石结构，如Li_2O，Na_2O，K_2O等。图1.31(e)为纤锌矿结构，负离子占密排六方的结点位置，正离子占四面体间隙的1/2，如ZnS，ZnO等。如果负离子排成密排六方，正离子占其间隙，还可产生以密排六方为基础的其他结构，如砷化镍结构等。

由以上分析可知，离子晶体中，一般离子半径较大的负离子堆积成骨架，可以是面心立方，密排立方，简单立方等，正离子按自身的大小居于相应的负离子的空隙中。其配位数由半径比所决定，见表1.5。然而，有时要保证电荷平衡，就要修正离子半径效应。下面举几个实例加以说明。

对于MgO，由表1.4查出$r_{Mg}^{2+}=0.066$ nm，$r_O^{2-}=0.132$ nm，则$r_{Mg}^{2+}/r_O^{2-}=0.5$，由表1.5知，其配位数为6，所以是NaCl结构型。其晶格常数为$a=2r_{Mg}^{2+}+2r_O^{2-}=0.396$ nm，每晶胞有Mg^{2+}和O^{2-}各4个，可算出离子堆积因子

$$K=\frac{4\left[\frac{4}{3}\pi(r_{Mg}^{2+})^3\right]+4\left[\frac{4}{3}\pi(r_O^{2-})^3\right]}{a^3}\approx 0.696$$

对于萤石结构的CaF_2，如果按半径比决定离子配位数，应是8，由表1.5示意图看出，

此时非常明显电荷没有保持平衡，为保证电价规律，围绕 Ca^{2+} 的 F^- 一定是围绕 F^- 的 Ca^{2+} 的两倍。由图 1.31(d)可以看出，正离子配位数为 8，负离子配位数为 4。

1.3.4 合金相结构

纯金属的强度较低，所以工业广泛应用的是合金。合金是由两种或两种以上金属元素，或金属元素与非金属元素，经熔炼、烧结或其他方法组合而成，并具有金属特性的物质，如黄铜是铜锌合金，钢、铸铁是铁碳合金。

组成合金最基本的独立物质叫组元，一般是组成合金的元素，也可以是稳定化合物。组元间由于物理的和化学的相互作用，可形成各种"相"。"相"是合金中具有同一聚集状态，成分和性能均一，并以界面互相分开的组成部分。由一种相组成的合金叫单相合金，如 $w_{Zn}=30\%$ 的 Cu-Zn 合金是单相合金。而 $w_{Zn}=40\%$ 时则是两相合金，除生成了固溶体外，还形成了金属间化合物。合金中的相结构多种多样，但可将其分为两大类，即固溶体和化合物。

1. 固溶体

凡溶质原子完全溶于固态溶剂中，并能保持溶剂元素的晶格类型所形成的合金相称为固溶体。固溶体的成分可在一定范围内连续变化，随异类原子的溶入，将引起溶剂晶格常数的改变及晶格畸变，致使合金性能发生变化。通常把形成固溶体而使强度、硬度升高的现象叫固溶强化。

根据溶质原子在溶剂中是占结点位置，还是占间隙位置，可将其分为置换固溶体与间隙固溶体；若溶质与溶剂以任何比例都能互溶，固溶度达 100%，则称为无限固溶体，否则为有限固溶体；若溶质原子有规则地占据溶剂结构中的固定位置，溶质与溶剂原子数之比为一定值时，所形成的固溶体称为有序固溶体。

(1) 置换固溶体

形成置换固溶体时，溶质原子置换了溶剂点阵中的一些溶剂原子。许多元素之间能形成置换固溶体，但溶解度——固溶度差异甚大。形成无限固溶体时，两组元原子连续置换示意图，如图 1.32 所示。

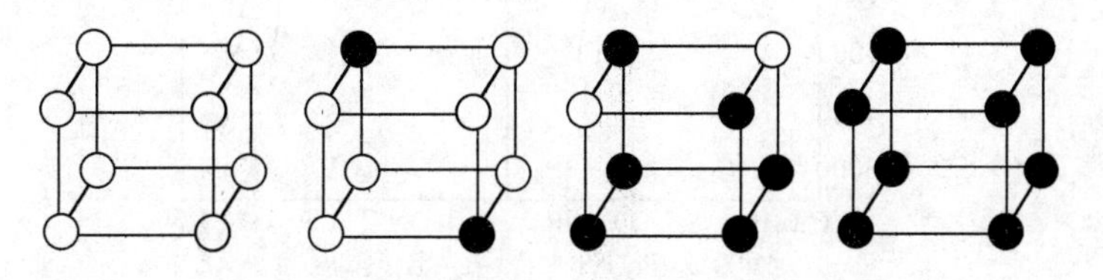

图 1.32 无限固溶体中两组元原子置换示意图

影响固溶度的因素很多，大量实验证明主要受以下因素影响。

①组元的晶体结构类型　晶体结构类型相同是组元间形成无限固溶体的必要条件。溶质与溶剂晶格结构相同则固溶度较大，反之较小。

②原子尺寸因素　溶剂原子半径 r_A 与溶质原子半径 r_B 的相对差 $(r_A-r_B)/r_A$ 对固溶体的固溶度起重要影响。当相对差不超过 ±(14% ~15%) 有利于大量固溶，反之固溶度非常有限。以铁为基的固溶体中，当相对差小于 8%，且其他因素满足也较好时，才能形成无限固溶体。这是因为溶质原子的溶入，将引起点阵畸变，如图 1.33 所示。原子尺寸

相差越大，点阵畸变越严重，结构也越不稳定，当相对差大于30%时，则不易形成置换固溶体。

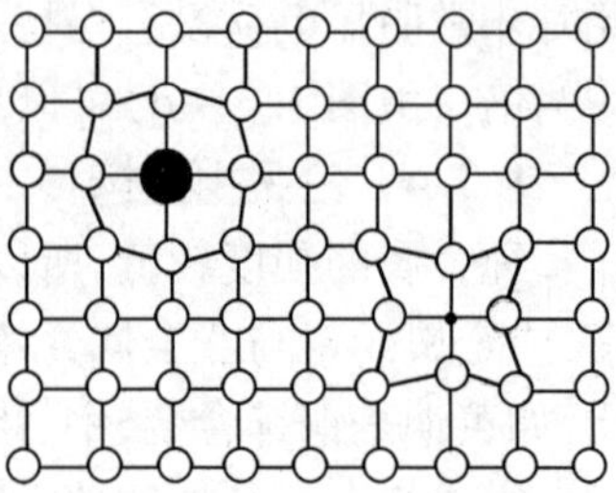

③电负性因素　两元素的电负性相差越大，化学亲合力越强，所生成的化合物也越稳定。若两元素间的电负性相差越小，越易形成固溶体，所形成的固溶体的固溶度也越大。所以可由化合物稳定性大致判定形成固溶体时固溶度的大小。镁与铅、锡、硅组成合金时，Mg_2Pb 熔点 550 ℃，稳定性低，故铅在镁中的固溶度最大；Mg_2Si 熔点 1 102 ℃，稳定性高，硅在镁中固溶度很小；Mg_2Sn 熔点 778 ℃，稳定性居中，固溶度也居中。

图 1.33　形成置换固溶体时的点阵畸变

④电子浓度因素　在研究贵金属铜、银、金与大于一价的一些元素形成的合金时发现，在尺寸有利的情况下，溶质原子的价越高，固溶度越小。若以电子浓度表示固溶度，几乎一致，如图 1.34 所示。电子浓度定义为合金中价电子数目与原子数目的比值。理论计算表明，极限电子浓度还与晶体结构类型有关。对于一价金属的每种晶体结构都有一极限电子浓度，面心立方为 1.36，体心立方为 1.48，密排六方为1.75。锌溶入铜中，溶入量为 36% 时达到极限电子浓度 1.36，超过 36% 将出现新相。这种电子浓度概念推广到过渡族金属时，由于过渡族金属元素 d 层电子未被填满，形成合金时既可失去电子，又可获得电子，原子价难以确定，近似认为原子价为零。

对于以上各因素均能很好满足的 Ni-Cu，Fe-Cr，Au-Ag 等可形成无限固溶体。

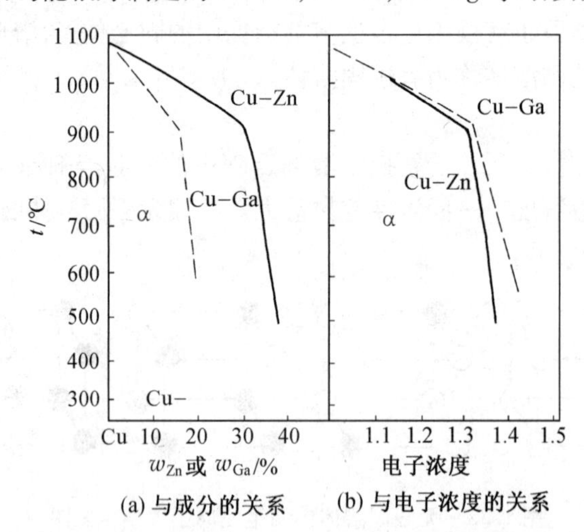

图 1.34　Cu-Zn，Cu-Ga 固溶度曲线与成分及电子浓度的关系

(2) 间隙固溶体

一些原子半径小于 0.1 nm 的非金属元素如 H，O，N，C，B 等因受原子尺寸因素的影响，不能与过渡族金属元素形成置换固溶体，却可处于溶剂晶格结构中的某些间隙位置中，形成间隙固溶体。一般间隙半径较小，非金属原子溶入时，将使晶胞胀大，造成点阵畸变，故固溶度受到限制。例如，面心立方的 γ-Fe 在 1 148 ℃时八面体间隙半径为

0.053 5 nm，而碳原子半径为0.077 nm，碳原子的溶入，需推开周围的铁原子，造成严重的点阵畸变，故固溶受到限制，仅为9%。间隙固溶体的固溶度与溶剂的间隙形状等因素有关。虽然体心立方的α-Fe致密度低于γ-Fe，但由于α-Fe的两种间隙的间隙半径均小于γ-Fe的正八面体间隙，故其最大溶碳量仅为0.095%。此外，碳在α-Fe中占间隙半径较小的扁八面体间隙更容易，所以碳溶于α-Fe的扁八面体间隙，如图1.35所示。

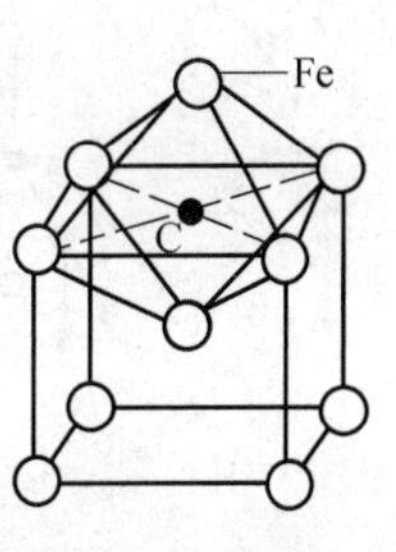

图1.35　碳原子溶入α-Fe所占位置

(3) 固溶体的微观不均匀性

固溶体中溶质原子分布情况如图1.36所示，可分为无序分布、偏聚分布、短程有序分布。

对于某些合金，当其成分接近一定原子比时，较高温度时为短程有序，缓冷到某一温度以下，会转变为完全有序状态，称为有序固溶体，这一转变过程称为固溶体的有序化。有序固溶体的点阵常数与无序固溶体的不同，在X射线衍射图上，会产生附加的衍射线条，称超结构线，所以有序固溶体又称超结构或超点阵。

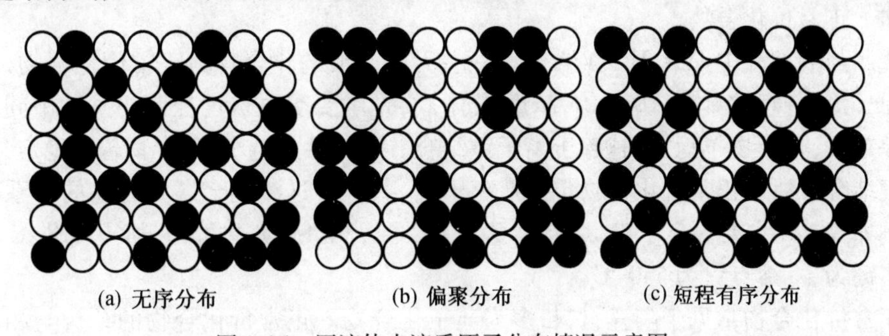

图1.36　固溶体中溶质原子分布情况示意图

超结构的类型较多，主要形成于面心立方，密排立方或体心立方结构的固溶体中。例如面心方立结构中的Cu_3Au，CuAu，AlTi等，体心立方结构中的CuZn，FeTi，Fe_3Al等，密排六方结构中的Mg_3Cd，MgCd，Co_3W，$MoCo_3$等。

图1.37给出了50% Cu+50% Au合金晶体结构。(a) 为无序固溶体；(b) 为CuAuI型超结构。CuAuI型超结构为四方点阵，c/a=0.93，在385 ℃以下形成。在385～410 ℃之间，形成CuAu Ⅱ型超结构，如图1.38所示。这是一个长周期的结构，相当于10个CuAuI晶胞沿b方向并列在一起，但经过5个小晶胞后，(001)面上原子类别发生变化，即Cu，Au原子对调，在长周期的一半产生了一个界面，称反相畴界，相当于点阵沿着(010)作$(\boldsymbol{a}+\boldsymbol{c})/2$的位移。

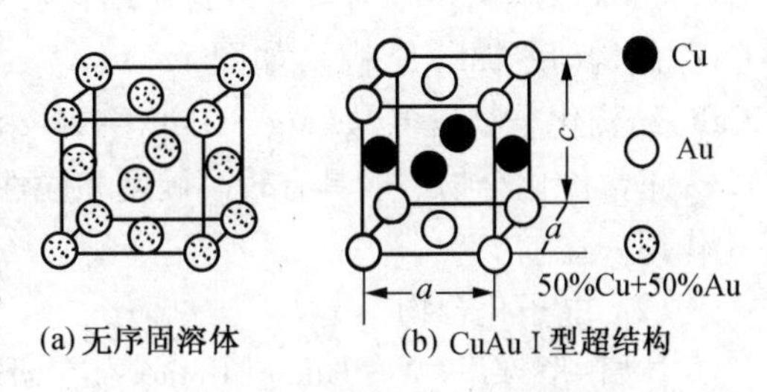

图1.37　50% Au+50% Cu合金晶体结构

固溶体有序化时，许多性能发生突变，如强度、硬度升高，电阻率急剧降低，这与点阵畸变和反相畴界的存在增加了塑变阻力和形成超结构时伴随电子结构的变化有关。

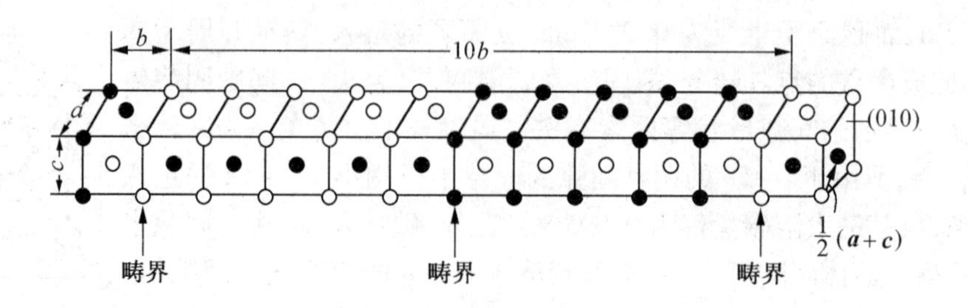

图 1.38　CuAu Ⅱ超结构，半周期 $M=5$

2. 中间相

两组元组成的合金中，在形成有限固溶体的情况下，如果溶质含量超过其溶解度时，将会出现新相，其成分处在 A 在 B 中和 B 在 A 中的最大溶解度之间，故叫中间相。中间相可以是化合物，也可以是以化合物为基的固溶体。其晶体结构不同于组成化合物的组元，结合键主要为金属键，兼有离子键、共价键。因此中间相具有金属的性质，又称金属间化合物，通常具有高熔点、高硬度，常作合金中的强化相，其种类很多，简单介绍如下。

(1) 正常价化合物

金属与周期表中 IVA，VA，VIA 族的一些元素形成的化合物为正常价化合物，符合化学的原子价规律，常具有 AB，AB_2，A_2B_3 分子式，是主要受电负性控制的一种中间相。电负性差越大，化合物越稳定，越趋于离子键结合。电负性差越小，化合物越不稳定，越趋于金属键结合。所以正常价化合物包括从离子键、共价键过渡到金属键为主的一系列化合物。例如 Mg_2Si 主要为离子键，熔点高达 1 102 ℃，Mg_2Sn 为共价键，熔点 778 ℃，Mg_2Pb 以金属键为主，熔点仅为 550 ℃。

正常价化合物常见于陶瓷材料，多为离子化合物。正常价化合物的结构与相应分子式的离子化合物晶体结构相同。分子式具有 AB 型为 NaCl 型结构、闪锌矿结构和纤锌矿结构，如图 1.31(b)，(c)，(e)。MgSe，CaSe，MnSe，SnTe，PbTe 等为 NaCl 型结构。ZnS，CdS，MnS，ZnSe，MnSe，ZnTe，SiC 等具有闪锌矿结构(立方 ZnS 结构)。ZnS，CdS，MgTe，CdTe，MnSe，AlN，GaN 等具有纤锌矿结构(六方 ZnS 结构)。分子式具有 AB_2(A_2B)型为 CaF_2 结构(反 CaF_2 结构)，如图 1.31(d)。例如 $PtSn_2$，$AuAl_2$，$PtIn_2$ 具有 CaF_2 结构。反 CaF_2 结构化合物较多，如 Mg_2Si，Mg_2Ge，Mg_2Sn，Mg_2Pb，Cu_2Se 等。

正常价化合物一般具有较高硬度和脆性，在合金中弥散分布在基体上，常可起弥散强化作用。

(2) 电子化合物

休姆-罗塞里(W · Hume-Rothery)在研究贵金属 Cu，Ag，Au 与 Zn，Al，Sn 所形成的合金时发现：在它们中，随成分变化所形成的一系列中间相具有共同规律，即晶体结构决定于电子浓度，称为休姆-罗塞里定律。随后在许多过渡族元素形成的合金系中也发现上述规律。常见的电子化合物及其结构类型参见表 1.6。

决定电子化合物结构的主要因素是电子浓度，但并非唯一因素，其他因素，特别是尺寸因素仍起一定作用。例如当电子浓度为 3/2 时，如果尺寸因素接近于 0，倾向于形成密排六方结构；尺寸因素较大时倾向于形成体心立方结构。

表 1.6　合金中常见的电子化合物

合金系	电子浓度		
	$\frac{3}{2}(\frac{21}{14})\beta$ 相	$\frac{21}{13}\gamma$ 相	$\frac{7}{4}(\frac{21}{12})\varepsilon$ 相
	体心立方	复杂立方	密排六方
Cu-Zn	CuZn	Cu_5Zn_8	$CuZn_3$
Cu-Sn	Cu_5Sn	$Cu_{31}Sn_8$	Cu_3Sn
Cu-Al	Cu_3Al	Cu_9Al_4	Cu_5Al_3
Cu-Si	Cu_5Si	$Cu_{31}Si_8$	Cu_3Si

电子化合物的成分也可在一定范围内变化,因此电子浓度也并非是一个确切的比值。例如 AlNi 晶体中,原子半径较大的铝原子大于50%时,原来镍原子的位置上出现了空位,形成缺位固溶体。而当镍原子多于50%时,则形成以化合物 AlNi 为溶剂的,溶有镍的置换固溶体。

电子化合物的结合键为金属键,熔点一般较高,硬度高,脆性大,是有色金属中的重要强化相。

(3) 间隙相与间隙化合物

过渡族金属可与 H,B,C,N 等原子半径甚小的非金属元素形成化合物。当金属(M)与非金属(X)的原子半径比 $r_X/r_M<0.59$ 时,化合物具有简单的晶体结构称为间隙相。当原子半径比 $r_X/r_M>0.59$ 时,其结构复杂,通常称为间隙化合物。

① 间隙相　在间隙相中,金属原子总是排成面心立方或密排六方点阵,少数情况下也可排列为体心立方及简单六方点阵,非金属原子则填充在间隙位置。

间隙相可用简单化学式表示,并且一定化学式对应一定晶体结构,见表 1.7。图 1.39 为 VC 的晶体结构。金属钒为体心立方结构,在 VC 中却排成面心立方点阵,碳原子占全部八面体间隙,故钒、碳原子之比为 1:1,构成 NaCl 型结构。Fe_4N 晶体结构如图 1.40,常温铁为体心立方,在 Fe_4N 中铁原子排成面心立方点阵,氮原子占 1/4 的八面体间隙,故铁、氮原子比为 4:1。实际上,间隙相的成分也可以在一定范围内变化。例如,VC 中碳原子所占原子百分比为 43% ~50%,Fe_4N 中氮原子占 19% ~21%。这是因为间隙相可以溶解组元元素,形成以化合物为基的固溶体。同理,间隙相之间也可互相溶解,具有相同结构的间隙相甚至可形成连续固溶体,例如 TiC-ZrC,TiC-VC 等。

表 1.7　间隙相举例

分子式	间隙相举例	金属原子排列类型
M_4X	Fe_4N, Mn_4N	面心立方
M_2X	Ti_2H, Zr_2H, Fe_2N, Cr_2N, V_2N, W_2C, Mo_2C, V_2C	密排六方
MX	TaC, TiC, ZrC, VC, VN, TiN, CrN, ZrH	面心立方
	TaH, NbH	体心立方
	WC, NoN	简单六方
MX_2	TiH_2, ThH_2, ZnH_2	面心立方

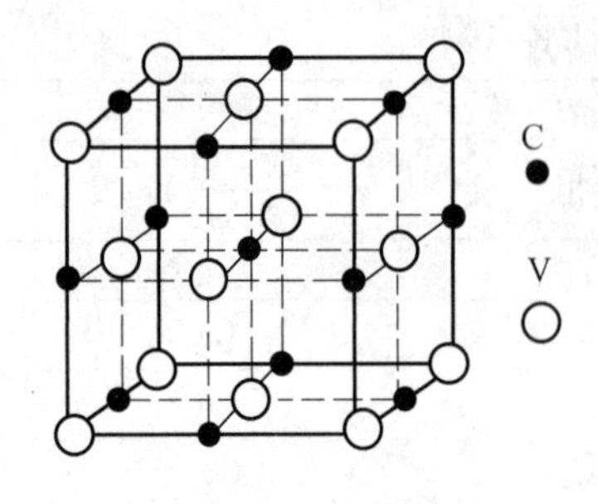

图 1.39　VC 晶体结构

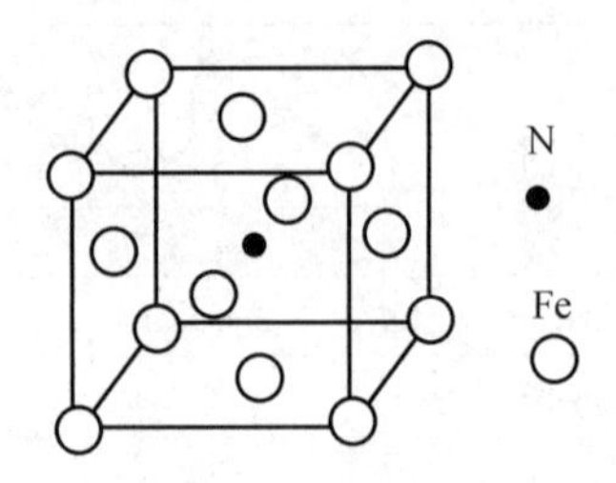

图 1.40　Fe_4N 晶体结构

间隙相具有极高硬度和熔点,见表 1.8。虽然间隙相中非金属原子占的比例很高,但多数间隙相具有明显的金属性,是合金工具钢及硬质合金的主要强化相。

表 1.8　一些间隙相的熔点及硬度

相的名称	W_2C	WC	VC	TiC	Mo_2C	ZrC
熔点/℃	3 130	2 867	3 023	3 410	2 960±50	3 805
硬度/HV	3 000	1 730	2 010	2 850	1 480	2 840

② 间隙化合物　间隙化合物种类较多,具有复杂的晶体结构。一般合金钢中常出现的间隙化合物为 Cr,Mn,Mo,Fe 的碳化物或它们的合金碳化物,主要类型有 M_3C,M_7C_3,$M_{23}C_6$ 等。

间隙化合物晶体结构十分复杂,例如 $Cr_{23}C_6$ 具有复杂立方结构,包含 92 个金属原子,24 个碳原子。现仅以结构稍简单的渗碳体(Fe_3C)为例说明之,其晶体结构如图 1.41 所示,属正交晶系,晶胞中共有 16 个原子,其中铁原子 12 个,碳原子 4 个,符合 Fe∶C=3∶1 关系。铁原子接近密堆排列,碳原子位于其八面体间隙。

间隙化合物的熔点及硬度,见表 1.9,均比间隙相略低,是钢中最常见的强化相。

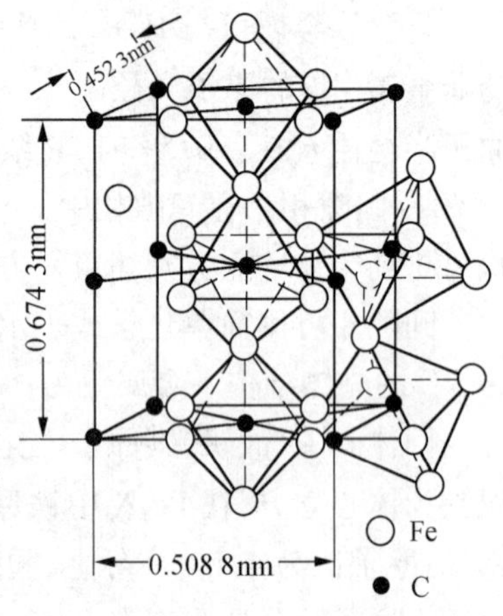

图 1.41　Fe_3C 晶体结构

表 1.9　一些间隙化合物的熔点及硬度

相的名称	Fe_3C	Cr_3C_2	Cr_7C_3	$Cr_{23}C_6$	Fe_3Mo_3C	Fe_4Mo_2C
熔点/℃	1 650	1 890	1 665	1 550	1 400	1 400
硬度/HV	1 340	1 300	1 450	1 060	1 350	1 070

(4) 拓扑密堆相

拓扑密堆相是由大小不同的原子适当配合,得到全部或主要是四面体间隙的复杂结构。其空间利用率及配位数均很高,由于具有拓扑学特点,故称之为拓扑密堆相,简称 TCP 相。

TCP 相种类很多,常见的有拉弗斯(Laves)相、σ 相、R 相及 P 相等。拉弗斯相的分子式为 AB_2,A 原子的原子半径大于 B 原子,理论上 $r_A/r_B \approx 1.225$,如图 1.42(b)所示。实际上比值可在 1.05 ~ 1.68 内变化。有人分析了 164 个拉弗斯相,其中 138 个比值为 1.1 ~ 1.4。大多数金属元素之间形成的化合物属拉弗斯相,其结构型有 3 种:$MgCu_2$ 结构、$MgZn_2$ 结构、$MgNi_2$ 结构。下面以 $MgCu_2$ 为例说明其结构特点。由图 1.42(a),$MgCu_2$ 应属复杂的立方结构,每晶胞有 16 个铜原子,8 个镁原子。半径小的铜原子组成小四面体,这些小四面体顶点互相连成网格,半径大的镁原子位于铜原子所组成的小四面体之间的空隙,本身又组成金刚石结构。这种结构中,只存在四面体间隙,故致密度高于等径刚球组成的面心立方结构。

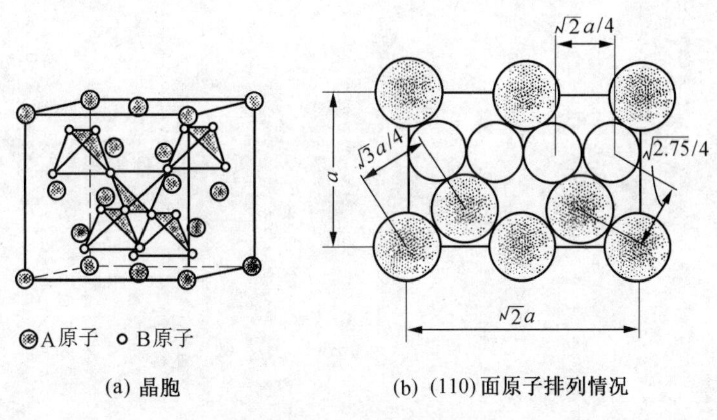

(a) 晶胞 (b) (110)面原子排列情况

图 1.42 $MgCu_2$ 型结构

许多合金系能形成拉弗斯相,常见拉弗斯相如 $ZrFe_2$,$TaFe_2$,$TiFe_2$,$MoFe_2$,$NbCo_2$,$TiCo_2$,$TiCr_2$,$ZrCr_2$ 等。一般讲拉弗斯相往往呈针状析出于基体,有时是有害的,但也有个别耐热铁基合金以其为强化相。

习 题

1. 解释以下基本概念

空间点阵 晶体结构 晶胞 配位数 致密度 金属键 缺位固溶体 电子化合物 间隙相 间隙化合物 超结构 拓扑密堆相 固溶体 间隙固溶体 置换固溶体

2. 氯化钠与金刚石各属于哪种空间点阵?试计算其配位数与致密度。

3. 在立方系中绘出{110},{111}晶面族所包括的晶面及(112),$(1\bar{2}0)$晶面。

4. 作图表示出$\langle 2\bar{1}\bar{1}0\rangle$晶向族所包括的晶向。确定$(11\bar{2}1)$及(0001)晶面。

5. 求金刚石结构中通过(0,0,0)和$(\frac{3}{4},\frac{3}{4},\frac{1}{4})$两碳原子的晶向,及与该晶向垂直的晶面。

6. 求(121)与(100)决定的晶带轴与(001)和(111)所决定的晶带轴所构成的晶面的晶面指数。

7. 试证明等径刚球最紧密堆积时所形成的密排六方结构的 $c/a \approx 1.633$。

8. 绘图说明面心立方点阵可表示为体心正方点阵。

9. 计算面心立方结构的(111),(110),(100)晶面的面间距及原子密度(原子个数/单位面积)。

10. 计算面心立方八面体间隙与四面体间隙半径。

11. 计算立方系[321]与[120]及(111)与$(1\bar{1}1)$之间的夹角。

12. FeAl是电子化合物,具有体心立方点阵,试画出其晶胞,计算电子浓度,画出(112)面原子排列图。

13. 合金相VC,Fe_3C,CuZn,$ZrFe_2$属于何种类型,指出其结构特点。

第2章　晶体缺陷

所有的材料都包含着原子排列缺陷。通过控制点阵中的缺陷,可获得性能更优异和有实用价值的材料。本章将介绍三种基本的点阵缺陷——点缺陷、线缺陷(位错)和面缺陷。

2.1　点缺陷

2.1.1　点缺陷的类型及形成

在结晶过程中,在高温下或由于辐照等,晶体中就会产生点缺陷。其特点是三维方向上尺寸都很小,仅引起几个原子范围的点阵结构的不完整,亦称零维缺陷。

当某些原子获得足够高的能量时,就可克服周围原子的束缚,离开原来的平衡位置。离位原子跑到晶体表面或晶界就可形成肖脱基空位,如图2.1(a)(b)所示。如果跳到晶体间隙中,就形成了弗仑克尔空位,与此同时还形成了相同数目的间隙原子,如图2.1(c)所示。对于离子晶体,为维持相等的电荷,正离子与负离子必须同时从点阵中消失,如图2.1(b)所示。置换原子的原子半径与溶剂不同时也将扰乱周围原子的完整排列,故也可看成是点缺陷。当点阵中存在空位或小的置换原子时,周围原子就向点缺陷靠拢,将周围原子间的键拉长,产生拉应力场。当有间隙原子或大的置换原子时,四周的原子将被推开些,因此产生压应力场。

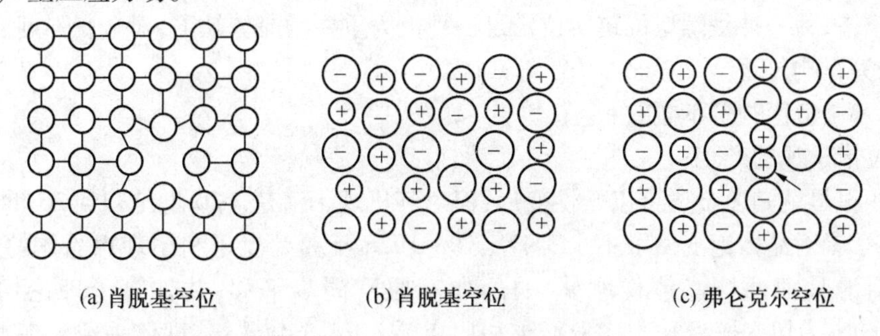

图2.1　晶体中的点缺陷

2.1.2　点缺陷的运动及平衡浓度

晶体中的点缺陷并非固定不动,而是处在不断改变位置的运动状态。例如,空位四周的原子由于热振动的能量起伏,有时可获得足够高的能量,离开原来的平衡位置而跑入空位,于是这个原子原来的位置就形成了空位。这一过程也可看作是空位向邻近结点的迁移。此外在点缺陷运动过程中,若间隙原子与空位相遇,则两者都消失,这一过程称为复合或湮灭。

由于原子的热运动,空位和间隙原子将不断产生,不停地由一处向另一处迁移,同时也将发生点缺陷的复合。应用热力学和统计力学原理,不但可以证明空位等点缺陷是热力学稳定缺陷,而且可计算出晶体在一定温度下空位或间隙原子的平衡浓度 c 与 c'。

$$c=\frac{n}{N}=A\exp(-\Delta E_v/KT) \tag{2.1}$$

式中,n 为平衡空位数;N 为阵点总数;ΔE_v 为每增加一个空位的能量变化;K 为玻尔兹曼常数;A 是与振动熵有关的常数,一般约为 1 ~ 10 之间。

由公式(2.1),空位平衡浓度对温度十分敏感。例如,铜在 1 300 K 时,$c=n/N\approx 10^{-4}$,而室温时,$c=10^{-19}$,两者相差达 15 个数量级。

同样可求出间隙原子的平衡浓度 c',其表达式与式(2.1)相似,但由于间隙原子的形成能大约是空位形成能的 3 ~4 倍,因此同一温度下,晶体中间隙原子的平衡浓度比空位平衡浓度低得多。例如,1 300 K 时,铜中,间隙原子的平衡浓度仅为 10^{-15} 左右。此结果说明一般晶体中主要的点缺陷是空位,而产生弗仑克尔空位的几率极小。

2.1.3　点缺陷对性能的影响

金属中点缺陷的存在,使晶体内部运动着的电子发生散射,使电阻增大。点缺陷数目增加,使密度减小。此外,过饱合点缺陷(如淬火空位,辐照产生的大量间隙原子-空位对)还可提高金属屈服强度。

2.2　线缺陷

晶体中的线缺陷是各种类型的位错。其特点是原子发生错排的范围,在一个方向上尺寸较大,而另外两个方向上尺寸较小,是一个直径为 3 ~5 个原子间距,长几百到几万个原子间距的管状原子畸变区。虽然位错种类很多,但最简单,最基本的类型有两种:一种是刃型位错,另一种是螺型位错。位错是一种极为重要的晶体缺陷,对金属强度、塑变、扩散、相变等影响显著。

2.2.1　位错的基本概念

1. 位错学说的产生

人们很早就知道金属可以塑性变形,但对其机理不清楚。20 世纪初到 20 世纪 30 年代,许多学者对晶体塑变做了不少实验工作。1926 年弗兰克尔利用理想晶体的模型,假定滑移时滑移面两侧晶体像刚体一样,所有原子同步平移,并估算了理论切变强度 $\tau_m=G/2\pi$(G为切变模量),与实验结果相比相差 3 ~4 个数量级,即使采用更完善一些的原子间作用力模型估算,τ_m 值也为 $G/30$,仍与实测临界切应力相差很大。这一矛盾在很长一段时间难以解释。1934 年泰勒(G. I. Taylor),波朗依(M. Polanyi)和奥罗万(E. Orowan)三人几乎同时提出晶体中位错的概念。泰勒把位错与晶体塑变的滑移联系起来,认为位错在切应力作用下发生运动,依靠位错的逐步传递完成了滑移过程,如图 2.2 所示。与刚性滑移不同,位错的移动只需邻近原子作很小距离的弹性偏移就能实现,而晶体其他区域的原子仍处在正常位置,因此滑移所需的临界切应力大为减小。在这之后,人们对位错进行了大量研究工作。1939 年柏格斯(Burgers)提出用柏氏矢量来表征位错的特性的重要意义,同时引入螺型位错。1947 年柯垂耳(A. H. Cottrell)利用溶质原子与位错的交互作用解释了低碳钢的屈服现象。1950 年弗兰克(Frank)与瑞德(Read)同时提出了位错增殖机制 F-R 位错源。50 年代以后,用透射电镜直接观测到了晶体中位错的存在、运动、增殖……。这一系列的研究促进了位错理论的形成和发展。

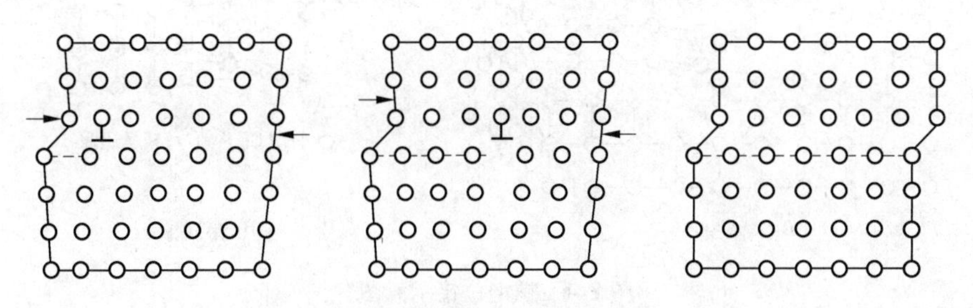

图 2.2　刃位错的滑移

2. 位错的基本类型

刃型位错如图 2.3 所示。设有一简单立方结构的晶体,在某一水平面(*ABCD*)以上多出了垂直方向的原子面 *EFGH*,它中断于 *ABCD* 面上 *EF* 处,犹如插入的刀刃一样,*EF* 称为刃型位错线。位错线附近区域发生了原子错排,因此称为“刃型位错”。由图 2.3(b)可看出位错线的上部邻近范围受到压应力,而其下部邻近范围受到拉应力,离位错线较远处原子排列正常。通常称晶体上半部多出原子面的位错为正刃型位错,用符号“⊥”表示,反之为负刃型位错,用“⊤”表示。

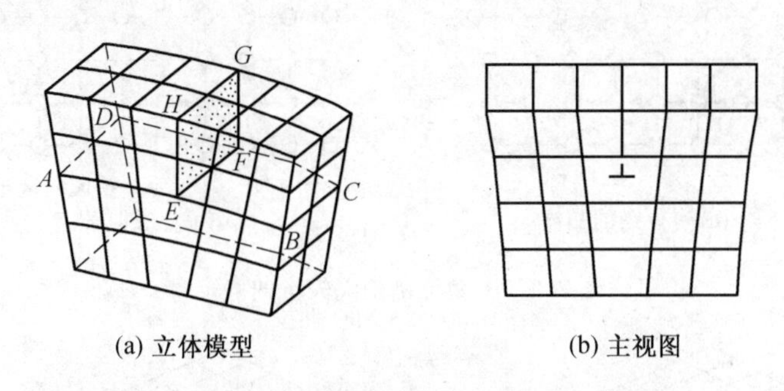

(a) 立体模型　　(b) 主视图

图 2.3　含有刃型位错的晶体

螺型位错示意图如图 2.4 所示。设想在简单立方晶体右端施加一切应力,使右端滑移面上下两部分晶体发生一个原子间距的相对切变,于是在已滑移区与未滑移区的交界处,*BC* 线与 *aa'* 线之间上下两层相邻原子发生了错排和不对齐现象,如图 2.4(a)所示。顺时针依次连结紊乱区原子,就会画出一螺旋路径,如图 2.4(b),该路径所包围的呈长的管状原子排列的紊乱区就是螺型位错。以大拇指代表螺旋面前进方向,其他四指代表螺旋面的旋转方向,符合右手法则的称右旋螺型位错,符合左手法则的称左旋螺型位错。图 2.4 为右旋螺型位错,图 2.6 为左旋螺型位错。

3. 柏氏矢量(Burgers vector)

(1) 柏氏矢量的确定方法

先确定位错线的方向(一般规定位错线垂直纸面时,由纸面向外为正向),按右手法

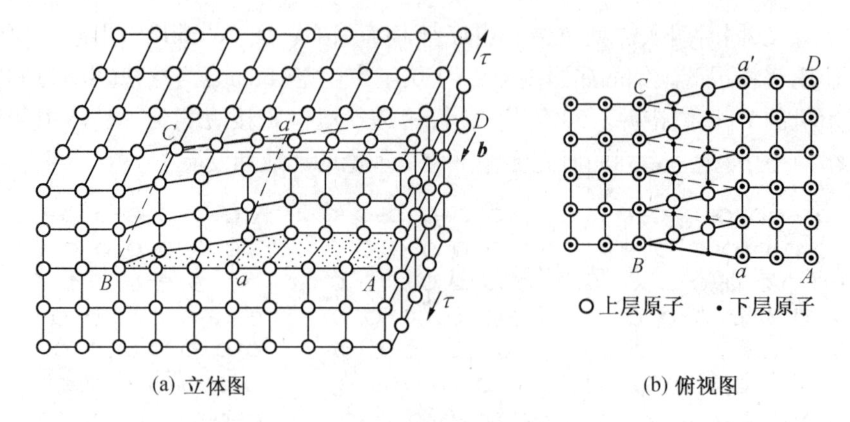

(a) 立体图 (b) 俯视图

图 2.4 螺型位错示意图

则做柏氏回路，右手大拇指指位错线正向，回路方向按右手螺旋方向确定。从实际晶体中任一原子 M 出发，避开位错附近的严重畸变区作一闭合回路 $MNOPQ$，回路每一步连接相邻原子。按同样方法在完整晶体中做同样回路，步数，方向与上述回路一致，这时终点 Q 和起点 M 不重合，由终点 Q 到起点 M 引一矢量 $\boldsymbol{QM}$ 即为柏氏矢量 $\boldsymbol{b}$。柏氏矢量与起点的选择无关，也与路径无关，图 2.5、图 2.6 示出刃位错与螺位错柏氏矢量的确定方法及过程。

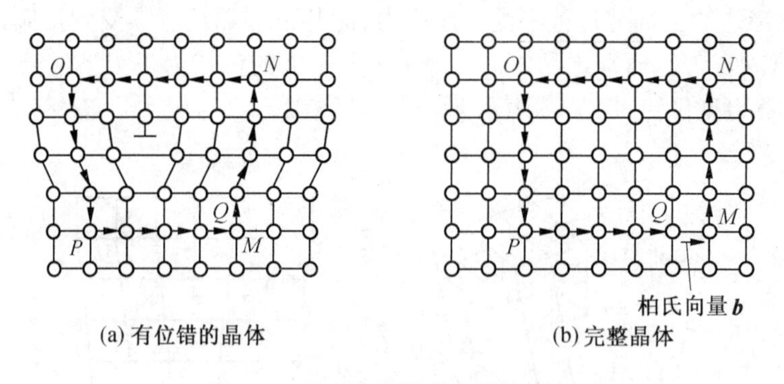

(a) 有位错的晶体 (b) 完整晶体

图 2.5 刃型位错柏氏矢量的确定

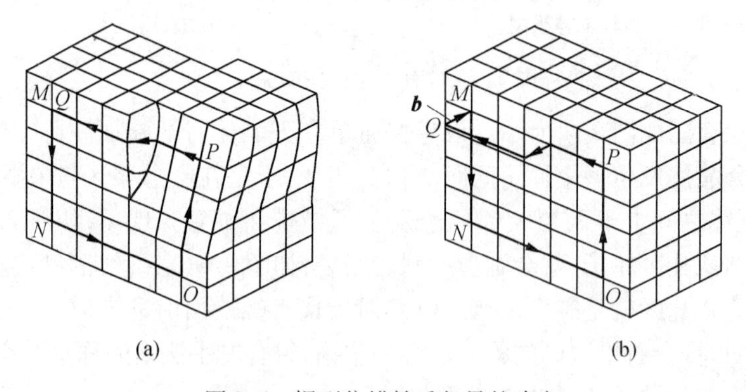

(a) (b)

图 2.6 螺型位错柏氏矢量的确定

（2）柏氏矢量的物理意义及特征

柏氏矢量是描述位错实质的重要物理量。反映出柏氏回路包含的位错所引起点阵畸变的总积累。通常将柏氏矢量称为位错强度，位错的许多性质如位错的能量，所受的力，应力场，位错反应等均与其有关。它也表示出晶体滑移时原子移动的大小和方向。

柏氏矢量具有守恒性，柏氏回路任意扩大和移动中，只要不与原位错线或其他位错线相遇，回路的畸变总累积不变，由此可引申出一个结论：一根不分叉的任何形状的位错只有一个柏氏矢量。

利用柏氏矢量 $\boldsymbol{b}$ 与位错线 $\boldsymbol{t}$ 的关系，可判定位错类型。若 $\boldsymbol{b}/\!/\boldsymbol{t}$ 则为螺型位错，其中同向为右螺，反向为左螺，如图 2.4 和图 2.6 所示。若 $\boldsymbol{b}\perp\boldsymbol{t}$ 为刃型位错，其正负用右手法则判定，右手拇指、食指与中指构成一直角坐标系，以食指指向 $\boldsymbol{t}$ 方向，中指指向 $\boldsymbol{b}$ 正方向，则拇指代表多余半原子面方向，多余半原子面在上称正刃型位错，反之称负刃型位错。

总之，柏氏矢量是其他缺陷所没有，位错所独有的性质。

(3) 混合位错

混合位错如图 2.7 所示，有一弯曲位错线 AC（已滑移区与未滑移区的交界），A 点处位错线与 $\boldsymbol{b}$ 平行为螺型位错，C 点处位错线与 $\boldsymbol{b}$ 垂直为刃型位错。其他部分位错线与 $\boldsymbol{b}$ 既不平行，也不垂直属混合位错，如图 2.7(b)，混合位错可分解为螺型分量 $\boldsymbol{b}_s$ 与刃型分量 $\boldsymbol{b}_e$，$b_s=b\cos\phi$，$b_e=b\sin\phi$。

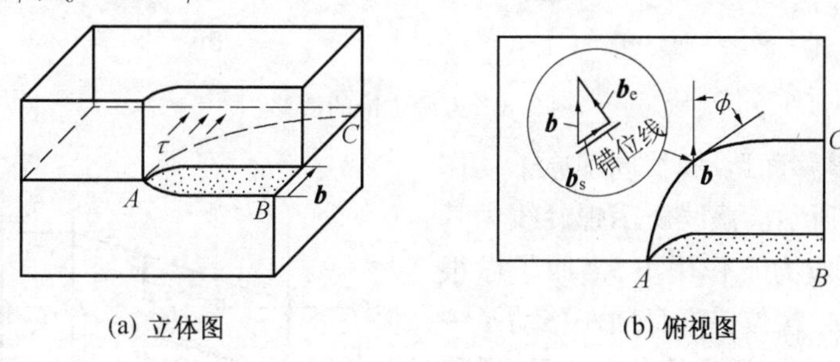

(a) 立体图　　(b) 俯视图

图 2.7　混合位错

4. 位错密度

晶体中位错的量通常用位错密度来表示

$$\rho=S/V(\mathrm{cm/cm^3}) \tag{2.2}$$

式中，V 是晶体的体积；S 是该晶体中位错线总长度。有时为简便，把位错线当成直线，而且是平行地从晶体的一面到另一面，这样式(2.2)变为

$$\rho=\frac{n\times l}{l\times A}=\frac{n}{A}(1/\mathrm{cm^2}) \tag{2.3}$$

式中，l 为每根位错线长度，近似为晶体厚度；n 为面积 A 中见到的位错数目。

位错密度可用透射电镜、金相等方法测定。一般退火金属中位错密度为 $10^5\sim10^6/\mathrm{cm^2}$，剧烈冷变形金属中位错密度可增至 $10^{10}\sim10^{12}/\mathrm{cm^2}$。

2.2.2　位错的运动

晶体中的位错总是力图从高能位置转移到低能位置，在适当条件下（包括外力作用），位错会发生运动。位错运动有滑移与攀移两种形式。

1. 位错的滑移

位错沿着滑移面的移动称为滑移。位错在滑移面上滑动引起滑移面上下的晶体发生相对运动，而晶体本身不发生体积变化称为保守运动。

刃位错的滑移如图 2.8 所示，对含刃位错的晶体加切应力，切应力方向平行于柏氏矢量，位错周围原子只要移动很小距离，就使位错由位置“1”移动到位置“2”，如图 2.8(a)所示。当位错运动到晶体表面时，整个上半部晶体相对下半部移动了一个柏氏矢量，晶体表面产生高度为 b 的台阶，如图 2.8(b)所示。刃位错的柏氏矢量 $\boldsymbol{b}$ 与位错线 $\boldsymbol{t}$ 互相垂直，故滑移面为 $\boldsymbol{b}$ 与 $\boldsymbol{t}$ 决定的平面，它是唯一确定的。由图 2.8，刃位错移动的方向与 $\boldsymbol{b}$ 方向一致，和位错线垂直。

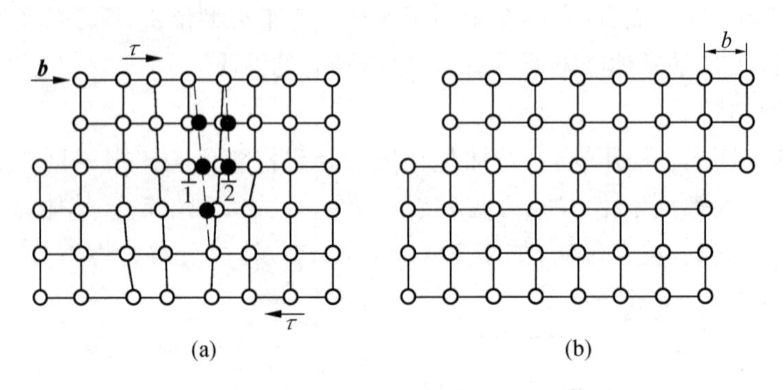

图 2.8　刃型位错的滑移

螺位错沿滑移面运动时，周围原子动作情况，如图 2.9 所示。虚线所示螺旋线为其原始位置，在切应力 τ 作用下，当原子做很小距离的移动时，螺位错本身向左移动了一个原子间距，到图中实线螺旋线位置，滑移台阶(阴影部分)亦向左扩大了一个原子间距。螺位错不断运动，滑移台阶不断向左扩大，当位错运动到晶体表面时，晶体的上下两部分相对滑移了一个柏氏矢量，其滑移结果与刃位错完全一样，所不同的是螺位错的移动方向与 $\boldsymbol{b}$ 垂直。此外，因螺位错 $\boldsymbol{b}$ 与 $\boldsymbol{t}$ 平行，故通过位错线并包含 $\boldsymbol{b}$ 的所有晶面都可能成为它的滑移面。当螺位错在原滑移面运动受阻时，可转移到与之相交的另一个滑移面上去，这样的过程叫交叉滑移，简称交滑移。

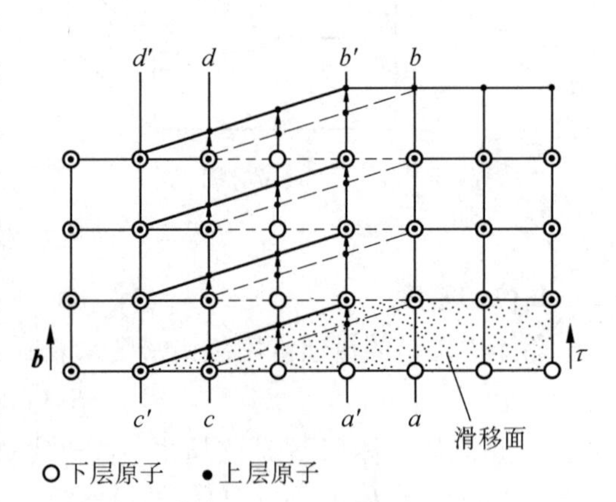

图 2.9　螺位错的滑移

混合型位错沿滑移面移动的情况，如图 2.10 所示。沿柏氏矢量 $\boldsymbol{b}$ 方向作用一切应力 τ，位错环将不断扩张，最终跑出晶体，使晶体沿滑移面相对滑移了 b，如图 2.10(b)所示。

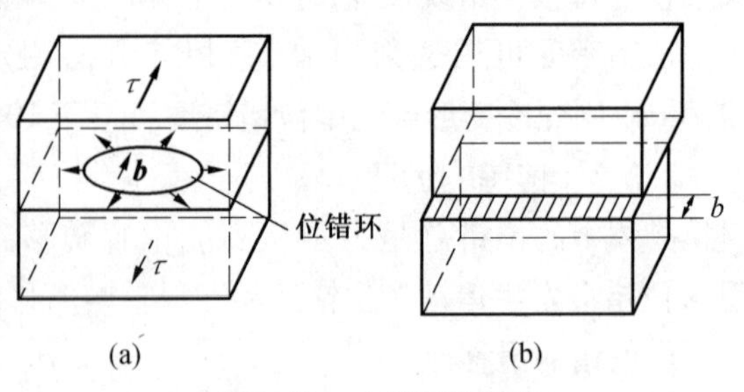

图 2.10　位错环的滑移

由此例看出，不论位错如何移动，晶

体的滑移总是沿柏氏矢量相对滑移，所以晶体滑移方向就是位错的柏氏矢量方向。

实际晶体中，位错的滑移要遇到多种阻力，其中最基本的固有阻力是晶格阻力，即派-纳力。当柏氏矢量为 $\boldsymbol{b}$ 的位错在晶体中移动时，将由某一个对称位置（图 2.8(a) 中 1 位置）移动到图中 2 位置。在这些位置，位错处在平衡状态，能量较低。而在对称位置之间，能量增高，造成位错移动的阻力。因此，位错移动时，需要一个力克服晶格阻力，越过势垒，此力称派-纳力（Peierls-Nabarro），可表示为

$$\tau_p \approx \frac{2G}{1-\nu} \mathrm{e}^{-\frac{2\pi a}{b(1-\nu)}} \tag{2.4}$$

式中，G 为切变模；ν 为泊桑比；a 为晶面间距；b 为滑移方向上原子间距。

由公式(2.4)可知，a 最大，b 最小时 τ_p 最小，故滑移面应是晶面间距最大的最密排面，滑移方向应是原子最密排方向，此方向 b 一定最小。除点阵阻力外，晶体中各种缺陷如点缺陷、其他位错、晶界和第二相粒子等对位错运动均会产生阻力，使金属抵抗塑性变形能力增强。

2. 位错的攀移

刃型位错除可以在滑移面上滑移外，还可在垂直滑移面的方向上运动即发生攀移。攀移的实质是多余半原子面的伸长或缩短。通常把多余半原子面向上移动称正攀移，向下移动称负攀移，如图 2.11 所示。空位扩散到位错的刃部，使多余半原子面缩短叫正攀移，如图 2.11(a) 所示。刃部的空位离开多余半原子面，相当于原子扩散到位错的刃部，使多余半原子面伸长，位错向下攀移称为负攀移，如图 2.11(c) 所示。

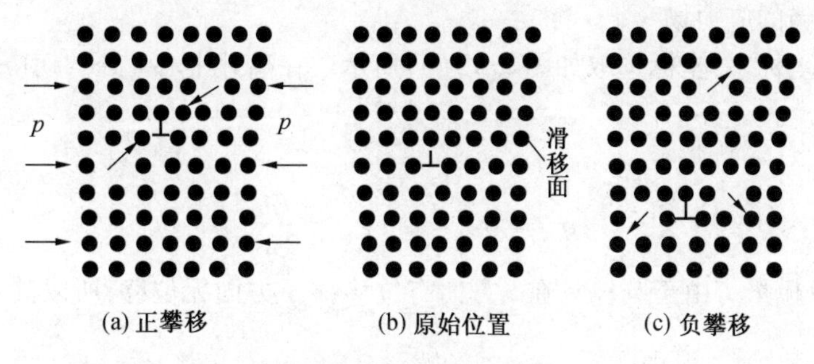

图 2.11　刃型位错的攀移

攀移与滑移不同，攀移时伴随物质的迁移，需要空位的扩散，需要热激活，比滑移需要更大能量。低温攀移较困难，高温时易攀移。攀移通常会引起体积的变化，故属非保守运动。此外，作用于攀移面的正应力有助于位错的攀移，由图 2.11(a) 可见压应力将促进正攀移，拉应力可促进负攀移。晶体中过饱和空位也有利于攀移。攀移过程中，不可能整列原子同时附着或离开，所以位错（即多余半原子面边缘）要出现割阶，如图 2.12 所示。割阶是原子附着或脱离多余半原子面最可能

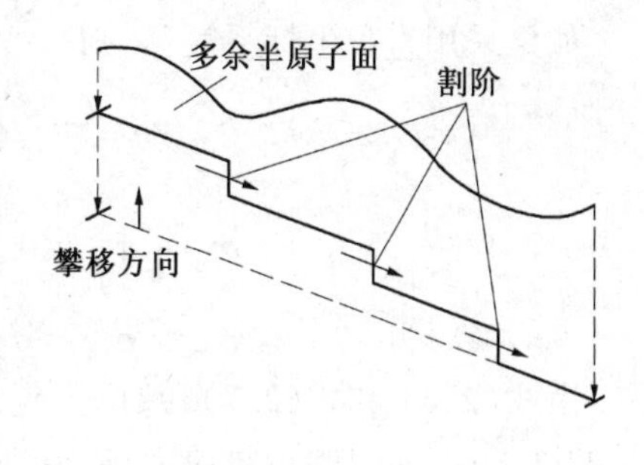

图 2.12　位错、割阶的运动

的地方。图 2.12 中,刃型位错通过割阶沿箭头方向运动实现攀移。

2.2.3 位错的弹性性质

1. 位错的应力场

晶体中存在位错时,位错线附近的原子偏离了正常位置,引起点阵畸变,从而产生应力场。在位错的核心区,原子排列特别紊乱,超出弹性变形范围,虎克定律已不适用。中心区外,位错所形成的弹性应力场可用各向同性连续介质的弹性理论来处理。

取外半径为 R,内半径为 r_0 的各向同性材料的圆柱体两个。圆柱中心线选为 z 轴,将圆柱沿 xOz 面切开,使两个切面分别沿 z 轴方向和 x 轴方向相对位移 $\boldsymbol{b}$,再把切面胶合起来,这样在圆柱体内分别产生了螺位错和刃位错的弹性应力场,如图 2.13 所示。

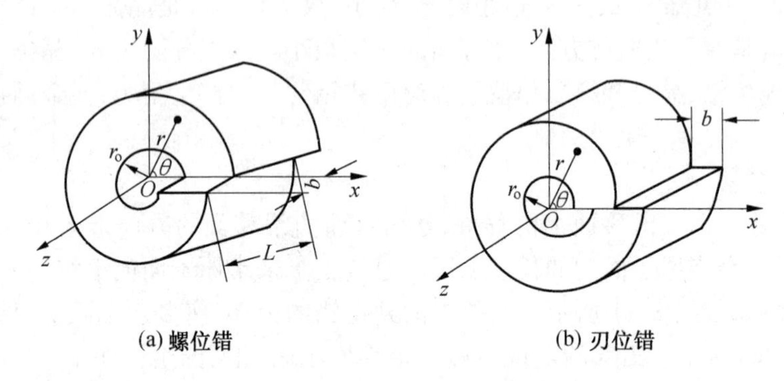

图 2.13 位错的连续介质模型

(1) 螺位错的应力场

采用圆柱坐标系,坐标选取如图 2.13(a)所示。在离开中心 r 处的切应变为

$$\varepsilon_{\theta z} = b/2\pi r \tag{2.5}$$

其相应切应力

$$\sigma_{\theta z} = \sigma_{z\theta} = G \cdot \varepsilon_{\theta z} = \frac{Gb}{2\pi r} \tag{2.6}$$

式中,G 为切变模量。由于圆柱只在 z 方向有位移,x、y 方向无位移,所以其余应力分量为零。

$$\sigma_{rr} = \sigma_{\theta\theta} = \sigma_{zz} = \sigma_{r\theta} = \sigma_{\theta r} = \sigma_{rz} = \sigma_{zr} = 0 \tag{2.7}$$

如果采用直角坐标系表示,则

$$\left.\begin{aligned} \sigma_{xz} &= \sigma_{zx} = -\sigma_{z\theta}\sin\theta = -\frac{Gb}{2\pi}\frac{y}{(x^2+y^2)} \\ \sigma_{yz} &= \sigma_{zy} = \sigma_{z\theta}\cos\theta = \frac{Gb}{2\pi}\frac{x}{(x^2+y^2)} \\ \sigma_{xx} &= \sigma_{yy} = \sigma_{zz} = \sigma_{xy} = \sigma_{yx} = 0 \end{aligned}\right\} \tag{2.8}$$

由式(2.6)和式(2.7),螺位错应力场中不存在正应力分量。切应力分量只与 r 有关,与 θ 无关,所以螺位错应力场是径向对称的,即同一半径上的切应力相等。当 r 趋向 0 时,$\sigma_{\theta z}$ 与 $\sigma_{z\theta}$ 趋于无限大,显然不符合实际情况,这是因为线弹性理论不适用于位错中心的严重畸变区。

(2) 刃位错应力场

刃位错应力场比螺位错复杂,按图 2.13(b),根据弹性理论可求得

$$\left.\begin{aligned}
\sigma_{xx} &= -D\frac{y(3x^2+y^2)}{(x^2+y^2)^2} \\
\sigma_{yy} &= D\frac{y(x^2-y^2)}{(x^2+y^2)^2} \\
\sigma_{zz} &= \nu(\sigma_{xx}+\sigma_{yy}) \\
\sigma_{xy} &= \sigma_{yx} = D\frac{x(x^2-y^2)}{(x^2+y^2)^2} \\
\sigma_{xz} &= \sigma_{zx} = \sigma_{yz} = \sigma_{zy} = 0
\end{aligned}\right\} \tag{2.9}$$

其中 $D=\dfrac{Gb}{2\pi(1-\nu)}$;$\nu$ 为泊松比;G 切变弹性模量。

由公式(2.9),可看出刃位错应力场有如下特点。正应力分量与切应力分量可同时存在,各应力分量与 z 无关,即与刃位错线平行的直线各点应力状态相同。$y>0$ 时,即滑移面以上,$\sigma_{xx}<0$ 为压应力,$y<0$ 时,即滑移面以下为拉应力。$y=0$ 时无正应力,此时切应力最大。此外,对于应力场中任一点 $|\sigma_{xx}|$ 总是大于 $|\sigma_{yy}|$。显然,同螺位错一样,上述公式也不适于刃位错中心区。刃位错周围的应力场,如图 2.14 所示。

2. 位错的应变能

位错的存在引起点阵畸变,导致能量增高,此增量称为位错的应变能,包括位错核心能与弹性应变能。其中弹性应变能约占总能量 9/10,以下主要讨论弹性应变能。

由弹性理论可知:弹性体变形时,单位体积内的应变能(W/V) 等于$\dfrac{1}{2}\sigma\varepsilon$,如果应力有若干分量,则总的单位体积应变能等于这些应力分别乘以其相应的应变分量总和的二分之一。对于螺位错,只有切应力分量,故

$$\mathrm{d}w=\frac{1}{2}\sigma_{\theta z}\cdot\varepsilon_{\theta z}\mathrm{d}V \tag{2.10}$$

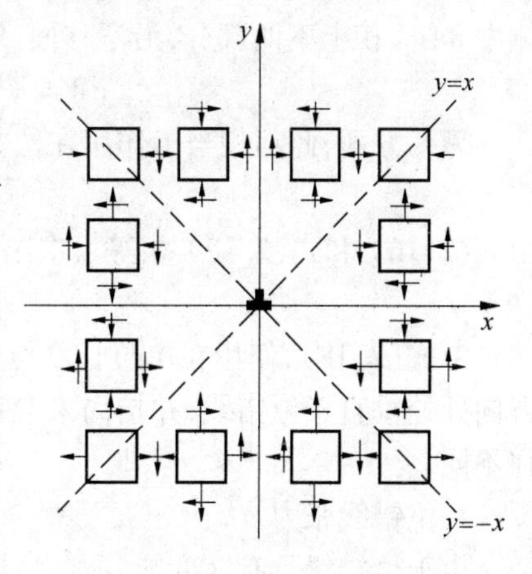

图 2.14　刃型位错周围的应力场

由图2.13(a)可知,$\mathrm{d}V=2\pi r\mathrm{d}r\cdot L$,其中 L 为位错线长度。若位错中心区为 r_0,应力场作用半径 R,则

$$\int_0^{\frac{W}{L}}\left(\frac{\mathrm{d}W}{L}\right)=\int_{r_0}^{R}\frac{1}{2}\sigma_{\theta z}\cdot\varepsilon_{\theta z}\cdot 2\pi r\cdot\mathrm{d}r \tag{2.11}$$

将式(2.5) 和式(2.6) 代入式(2.11),整理后得到

$$\int_0^{\frac{W}{L}}\left(\frac{\mathrm{d}W}{L}\right)=\int_{r_0}^{R}\frac{Gb^2}{4\pi}\frac{\mathrm{d}r}{r} \tag{2.12}$$

单位长度螺位错的弹性应变能 W_s 为

$$W_s = \left(\frac{W}{L}\right)_s = \frac{Gb^2}{4\pi}\ln\frac{R}{r_0} \tag{2.13}$$

刃位错的弹性应变能计算较为复杂,结果如式(2.14)所示,其中 ν 为泊松比,一般金属的 $\nu = 1/3$。

$$W_E = \left(\frac{W}{L}\right)_E = \frac{Gb^2}{4\pi(1-\nu)}\ln\frac{R}{r_0} \tag{2.14}$$

上述分析表明单位长度的位错的应变能大致可表示为

$$W/L = \alpha \cdot Gb^2 \quad (\mathrm{J/m}) \tag{2.15}$$

其中 α 是与几何因素有关的系数,约为0.5 ~ 1.0。此式表明由于应变能与柏氏矢量的平方成正比,故柏氏矢量越小,位错能量越低。

混合位错可将其分解为螺型分量和刃型分量,然后按式(2.13)和式(2.14)计算后相加。

3. 外力场中位错所受的力

在切应力作用下,晶体中的位错将发生运动,由于位错移动的方向总是与位错线垂直,故可设想有一个垂直于位错线的力,造成了位错的移动,这就是"作用在位错线上的力",常用虚功原理求得。

由图2.15可知,切应力 τ 使一小段位错线 $\mathrm{d}l$ 移动了 $\mathrm{d}s$ 距离。此段位错线的移动使晶体中 $\mathrm{d}A$ 面积上下两部分,沿滑移面产生了滑移量为 $\boldsymbol{b}$ 的滑移,故切应力作的功为

$$\mathrm{d}W = (\tau\mathrm{d}A)\cdot b = \tau\mathrm{d}l\cdot\mathrm{d}s\cdot b \tag{2.16}$$

另一方面,此功相当于作用在位错上的力 F 使位错线移动 $\mathrm{d}s$ 距离所作的功为

$$W = F\cdot\mathrm{d}s \tag{2.17}$$

由式(2.16)和式(2.17)相等可求出 $F = \tau b\cdot\mathrm{d}l$,作用在单位长度位错线上的力为 F_d,即

$$F_d = F/\mathrm{d}l = \tau b \tag{2.18}$$

由式(2.18),作用在单位长度位错线上的力与外加切应力 τ 和柏氏矢量模 b 成正比,方向处处垂直于位错线,并指向未滑移区,如图2.16所示。需指出的是 F_d 与 τ 的方向往往不同。

4. 位错线张力

由于位错线具有应变能,所以位错线有缩短的趋势以减小应变能,这便产生了线张力 T。线张力数值上等于单位长度位错的应变能,即

$$T = \alpha\cdot Gb^2 \quad (\mathrm{J/m}) \tag{2.19}$$

其中 $\alpha \approx 1$ 是直线位错,弯曲位错 $\alpha = 1/2$,其单位为J/m(单位长度上的能量)。

图2.16表示有一 $\mathrm{d}s$ 长,曲率半径为 r 的位错线,若有外加切应力 τ 存在,则单位长度位错线所受的力为 τb,它力图使位错线变弯。同时存在线张力 T,力图使位错线伸直。线张力在水平方向的分力为 $2T\sin\frac{\mathrm{d}\theta}{2}$。平衡时两力相等,故有

$$\tau b\cdot\mathrm{d}s = 2T\sin\frac{\mathrm{d}\theta}{2} \tag{2.20}$$

因为 $\mathrm{d}s = r\mathrm{d}\theta$,$\mathrm{d}\theta$ 较小时,$\sin\frac{\mathrm{d}\theta}{2} \approx \frac{\mathrm{d}\theta}{2}$,$T = \frac{Gb^2}{2}$,所以

$$\tau = \frac{Gb}{2r} \tag{2.21}$$

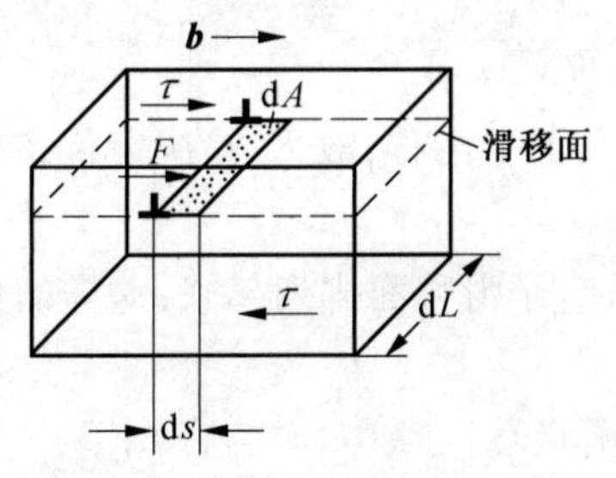

图 2.15 作用在位错线上的力

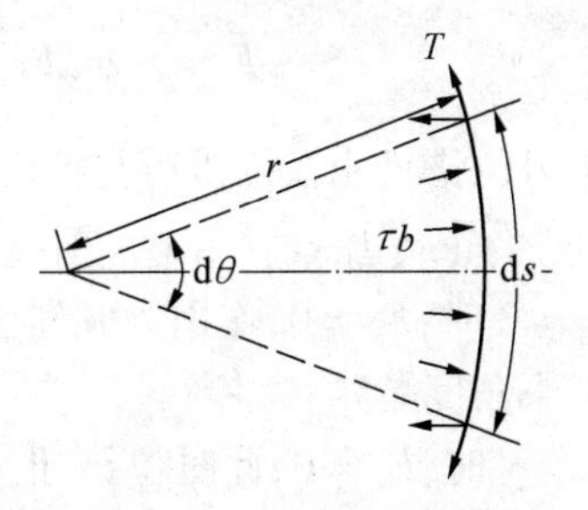

图 2.16 位错的线张力

式(2.21)表明,假如切应力产生的作用在位错线上的力 τb,作用于不能自由运动的位错上,则位错将向外弯曲,其曲率半径 r 与 τ 成反比。

5. 位错间的交互作用力

实际晶体中,有许多位错同时存在,每个位错周围都有一个应力场。位错之间的作用力是它们的应力场互相作用的结果。此交互作用力随位错类型,柏氏矢量大小,位错线相对位向的不同而变化。现以两个平行的直线位错为例讨论之。

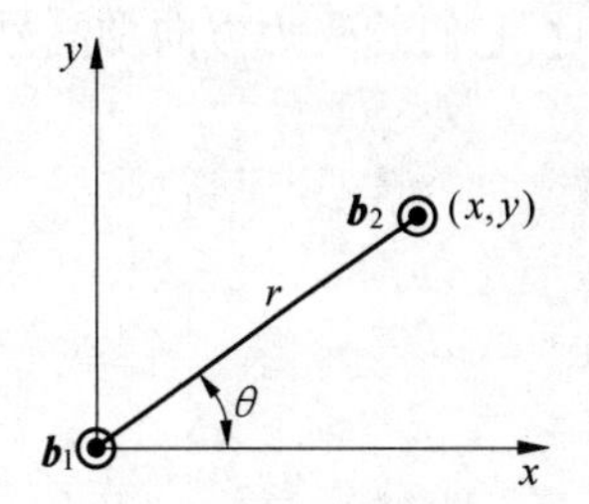

图 2.17 两平行螺位错的相互线图

(1)两根平行螺位错的交互作用

设两条螺位错平行于 z 轴,相距为 r,柏氏矢量为 $\boldsymbol{b}_1$,$\boldsymbol{b}_2$,如图 2.17 所示。因为螺位错应力场具有径向对称性,平行于 z 轴,相距为 r 的两个螺位错之间只有径向作用力 F_r 存在。

$$F_r = \sigma_{\theta z} b_2 \tag{2.22}$$

由式(2.6),$\sigma_{\theta z} = \frac{Gb_1}{2\pi r}$,将 $\sigma_{\theta z}$ 代入式(2.22)得

$$F_r = \frac{Gb_1 b_2}{2\pi r} \tag{2.23}$$

换成直角坐标

$$F_x = \frac{Gb_1 b_2}{2\pi} \cdot \frac{x}{(x^2 + y^2)}$$

$$F_y = \frac{Gb_1 b_2}{2\pi} \cdot \frac{y}{(x^2 + y^2)} \tag{2.24}$$

其中异号位错相互吸引,同号位错相互排斥。

(2)两平行刃位错的交互作用

两个柏氏矢量平行的平行刃位错位置关系,如图 2.18 所示。位错 Ⅰ 位于坐标原点,位错 Ⅱ 在点式(x,y)处。由式(2.9)可求得位错 Ⅰ 作用于(x,y)处的各应力分量,其中只有 σ_{yx} 与 σ_{xx} 对位错 Ⅱ 起作用。由于位错 Ⅱ 的滑移面与 y 轴垂直,故 σ_{yx} 可使位错 Ⅱ 滑移。σ_{xx} 可使位错 Ⅱ 沿 y 方向发生攀移,因为压应力,引起正攀移,故 F_y 与 σ_{xx} 反号。由式(2.18)可求得沿 x 轴的分力 F_x,沿 y 轴的分力 F_y。

$$F_x = \sigma_{yx} b_2 = \frac{Gb_1 b_2}{2\pi(1-\nu)} \cdot \frac{x(x^2 - y^2)}{(x^2 + y^2)^2}$$

$$F_y = -\sigma_{xx} b_2 = \frac{Gb_1 b_2}{2\pi(1-\nu)} \cdot \frac{y(3x^2 + y^2)}{(x^2 + y^2)^2} \tag{2.25}$$

由于刃位错只能在位错线与柏氏矢量构成的滑移面上滑移，故 F_x 是决定位错行为的作用力，F_x 的正负由 $x(x^2 - y^2)$ 项决定。

当 $x = 0$ 时，$F_x = 0$，作用力倾向于使同号位错垂直于滑移面排列起来，这样的位错组态构成了小角度晶界。

当 $x = y$ 时，$F_x = 0$，此时位错 Ⅱ 处在不稳定平衡状态。

当 $x > 0, x > y, F_x > 0$ 两位错互相排斥。

当 $x > 0, x < y, F_x < 0$ 两位错吸引，位错 Ⅱ 受到吸向 Y 轴的力。

以上讨论的是两同号位错的作用力，可形象地表示在图 2.19 中。当两位错为异号时，它们的受力方向和同号位错相反，稳定平衡与不稳定平衡位置互换。

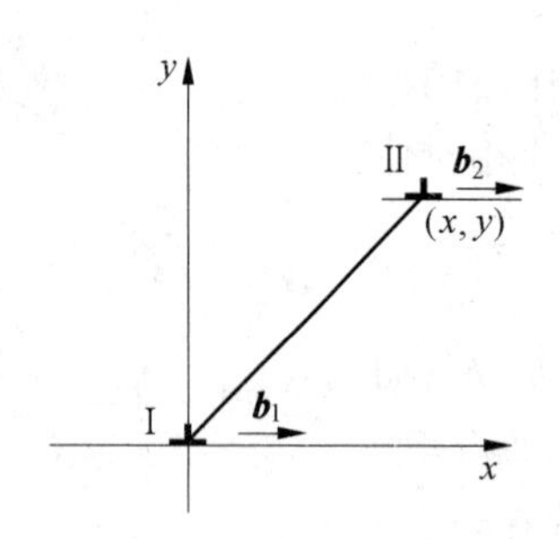

图 2.18　两平行刃位错的交互作用

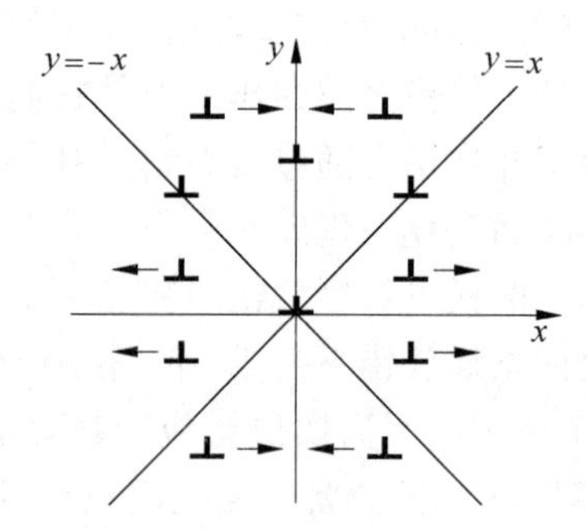

图 2.19　两平行同号刃位错的作用力

2.2.4　实际晶体中的位错

介绍位错的一般性质时，都是以简单立方为例讨论的，未涉及到实际的晶体结构。实际晶体中的位错决定于晶体结构及能量条件两个因素。

1. 实际晶体结构中的单位位错

柏氏矢量表示位错运动后晶体相对的滑移量，因此它只能由原子的一个平衡位置指向另一个平衡位置。在某种晶体结构中，力学平衡位置很多，故柏氏矢量可有很多。但从能量条件上看，由于位错能量正比于 b^2，故柏氏矢量越小，位错的能量越低，能量高的位错不稳定，因此实际晶体中存在的位错的柏氏矢量仅限于少数最短的平移矢量（即最近邻的两个原子间距），具有这种柏氏矢量的位错称为单位位错。因此单位位错的柏氏矢量一定平行于晶体的最密排方向。例如，面心立方结构的单位位错为 $\frac{a}{2}\langle 110 \rangle$，密排六方结构的单位位错为 $\frac{a}{3}\langle 11\bar{2}0 \rangle$，体心方立结构的单位位错为 $\frac{a}{2}\langle 111 \rangle$，均平行于各自晶体的最密排方向。

面心立方结构中的单位位错如图 2.20 所示。图 2.20(a) 中，纸面为滑移面(111)，左侧为未滑移区，右侧为已滑移区，均属正常堆垛，已滑移区与未滑移区交界，有一单位位错，位错线 $\boldsymbol{t}=[\bar{1}01]$，$\boldsymbol{b}=\frac{a}{2}[\bar{1}10]$，当其在滑移面扫过之后，滑移面上下的原子排列整齐如旧，如图 2.20(b) 所示，所以单位位错又叫全位错或完整位错。

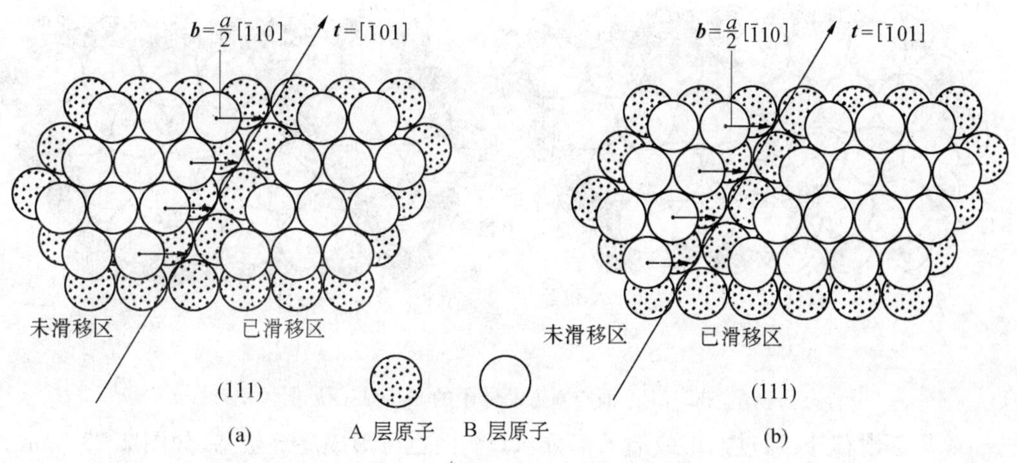

图 2.20　面心立方晶体中的单位位错

2. 不全位错

柏氏矢量小于最短平移矢量的位错叫部分位错；柏氏矢量不等于最短平移矢量整数倍的位错叫不全位错，一般两者不严格区分。不全位错沿滑移面扫过之后，滑移面上下层原子不再占有正常的位置，产生了错排，形成了层错。

面心立方与密排六方的最密排面原子排列情况完全相同。如果按 ABCABC… 顺序堆垛是面心立方，如按 ABAB… 顺序堆垛则是密排六方。如果正常堆垛顺序被扰乱，便出现堆垛层错。在密排面上，将上下部分晶体作适当的相对滑移，或在正常堆垛顺序中抽出一层或插入一层均可形成层错。层错破坏了晶体中正常的周期性，使电子发生额外的散射，从而使能量增加。层错不产生点阵畸变，因此层错能比晶界能低得多。表 2.1 给出若干面心立方金属的层错能。

表 2.1　部分面心立方金属的层错能

金属晶体	Ag	Au	Cu	Al	Ni	不锈钢
层错能 /($\mathrm{J\cdot m^{-2}}$)	0.02	0.06	0.04	0.20	0.25	0.013

金属中出现层错的几率与层错能 γ 的大小有关，铝的层错能很高，就看不到层错；奥氏体不锈钢、α 黄铜的层错能很低，可观查到大量层错。

晶体中的层错区与正常堆垛区的交界便是不全位错。面心立方晶体中，存在两种不全位错。图 2.21 为肖克莱不全位错，图 2.22 为弗兰克不全位错。

图 2.21(a) 为肖克莱不全位错（刃型）的结构。纸面为(111)，位错线方向 $\boldsymbol{t}=[\bar{1}01]$，位错线是左边正常堆垛区与右边层错区的交界，柏氏矢量 $\boldsymbol{b}_2=\frac{a}{6}[\bar{1}2\bar{1}]$，$\boldsymbol{t}$ 与 $\boldsymbol{b}_2$ 互相垂直，故为刃型。位错线左侧的正常堆垛区的原子由 B 位置沿柏氏矢量 $\boldsymbol{b}_2$ 滑移到 C 位置，即层错区扩大，不全位错线向左滑移，如图 2.21(b) 所示。因为层错区与正常堆垛区交界线可

以是各种形状，故肖克莱不全位错还可以有螺型和混合型。因为肖克莱不全位错线与柏氏矢量所决定的平面是{111}，是面心立方金属的最密排面，故可以滑移，其滑移相当于层错面的扩大和缩小。

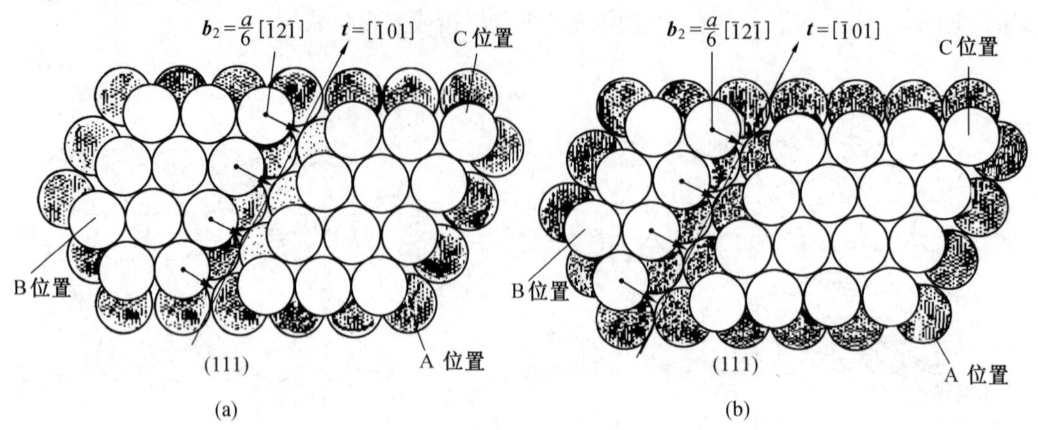

图 2.21　面心立方晶体中的 Shockley 位错

除局部滑移外，通过抽出或插入部分{111}面也可形成局部层错，如图 2.22 所示。在图 2.22(a) 中，无层错区{111}面的堆垛次序为 ABCABCABC…，从中抽出部分{111}面，堆垛次序变为 ABCABABCABC…，产生了局部堆垛层错。在图 2.22(b) 中，正常堆垛次序插入部分{111}面，堆垛次序变为 ABCABCBABCABC…，也产生了局部堆垛层错，层错区与正常堆垛区交界就是弗兰克不全位错。其中抽出部分{111}面形成的层错叫内禀层错，内禀层错区与正常堆垛区交界称为负弗兰克不全位错，如图 2.22(a)，插入部分{111}面形成的层错叫外禀层错，外禀层错区与正常堆垛区交界称为正弗兰克不全位错，如图 2.22(b)。抽出部分{111}面，会引起相邻{111}面的局部塌陷，插入部分{111}面也会引起相邻{111}面的局部膨胀，因为{111}面间距为$\frac{a}{3}<111>$，故弗兰克不全位错的柏氏矢量 $\boldsymbol{b}=\frac{a}{3}<111>$，所要说明的是正负弗兰克不全位错柏氏矢量方向相反，如图 2.22 所示。

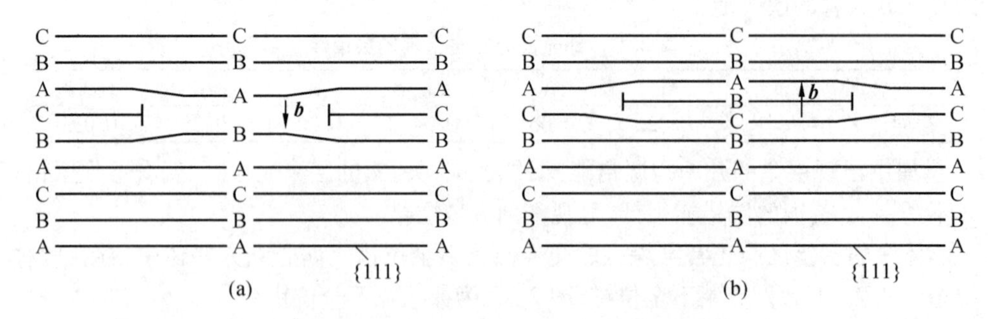

图 2.22　面心立方晶体中的 Frank 位错

如上所述，弗兰克不全位错线 $\boldsymbol{t}$ 一定在{111}面上，而柏氏矢量 $\boldsymbol{b}$ 又垂直于位错线所在的{111}面，故无论其形状如何总是纯刃型。由于 $\boldsymbol{b}$ 与 $\boldsymbol{t}$ 决定的晶面不是面心立方晶体的密排面{111}面，故弗兰克不全位错不能滑移，只能攀移，攀移是靠层错面扩大和缩小来实现的，故弗兰克不全位错是固定位错。

密排六方结构的晶体也可以通过滑移形成肖克莱不全位错,通过抽出或插入部分原子面形成弗兰克不全位错。对于体心立方晶体密排面{110}和{100}的堆垛顺序只能是ABABABAB…,故不可能产生层错,但它的{112}堆垛顺序是周期性的,堆垛顺序为ABCDEFABCDEF… 如图2.23所示。当{112}堆垛顺序发生错误,也可产生层错,从而形成不全位错。

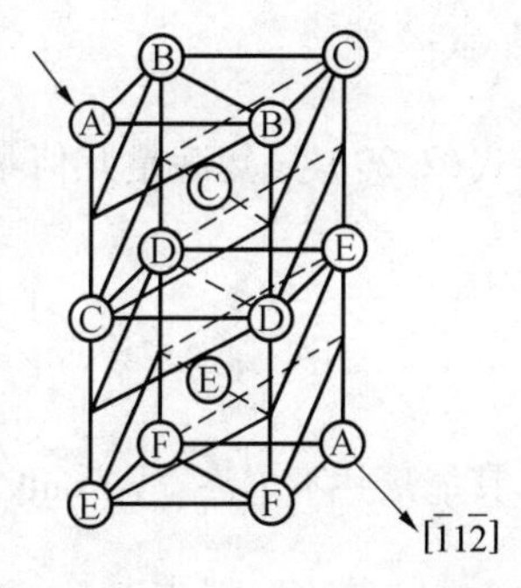

图2.23 体心立方结构($\bar{1}1\bar{2}$)堆垛顺序

3. 位错反应及汤普逊四面体

前面介绍过位错的应变能与b^2成正比,位错的能量越低,越稳定。所以柏氏矢量较大的位借往往可以分解为柏氏矢量较小的位错,或者两个位错也可合并为一个位错等。位错之间的互相转化称为位错反应。

位错反应能否进行决定于以下两个条件:

① 必须满足几何条件即柏氏矢量的守恒性,反应前后诸位错的柏氏矢量和相等,即

$$\sum \boldsymbol{b}_{前} = \sum \boldsymbol{b}_{后} \tag{2.26}$$

② 必须满足能量条件,即反应后诸位错的总能量应小于反应前诸位错的总能量,即

$$\sum b_{前}^2 > \sum b_{后}^2 \tag{2.27}$$

下面以面心立方晶体为例讨论位错反应。面心立方晶体中所有重要位错的柏氏矢量和位错反应可用Thompson提出的参考四面体和一套标记清晰而直观地表示出来,如图2.23所示。

在面心立方晶胞中取$A(\frac{1}{2},\frac{1}{2},0)$,$B(\frac{1}{2},0,\frac{1}{2})$,$C(0,\frac{1}{2},\frac{1}{2})$,$D(0,0,0)$,连成一正四面体,如图2.24(a)。四面体各面中心为$\alpha(\frac{1}{6},\frac{1}{6},\frac{1}{3})$,$\beta(\frac{1}{6},\frac{1}{3},\frac{1}{6})$,$\gamma(\frac{1}{3},\frac{1}{6},\frac{1}{6})$,$\delta(\frac{1}{3},\frac{1}{3},\frac{1}{3})$,如图2.24(b),将四面体以三角形$ABC$为底展开,如图2.24(c)。则四面体的六条棱边是$\frac{a}{2}\langle 110\rangle$单位位错的柏氏矢量。四个面中点与顶点的连线$\boldsymbol{\delta A},\boldsymbol{\delta C},\boldsymbol{\delta B}$,$\boldsymbol{B\alpha},\boldsymbol{C\alpha},\boldsymbol{D\alpha}$等共12个连线代表$\frac{a}{6}\langle 112\rangle$型肖克莱不全位错的柏氏矢量。$\boldsymbol{A\alpha},\boldsymbol{B\beta},\boldsymbol{C\gamma},\boldsymbol{D\delta}$是四面体顶点到它所对的三角形中点的连线,构成弗兰克不全位错的柏氏矢量$\frac{a}{3}\langle 111\rangle$。$\boldsymbol{\beta\gamma},\boldsymbol{\gamma\delta},\boldsymbol{\beta\delta},\boldsymbol{\alpha\beta},\boldsymbol{\alpha\gamma},\boldsymbol{\alpha\delta}$共6个是压杆位错的柏氏矢量。所有的向量均很容易计算出来,为使用方便,便做出图2.24(c)。对于图上没有的矢量也可方便算出。例如,shockley不全位错和Frank不全位错相合,反应变成单位位错,用Thompson记号,这种位错反应方程式为

$$\boldsymbol{A\alpha} + \boldsymbol{\alpha C} = \boldsymbol{AC} \tag{2.28}$$

由各点坐标,可算出

$$\boldsymbol{A\alpha} = \frac{a}{3}[\bar{1}\bar{1}1], \quad \boldsymbol{\alpha C} = \frac{a}{6}[\bar{1}21], \quad \boldsymbol{AC} = \frac{a}{2}[\bar{1}01]$$

于是式(2.28)变为

$$\frac{a}{3}[\bar{1}\bar{1}1] + \frac{a}{6}[\bar{1}21] \to \frac{a}{2}[\bar{1}01] \tag{2.29}$$

式(2.29)显然满足几何条件。分别计算反应前后的能量

$$\sum b_{前}^2 = \frac{1+1+1}{9} + \frac{1+4+1}{36} = \frac{1}{2}$$

$$\sum b_{后}^2 = \frac{1+1}{4} = \frac{1}{2}$$

其能量并不增高,故 Frank 不全位错和 Shockley 不全位错相遇,有可能反应生成单位位错。

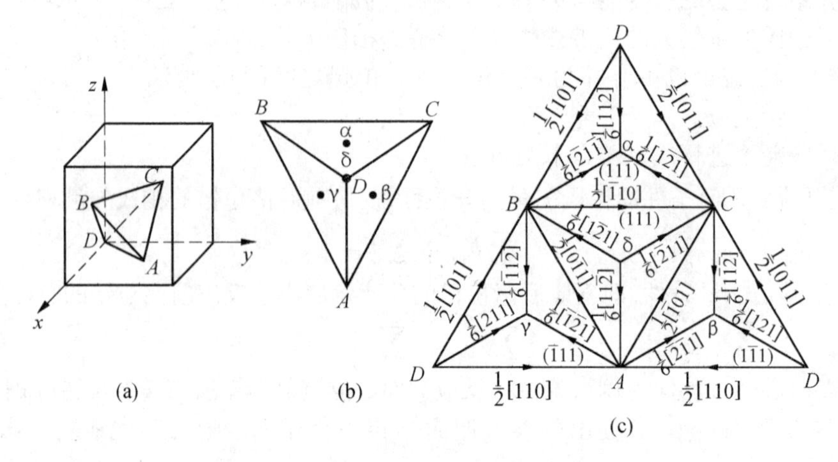

图 2.24　Thompson 四面体及记号

4. 扩展位错

面心立方晶体的滑移过程可参考图 2.25。如前所述,面心立方晶体可以看成由{111}面按 ABCABC⋯顺序堆垛而成。在图 2.25(a)中,第一层原子占 A 位置,此时有两种凹坑出现,若将△凹坑看成 B 位置,则▽凹坑即为 C 位置。当发生滑移时,若从 B 位置滑移到相临的 B 位置,即滑移矢量为单位位错柏氏矢量时,此时要滑过 A 层原子的"高峰",滑移所需能量较高。如果 B 层原子作"之"字运动,先由 B 滑移到 C,再由 C 滑移到 B,就比较省力,即用 $\boldsymbol{b}_2 + \boldsymbol{b}_3$ 两个部分位错的运动代替 $\boldsymbol{b}_1$ 全位移的运动,如图 2.25(b)所示。由汤普逊记号可写出具体的位错反应,先找到(111)面,其上的单位位错 BC 可分解为两个肖克莱不全位错 $B\delta$,δC,其反应式为

$$\boldsymbol{BC} \to \boldsymbol{B\delta} + \boldsymbol{\delta C} \tag{2.30}$$

即

$$\frac{a}{2}[\bar{1}10] \to \frac{a}{6}[\bar{1}2\bar{1}] + \frac{a}{6}[\bar{2}11] \tag{2.31}$$

反应前后的能量计算表明反应可以进行,因为此时

$$\boldsymbol{b}_1^2 = \frac{a^2}{2} > \boldsymbol{b}_2^2 + \boldsymbol{b}_3^2 = \frac{a^2}{6} + \frac{a^2}{6} = \frac{a^2}{3}$$

一个单位位错分解为两个不全位错,中间夹住一片层错的组态叫扩展位错,如图 2.25(c),(d)所示。图中Ⅱ区为层错区,Ⅰ、Ⅲ区为正常堆垛区,层错区与正常堆垛区的交界为肖克莱不全位错线,其中Ⅰ、Ⅱ区交界为柏氏矢量 $\boldsymbol{b}_2 = \frac{a}{6}[\bar{1}2\bar{1}]$ 的肖克莱不全

位错；Ⅱ、Ⅲ区交界为柏氏矢量 $\boldsymbol{b}_3=\frac{a}{6}[\bar{2}11]$ 的肖克莱不全位错。Ⅰ区是未滑移区，Ⅲ区是已滑移区，Ⅰ、Ⅲ区交界是单位位错线 $\boldsymbol{b}_1=\frac{a}{2}[\bar{1}10]$。扩展位错的刚球模型如图2.25(d)所示，在图2.25(d)中，若位错线向左运动，图中小箭头表示原子移动的大小及方向即各位错的柏氏矢量。

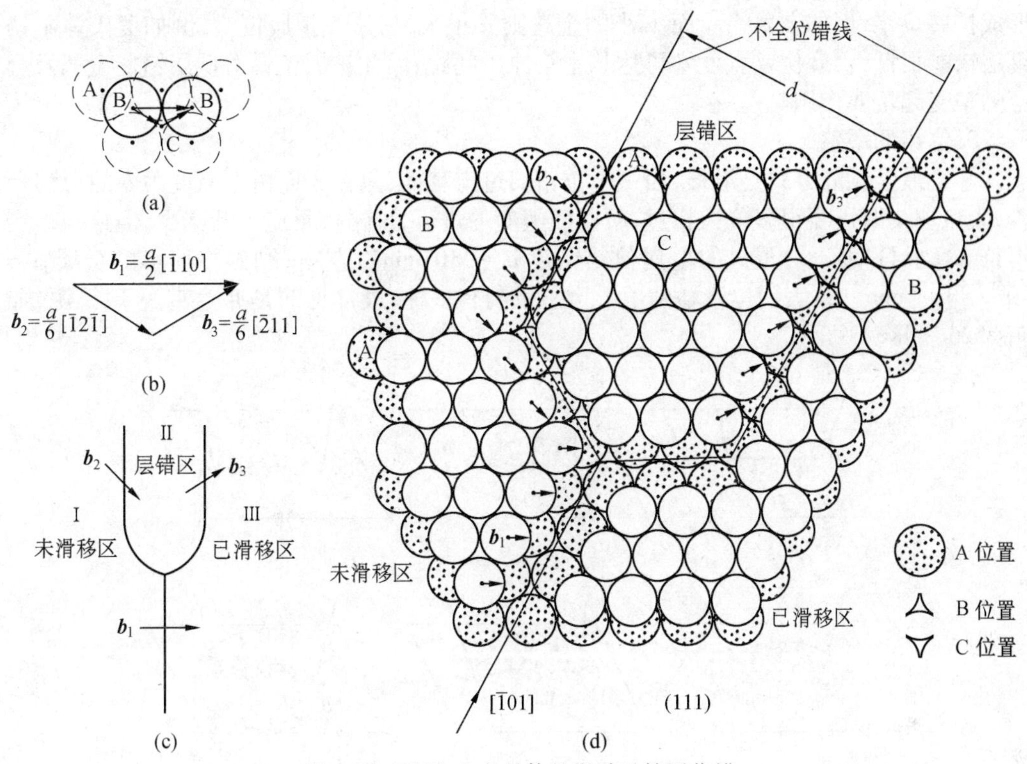

图 2.25　面心立方晶体的滑移及扩展位错

$\boldsymbol{b}_1=\frac{a}{2}[\bar{1}10]$ 单位位错线向左扫过，原子由一个 B 位置滑动到下一个 B 位置，已滑移区扩大，正常堆垛顺序未改变。$\boldsymbol{b}_2=\frac{a}{6}[\bar{1}2\bar{1}]$ 的肖克莱不全位错向左扫过，原子由 B 位置滑动到 C 位置，层错区向左扩大，与此同时 $\boldsymbol{b}_3=\frac{a}{6}[\bar{2}11]$ 的肖克莱不全位错也向左滑移，以维持扩展位错宽度 d 保持定值，原子由原来的 C 位置滑动到 B 位置，使已滑移区扩大，未滑移区减小。显然 $\boldsymbol{b}_2+\boldsymbol{b}_3=\boldsymbol{b}_1$，即柏氏矢量为 $\boldsymbol{b}_2$, $\boldsymbol{b}_3$ 的两条肖克莱不全位错扫过，原子排列顺序恢复正常，这与柏氏矢量为 $\boldsymbol{b}_1$ 的单位位错扫过效果一样。

两肖克莱不全位错夹角 ϕ 可由 $\boldsymbol{b}_2\cdot\boldsymbol{b}_3=|\boldsymbol{b}_2||\boldsymbol{b}_3|\cos\phi$ 求得，其夹角等于60°小于90°，所以他们之间具有同号分量，互相排斥。互相排斥力近似为

$$F=G(\boldsymbol{b}_2\boldsymbol{b}_3)/2\pi d \tag{2.32}$$

式中，d 为两个不全位错之间的距离，如图2.25(d)所示，被叫作扩展位错宽度；G 为切变弹性模量。

形成层错时所增加的能量叫层错能，以 γ 表示单位面积的层错能。为了降低不全位

错之间层错区的层错能，两个全位错之间的距离应尽量缩小，这相当给予两个不全位错一个吸力，其数值等于 γ，故

$$F = \gamma = G(\boldsymbol{b}_2 \cdot \boldsymbol{b}_3)/2\pi d \tag{2.33}$$

即

$$d = G(\boldsymbol{b}_2 \cdot \boldsymbol{b}_3)/2\pi\gamma \tag{2.34}$$

由式(2.34)可知，扩展位错宽度 d 与层错能 γ 成反比，因此 γ 大的金属 d 很小，实际不易形成扩展位错，例如金属铝。而 γ 小的金属则 d 很大，易形成扩展位错，例如奥氏体不锈钢层错能很低，扩展位错宽度 d 可达几十个原子间距，因此扩展位错对低层错能金属及合金的塑变起重要作用。

5. 位错的增殖

塑变最常见的方式是滑移，当一个位错扫过滑移面，只在表面留下高度为 b 的滑移台阶，大量塑变时需要很多位错扫过，所以随塑变的进行，位错数目应不断减少，但这与事实不符。实验证明，充分退火的金属位错密度 $\rho \approx 10^6\ \mathrm{cm}^{-2}$ 左右，剧烈冷变形的金属 $\rho = 10^{11} \sim 10^{12}\ \mathrm{cm}^{-2}$，这表明位错增殖了。增殖机制有多种、最常见的是弗兰克－瑞德源，如图2.26所示。

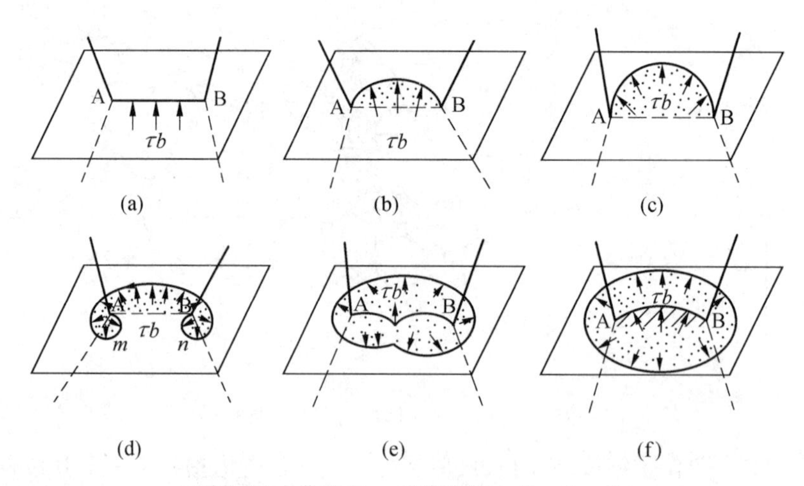

图2.26 弗兰克－瑞德源(Frank－Read)

退火状态位错以三维网络状存在于晶体中，有一两端钉扎的位错线段AB，在外加切应力 τ 作用下，位错线AB受力 τb，方向垂直于位错线，使之克服位错线张力，产生弯曲，如图2.26(a)(b)所示。由公式(2.21) $\tau = \dfrac{Gb}{2r}$ 可见外加切应力的大小和位错线曲率半径成反比，r 越小阻力越大，当位错线弯曲成半圆时，曲率最小，切应力为最大，如图2.26(c)所示。故位错增殖的临界切应力为 $\tau = Gb/L$，L 为位错线段AB长度。由于位错线上各点线速度相同，在位错线两个端点附近要保证相同的线速度，必须增加角速度，使位错线形成卷曲状，如图2.26(d)所示。在图2.26(d)中规定位错线的正方向，由于一根位错线只有一个柏氏矢量，在 m,n 处位错线方向相反，若AB原来是刃型位错，则 m,n 处为反号螺位错。在切应力作用下，位错线继续扩张，当 m,n 反号位错相遇时，互相抵消，如图2.26(e)所示。位错环在切应力 τ 作用下继续扩展，图2.26(e)中弯曲的AB段位错在线张力作用下复原后，在切应力作用下又重复上述过程，又可放出新的位错环，如图

2.26(f)。位错增殖机制很多,如双交滑移增殖机制,攀移增殖等,这里不再讨论了。

2.3 面缺陷

固体材料的界面有如下几种:表面、晶界、亚晶界、相界。它们对塑性变形与断裂,固态相变,材料的物理、化学和力学性能有显著影响。

2.3.1 外表面

晶体表面结构与晶体内部不同,由于表面是原子排列的终止面,另一侧无固体中原子的键合,其配位数少于晶体内部,导致表面原子偏离正常位置,并影响了邻近的几层原子,造成点阵畸变,使其能量高于晶内。晶体表面单位面积能量的增加称为比表面能,数值上与表面张力 σ 相等以 γ 表示。由于表面能来源于形成表面时,破坏的结合键,不同的晶面为外表面时,所破坏的结合键数目不等,故表面能具有各向异性。一般外表面通常是表面能低的密排面。对于体心立方{100}表面能最低,对于面心立方{111}表面能最低。杂质的吸附会显著改变表面能,所以外表面会吸附外来杂质,与之形成各种化学键,其中物理吸附是依靠分子键,化学吸附是依靠离子键或共价键。

2.3.2 晶界与亚晶界

多晶体由许多晶粒组成,每个晶粒是一个小单晶。相邻的晶粒位向不同,其交界面叫晶粒界,简称晶界,如图 2.27 所示。多晶体中,每个晶粒内部原子排列也并非十分整齐,会出现位向差极小的亚结构,亚结构之间的交界为亚晶界,如图 2.28 所示。晶界的结构与性质与相邻晶粒的取向差有关,当取向差约小于 10° 时,叫小角度晶界,当取向差大于 10° 以上时,叫大角度晶界。晶界处,原子排列紊乱,使能量增高,即产生晶界能,使晶界性质有别于晶内。

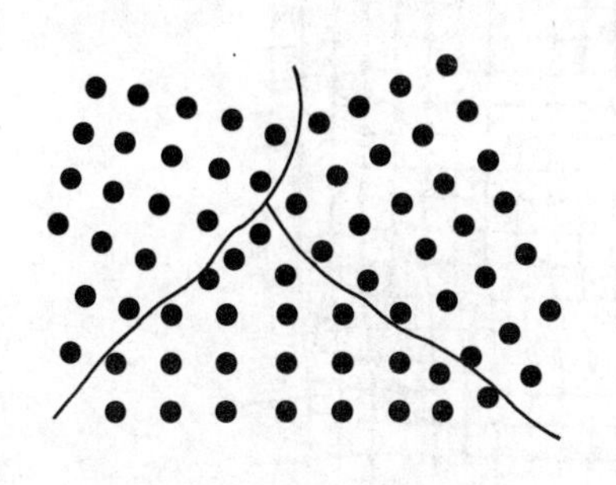

图 2.27　大角度晶界示意图

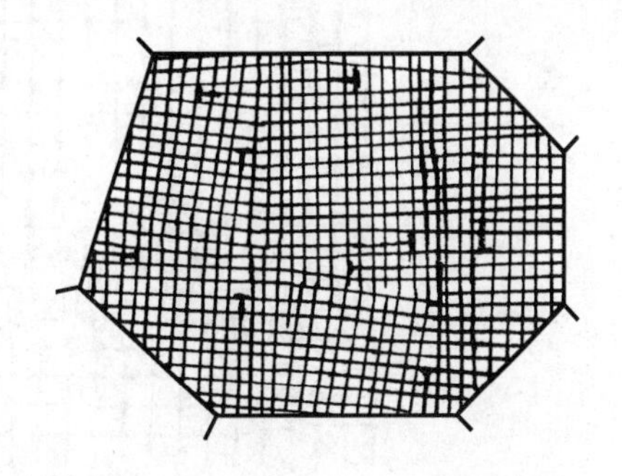

图 2.28　亚结构与亚晶界

1. 小角度晶界

最简单的小角度晶界是对称倾侧晶界,图 2.29 是简单立方结构晶体中的对称倾侧晶界,由一系列柏氏矢量互相平行的同号刃位错垂直排列而成,晶界两边对称,两晶粒的位向差为 θ,柏氏矢量为 $\boldsymbol{b}$,当 θ 很小时,求得晶界中位错间距为 $D \approx b/\theta$。若 $\theta = 1°$,$b = 0.25$ nm,则位错间距为 14 nm。当 $\theta = 10°$ 时,位错间距仅为 1.4 nm,此时位错密度太大,此模型已不适用。对称倾侧晶界中同号位错垂直排列,刃位错产生的压应力场与拉应力场可互相抵消,不产生长程应力场,其能量很低。

扭转晶界也是一种类型的小角度晶界，其形成模型如图 2.30，将一晶体沿中间切开，绕 y 轴转过 θ 角，再与左半晶体会合在一起。

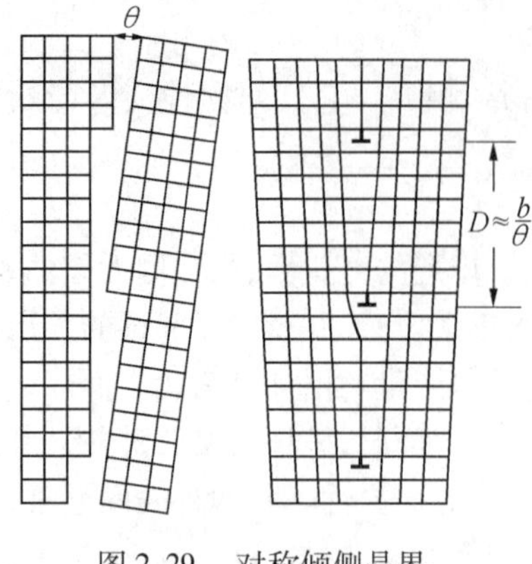

图 2.29　对称倾侧晶界

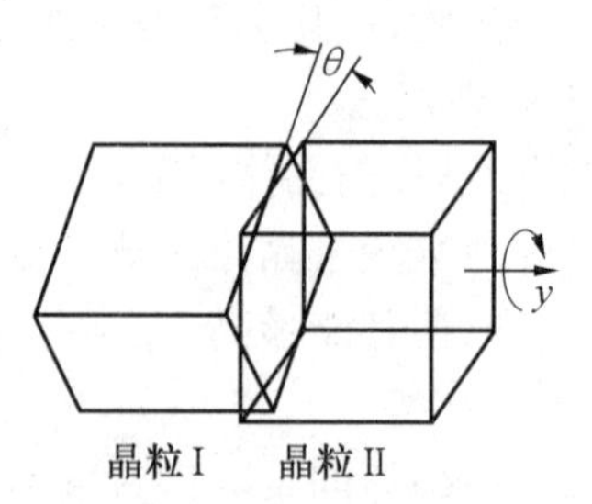

图 2.30　扭转晶界形成模型

图 2.31 表示两个简单立方晶粒之间的扭转晶界，是由两组相互垂直的螺位错构成的网络。

以上介绍了小角度晶界的两种简单模型，对于一般小角度晶界也都是由刃型位错和螺型位错组合构成。小角度晶界的能量主要来自位错的能量，位向差 θ 越大，位错间距越小，位错密度越高，小角度晶界面能 γ 也越大。

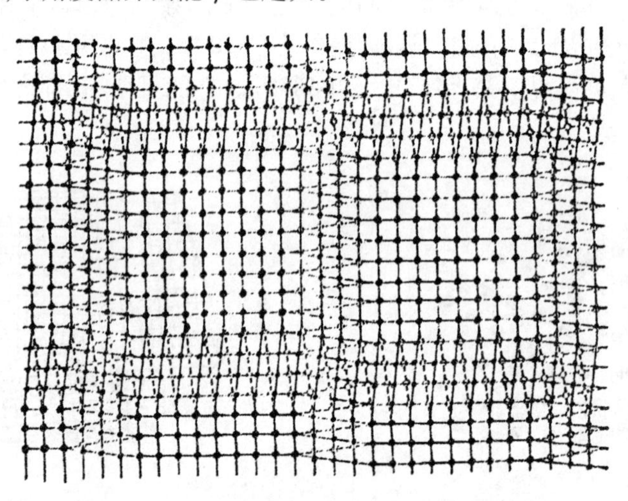

图 2.31　扭转晶界的结构

2. 大角度晶界

大角度晶界示意图，如图 2.27 所示，每个相邻晶粒的位向不同，由晶界把各晶粒分开。晶界是原子排列异常的狭窄区域，一般仅几个原子间距。晶界处某些原子过于密集的区域为压应力区，原子过于松散的区域为拉应力区。与小角度晶界相比，大角度晶界能较高，大致在 0.5 ~ 0.6 J/m^2，与相邻晶粒取向无关。但也发现某些特殊取向的大角度晶界的界面能很低，为解释这些特殊取向的晶界的性质提出了大角度晶界的重合位置点阵模型。

应用场离子显微镜研究晶界，发现当相邻晶粒处在某些特殊位向时，不受晶界存在的影响，两晶粒有 $1/n$ 的原子处在重合位置，构成一个新的点阵称为"$1/n$ 重合位置点阵"，$1/n$ 称为重合位置密度。表 2.2 以体心立方结构为例，给出了重要的"重合位置点阵"。图 2.32 为二维正方点阵中的两个相邻晶粒，晶粒 2 是相对晶粒 1 绕垂直于纸面的轴旋转了 37°。可发现不受晶界存在的影响，从晶粒 1 到晶粒 2、两个晶粒有 1/5 的原子是位于另一晶粒点阵的延伸位置上，即有 1/5 原子处在重合位置上。这些重合位置构成了一个比原点阵大的"重合位置点阵"。当晶界与重合位置点阵的密排面重合，或以台阶方式与重合位置点阵中几个密排面重合时，晶界上包含的重合位置多，晶界上畸变程度下降，导致晶界能下降。在图 2.33 中，大角度晶界中的一些特殊位向，具有 1/7 重合晶界和 1/5 重合晶界，其界面能明显低于普通的大角度晶界的界面能。

表 2.2　体心立方结构中的重合位置点阵

晶体结构	旋转轴	转动角度	重合位置
体心立方	[100]	36.9°	1/5
	[110]	70.5°	1/3
	[110]	38.9°	1/9
	[110]	50.5°	1/11
	[111]	60.0°	1/3
	[111]	38.2°	1/7

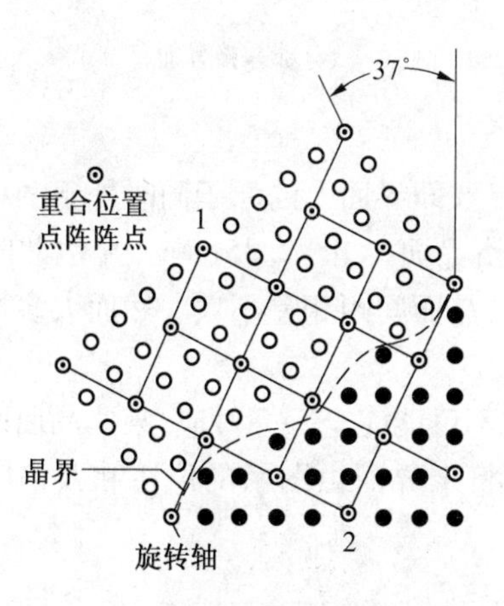

图 2.32　位向差为 37° 时存在的 1/5 重合位置点阵

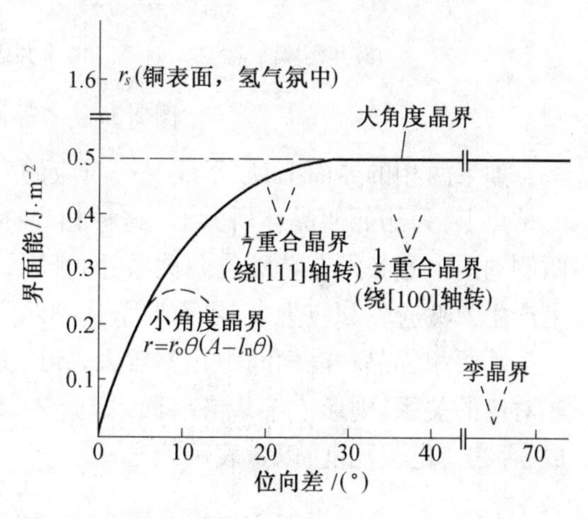

图 2.33　铜的不同类型界面的界面能

尽管两晶粒间有很多位向出现重合位置点阵，但毕竟是特殊位向，为适应一般位向，人们认为在界面上，可以引入一组重合位置点阵的位错，即该晶界为重合位置点阵的小角度晶界，这样两晶粒的位向可由特殊位向向一定范围扩展。

3. 孪晶界

孪晶界是晶界中最简单的一种，如图 2.34 所示。孪晶关系指相邻两晶粒或一个晶粒内部相邻两部分沿一个公共晶面（孪晶界）构成镜面对称的位向关系。孪晶界上的原子同时位于两个晶体点阵的结点上，为孪晶的两部分晶体所共有，这种形式的界面称为共格界面。

孪晶的形成与堆垛层错有密切关系。面心立方按 ABCABCABC… 顺序堆垛起来，如果从某一层开始其堆垛顺序发生颠倒，如图 2.34 所示。按 ABCABCACBACBA… 堆垛，则上下两部分晶体形成了镜面对称的孪晶关系。共格孪晶界即孪晶面上原子没发生错排，不会引起弹性应变，故界面能很低，如图 2.33 所示。例如 Cu 的共格孪晶界的界面能仅为 0.025 J/m²。但非共格孪晶界的能量较高，接近大角度晶界的 1/2。

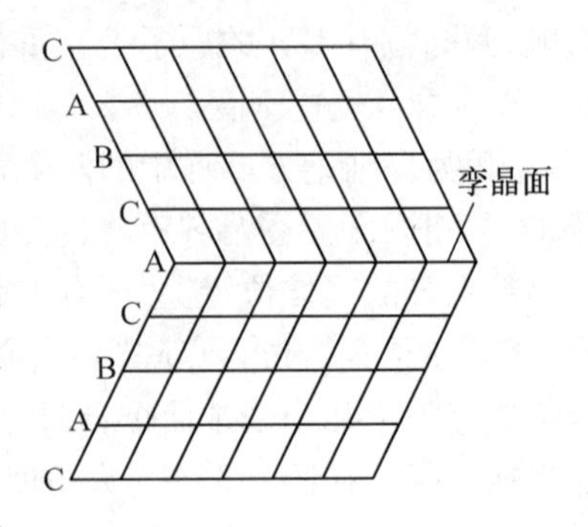

图 2.34　面心立方晶体的孪晶关系

4. 相界

具有不同晶体结构的两相之间的分界叫相界。相界结构有三种：共格界面、半共格界面和非共格界面。三种类型的相界如图 2.35 所示。

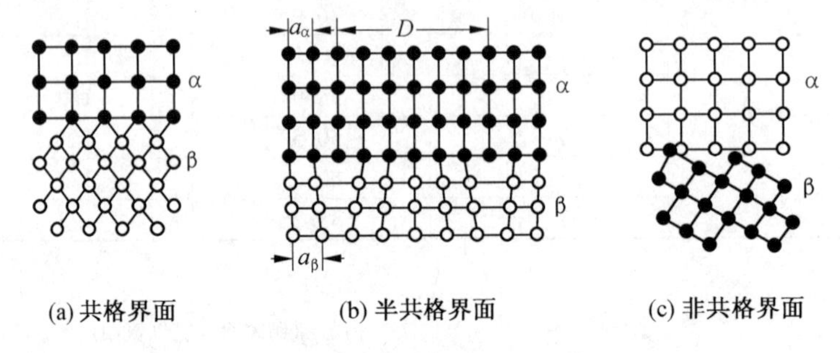

图 2.35　各种相界结构示意图

如果两相的界面上，原子成一一对应的完全匹配，即界面上的原子同时处于两相晶格的结点上，为相邻两晶体所共有，这种相界称为共格界面，如图 2.35(a)。显然此时界面两侧的两个相必须有特殊位向关系，而且原子排列，晶面间距相差不大。然而大多情况必定产生弹性应变和应力，使界面原子达到匹配。

若两相邻晶粒晶面间距相差较大，界面上原子不可能完全一一对应，某些晶面则没有相对应的关系，则形成半共格界面，如图 2.35(b) 整个界面由图示的位错和共格区所组成，存在一定失配度，以 δ 表示

$$\delta = \frac{a_\alpha - a_\beta}{a_\alpha} \tag{2.35}$$

失配度 $\delta < 0.05$ 为完全共格。$\delta = 0.05 \sim 0.25$ 为半共格界面，失配度越大，界面位错间距 D 越小。当失配度 $\delta > 0.25$，完全失去匹配能力，成为非共格界面，如图 2.35(c) 所示。

由于界面能是界面处原子排列混乱而使系统升高的能量，所以共格界面界面能最低，非共格界面界面能最高，半共格界面界面能居中。

5. 晶界特性

由于晶界的结构与晶内不同，使晶界具有一系列不同于晶粒内部的特性。

① 由于界面能的存在，当晶体中存在能降低界面能的异类原子时，这些原子将向晶界偏聚，这种现象叫内吸附。

② 晶界上原子具有较高的能量，且存在较多的晶体缺陷，使原子的扩散速度比晶粒

内部快得多。

③ 常温下，晶界对位错运动起阻碍作用，故金属材料的晶粒越细，则单位体积晶界面积越多，其强度，硬度越高。

④ 晶界比晶内更易氧化和优先腐蚀。

⑤ 大角度晶界界面能最高，故其晶界迁移速率最大。晶粒的长大及晶界平直化可减少晶界总面积，使晶界能总量下降，故晶粒长大是能量降低过程，由于晶界迁移靠原子扩散，故只有在较高温度下才能进行。

⑥ 由于晶界具有较高能量且原子排列紊乱，固态相变时优先在母相晶界上形核。

习　题

1. 解释以下基本概念

肖脱基空位　弗仑克尔空位　刃型位错　螺型位错　混合位错　柏氏矢量　位错密度　位错的滑移　位错的攀移　弗兰克－瑞德源　派－纳力　单位位错　不全位错　堆垛层错　汤普森四面体　位错反应　扩展位错　表面能　界面能　对称倾侧晶界　重合位置点阵　共格界面　失配度　非共格界面　内吸附

2. 指出图 2.36 各段位错的性质，并说明刃型位错部分的多余半原子面。

3. 如图2.37所示，某晶体的滑移面上有一柏氏矢量为 $\boldsymbol{b}$ 的位错环，并受到一均匀切应力 $\boldsymbol{\tau}$。

(1) 分析该位错环各段位错的结构类型。

(2) 求各段位错线所受的力的大小及方向。

(3) 在 $\boldsymbol{\tau}$ 的作用下，该位错环将如何运动？

(4) 在 $\boldsymbol{\tau}$ 的作用下，若使此位错环在晶体中稳定不动，其最小半径应为多大？

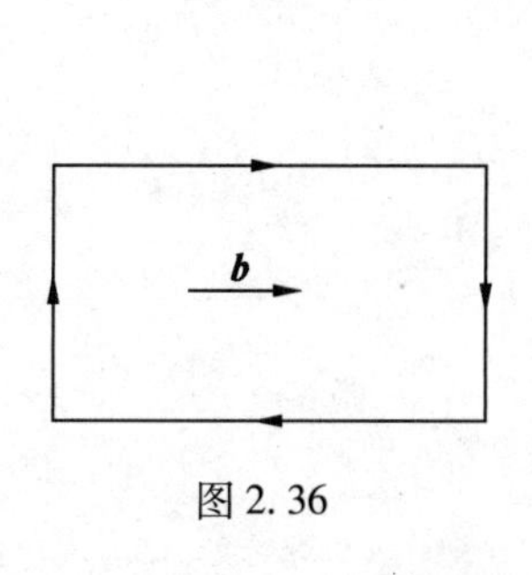

图 2.36

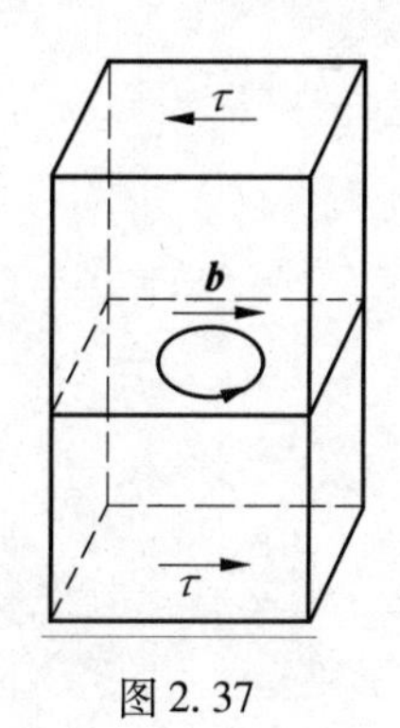

图 2.37

4. 面心立方晶体中，在(111)面上的单位位错 $\boldsymbol{b}=\frac{a}{2}[\bar{1}10]$，在(111)面上分解为两个肖克莱不全位错，请写出该位错反应，并证明所形成的扩展位错的宽度为

$$d_s \approx \frac{Gb^2}{24\pi\gamma}\quad (G\text{ 切变模量},\gamma\text{ 层错能})$$

5. 已知单位位错 $\frac{a}{2}[\bar{1}01]$ 能与肖克莱不全位错 $\frac{a}{6}[12\bar{1}]$ 相结合形成弗兰克不全位

错,试说明:

(1) 新生成的弗兰克不全位错的柏氏矢量。

(2) 判定此位错反应能否进行?

(3) 这个位错为什么称固定位错?

6. 判定下列位错反应能否进行?若能进行,试在晶胞上作出矢量图。

(1) $\frac{a}{2}[\bar{1}\bar{1}1]+\frac{a}{2}[111]\rightarrow a[001]$

(2) $\frac{a}{2}[110]\rightarrow\frac{a}{6}[12\bar{1}]+\frac{a}{6}[211]$

(3) $\frac{a}{3}[112]+\frac{a}{6}[11\bar{1}]\rightarrow\frac{a}{2}[111]$

7. 试分析在(111)面上运动的柏氏矢量为 $\boldsymbol{b}=\frac{a}{2}[\bar{1}10]$ 的螺位错受阻时,能否通过交滑移转移到$(\bar{1}11)$,$(11\bar{1})$,$(\bar{1}11)$面中的某个面上继续运动?为什么?

8. 根据晶粒的位向差及其结构特点,晶界有哪些类型?有何特点属性?

9. 直接观察铝试样,在晶粒内部位错密度为 $5\times10^{13}/m^2$,如果亚晶间的角度为 5°,试估算界面上的位错间距(铝的晶格常数 $a=2.8\times10^{-10}$ m)。

第3章　纯金属的凝固

物质由液态到固态的转变过程称作凝固。如果液态转变为结晶态固体,这个过程又叫结晶。了解物质的凝固过程,掌握其规律,对控制铸件质量,提高制品性能有重要意义。由于凝固是由液相变为固相的相变过程,掌握凝固过程的规律可为今后研究固态相变打下基础。

3.1　纯金属的结晶过程

3.1.1　液态金属的结构

现代液体金属结构理论认为,液体中原子堆集是密集的,但排列不那么规则。从大范围看,原子排列是不规则的,但从局部微小区域来看,原子可以偶然地在某一瞬间内出现规则的排列,然后又散开。这种现象称为“近程有序”。大小不一的近程有序排列的此起彼伏(结构起伏)就构成了液体金属的动态图像。这种近程有序的原子集团就是晶胚。在具备一定条件时,大于一定尺寸的晶胚就会成为可以长大的晶核。

3.1.2　纯金属的结晶过程

液态金属的结晶过程是一个形核及核长大的过程。小体积的液态金属的形核、长大过程可以用图3.1示意地表示。如图所示,当液态金属缓慢地冷到结晶温度以下,经过一定时间,开始出现第一批晶核。随时间推移,已形成的晶核不断长大,同时,在液态中又会不断形成新的晶核并逐渐长大,直到液体全部消失为止。单位时间内,单位体积液体中晶核的生成数量 N 叫作形核率($m^{-3}\cdot s^{-1}$)。单位时间内晶核生长的线长度叫作长大线速度 G($m\cdot s^{-1}$)。由晶核长成的小晶体叫作晶粒。晶粒之间的界面称为晶界。

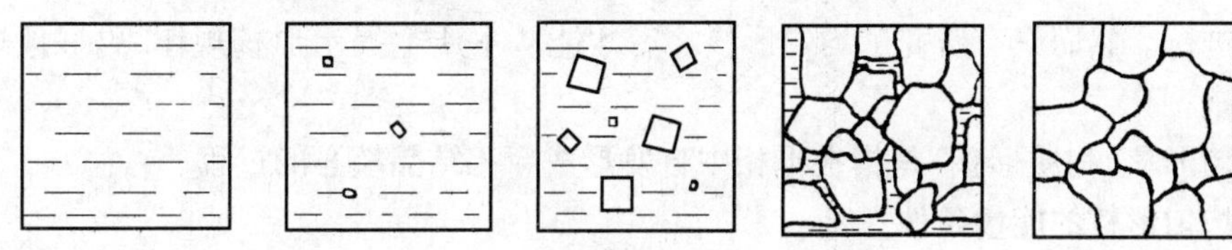

图3.1　纯金属结晶过程示意图

3.2　结晶的热力学条件

3.2.1　结晶的过冷现象

在纯金属液体缓慢冷却过程中测得的温度-时间关系曲线(冷却曲线)如图3.2所示。

从冷却曲线可见，纯金属液体在平衡结晶温度 T_m 时，不会结晶。只有冷却到 T_m 以下的某个温度才开始形核，而后长大并放出大量潜热，使温度回升到略低于 T_m 温度。结晶完成后，由于没有潜热放出，温度继续下降。通常将平衡结晶温度 T_m 与实际结晶温度 T_n 之差 ΔT 称为过冷度，即

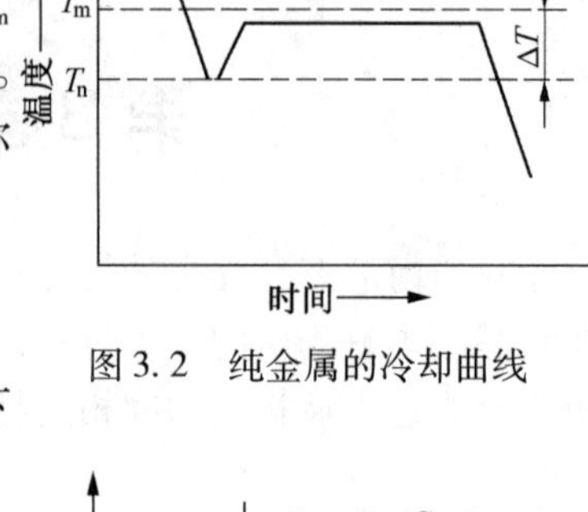

图 3.2 纯金属的冷却曲线

$$\Delta T=T_m-T_n$$

3.2.2 凝固的热力学条件

什么是平衡结晶温度，为什么形核必需在过冷条件下才能发生，这类问题需用热力学来解释。

由热力学第二定律知道，在等温等压条件下，一切自发过程都朝着使系统自由能降低的方向进行。液、固金属自由能 G 与温度 T 的关系曲线，如图 3.3 所示。曲线上 $G_L=G_S$ 对应的温度 T_m 被称为平衡结晶温度，只有 $T<T_m$ 时，才有 $G_S<G_L$，结晶才有驱动力，即结晶必需在过冷条件下才能发生。

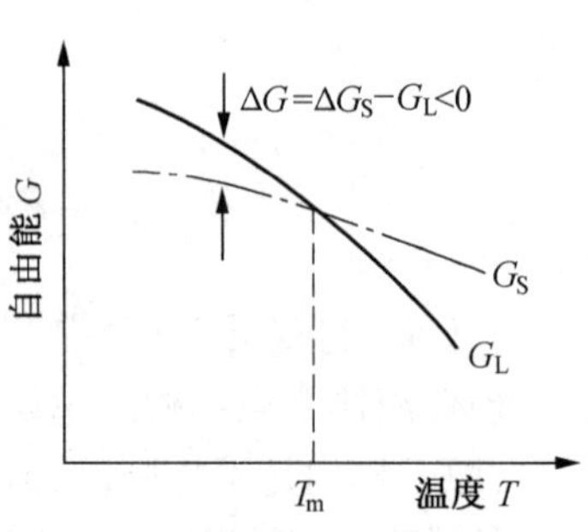

图 3.3 液相和固相自由能随温度变化示意图

由热力学可证明在恒温、恒压下，单位体积的液体与固体的自由能变化为

$$\Delta G_V=\frac{-L_m\Delta T}{T_m}$$

式中，ΔT 为过冷度；L_m 为熔化潜热。该式表明过冷度越大结晶的驱动力也越大。

3.3 形核规律

3.3.1 均匀形核

金属结晶时，形核方式有均匀形核和非均匀形核两种。实际结晶时，大多以非均匀形核方式进行。然而只有研究了均匀形核之后才能从本质上揭示形核规律，更好地理解非均匀形核。

均匀形核（均质形核）是指在母相中自发形成新相结晶核心的过程。

1. 均匀形核的能量条件

在液态金属中，时聚时散的近程有序原子集团是形成晶核的胚芽，叫晶胚。

在过冷的条件下，晶胚形成时，系统自由能的变化包括转变为固态的那部分体积引起的自由能下降和形成晶胚与液相之间的界面引起的自由能（表面能）的增加。系统自由能的变化为

$$\Delta G=\frac{4}{3}\pi r^3\Delta G_v+4\pi r^2\sigma \tag{3.1}$$

式中，单位体积自由能为 ΔG_v（$\Delta G_v<0$）；单位面积的表面能（比表面能）为 σ；晶胚为球体，其半径为 r。

由式(3.1)表示的ΔG-r关系如图3.4所示。

根据热力学第二定律,只有使系统的自由能降低时,晶胚才能稳定地存在并长大。当$r<r_c$时,晶胚的长大使系统自由能增加,这样的晶胚不能长大。当$r>r_c$时,晶胚的长大使系统自由能下降,这样的晶胚可以长大。$r=r_c$时,晶胚的长大趋势等于消失趋势。这样的晶胚称为临界晶核,r_c称为临界晶核半径。

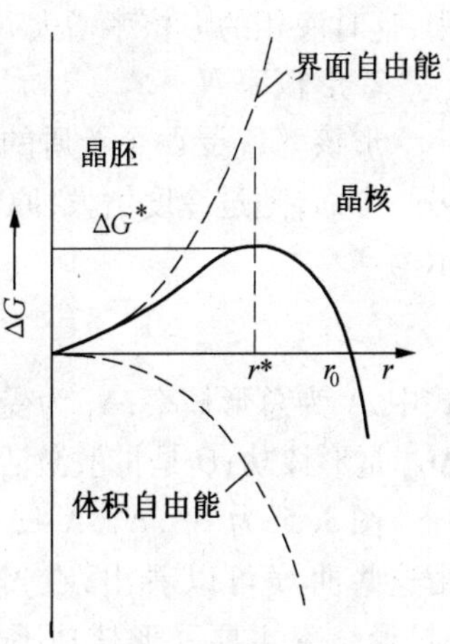

界面自由能
晶胚
晶核
ΔG^*
ΔG
r^*
r_0
r
体积自由能

图3.4　晶胚形成时系统自由能的变化与半径的关系

令$\dfrac{d\Delta G}{dr}=0$,则求出r_c的值,即

$$r_c=-\frac{2\sigma}{\Delta G_v} \tag{3.2}$$

将$\Delta G_v=\dfrac{-L_m\Delta T}{T_m}$代入式(3.2)可得

$$r_c=\frac{2\sigma T_m}{L_m\Delta T} \tag{3.3}$$

由式(3.3)可见$r_c\propto\dfrac{1}{\Delta T}$,这说明随过冷度增加,临界晶核半径减小,这意味着形核的几率增加。

由图3.4可看出,$r>r_c$的晶核长大时,虽然可以使系统自由能下降,但形成一个临界晶核本身却要引起系统自由能增加ΔG_c。这说明,临界晶核的形成是需要能量的。我们称ΔG_c为临界晶核形核功,简称形核功。

将式(3.2)代入式(3.1)得

$$\Delta G_c=\frac{16\pi\sigma^3}{3(\Delta G_v)^2} \tag{3.4}$$

将$\Delta G_v=-\dfrac{L_m\Delta T}{T_m}$代入式(3.4)得

$$\Delta G_c=\frac{16\pi\sigma^3T_m^2}{3(L_m\Delta T)^2} \tag{3.5}$$

式(3.5)表明$\Delta G_c\propto\dfrac{1}{\Delta T^2}$,过冷度增加,形核功减小。由于临界晶核表面积为

$$A_c=4\pi(r_c)^2=\frac{16\pi\sigma^2}{\Delta G_v{}^2}$$

所以

$$\Delta G_c=\frac{1}{3}A_c\cdot\sigma \tag{3.6}$$

式(3.6)表明,形成临界晶核时,液、固相之间的自由能差只能供给所需要的表面能的三分之二,另外的三分之一则需由液体中的能量起伏来提供。所谓能量起伏是指系统中各微小体积所具有的能量短暂偏离其平均能量的现象。

综上所述,均匀形核必需具备的条件为:必须过冷,过冷度越大形核驱动力越大;必须具备与一定过冷度相适应的能量起伏(ΔG_c)和结构起伏(r_c)。当ΔT增大时,ΔG_c,r_c都减

小，这时液相的形核率增大。

2. 形核率 N

形核率 N 受两个矛盾的因素控制。一方面随过冷度增大，r_c，ΔG_c 减小，有利于形核；另一方面，随过冷度增大，原子从液相向晶胚扩散的速率降低，不利于形核。形核率可表示为

$$N=N_1\cdot N_2=Ke^{-\frac{\Delta G_c}{RT}}\cdot e^{-\frac{Q}{RT}} \tag{3.7}$$

式中，N 为总形核率；N_1 为受形核功影响的形核率因子；N_2 是受扩散影响的形核率因子；ΔG_c 是形核功；Q 是扩散激活能；R 为气体常数。

图 3.5 为 N_1，N_2，N-ΔT 关系曲线。由这些曲线可以看出，在过冷度不很大时，形核率主要受形核功因子的控制，随过冷度增大，形核率增大；在过冷度非常大时，形核率主要受扩散因子的控制，随过冷度增加，形核率下降。后一种情况只有在某些盐、硅酸盐、有机物的结晶过程中才能观察到。液体金属不易达到如此大的过冷度。

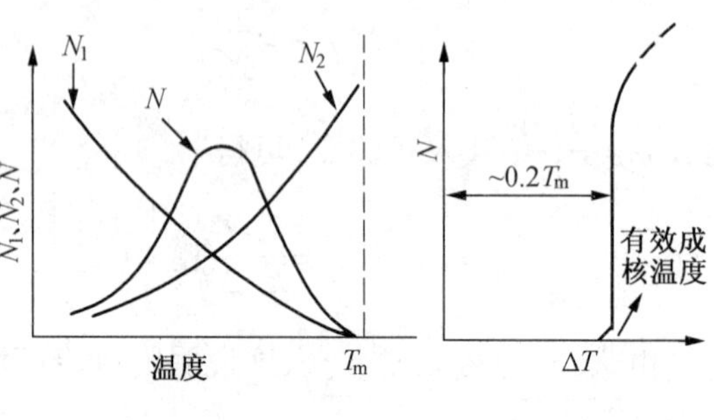

图 3.5 形核率与温度及过冷度的关系

金属的结晶倾向很大，不可能在非常大的过冷度时结晶，其 N-ΔT 关系如图 3.5(b) 所示。由图可见，在达到某一过冷度时，形核率 N 由很小急剧上升。N 急剧上升的温度称为有效形核温度。对应的过冷度值约为 $0.2T_m$(K)。对于 Fe，均匀形核所需的过冷度为 295 ℃，Ni 为 319 ℃，可见均匀形核需要大的过冷度。

3.3.2 非均匀形核

实际金属结晶时常常依附在液体中的外来固体表面上（包括容器壁）形核。这种形核方式称为非均匀形核（非均质形核）。

如图 3.6 所示，设一个晶核 α 在型壁平面 W 上形成，又设 α 的形状为截自半径为 r 的球的球冠，设球冠底圆半径为 R，L 为液相。

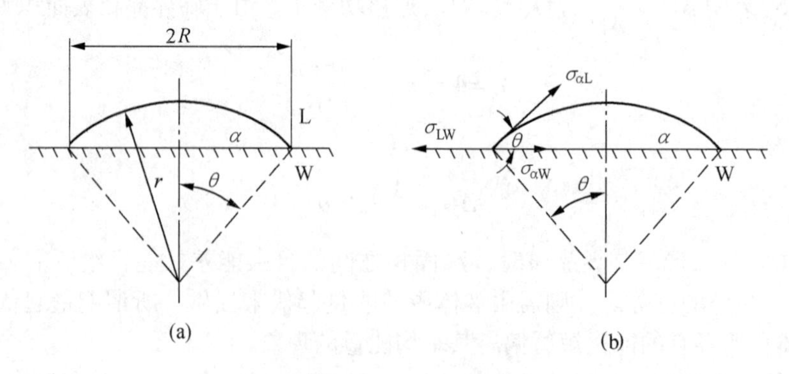

图 3.6 非均匀形核示意图

若晶核形成时，体系增加的表面能为ΔG_s，则

$$\Delta G_s = A_{\alpha L} \cdot \sigma_{\alpha L} + A_{\alpha W} \cdot \sigma_{\alpha W} - A_{\alpha W} \cdot \sigma_{LW} \tag{3.8}$$

式中，$A_{\alpha L}$，$A_{\alpha W}$分别为晶核 α 与液相 L 及壁 W 之间的界面积；$\sigma_{\alpha L}$，$\sigma_{\alpha W}$，σ_{LW}分别为 α-L，α-W，L-W 界面的比表面能（用表面张力表示）。在三相交点处，表面张力应达到平衡

$$\sigma_{LW} = \sigma_{\alpha L} \cos\theta + \sigma_{\alpha W} \tag{3.9}$$

式中，θ 为晶核 α 与型壁 W 的接触角。由几何学

$$A_{\alpha W} = \pi R^2 \tag{3.10}$$

$$A_{\alpha L} = 2\pi r^2 (1-\cos\theta) \tag{3.11}$$

$$V_\alpha = \pi r^3 \left(\frac{2-3\cos\theta+\cos^3\theta}{3}\right) \tag{3.12}$$

$$R = r \cdot \sin\theta \tag{3.13}$$

式中，V_α为晶核 α 的体积。将式(3.9)和式(3.10)代入式(3.8)中得

$$\Delta G_s = A_{\alpha L} \cdot \sigma_{\alpha L} - \pi R^2 (\sigma_{\alpha L} \cdot \cos\theta) \tag{3.14}$$

晶核形成时体系总的自由能变化ΔG应为

$$\Delta G = V_\alpha \Delta G_v + \Delta G_s = V_\alpha \Delta G_v + (A_{\alpha L} - \pi R^2 \cos\theta)\sigma_{\alpha L} \tag{3.15}$$

式中，ΔG_v 为单位体积的固、液两相自由能之差。

将式(3.11)，式(3.12)，式(3.13)代入式(3.15)，得

$$\Delta G = \pi r^3 \left(\frac{2-3\cos\theta+\cos^3\theta}{3}\right) \cdot \Delta G_v + [2\pi r^2(1-\cos\theta) - \pi r^2 \sin^2\theta\cos\theta]\sigma_{\alpha L} \tag{3.16}$$

由于 $\sin^2\theta = 1-\cos^2\theta$，代入式(3.16)并整理得

$$\Delta G = \left(\frac{4}{3}\pi r^3 \Delta G_v + 4\pi r^2 \sigma_{\alpha L}\right)\left(\frac{2-3\cos\theta+\cos^3\theta}{4}\right) \tag{3.17}$$

把式(3.17)与均匀形核的表达式(3.1)比较，可以看出，两者仅差一个系数$\left(\frac{2-3\cos\theta+\cos^3\theta}{4}\right)$。用讨论均匀形核的方法，可求出非均匀形核的临界晶核半径r_c，即

$$r_c = -\frac{2\sigma_{\alpha L}}{\Delta G_v} \tag{3.18}$$

可见，非均匀形核时，临界球冠曲率半径公式与均匀形核时临界球形晶核的半径公式相同。应指出，均匀形核的临界晶核是半径为 r_c 的球体，而非均匀形核的临界晶核是半径为 r_c 的球上的一个球冠。显然，非均匀形核的临界晶核的体积要比均匀形核的小。

把式(3.18)代入式(3.17)得

$$\Delta G_{c非} = \frac{16\pi\sigma_{\alpha L}{}^3}{3(\Delta G_v)^2}\left(\frac{2-3\cos\theta+\cos^3\theta}{4}\right) \tag{3.19}$$

把式(3.19)与式(3.4)比较得

$$\Delta G_{c非} = \Delta G_{c均}\left(\frac{2-3\cos\theta+\cos^3\theta}{4}\right) \tag{3.20}$$

由图3.6可以看出 θ 只能在 $0\sim\pi$ 间变化，$\cos\theta$ 相应可在 $1\sim-1$ 之间变化。当 $\theta<\pi$ 时，$(2-3\cos\theta+\cos^3\theta/4)$恒小于1。因此

$$\Delta G_{c非} < \Delta G_{c均}$$

这表明非均匀形核比均匀形核所需要的形核功要小，所以它可以在较小的过冷度下发生，形核容易。

由式(3.20)可以看出，θ 角越小则$(2-3\cos\theta+\cos^3\theta/4)$越小，$\Delta G_{c非}$ 越小，形核越容易。因为 $\cos\theta=(\sigma_{LW}-\sigma_{\alpha W})/\sigma_{\alpha L}$，所以 $\sigma_{\alpha W}$越小则 θ 角越小。显然，$\sigma_{\alpha W}$决定于晶体与杂质粒子的结构相似性，这被称为点阵匹配原理。但近来实验证明，这种理论在很多场合不完全适合。目前在形核剂的选用上，基本还是靠实践经验来决定。

3.4 长大规律

3.4.1 液-固界面的微观结构

晶核长大是液-固界面两侧原子迁移的过程。界面的微观结构必然影响晶核的长大方式。液-固界面按微观结构可分为两种，即光滑界面和粗糙界面。

所谓光滑界面是指在界面处固液两相是截然分开的。固相表面为基本完整的原子密排面，所以从微观来看界面是光滑的，如图3.7(a)所示。但从宏观上看，它往往是由若干曲折的小平面组成，是不平整的，如图3.8(a)所示，因此光滑界面又称小平面界面。

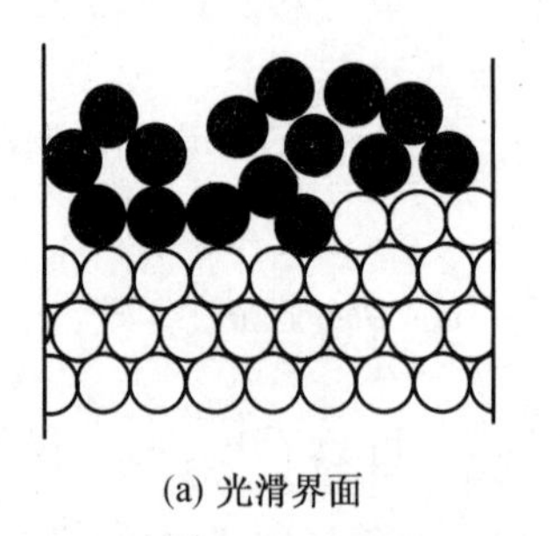

(a) 光滑界面

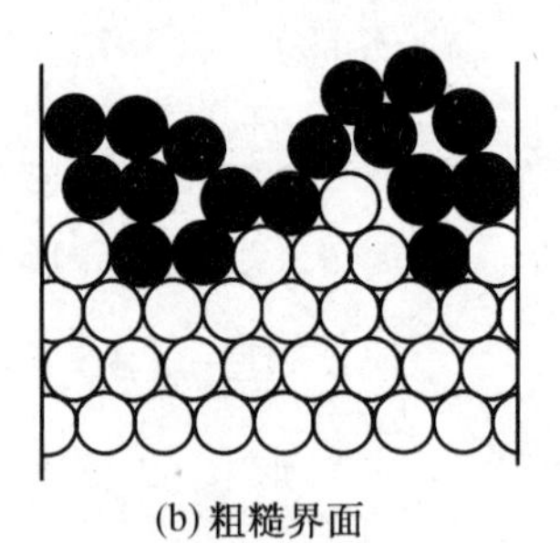

(b) 粗糙界面

图3.7 液-固界面的微观结构示意图

所谓粗糙界面是指在微观上高低不平，存在厚度为几个原子间距的过渡层的液-固界面。这种界面在微观上是粗糙的，如图3.7(b)。由于界面很薄，所以从宏观上看界面反而是平整光滑的，如图3.8(b)，这种界面又称非小平面界面。

常见金属的液-固界面为粗糙界面，一些非金属、亚金属、金属间化合物的液-固界面多为光滑界面。

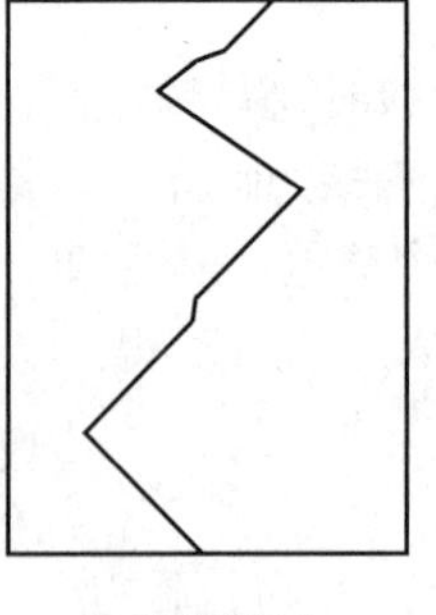

(a) 光滑界面

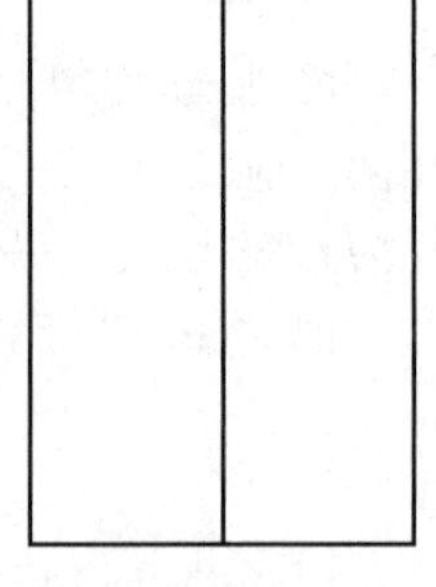

(b) 粗糙界面

图3.8 液-固界面的宏观结构示意图

3.4.2 晶核的长大机制

晶核长大也需要过冷度。长大所需的界面过冷度被称为动态过冷度，用 ΔT_k 表示。具有光滑界面的物质，其 ΔT_k 约为1～2 ℃。具有粗糙界面的物质，其 ΔT_k 仅为0.01～0.05 ℃。这说明不同类型的界面，其长大机制不同。

1. 具有粗糙界面的物质的长大机制

具有粗糙界面的物质,界面上有一半的结晶位置空着,液相中的原子可直接迁移到这些位置使晶体整个界面沿法线方向向液相中长大。这种长大方式叫垂直长大。垂直长大时生长速度很快。

2. 具有光滑界面的物质的长大机制

如图 3.9 所示,具有光滑界面的物质的长大机制可能有以下两种。

(1) 界面上反复形成二维晶核的机制

这种方式,每增加一个原子层都需形成一个二维晶核,然后侧向铺展至整个表面。形成二维晶核需要形核功,这种机制下晶体长大速率很慢。这种理论的实验根据还不多。

(2) 依靠晶体缺陷长大

液体中的原子不断添加到晶体缺陷的台阶上使晶体长大。如可沿螺型位错的露头形成的台阶不断添加原子,没有能量障碍。但由于界面上提供的可添加原子的位置有限,在这种机制下,晶体生长速率也很小。

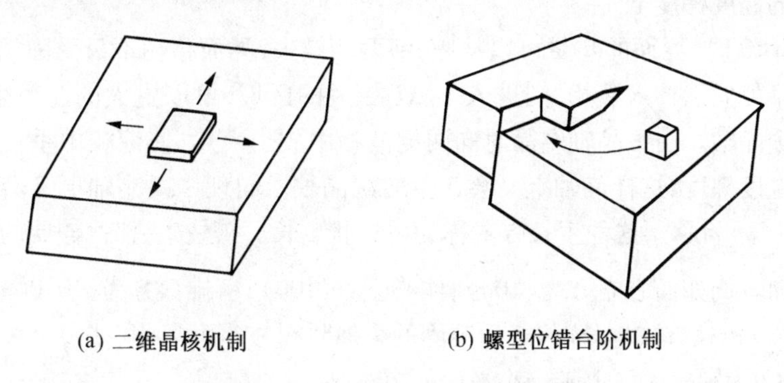

(a) 二维晶核机制　　(b) 螺型位错台阶机制

图 3.9　光滑界面的生长机制示意图

3.4.3　纯金属的生长形态

纯金属凝固时的生长形态,取决于固-液界面的微观结构和界面前沿的温度梯度。

1. 在正温度梯度下

在正温度梯度($dT/dx>0$)下,结晶潜热只能通过固相散出,界面推移速度受到固相传热速度的控制。晶体生长以平面状向前推进。晶体的生长形态,按界面类型有两种情况。

(1) 粗糙界面时

因为 $dT/dx>0$,所以当界面上有偶尔凸起而进入温度较高的液体中时因过冷度下降晶体生长速度就会减慢甚至停止,周围部分会长上来使凸起消失,固液界面为稳定的平面状。因为这类物质其 ΔT_k 很小,所以界面几乎与 T_m 等温面重合,如图 3.10(c)所示。

(2) 光滑界面时

因为光滑界面向液体推进时,原子必须通过台阶的侧向扩展而生长,所以界面是台阶状,小平面与 T_m 等温面呈一定角度。在 $dT/dx>0$ 时,这些小平面也不能过多地凸向液体,所以界面从宏观上看也是平行于 T_m 等温面的,如图 3.10(b)所示。

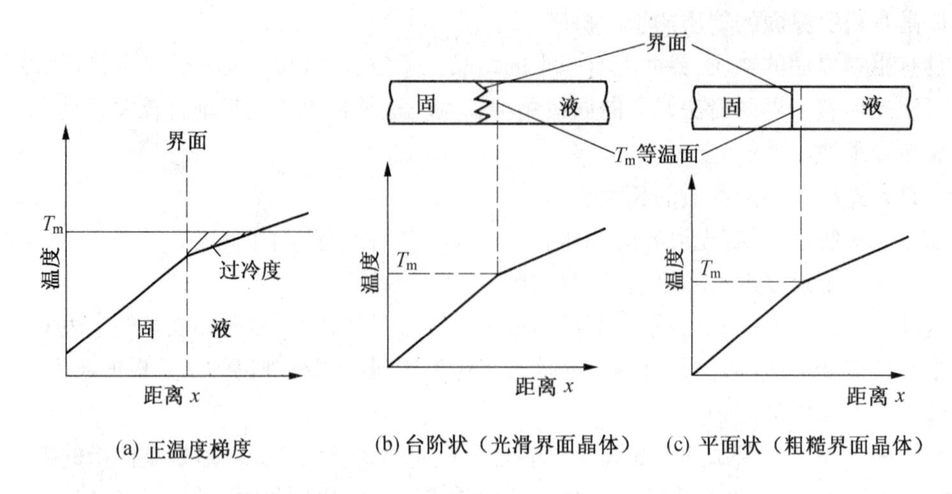

图 3.10　在正温度梯度下的两种界面形状

2. 在负的温度梯度下

当 $dT/dx<0$ 时，界面的热量可以从固、液两相散失，界面移动不只受固相传热速率控制。如界面某处偶然伸入液相，则进入了 ΔT 更大的区域，可以更大的速率生长，伸入液相中形成一个晶轴。由于晶轴结晶时向两侧液相中放出潜热，使液相中垂直于晶轴的方向又产生负温度梯度，这样晶轴上又会产生二次晶轴。同理二次晶轴上又会长出三次晶轴，如图 3.11(a)所示。这种生长方式称为树枝状生长。树枝生长时，伸展的晶轴具有一定的晶体取向。例如面心立方为〈100〉；体心立方〈100〉；密排六方为$\langle 10\bar{1}0\rangle$；体心四方为〈110〉。物质以树枝方式生长时，最后凝固的金属将树枝空隙填满，使每个枝晶成为一个晶粒。图 3.12 为锑锭表面上带有小平面的树枝晶。

树枝状生长在粗糙界面的物质中最明显，在光滑界面物质中往往不甚明显。

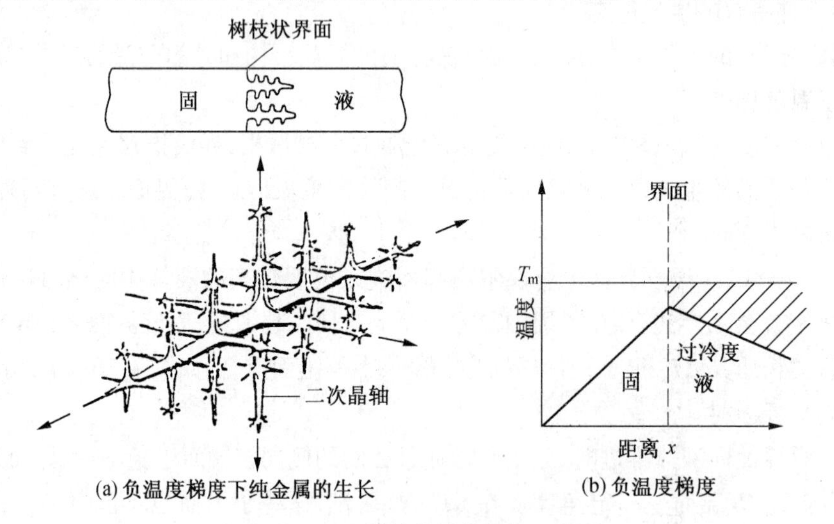

图 3.11　树枝状晶体生长示意图

图 3.12　纯锑锭表面的树枝晶

3.5　结晶理论的某些实际应用

3.5.1　细化金属铸件晶粒的方法

细化晶粒不仅能提高材料的强度和硬度，还能提高材料的塑性和韧性。工业上将通过细化晶粒来提高材料强度的方法称为细晶强化。

控制铸件的晶粒大小，是提高铸件质量的一项重要措施。细化铸件晶粒的基本途径是形成足够多的晶核，使它们在尚未显著长大时便相互接触，完成结晶过程。这就要求结晶时有大的形核率以保证单位时间，单位体积液体中形成更多的晶核。要求结晶时有小的长大线速度以保证有更长的形核时间。

1. 提高过冷度

金属结晶时的形核率 N、长大线速度 G 与过冷度 ΔT 的关系，如图 3.13 所示。过冷度增加，形核率 N 与长大线速度 G 均增加，但形核率增加速度高于长大线速度增加的速度，因此，增加过冷度可以使铸件的晶粒细化。

在工业上增加过冷度是通过提高冷却速度来实现的。采用导热性好的金属模代替砂模；在模外加强制冷却；在砂模里加冷铁以及采用低温慢速浇铸等都是有效的方法。对于厚重的铸件，很难获得大的冷速，这种方法的应用受到铸件尺寸的限制。

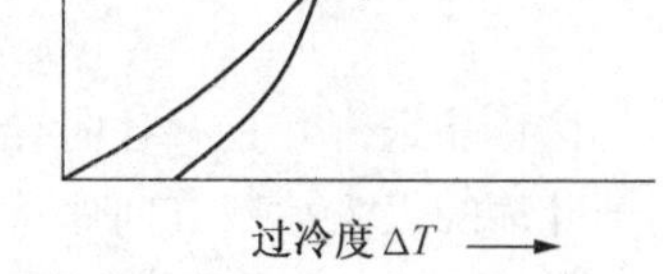

图 3.13　形核率、长大线速度与过冷度的关系

2. 变质处理

外来杂质能增加金属的形核率或阻碍晶核的生长。如果在浇注前向液态金属中加入某些难熔的固体颗粒，会显著地增加晶核数量，使晶粒细化。这种方法称为变质处理，加入的难熔杂质叫变质剂。变质处理是目前工业生产中广泛应用的方法。如往铝和铝合金中加入锆和钛；往钢液中加入钛、锆、钒；往铸铁铁水中加

入 Si-Ca 合金都能达到细化晶粒的目的。往铝硅合金中加入钠盐虽不起形核作用却可以阻止硅的长大,使合金细化。

3. 振动、搅拌

在浇注和结晶过程中实施搅拌和振动,也可以达到细化晶粒的目的。搅拌和振动能向液体中输入额外能量以提供形核功,促进晶核形成;另外,还可使结晶的枝晶碎化,增加晶核数量。

搅拌和振动的方法有机械、电磁、超声波法等。

3.5.2 定向凝固技术

定向凝固技术是通过单向散热,使凝固从铸件一端开始,沿陡峭的温度梯度方向逐步发生,获取方向性的柱状晶或层片状共晶的一种凝固技术。定向凝固方法有下降功率法和快速逐步凝固法。

下降功率法如图 3.14(a)所示,是将金属液体注入带水冷底板的铸模中,然后切断下部感应圈的电流,再进行上部感应圈的功率调节,使铸模内获得陡峭的温度梯度,在这种冷却条件下得到垂直于水冷底板的柱状晶。

快速逐步凝固法如图 3.14(b)所示,是将金属液浇入带水冷底板的铸型后,保持数分钟以达到热稳定,在这段时间内沿铸型轴上形成一定的温度梯度,当水激冷铜板一端开始凝固后,将铸型从炉内以一定速度牵出,使底端形核的晶体生长成垂直于水冷底板方向的柱状晶。

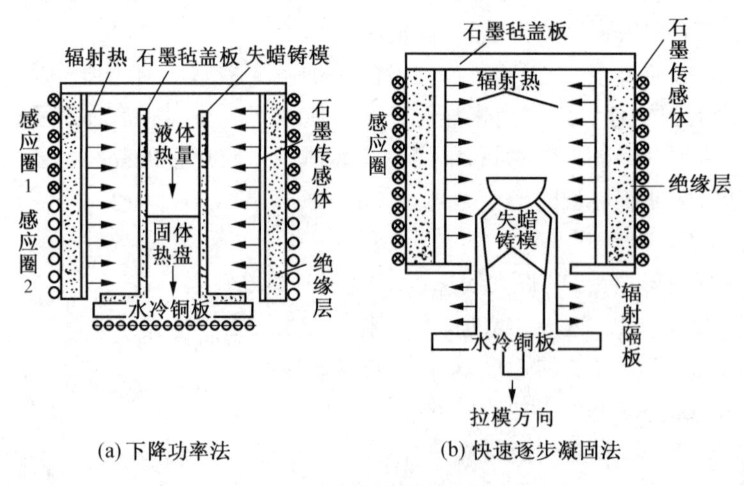

(a) 下降功率法　　(b) 快速逐步凝固法

图 3.14　定向凝固示意图

柱状晶致密并具有各向异性。利用定向凝固技术生产的涡轮叶片使柱状晶的晶柱方向与叶片的最大承载方向保持一致,显著地提高了叶片的使用寿命。又如磁性铁合金沿[100]方向具有最大的导磁率,用定向凝固技术制取柱状晶晶轴为[100]方向的磁性铁合金是优良的磁性材料。

3.5.3 单晶体的制备

单晶体就是由一个晶粒组成的晶体。单晶硅、锗是制造大规模集成电路的基本材料。近百种氧化物单晶体如 TeO_2,TiO_2,$LiTiO_3$,$LiTaO_3$,$PbGeO_3$,$KNbO_3$ 等可用于制造磁记录、磁贮存原件、光记忆、光隔离、光变调等光学和光电元件和用于制造红外检测、红外传感器。目前,单晶材料已成为计算机技术、激光技术及光通讯技术、红外遥感技术等高技术领域不可缺少的材料。制取单晶体的基本原理就是保证液体结晶时只形成一个晶核,再由这个晶核长成一整块单晶体。下面介绍单晶体制备的两种方法。

1. 垂直提拉法

如图 3.15(a)所示,先用感应加热或电阻加热方法熔化坩埚中的材料,使液体保持稍高于熔点的温度,然后将夹有一个籽晶的杆下移,使籽晶与液面接触。缓慢降低炉内温度,将籽晶杆一边旋转一边提拉,使籽晶作为唯一的晶核在液相中结晶,最后成为一块单晶体。

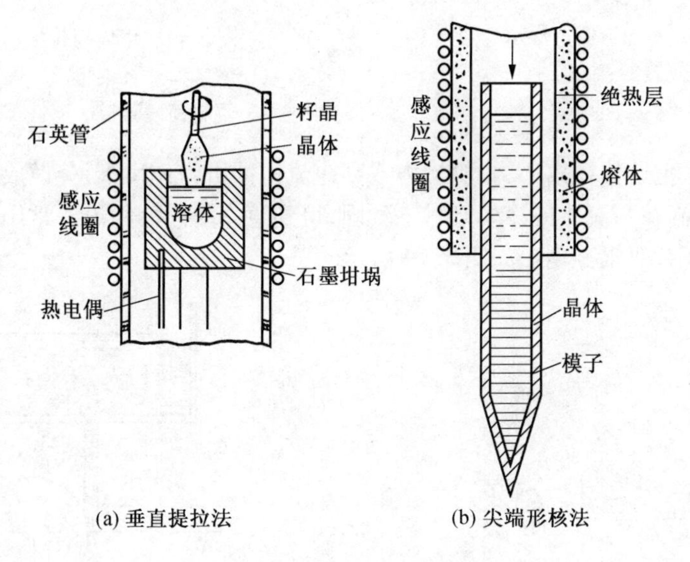

图 3.15　单晶制备原理图

2. 尖端形核法

如图 3.15(b)所示,将材料装入一个带尖头的容器中熔化,然后将容器从炉中缓慢拉出,尖头首先移出炉外缓冷,在尖头部产生一个晶核,容器向炉外移动时便由这个晶核长成一个单晶体。

3.5.4　急冷凝固技术

急冷凝固技术是设法将熔体分割成尺寸很小的部分,增大熔体的散热面积,再进行高强度冷却,使熔体在短时间内凝固以获得与模铸材料结构、组织、性能显著不同的新材料的凝固方法。采用急冷凝固技术可以制备出非晶态合金、微晶合金及准晶态合金,为高技术领域所需的新材料的获取开辟了一条新路。

急冷凝固方法按工艺原理可分为三类,即模冷技术、雾化技术和表面快热技术。

模冷技术是将熔体分离成连续和不连续的,截面尺寸很小的熔体流,使其与散热条件良好的冷模接触而得到迅速凝固,得到很薄的丝或带。如图 3.16 所示的平面流铸造法和图 3.17 所示的熔体拖拉法。

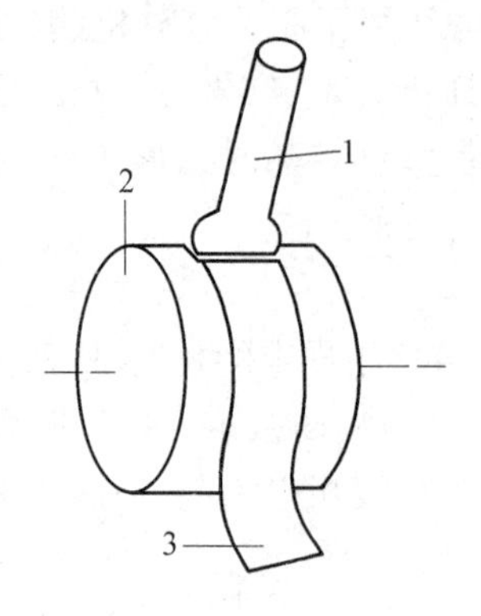

图 3.16　平面流铸造法示意图
1—石英管;2—辊轮;3—薄带

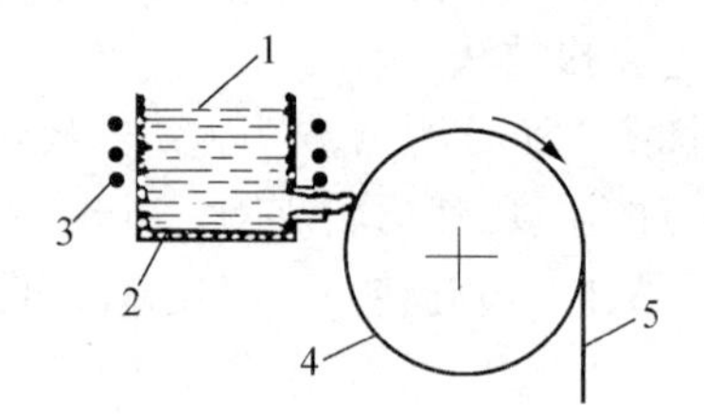

图 3.17　熔体拖拉法示意图
1—熔体;2—石英管;3—感应线圈;
4—辊轮;5—薄带

雾化技术是把熔体在离心力、机械力或高速流体冲击力作用下,分散成尺寸极小的雾状熔滴,并使熔滴在与流体或冷模接触中凝固,得到急冷凝固的粉末。常用的有离心雾化法如图 3.18 所示,双辊雾化法如图 3.19 所示。

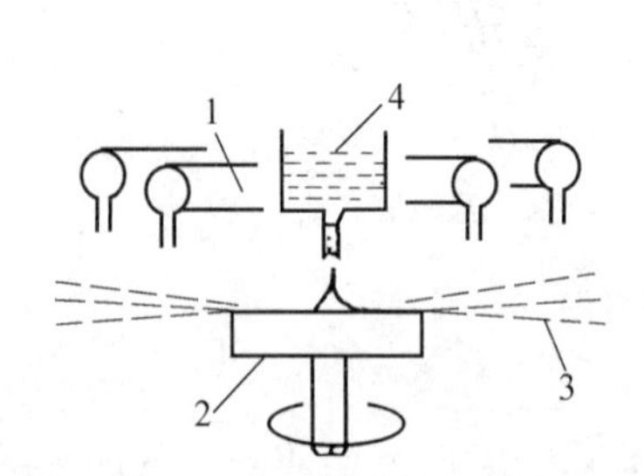

图 3.18　快速凝固雾化法示意图
1—冷却气体;2—旋转雾化器;3—粉末;4—熔体

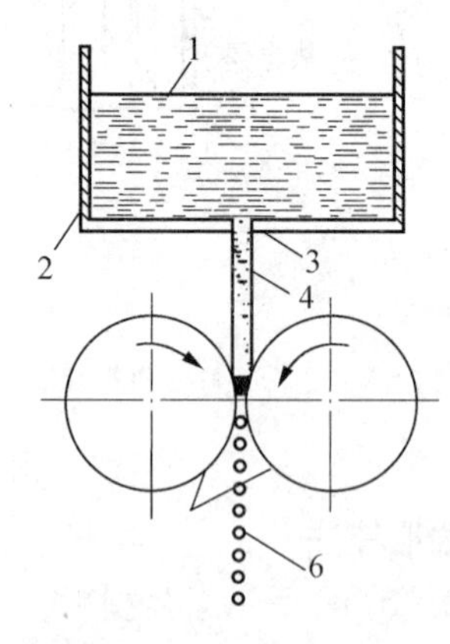

图 3.19　双辊雾化法示意图
1—熔体;2—石英管;3—喷嘴;
4—熔体质;5—辊轮;6—雾化熔滴

表面快热技术即通过高密度的能束如激光或高能束扫描工件表面使工件表面熔化,然后通过工件自身吸热散热使表层得到快速冷却。也可利用高能束加热金属粉末使之熔化变成熔滴喷射到工件表面,利用工件自冷,熔滴迅速冷凝沉积在工件表面上,如等离子喷涂沉积法。

由模冷技术和雾化技术所得的制品多为薄片、线体、粉末。要得到尺寸较大的急冷凝固材料的制品用于制造零件,还需将粉末等利用固结成型技术如冷热挤压法、冲击波压实法等使之在保持快冷的微观组织结构条件下,压制成致密的制品。

1. 非晶态合金

在特殊的冷却条件下金属可能不经过结晶过程而凝固成保留液体短程有序结构的非

晶态金属。非晶态金属又称为金属玻璃。

熔体冷凝成晶体或是非晶体的情况如图 3.20 所示。图中 T_m 代表结晶温度，T_g 代表玻璃化温度（T_g 与冷速等因素有关）。当液体发生结晶时，其比容发生突变，而液体转变为玻璃态时比容连续变化。材料的 T_m-T_g 间隔越小，越容易转变为玻璃态。往金属中加入某种元素可以降低 T_m 提高 T_g，使 T_m-T_g 减小。如在钯中加 20% 硅后 T_m 由 1 825 K 降至 1 100 K，T_g 由 550 K提高到 700 K。提高冷速、增大过冷度也是缩小 T_m-T_g 的有效方法。对纯金属而言，临界冷速一般为 10^8 K/s，而合金一般为 10^6 K/s。

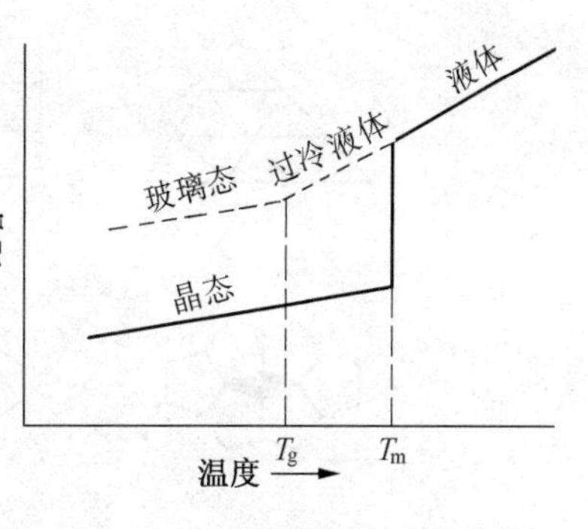

图 3.20　液态金属凝固时的比容变化

非晶态金属具有一系列突出的性能，如具有很高的室温强度、硬度和刚度，具有良好的韧性和塑性。由于非晶态无晶界、相界、无位错、无成分偏析，所以有很高的耐蚀性及高电阻率、高导磁率、低磁损和低的声波衰减率等特性，广泛用于高技术领域。

2. 微晶合金

利用急冷技术可以获得晶粒尺寸达微米（μm）和纳米（nm）的超细晶粒合金材料，我们称之为微晶合金和纳晶合金。急冷凝固的晶态合金的晶粒大小一般随冷速增加而减小。

作为结构用的微晶合金制备都是由急冷产品通过冷热挤压、冲击波压实法来制取的。微晶结构材料因晶粒细小，成分均匀，空位、位错、层错密度大，形成了新的亚稳相等因素而具有高强度、高硬度、良好的韧性、较高的耐磨性、耐蚀性及抗氧化性、抗幅射稳定性等优良性能。如 Fe-Ni 微合金硬度为 700 HV，而同成分的一般晶态合金淬火后硬度才达 250 HV；Al-17% Cu 微晶合金具有超塑性 $\delta=600\%$。微晶合金还具有良好的物理性能，如高的电阻率、较高的超导转变温度、高的矫顽力等。微晶合金的开发正日益受到重视。

3. 准晶合金

晶体物质的点阵具有周期性和对称性。对称性是指晶体经某种对称操作后能复原的一种属性。例如在晶体中取一直线令晶体绕该轴转动，若晶体转 360°能复原一次则称该晶体具有一次对称轴，复原两次则称具有二次对称轴…。理论证明晶体物质只能具有 1，2，3，4，6 五种对称轴，没有 5 次和高于 6 次的对称轴，否则晶胞不能填满空间并形成空隙从而破坏了晶体的周期性，如图 3.21 所示。随着急冷技术的发展和研究的深入，人们在 1984 年发现了具有五次对称轴的晶体，其原子在晶体内部是长程有序的具有准周期性，是介于晶体与非晶体之间的一类晶体，称其为准晶。准晶不同于非晶态，它遵循形核长大规律完成液固转变，相变受原子扩散控制。准晶必须在一定的冷速范围内形成。目前已在 Al-Mn，Al-Co，Al-Mn-Fe，Al-V，Pd-U-Si，Al-Mn-Si 等合金中发现了准晶，并测试了它们的一些物理性能。由于尚未制成大尺寸的准晶材料，其力学性能数据和实际应用尚未见报导，理论研究尚需完善。

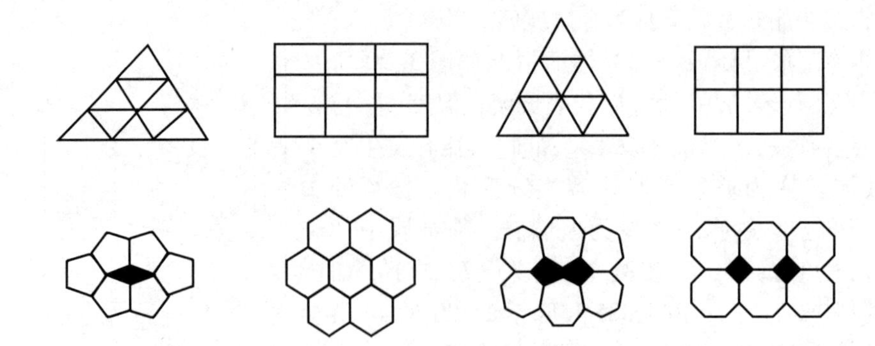

图 3.21　二维晶胞的密排图形

习　　题

1. 说明下列基本概念

凝固　结晶　过冷　过冷度　结构起伏　能量起伏　均匀形核　非均匀形核　临界晶核半径　临界晶核形核功　形核率　生长线速度　光滑界面　粗糙界面　动态过冷度　柱状晶　等轴晶　树枝状晶　单晶　非晶态　微晶　准晶

2. 当球状晶核在液相中形成时，系统自由能的变化为 $\Delta G=\frac{4}{3}\pi r^3\Delta G_v+4\pi r^2\sigma$。

(1) 求临界晶核半径 r_c；

(2) 证明 $\Delta G_c=\frac{1}{3}A_c\sigma=-\frac{V_c}{2}\Delta G_v$（$V_c$ 为临界晶核体积）；

(3) 说明上式的物理意义。

3. 试比较均匀形核与非均匀形核的异同点，说明为什么非均匀形核往往比均匀形核更容易进行。

4. 何谓动态过冷度？说明动态过冷度与晶体生长的关系。在单晶制备时控制动态过冷度的意义？

5. 分析在负温度梯度下，液态金属结晶出树枝晶的过程。

6. 在同样的负温度梯下，为什么 Pb 结晶出树枝状晶而 Si 的结晶界面却是平整的？

7. 实际生产中怎样控制铸件的晶粒大小？试举例说明。

8. 何谓非晶态金属？简述几种制备非晶态金属的方法。非晶态金属与晶态金属的结构和性能有什么不同。

9. 何谓急冷凝固技术？在急冷条件下会得到哪些不同于一般晶体的组织、结构？能获得何种新材料？

第4章　二元相图

物质在温度、压力、成分变化时，其状态可以发生改变。相图就是表示物质的状态和温度、压力、成分之间的关系的简明图解。利用相图，我们可以知道在热力学平衡条件下，各种成分的物质在不同温度、压力下的相组成、各种相的成分、相的相对量。因为相图表示的是物质在热力学平衡条件下的情况，所以又称之为平衡相图。由于我们涉及到的材料一般都是凝聚态的，压力的影响极小，所以通常的相图是指在恒压下（一个大气压）物质的状态与温度、成分之间的关系图。由二种组元组成的物质的相图称为二元相图。

对材料的理论研究及生产工艺的制定往往都是以相图为依据或以其为出发点的，所以相图是材料工作者的重要工具。

本章首先介绍二元相图的一般知识，然后结合几种基本相图深入讨论合金凝固过程的基本规律并对铁碳合金相图作较详细的介绍。

4.1　相图的基本知识

4.1.1　相图的表示方法

下面以 Pb-Sb 合金相图为例（图 4.1）来说明相图的表示方法。

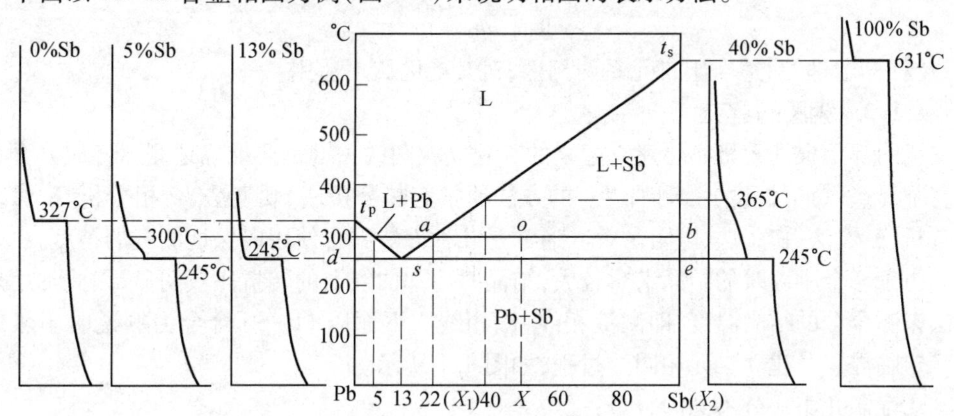

图 4.1　Pb-Sb 相图的建立

图中纵坐标表示温度，横坐标表示成分。成分可用质量分数表示，也可用原子百分数表示。一般情况下，如果没有特别注明都是指质量分数。图中的字母表示相区，如 L 为液相区，L+Sb 为液相和锑共存的两相区等。有时也用组织来标注相图。组织是指用肉眼或借助放大镜、显微镜观察到的材料微观形貌图像。它包括相的种类、数量、尺寸、分布及聚集状态等信息。组织中具有一定组织特征的组成体称为组织组成体。

相图中的线是成分与临界点(相变温度点)之间的关系曲线,也是相区界线。图中 t_p-s-t_s为液相线,d-s-e 为固相线。

在相图中,任意一点都叫"表象点"。一个表象点的坐标值反映一个给定合金的成分和温度。在相图中,由表象点所在的相区可以判定在该温度下合金由哪些相组成。如图中 o 点,其成分坐标值为50% Sb,温度坐标为 300 ℃,它位于 L+Sb 相区,表明在铅-锑合金系中,50% Sb 的合金 300 ℃时处于液相与固相锑共存状态。

二元合金在两相共存时,两个相的成分可由过表象点的水平线与相界线的交点确定。如 50% Sb 的 Pb-Sb 合金在 300 ℃时,液相成分由 a 点确定为 22% Sb,固相成分由 b 点确定为纯锑。

二元系合金在两相区内,两相的重量比可以用下面介绍的"杠杆定理"求得。

如图 4.1 中,设成分为 X 的合金,在 T 温度时,表象点为 o,则 L 相成分由 a 点确定为 X_1,固相成分由 b 点确定为 X_2。设液相重为 W_L、固相重为 W_S、合金总质量为 W_0 则

$$W_L+W_S=W_0$$

$$W_L \cdot X_1+W_SX_2=W_0X$$

由上两式可得

$$\frac{W_L}{W_S}=\frac{X_2-X}{X-X_1}=\frac{ob}{oa} \tag{4.1}$$

式(4.1)好像力学中的杠杆定律,故称之为"杠杆定理"。式(4.1)可写成

$$\begin{aligned}\frac{W_L}{W_0}&=\frac{ob}{ab}\times100\% \\ \frac{W_S}{W_0}&=\frac{oa}{ab}\times100\%\end{aligned} \tag{4.2}$$

"杠杆定理"只适合于二元系两相区,对其他区域不适用。

4.1.2 相图的建立

相图都是根据大量实验建立起来的。建立相图的关键是要准确地测出各成分合金的相变临界点(临界温度)。测临界点的方法通常有热分析法、硬度法、金相分析、X 射线结构分析、磁性法、膨胀法、电阻法等。通常是几种方法配合使用以保证测试的精度。

由于合金凝固时的结晶潜热较大,结晶时冷却曲线上的转折比较明显,因此常用热分析法来测合金的结晶温度,即测液相线、固相线。下面以 Pb-Sb 合金为例说明用热分析法测定临界点及建立二元相图的过程,如图 4.1 所示。

①配制几组成分不同的合金;

②测出上述合金的冷却曲线;

③根据各条曲线上的转折点确定合金的临界点;

④将各临界点引入相图坐标的相应位置上,然后把各相同意义的临界点联起来,就得到了 Pb-Sb 合金相图。

4.1.3 相平衡与相律

1. 相平衡条件

在指定的温度和压力下,若多相体系的各相中每一组元的浓度均不随时间而变,则体

系达到相平衡。实际上相平衡是一种动态平衡,从系统内部来看,分子和原子仍在相界处不停地转换,只不过各相之间的转换速度相同。

若体系内不发生化学反应,则相平衡的条件是各组元在它存在的各相中的化学位相等。

2. 相律

相律是表示在平衡条件下,系统的自由度数、组元数和平衡相数之间的关系式。自由度数是指在不改变系统平衡相的数目的条件下,可以独立改变的,影响合金状态的因素(如温度、压力、平衡相成分)的数目。自由度数的最小值为零。

相律的表达式为

$$f=c-p+2 \tag{4.3}$$

式中,f 为系统的自由度数;c 为组元数;p 为平衡相数。

对于凝聚态的系统,压力的影响极小,一般忽略不计,这时相律可写成

$$f=c-p+1 \tag{4.4}$$

利用相律可以解释金属和合金结晶过程中的很多现象。如纯金属结晶时存在两个相(固、液共存)$p=2$,纯金属 $c=1$,代入式(4.4)得 $f=1-2+1=0$。这说明纯金属结晶只能在恒温下进行。对于二元合金,在两相平衡条件下 $p=2,c=2,f=1$。这说明此时还有一个可变因素。因此二元合金,一般是在一定温度范围内结晶。在二元合金的结晶过程中,当出现三相平衡时 $f=2-3+1=0$,因此这个过程在恒温下进行。图 4.1 温度为 245 ℃时为 Sb,Sb,L 三相平衡,结晶只能在 245 ℃进行。相图上的该三相区为 $d-s-e$ 水平线。

4.1.4 二元相图的几何规律

根据热力学基本原理,可以推导出相图所遵循的一些几何规律,掌握这些规律可以帮助我们理解相图的构成,判断所测定的相图中可能存在的错误。

如图 4.2 为铁-碳合金相图的一部分。我们用它作为例子来认识二元相图的几何规律。

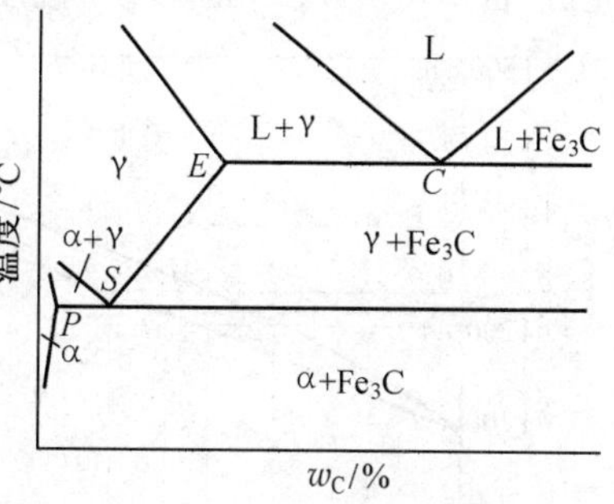

图 4.2 铁-碳相图的一部分

(1)两个单相区之间必定有一个由这两个相组成的两相区,而不能以一条线接界。两个两相区必须以单相区或三相水平线隔开。由此可以看出二元相图中相邻相区的相数差一个(点接触除外)。这个规律被称为相区接触法则。

如:铁-碳相图中 γ 区、L 区之间为 L+γ 区。α 区、γ 区之间为 α+γ 区。L+γ 区与 γ+Fe_3C 区之间是 L+γ+Fe_3C三相水平线 EC 等。各相区之间的相数都符合相区接触法则。

(2)在二元相图中,若是三相平衡,则三相区必为一水平线,这条水平线与三个单相区的接触点确定了三个平衡相及相浓度。每条水平线必与三个两相区相邻。铁碳相图中的 EC,PS 水平线都是三相平衡线。如 PS 水平线表示 α+γ+Fe_3C 三相区。α 相成分由 P 点确定,γ 相的成分由 S 点确定而 Fe_3C 的成分由三相水平线与 Fe_3C(为一垂线,图中未画出)的交点决定。

(3)如果两个恒温转变中有两个相同的相,则这两条水平线之间一定是由这两个相组成的两相区。如铁-碳相图中 $L+\gamma+Fe_3C$ 区(EC 线)和 $\gamma+\alpha+Fe_3C$ 区(PS 线)的共同相为 γ,Fe_3C,EC 线与 PS 线之间为 $\gamma+Fe_3C$ 两相区。

(4)当两相区与单相区的分界线与三相等温线相交,则分界线的延长线应进入另一两相区,而不会进入单相区,如图 4.3 所示。

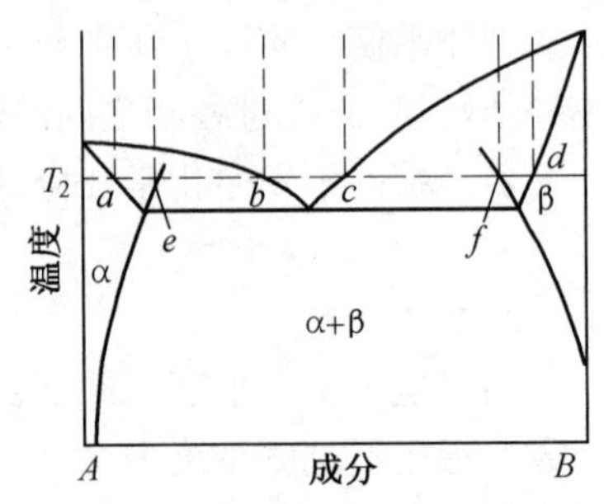

图 4.3　两相区与单相区分界线的走向

4.2　二元相图的基本类型

二元相图都是以一种或几种基本类型的相图组成的。掌握了基本类型的相图,就可以看懂复杂相图并可以用相图来分析物质的加热和冷却过程。本节较详细介绍匀晶型相图、共晶型相图、包晶型相图,对其他类型的二元相图也作简要介绍。

4.2.1　匀晶相图

1. 相图分析

由液相结晶出单相固溶体的过程被称为匀晶转变。匀晶转变可用下式表示

$$L \rightleftharpoons \alpha$$

表示匀晶转变的相图称为匀晶相图。大多数合金的相图中都包含匀晶转变部分。也有一些合金如 Cu-Ni,Si-Be 等只发生匀晶转变。这类合金在液态时,二组元无限互溶,在固态时也无限互溶,我们称这类系统为匀晶系。

Cu-Ni 合金是典型的匀晶系合金,其相图如图 4.4 所示。匀晶转变在 L+α 两相区内完成,自由度为 1,结晶在一个温度范围内完成。

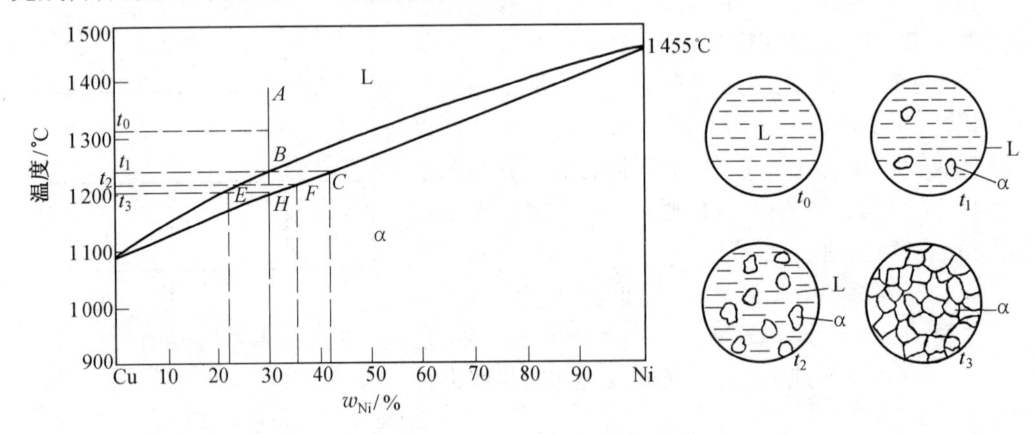

图 4.4　Cu-Ni 合金相图及固溶体平衡凝固时组织变化示意图

2. 固溶体合金的平衡凝固及组织

平衡凝固是指凝固过程中每个阶段都能达到平衡,因此平衡凝固是在极其缓慢的冷速下实现的。现以 30% Ni,70% Cu 的铜镍合金为例来说明固溶体的平衡冷却过程及其组织。

在 30% Ni 处作垂线与液相交于 B,与固相线交于 H。由相图可见 $t>t_1$ 时,合金为单

一液相。在 t_1 温度，表象点在液相线上，这时液相 L_B 与固相 α_C 平衡，结晶即将开始。继续冷却，发生匀晶转变（表象点进入 L+α 区），液相中析出固相 α。这时液相成分沿液相线变化，固相成分沿固相线变化。在 t_2 温度，液相成分和固相成分分别为 E、F 点对应的成分。这时，两相的重量百分数可由杠杆定理求出。继续冷却，固相 α 不断析出。在 t_3 温度，表象点落在固相线上，液相全部凝固为合金成分（30%）的 α 相，匀晶转变结束。

匀晶转变时，固相和液相的成分是不同的，所以，在形核时不但要求溶液中有结构起伏，还要有浓度起伏。平衡凝固得到成分均一的 α 相是因为冷却速度极为缓慢，液、固相中的溶质原子有足够的时间充分扩散。

3. 固溶体合金的非平衡凝固及其组织

实际上，达到平衡凝固的条件是极为困难的。在实际冷却过程中，凝固常常在数小时甚至几分钟内完成，固溶体成分来不及扩散至均匀。先结晶的部分含高熔点的组分多，后结晶的部分含低熔点的组分多，溶液只能在固态表层建立平衡。因此，实际生产中的凝固是在偏离平衡条件下进行的，这种凝固过程被称为不平衡凝固。下面我们以 Cu-Ni 合金为例来分析不平衡凝固过程及其组织。

如图 4.5 所示，质量分数为 c_0 的合金在实际结晶过程中可能要过冷到 t_1 才能开始结晶。这时结晶出来的固相成分为 α_1。t_2 温度下固相的成分应该是 α_2，但由于冷速较快，先结晶出来的 α_1 来不及通过扩散使其成分达到 α_2。这样，t_2 温度下固相心部的成分仍为 α_1，固相的平均成分则为介于 α_1，α_2 之间的 α'_2。同样，冷却到 t_3 温度时，固相的成分从心部到外缘依次为 α_1，α_2，α_3，而平均成分则为介于 α_1，α_2，α_3 之间的 α'_3。继续冷却表象点落在固相线上，如果是平衡凝固，结晶本应结束，但实际上，这时固相平均成分小于 c_0，说明凝固尚未完成。只有当温度降低到 t_4 时合金的平均成分才达到 c_0，凝固才结束。这时合金的成分由内到外依次为 α_1，α_2，α_3，α_4。很明显在不平衡凝固时，固相的平均成分线偏离了平衡成分线（固相线）。同样的道理，液相的平均成分线也偏离了平衡成分线（液相线），只不过液相中原子扩散较容易，液相平均成分线偏离较小罢了。冷却速度越快、平均成分线的偏离越大。

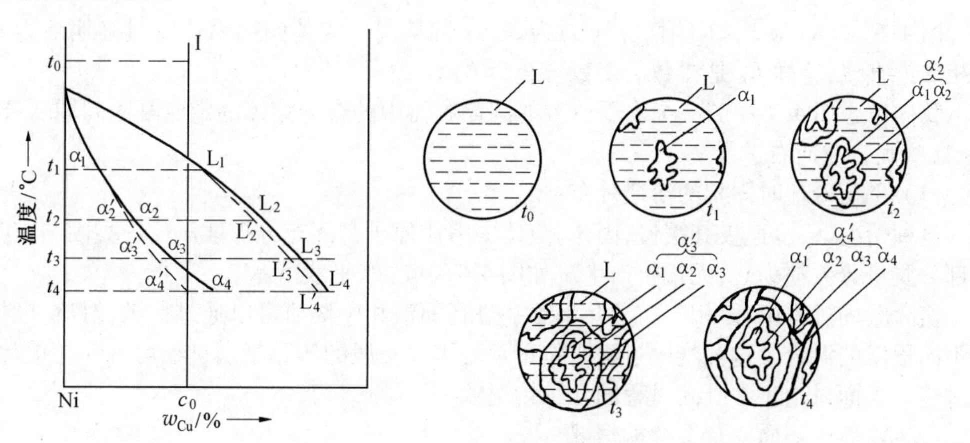

图 4.5 Cu-Ni 合金不平衡凝固及组织示意图

不平衡凝固的组织心部含高熔点组元多（如镍的质量分数 $\alpha_1>\alpha_2>\alpha_3>\alpha_4$），使得晶粒内成分不均匀。合金内部质量分数不均匀的现象被称为“偏析”，而晶粒内部质量分数不均匀的现象被称为“晶内偏析”，树枝晶内的偏析被称为“枝晶偏析”。枝晶偏析对铸件的性能影响很大。生产中常把铸件放在稍低于固相线的高温下长时间保温进行扩散退火（均匀化退火）来消除枝晶偏析。热轧和锻造也可使枝晶偏析降低。

由上分析可见，不平衡凝固时合金的固、液相平均成分线已经偏离了相图中的固相线和液相线。因此，不能用相图来准确的说明不平衡结晶过程。我们同样可以看到，即使在不平衡结晶时，固液界面上固、液相的平衡仍是符合相图所表示的平衡关系，因此在分析不平衡凝固时，相图仍有重要的参考价值。

4. 固溶体合金凝固时的溶质质量分布

合金凝固时溶质要重新分布，这将产生宏观偏析和微观偏析并对晶体的生长形态产生很大影响。

图 4.6 为匀晶合金的两种情况。设合金的质量分数为 c_0，当合金冷却到温度 T_0 时，液相的质量分数为 c_L，固相的质量分数为 c_S，那么这两种质量分数的比值 K_0 被称为平衡分配系数。

$$K_0 = c_S / c_L \tag{4.5}$$

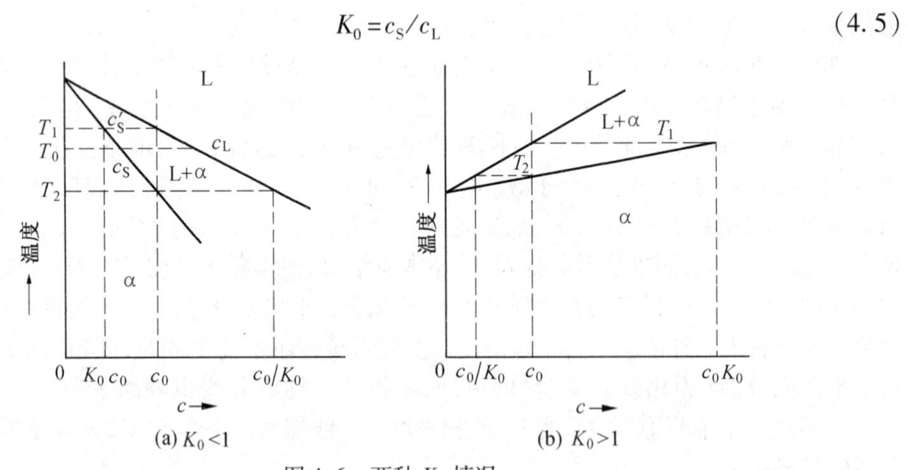

图 4.6 两种 K_0 情况

图 4.6 中（a）为 $K_0<1$ 的情况，（b）为 $K_0>1$ 的情况。为使问题简化可粗略地认为液、固相线为直线，这样 K_0 是常数。多数合金为 $K_0<1$ 情况。

我们考虑图 4.7 中的一个水平放置的圆棒容器中的合金液体的定向凝固问题。合金 $K_0<1$，凝固自左向右进行。

（1）平衡冷却时固相的溶质分布

这种情况下，冷速极其缓慢，固体、液体中溶质原子都能充分扩散。这样凝固结束时，各部分质量分数都为 c_0，无偏析产生。如图 4.7 中 c_0 水平线所示。

实际凝固过程中，固相中扩散几乎不能进行而液相中溶质可以通过扩散、对流、搅拌，有不同程度的混合。这种凝固过程叫作正常凝固。一般的实际凝固过程均可视为正常凝固过程。下面讨论正常凝固过程的几种情况。

（2）液体中溶质完全混合的情况

如凝固过程是缓慢的，液体通过扩散、对流、甚至搅拌充分混合。其定向凝固时液、固相成分，如图 4.8（b）所示。凝固结束后棒中的溶质分布，如图 4.7 中的虚线所示。

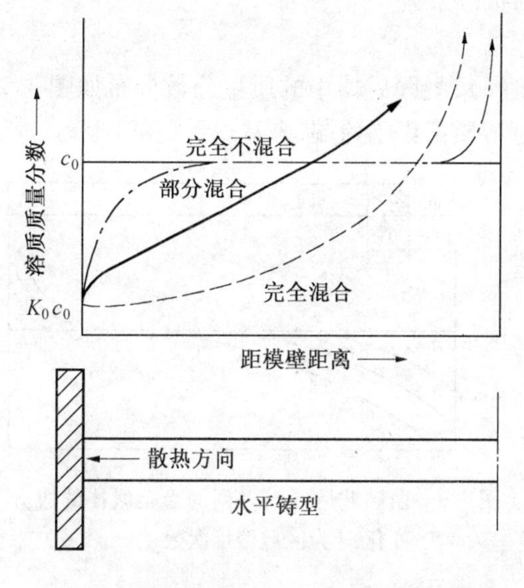

图 4.7　不同条件下定向凝固得到的溶质分布曲线

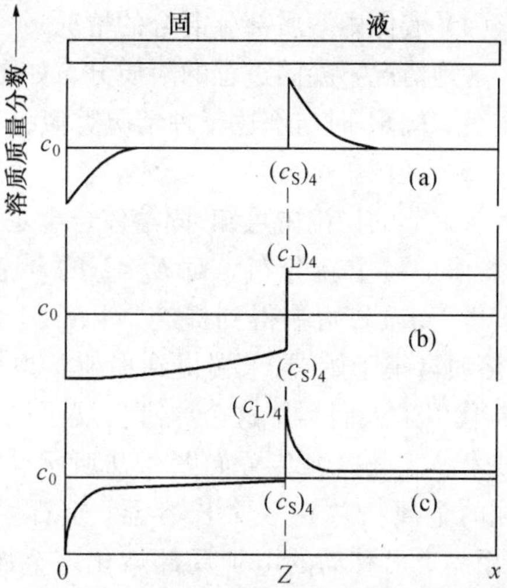

图 4.8　三种混合状态的溶质分布

设 c_0 为合金的原始浓度，L 为合金棒的长度，K_0 为平衡分配系数，Z 为固相的长度，则可以证明

$$c_S = c_0K_0(1.\frac{Z}{L})^{K_0-1} \tag{4.6}$$

$$c_L = c_0(1.\frac{Z}{L})^{K_0-1} \tag{4.7}$$

由式(4.6)及图 4.7 可知，$K_0<1$ 时，如凝固从左到右进行则左端得到纯化，溶质富集于右端。K_0 越小这种效应越明显。因推导时作了一些假设所以 $\frac{Z}{L}\to 1$ 时公式无意义。

(3) 液体中仅通过扩散而混合的情况(液相完全不混合)

当凝固速度很快，无搅拌时，固体中无扩散而液体中仅靠扩散而混合。这种情况比较符合实际凝固情况。这种情况下的凝固过程如图 4.8(a)所示。

由图可见，质量分数为 c_0 的合金开始凝成的固体成分为 K_0c_0。因为 $K_0c_0<c_0$，所以有一部分溶质原子排到界面前液相中，在界面处的液相中形成溶质原子的堆积。以后界面推移过程中，因为固相是由质量分数较高的液相凝固成的，所以固相浓度也逐渐增加。当界面液相质量分数为 c_0/K_0 时，界面处固体质量分数为 c_0，如图 4.6(a)所示。这时，从固相中排到界面液相中的溶质原子数等于从界面扩散出去的溶质原子数，凝固达到稳定态。这以后，界面上及界面附近的条件不变，即凝固进入稳定状态。在稳定态 $c_S=c_0$，$c_L=c_0/K_0$。直到凝固快要结束时由于所剩液体很少，堆集在界面的溶质已无地方扩散，于是液相中质量分数迅速增高，凝固出的固相质量分数也迅速增高。在稳定阶段，固相的质量分数始终为 c_0。这种情况下，凝固后棒中的浓度分布见图 4.7 中点划线。

在稳定态，液相溶质的质量分数分布可表示为

$$c_L = c_0\left\{1+\frac{1-K_0}{K_0}e^{-\frac{RZ}{D}}\right\} \tag{4.8}$$

式中，R 是界面移动速度；D 是溶质在液体中的扩散系数。

(4) 液体中溶质部分混合的情况

这种情况下凝固过程的溶质分布如图 4.8(c)，凝固后棒中的质量分数分布如图 4.7 中实线。$K_0>1$ 时与上述三种情况类似，只不过溶质富集于始端，未端得到提纯。

(5) 区域熔炼

从上节的讨论中可知，固溶体合金定向凝固时，溶质要重新分布。对 $K_0<1$ 的合金，溶质富集于末端，始端得到提纯，对 $K_0>1$ 的合金，溶质富集于始端，未端得到提纯。20 世纪 50 年代以来人们利用这个原理发展了区域提纯技术。区域提纯装置如图 4.9 所示。将待提纯的金属棒放在一个长容器(如石墨盘)中，用一个可移动的电炉局部熔化该金属棒。当电炉从一端移动到另一端，金属棒得到一次提纯。如将这一过程重复多次则可以把不纯的金属棒的一端提炼得很纯，如图 4.9 所示。例如，对于 $K_0=0.1$ 的材料。只需经五次区域熔炼，就可将前半段的杂质平均含量降低至原来的 1/1 000。区域熔炼常被用来提炼超纯的硅、锗等半导体材料及高纯的金属材料、有机材料等。

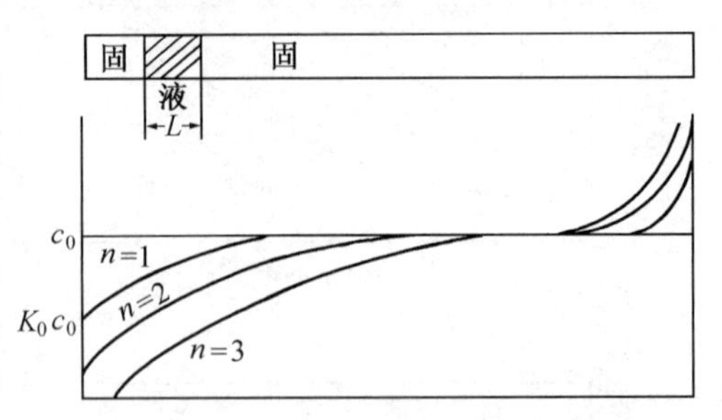

图 4.9　由区域熔炼而得到的沿金属棒的成分变化，n 为区域熔炼次数

5. 成分过冷

第 2 章已经指出，凝固必须在有过冷的情况下才能发生。对纯金属，由于凝固过程中熔点始终不变，过冷度完全决定于实际温度分布，这样的过冷叫做热学过冷或简称热过冷。在液态合金的凝固过程中，即使溶液的实际温度分布一定，由于溶液中溶质分布的变化，如式(4.8)，改变了熔点，此时过冷是由成分变化和实际温度分布两个因素来决定的。这种过冷，称为成分过冷。如图 4.10，有一个 $K_0<1$ 的合金，其相图为(a)，液相的溶质分布如(c)，分布曲线由式(4.8)表示。利用相图可知液相的熔点为 $T_L=T_A-mc_L$(m 为液相线的斜率)。

液相中熔点的分布可通过将式(4.8)代入 $T_L=T_A-mc_L$ 中求出

$$T_L=T_A-mc_0\left(1+\frac{1-K_0}{K_0}e^{-\frac{RZ}{D}}\right) \tag{4.9}$$

式中，T_A 为纯溶剂的熔点。式(4.9)的曲线如图 4.10(d)所示。

将实际温度分布曲线(b)与液相熔点分布曲线(d)叠加在一起可以得到固-液界面前的成分过冷区(图(e)中阴影部分)。下面分析界面前沿出现成分过冷的条件。

设液相中实际温度梯度为 G，由式(4.9)，界面处液相熔点温度的梯度应为 $\frac{dT_L}{dZ}\Big|_{Z=0}=mc_0\frac{1-K_0}{K_0}\frac{R}{D}$。由图 4.10(e)可知出现成分过冷的条件应为

$$G\leqslant mc_0\frac{1-K_0}{K_0}\frac{R}{D}$$

或

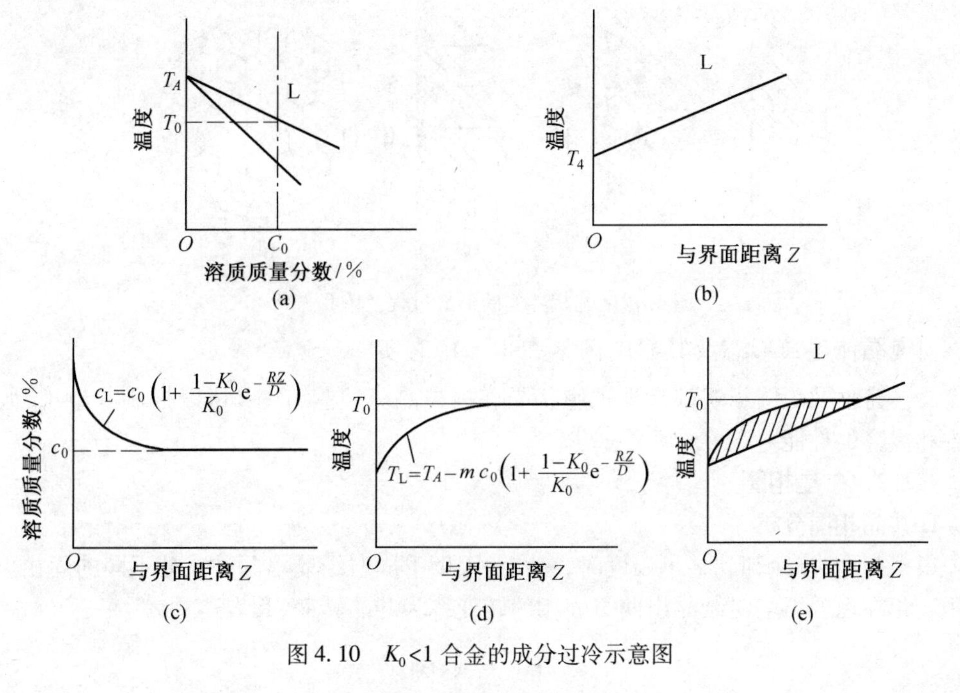

图 4.10　$K_0<1$ 合金的成分过冷示意图

$$\frac{G}{R}\leqslant m\frac{c_0}{D}\left(\frac{1-K_0}{K_0}\right) \tag{4.10}$$

式(4.10)左边是外界条件,右边是合金本身的参数。由此可看出影响成分过冷的因素为:

① 合金的液相线越陡(m),合金含溶质质量分数越大(c_0),液体的扩散系数越小(D),$K_0<1$ 时,K_0 越小,$K_0>1$ 时 K_0 越大则成分过冷倾向越大。

② 液相中实际温度分布(G)越平缓,凝固速度(R)越快,成分过冷倾向越大。

成分过冷是合金凝固时的普遍现象,它对于晶体的生长形态,铸锭的宏观组织和凝固方式都有重要影响。

6. 固溶体合金凝固时的生长形态

由第 2 章纯物质在正温度梯度下,只能以平面方式生长。在合金凝固过程中由于成分过冷,界面前沿存在一个从界面到液相内部过冷度增大的区域。因此,在正温度梯度下,根据成分过冷区大小不同,合金也可以生成胞状组织,胞状树枝晶、柱状树枝晶,在界面前液相中某些区域,成分过冷度大到形核所要求的过冷度时,在液相中甚至可生成等轴状树枝晶。有人通过实验总结出 $G/\sqrt{R}$,c_0 与固溶体生长形态之间的关系图,如图 4.11 所示,典型的胞状组织如图 4.12 所示,树枝状组织如图 3.11 所示。

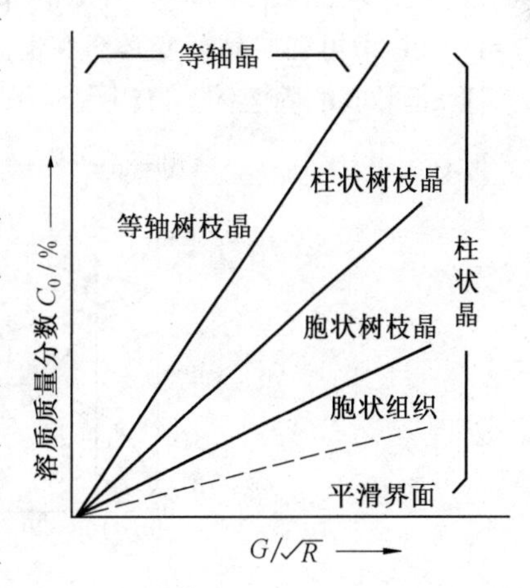

图 4.11　$G/\sqrt{R}$ 和 c_0 对固溶体晶体生长形态的影响

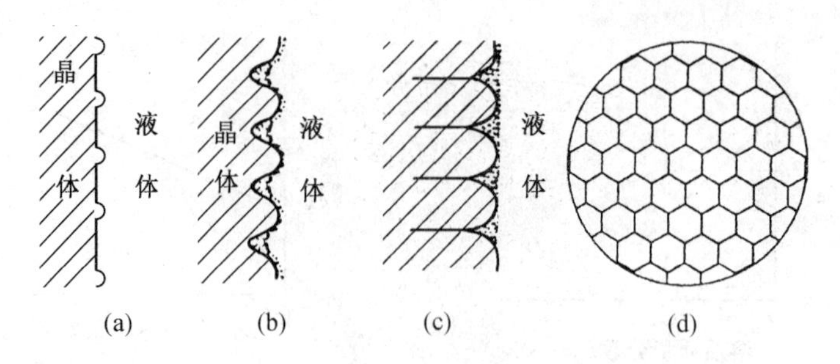

图 4.12　胞状界面的形成过程及胞状偏析

研究晶体生长形态及其影响因素在生产中有实际意义。铸件及焊缝组织都常出现胞状晶和树枝晶。控制 $G/\sqrt{R}$ 可以控制其组织，改善铸件和焊缝的性能。

4.2.2　共晶相图

1. 共晶相图分析

很多合金，当冷却到某个温度时，会在该温度下同时结晶出两种成分不同的固相。我们把液相在恒温下同时结晶出两个固相的转变称为共晶转变，其表达式为

$$\mathrm{L} \xrightleftharpoons{t_{\mathrm{E}}} \alpha+\beta$$

共晶转变的生成物为两个相的机械混合物，我们把它称为共晶体。具有共晶转变的合金被称为共晶合金。

很多重要的工业合金如铸铁，Al-Si，Al-Cu，Pb-Sn，Pb-Sb，Ag-Cu 等都是共晶合金。共晶合金具有优良的铸造性能，在工业中得到广泛应用。

图 4.13 为 Pb-Sn 合金系相图，图中，t_{A}，t_{B} 分别为 Pb，Sn 的熔点。$t_{\mathrm{A}}-E-t_{\mathrm{B}}$ 为液相线，$t_{\mathrm{A}}-M-E-N-t_{\mathrm{B}}$ 为固相线。其中 MEN 为共晶线，E 点为共晶点。成分为 E 的液相在 MEN 温度发生共晶转变 $\mathrm{L_E} \xrightleftharpoons{t_{\mathrm{E}}} \alpha_{\mathrm{M}}+\beta_{\mathrm{N}}$。共晶转变时是 $\mathrm{L_E}$，α_{M}，β_{N} 三相平衡。由相律 $f=c-p+1=0$ 可知共晶转变必然在恒温下进行。图中 α 是 Sn 溶于 Pb 形成的固溶体，β 是 Pb 溶于 Sn 形成的固溶体。MF 是 Sn 在 Pb 中的固溶度线，NG 是 Pb 在 Sn 中的固溶度线。

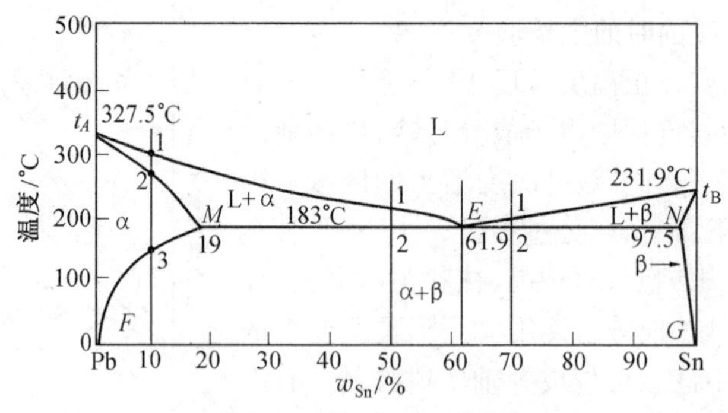

图 4.13　Pb-Sn 合金相图

相图中成分在 M 点以左的合金为 α 固溶体合金，成分在 N 点以右的合金为 β 固溶体合金。成分为 E 点的合金为共晶合金，ME 之间的合金为亚共晶合金，EN 之间的合金为过共晶合金。

2. Pb-Sn 合金的平衡凝固

(1) α 固溶体合金及 β 固溶体合金

由图 4.13 可以看出,含 10% Sn 的合金缓冷到 1 点时,开始从液相中结晶出 α 相。随着温度的下降,α 相的量不断增多,液相的量不断减少,两相成分分别沿 $t_A M$ 和 $t_A E$ 变化。当合金冷却到 2 点时,全部结晶成 α 固溶体。这一过程就是上节讲过的匀晶转变。

继续冷却时,在 2 ~ 3 点之间 α 不发生变化。当温度下降到 3 点以下时,Sn 在 α 相中呈过饱和,过剩的 Sn 以 β 固溶体的形式从 α 固溶体中析出。这时,α 和 β 的成分分别沿固溶度线 *MF* 和 *NG* 变化。这种从 α 固溶体中析出的 β 固溶体称为次生 β 固溶体,记作 β_{II},以与从液相直接析出的初生 β 固溶体区别。

该合金的组织为 $\alpha+\beta_{\text{II}}$,β_{II} 常分布在晶界上,有时也分布在晶内。图 4.15 为该合金的显微组织照片。黑色基体为 α 相,白色颗粒为 β_{II}。

所有成分位于 *F*、*M* 之间的合金的平衡结晶过程都与上述合金类似,其显微组织都是 $\alpha+\beta_{\text{II}}$,只不过两相的相对量不同,合金成分越靠近 *M* 点,β_{II} 越多。

图 4.14 为 10% Sn 合金的平衡冷却示意图。

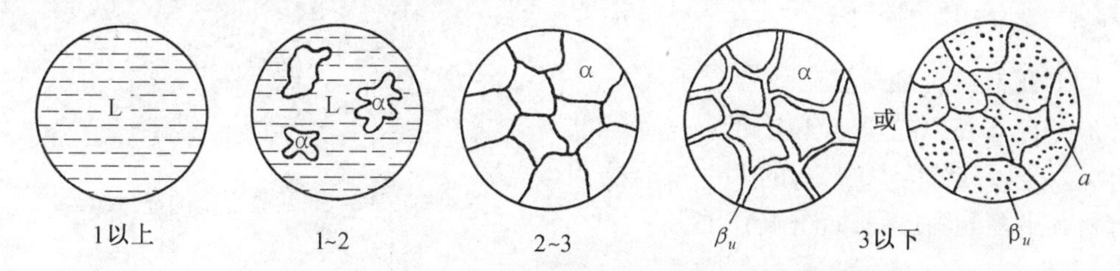

图 4.14　含 10% Sn 的 Pb-Sn 合金平衡冷却示意图

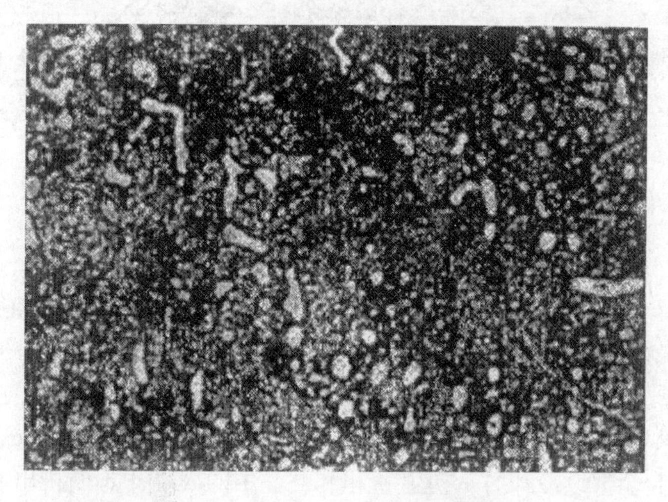

图 4.15　10% Sn-Sh 合金的室温组织

β 固溶体合金的平衡冷却过程与 α 固溶体合金类似,只不过生成的是初生 β 固溶体及在低温下脱溶出的次生 α_{II}。室温组织为 $\beta+\alpha_{\text{II}}$。

(2) 共晶合金(61.9% Sn)

该合金的平衡冷却示意图如图 4.16 所示。缓冷时,该合金在 t_E 温度发生共晶转变:

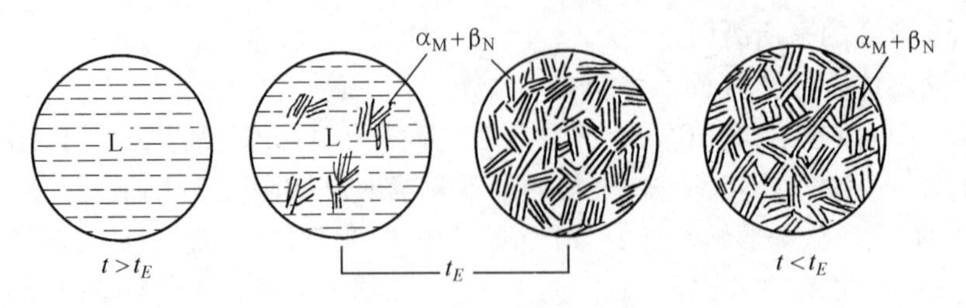

图 4.16　Pb-Sn 共晶合金平衡冷却示意图

$L_E \xrightarrow{t_E} \alpha_M+\beta_N$。这一过程在 t_E 温度下一直进行到液相完全消失。该合金的显微组织为 100%的共晶体，如图 4.17 所示。t_E 温度以下析出的 β_{II} 和 α_{II} 与共晶体中的 α、β 相混在一起，难以分辨。共晶体中两相的相对量可在稍低于 t_E 的 α+β 两相区用杠杆定理求得

$$\alpha_M\%=\frac{EN}{MN}=45.4\%;\beta_N\%=\frac{ME}{MN}=54.6\%$$

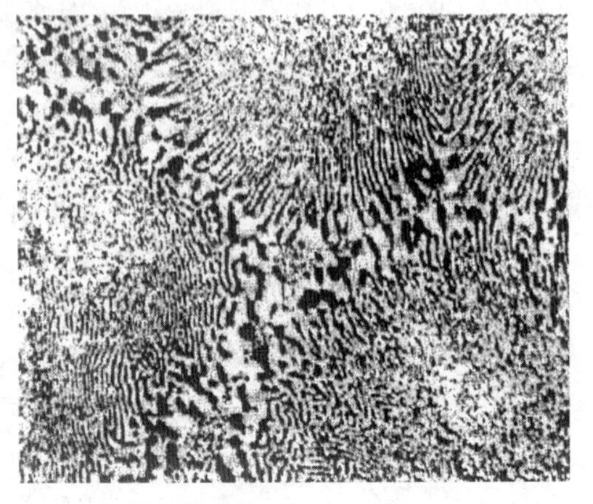

图 4.17　Pb-Sn 共晶合金的显微组织

(3) 亚共晶合金及过共晶合金

成分在 E 点以左、M 点以右的合金是亚共晶合金。现以成分为 50% Sn 的 Pb-Sn 合金为例分析其平衡凝固过程，如图 4.18 所示。

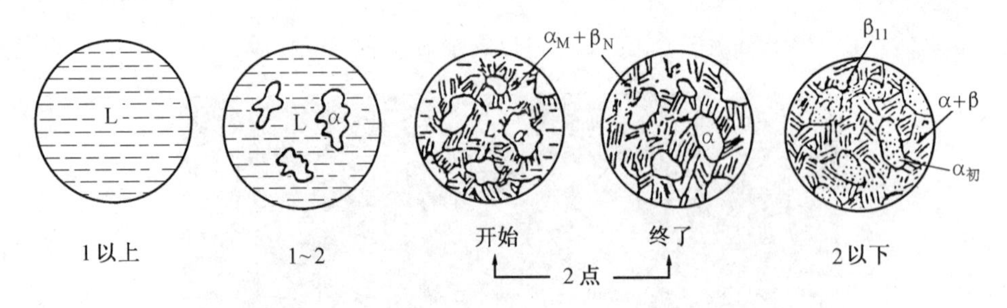

图 4.18　亚共晶合金平衡凝固过程示意图

在温度 1 ~2 之间，α 固溶体从液相中不断析出，此时液相的成分沿液相线 t_AE 变化。随温度的下降 α 相不断增加，液相不断减少。这一阶段生成的 α 相称为初生 α 相或先共晶 α 相。当温度达到 2 点时，表象点落在 MEN 水平线上，剩余液相成分达到共晶成分 E。在共晶温度 2，剩余液相发生共晶转变，生成共晶体。到此，合金由初生 α_M 相和共晶体组成。在 t_2 以下，合金继续冷却时从初生 α 相和共晶中的 α 相中不断析出 β_{II}，从共晶体中的 β 相中不断析出 α_{II}，直至室温。由于 α_{II}，β_{II} 析出不多，除了在初生 α 固溶体中可看到 β_{II} 外，共晶组织保持不变。亚共晶合金室温时的组织为 $\alpha_初+(\alpha+\beta)+\beta_{II}$，如图 4.19(a)所示。

相图中成分在 EN 之间的合金被称为过共晶合金。其平衡凝固过程与亚共晶合金类似，只是初生相为 β 固溶体。室温时的组织为，$\beta_初+(\alpha+\beta)+\alpha_{II}$，如图 4.19(b)所示。

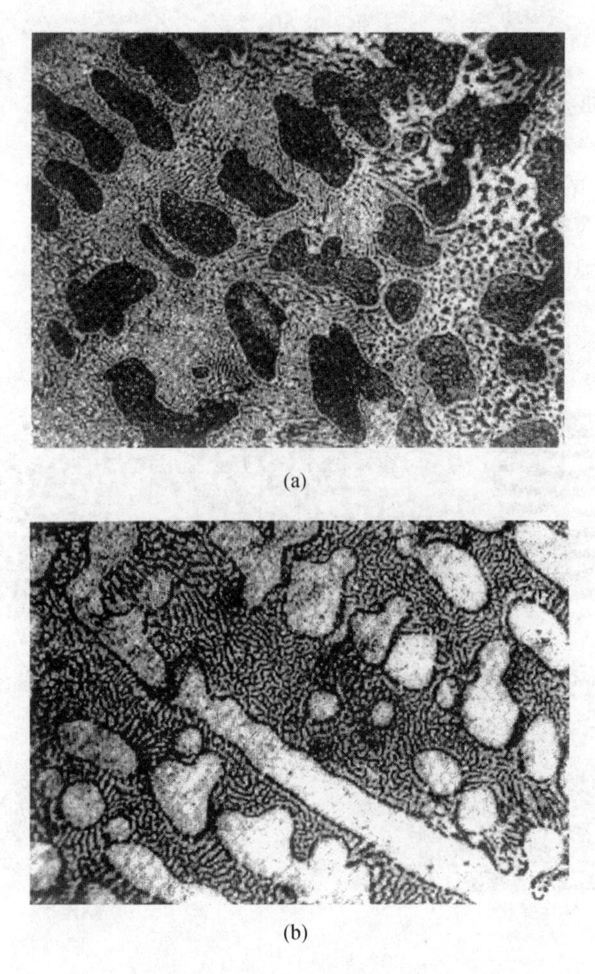

(a)

(b)

图 4.19 (a) Pb-Sn 亚共晶合金组织;(b) Pb-Sn 过共晶合金组织

由上分析可见,所有 Pb-Sn 合金室温下的相都是 α,β 相,但不同成分的合金组织中相的聚集方式和分布不同。在金相分析中,相的分布和聚集方式十分重要,把初生 α 相,共晶体,α_{II},β_{II} 各作为一种“组成体”来对待称为“组织组成体”。今后在研究其他合金时将会看到还有很多别的组织组成体。二元合金中相的相对量及组织组成体的相对量都可用杠杆定律求得。如 50% Sn 的亚共晶合金在稍低于 183 ℃温度下相的相对量及组织组成物的相对量为:

相的相对量

$$\alpha\% = \frac{2N}{MN} = \frac{97.5-50}{97.5-19} \approx 60\%$$

$$\beta\% = \frac{M2}{MN} = \frac{50-19}{97.5-19} \approx 40\%$$

组织组成体的相对量

$$\alpha_{初}\% = \frac{2E}{ME} = \frac{61.9-50}{61.9-19} \approx 27.7\%$$

$$(\alpha+\beta)\%=\frac{M2}{ME}=\frac{50-19}{61.9-19}\approx 72.3\%$$

3. 共晶组织的形态

共晶组织的基本特征是两相交替分布。根据合金组元的不同,共晶组织形态各异。图4.20为共晶组织的几种形态。按组成相在它们自身熔体中长大时的固-液界面分类,共晶组织可分为三大类:

① 金属-金属型(粗糙-粗糙界面);

② 金属-非金属型(粗糙-光滑界面);

③ 非金属-非金属型(光滑-光滑界面)。

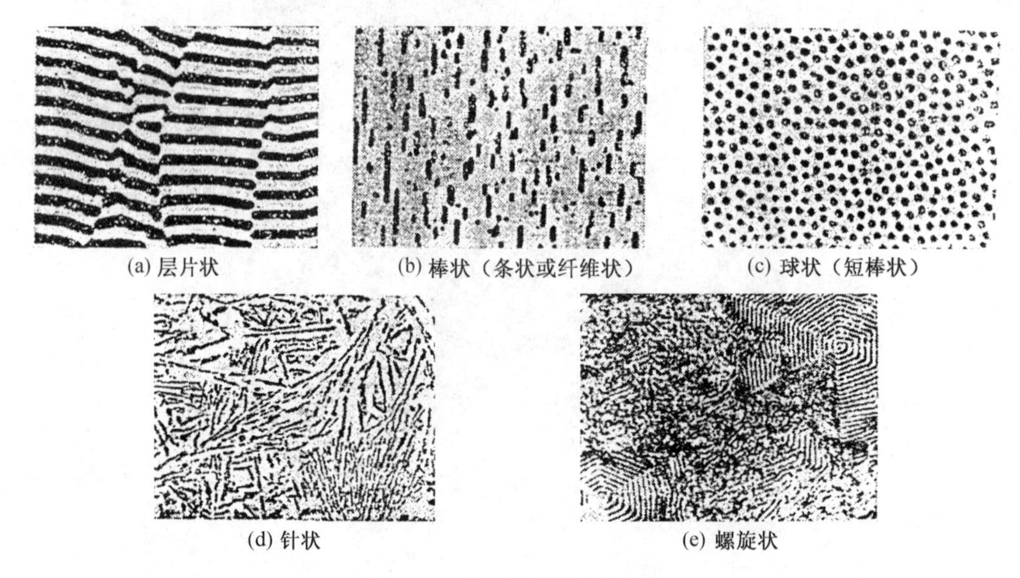

(a) 层片状　(b) 棒状(条状或纤维状)　(c) 球状(短棒状)

(d) 针状　(e) 螺旋状

图4.20　典型的共晶合金组织

所有金属-金属共晶及许多金属-金属间化合物共晶为第一类共晶。它们的显微组织形态大多呈层片状、棒状或纤维状。形成层片状还是棒状共晶,在某些条件下会受生长速率、结晶前沿温度梯度的影响,但主要受界面能控制。

近代研究表明,在大多数粗糙-粗糙界面共晶合金的过冷液体中,总是有一相首先形核,它被称为领先相。第二相往往以领先相为基底析出。在共晶增殖期间,两个组成相不是独立地重新形核,而是通过所谓横向的“搭桥”使各片层连在一起。每一层片不是一个单独的晶粒,而是高度分叉的单个长大单元的一部分。图4.21为在共晶合金中层片相邻

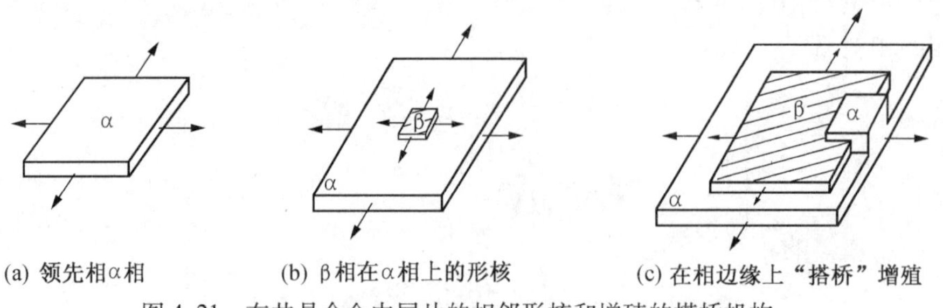

(a) 领先相α相　(b) β相在α相上的形核　(c) 在相边缘上“搭桥”增殖

图4.21　在共晶合金中层片的相邻形核和增殖的搭桥机构

形核和增殖的情况。这种形核和增殖机构称为“搭桥机构”。X 射线和电子衍射证明一个共晶团中相同相各片层基本上具有相同的位向。

下面分析粗糙-粗糙界面共晶团的长大。

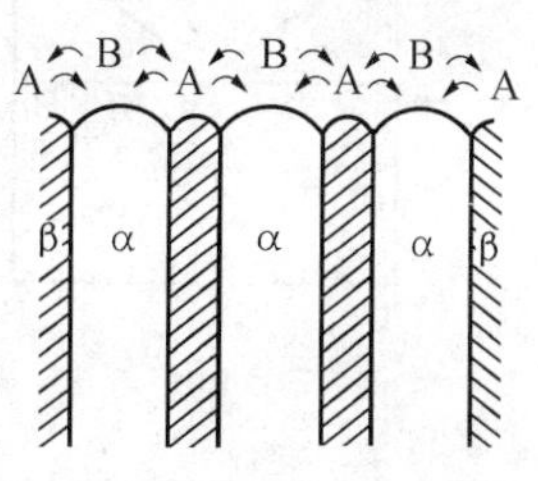

图 4.22　层片状共晶前沿液相中原子扩散示意图

由于金属-金属型共晶的固-液界面是粗糙界面，所以其界面向前生长不取决于结晶的性质，而取决于热流的方向。两相并排长大方向垂直于固-液界面。由于两相之间的片层间距很小，在长大过程中横向扩散是主要的。由图 4.22 可知，α 相前沿是富 B 组元的，β 相前沿是富 A 组元的。在长大过程中，B 原子从 α 相前沿横向扩散到 β 相前沿，A 原子从 β 相前沿横向扩散到 α 相前沿，这就保证了同时结晶出两个不同成分的相，而液相仍维持原来的成分 c_E，结晶出来的两相的平均成分也是原来的共晶合金成分 c_E。

层片间距越小，组元的横向扩散越有利，但层片间距减小意味着层片数增多，使界面积增大，增加了界面能。因此，在一定的条件下具有一定的层片间距。

共晶形成时，结晶前沿的过冷度越大，则凝固速度 R 越快。层片间距 λ 与 R 的关系为

$$\lambda = KR^{-n} \tag{4.15}$$

式中 K 为系数，对一般合金来说 $n=0.4\sim0.5$。

可见，过冷度越大，凝固速度越快，共晶的层片间距越小。减小层片间距，可以提高共晶合金的强度。

金属-非金属（粗糙-光滑界面）型共晶合金有 Fe-C、Al-Si 等系合金，许多金属-金属氧化物、金属-金属碳化物系也属于此类共晶。

这类共晶常呈复杂形态如树枝状（如图 4.23 Fe-石墨共晶）、针状（如图 4.20）、骨胳状等。并非所有的金属-非金属型共晶都有复杂的形态，如 Al-Bi，Al-$NiAl_3$ 等共晶体便是层片状或棒状。

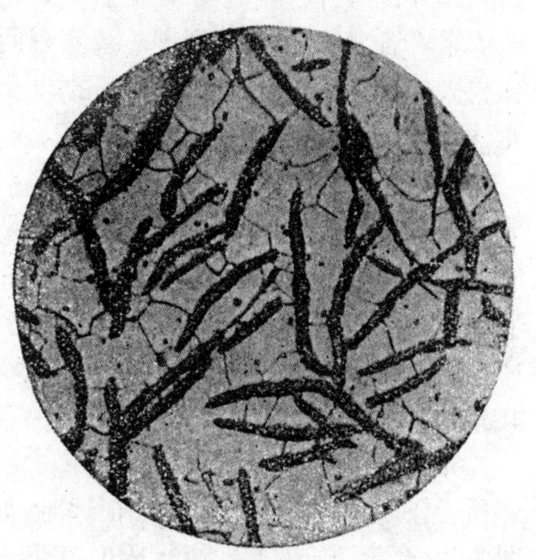
图 4.23　Fe-石墨的共晶组织

4. 伪共晶

平衡凝固时，任何偏离共晶成分的合金都不可能得到百分之百的共晶组织。在非平衡凝固条件下，成分接近共晶成分的亚共晶或过共晶合金，凝固后的组织却可以全部是共晶体。这种非共晶合金得到完全的共晶组织称为伪共晶。

由热力学考虑，合金液体过冷到平衡相图的两条液相线的延长线所包围的区域时，合金液体对于 α 相和 β 相都是过饱和的，这时，液相中可同时析出 α 相和 β 相形成伪共晶。事实上情况要更复杂。考夫莱的工作证明，至少对于有机物来说可以存在四种伪共晶区，如图 4.24 所示。

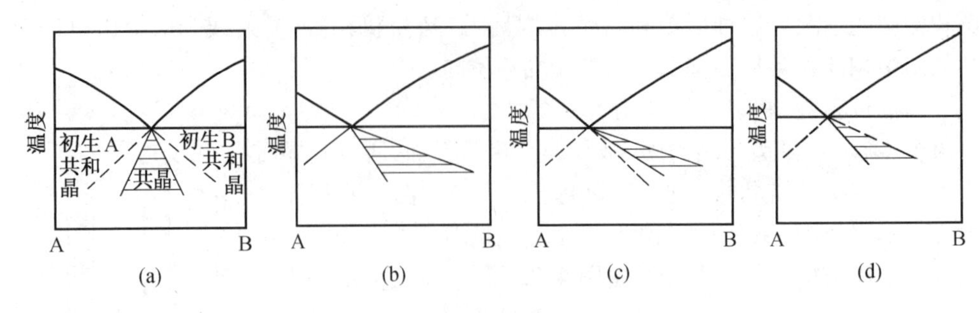

图 4.24　可能出现的四种伪共晶区

在两组成相熔点相近的情况，一般出现对称的伪共晶区，如图 4.24(a)所示。当两组元熔点相差悬殊时，伪共晶区往往偏向高熔点组元(图 4.24)。因为在这种情况下，共晶成分 c_E 往往与低熔点相 A 更接近，而与 B 相差很大，当共晶合金过冷到共晶温度以下时，由于，液相成分 c_E 与 B 相差很大，很难通过扩散达到形成 B 的要求，而 c_E 与 A 却较接近，这样往往先形成初晶 A。这样共晶合金的组织却类似亚共晶组织。对于过共晶合金则因其液相浓度与 A，B 的差别较为接近，反而易形成完全是共晶的组织。

对 Sn-Bi，Al-Si 共晶系的研究还发现，伪共晶区常偏向非金属(或金属性低)的组元一侧。金属或其固溶体为粗糙界面以垂直方式长大，生长速度快，非金属或亚金属为光滑界面依靠缺陷生长，生长速度慢。要实现两相配合长大，合金成分必须含有更多的非金属组元，即伪共晶区偏向非金属一侧。

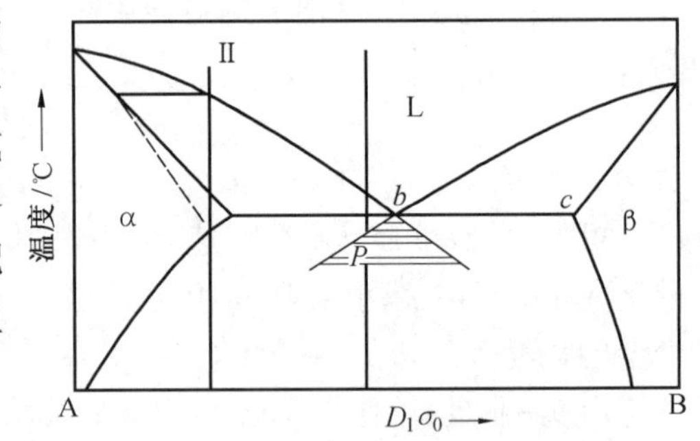

图 4.25　热力学考虑的伪共晶区及不平衡共晶体

5. 不平衡共晶体

由图 4.25 可以看出，合金Ⅱ在不平衡凝固时，由于固相线偏离平衡位置，不但冷到固相线上凝固不能结束，甚至冷到共晶温度以下，还有少量液相残留，最后这些液相转变为共晶体，形成所谓不平衡共晶组织。

6. 离异共晶

当合金成分偏离共晶成分很远时，如图 4.25 合金Ⅱ，在不平衡凝固时其形成的共晶组织所占的体积分数很小，而先共晶相所占体积分数很大，这时与先共晶相相同的组成相就会依附于先共晶相长大，把另一相弧立出来，结果形成了以先共晶相为基体，另一组成相连续地或断续地分布在先共晶相晶粒的边界上，如图 4.26 所示。这种两相分离的共晶组织叫离异共晶。

图 4.26　Al-Cu 合金的离异共晶，晶界上的相为 Al_2Cu

4.2.3　包晶相图

1. 包晶相图分析

一个液相与一个固相在恒温下生成另一个固相的转变被称为包晶转变,其表达式为 $L+\alpha \xrightarrow{T_D} \beta$。工业上很多重要的合金相图中都含有包晶转变。

图 4.27(a)的 Pt-Ag 相图是典型的包晶转变相图,而图 4.27(b)表示包晶相图的特征。

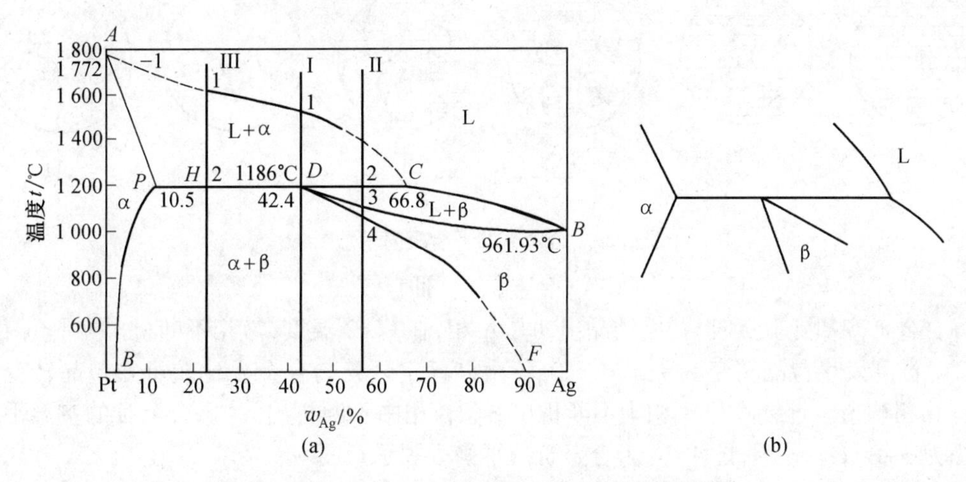

图 4.27　(a) Pt-Ag 相图;(b) 包晶转变相图的特征

在这个相图中,*PDC* 水平线是包晶线,它的上方为 L+α 相区,右下方为 L+β 相区,左下方为 α+β 相区。包晶线左、右两端分别与 α 相区和 L 相区相接,*D* 点与下方的 β 相区相接。成分在 *PC* 范围的所有合金在包晶线温度都要发生包晶转变。

2. Pt-Ag 合金的平衡凝固

(1) 含 42.4% Ag 的 Pt-Ag 合金(合金 Ⅰ)

合金 Ⅰ 在 1 以上温度为液相。从 1-*D* 液相中不断结晶出初晶 α 相,随温度下降 α 相成分沿固相线 *AP* 变化,液相成分沿液相线 *AC* 变化。在 *D* 点温度 α 相成分达到 *P* 点,L 相成分达到 *C* 点,这时发生包晶转变 $L_C+\alpha_P \xrightarrow{t_p} \beta_D$。转变结束后,L 相和 α 相全部转变为 β 相。继续冷却,β 相的固溶度沿其固溶度线 *DF* 变化,不断析出 $\alpha_{Ⅱ}$。合金 Ⅰ 在室温下的平衡组织为 $\beta+\alpha_{Ⅱ}$。图 4.28 为合金 Ⅰ 的平衡凝固过程示意图。

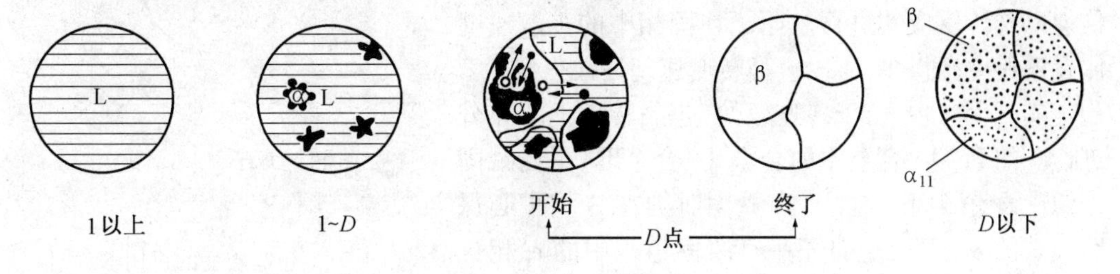

图 4.28　合金 Ⅰ 的平衡凝固过程示意图

(2) 42.4% <Ag<66.8% 的 Pt-Ag 合金(合金 Ⅱ)

合金 Ⅱ 冷却到 1 点时,开始结晶出初晶 α 相,在 1 ~ 2 温度,液相不断析出初晶 α 相。

在 2 点温度发生包晶转变 $L_C+\alpha_P \xrightarrow{t_D} \beta_D$。由杠杆定律并与合金Ⅰ比较可知包晶转变后必有液相剩余。在 2～3 温度冷却，剩余液相按匀晶转变全部转变为 β 相。在 4 点以下冷却，β 相中不断析出 $\alpha_{\text{Ⅱ}}$。合金Ⅱ在室温下的平衡组织为 $\beta+\alpha_{\text{Ⅱ}}$。图 4.29 为合金Ⅱ的平衡凝固示意图。

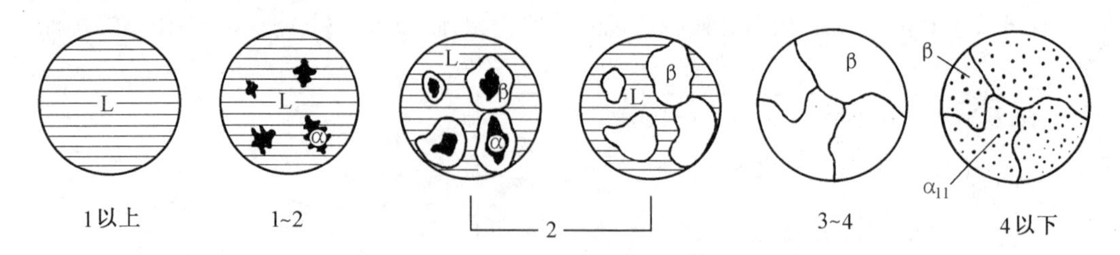

图 4.29　合金Ⅱ的平衡凝固示意图

(3) 10.5%<Ag<42.4% 的 Pt-Ag 合金（合金Ⅲ）

合金Ⅲ冷却到 1 点时，开始结晶出初晶 α 相，在 1～2 温度，液相不断析出初晶 α 相。在 2 点温度发生包晶转变 $L_C+\alpha_P \longrightarrow \beta_D$。由杠杆定理并与合金Ⅰ比较可知包晶转变后必有 α 相剩余。继续冷却 α 相中不断析出 $\beta_{\text{Ⅱ}}$，β 相中不断析出 $\alpha_{\text{Ⅱ}}$。合金Ⅲ的室温平衡组织为 $\alpha+\beta+\beta_{\text{Ⅱ}}+\alpha_{\text{Ⅱ}}$。图 4.30 为合金Ⅲ的平衡凝固示意图。

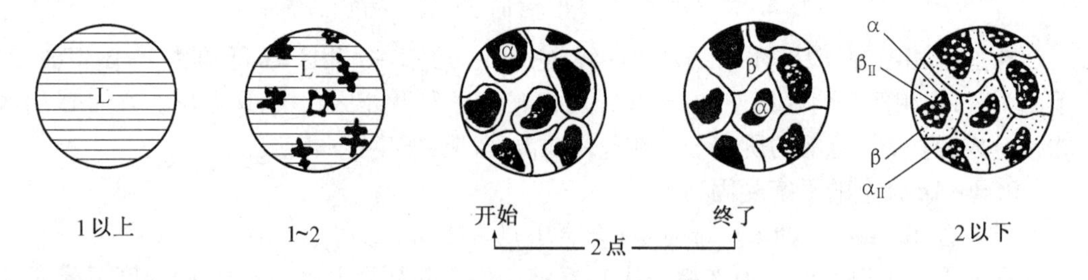

图 4.30　合金Ⅲ的平衡凝固示意图

3. 具有包晶转变的合金的不平衡凝固

包晶转变的机构如图 4.31 所示。包晶转变产物 β 相包在 α 相外面（这也是包晶转变名称的由来），这样，两个反应相 L，α 的原子必须通过 β 相来传递以维持反应的进行。原子在固相中的扩散速度比在液相中慢得多，所以包晶转变速度往往很慢。

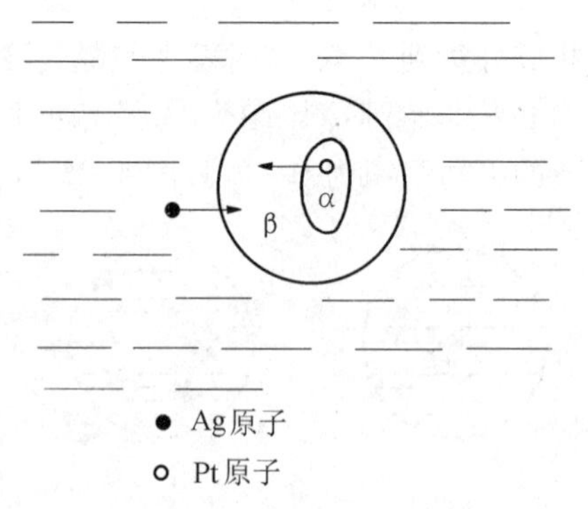

图 4.31　包晶转变的机构示意图

实际生产中，由于冷速较快，包晶转变不能充分进行。如 Pt-Ag 合金中的合金Ⅰ、合金Ⅱ，平衡凝固组织中没有 α 相，在不平衡凝固时则在 β 相中心保留残余的 α 相，合金Ⅲ不平衡凝固组织中的 α 相也比平衡凝固组织中的多。

此外，在不平衡凝固条件下，一些原来不应发生包晶转变的合金，如 Pt-Ag 合金系中 $w_{Ag}<10.5\%$ 的合金，由于枝晶偏析使得在包晶转变温度下仍有少量液相并与初生 α 相发

生包晶转变,这样本应为全部α相的合金,组织中出现了少量β相。

包晶转变产生的不平衡组织,可采用长时间的扩散退火来减少或消除。

4.3　二元相图的分析和使用

4.3.1　其他类型的二元相图

除匀晶、共晶和包晶三种最基本的相图外还有其他类型的二元相图。

1. 其他类型的恒温转变相图

(1) 熔晶转变相图

一个固相在恒温下转变为一个液相和另一个固相的转变称为熔晶转变。图4.32 Fe-B相图就含有 $\delta \xrightarrow{1\,381\ ℃} L+\gamma$ 的熔晶转变。这种转变意味着一个固相在温度下降时可以部分熔化,所以称之为“熔晶转变”。

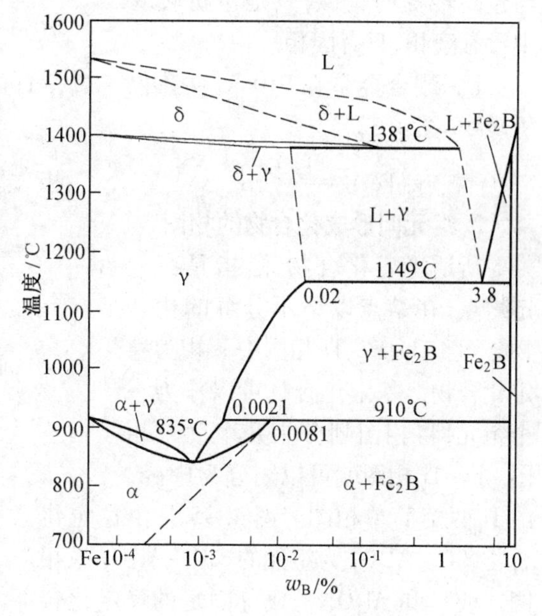

图4.32　Fe-B相图

(2) 偏晶转变相图

有些二元系在液态时两组元只能部分溶解,甚至几乎不溶解,这类二元系可能产生偏晶转变。

偏晶转变是一个液相 L_1 分解为一个固相和另一成分的液相 L_2 的转变。图4.33 Cu-Pb 相图在955 ℃有偏晶转变

$$L_{36} \xrightleftharpoons{955\ ℃} L_{87}+Cu$$

Cu-Pb,Cu-O,Ca-Cd,Fe-O,Mn-Pb等二元系中含有偏晶转变。

实践表明,偏晶合金在定向凝固时若适当地控制长大条件,可以控制结晶相的间距、取向和形态等,作为纤维增强复合材料。另外,已从 Hg-Te 系偏晶合金中制备出半导体化合物 HgTe 的单晶体。Cu-Pb 合金是轴承合金。

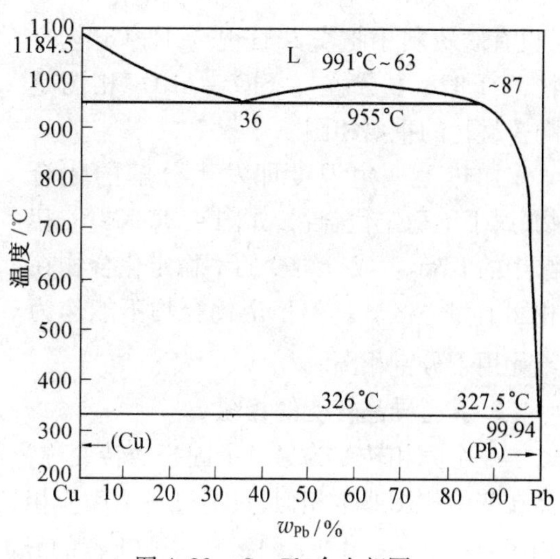

图4.33　Cu-Pb 合金相图

(3) 共析转变相图

一定成分的固相在恒温下生成另外两个一定成分的固相的转变叫共析转变。共析转变的相图特征与共晶转变的非常类似,所不同的是反应相不是液相而是固相。

铁-钛合金相图(图 4.34)中,大约 590 ℃发生 $\beta_{Ti} \xrightarrow{590\ ℃} \zeta + \alpha_{(Ti)}$ 的共析转变。

(4) 包析转变相图

两个一定成分的固相,在恒温下,转变为一个新的固相的转变叫作包析转变。包析转变的相图特征与包晶转变的类似,只是包析转变中没有液相,只有固相。

铁-硼合金系在 910 ℃存在包析转变(图 4.32)

$$\gamma + Fe_2B \xrightleftharpoons{910\ ℃} \alpha$$

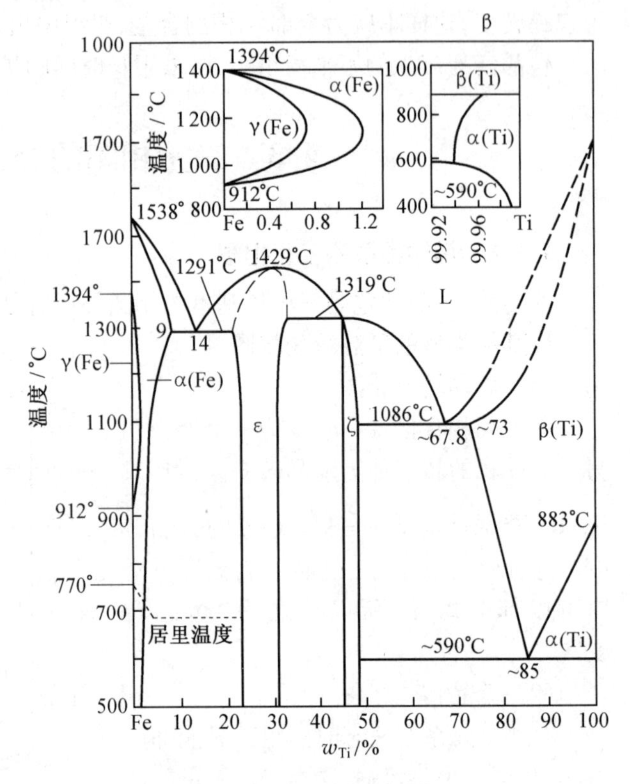

图 4.34　Fe-Ti 合金相图

2. 组元间形成化合物的相图

所谓稳定化合物,是指具有一定熔点,在熔点以下不分解的化合物。图 4.34 Fe-Ti 相图中 ε 相为稳定化合物。稳定化合物可以作为一个组元,将相图划分为几个简单相图。Fe-Ti 相图就可以划分为Fe-ε,ε-Ti 两个简单相图。图 4.35 是由稳定化合物 SiO_2,Al_2O_3 为组元的 SiO_2-Al_2O_3 系相图。SiO_2 和 Al_2O_3 是成分固定的稳定化合物,在相图中相区为直线,莫来石($3Al_2O_3 \cdot SiO_2$)是成分可变的稳定化合物。(也有的资料中把莫来石视为不稳定化合物,于1 828 ℃分解)。SiO_2-Al_2O_3 相图是陶瓷材料的重要相图。

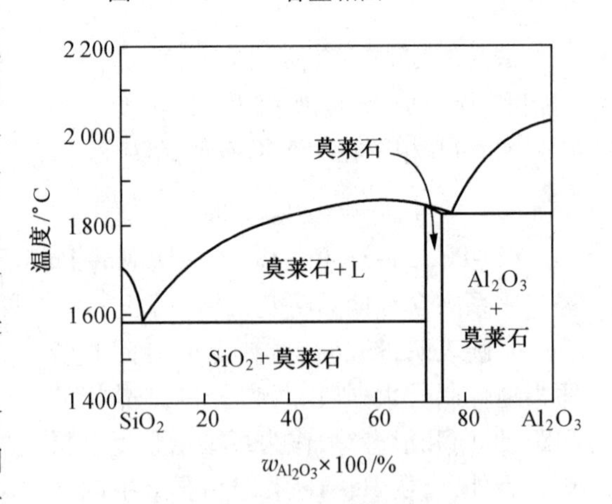

图 4.35　SiO_2-Al_2O_3 相图

加热至一定温度即发生分解的化合物,属于不稳定化合物,如图 4.36 K-Na 相图中的 KNa_2。成分可变的不稳定化合物在相图上为一区域。不稳定化合物不能作为组元用于分割相图。

3. 具有异晶转变的相图

一个固相转变为另一个固相的转变称为异晶转变也称同素异构转变。异晶转变与匀晶转变的相图非常相似,只不过一个反应相是固相,一个反应相是液相。在图 4.34 Fe-Ti 相图中在 Fe 一侧有 $\alpha(Fe) \longrightarrow \gamma(Fe)$ 的异晶转变,在 Ti 一侧有 $\beta_{(Ti)} \rightleftharpoons \alpha_{(Ti)}$ 的异晶转变。铁-碳相图中(图 4.43)Fe 一侧有 $\gamma \rightleftharpoons \alpha$ 异晶转变。

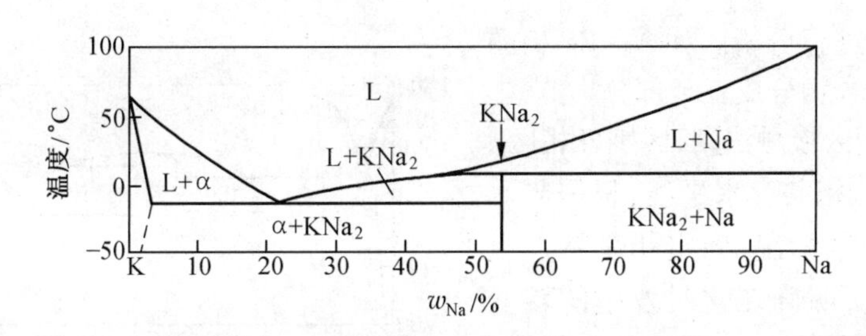

图 4.36　K-Na 相图

4. 具有固溶体形成中间相转变的相图

一些二元系在一定成分范围内，当低于一定温度时，原来的固溶体会转变为中间相。如图 4.37 Fe－Cr 相图中可见，α(Fe,Cr)固溶体转变为中间相 σ。

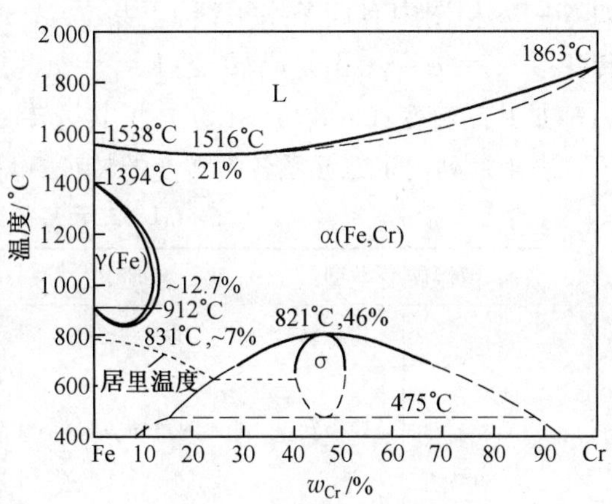

图 4.37　Fe-Cr 相图

5. 具有有序-无序转变的相图

有些合金在一定成分和一定温度范围内会发生有序－无序转变。图 4.38 为 Cu-Au相图，Au 质量分数为 50.8% 的合金，在 390 ℃ 以上为无序固溶体 α，在 390 ℃以下变为有序固溶体 α′($AuCu_3$)。此外，相图中的 α''_1(AuCuⅠ)，α''_2(AuCuⅡ)和 α‴(Au_3Cu)也是有序固溶体。有的是有序-无序转变，在相图上没有两相区间隔，而用一条虚线或细直线表示。

6. 具有磁性转变的相图

某些合金中组成相会因温度改变而发生磁性转变。图 4.37 Fe-Cr 相图中的点线为居里温度线。在居里温度以下合金为铁磁性，居里温度以上为顺磁性。铁-碳合金相图中铁一侧 770 ℃处的点线也是居里温度，如图 4.42 所示。

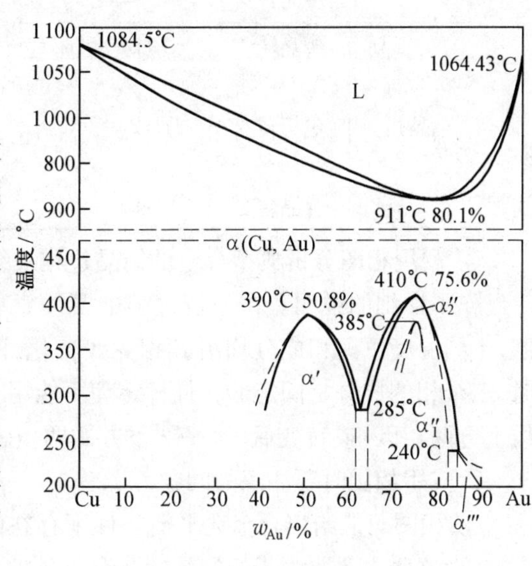

图 4.38　Cu-Au 相图

4.3.2　复杂二元相图的分析方法

有许多二元相图看起来比较复杂，但实际上是一些基本相图的组合，只要掌握各类相图的特点和转变规律，就能化繁为简，易于分析。

1. 复杂二元相图的分析步骤

下面以图 4.39 Ni－Be 相图为例来说明分析复杂相图的一般步骤。

① 先看相图中是否有稳定化合物，如有稳定化合物存在，则以它们为界把一张相图

分成几个区域进行分析。如 Ni-Be 相图可用 γ 和 δ 化合物分成三个部分。

② 根据相区接触法则，区别各相区。

③ 找出三相共存水平线，根据与水平线相邻的相区情况，确定相变特性点及转变反应式，明确在这时发生的转变类型。这是分析复杂相图的关键步骤。如 Ni-Be 相图中有四条水平线：Ⅰ共晶转变：$L \rightleftharpoons \alpha+\gamma$；Ⅱ共晶转变：$L \rightleftharpoons \gamma+\delta$；Ⅲ共晶转变：$L \rightleftharpoons \delta+\beta(Be)$；Ⅳ共析转变：$\beta(Be) \rightleftharpoons \delta+\alpha(Be)$。

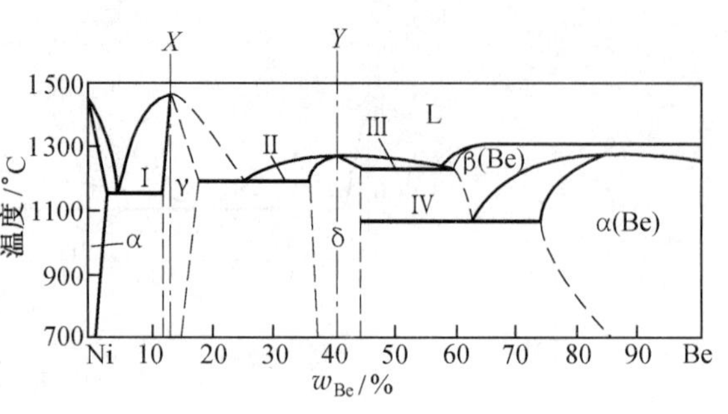

图 4.39　Ni-Be 相图

表 4.1 列出了二元系各类转变的特征，可以帮助分析二元相图。

表 4.1　二元系各类恒温转变图型

恒温转变类型		反应式	图型特征
共晶式	共晶转变	$L \rightleftharpoons \alpha+\beta$	
	共析转变	$\gamma \rightleftharpoons \alpha+\beta$	
	偏晶转变	$L_1 \rightleftharpoons L_2+\alpha$	
	熔晶转变	$\delta \rightleftharpoons L+\gamma$	
包晶式	包晶转变	$L+\beta \rightleftharpoons \alpha$	
	包析转变	$\gamma+\beta \rightleftharpoons \alpha$	
	合晶转变	$L_1+L_2 \rightleftharpoons \alpha$	

④ 利用相图分析典型合金的结晶过程及组织。这点我们在分析匀晶相图，共晶相图时已作了详细的说明。在分析过程中要注意单相区相的成分就是合金的成分。在两相区，不同温度下两相成分均沿其相界线变化，两相的相对量由杠杆定理求出。三相平衡时，三个相的成分是固定的。杠杆定理不能用于三相区，只能用杠杆定理求转变前（水平线上方两相区）或转变后（水平线下方的两相区）组成相的相对量。

2. 应用相图时要注意的问题

① 相图只能给出合金在平衡条件下存在的相和相对量，并不表示相的形状、大小和分布，而这些主要取决于相的特性及形成条件。因此，在应用相图来分析实际问题时，既要注意合金中存在的相及相的特征，又要了解这些相的形状、大小和分布的变化对合金性能的影响，并考虑在实际生产中如何控制。

② 相图只表示平衡状态的情况，而实际生产条件下，合金很少能达到平衡状态。在结合相图分析合金生产中的实际问题时，要十分重视了解该合金在非平衡条件下可能出

现的相和组织。

3. 根据相图判断合金的性能

由相图可大致估计合金在平衡状态下的物理性能和力学性能。图 4.40 反映了这种关系。由图可见形成机械混合物的合金，其性能是组成相性能的平均值，即性能与成分呈

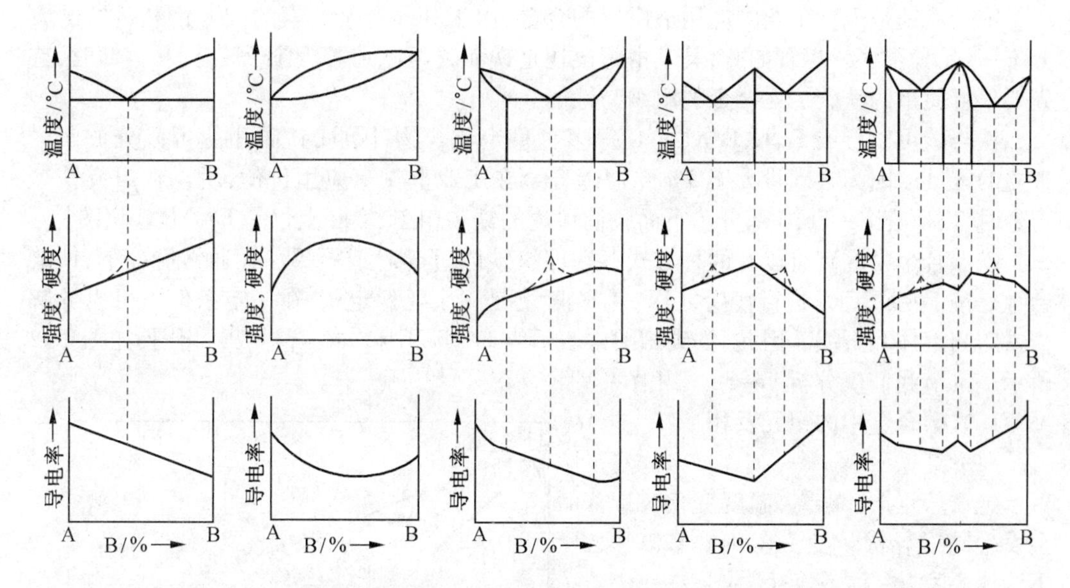

图 4.40 相图与合金硬度、强度及导电率之间的关系

直线关系。固溶体的力学性能和物理性能与合金成分呈曲线变化。当形成稳定化合物时，化合物的性能在曲线上出现奇点。在形成机械混合物的合金中，各相的分散度对组织敏感的性能有较大的影响。例如共晶合金，如组成相细小分散，则其强度、硬度提高，如图上虚线所示。

从铸造工艺性来说，共晶熔点低，并且是恒温凝固，故流动性好，易形成集中缩孔，热裂和偏析倾向较小。铸造合金宜选择接近共晶成分的合金。

图 4.41 表示合金的流动性，缩孔性与相图的关系。从图上可看出固溶体合金的流动性不如纯金属和共晶合金。液相线、固相线间隔越大（结晶温度范围越大），流动性也越差，分散缩孔多。

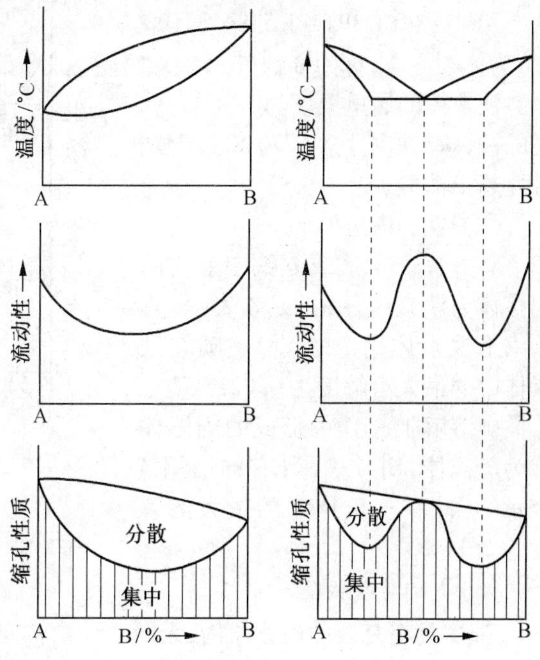

图 4.41 合金的流动性、缩孔性质与相图之间的关系

4.4 铁碳相图和铁碳合金

4.4.1 铁碳相图

钢与铸铁是现代工业中应用最广泛的合金，由于其他合金元素的加入钢和铸铁的成分不一，品种很多。尽管如此，其基本组成还是铁和碳两种元素，因此研究钢和铸铁时，首先要了解简单的铁碳二元合金的组织与性能。

铁与碳可以形成 Fe_3C，Fe_2C，FeC 等多种稳定化合物，因此，铁碳相图可以分成四个独立的区域。因为含碳量大于5%的铁碳合金在工业上没有应用价值，所以在研究铁碳合金时，仅研究 Fe-Fe_3C 部分。下面我们讨论的铁碳相图，实际上仅是 Fe-Fe_3C 相图。

铁碳合金中的碳可以有两种方式存在即渗碳体（Fe_3C）或石墨。在通常情况下，铁碳合金是按 Fe-Fe_3C 系进行转变，但 Fe_3C 实际上是一个亚稳定相，在一定条件下可以分解为铁的固溶体和石墨。因此，铁碳相图常表示为 Fe-Fe_3C 和 Fe-石墨双重相图，如图4.42所示。本节我们仅分析 Fe-Fe_3C 相图。

1. 铁碳合金中的组元及相

（1）纯铁

纯铁熔点 1 538 ℃，温度变化时会发生同素异构转变。在 912 ℃以下为体心立方，称 α 铁（α-Fe）；在（912～1 394）℃为面心立方，称为 γ 铁（γ-Fe）；在（1 394～1 538）℃（熔点）为体心立方，称为 δ 铁（δ-Fe）。

铁素体的居里温度为 770 ℃，低温的铁具有铁磁性，在 770 ℃以上铁磁性趋于消失。

（2）铁的固溶体

碳溶解于 α 铁或 δ 铁中形成的固溶体为铁素体，用 α 或 δ 表示（有的书上铁素体用 *F* 表示）。碳在铁素体中的最大溶解度为 0.0218%。

碳溶解于 γ 铁中形成的固溶体称为奥氏体，用 γ 表示（有的书用 *A* 表示）。碳在奥氏体中的最大溶解度为 2.11%。

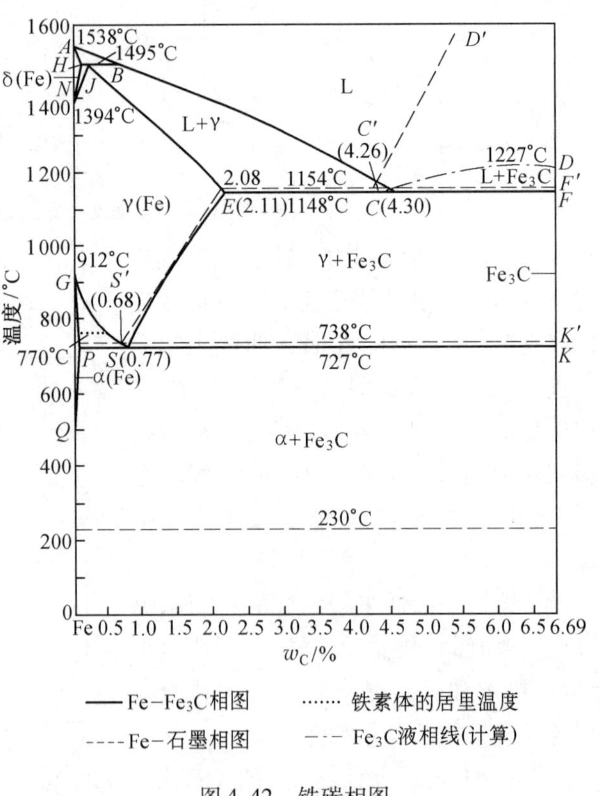

图 4.42 铁碳相图

（3）Fe_3C（渗碳体）

Fe_3C 具有复杂的斜方结构，无同素异构转变。它的硬度很高，塑性几乎为零，是脆硬相。Fe_3C 在钢和铸铁中可呈片状、球状、网状、板状。它是碳钢中主要的强化相。它的量、形状、分布对钢的性能影响很大。

渗碳体在一定条件下，可能分解而形成石墨状态的自由碳：$Fe_3C \longrightarrow 3Fe+C$（石墨），这种现象在铸铁及石墨钢中有重要意义。

2. $Fe-Fe_3C$ 相图分析

ABCD 为液相线，*AHJECF* 为固相线。整个相图主要由包晶，共晶、共析三个恒温转变所组成。

(1) 在 *HJB* 水平线(1 495 ℃)发生包晶转变

$$L_B+\delta_H \longrightarrow \gamma_J$$

转变产物为奥氏体。碳的质量分数在 0.09%(*H* 点)～0.53%(*B* 点)的铁碳合金发生这一转变。

(2) 在 *ECF* 水平线(1 148 ℃)发生共晶转变

$$L_C \longrightarrow \gamma_E+Fe_3C$$

转变产物为奥氏体与渗碳体的机械混合物，称为莱氏体(L_d)。碳的质量分数在2.11%(*E* 点)～6.69%(Fe_3C)的铁碳合金都发生这一转变。

(3) 在 *PSK* 水平线(727 ℃)发生共析转变

$$\gamma_S \rightarrow \alpha_P+Fe_3C$$

转变产物为铁素体与渗碳体的机械混合物，称为珠光体(P)。所有碳的质量分数大于 0.0218% 的铁碳合金都发这一转变。

$Fe-Fe_3C$ 相图中还有四条重要的固态转变线。

① *GS* 线　奥氏体中开始析出铁素体或铁素体全部转变为奥氏体的转变线，常称此温度为 A_3 温度。

② *ES* 线　碳在奥氏体中的固溶度线。此温度常称为 Ac_m 温度。低于此温度，奥氏体中将析出渗碳体，称为二次渗碳体记作 $Fe_3C_{Ⅱ}$ 以区别液相中经 *CD* 线析出的一次渗碳体 $Fe_3C_{Ⅰ}$。

③ *GP* 线　碳在铁素体(α)中的固溶度线。在 α+γ 两相区、温度变化时，铁素体中的碳的质量分数沿这条线变化。

④ *PQ* 线　碳在铁素体(α)中的固溶度线(共析温度以下)。在 727 ℃时，铁素体碳的质量分数为 0.0218%，在 600 ℃时仅为 0.008%，因此温度下降时铁素中将析出渗碳体，称为三次渗碳体记作 $Fe_3C_{Ⅲ}$。

图中(770 ℃)线表示铁素体的磁性转变温度(居里温度)，常称 A_2 温度。230 ℃水平虚线表示渗碳体的磁性转变温度。

3. 典型铁碳合金的平衡凝固

通常按有无共晶转变来区分钢和铸铁。碳的质量分数在 0.0218%～2.11% 的铁碳合金无共晶转变，有共析转变，称为钢。碳的质量分数大于 2.11% 的铁碳合金有共晶反应，称为铸铁。碳的质量分数小于 0.0218% 的铁碳合金则称为工业纯铁。

根据组织特征可将铁碳合金分为以下七种：

① 工业纯铁(<0.0218%)C；

② 共析钢(0.77%)C；

③ 亚共析钢(0.0218%～0.77%)C；

④ 过共析钢(0.77%～2.11%)C；

⑤ 共晶铸铁(4.30%)C；

⑥ 亚共晶铸铁(2.11% ~4.30%)C;

⑦ 过共晶铸铁(4.30% ~6.69%)C。

按 Fe-Fe_3C 相图结晶的铸铁,称为白口铸铁;按 Fe-石墨相图结晶的铸铁称为灰口铸铁。本节中涉及的铸铁都是白口铸铁。

(1) 共析钢(0.77%C)如图 4.43 合金②

合金在 1~2 点温度发生匀晶转变 L→γ,结晶出奥氏体。2 点温度结晶完成。2~3 点为单相奥氏体。在 3 点温度(727 ℃)发生共析转变 $\gamma_S \rightarrow \alpha_P + Fe_3C$。转变产物为珠光体,一般用 P 表示,结晶过程如图 4.44 所示。珠光体是铁素体与渗碳体的机械混合物。珠光体中的铁素体 α_P 称为共析铁素体,其中的渗碳体 Fe_3C 称为共析渗碳体。共析渗碳体一般为细密的片状,但经球化退火处理后也可呈球状(粒状)分布在 α_P 基体上,称为球状珠光体或粒状珠光体。珠光体组织经磨制抛光及硝酸溶液浸蚀后表面可见珍珠色,这就是珠光体名称的由来。

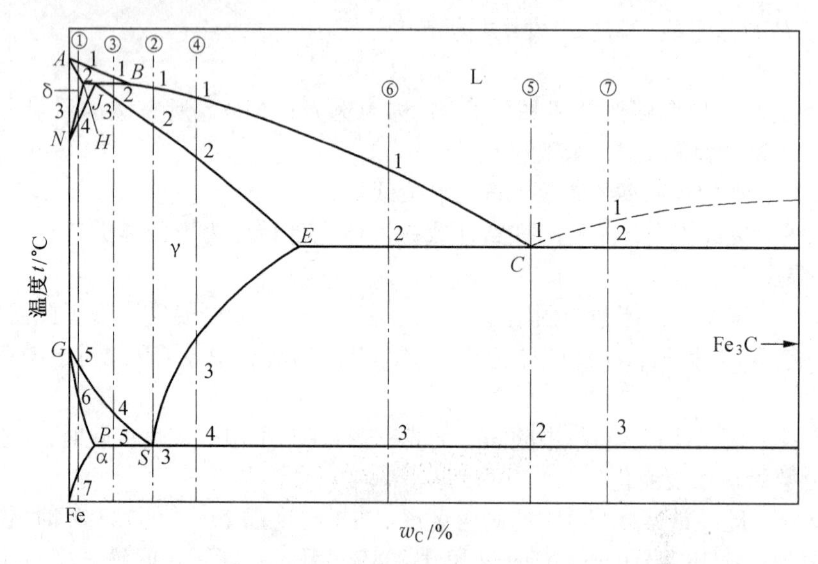

图 4.43 典型铁碳合金冷却时的组织转变过程分析

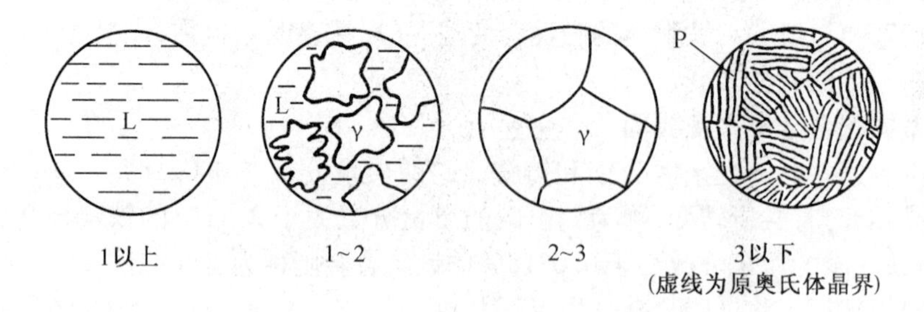

图 4.44 共析钢的结晶过程示意图

从组织上看,共析钢的组织为 100% 的珠光体(图 4.45),从相组成看共析钢由铁素体和渗碳体两相组成。珠光体中 α_p 和 Fe_3C 的相对量可由杠杆定理求出

$$\alpha\% = \frac{6.69-0.77}{6.69} \times 100\% \approx 88\%; \quad Fe_3C\% \approx 12\%$$

(2) 亚共析钢(0.0218% ~0.77%)C 如图4.43合金③

图4.45　共析钢的平衡组织

合金③的结晶过程如图4.46所示。合金在1~2温度发生匀晶转变 L→δ,结晶出铁素体。在2点温度(1 495 ℃)合金发生包晶转变 $L_{0.53}+\delta_{0.09}\rightarrow\gamma_{0.17}$,转变后有液相剩余。剩余的液相在2~3点温度发生匀晶转变 L→γ。在3点温度,合金全部为奥氏体。单相奥氏体冷却到4点温度开始析出先共析铁素体 α。随温度下降铁素不断增多,其碳的质量分数沿 *GP* 线变化,剩余的奥氏体的成分则沿 *GS* 线变化。当温度达到5点(727 ℃)时,剩余奥氏体的碳的质量分数达到0.77%,发生共析转变 $\gamma_{0.77}\rightarrow\alpha_P+Fe_3C$ 形成珠光体。在5点温度以下先共析铁素体中脱溶出三次渗碳体 $Fe_3C_{Ⅲ}$,但其数量很少,可以忽略。该合金的室温组织为先共析铁素体加珠光体 α+P。室温下合金的相组成仍是铁素体和渗碳体两相。

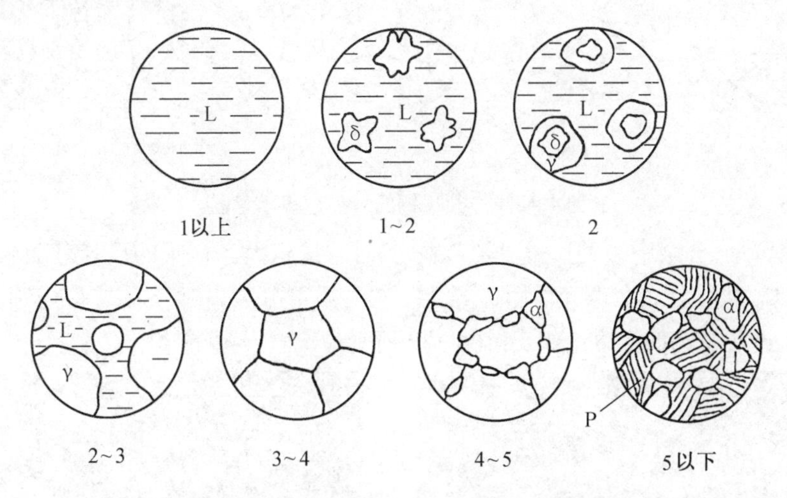

图4.46　亚共析钢结晶过程示意图

室温下,碳质量分数为 C% 的亚共析钢的组织组成物的相对量可由杠杆定律求出,即

$$\alpha_{先}\approx\frac{0.77-C}{0.77}\times100\%;\quad P\approx\frac{C-0.0218}{0.77}\times100\%。$$

由上式可见亚共析钢碳的质量分数越高,组织中的先共析铁素体越少,P体越多。图4.47(a),(b),(c)是碳的质量分数分别为0.2%,0.4%,0.6%的亚共析钢组织。

(3) 过共析钢(0.77% ~2.11%)C 如图4.43中合金④

合金的结晶过程示意图如图4.48所示。合金在1~2温度发生匀晶转变 L→γ,结晶出奥氏体。2点凝固完成,合金为单一奥氏体,直到3点开始从奥氏体中析出二次渗碳体,直到4点为止。这种先共析渗碳体($Fe_3C_{Ⅱ}$)多沿奥氏体晶界分布,量较多时还在晶内呈针状分布。在 $Fe_3C_{Ⅱ}$析出的同时,奥氏体的成分沿 *ES* 线变化,当温度达到4点(727 ℃)

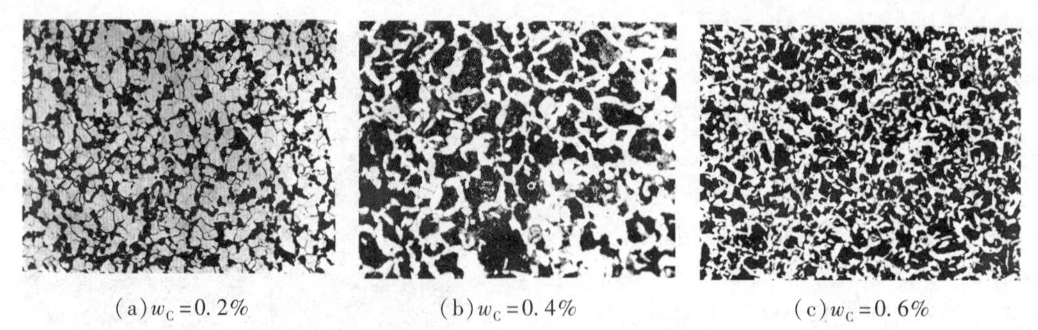

(a) $w_C=0.2\%$　　(b) $w_C=0.4\%$　　(c) $w_C=0.6\%$

图 4.47　亚共析钢的平衡组织

时奥氏体碳的质量分数降到 0.77%，在恒温下发生共析转变，最后得到的组织是珠光体和沿珠光体团边界分布的二次渗碳体($P+Fe_3C_{II}$)。成分为 C 的过共析钢中，二次渗碳体的量可由杠杆定律求出，即 $Fe_3C_{II}=\frac{C-0.77}{6.69-0.77}\times100\%$。

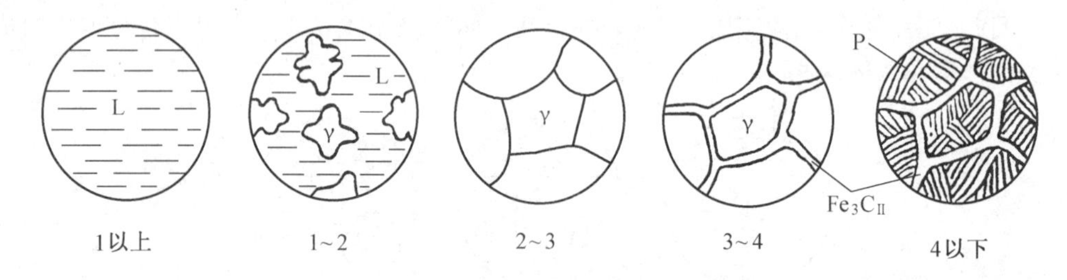

图 4.48　过共析钢的结晶过程示意图

由上式可见，合金中碳的质量分数越高，Fe_3C_{II} 量越大。在碳的质量分数较低的过共析钢中，Fe_3C_{II} 断续分布在珠光体团边界上。碳的质量分数高时，Fe_3C_{II} 呈连续网状分布，使钢变脆。过共析钢的缓冷组织，如图 4.49 所示。

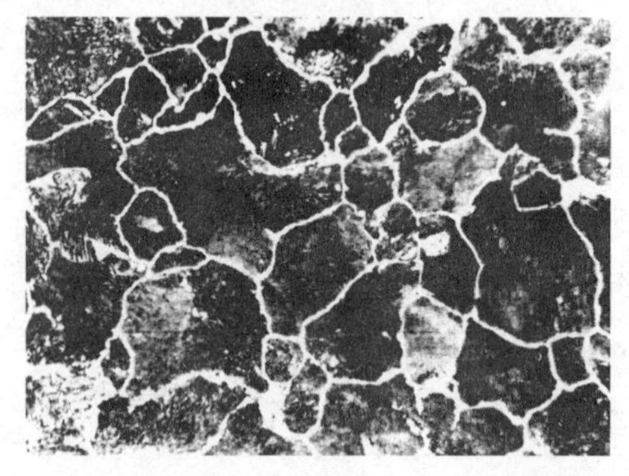

(a) 硝酸酒精溶液浸蚀；白色网状为 Fe_3C_{II}

(b) 苦味酸钠溶液浸蚀，黑色网状为 Fe_3C_{II}

图 4.49　$w_C=1.2\%$ 时过共析钢缓冷后的组织

(4) 共晶白口铸铁(4.3%C)如图 4.43 中合金⑤

合金⑤的结晶过程如图 4.50 所示。合金熔液冷却到 1 点(1 148 ℃)时，在恒温下发生共晶转变 $L_{4.3}\xrightleftharpoons{1\,148\ ℃}\gamma_{2.11}+Fe_3C$，得到奥氏体与渗碳体的机械混合物，把这种组织组成称为莱氏体，记作 Ld。冷到 1 点以下共晶奥氏体的成分沿 *ES* 线变化，不断析出 Fe_3C_{II}，

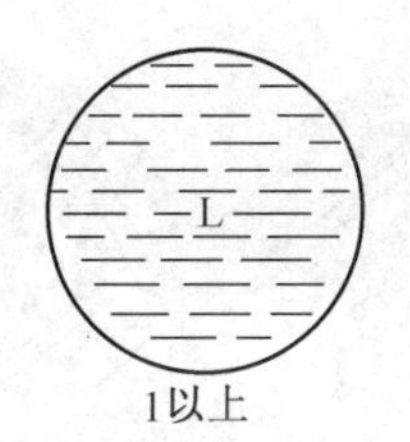

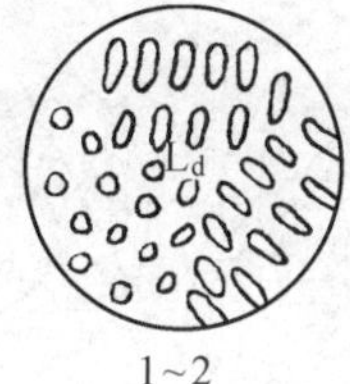

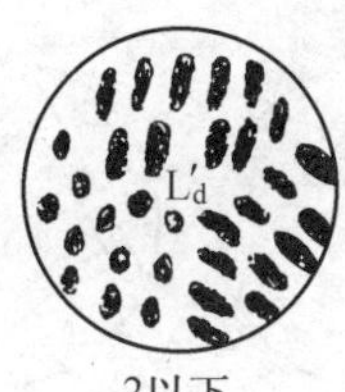

图 4.50　共晶白口铸铁的结晶过程示意图

它通常依附在共晶 Fe_3C 上而不易分辨。在 2 点(727 ℃),共晶奥氏体成分正好为 0.77% C 发生共析转变,奥氏体转变为珠光体,共晶白口铸铁的室温组织为珠光体与渗碳体的机械混合物,称这种组织组成为变态莱氏体,记作 Ld′。显然共晶白口铸铁的相组成也是铁素体和渗碳体。其组织则为 100% 的变态莱氏体,如图 4.51 所示。

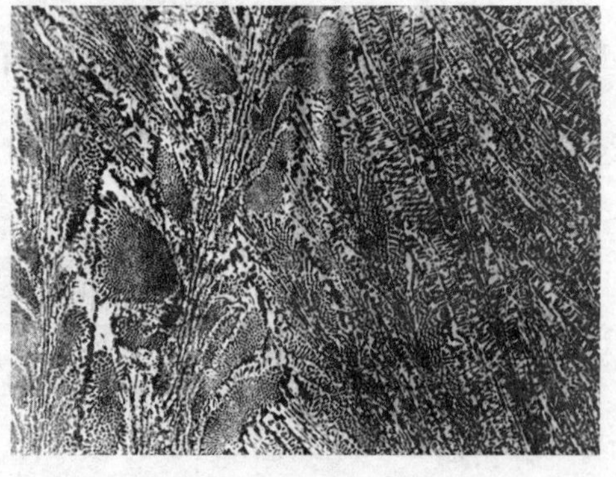

图 4.51　共晶白口铸铁的室温组织变态莱氏体(白色基体是共晶渗碳体,黑色颗粒是由共晶奥氏体转变而来的珠光体)

(5) 亚共晶白口铸铁(2.11% ~4.3%)C 如图 4.43 中合金⑥

合金⑥的结晶过程如图 4.52 所示。合金熔液在 1 ~2 点结晶出奥氏体(先共晶奥氏体),液相成分沿 *BC* 线变化,奥氏体成分沿 *JE* 线变化。

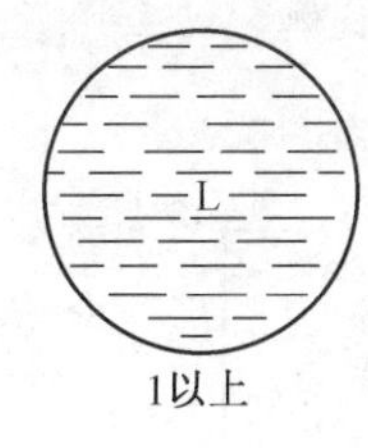

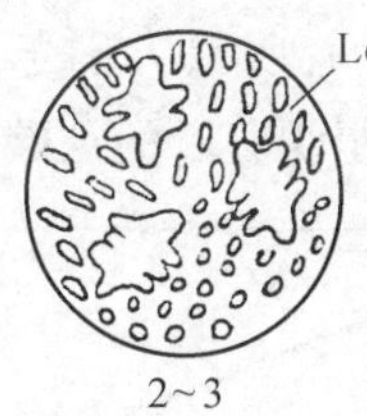

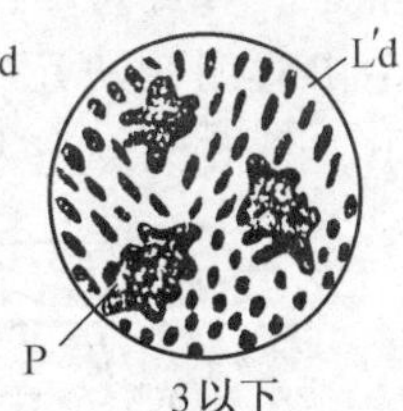

图 4.52　亚共晶白口铸铁的结晶过程示意图

温度降到 2 点(1 148 ℃)时剩余的液相成分达到共晶成分,发生共晶转变 $L_{4.3} \rightarrow \gamma_{2.11} + Fe_3C$ 生成莱氏体。这时的组织为 $\gamma_{先}$+Ld。2 点以下,先共晶奥氏体和共晶奥氏体都析出二次渗碳体。奥氏体成分沿 *ES* 线变化,当温度达到 3 点(727 ℃)所有奥氏体的成分都达到 0.77% C,发生共析转变,先共晶奥氏体和莱氏体中的奥氏体都转变为珠光体。合金的组织为珠光体(由先共晶奥氏体转变的)和变态莱氏体(莱氏体中的奥氏体转变为珠光体)及二次渗碳体,即 P+Ld′+$Fe_3C_{Ⅱ}$,如图 4.53 所示。

图 4.53　亚共晶铸铁在室温下的组织(黑色的树枝状组成体是珠光体,包围珠光体的白色部分为二次渗碳体,其余为变态莱氏体)

(6) 过共晶白口铸铁(4.30% ~6.69%)C 如图 4.43 合金⑦

合金⑦的结晶过程如图 4.54 所示。先共晶相是渗碳体,把由液相中析出的渗碳体称为

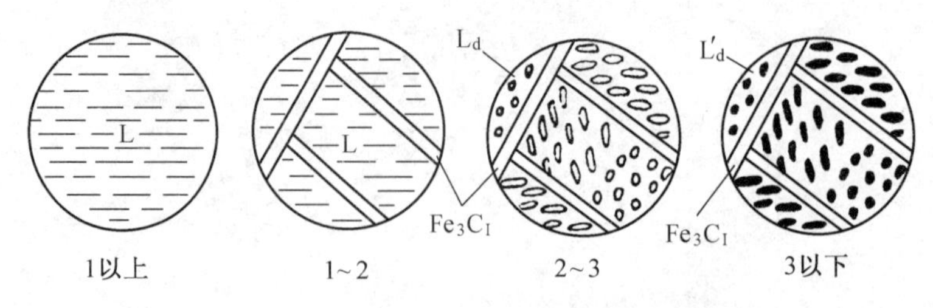

图 4.54　过共晶白口铸铁的结晶过程示意图

一次渗碳体，记作 Fe_3C_I。在共晶温度1 148 ℃，剩余液相成分为 4.30% C，在恒温下发生共晶转变形成莱氏体。在共析转变温度727 ℃，莱氏体中的奥氏体转变为珠光体，使莱氏体变为变态莱氏体。过共晶白口铸铁的室温组织为一次渗碳体加变态莱氏体，即 Fe_3C_I+Ld'，如图 4.55。

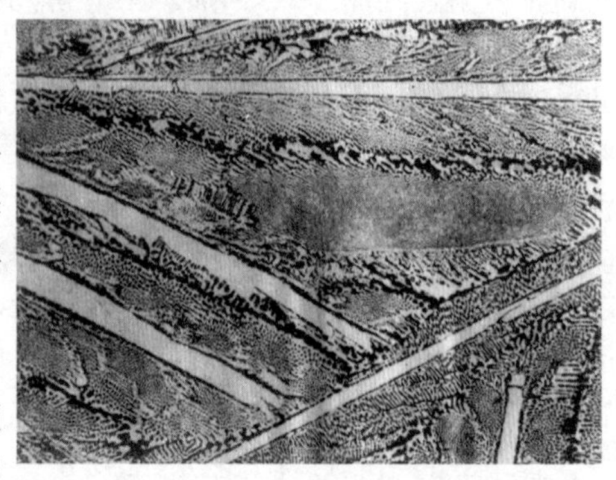

图 4.55　过共晶白口铸铁冷却到室温后的组织（白色条片是一次渗碳体，其余是变态莱氏体）

由上分析可知铁碳合金不管其成分如何，其室温下的相组成都是铁素体和渗碳体。但随着成分的不同，合金经历的转变不同，因而相的相对量、相的形态、分布差异很大，也就是说不同成分的铁碳合金的组织有很大的差异。因为合金的性能是由其组织决定的，所以人们更关注合金的组织。图 4.56 为按组织分区的铁碳合金相图。

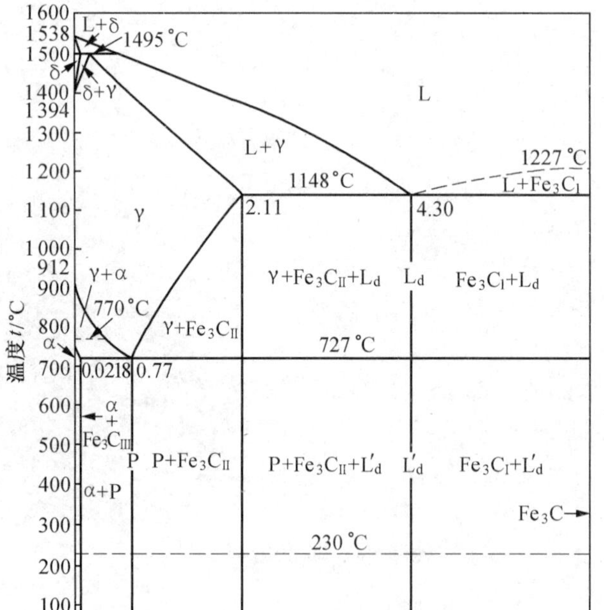

图 4.56　按组织分区的铁碳合金相图

不同成分的铁碳合金的室温组织中,组成相的相对量及组织组成物的相对质量分数可总结在图 4.57 中。

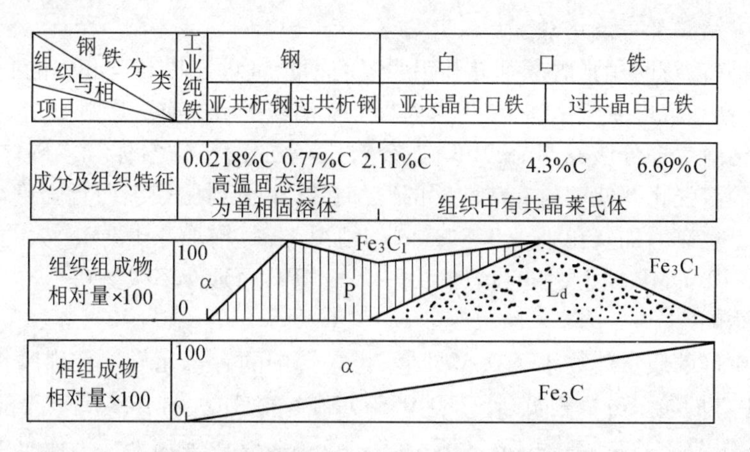

图 4.57　铁碳合金的成分相对量及组织组成物的相对量之间的关系

4.4.2　碳和杂质元素对碳钢组织和性能的影响

碳是碳钢的合金元素,它对碳钢的组织的影响上节已详述。碳钢中还不可避免地存在一些杂质元素,它们对碳钢的组织和性能也有不可忽视的影响。

1. 碳的影响

碳钢中的相为铁素体和渗碳体。碳钢中的组织组成体有先共析铁素体、珠光体和二次渗碳体。铁素体的机械性能与晶粒尺寸有关,大体上处于以下范围

$$\sigma_b = 180 \sim 230\ \text{MPa};\sigma_s = 100 \sim 170\ \text{MPa};\text{HBW} = 500 \sim 800\ \text{MPa};\delta = 30\% \sim 50\%;\psi = 70\% \sim 80\%$$

珠光体的机械性能与其形态和弥散度有关,大体处于以下范围

$$\sigma_b = 1\ 000\ \text{MPa};\sigma_s = 600\ \text{MPa}$$

$$\text{HBW} = 2\ 400\ \text{MPa};\delta = 10\%,\psi = 12\% \sim 15\%$$

渗碳体为脆硬相

$$\text{HBW} = 8\ 000\ \text{MPa},\delta = 0$$

图 4.58 为碳的质量分数对热轧碳钢力学性能的影响。由图可见,亚共析钢随碳的质量分数的增加,珠光体数量增多,因而强度、硬度上升而塑性、韧性下降。过共析钢除珠光体外还有二次渗碳体,其性能受到二次渗碳体的影响。当碳的质量分数小于 1.0% 时,二次渗碳体一般还不连成网状。当碳的质量分数大于 1.0% 以后,二次渗碳体呈连续网状,碳的质量分数越高渗碳体网越厚,这使钢具有很大的脆性。使钢受力后因渗碳体网的早期断裂而强度降低。

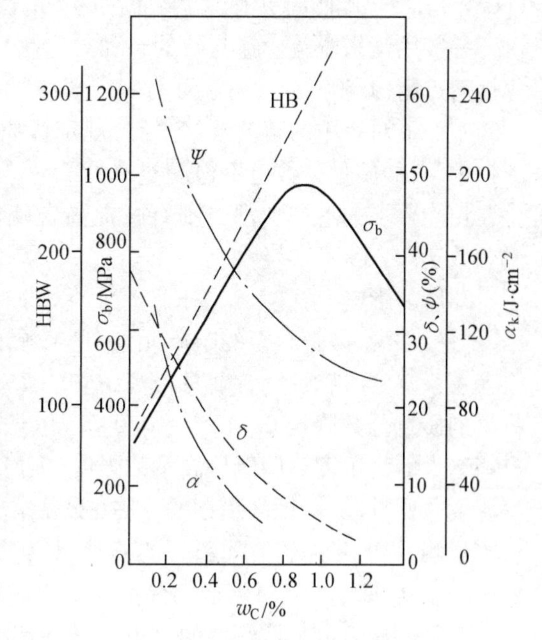

图 4.58　碳的质量分数对热轧碳钢力学性能的影响

2. 锰的影响

在碳钢中锰的质量分数一般为0.25%~0.8%。锰是作为脱氧去硫的元素加入钢中的。在碳钢中锰属于有益元素。

对镇静钢(冶炼时用强脱氧剂硅和铝脱氧的钢),锰可以提高硅和铝的脱氧效果。作为脱硫元素,锰和硫形成硫化锰,在相当大程度上消除了硫的有害影响。

钢中的锰除一部分形成MnS,MnO夹杂物,其余的溶于铁素体和渗碳体中。锰溶于铁素体引起固溶强化并使钢材在热轧后的冷却过程中得到比较细而且强度高的珠光体,珠光体的含量也有增加。在小于0.8% Mn的情况下,每增加0.1% Mn,大约使热轧钢强度增加7.8~12.7 MPa,使屈服点增加7.8~9.8 MPa,而延伸率减少0.4%。

3. 硅的影响

在碳钢中硅的质量分数小于0.50%时,也是钢中的有益元素。在沸腾钢(以锰为脱氧剂的钢)中硅的质量分数很低(小于0.05%),在镇静钢中,硅作为脱氧元素质量分数较高(0.12%~0.37%),硅增大钢液的流动性。硅除形成夹杂物外还溶于铁素体中,提高钢的强度而塑性韧性下降不明显。碳的质量分数超过0.8%~1.0%时钢的塑性和韧性显著下降。

4. 硫的影响

一般来说,硫是钢中的有害元素,它是炼钢中不能除尽的杂质。硫在固态铁中溶解度极小,它能与铁形成低熔点(1 190 ℃)的FeS。FeS+Fe共晶体的熔点更低(989 ℃)。这种低熔点的共晶体一般以离异共晶的形式分布在晶界上。在对钢进行热加工(锻造、轧制)时,加热温度常在1 000 ℃以上,这时晶界上的FeS+Fe共晶熔化,导致热加工时钢的开裂。这种现象称为钢的“热脆”或“红脆”。当钢的含氧量高时将形成熔点更低的Fe+FeS+FeO共晶,使热脆倾向更大。含硫量高的钢的铸件,在铸造应力作用下也易发生热裂。

一般用锰来脱硫。锰与硫的亲和力比铁与硫的大,优先形成硫化锰,减少硫化铁。硫化锰熔点高(1 600 ℃),高温下有一定塑性,不会使钢产生热脆。

工业上对钢中的硫要严格限制,规定优质钢中硫的质量分数不得超过0.04%,普通碳钢中,硫的质量分数也不得超过0.055%。硫能提高钢的切削性能。在切削加工性是主要性能要求的易切削钢中则有意提高含硫量。如我国的Y15S25易切削钢中,硫的质量分数达0.25%。

5. 磷的影响

一般来说,磷是有害的杂质元素,它来源于炼钢原料。钢的残余含磷量与冶炼方法有很大关系。侧吹转炉钢含磷量最高,达0.07%~0.12%,氧顶吹转炉钢和碱性平炉钢可将磷的质量分数降至0.012%~0.04%,电炉钢磷的质量分数小于0.02%。磷在纯铁中有相当大的溶解度。磷能提高钢的强度,但使其塑性和韧性降低,特别是它使钢的脆性转变温度急剧升高,即提高了钢的冷脆(低温脆性)。这是磷对钢的最大危害性。由于磷的有害影响,同时考虑磷有比较大的偏析,对其含量要严格限制。普通碳素钢磷的质量分数要不大于0.045%,优质碳素钢要不大于0.04%,高级优质碳素钢要不大于0.035%。

在碳的质量分数比较低的钢中,磷的危害较小,这种情况下可以利用磷来提高钢的强度。磷还可提高钢在大气中的抗腐蚀性,特别是钢中含铜的情况下,它的作用更显著。我国生产的09MnCuPTi之类的低合金高强度钢就是其中一例。由于磷和其他元素合理配合(如Cu-P-稀土,Cu-P-Ti,Cu-P等),在保证取得细晶粒组织的条件下,磷的冷脆得到抑制,故在σ_s,σ_b提高的同时,低温韧性仍保持所要求的水平。

6. 氮的影响

钢中的氮来自炉料,同时,在冶炼时钢液也从炉气中吸收氮。

铁氮相图如图4.59所示。氮在α-Fe中的溶解度在590 ℃时达到最大,约为0.1%,在室温下则降至0.001%以下。当含氮较高的钢自高温快冷,铁素体中的溶氮量达到过饱和。如果将此钢材冷变形后在室温放置或稍为加温时,氮将以氮化物的形式沉淀析出,这使低碳钢的强度、硬度上升而塑性韧性下降。这种现象叫机械时效或应变时效,对低碳钢的性能不利。长期以来,习惯把氮看作钢中的有害杂质。近来研究表明,向钢中加入足够数量的铝,采用适当的工艺使铝和氮结合成AlN,可以减弱甚至消除氮引起的应变时效现象。弥散的AlN可以阻止钢在加热时奥氏体晶粒的长大,从而获得本质细晶粒钢。另外,在低碳钢中存在钒、铌等元素时,可以形成特殊氮化物VN、NbN使铁素体基体强化并细化晶粒,钢的强度和韧性可以显著提高。此外,某些耐热钢也常把氮作为一种合金元素。

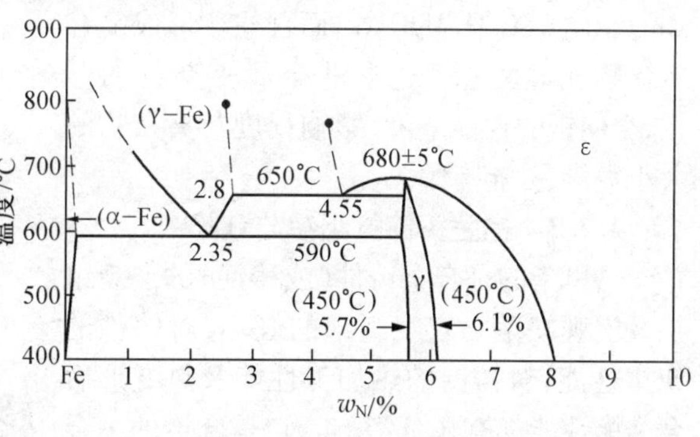

图4.59　Fe-N相图

7. 氢的影响

在冶炼过程中,锈蚀含水的炉料可将氢带入钢液中,钢液也可从炉气中直接吸收氢。钢材在含氢的还原性保护气氛中加热时,酸洗去锈时或电镀时都可使固态钢吸收氢。吸收的氢不断从表面向内部扩散。氢以离子或原子形式溶入液态或固态的钢中,溶入固态的钢中时形成间隙固溶体。氢在铁中的溶解度如图4.60所示。可以看出,当发生结晶或固态转变时,氢的溶解度发生突然变化。钢中的氢虽然量甚微,但对钢的危害很大。

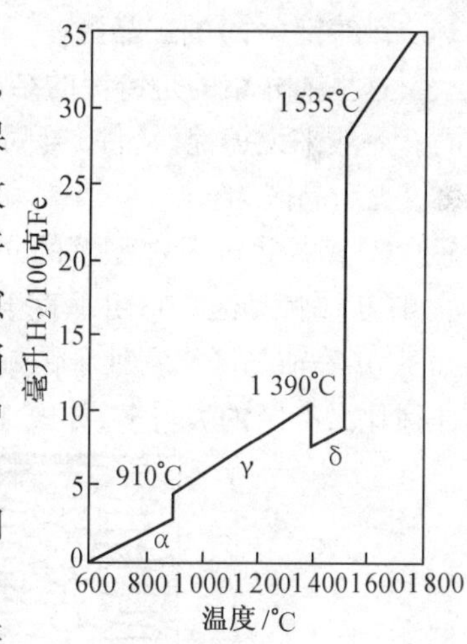

图4.60　氢在铁中的溶解度

氢对钢的危害表现在两个方面:一是氢溶入钢中使钢的塑性和韧性降低引起所谓"氢脆";一是当原子态氢析出(变成分子氢)时造成内部裂纹性质的缺陷。白点是这类缺陷中最突出的一种。具有白点的钢材其横向试面经腐蚀后可见丝状裂纹(发纹)。纵向断口则可见表面光滑的银白色的斑点,形状接近圆形或椭圆,直径一般在零点几毫米至几毫米或更大,如图4.61所示。具有白点的钢一般是不能使用的。

为了防止氢脆、白点,应采取措施防止氢进入钢中,另一方面可对零件,特别是大件进行去氢退火处理。

8. 氧的影响

氧在钢中的溶解度很小,几乎全部以氧化物形式存在,如 FeO, Fe_2O_3, Fe_3O_4, SiO_2, MnO, Al_2O_3, CaO, MgO 等,而且往往形成复合氧化物或硅酸盐。这些非金属夹杂物的存在,会使钢的性能下降,影响程度与夹杂物的大小数量、分布有关。

(a) 横向断口的发纹

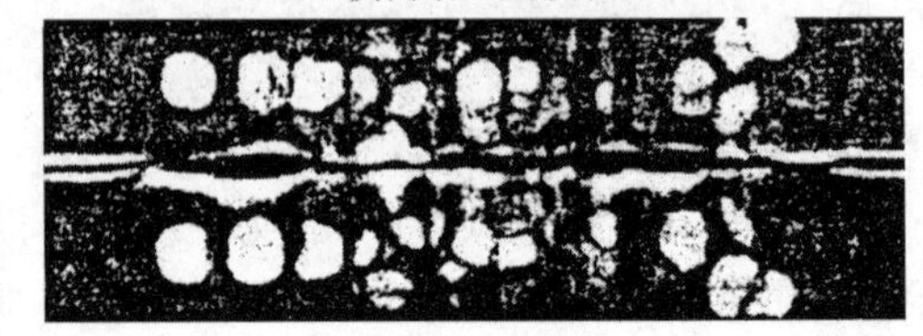

(b) 纵向断口

图 4.61　钢中的白点

4.4.3　合金铸件的组织与缺陷

这里指的是合金铸件(或铸锭)的宏观组织及宏观缺陷。宏观组织的好坏,对铸件的使用性能,对铸锭的热加工性能及热变形后合金的性能都有显著影响。它是合金的冶金质量的重要标志之一。

由于凝固过程中所发生的包括液-固相变的一系列物理化学变化,造成了铸件(铸锭)在宏观范围内的不均匀。这些不均匀构成了宏观组织及缺陷的内容。依其形态通常把这种不均匀性分为三类:物理不均匀性,包括缩孔、疏松、气泡、裂纹等;结晶不均匀性,指初生树枝状晶的大小、形状、位向和分布;化学不均匀性,包括树枝状偏析(晶内偏析)和区域偏析等。下面分别予以简单介绍。

1. 铸锭(件)的三晶区

这里要介绍的是铸锭的结晶不均匀性。金属凝固后晶粒较为粗大,通常是宏观可见的。一般来说铸锭(铸件)凝固后的宏观组织具有三个性质、晶体形态不同的区域即三晶区。三个晶区为:

① 激冷区　紧邻型壁的一个外壳层,它由无规则排列的细小等轴晶组成。

② 柱状晶区　它由垂直于型壁,彼此平行的柱状晶组成。

③ 等轴晶区　它处于铸锭(件)的中心区域,由等轴晶粒组成。等轴晶区中晶粒尺寸往往比激冷区的大得多,如图 4.62 所示。

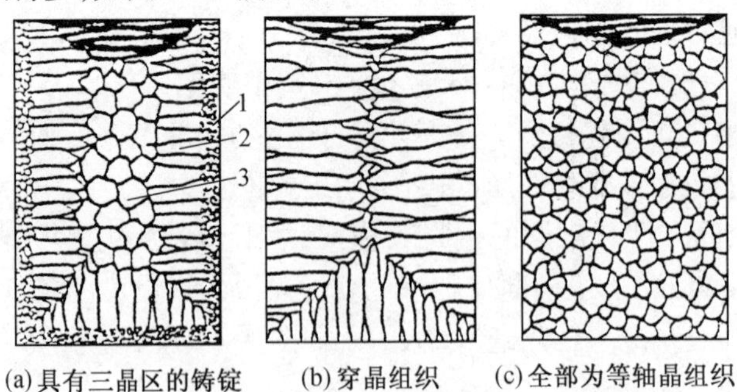

(a) 具有三晶区的铸锭　(b) 穿晶组织　(c) 全部为等轴晶组织

图 4.62　铸锭组织示意图

1—激冷区;2—柱晶区;3—中心等轴区

这三个区域的大小随凝固条件不同而不同,一般而言,激冷区较薄,只有数个晶粒厚。其余二个晶区则因凝固条件不同,占的比例不同,有时甚至有全部由柱晶区组成的情况(叫作穿晶,图4.62(b))或全部由等轴晶区组成的情况,如图4.62(c)所示。

(1) 三晶区的形成机理

① 激冷区　金属熔液浇入铸型后,与较冷的型壁接触的薄层熔液会产生强烈的过冷并依附模壁产生大量的晶核,晶核迅速生长。对于纯金属,型壁上生成的晶体沿模壁长大直至互相接触为止,形成固体壳层。对于不纯的金属或合金,在型壁处先形成晶体后,溶质析出并富集于晶体根部,使此处的成分过冷降低,因而根部的生长速度比其他部分缓慢,形成颈缩状晶体。在液体对流的力学作用及温度波动等影响下晶体与模壁分离,如图4.63所示。若晶体较液体重则沿模壁下沉,反之则上浮,然后通过对流卷入铸型中。随着模壁附近的熔液因冷却而黏性增大,从模壁表面上脱离的晶体变得密集,停留在靠近冷却体表面的地方,形成了等轴激冷区。

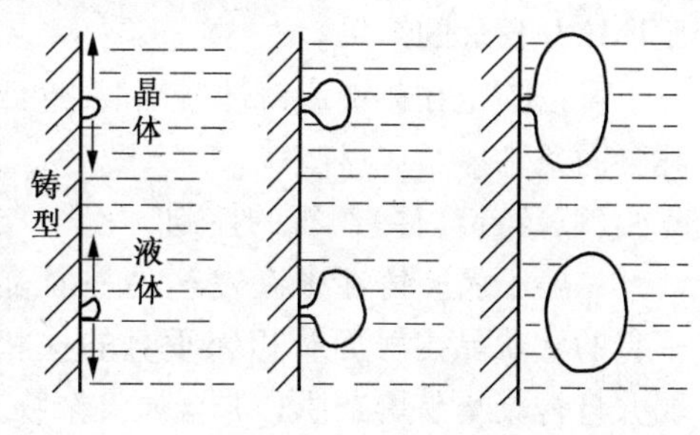

图4.63　不纯金属或合金在型壁处形成颈缩状晶体及与型壁分离的示意图

② 柱状晶区　柱状晶区中的晶体主要起源于激冷区,只有少数晶体不是由激冷区成长起来的。

激冷区中的晶体向液体中生长时,因为晶体的成长速度是各向异性的,只有最大生长速度方向(晶向)平行于散热方向的晶体生长迅速,并挤压相邻晶体阻止它们的生长。其他晶体的生长被抑止。这样就形成了柱状晶区,如图4.64所示。

晶体优先成长的方向随晶体类型不同而异。例如:体心立方及面心立方晶体是⟨100⟩晶向;Sn这样的正方晶体是⟨110⟩晶向;Zn这样的密排六方晶体则是$\langle 10\bar{1}0\rangle$晶向。

对给定的合金而言,在一定的浇注温度范围内,随浇注温度的增高,柱状区范围增大。

对给定的浇注条件,柱状区的范围随合金浓度的增加而减小。纯金属的铸态组织一般是完全的柱状晶并且很少产生择优位向。

柱状晶区的主要控制因素是其前沿的液体中是否出现了等轴晶区。凡不利于中心等轴晶形成的条件都促使柱状晶区发达。

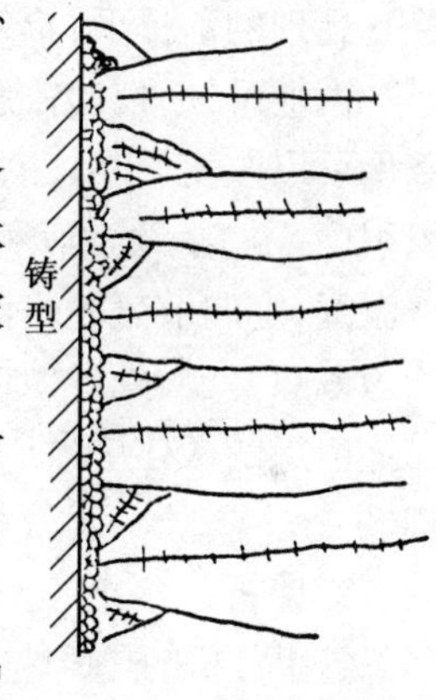

图4.64　来自于激冷区中有利位向的晶体成长为柱状晶的示意图

③ 等轴晶区　近年来的研究结果表明,等轴晶区的形成有四种机制。

(a) 在激冷层形成之前在模壁上形成的颈缩晶体从模壁上脱离并通过对流被扫入铸模中心区。如果液体金属的温度不算高,这些晶体未被熔化掉,则可以成为等轴晶的萌芽晶体。

(b) 正在长大的树枝状晶的枝的根部因溶质富集,成分过冷下降而颈缩,因熔体对流及温度波动而熔断,熔断的枝晶因对流而被扫进铸模中心区,亦可成为等轴晶的萌芽晶体。

(c) 铸型内液面因辐射散热而被过冷,产生晶核并成长为小晶体。这些晶核或小晶体下沉到柱状晶前的液体中并长大,可作为等轴晶的萌芽晶体。

(d) 铸锭或铸件中心的液体温度逐渐均匀并过冷到熔点以下,产生均质形核或非均质形核并长大的结果。

可以断定在铸锭或铸件凝固时,这四种机构都是存在的,它们的作用的大小决定于实际凝固条件。

(2) 铸锭(件)组织的控制

一般不希望铸锭中有发达的柱状晶区。因为相互平行的柱状晶接触面及相邻垂直的柱状晶交界较为脆弱并且常聚集易熔杂质和非金属夹杂物,所以铸锭(件)在热加工时极易沿此断裂,铸件在使用时也易沿此断裂,如图 4.65 所示。等轴晶无择优取向,没有脆弱的分界面,同时取向不同的晶粒彼此咬合,裂纹不易扩展,故细小的等轴晶可以提高铸件的性能。

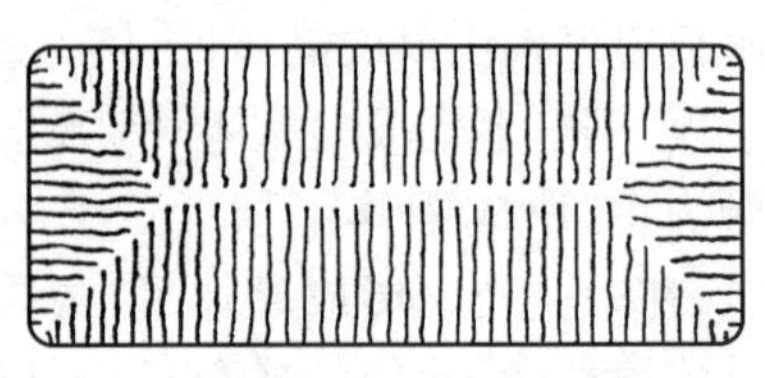

图 4.65　柱状晶区交界处的脆弱分界面

但是柱状晶区组织较为致密,不象等轴区包含那样多的气孔与疏松。对于塑性较好的有色金属及其合金及奥氏体不锈钢,有时为了得到致密的组织,在控制易熔杂质及进行除气处理的前提下,希望得到较多的柱状晶。

由上可知,控制铸态组织即控制柱状晶区和等轴晶区的比例。变更合金成分和浇注条件可以改变三晶柱的比例和晶粒大小,甚至获得只有中心等轴区或全部为柱状晶区的组织(穿晶)。通常有利于柱状晶区发展的因素有:快的冷却速度(如用金属型),高的浇注温度,定向散热等;有利于等轴晶区发展因素有:慢的冷速(如用砂型),低的浇注温度,均匀散热,变质处理(加入形核剂),采用机械振动,超声波振动、磁搅拌等均有利于生长晶体前沿的液体中形成大量非均匀形核或萌芽晶体,使铸件获得具有细小晶粒的中心等轴区。

2. 偏析

这里分析的是铸件中的化学不均匀性。所谓偏析是指合金中的化学成分不均匀的现象。

偏析一般分为宏观偏析(区域偏析)和显微偏析二种类型。宏观偏析是大范围内的成分不均匀现象,所以又称远程偏析。显微偏析则是晶粒尺度范围内的成分不均匀现象,所以又称为短程偏析。

(1) 宏观偏析

宏观偏析可分为正常偏析、反偏析和比重偏析等类型。

① 正常偏析(正偏析)　假定合金的分配系数 $K_0<1$,则先凝固的外层中溶质元素含量较后凝固的内层低,这就是正常偏析如图 4.6 所示。对于 $K_0>1$ 的合金,先凝固的外层中溶质元素含量比后凝固的内层高也是正常偏析。

正常偏析的程度与$|1-K_0|$值大小有关。此值越大则偏析程度越严重。合金成分 c_0 越大偏析程度越严重。在凝固速率较小的情况,液体中原子扩散可以进行得充分,这种情况接近图 4.6 中液相中溶质完全混合的情况,所以偏析程度大。

正常偏析只有当晶体完全不从型壁上脱离,而且仅从型壁上成长为柱状晶的场合下,才能显著地产生。对流等使晶体从型壁脱离、移动可减轻正常偏析。

在正常偏析较大的情况,最后凝固的部分溶质浓度很高,有时甚至出现不平衡合金相,如碳化物等。有些高合金工具钢的铸锭,中心部分甚至可能出现由偏析产生的不平衡莱氏体。

正常偏析一般难以完全避免,随后的加工和处理也难根本改善,故应在浇铸时采取措施加以控制。

② 反常偏析　反常偏析的溶质分布情况与正常偏析相反。对 $K_0<1$ 的合金铸锭最外层的溶质浓度反而高。而中心部分的溶质浓度低于合金的平均浓度。最典型的例子是 Cu-Sn 合金中的反常偏析。在铸造 Cu-10% Sn 青铜铸件时,往往在铸件表面冒出含(20% ~25%)Sn 的所谓“锡汗”。

形成反常偏析的原因有两种观点。一种是传统的观点,认为,随着凝固的进行,铸型中部残存着溶质富集的液相。由于铸件凝固时的收缩而在树枝晶之间产生空隙(负压),加上温度降低,使熔液中气体析出而产生压强,把中心部分溶质浓度高的液体沿柱状枝晶间的通道吸(压)至铸件外层而形成反偏析。近年来的研究提出了解释反常偏析原因的新观点。新观点认为传统的观点是片面的,是在不了解激冷层等轴晶颈缩脱离型壁并向熔体中移动的机制时提出的。新观点对反常偏析的解释为:表面溶质富集层的形成是由于型壁上形成的晶体在长大过程根部颈缩,其周围富集了熔质。这些晶体成长到相接触时,在其根部就封闭了富集溶质的熔体。如图 4.66 所示继续成长时,铸件表层就富集了高浓度熔质层。在型壁上形成的等轴晶一旦从型壁上脱离,就随熔体对流下沉(晶体比熔体比重大时)或上浮(晶体比熔体比重小时)而离开凝固界面。如下沉则在铸型底面下部的凝固壳前进面上,沉淀堆集来自上方自由液面和侧壁下沉的溶质浓度低的晶体($K_0<1$)。在凝固后期这些晶粒之间的溶质富集熔液由于铸件收缩作用而被吸走,低浓度晶体靠在一起,中下部形成了低溶质浓度区。

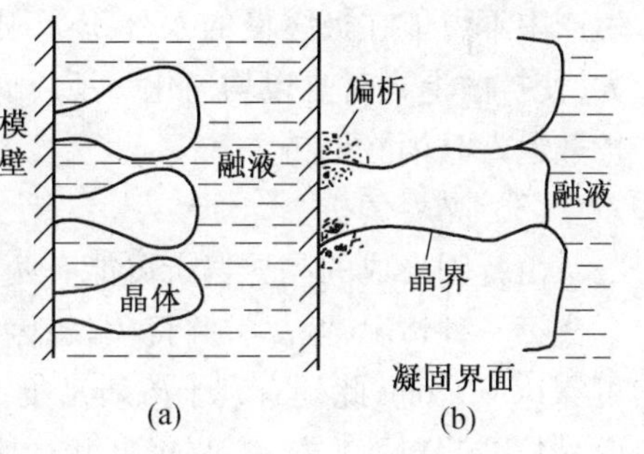

图 4.66　反偏析表面溶质富集层的形成示意图

Cu-Sn 合金中的“锡汗”,就是在接近表层处被封闭的富集了 Sn 的熔体,在凝固过程中由于铸件的收缩和内部逸出的气体的压力被挤到了表面的结果。

③ 比重偏析　比重偏析是由组成相与熔液之间比重的差别所引起的一种宏观偏析。如对亚共晶或过共晶合金来说,如先共晶相与熔体之间比重差别较大,则在缓冷条件下,先共晶相可能上浮或下沉而导致铸件中的相上下分布及成分不均匀,产生比重偏析。Pb-15% Sb 合金在凝固过程中,先共晶相 Sb 晶体上浮,形成比重偏析。铸铁中的石墨漂浮也是比重偏析。

防止或减轻比重偏析的方法是采用低温浇铸,使整个铸件快速冷却,结果晶体来不及上浮及下沉。热对流、搅拌也可以克服显著的比重偏析。此外加入第三种元素,形成熔点较高的,比重与液相接近的树枝状化合物,使之先结晶出来并形成枝状骨架以阻止偏析相的沉浮。例如在 Pb-Sn-Sb 轴承合金中加入少量 Cu 后先形成 Cu_3Sn 化合物骨架,可以减轻或消除比重偏析。

2. 显微偏析

显微偏析是小范围内的成分不均匀现象。其范围只涉及晶粒尺度或更小的区域。显微偏析一般有胞状偏析、枝晶偏析、晶界偏析。

(1) 胞状偏析

当成分过冷小的时候，固溶体呈胞状方式生长。对 $K_0<1$ 的合金，溶质富集于胞壁，对于 $K_0>1$ 的合金则溶质富集于胞中心。这种成分不均匀现象称为胞状偏析，如图 4.12 所示。电子探针分析发现有的合金胞壁处浓度比心部高出二个数量级。由于胞体较小，很容易通过均匀化退火消除胞状偏析。

(2) 枝晶偏析

枝晶偏析是铸造合金中最常见的一种显微偏析。当不平衡凝固时，$K_0<1$ 合金的树枝状晶的枝干溶质元素贫化，而溶质富集于枝间。$K_0>1$ 的合金情况相反。

影响枝晶偏析的因素主要有：冷速越快，扩散越不充分，枝晶偏析越严重；偏析元素扩散能力越差偏析越严重；合金相图上固、液相线的水平距离越大，偏析越严重。枝晶偏析可以用高温扩散退火来消除。枝晶间距越小，扩散距离越小，枝晶偏析消除越容易。实际生产中不可能在极缓慢的条件下凝固，所以慢冷不能消除枝晶偏析，反而使枝晶间距增大，使扩散退火时难以均匀化。所以实际生产中可用快速凝固使枝晶间距减小，以利于在扩散退火时消除偏析。

(3) 晶界偏析

由凝固形成的晶界偏析可能有两种情况。

第一种情况，两晶粒并行生长，因表面张力平衡要求，在晶界与熔体交界处出现凹槽可深达 10^{-3} cm，此处有利于溶质富集，凝固后形成晶界偏析，如图 4.67(a)所示。另一种，两晶粒彼此对面生长，晶界彼此相迂，晶界间富集大量溶质，造成晶界偏析，如图 4.67(b)所示。

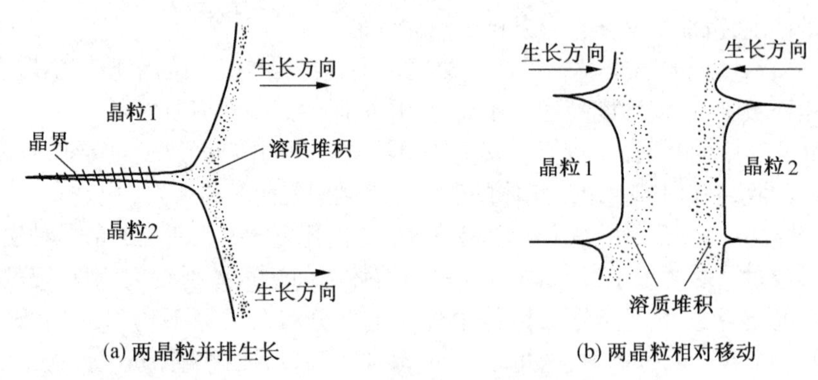

图 4.67　晶界偏析的形成示意图

3. 缩孔、气泡等

这类缺陷属于铸件中的物理不均匀。

铸件在凝固过程中，当液体体积收缩及固体体积收缩得不到冒口补充时，在其最后凝固处将会出现孔洞，称为缩孔。

缩孔分为集中缩孔和分散缩孔,分散缩孔又称为疏松。集中缩孔有缩管、缩穴等形式,分散缩孔有一般疏松和中心疏松等,如图 4.68 所示。

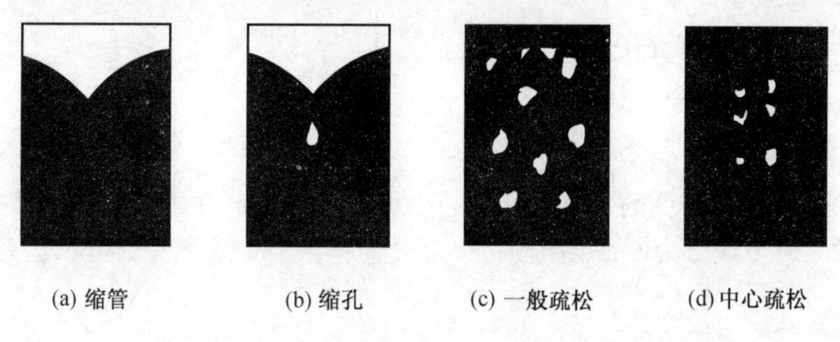

(a) 缩管　(b) 缩孔　(c) 一般疏松　(d) 中心疏松

图 4.68　铸件中的缩孔

气体在液体中的溶解度随温度的下降而降低,当液体温度下降到一定程度后,液体黏度增大,这时一部分气体不能逸出而以气泡形式残留在铸锭(铸件)内。接近表面的气泡称为皮下气泡。铸锭内的气泡在热加工时可以被焊合,皮下气泡则可因加热或压力加工时铸坯表面破裂而暴露于大气之中,使气泡表面氧化,以致在压力加工时不能焊合,使工件(型材)表面出现如裂纹状的折迭。

习　题

1. 说明下列基本概念

组元　相　相图　化学位　成分过冷　平衡分配系数　正常凝固　区域熔炼　自由度　相律　匀晶转变　同素异构转变　共晶转变　共析转变　包晶转变　包析转变　脱溶　磁性转变　有序-无序转变　稳定化合物　不稳定化合物　组织　组织组成体　伪共晶　不平衡共晶　离异共晶

2. 试述合金的相平衡条件。铜镍合金在某温度 t 时,处于 L 相与 α 相平衡状态。这时液相的含镍量 X_L^{Ni} 明显低于 α 相的含镍量 X_α^{Ni},问这时镍原子是否会从 α 相向 L 相扩散?为什么?

3. 承上题,在 t 温度下如二元合金处于两相平衡,则按相律 $f=c-p=2-2=0$,但这时合金 0 的成分在 $X_L^{Ni}<X_0^{Ni}<X_\alpha^{Ni}$ 之间变化并不改变合金相的数目与类型。这能否说合金的自由度应为 $f=1\neq0$?为什么?

4. 什么是成分过冷?用示意图进行说明。推导发生成分过冷的临界条件,指出影响成分过冷的因素。说明成分过冷对金属凝固时的生长形态的影响。

5. 已知 Pb-Sb 合金为完全不互溶、具有共晶转变的合金,共晶成分为 11.2% Sb,Pb 的硬度为 3HBS,Sb 的硬度为 30HBS。今要用铅锑合金制成轴瓦,要求组织是在共晶基体上分布有 5% 的硬质点 Sb,求该合金的成分及硬度。

6. 利用相图分析含 28% Sn 的 Pb-Sn 合金的平衡结晶过程,画出示意图;指出室温下的相,并求相的相对重量;指出室温下的组织并求组织组成体的相对量。

7. 试根据下列数据绘制 Mg-Cu 相图。Mg 的熔点为 649 ℃,Cu 的熔点为 1 084.5 ℃,Mg 和 Cu 可形成稳定化合物 Mg_2Cu(57% Cu 熔点 568 ℃)及有一定熔解度的稳定化合物

γ 相 $MgCu_2$(84% Cu 熔点 820 ℃)。室温下,α 固溶体的浓度近似为 100% Mg,β 固溶体的浓度近似为 100% Cu。Mg-Cu 合金有如下三相平衡转变:

(1) $L_{(90.3\%Cu)} \xrightleftharpoons{772\ ℃} \gamma+\beta_{(96.7\%Cu)}$;

(2) $L_{(64.3\%Cu)} \xrightleftharpoons{552\ ℃} Mg_2Cu+\gamma$;

(3) $L_{(30.7\%Cu)} \xrightleftharpoons{465\ ℃} \alpha_{(0.61\%Cu)}+Mg_2Cu$。

8. 已知 A-B 合金相图的一角如图 4.6(b)所示,$K_0>1$,定向凝固时,固相无扩散,液相中仅有扩散。合金成分为 Co,已凝固了一部分,固-液界面处固相成分已达到 Co,试写出:

(1) 界面前沿液相的溶质分布公式(C-Z 关系式);

(2) 推导出界面前沿液体的熔点分布公式(T_L-Z 关系式)。

9. 有尺寸相同、形状相同的铜-镍合金铸件,一个含 10% Ni,一个含 50% Ni,铸后缓冷,问固态铸件中哪个偏析严重?哪个分散缩孔多?为什么?

10. 简述铸锭的三晶区的形成原因,用什么方法可使柱晶区更发达?用什么方法可使中心等轴区扩大?

11. 利用 Pt-Ag 相图如图 4.27 所示,分析含 20% Ag,42.4% Ag,60% Ag 的合金的平衡凝固过程,画出其室温组织示意图。

12. 说明下列基本概念

α-Fe　铁素体　γ-Fe　奥氏体　渗碳体　石墨　一次渗碳体　二次渗碳体　三次渗碳体　珠光体　莱氏体　变态莱氏体　工业纯铁　亚共析钢　共析钢　过共析钢　白口铸铁　灰口铸铁　宏观偏析　正常偏析　反常偏析　比重偏析　显微偏析　胞状偏析　枝晶偏析　晶界偏析

13. 默画出 Fe-Fe_3C 相图,标注出 P,S,E,C 的成分,共晶转变和共析转变温度。分别用相和组织标注相图。

14. 分析碳的质量分数为 0.4%,0.77%,1.2% 的碳钢从液态冷至室温时的结晶过程,画出结晶过程示意图,计算室温下三种钢组成相的相对量和组织组成体的相对量。

15. 分析碳的质量分数为 3.0% 的白口铸铁的结晶过程,画出结晶过程示意图;计算室温下组成相的相对量和组织组成体的相对量。

16. 计算珠光体、莱氏体中 Fe_3C 的相对质量。

17. 说明碳质量分数对碳钢的组织和性能的影响。

18. 何谓钢的热脆性?何谓钢的冷脆性?是怎样产生的?如何防止?

第5章　三元相图

实际生产中应用的合金不只是二元合金，还有有三元、四元、多元合金。即使是二元合金当它含有某种杂质元素，特别是发生偏析而在局部富集了第三组元时，应该把它当作三元合金来研究。

三元合金由于有三个独立参数：温度和两个成分参数，所以是空间立体图形，图形比较复杂。要测出一个完整的三元相图是相当费事的。目前测出的完整的三元相图也不很多。在实际生产和研究时常应用的是三元相图中的等温截面图、变温截面图及投影图。因此本章的任务是初步建立三元合金相图的空间概念，掌握三元相图的读图法，以便能应用三元相图的截面图、投影图等资料。

5.1　三元相图的成分表示法

三元系合金有两个独立的成分参数，所以其成分必须用一个平面图形来表示。通常用等边三角形来表示三元相图的成分，有些情况也用等腰或直角三角形。

5.1.1　浓度三角形

图5.1是一个表示合金成分的等边三角形，称之为浓度三角形。

浓度三角形的三个顶点代表A，B，C三个纯组元，各边表示二元合金的成分，AB边代表$A-B$二元合金的成分，BC，AC边分别代表$B-C$，$A-C$二元合金的成分。三角形内任一点O，代表一定成分的三元合金。

一般均沿着顺时针（或者逆时针）一个方向标注组元的浓度，图5.1为逆时针表示法。

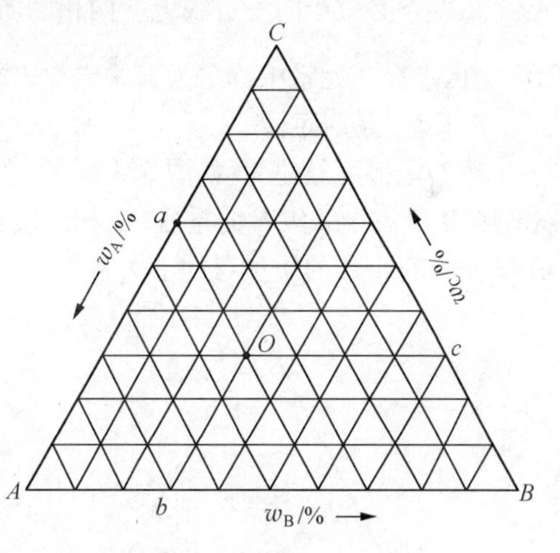

图5.1　浓度三角形

三角形内任意一点（如O点）的合金成分可以用下述方法求得：先求A的含量，过O点作一平行于BC边（与组元A相对的边）的直线交AC边于a(40%)，即A组元的含量为40%。同样由O点作一平行于AC边（与组元B相对的边）的直线交AB边于b(30%)，即B组元含量为30%。由O点作平行于AB边的直线交BC于c(30%)，即C组元含量为30%。$A\% + B\% + C\% = 40\% + 30\% + 30\% = 100\%$。为了便于找到合金成分，可先在三角形内画出格子。

5.1.2　浓度三角形中具有特定意义的线

在浓度三角形中有两条具有特殊意义的线。了解其意义对分析相图有帮助。

1. 平行于浓度三角形某一条边的直线

凡成分位于这条线上的合金，它们所含的，这条边相对的顶点代表的组元的浓度是一定的。如图 5.2 中 cd 线上所有合金 C 组元的含量都等于 Bc。

2. 通过三角形顶点的任一直线

凡成分位于该直线上的合金，它们所含的，由另两个顶点所代表的两组元的浓度比是一定的。如图 5.2 中成分位于 CP 直线上的所有合金，A、B 组元的比值：$X_A/X_B=PB/AP$（证明略）。由此可推知，成分位于浓度三角形的中垂线上的所有合金，另外两个顶点代表的组元含量相等。

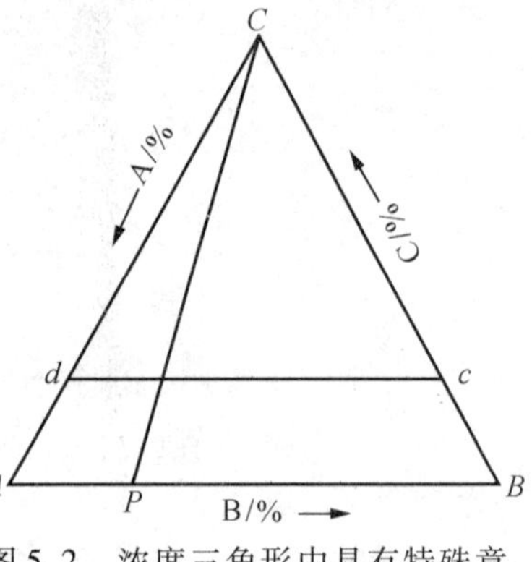

图 5.2　浓度三角形中具有特殊意义的线

5.2　三元系平衡转变的定量法则

在三元系相图分析时，用直线定律确定二相区平衡相的相对量，用重心定律确定三相区平衡相的相对量。

5.2.1　直线定律

直线定律可叙述为：如图 5.3，三元系中某一浓度 c 的合金分解为 a，b 两相时，a，b，c 三个浓度点必位于同一直线上。两相的质量比为 $\frac{W_a}{W_b}=\frac{cb}{ac}$。这个定律就是二元系的杠杆定理，为区别在三元系中称之为直线定律，或直线法则。

5.2.2　重心定律

重心定律可叙述为：如图 5.4 所示，在三元系中如 M 成分的合金分解为 D，E，F 三个相，则 M 必位于 ΔDEF 的重心（三相的质量重心位置而不是几何重心位置），而且合金 M 的质量与三个相的质量有如下关系

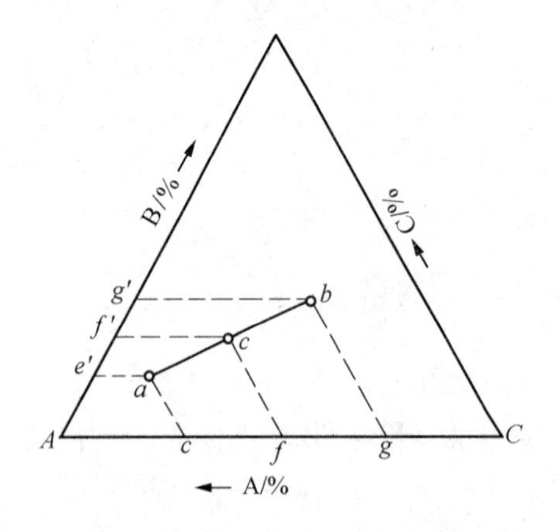

图 5.3　三元相图中的直线定律

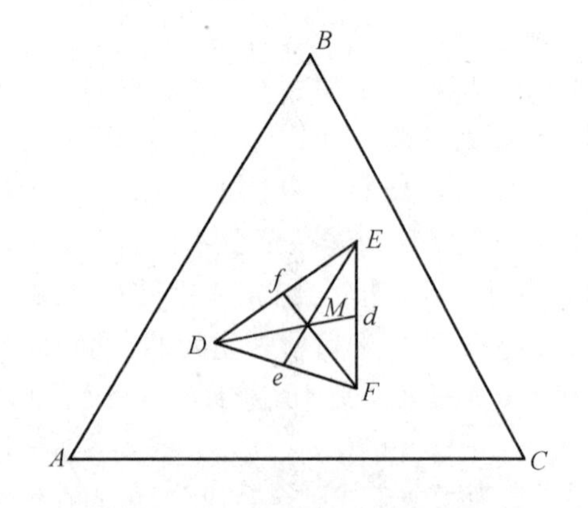

图 5.4　三元相图中的重心定律

$$W_D\% = Md/Dd$$

$$W_E\% = Me/Ee$$

$$W_F\% = Mf/Ff$$

5.3 三元匀晶相图

三元系中如果任意两个组元都可以无限互溶,那末它们所组成的三元合金也可以形成无限固溶体。这样的三元合金相图称为三元无限互溶型相图,也叫三元匀晶相图。

5.3.1 相图分析

图5.5为一三元匀晶相图。图中底面正三角形 ABC 为浓度三角形,三条过顶点的纵轴是温度轴。$A_1B_1C_1d_L$ 是液相面,$A_1B_1C_1d_S$ 是固相面。液相面以上是液相区,液相面与固相面之间的区域为液相(L)+固相(α)两相区。在固相面以下的区域为单相 α 固溶体区。三个棱柱面是三个二元系相图,整个三元立体相图可以看作是这三个二元系相图在空间的延伸。这一思想对于认识复杂三元立体图将有帮助。

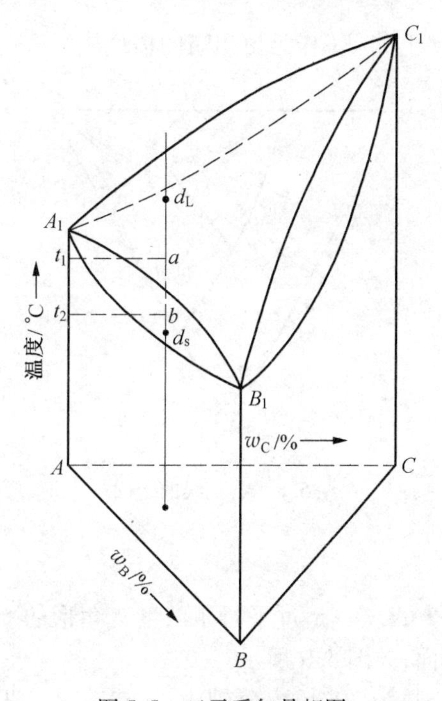

图5.5 三元系匀晶相图

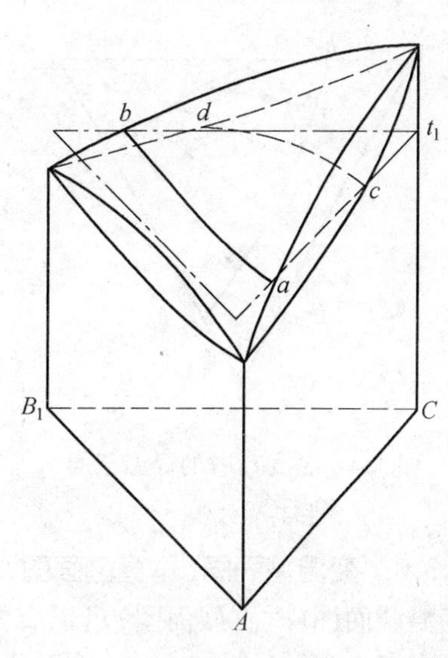

图5.6 三元图等温(水平)截面的截取

5.3.2 等温截面图(水平截面图)

三元立体相图比较复杂,实际上大量应用的是它的截面图。首先讨论等温截面图,它是用来表示在一定温度下,所有合金处于平衡状态的相,各平衡相的浓度,并可确定各相的相对重量。

如图5.6所示,过 t_1 的水平面与三元相图相截,则得到图5.7所示的温度 $t=t_1$ 时的等温截面。

等温截面上 ab 是等温截面与液面的交线,cd 是此面与固相面的交线。在温度 t_1 时,成分在 L 区中的合金为液相,在 L+α 区的合金为液相+固相(α),在 α 区的合金为单相 α 固溶体。

L+α 相区中连接 $ab-cd$ 的一系列直线称为连接线或共轭线。连接线是等温截面图上两相区中很重要的线。可以用连接线来确定两组成相的相成分及两相的相对重量。

如图 5.7 中合金 O 位于两相区(L+α)连接线 mn 上。则可以判定合金 O 在 t_1 温度下由成分为 n 的液相和成分为 m 的 α 相组成。所有位于 mn 连接线上的合金,液相的成分都是 n,固相(α)的成分都是 m。

O 合金在 t_1 温度下两相的相对重量可在 mn 连接线上用直线定律求得$\frac{W_\alpha}{W_L}=\frac{On}{Om}$。

实际上等温截面图及其上两相区的连接线都是由实验测得的。比较完整的等温截面图两相区应标明一些重要的连接线。但一般等温截面上两相区内常常未标连接线。在这种情况下,我们可以粗略估计连接线的走向。判断方法如图 5.8 所示。

(1)设三个组元的熔点 $t_C>t_B>t_A$,则过合金 O 的连接线 $s\ l$ 总是相对于 cOg 向熔点降低的方向偏转一个角度(证明略),如图 sOl。

(2)如果三个组元的熔点未知时,则可取 cOg 上的 $S'l'$ 作为更粗略的估计线。

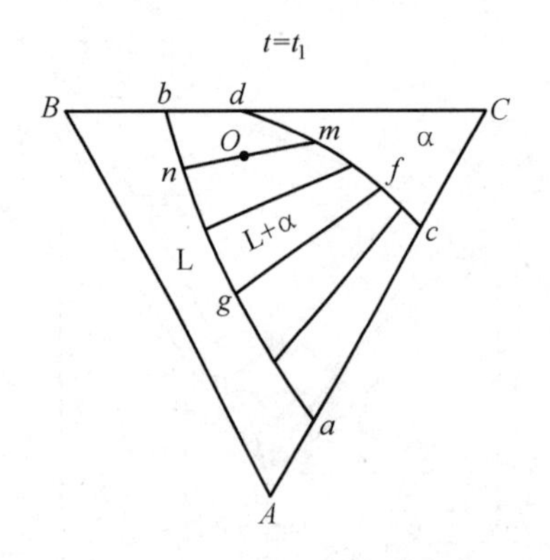

图 5.7　温度 t_1 时的等温截面图和共轭线

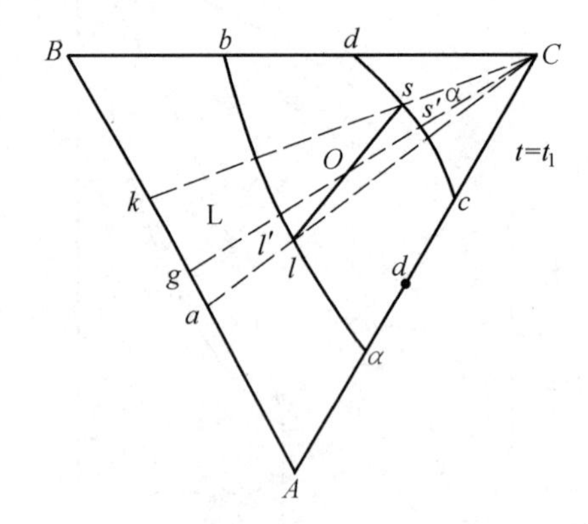

图 5.8　共轭线的走向

5.3.3　变温截面图(垂直截面图)

变温截面图(垂直截面图)可以有两种截取方式。一是过平行于浓度三角形的一边作垂直截面;一是过浓度三角形的顶点作垂直截面,如图 5.9 所示。

过 EF 的变温截面图上,所有合金 C 质量分数为 70%,成分轴由 $E\rightarrow F$,$A\%$ 由 0→30%。合金 Ⅰ 成分为:$C\%=70\%$;$A\%=10\%$;$B\%=100\%-70\%-10\%=20\%$。过 BG 的变温截面图上,所有合金$\frac{A}{C}=\frac{7}{3}$,成分轴从 $G\rightarrow B$,$B\%$ 由 0→100%。合金 Ⅱ 成分为:$B\%=30\%$;$A\%=\frac{7}{7+3}(100\%-30\%)=49\%$;$C\%=100\%-30\%-49\%=21\%$。

由变温截面图可分析所含合金在加热(冷却)过程发生的相变,确定相变临界点,并可推测出不同温度下合金的组织。

必须指出,在变温截面上不能确定多相区的相成分,也不能用杠杆定理来确定相的相对质量。因为三元系两相区的相成分及相的相对质量都要在连接线上确定,而连接线不在所作的垂直截面上。

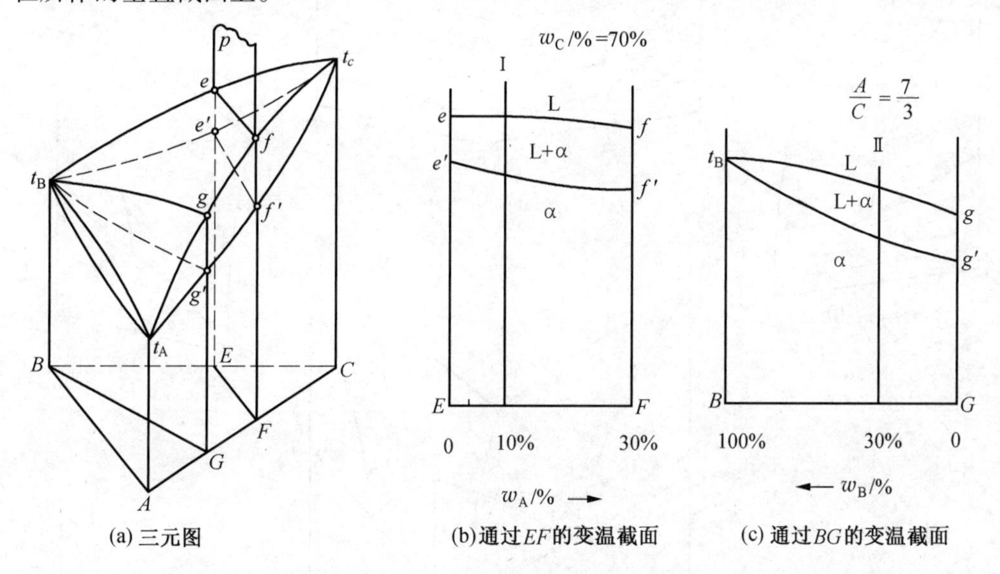

图 5.9　三元相图变温截面的截取

5.4　三元共晶相图

5.4.1　组元在固态互不溶,具有共晶转变的相图

1. 相图分析

图 5.10 为组元在固态下完全不溶的三元共晶相图,这是最简单的三元共晶相图。

由图可见立体相图的三个侧面是三个固态下组元不溶的二元共晶相图。立体图可看作是这三个二元相图向空间的延伸。六条液相线延伸得三个液面:$t_AE_1EE_3$,$t_BE_1EE_2$,$t_cE_2EE_3$。三个二元共晶点延伸为三条三相平衡共晶转变沟线 E_1E,E_2E,E_3E。三条共晶水平线向空间延伸为六个三相平衡共晶转变曲面:$A_1A_3E_1E$,$B_1B_3E_1E$,$A_1A_2E_3E$,$C_1C_2E_3E$,$B_1B_2E_2E$,$C_1C_3E_2E$。过 E 点的水平三角形 $A_1B_1C_1$ 为四相平衡共晶转变面。

立体图的相区如下:

四个单相区:①液相区(液面以上);②A,B,C 三个单相区(三条组元垂线)。

三个两相区(液面与三相平衡共晶曲面包围的区域):$L+A$,$L+B$,$L+C$,如图 5.10 中(b),(d),(f)。两相区发生匀晶转变;$L\to A$,$L\to B$,$L\to C$。

四个三相区:①三个形状为直线封口的曲面三棱柱体的三相区:$L+A+B$,$L+B+C$,$L+A+C$(图 5.10 中(c),(e),(h)。这三个相区内分别发生三相平衡共晶转变:$L\to A+B$,$L\to B+C$,$L\to A+C$。由相律 $f=c-p+1=1$ 可知,转变可在变温下进行。②$A+B+C$ 三相区,如图 5.10 中(g)。因为三个相均为纯组元,所以没有脱溶转变。三相区三条棱边被称为单变量线,简称单变线。冷却(加热)时三个相的成分沿三条单变线变化。显然,在等温截面图上,三相区必为三角形,三个顶点即是三个相的成分点。

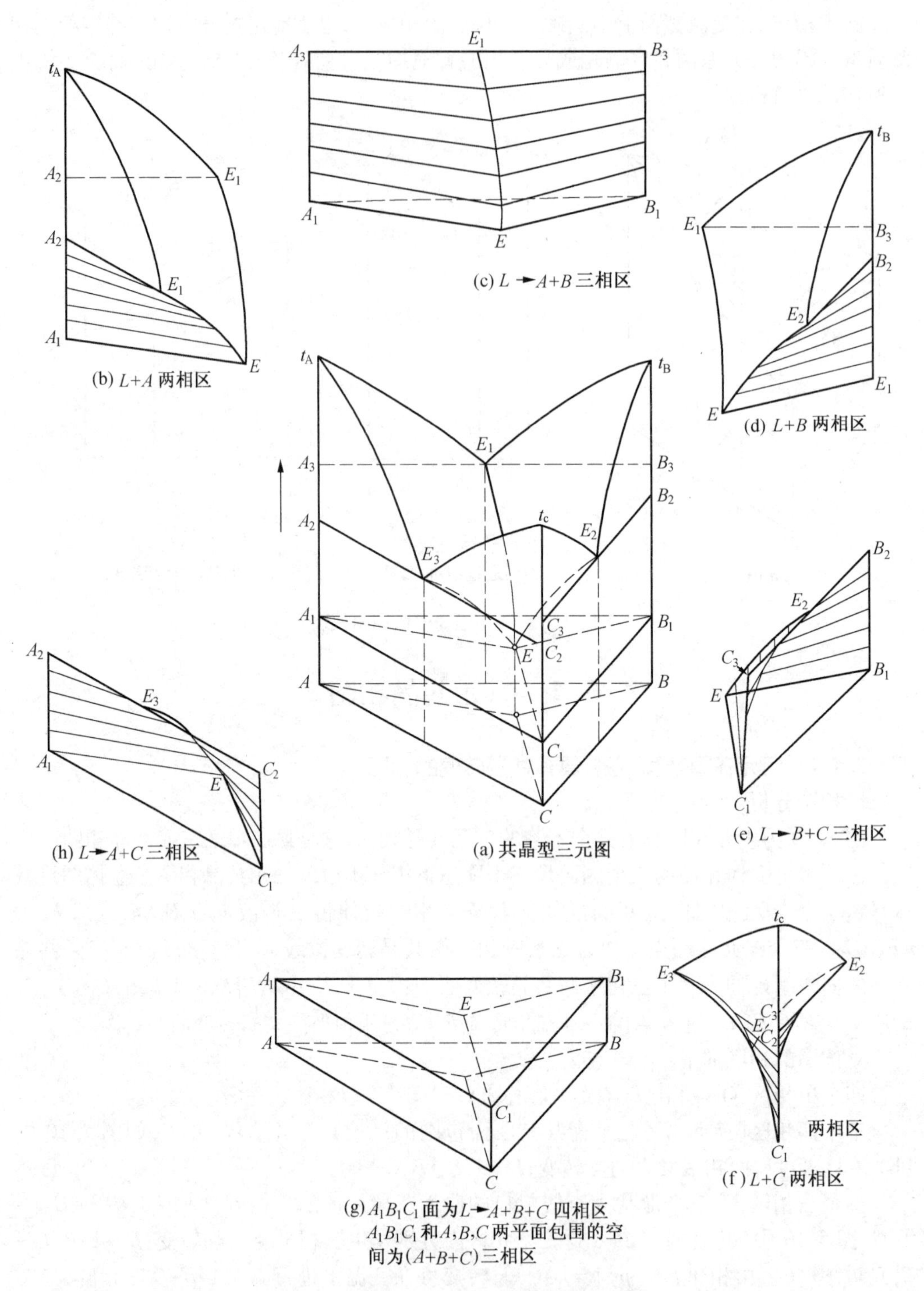

(b) $L+A$ 两相区

(c) $L \to A+B$ 三相区

(d) $L+B$ 两相区

(a) 共晶型三元图

(h) $L \to A+C$ 三相区

(e) $L \to B+C$ 三相区

(g) $A_1B_1C_1$ 面为 $L \to A+B+C$ 四相区 $A_1B_1C_1$ 和 A,B,C 两平面包围的空间为 $(A+B+C)$ 三相区

(f) $L+C$ 两相区

图 5.10 简单三元共晶相图及空间各相区

一个四相区：$L+A+B+C$（图中 $\Delta A_1B_1C_1$），在这个温度下合金发生四相平衡共晶转变 $L \to A+B+C$。由相律 $f=c-p+1=0$ 可知是恒温转变。

2. 投影图

投影图有两种,一种是把空间相图中所有相区间的交线都投影到浓度三角形中,借助对立体图空间构造的了解,可以用投影图来分析合金的冷却和加热过程。另一种是把一系列水平截面中的相界线投影到浓度三角形中,在每一条线上注明相应的温度,这样的投影图叫等温线投影图。等温线相当于地图上的等高线,可以反映空间相图中各种相界面的变化趋势。等温线越密,表示这个相面越陡。

图 5.11 为简单三元共晶相图的投影图。该图具有上述两种投影图的功能。下面以合金 O 为例,利用投影图来分析其凝固过程并判断其室温组织。

图中 Ae_1Ee_3,Be_1Ee_2,Ce_2Ee_3 是三个液相面的投影。E 点是四相平衡转变共晶点的投影。图中还画出了不同温度的液相线等温线。

合金 O 落在 t_3 等温线上,表明在 t_3 温度,合金 O 开始凝固,析出初晶 A。继续冷却时,不断析出 A 相,按直线定律,冷却过程中,液相成分沿 OA 的延长线变化。在 t_0 温度,液相的成分点落在三相平衡共晶沟线 e_3E 上,说明在 t_0 温度、剩余液相的成分点开始进入 L+A+C 三相区,开始发生三相平衡共晶转变 L→A+C,液相成分沿 t_0E 变化。液相成分达到 E 点时,剩余液相发生四相平衡共晶转变 L→A+B+C。合金的室温组织为:初晶 A+二相共晶(A+B)+三相共晶(A+B+C),如图 5.12 所示。

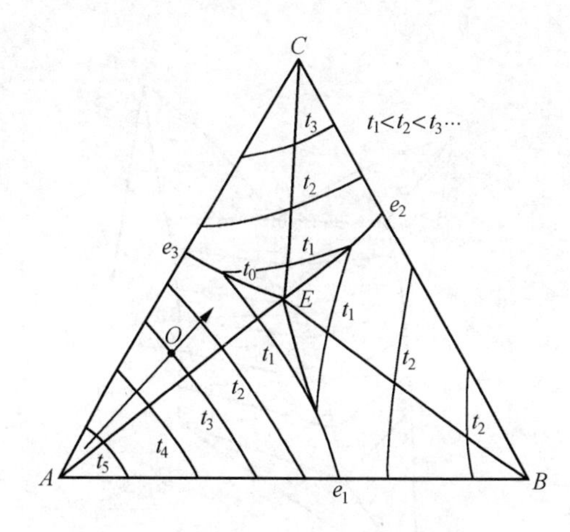

图 5.11 ABC 三元系的投影图

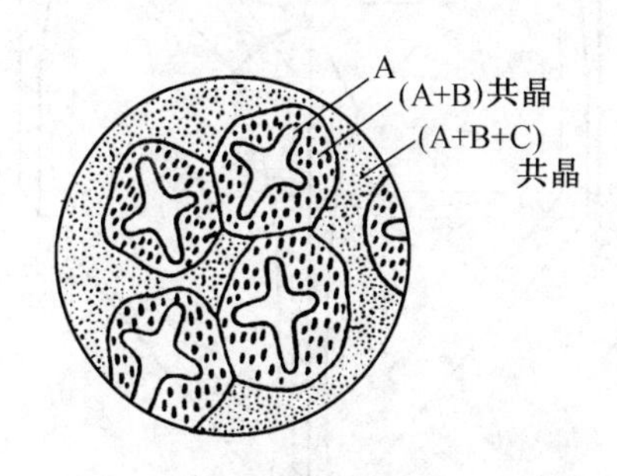

图 5.12 合金 O 的室温组织示意图

同样方法可以分析其他合金的凝固过程,并判断其室温组织。显然,成分位于三相平衡共晶沟线上的合金,凝固过程中不发生匀晶转变,其室温组织为二相共晶+三相共晶;成分位于 AE,BE,CE 线上的合金不发生三相平衡共晶转变,其室温组织为初晶+三相共晶;成分位于 E 点的合金只发生四相平衡共晶转变,其室温组织为(A+B+C)三相共晶。

5.4.2 组元在固态下有限溶解,具有共晶转变的三元相图

1. 相图分析

这类相图如图 5.13 所示。这种相图看起来比较复杂,但它与简单三元共晶相图没有本质不同。两个相图的区别在于:

① 固态的三个单相区由 A,B,C 三个纯组元轴向空间扩展为 α,β,γ 三个固溶体单相区;

② 三个二元相图中的固态两相区 A+B,B+C,A+C 向空间扩展为三个固溶体两相区 α+β,β+γ,α+γ;

③ 简单共晶相图中的三个含液相的三相区 L+A+B,L+B+C,L+A+C 是有两曲面一个垂直平面的三棱柱体,在复杂共晶相图中变为三个棱柱面都为曲面的三棱柱体,三个相区为 L+α+β,L+β+γ,L+α+γ;

④A+B+C 三相区变为 α+β+γ 区并增加了三条固溶度线 aa_0,bb_0,cc_0。

这里有必要对含液相的三相区的结构作进一步说明。

这种三相区是顶部封口,三个侧面为曲面的三棱柱体。图 5.14 为 L+α+β 三相区的空间结构。封口线 $a_1E_1b_1$ 为二元系的共晶水平线。a_1a,E_1E,b_1b 分别为 α,L,β 相的单变线。温度下降时,三个平衡相的成分沿三条单变线向下移动。一定温度时,三平衡相的成分点连成一个三角形。这个三角形叫共轭三角形。这就是为什么三元相图等温线截面图中三相区为三角形的原因。

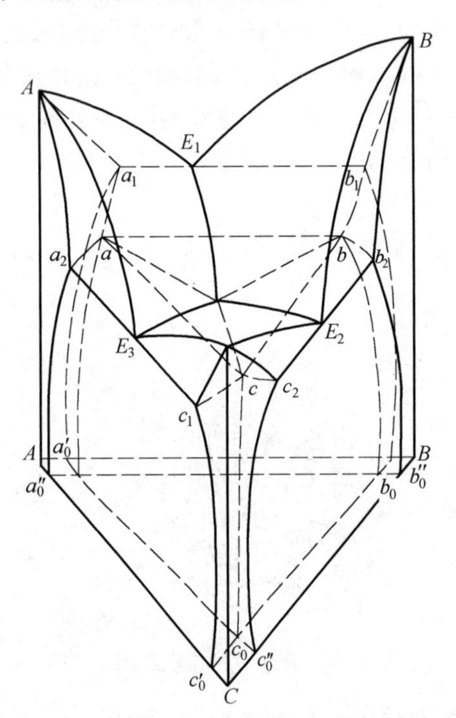

图 5.13 组元在固态有限溶解的三元共晶相图

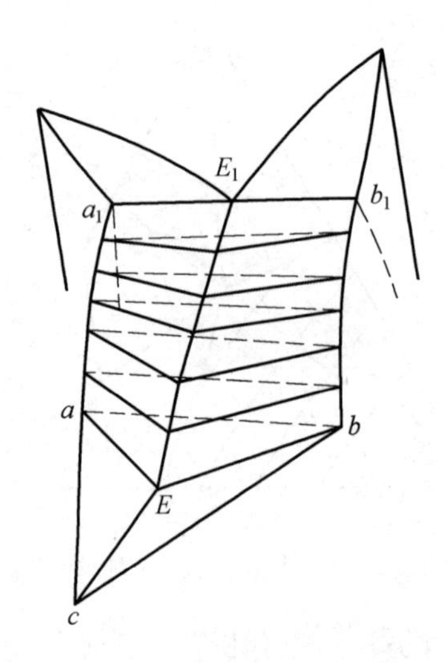

图 5.14 三相区(L+α+β)的构造

从图中可以看出,当温度下降时,共轭三角形总是以反应相 L 的顶点为先导,生成相 α,β 的顶点在后向前移动。这是三相平衡共晶转变的特点之一。如将几张不同温度的等温截面图叠在一起,很容易发现这个规律。我们常用这个规律来判定等温截面图上三相区是否发生共晶转变,如图 5.15(a)所示。

如果用一个垂直截面来截 L+α+β 三相区,则三相区在垂直截面图上为一曲边三角形。反应相(L)顶点在上,生成相(α,β)顶点在下。这是我们判断垂直截面图上三相区是否发生共晶转变的判据之一。当然因截面位置不同,有时三相区形状很不规则,需用其他方法来判断,如图5.16(a)所示。

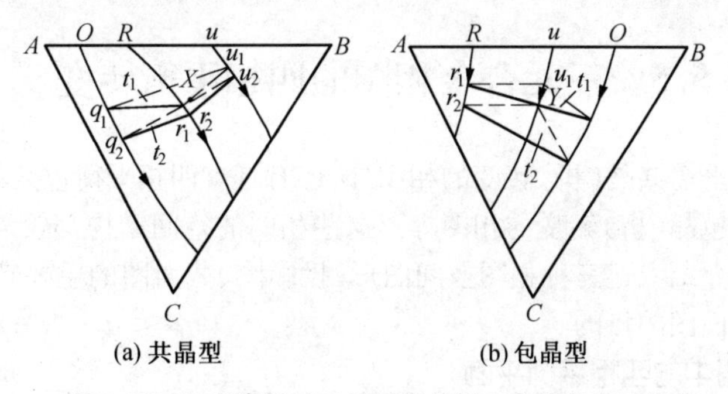

图5.15　温度降低时三相平衡共轭三角形的移动规律

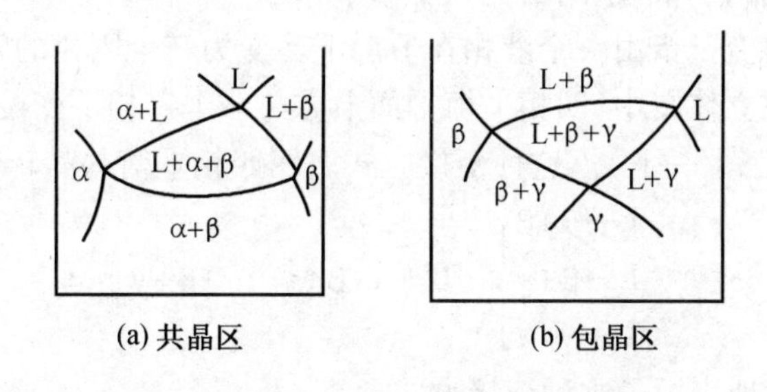

图5.16　垂直截面图上的三相区的形状

2. 等温截面图

图5.17为一张三元系等温截面图,分析该图可找出三元系等温截面图的共同特点是:

(1) 三相区都是三角形,三个顶点与三个单相区接触。三个顶点就是该温度下三个平衡相的成分。相的相对量在三角形内用重心定律确定。

(2) 三相区以三角形的边与两相区相接,相界线就是两相区的一条共轭连接线。

(3) 两相区一般以两条直线和两条曲线作边界、直线接三相区、曲线接单相区。两相区中相的成分由过合金成分点的连接线两端点确定,相的相对量在这条连接线上用直线定律确定。

(4) 单相区的形状可以是各种各样的。

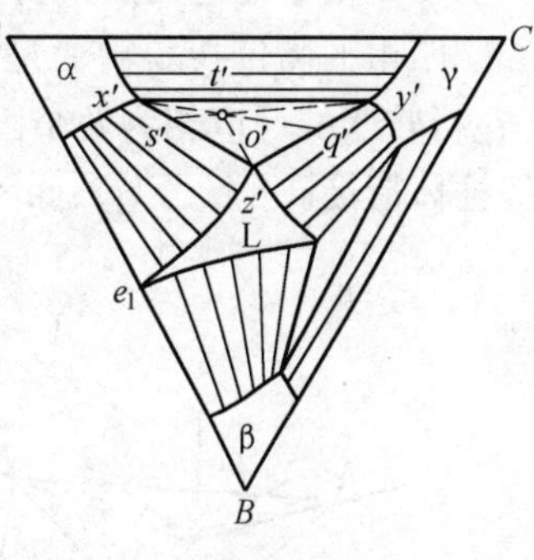

图5.17　三元共晶图的一个等温截面

5.4.3　三相平衡包晶转变的相图特征

在一些三元系三相区中会发生包晶转变,即一个液相与一个固相生成另一个固相的转变。其反应式为L+α→γ。这种转变在变温下进行。

在垂直截面图上,具有包晶转变的三相区形状常为一个顶点在下(生成相),两个顶点在上(反应相)的曲边三角形。这是我们判定这类转变的判椐之一,如图5.16(b)所示。在水平截面图上具有包晶转变的三相区也为三角形。温度降低时三角形以一边为先导向前移动。比较几个温度的等温截面图可以发现这个规律。这个规律有助于我们判定等温截面图中三相区的包晶转变,如图 5.15(b)所示。

5.5 三元合金相图的四相平衡转变

除了具有四相平衡共晶(析)转变的相图外,还有具有四相平衡包共晶(析)转变的相图及具有四相平衡包晶(析)转变的相图等。这些相图的空间结构都较复杂,在这里不作详细介绍。本节仅介绍上述三种相图空间图形、投影图、截面图的主要特征,达到能分析它们的投影图及截面图的目的。

5.5.1 立体图中的四相平衡平面

1. 四相平衡共晶(析)转变平面

四相平衡共晶转变是指由一个液相在恒温下转变为三个固相的转变。共析转变的反应相是一个固相。在立体图中,四相平衡平面上方与三个三相平衡棱柱衔接,下方与一个三相平衡棱柱衔接(三上一下)。这种衔接方式表明四相平衡共晶转变前后的反应式为

$$\left.\begin{array}{l}L\rightarrow\alpha+\beta\\L\rightarrow\beta+\gamma\\L\rightarrow\gamma+\alpha\end{array}\right\}\cdots L\rightarrow\alpha+\beta+\gamma\cdots\alpha+\beta+\gamma$$

图 5.18(a)示意地表示了这种衔接方式。

2. 四相平衡包共晶(析)转变平面

四相平衡包共晶转变是指一个液相和一个固相在恒温下转变为两个固相的转变。(包析转变的反应相为两个固相)。这种四相平衡平面为四边形,上下各与两个三相平衡棱柱体衔接(二上二下),如图 5.18(b)所示。包共晶转变前后的反应式为

$$\left.\begin{array}{l}L+\alpha\rightarrow\beta\\L\rightarrow\alpha+\gamma\end{array}\right\}\cdots L+\alpha\rightarrow\beta+\gamma\cdots\quad\left\{\begin{array}{l}L\rightarrow\beta+\gamma\\\alpha\rightarrow\beta+\gamma\end{array}\right.$$

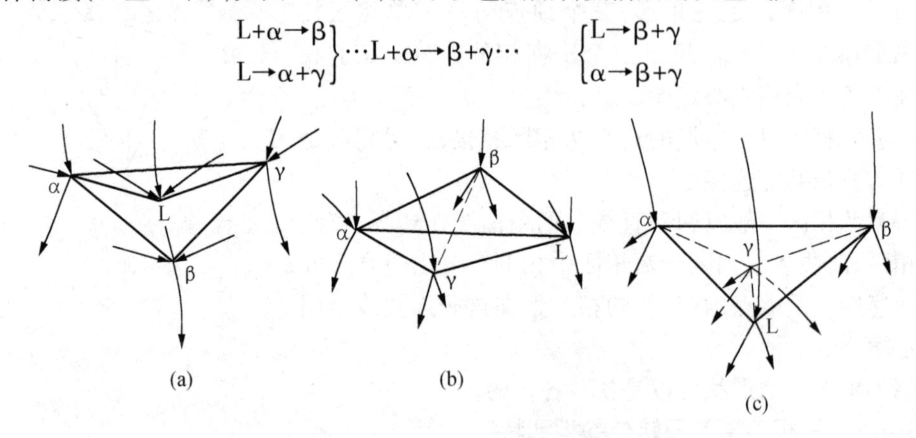

图 5.18 四相平衡平面与三相平衡棱柱衔接的方式

3. 四相平衡包晶(析)转变平面

四相转变包晶转变是指一个液相与两个固相在恒温下生成另一个固相的转变(包析转变的反 应相为三个固相)。这种四相平衡平面为三角形,它上与一个三相平衡三棱柱衔接,下与三个三相平衡三棱柱衔接(一上三下),如图 5.18(c)所示。四相平衡包晶转变

前后的反应式为

$$L \to \alpha+\beta \cdots L+\alpha+\beta \to \gamma \cdots \begin{cases} L+\alpha \to \gamma \\ L+\beta \to \gamma \\ \alpha+\beta \to \gamma \end{cases}$$

5.5.2 投影图上的四相平衡平面

图5.19示意地画出了投影图上的四相平衡平面。(a)为四相平衡共晶转变平面;(b)为四相平衡包共析转变平面;(c)为四相平衡包晶转变平面。为了方便,图上只画出了液相单变线的投影。图上有虚线的三角形表示四相平衡平面下方的三相区。

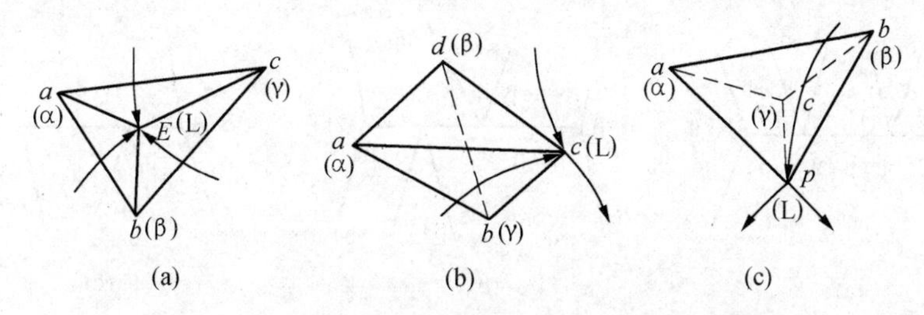

图5.19 投影图上的四相平衡平面与三相平衡棱柱

包共晶转变后会有反应相剩余(ac 与 bd 交点成分的合金除外)。位于 Δabd 的合金在包共晶转变后有 α 相剩余,进一步冷却会脱溶出 $\beta_{\mathrm{II}}+\gamma_{\mathrm{II}}$。成分在 Δcbd 内的合金在包共晶转变后有液相剩余,进一步冷却将发生 L→β+γ 转变。四相平衡包晶转变后也会有反应相剩余(图中 C 点合金除外)。成分在 Δabc 内的合金转变后有 α,β 剩余,继续冷却发生 α+β→γ 包析转变。成分在 Δapc 内的合金转变后有 L,α 剩余,继续冷却发生 L+α→γ 包晶转变。成分在 Δpbc 的合金转变后有 L,β 剩余,继续冷却发生 L+β→γ 包晶转变。

在液面投影图中如不画出四相平衡平面,由三条液相单变线的箭头指向也可以判断出四相平衡转变的类型:

①三条液相单变线指向交点,如图5.20(a),发生四相平衡共晶转变 L→α+β+γ;

② 两条液相单变线箭头指向交点,一条液相单变线背离交点,如图5.20(b),发生包共晶转变 L+α→β+γ;

③ 一条液相单变线箭头指向交点,另两条液相单变线背离交点,如图5.20(c),发生四相平衡包晶转变 L+α+β→γ。

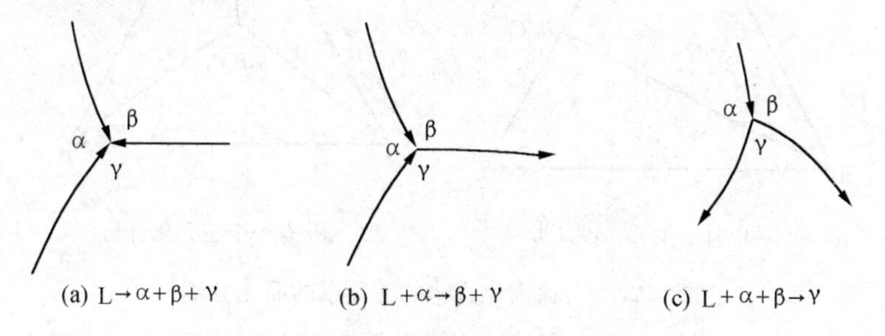

图5.20 由液相投影图判断四相平衡转变类型

5.5.3 垂直截面图上的四相平衡区

在垂直截面上,四相平衡区为一水平线段。应该指出,垂直截面上的水平线段不一定是四相平衡区,只有水平线段上下都有三相平衡区与之衔接时,才能断定这个水平线段是四相平衡区。

对同一三元系而言,所选取的垂直截面不同,垂直截面上与四相平衡区衔接的三相平衡区数可能不同。当水平线段上下衔接的三相平衡区总数达到4个时,便可以断定该四相平衡转变的类型。判断方法为:三上一下为共晶型,如图5.21(a)所示;二上二下为包共晶型,如图5.21(b)所示;一上三下为包晶型,如图5.21(c)所示。

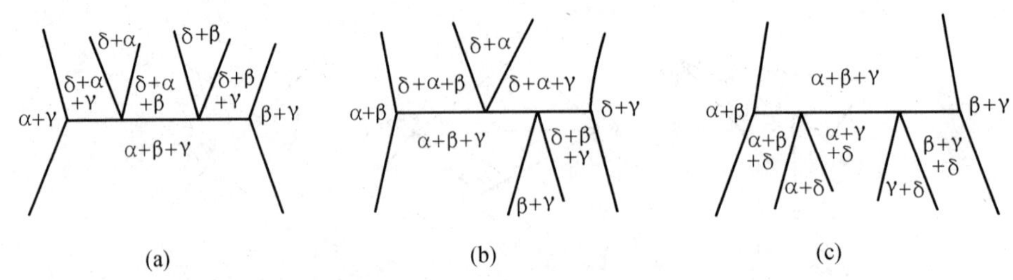

图5.21 垂直截面中与四个三相平衡棱柱相接的四相平衡平面

5.6 具有化合物的三元相图及三元相图的简化分割

三元系中的化合物有两种。由两个组元组成的化物称为二元化合物,它处于浓度三角形一边上。由三个组元组成的化合物称为三元化合物,它处于浓度三角形中。如化合物是具有固定熔点,熔点下不分解的稳定化合物,则可把它当作一种“组元”,用它将三元系分割为几个简单的三元系。

图5.22(a)的三元系中有一个二元化合物 B_mC_n,该三元系可分割为 A-B_mC_n-C,B-B_mC_n-A 两个三元系。图5.22(b)的三元系中有一个三元化合物 $A_mB_nC_L$,该三元系可分割为三个简单三元系 A-$A_mB_nC_L$-C,B-$A_mB_nC_L$-A,C-$A_mB_nC_L$-B。

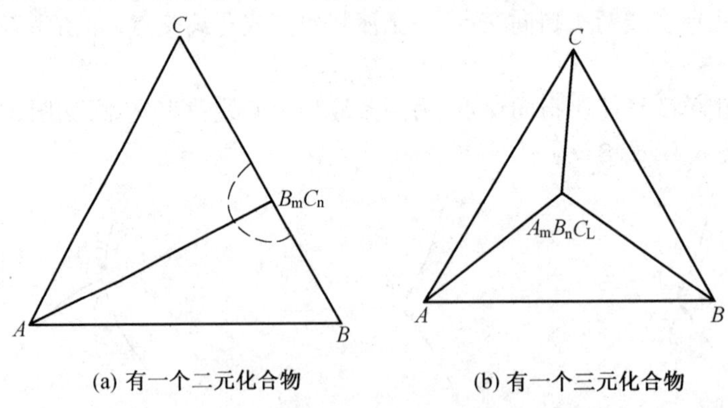

图5.22 含稳定化合物的三元系的简化分割

如三元系中存在两个以上的稳定化合物,三元系简化分割的方法就不止一种。应该指出,正确的分割方法只有一种。如何分割应该由实验方法测定。测出室温下化合物的类型则可判定哪种分法正确。

5.7 三元合金相图应用举例

5.7.1 Fe-C-Si 三元系的垂直截面图

图 5.23 为 Fe-C-Si 三元系中 $w_{Si}=2.4\%$ 的垂直截面图。它是对灰口铸铁进行组织分析和制定热加工工艺的重要依据。这里重点分析三相区的转变。

L+δ+γ 相区是一个顶角在下的曲边三角形,由此可判定该相区发生三相平衡包晶转变:L+δ→γ。由相区邻接关系,三相区上邻 L+δ 区,下邻 γ 区,说明经过该三相区后 L,δ 消失是反应相,γ 生成是生成相。这进一步证明该相区发生的是三相平衡包晶转变。

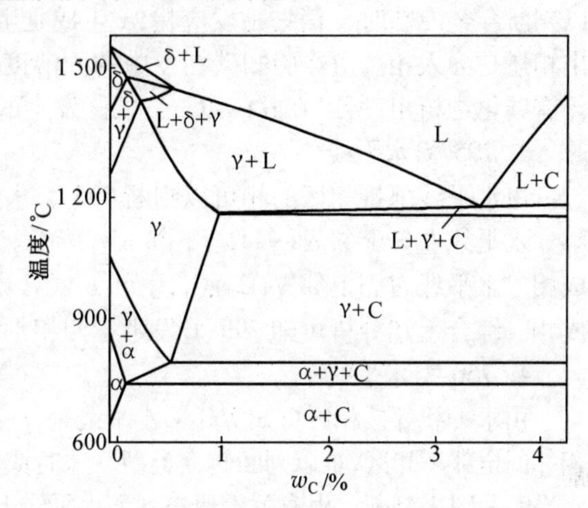

图 5.23 $w_{Si}=2.4\%$ 的 Fe-C-Si 三元系垂直截面图

L+γ+C 相区不完整,看不出是三角形。由相区邻接关系,三相区上邻 L 区下邻γ+C。可见 L 是反应相 γ+C 是生成相。该区反应为三相平衡共晶转变 L→γ+C。

5.7.2 Fe-Cr-C 三元系的垂直截面图

图 5.24 为 Fe-Cr-C 三元系中 $w_{Cr}=13\%$ 的垂直截面图。

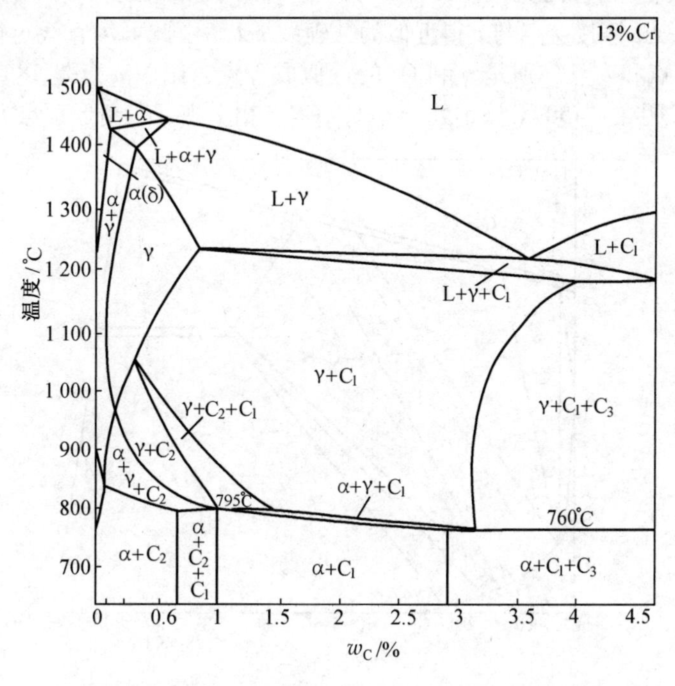

图 5.24 $w_{Cr}=13\%$ 的 Fe-Cr-C 三元系垂直截面图

1. $\gamma+C_1$,$\alpha+C_2$,$\alpha+C_1$ 两相区

这些相区不能由相区衔接关系判断转变类型,但是由经验可知钢在冷却过程中碳化物不可能溶入 γ 和 α 中,只能由 γ 和 α 中析出。由此可判断这三个相区中冷却时发生的是从 α 或 γ 中析出碳化物的过程。

2. $\alpha+\gamma+C_1$ 三相区

该三相区无三角形形状,用相区衔接关系来分析。它上邻 $\gamma+C_1$ 区下邻 $\alpha+C_1$ 区,可以判断合金冷却时 γ 消失是反应相,α 生成是生成相。C_1 无法由相区衔接关系判断是析出相还是溶入相。由经验知碳在 γ 中的固溶度比在 α 中的大,所以可以判断在 $\gamma\rightarrow\alpha$ 时伴有碳化物析出,所以在 $\alpha+\gamma+C_1$ 三相区发生的是共析转变 $\gamma\rightarrow\alpha+C_1$。

3. 795 ℃水平线

由水平线邻接相区的相可以判断 795 ℃水线是 $\alpha+\gamma+C_1+C_2$ 四相平衡转变线。

水平线左侧上邻 $\alpha+\gamma+C_2$,下邻 $\alpha+C_2+C_1$ 说明冷却时 γ 消失是反应相,C_1 生成是生成相。水平线右侧上邻 $\gamma+C_2+C_1$,下邻 $\alpha+C_1$,说明冷却时 C_2 消失是反应相,α 生成是生成相。综合上述分析可知 795 ℃发生了四相平衡包共析转变 $\gamma+C_2\rightarrow\alpha+C_1$。

4. 760 ℃水平线

由水平线邻接相区可知 760 ℃水平线是 $\gamma+\alpha+C_1+C_3$ 四相平衡区。因这个截面未截到相邻的全部三相区,难以判断转变类型。这时应参考其他垂直截面图或 760 ℃上下温度的水平截面图来判断。由有关手册查到该水平线上发生的是 $\gamma+C_1\rightarrow\alpha+C_3$ 包共析转变。

5.7.3 Fe-Cr-C 三元系的水平截面图

图 5.25 为 Fe-Cr-C 三元系在 1 150 ℃的水平截面图。图中 C 为 Cr12 模具钢的成分点(13% Cr,2% C)。由图可见在 1 150 ℃该钢为 $\gamma+C_1$ 两相组成。我们可以将 $\gamma+C_1$ 区两直边延长交于一点,连接交点与 c 得近似的共轭线 acb。由此可用直线定律求出 γ,C_1 的质量相对量。a 点和 b 点分别是 γ 和 C_1 的近似成分点。图中 p 点是 18% Cr,1% C 合金钢的成分点。说明在 1 150 ℃该钢处于 γ,C_1,C_2 三相平衡。三角形顶点为三个相的成分

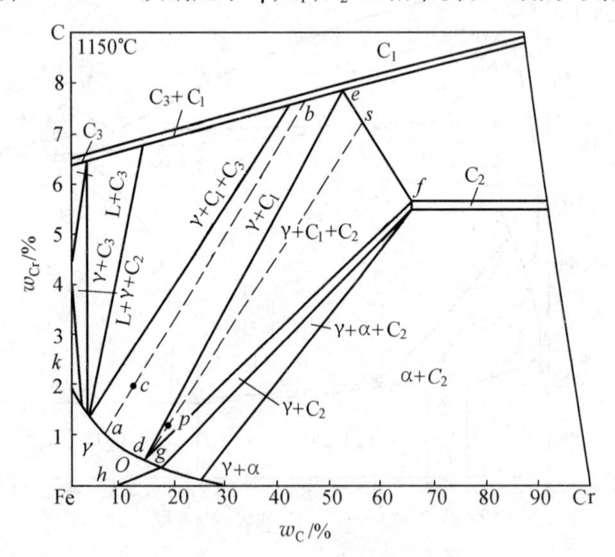

图 5.25 Fe-C-Cr 三元系的等温截面

点。三相的相对量可由重心定律求得。

5.7.4 $CaO-SiO_2-Al_2O_3$ 三元系投影图

图5.26(a)为 $CaO-SiO_2-Al_2O_3$ 三元系投影图富 SiO_2 的一角。这是陶瓷研究中常用的相图之一。这里对⊗成分的陶瓷进行分析。

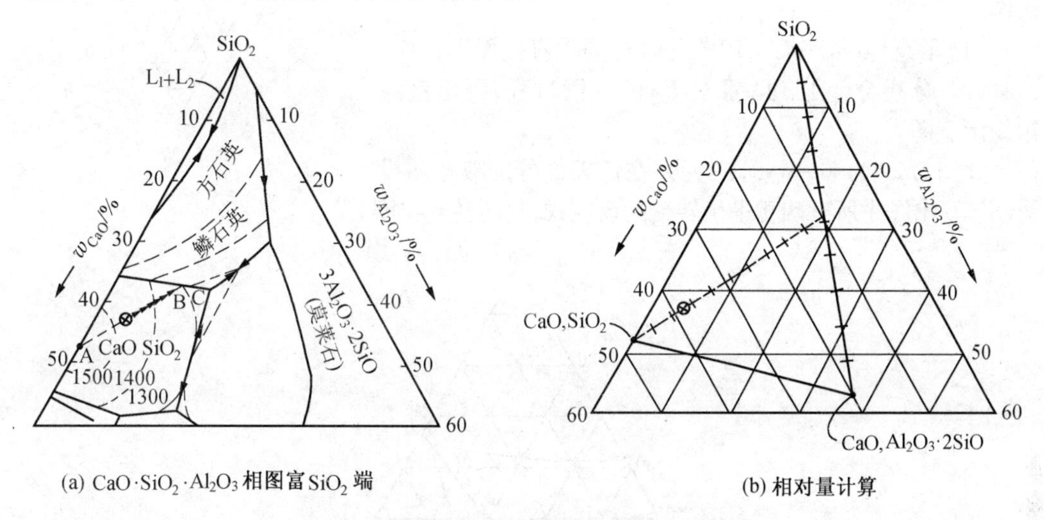

(a) $CaO \cdot SiO_2 \cdot Al_2O_3$ 相图富 SiO_2 端

(b) 相对量计算

图5.26　例题中成分的结晶过程及相对量计算

1. 凝固过程分析

由等温线可知,该陶瓷于大约1 450 ℃从液相中析出 $CaO \cdot SiO_2$(A 点成分)。随温度降低 $CaO \cdot SiO_2$ 不断增加,液体成分沿 AB 线移动。当液相成分达到 B 点时,发生三相平衡共晶转变 $L \rightarrow SiO_2 + CaO \cdot SiO_2$。温度继续下降,液相成分向 C 点移动。当液相成分达到 C 点时,发生四相平衡共晶转变 $L \rightarrow CaO \cdot SiO_2 + SiO_2 + Al_2O_3(CaO \cdot Al_2O_3 \cdot 2SiO_2)$。成分为⊗的陶瓷的室温组织为初晶($CaO \cdot SiO_2$)+两相共晶($CaO \cdot SiO_2 + SiO_2$)+三相共晶($CaO \cdot Al_2O_3 \cdot 2SiO_2$)。

2. 求室温下⊗陶瓷三组成相的质量百分数

将三个组成相 $CaO \cdot SiO_2$, SiO_2, $Cao \cdot Al_2O_3 \cdot 2SiO_2$ 的成分点标于浓度三角形中,如图5.26(b)所示。用重心定律则可求出三相的质量分数为

$$w_{(CaO \cdot SiO_2)} = \frac{7.5}{10} = 75\%$$

$$w_{SiO_2} = (100\% - 75\%) \times \frac{5}{10} = 12.5\%$$

$$w_{(CaO \cdot Al_2O_3 \cdot 2SiO_2)} = (100 - 75 - 12.5)\% = 12.5\%$$

习　　题

1. 说明下列基本概念

成分三角形　直线定律　重心定律　共轭线(连接线)　单变量线　垂直截面　水平截面　投影图　四相平衡共晶转变　四相平衡包共晶转变　四相平衡包晶转变

2. 由图5.27回答:①指出P,R,S合金的成分;②将2 kg P,4 kg R,7 kg S混合后得到

的新合金的成分是什么？③定出 $w_C=30\%$，而 A 和 B 组元浓度比与 S 合金相同的合金的成分；④若有 1 kg P，要配 15 kg 什么样成分的合金才能配成 16 kg R 成分的合金。

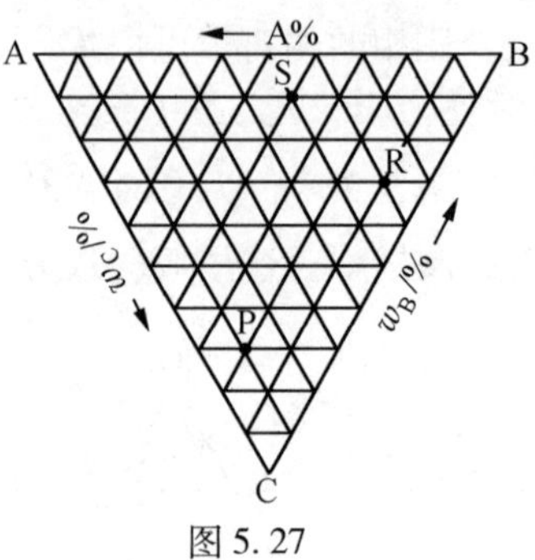

图 5.27

3. 图 5.28 为简单三元共晶合金，Bi-Cd-Sn 相图的投影图。

(1)示意地画出 $w_{Sn}=10\%$ 的合金的垂直截面图；

(2) 分析合金Ⅰ，Ⅱ，Ⅲ及 E_T 的凝固过程，画出室温组织示意图。

4. 图 5.29 为 Fe-W-C 三元系在低碳部分的液相面投影图。写出图中所有四相平衡转变的反应式，判断转变类型。

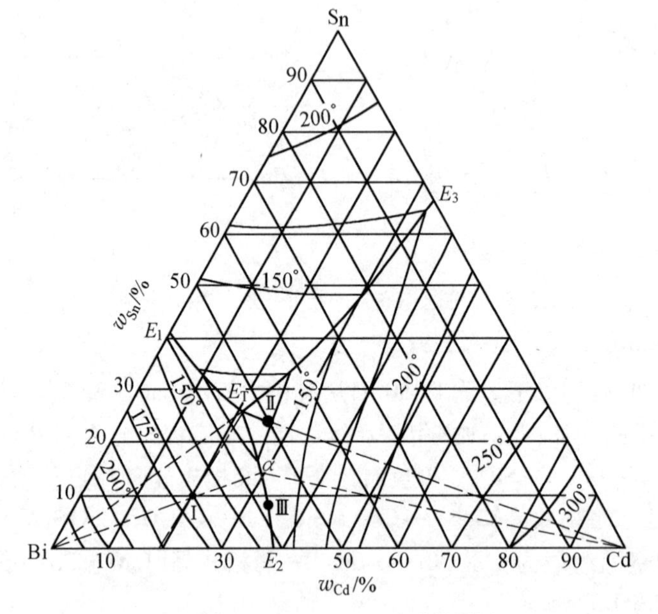

图 5.28 Bi-Cd-Sn 三元系投影图

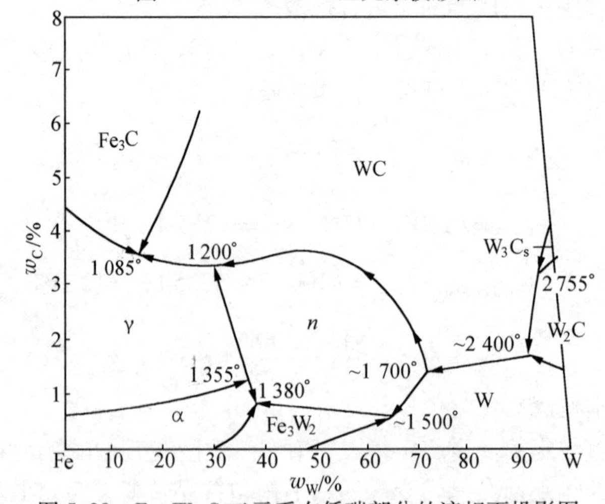

图 5.29 Fe-W-C 三元系在低碳部分的液相面投影图

5. 图 5.30 为 Fe-C-N 三元系在 575 ℃的水平截面。

(1)标出图中各相区的名称；

(2)写出图中四相平衡转变的反应式；

(3) 用作图法求出图中 O_1, O_2 合金在 575 ℃时相的相对量，指出相的成分点。

6. 比较二元相图和三元相图垂直截面的异同。

7. 说明三元相图的变温截面、等温截面、投影图的作用及局限性。

8. 用图 5.24 分析①含 0.5% C；13% Cr；②含 1.5% C，13% Cr 的铁-铬-碳合金的凝固过程，写出各相区的反应式及室温下的组织。

9. 图 5.31 为具有包晶转变相图的投影图。

(1) 写出四相平衡转变反应式，指出四个平衡相的成分点；

(2) 写出四相包晶转变前后的三相平衡，写出反应式。

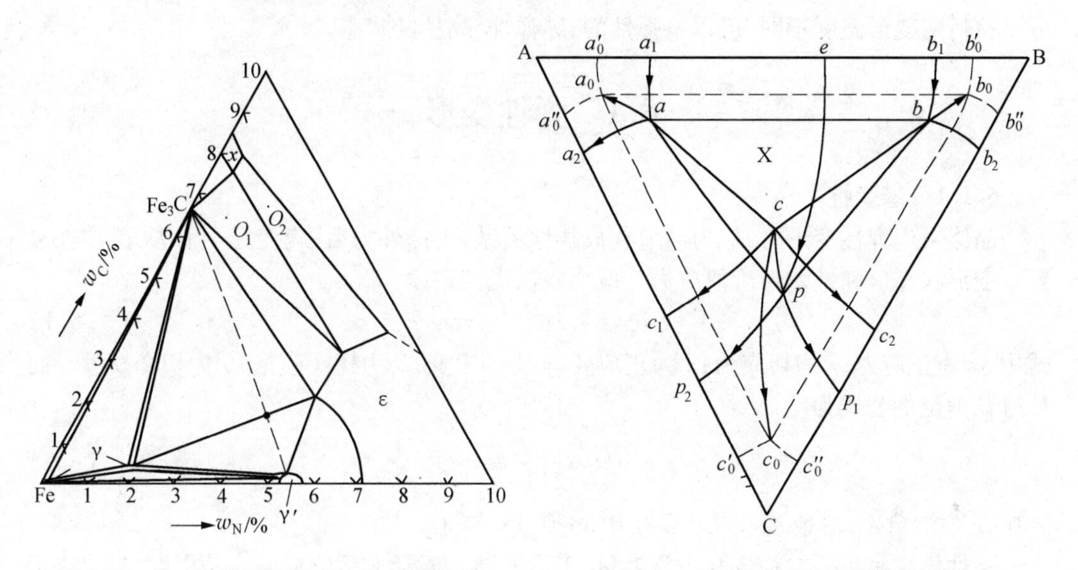

图 5.30　Fe-C-N 三元系 575 ℃水平截面

图 5.31　三元包晶转变相图的投影图

第6章　固体材料的变形与断裂

材料的强度与塑性是两个十分重要的力学性能，它与材料的组织和结构有密切关系。材料受力后要发生变形与断裂，掌握其规律，研究其微观机制，分析影响塑性变形的各种因素，设法阻止或延缓塑变的发生是强化材料的重要途径，同时又可指导塑性加工成型，这对生产实际无疑是十分重要的。本章主要讨论材料的形变行为和微观机制。

材料的变形可分为：弹性的、塑性的和黏性的。一般金属材料是弹塑性体，而有些高分子材料随变形温度不同，可以是弹性的、黏弹性、黏性的状态。

6.1　弹性变形

6.1.1　普弹性

晶体发生弹性变形时，应力与应变成线性关系，去掉外力后，应变完全消失，晶体恢复到未变形状态。弹性变形阶段应力与应变服从虎克定律，即

$$\sigma=E\varepsilon \quad 或 \quad \tau=G\gamma \tag{6.1}$$

式中，σ 为正应力；τ 为切应力；ε 为正应变；γ 为切应变；E 为杨氏模量；G 为切变模量。而 E 与 G 满足的公式为

$$G=\frac{E}{2(1+\nu)} \tag{6.2}$$

式中，ν 为泊桑比，对金属来说 ν 多在 0.3～0.35 之间。

弹性模量是重要的物理和力学参量，表示使原子离开平衡位置的难易程度，只取决于晶体原子结合的本性，不依晶粒大小以及组织变化而变，是一种组织不敏感的性质。对于金刚石一类的共价晶体，弹性模量很高；金属与离子晶体的弹性模量较低；而分子链的固体如塑料、橡胶及分子晶体等的弹性模量更低。温度升高，键合力减弱，从而降低了弹性模量。表6.1给出了几种材料室温下的弹性模量。

表6.1　几种不同材料的弹性模量

材　　料	$E/10^4$ MPa	泊　松　比
钢	20.7	0.28
铜	11	0.35
聚乙烯	0.3	0.38
橡胶	$\sim10^{-4}\sim10^{-3}$	0.49
氧化铝	40	0.35

对于完全弹性体，加上或除去应力，应变都是瞬时达到其平衡值。

6.1.2 滞弹性

在讨论弹性时,通常只考虑应力和应变关系,而不大考虑时间的作用。若在弹性范围内加载或去载,发现应变不是瞬时达到其平衡值,而是通过一种驰豫过程来完成的,即随时间的延长,逐步趋于平衡值的,如图 6.1 所示。图中 Oa 为弹性应变,是瞬时产生的;$a'b$ 是在应力作用下逐渐产生的弹性应变叫滞弹性应变;bc 等于 aO,是应力去除时瞬时消失的弹性应变;$c'd$ 等于 $a'b$ 是除去应力后,随时间的延长逐渐消失的滞弹性应变。

由于应变落后于应力,在适当频率的振动应力作用下,应力-应变曲线就成一回线,如图 6.2 所示。回线所包围的面积是应力循环一周所消耗的能量,称为内耗。

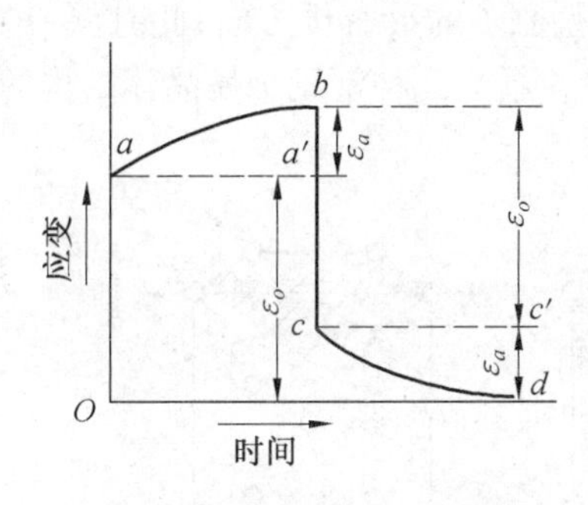

图 6.1　恒应力下的滞弹性曲线

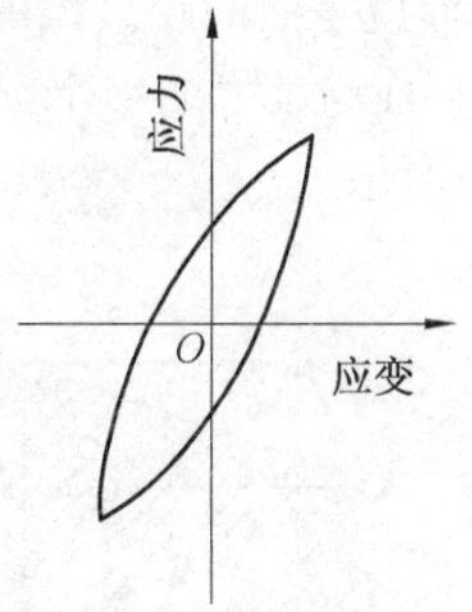

图 6.2　振动应力下滞弹性引起的应力-应变回线

滞弹性应变会引起应力松驰,并使弹性振动迅速衰减,工程上应予以适当重视。滞弹性应变通常很小,尤其当外加应力很大时,滞弹性应变更小。滞弹性应变的产生与金属中某些内部过程有关,因此可把内耗作为一种工具,用于应力感生的各种驰豫过程的研究。

6.2　单晶体的塑性变形

工程上应用的金属材料通常是多晶体。但多晶体的变形与组成它的各晶粒的形变有关。所以本节首先研究单晶体的塑性变形。

金属的塑性变形主要通过滑移方式进行,此外还有孪生与扭折。高温变形时,还会以扩散蠕变与晶界滑动方式进行。下面首先介绍滑移。

6.2.1　滑　移

1. 滑移现象

将表面经磨制抛光的金属试样进行适当的塑性变形,然后作显微观察。在抛光的表面出现许多明显的滑移变形的痕迹,称为滑移带,如图 6.3 所示。若用电子显微镜观察,发现每条滑移带均由许多聚集在一起的相互平行的滑移线所组成。滑移线实际上是晶体表面产生的一个个滑移台阶造成的,滑移带和滑移线的示意图如图 6.4 所示。

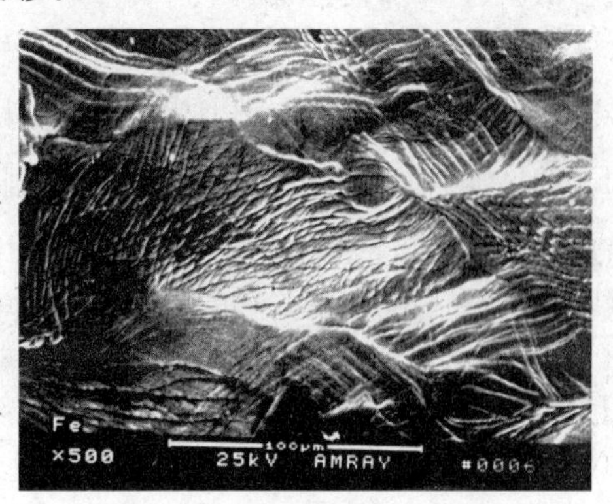

图 6.3　Q235 钢冷压 60% 的滑移带

在晶体缺陷一章已指出,室温下晶体塑变的主要方式是滑移,滑移是靠位错的运动实现的。

位错沿滑移面滑移，当移动到晶体表面时，便产生了大小等于柏氏矢量的滑移台阶，如果该滑移面上有大量位错运动到晶体表面，便产生了图6.4的高度大约1 000个原子间距的滑移台阶。宏观上，晶体的一部分相对另一部分沿滑移面发生了相对位移，这便是滑移，滑移矢量与柏氏矢量平行。

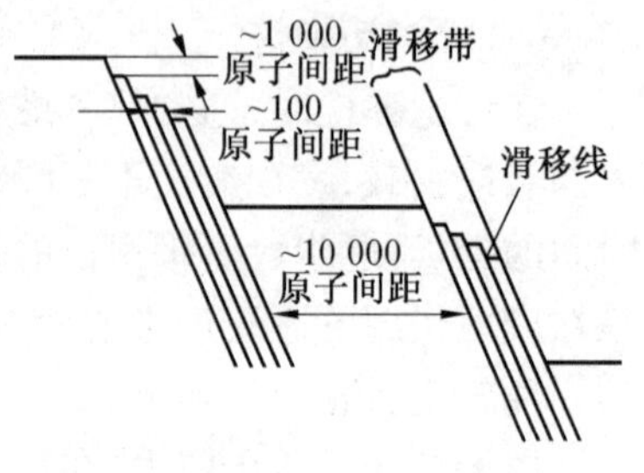

图6.4　滑移带及滑移线示意图

2. 滑移系

滑移时，滑移面与滑移方向并不是任意的，由公式(2.4)，滑移面应是面间距最大的密排面，滑移方向是原子的最密排方向，此时派-纳力最小。一个滑移面与其上的一个滑移方向组成一个滑移系。几种常见金属晶体结构的滑移系，如图6.5所示。

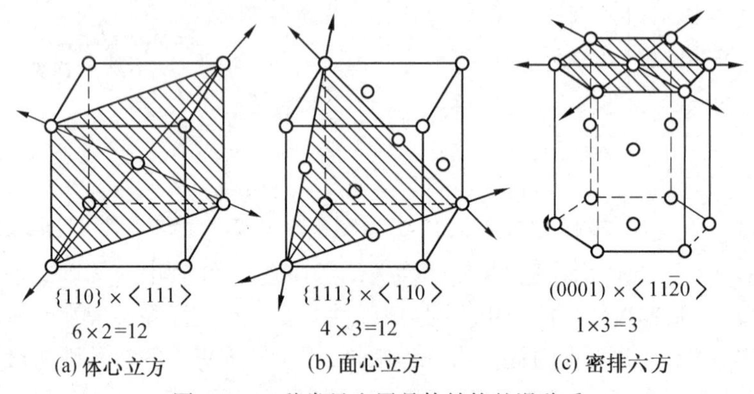

图6.5　三种常见金属晶体结构的滑移系

面心立方金属的滑移面为{111}，共有4组，滑移方向为⟨110⟩，每组滑移面上包含3个滑移方向，因此共有12个滑移系。

密排六方金属滑移面为(0001)，滑移方向为<11$\bar{2}$0>，每组滑移面上三个方向，所以具有3个滑移系。

体心立方滑移面为{110}，共6组，滑移方向为<111>，每组滑移面包含2个滑移方向，故也有12个滑移系。

密排六方金属中，滑移方向比较稳定。滑移面与密排六方的轴比c/a有关，当c/a大于或接近1.633时最密排面为(0001)，滑移系为(0001)<11$\bar{2}$0>，如Zn，Cd。当c/a小于1.633，(0001)面间距缩小，不再是最密排面，滑移面将变为柱面{10$\bar{1}$0}，{10$\bar{1}$0}包括3组晶面，每柱面包括一个<11$\bar{2}$0>方向，故滑移系仍为3个，如Ti，Zr。密排六方金属滑移系少，滑移过程中，可能采取的空间位向少，故塑性差。

体心立方结构缺乏密排程度足够高的密排面，故滑移面不太稳定，通常低温为{112}、中温为{110}，高温时为{123}，滑移方向很稳定总是<111>。{112}晶面族共包括12组不同方位的晶面，每晶面上都有一个<111>方向。{123}共有24组不同方位的晶面，每晶面也有一个<111>方向。加上12个{110}<111>滑移系，体心立方共有48个滑移系。例如α-Fe滑移通常可在{110}，{112}，{123}晶面上同时进行，故滑移带呈波纹状。

体心立方金属滑移系较多故比密排六方结构金属塑性好。但其滑移面原子密排程度不如面心立方，滑移方向的数目也少于面心立方，故体心立方金属不如面心立方金属塑性好。

3. 滑移的临界分切应力

当晶体受到外力作用时，不论外力方向、大小和作用方式如何，均可将其分解成垂直某一晶面的正应力与沿此晶面的切应力。只有外力引起的作用于滑移面上，沿滑移方向的分切应力达到某一临界值时，滑移过程才能开始。

设拉应力为 p，作用于截面为 A 的圆柱形单晶上，如图 6.6 所示。外力轴与滑移面法线 $\boldsymbol{n}$ 夹角为 ϕ，与滑移方向夹角为 λ，则外力在滑移方向上的分切应力为

$$\tau=\frac{p}{A/\cos\phi}\cdot\cos\lambda=\frac{p}{A}\cos\lambda\cos\phi=\sigma\cos\lambda\cos\phi \quad (6.3)$$

式中 $\cos\lambda\cos\phi$ 称为取向因子或 Schmid 因子。

当式(6.3)中 τ 达到临界值 τ_c 时，宏观上金属开始屈服，故 $\sigma=\sigma_s$，代入式(6.3)得

$$\tau_c=\sigma_s\cos\lambda\cos\phi \text{ 或 } \sigma_s=\frac{\tau_c}{\cos\lambda\cos\phi} \quad (6.4)$$

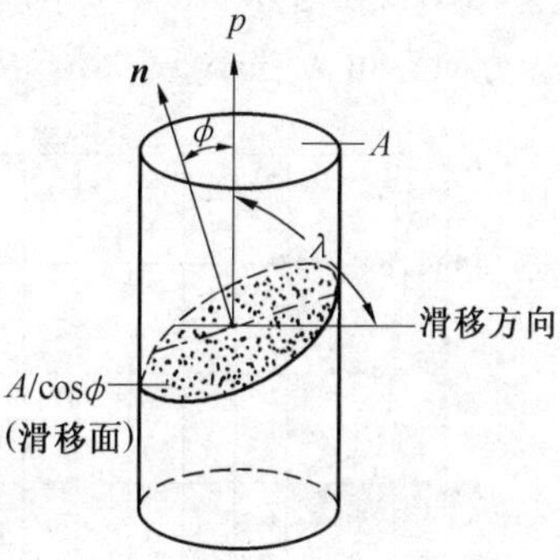

图 6.6　临界分切应力分析图

式中，τ_c 为临界分切应力，其值决定于结合键特征、结构类型、纯度、温度等因素，当条件一定时，为定值。表 6.2 给出一些金属单晶体在室温下滑移的临界分切应力 τ_c 值。

表 6.2　一些金属单晶体的临界分切应力

金属	晶体结构	纯度	滑移系	τ_c/MPa
Al	面心立方		$\{111\}\langle 110\rangle$	0.79
Cu	面心立方	99.9	$\{111\}\langle 110\rangle$	0.49
Ni	面心立方	99.8	$\{111\}\langle 110\rangle$	3.24 ~ 7.17
Fe	体心立方	99.96	$\{110\},\{112\}\langle 111\rangle$	27.44
Nb	体心立方		$\{110\}\langle 111\rangle$	33.8
Mg	密排六方	99.95	$\{0001\}\langle 11\bar{2}0\rangle$	0.81
Mg	密排六方	99.98	$\{0001\}\langle 11\bar{2}0\rangle$	0.76
Ti	密排六方	99.98	$\{10\bar{1}1\}\langle 11\bar{2}0\rangle$	3.92
Ti	密排六方	99.99	$\{10\bar{1}0\}\langle 11\bar{2}0\rangle$	13.7

由式(6.4)，当 λ 和 φ 都接近 45°，取向因子取得极大值，σ_s 最低，叫软位向，在外力作用下最易塑变。当 λ 和 ϕ 只要有一个接近 90°时，取向因子趋近于零，σ_s 趋近无穷大，叫硬位向，此时不会产生滑移，直至断裂。镁单晶的屈服应力与晶体取向因子的关系如图 6.7 所示，图中圆点为实验值，曲线则是按式(6.4)的计算值，两者符合得很好。

显然，同一晶体可有几组晶体学上完全等价的滑移系，但实际先滑移的是处在软位向的滑移系。密排六方金属滑移时，只有一组滑移面，故晶体位向的影响就十分显著，如图

6.7 所示。面心立方金属有多组滑移面,晶体位向的影响就不显著,不同取向的晶体拉伸屈服强度仅相差两倍。

4. 滑移时的晶体转动

晶体发生塑性变形时,往往伴随取向的改变,如图 6.8 所示。当晶体在拉应力作用下产生滑移时,若夹头不受限制,欲使滑移面的滑移方向保持不变,拉力轴取向必须不断变化,如图 6.8(a)(b)所示。实际上夹头固定不动,即拉力轴方向不变,此时晶体必须不断发生转动,如图 6.8(c)所示。转动结果,使滑移面法线与外力轴夹角 ϕ 增大,使外力与滑移方向夹角 λ 变小。

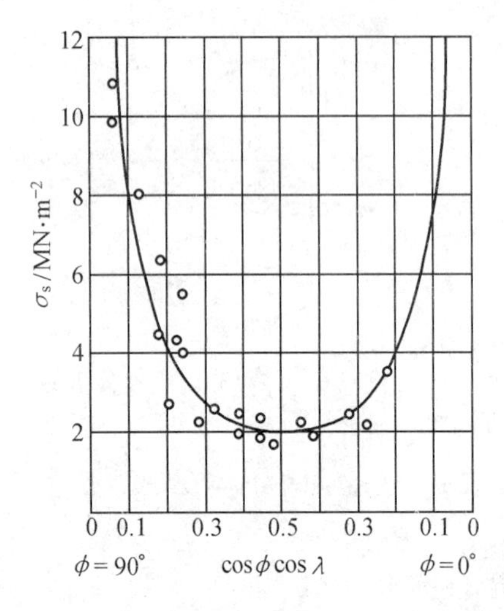

图 6.7　Mg 单晶拉伸时 σ_s 与晶体取向的关系

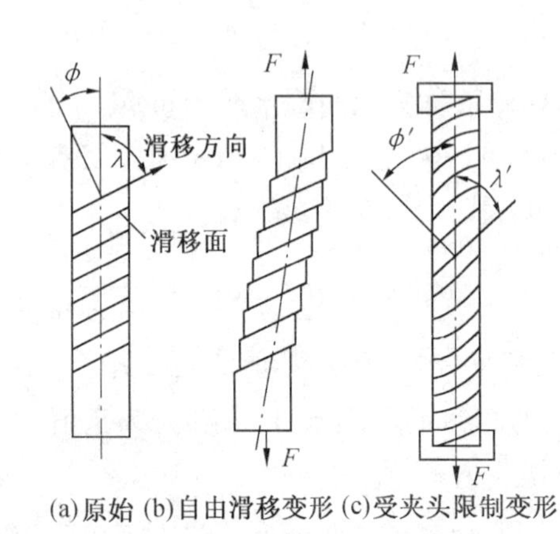

图 6.8　晶体拉伸时,滑移使晶体转动

拉伸时晶体转动机制示意图,如图 6.9 所示。从图 6.8(b)中取出三层很薄的相邻晶体,滑移前如图中虚线所示。滑移后,每层薄片之间,沿滑移面和滑移方向产生相对位移,如图中实线所示。原来的 O_1,O_2 分别移到 O'_1,O'_2。将中间层薄片上下两面所受到的作用力沿滑移面法线分解成正应力 $\boldsymbol{n}_1$ 与 $\boldsymbol{n}_2$ 和滑移面上的切应力 $\boldsymbol{t}_1$ 与 $\boldsymbol{t}_2$,如图 6.9(a)所示,则 $\boldsymbol{n}_1$-$\boldsymbol{n}_2$ 组成的力偶使晶体向拉力轴方向转动,ϕ 角逐渐变大。由图 6.9(b),切应力 $\boldsymbol{t}_1$,$\boldsymbol{t}_2$ 又可分解出 $\boldsymbol{t}_b$-$\boldsymbol{t}'_b$ 力偶使滑移方向转向最大切应力方向,使 λ 减小。

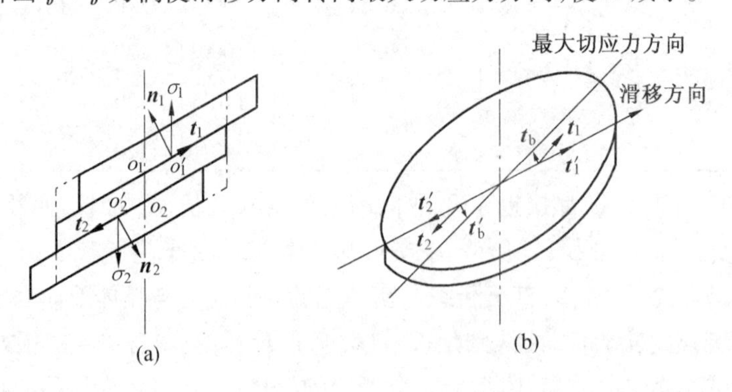

图 6.9　拉伸时晶体转动机制示意图

随滑移的进行不仅滑移面转动，而且滑移方向也在旋转，故晶体的位向不断改变。原来处于软位向的滑移系，随滑移的进行，晶体不停地转动，使 ϕ 与 λ 角逐渐远离 45°，使滑移阻力越来越大，即产生了“几何硬化”，进而停止滑移。开始时，处于硬位向的滑移系可能转到软位向而参与滑移，即产生“几何软化”。

5. 多滑移与交滑移

(1)多滑移

对于有多组滑移系的晶体，当其与外力轴取向不同时，处于软位向的一组滑移系首先开动，这便是单滑移。若两组或几组滑移系处在同等有利的位向，在滑移时，各滑移系同时开动，或由于滑移过程中晶体的转动使两个或多个滑移系交替滑移叫多滑移。下面以面心立方晶体为例说明之。

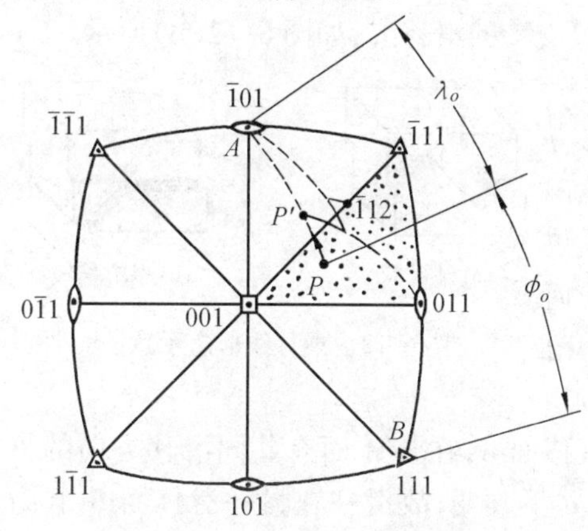

图 6.10 面心立方晶体的滑移系及滑移时的超越现象

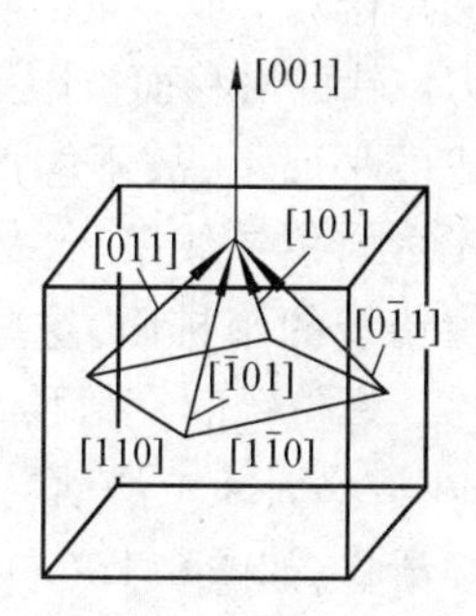

图 6.11 面心立方晶体，力轴为[001]，各滑移系与力轴关系

面心立方晶体具有 12 个滑移系，变形时哪个滑移系先开动将取决于方位因子 $\cos\lambda\cdot\cos\phi$。要讨论此问题应用极射投影图十分方便。图 6.10 是图 1.16 立方系(001)标准投影图中的一部分，若以 P 点表示外力轴取向，当 P 位于图中阴影三角形之内时，只有一个特定的滑移系处在最有利地位，此滑移系叫初始滑移系，滑移时它将首先开动。以三角形{111}角的对边为公共边，与之对称的{111}极点即为滑移面；以三角形⟨011⟩角的对边为公共边，与之对称的<011>极点代表滑移方向。图 6.10 中，力轴位于 P 点时，初始滑移系为(111)[$\bar{1}01$]，力轴与滑移方向夹角为 λ_0，力轴与滑移面法线夹角为 ϕ_0，可由经过 P,A 点及 P,B 点的大圆分别求得，如图 6.10，均接近 45°。如前所述，随滑移的进行晶体将发生转动。为了便于描述，可假定晶体不动，力轴转动。在图 6.10 中，P 点沿 PA 大圆向 A 点移动，使 λ_0 逐渐变小，当力轴移到[001]与[$\bar{1}11$]连线上，则有两组滑移系处在等同有利的位向，即初始滑移系(111)[$\bar{1}01$]与共轭滑移系($\overline{11}1$)[011]取向因子完全相等，本应同时滑移，但由于共轭滑移系开动时必然与初始滑移系造成的滑移带交割，使滑移阻力比初始滑移系大，所以初始滑移系将继续作用到 P' 点，共轭滑移系才开始起动，使力轴又向[011]方向转，它同样也发生“超越”现象，然后初始滑移系再动作，如此反复交替多次，如图中实线所示，力轴最后达到[$\bar{1}12$]点。此后两滑移系引起的转动互相抵消，力轴不再移动。

如果力轴一开始位于相邻三角形公共边上，则有两组等效滑移系同时开动，这便是双滑移。与此相似，当力轴位于{011}极点将有 4 个等效滑移系，位于{111}极点有 6 个等效滑移系，位于{001}极点有 8 个等效滑移系，此时会发生多滑移。例如，力轴位于(001)极点时，可在八个投影三角形中，找出 8 个等效滑移系，它们是$(111)[\bar{1}01]$，$(\bar{1}\bar{1}1)[011]$，$(\bar{1}11)[0\bar{1}1]$，$(1\bar{1}1)[\bar{1}01]$$(\bar{1}\bar{1}1)[101]$，$(111)[0\bar{1}1]$，$(1\bar{1}1)[011]$，$(\bar{1}11)[101]$，其立体图如图 6. 11 所示。由矢量标量积公式 $\boldsymbol{a}\cdot\boldsymbol{b}=|\boldsymbol{a}||\boldsymbol{b}|\cos\widehat{\boldsymbol{ab}}$，可算出 ϕ 角均为 54. 7°。除外力轴与$[110]$，$[1\bar{1}0]$夹角为90°外，余下的$[\bar{1}01]$，$[0\bar{1}1]$，$[101]$，$[011]$与力轴夹角均为 $\lambda=45°$。此时每个{111}面上有两个滑移方向可滑移，可同时发生多滑移的滑移系数为 $4\times2=8$。

发生多滑移时，在晶体表面可看到二组或多组交叉的滑移线，如图 6. 12(b)所示。

(2)交滑移

交滑移是指两个或多个滑移面沿同一个滑移方向滑移。刃位错的滑移面被限定在由位错线与柏氏矢量所构成的平面上，故不能产生交滑移。纯螺位错其柏氏矢量与位错线平行，故滑移面可以是任何一个含有位错线的密排面，这些密排面可沿同一滑移方向滑移。螺位错的交滑移，如图 6. 13 所示。当螺位错 xy 在滑移面 A 上滑动受阻后，可离开原滑移面 A，在与 A 面有共同滑移方向的 B 滑移面继续滑移，如图 6. 13(a)，(b)所示。由于 $\boldsymbol{b}$ 不改变，故滑移在另一滑移面 B 上仍按原来的滑移方向继续进行。图 6. 13(c)螺位错 xy 又交滑移到 A 滑移面，这样滑移带呈波纹状，如图 6. 12(a)，6. 13(c)所示。

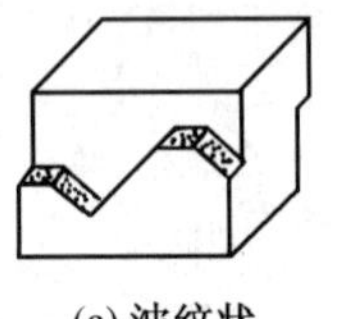

(a) 波纹状

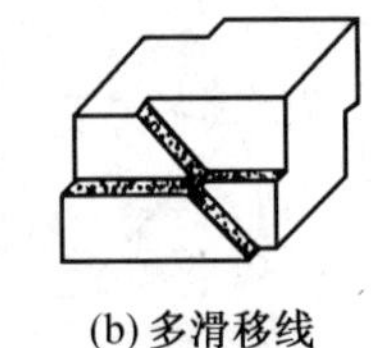

(b) 多滑移线

图 6. 12　滑移线形态示意图

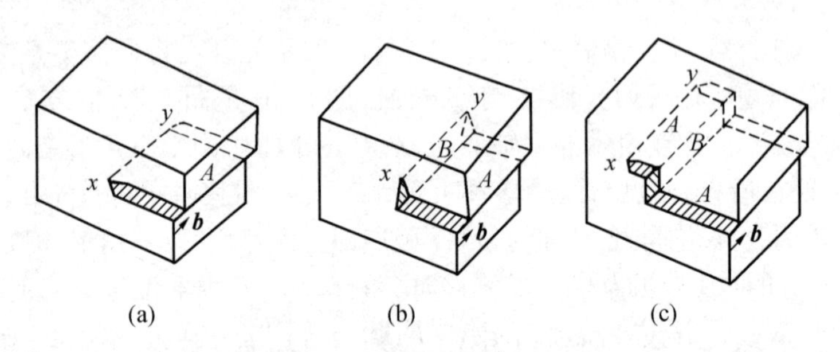

(a)　(b)　(c)

图 6. 13　螺位错 xy 的交滑移

面心立方晶体中，扩展位错由两个肖克莱不全位错和它们所夹的层错带构成，如图 2. 24 所示，扩展位错只能沿层错面移动。如果增大应力可使扩展位错束集，即使两个肖克莱不全位错结合成一个螺型全位错便可交滑移至另一滑移面，然后在该滑移面扩展开，如图 6. 14 所示。热激活可促进交滑移，故升高温度有利于交滑移进行。交滑移过程还与扩展位错的宽度有关。当材料的层错能很低时，由于扩展位错宽度 d 与金属的层错能 γ 成反比，故扩展位错宽度大，束集时做的功也大，交滑移困难。例如奥氏体不锈钢 $\gamma=0.013\ \mathrm{J/m^2}$，不易交滑移，其滑移带为直线；铝层错能高达 $0.2\ \mathrm{J/m^2}$，扩展位错距离小，易束集，交滑移易进行，故出现波纹状滑移带。图 6. 15 为 Q235 钢冷压 60% 出现的波纹状滑移带。

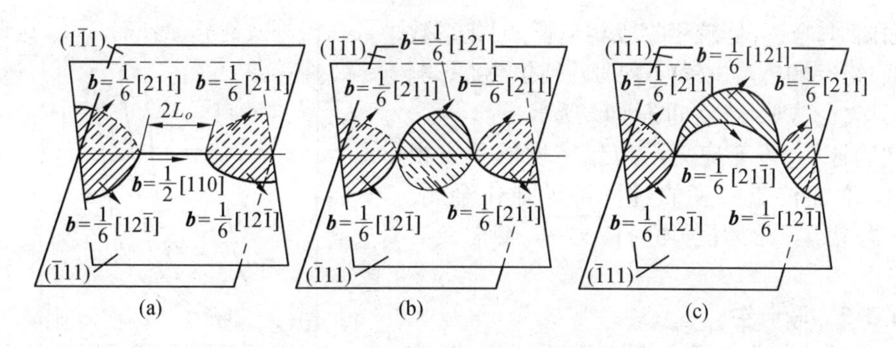

图 6.14　面心立方晶体扩展位错的交滑移

(a) ($\bar{1}$11)面的两个肖克莱不全位错束集生成 $\boldsymbol{b}=\frac{1}{2}[110]$ 的螺型单位位错；

(b) 图(a)中束集后的纯螺位错，交滑移至(1$\bar{1}$1)后又分解为两个肖克莱不全位错夹住一片层错的扩展位错；

(c) 扩展位错在交滑移面(1$\bar{1}$1)上移动

6. 单晶体的应力-应变曲线

单晶体的塑变过程可以用单晶体的应力-应变曲线清晰表示出来。

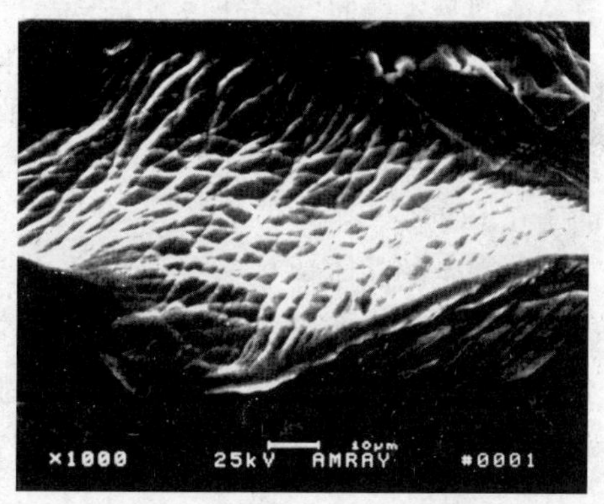

图 6.15　Q235 钢的波纹状滑移带 1 000×

图 6.16 给出面心立方单晶的几种取向的应力-应变曲线。曲线 P 的力轴位于标准投影三角形内，为软位向，屈服后首先进行单滑移，在应力增加不大时可发生大量塑变，图 6.16 中的第Ⅰ阶段即易滑移阶段。此时加工硬化系数 $\mathrm{d}\tau/\mathrm{d}\gamma$ 很小，约为 $10^{-4}G$。第Ⅰ阶段的长短决定于力轴的方位，例如图中 P 点与 P' 点相比，力轴位于 P' 点时，第Ⅰ阶段较短。随变形的进行，晶体的转动，最终都将发生“超越”现象和双滑移。双滑移造成滑移带的交割，使位错密度急剧增加并互相缠结，加工硬化系数明显增高，从而进入图6.16所示的第Ⅱ阶段。第Ⅱ阶段的加工硬化系数比第Ⅰ阶段约大 30 倍且基本为常数，故这阶段叫线性硬化阶段。线性硬化阶段之后，加工硬化系数逐渐降低，应力与应变关系为 $\tau=K\gamma^{\frac{1}{2}}$，这就是第Ⅲ阶段抛物线型硬化阶段。第Ⅲ阶段位错可通过交滑移克服滑移障碍，使变形易于进行，从而使加工硬化系数下降。

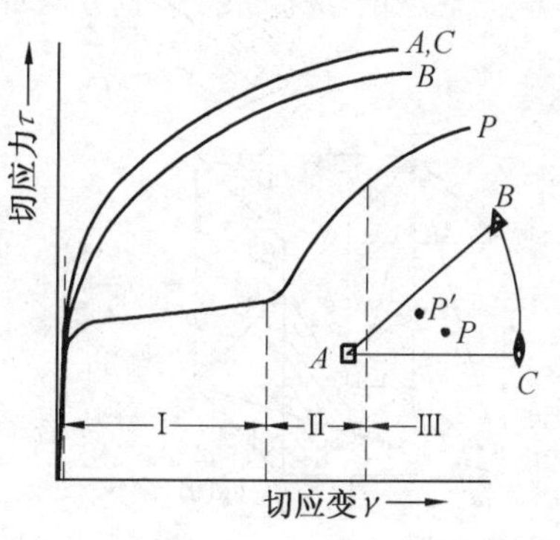

图 6.16　面心立方单晶的应力-应变曲线

力轴位于图 6.16 A，B，C 点时，为硬位向，一开始便是多系滑移，无易变形阶段。

体心立方及密排六方的应力-应变曲线也有类似情况。在合适的取向下，体心立方金属形变时也能出现上述三个阶段，但大多数不表现为三个阶段。密排六方金属滑移面只有一组，若取向合适，易滑移阶段相当长，硬化系数也很低，约为$10^{-4}G$。取向不同时对硬化系数影响不大，只改变总变形量，如图6.17所示。

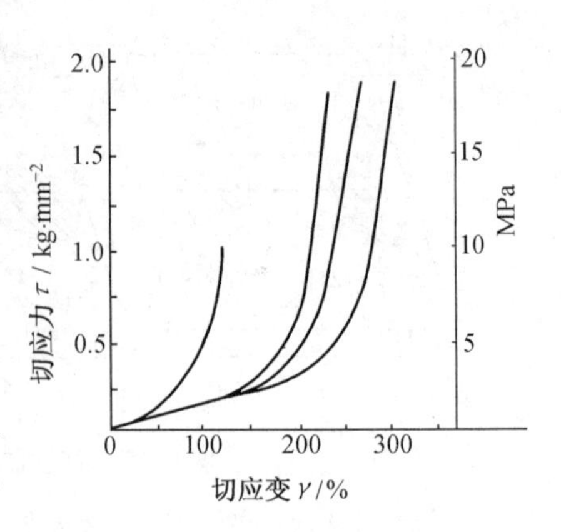

图6.17　99.999%纯Cd在77K形变的几种取向下的应力-应变曲线

实验证明，流变应力与位错密度的平方根成正比，增加位错密度的过程都可强化金属。凡影响位错运动的因素均对应力-应变曲线有影响。

6.2.2　孪　生

孪生是冷塑性变形的另一种重要形式，常作为滑移不易进行时的补充。一些密排六方的金属如Cd，Zn，Mg等常发生孪生变形。体心立方及面心立方结构的金属在形变温度很低，形变速率极快时，也会通过孪生方式进行塑变。孪生是发生在晶体内部的均匀切变过程，总是沿晶体的一定晶面（孪晶面），沿一定方向（孪生方向）发生，变形后晶体的变形部分与未变形部分以孪晶面为分界面构成了镜面对称的位向关系，金相显微镜下一般呈带状，有时为透镜状，如图6.18所示。

图6.18　锌的形变孪晶 50×

1. 孪生的晶体学

晶体的孪生面及孪生方向与其晶体结构类型有关。体心立方为$\{112\}\langle 11\bar{1}\rangle$，密排六方多为$\{10\bar{1}2\}\langle\bar{1}011\rangle$，面心立方为$\{111\}\langle 11\bar{2}\rangle$。现以面心立方晶体为例分析孪生切变过程。

面心立方孪晶面为(111)，纸面为$(\bar{1}10)$，两面交线为孪生方向$[11\bar{2}]$，如图6.19(b)所示。孪生变形前孪生面与孪生方向如图6.19(a)所示。孪生变形时，变形区域作均匀

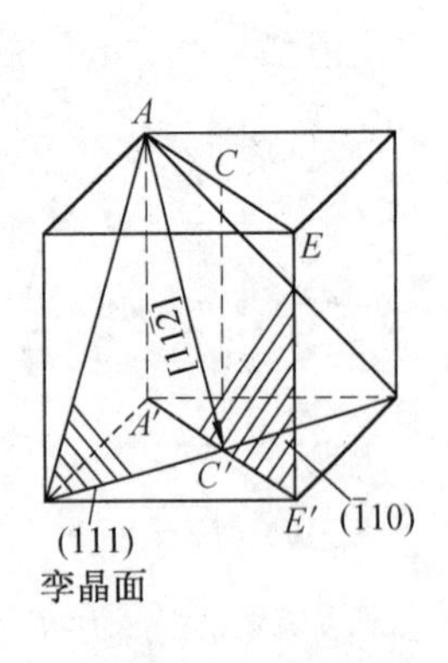

(a) 孪晶面与孪生方向

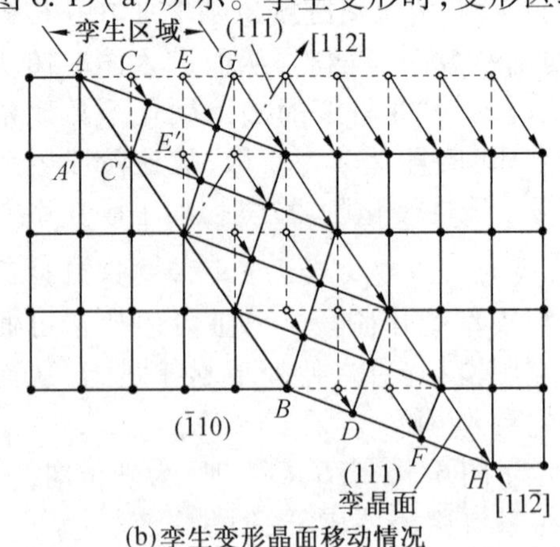

(b)孪生变形晶面移动情况

图6.19　面心立方晶体孪生变形示意图

切变，每层(111)面相对其相邻晶面，沿$[11\bar{2}]$方向移动了该晶向上原子间距的分数倍，本例为$\frac{1}{3}d_{11\bar{2}}$。第一层 CD 移动了$\frac{1}{3}d_{11\bar{2}}$，第二层 EF 相对于 AB 移动了$\frac{2}{3}d_{11\bar{2}}$，第三层 GH 相对 AB 移动了一个原子间距，如图 6.19(b)。可以看出经上述切变后，已变形部分与未变形部分以孪晶面为分界构成了镜面对称的位向关系。孪生切变使原晶体中各个平面产生了畸变。但由图 6.19(b)可找出两组未受到影响的晶面，第一组不畸变面为孪晶面(111)，第二组不畸变面是$(11\bar{1})$，分别以 K_1，K_2 表示。其中，K_1 面与纸面交线为$[11\bar{2}]$，即孪生方向以 η_1 表示，K_2 面与纸面交线为[112]以 η_2 表示，孪生变形时 η_1，η_2 方向上原子排列也不受影响。K_1，η_1 与 K_2，η_2 被称为孪生参数。由这四个参数就可掌握晶体孪生变形情况。晶体结构不同，孪生参数也不同，表 6.3 给出常见金属点阵类型的孪生参数。

表 6.3　孪生参数

点阵类型	金　属	K_1	η_1	K_2	η_2
体心立方		$\{112\}$	$\langle 11\bar{1}\rangle$	$\{11\bar{2}\}$	$\langle 111\rangle$
面心立方		$\{111\}$	$\langle 11\bar{2}\rangle$	$\{11\bar{1}\}$	$\langle 112\rangle$
密排六方	Cd，Mg，Ti，Zn，Co	$\{10\bar{1}2\}$	$\langle 10\overline{11}\rangle$	$\{10\overline{12}\}$	$\langle 10\bar{1}1\rangle$
密排六方	Mg	$\{10\bar{1}1\}$	$\langle 10\overline{12}\rangle$	$\{10\overline{13}\}$	$\langle 30\bar{3}2\rangle$
密排六方	Zr，Ti	$\{11\bar{2}1\}$	$\langle 11\bar{2}0\rangle$	(0001)	$\langle 11\bar{2}0\rangle$
密排六方	Zr，Ti	$\{11\bar{2}2\}$	$\langle 11\overline{23}\rangle$	$\{11\overline{24}\}$	$\langle 22\bar{4}3\rangle$

2. 孪生变形特点

孪生与滑移有如下差别：

①孪生使一部分晶体发生了均匀切变，而滑移只集中在一些滑移面上进行。

②孪生后晶体的变形部分的位向发生了改变，滑移后晶体各部分位向均未改变。

③与滑移系类似，孪生要素也与晶体结构有关，但同一结构的孪晶面、孪生方向与滑移面，滑移方向可以不同。例如面心立方结构滑移面为$\{111\}$，滑移方向为$\langle 1\bar{1}0\rangle$，而孪晶面为$\{111\}$，孪生方向为$\langle 11\bar{2}\rangle$。

④孪生变形的应力-应变曲线与滑移不同，如图 6.20 所示，出现锯齿状的波动。此外孪生临界分切应力比滑移的临界切应力大得多。例如，镁晶体孪生的临界分切应力为 4.9～34.3 MPa，而滑移的临界分切应力仅为 0.49 MPa。孪生变形时，先以极快的速度爆发出薄片孪晶，即"形核"，然后孪晶界面扩展开，使孪晶加宽。一般形核所需应力高于扩展所需应力，故导致锯齿状拉伸曲线，如图 6.20 所示。图中光滑部分为滑移，锯齿状为孪生变形。

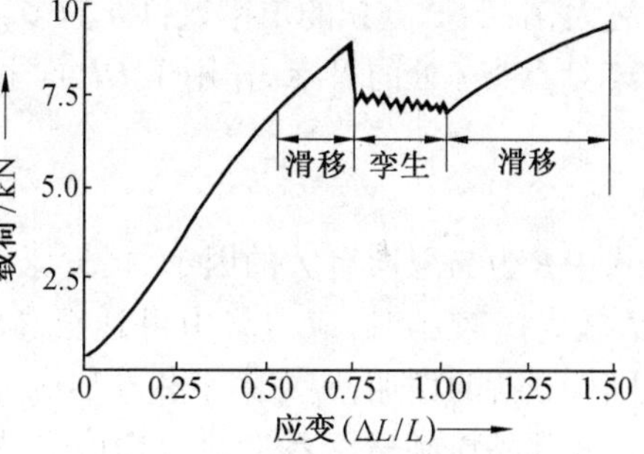

图 6.20　孪生变形的应力-应变曲线

孪生对塑变的直接贡献比滑移小得多，例如镉单晶依靠孪生变形，只能获得 7.4% 的延伸率。但孪生改变了晶体位向，使硬位向的滑移系转到软位向，激发了晶体的进一步滑移，这对滑移系少的密排六方金属尤显重要。

6.2.3 晶体的扭折

沿六方系金属 C 轴压缩时，由于 $\cos\phi=0$，外力在滑移面上的分切应力为零，故不能滑移。若此时孪生过程阻力过大也难于进行时，为使晶体的形状与外力相适应，当外力超过某一临界值时，晶体会产生局部弯曲，如图 6.21(a)，这种形式的变形叫扭折。扭折是晶体弯曲变形或滑移在某些部位受阻，位错在那里堆积而成的。压缩时产生的理想对称扭折带是由好几个楔形区域组成，如图 6.21(b)。扭折带的形成能协调相邻晶粒间或同一晶粒中不同部位之间的变形，并能引起晶体的再取向，促进晶体变形能力的发挥。

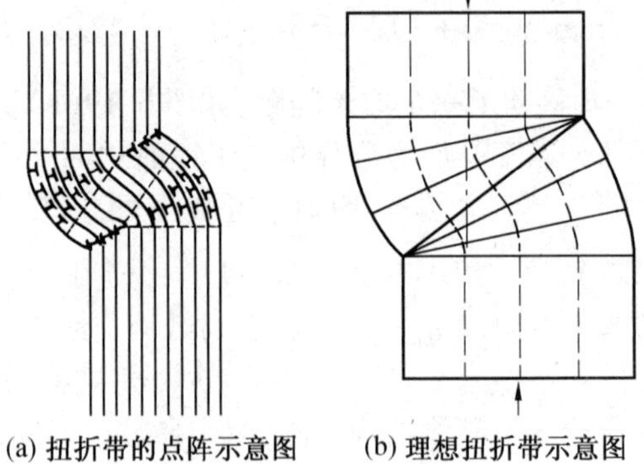

(a) 扭折带的点阵示意图　(b) 理想扭折带示意图

图 6.21　镉单晶棒的扭折

6.3 多晶体的塑性变形

实际使用的绝大多数金属材料都是多晶体。多晶体塑变与单晶体塑变即有相同之处，又有不同之处。相同之处是变形方式也以滑移，孪生为基本方式。不同之处是变形受到晶界阻碍与位向不同的晶粒的影响使变形更为复杂。

6.3.1 多晶体塑性变形过程

多晶体由位向不同的许多小晶粒组成，在外加应力作用下，只有处在有利位向的晶粒中的那些取向因子最大的滑移系才能首先开动。周围位向不利的晶粒的各滑移系上的分切应力尚未达到临界值，所以还没发生塑变，处在弹性变形状态。当有晶粒塑变时，就意味着其滑移面上的位错源将不断产生位错，大量位错将沿滑移面源源不断运动，但由于四周晶粒位向不同，滑移系的位向也不同，运动着的位错不能越过晶界，于是晶界处将形成位错的平面塞积群，如图 6.22 所示。有人算出作用于障碍的应力为

$$\tau=n\tau_a \tag{6.5}$$

式中 n 是塞积于位错源与障碍之间长度为 L 这段距离内的位错数目。外加分切应力 τ_a 越大，L 越长，塞积的位错数目 n 越多，产生的应力集中越严重。图 6.22 中，在障碍附近，离 O 点为 r 处的 P 点，作用于 OP 面上的切应力为

$$\tau=\beta\,\tau_a\left(\frac{L}{r}\right)^{\frac{1}{2}} \tag{6.6}$$

式中 β 为与取向有关的因子，接近于 1。当 L 较大，r 较小时，应力集中可达很高程度。随外载荷的增加，应力集中和外加应力迭加使相邻晶粒某滑移系上的分切应力达到临界值，于是该滑移系起动，开始塑性变形。

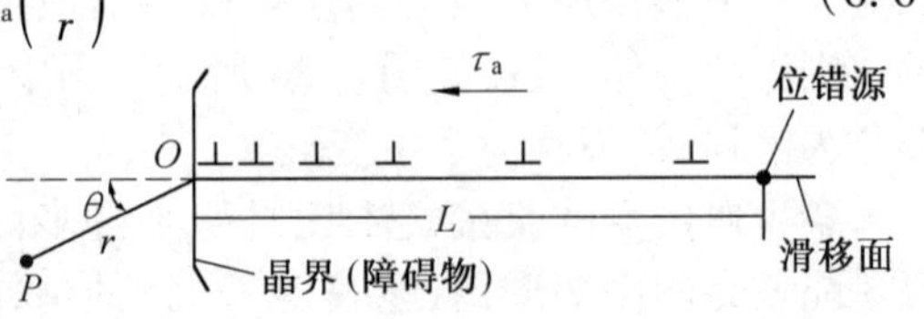

图 6.22　位错的塞积

多晶体每个晶粒都处在其他晶粒包围之中,变形不是孤立的,必然要求邻近晶粒互相配合,否则不能保持晶粒之间的连续性,会造成孔隙,形成裂纹。为协调已发生塑变的晶粒形状的改变,四周晶粒必须是多系滑移。面心立方与体心立方滑移系多,各晶粒变形协调性好,因此塑性好。密排六方滑移系少,协调性差,塑性也差。这样有越来越多的晶粒分批滑移,造成宏观的塑变效果。

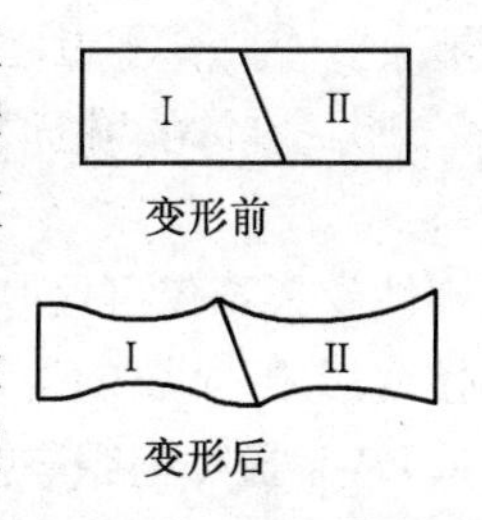

图 6.23　拉伸时双晶的竹节状变形

室温变形时,由于晶界强度高于晶内,使每个晶粒变形也不均匀。图 6.23 为两个晶粒试样,变形后呈竹节状,足以说明室温变形时晶界具有明显强化作用。

6.3.2　晶粒大小对塑性变形的影响

由以上分析可知,晶粒越细,单位体积所包含的晶界越多,其强化效果越好。这种用细化晶粒提高金属强度的方法叫细晶强化。图 6.24 为低碳钢的屈服强度与晶粒直径的关系曲线。屈服强度 σ_s 与晶粒直径 d 有如下关系,即

$$\sigma_s = \sigma_0 + Kd^{-\frac{1}{2}} \tag{6.7}$$

式中,σ_0 为一常数,大体相当于单晶体的屈服强度;K 为表征晶界对强度影响程度的常数与晶界结构有关。

该公式称为 Hall-Petch 公式,实验证明,材料屈服强度与其亚晶尺寸也满足上述关系。

6.3.3　多晶体应力-应变曲线

多晶体应力-应变曲线如图 6.25 所示。它不具有典型单晶体的第 I 阶段即易滑移阶段。这是因为晶粒方位不同,各晶粒变形需互相协调,至少有 5 个独立滑移系开动,一开始便是多滑移,故无易滑移阶段。此外,由于晶界的强化作用和多滑移过程中位错的相互干扰,使多晶体应力-应变曲线斜率即加工硬化率明显高于单晶。

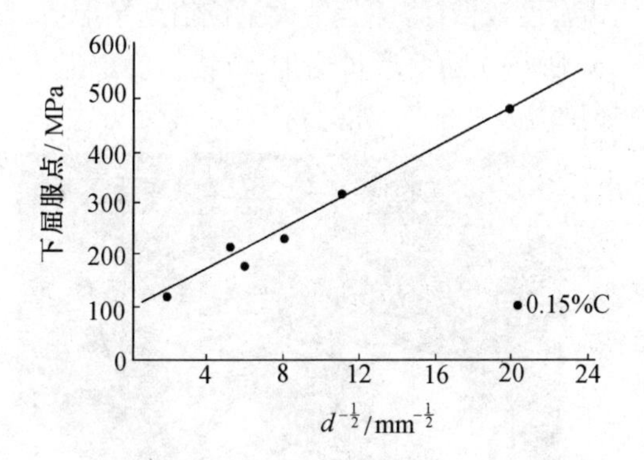

图 6.24　低碳钢的屈服强度与晶粒大小的关系

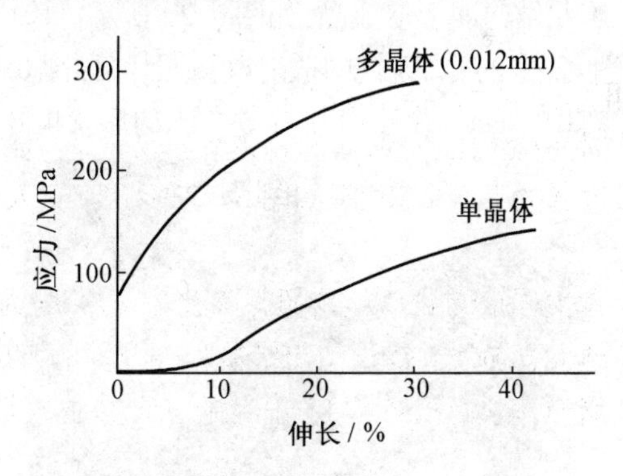

图 6.25　Cu 单晶与多晶应力-应变曲线比较

细晶强化不仅提高了材料强度,同时改善了材料的塑性。晶粒平均直径 D 越小,位错源到晶界的距离 L 越小,所塞积的位错数目 n 越少,所引起的应力集中越不严重。此外,当晶粒平均直径 D 较小时,与应力集中作用半径相差不多,可使晶内与晶界附近的应变度相差较小,使变形更均匀,因应力集中产生裂纹机会少,故晶粒越细塑性也越好。

6.4 塑性变形对金属组织与性能的影响

塑性变形不仅可以改变金属材料的外形,而且使其内部组织和各种性能发生了改变。在塑性变形中,金属的组织与性能主要有如下几方面的变化。

6.4.1 显微组织与性能的变化

多晶体塑变时,随变形量增大,晶粒逐渐沿着形变方向被拉长,由多边形变为扁平形或长条形,形变量较大时可被拉长成为纤维状。图6.26为Q235钢冷压后的扫描电镜照片。冷压20%,晶粒开始沿形变方向被拉长,如图6.26(a)所示。冷压60%晶粒已显著被拉长,如图6.26(b)所示。

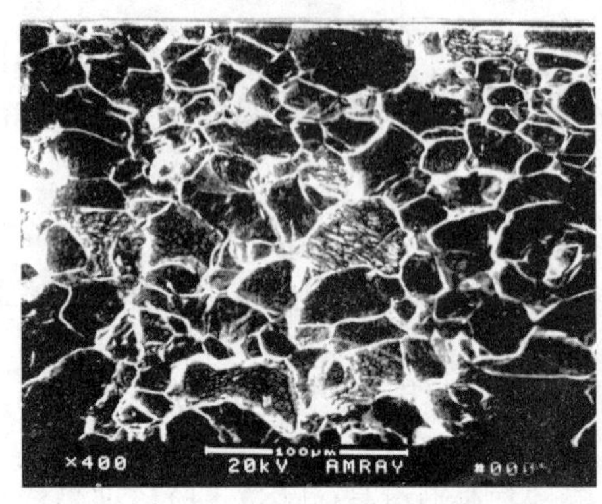

(a) 压缩20%

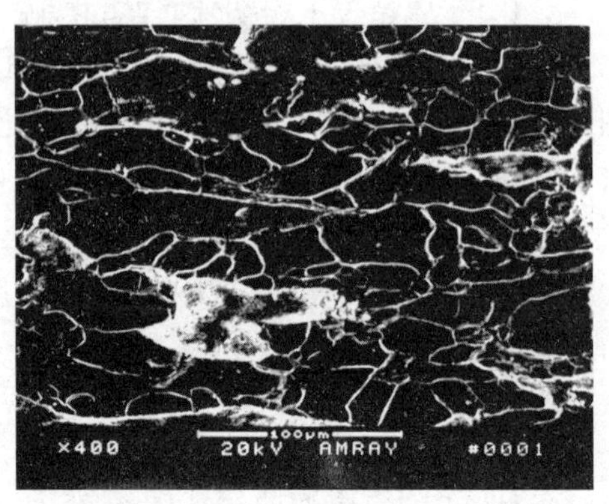

(b) 压缩60%

图6.26　Q235钢冷压后的扫描电镜照片

从微观结构上看,冷变形会增加位错密度,随变形量的增加位错会交织缠结,随后形成胞状结构即形变亚晶,如图6.27所示。胞内位错密度较低,胞壁是由大量位错缠结形成,变形20%的Q235钢的透射电镜照片,如图6.27(a)所示。随变形量增加,位错密度由退火状态$10^{6\sim8}\mathrm{cm}^{-2}$增至$10^{11\sim12}\mathrm{cm}^{-2}$,胞的形状也随变形量增大被拉长,如图6.27(b)所示。

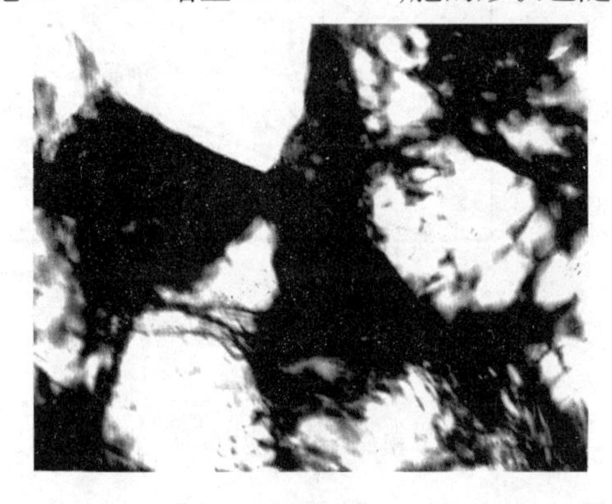

(a) 20%冷压20 000×

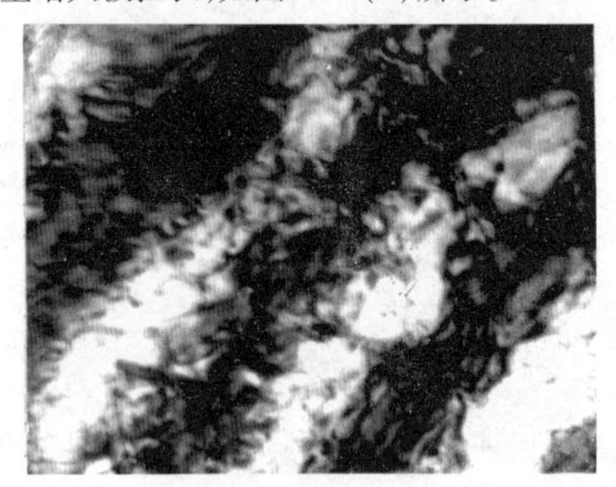

(b) 60%冷压100 000×

图6.27　Q235钢室温冷压后的透射电镜照片

从机械性能上看,形变量越大,形变金属的强度和硬度越高,而塑性韧性下降,这便是加工硬化。

冷变形还使一些物理、化学性能发生变化,如导电性下降,抗蚀性下降等。

6.4.2 形变织构

金属冷塑性变形时,晶体要发生转动,使金属晶体中原为任意取向的各晶粒逐渐调整到取向彼此趋于一致,这就形成了晶体的择优取向,我们称它为形变织构。变形量越大,择优取向程度越大。实际上无论多么剧烈的冷变形也不可能使所有晶粒都转到织构的取向上去,最多只是各晶粒的取向都趋近织构取向,并达到相当集中的程度。

形变织构的类型与形变金属晶格类型,形变方式,形变程度等因素有关。拔丝时形成丝织构,其主要特点是各晶粒的某一晶向大致与拔丝方向平行。轧板时形成的织构称板织构,其特点是各晶粒的某一晶面与轧制面平行,某一晶向与轧制时的主形变方向平行。例如,冷拉铁丝为$\langle 110\rangle$织构;冷拉铜丝为$\langle 111\rangle+\langle 100\rangle$织构。含 Zn 量 30% 的冷轧黄铜具有$\{110\}\langle 112\rangle$织构;纯铁的板织构为$\{100\}\langle 011\rangle+\{112\}\langle 110\rangle+\{111\}\langle 112\rangle$;密排六方板织构一般是$(0001)\langle 2\bar{1}\bar{1}0\rangle+(0001)\langle 10\bar{1}0\rangle$。

当出现织构时,多晶体显示出各向异性。具有(0001)织构的密堆六方金属,由于缺乏适当取向的滑移系使材料变薄,因此厚度方向的压缩屈服强度高,这种强化叫织构强化。用具有板织构的 α-Ti 板作高压容器,可获得较大形变抗力。织构不一定都起有利作用,冷冲压成型时,由于织构的存在,引起各向异性,导致深冲时产生“制耳”,如图 6.28 所示。

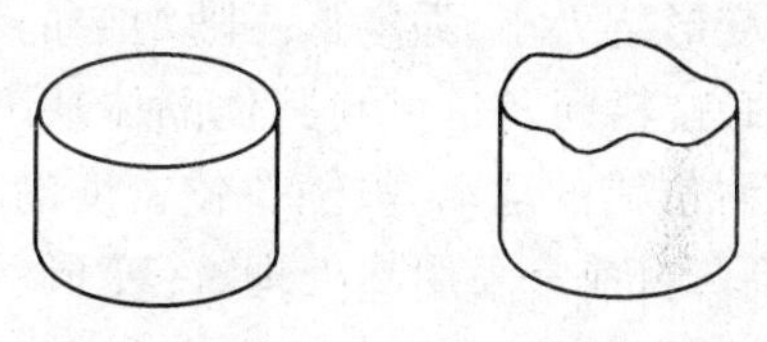

(a) 无“制耳”的深冲件　(b) 有“制耳”的深冲件

图 6.28　变形织构造成的“制耳”

6.4.3 残余应力

在冷塑变过程中,外力所作的功大部分转化为热,尚有一部分(约占 10%)以畸变能的形式储存在形变金属内部,这部分能量叫储存能。储存能的具体表现方式为:宏观残余应力、微观残余应力与点阵畸变。

宏观残余应力又称第一类内应力,是物体各部分不均匀变形所引起,在整个物体范围内处于平衡。例如一轧制的棒材,其表面有很高的压缩残余应力,而心部则具有很高的拉伸应力,如图 6.29(a)所示。如果冷加工切除一薄层,如图 6.29(b)所示,则切下的薄层仅仅含有压缩残余应力,为恢复平衡,板材必须弯曲,如图 6.29(c)所示。

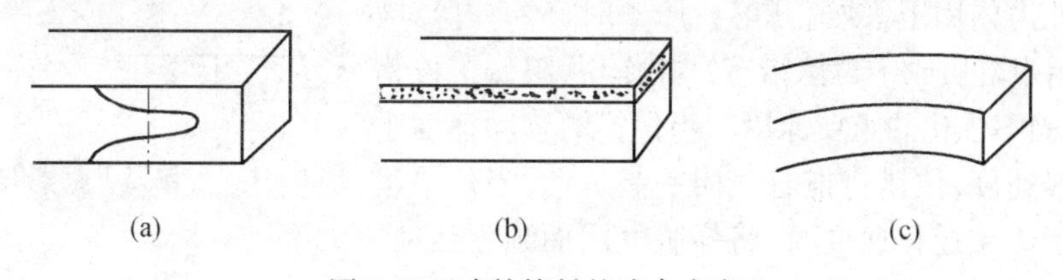

图 6.29　冷轧棒材的残余应力

微观内应力也叫第二类内应力,由晶粒或亚晶变形不均匀引起,在晶粒或亚晶范围内互相平衡。此应力与外力的联合作用下,易使工件在远小于屈服应力下而产生裂纹,并导致断裂。

点阵畸变也叫第三类内应力,约占储存能的90%。由形变金属内部产生的大量位错等晶体缺陷引起,其作用范围仅为几十至几百个纳米。点阵畸变使金属强度、硬度升高,塑性、韧性下降。

残余应力存在一般是有害的,导致工件的开裂、变形,产生应力腐蚀。有时也是有利的,例如齿轮的喷丸处理,使表面产生残余压应力,使疲劳强度显著增高。

6.5 金属及合金强化的位错解释

强度是指材料在外力作用下,抵抗塑性变形与断裂的能力。金属的强度与位错密度的关系,如图6.30所示。没有或极少有位错的金属材料,如晶须,其强度接近理论强度;退火状态下位错密度为$10^{6\sim8}/cm^2$,可动位错数目多,塑变是通位错运动实现的,故变形抗力小,强度低。随塑变的进行,位错不断增值,位错间及位错与其他晶体缺陷产生交互作用,阻碍位错的运动,故随位错密度的增加,强度不断提高。目前常采用热处理、冷变形、细晶强化、弥散强化等方法增加位错密度或增大位错运动阻力,以提高金属材料的强度,其强化机制介绍如下。

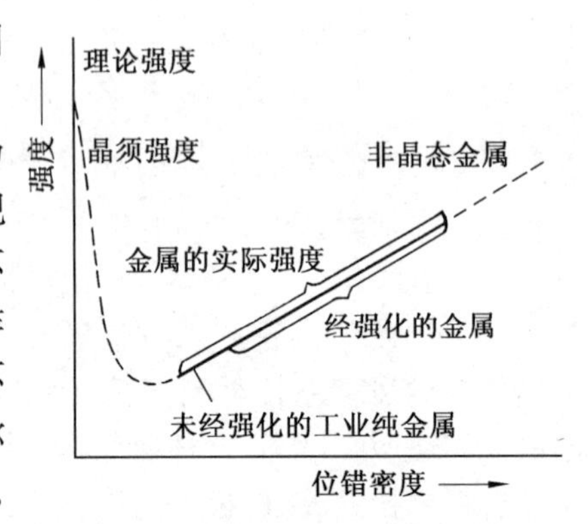

图6.30 金属强度与位错密度关系示意图

6.5.1 Cottrell 气团

晶体中溶质原子的溶入,引起了点阵畸变,形成了应力场。若晶体中同时存在位错,则位错的应力场与溶质原子的应力场将发生交互作用。为降低交互作用能,在温度和时间许可的条件下,溶质原子倾向于聚集到位错周围;形成比较稳定的分布。通常把溶质原子在位错周围的聚集叫柯氏(cottrell)气团。图6.31给出碳钢中,由碳"凝聚"所形成的柯氏气团的示意图。

在刃位错的拉应力区分布着碳原子列,使总弹性应变能下降,晶体处于稳定状态。与此类似,大的溶质原子将向拉应力区"凝聚",小的溶质原子倾向于向压应力区"凝聚",形成饱合的柯氏气团。当具有柯氏气团的位错在外力作用下,欲离开溶质原子时,势必升高应变能。这相当溶质原子对位错有钉扎作用,阻碍了位错的移动,是固溶强化的重要原因。当位错的移动速度小于溶质迁移速度,位错将拖着气团一起运动,当位错运动速度大于溶质迁移速度时,将挣脱气团而独立运动。无论是哪种情况,均使位错移动阻力增大,使金属强度增高。

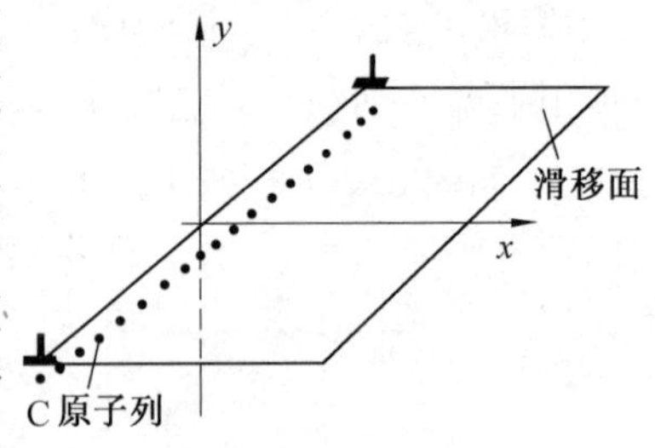

图6.31 刃位错下凝聚的碳原子列

6.5.2 位错交割和带割阶位错的运动

对于在滑移面上运动着的位错来说,穿过滑移面的其他位错称为林位错。显然林位错会阻碍位错的运动。当应力足够大时,滑动位错将切过林位错继续滑动。位错的互相切割叫位错的交割。两位错交割后，各产生了一小曲折线段，其位向与长短由与其相交的位错的柏氏矢量所决定，但具有原位错线的柏氏矢量。图 6.32 为两个柏氏矢量互相平行的刃位错交割情况。图 6.32(a) 为交割前，图 6.32(b) 为交割后。交割后在原位错线 AB, CD 上分别出现了曲折线段 PP', QQ'，其中 PP' 大小及方向与 $\boldsymbol{b}_1$ 相同，QQ' 大小及方向与 $\boldsymbol{b}_2$ 相同，如图 6.32(b)。象这种位错交割生成的小曲折线段与原位错线在同一滑移面时，称其为扭折。扭折与原位错在同一滑移面，故可随原位错一起滑移。图 6.33 虚线示出一对扭折的原来位置，当扭折向侧向展开时，如图中实线所示，相当于原位错线的一部分向右滑移。实际上当位错在其滑移面上滑移时，位错线常常呈现某种程度的曲率。曲率可用一系列合适的扭折来描绘，因此扭折是位错运动的一种常见的形态，能在原滑移面上运动。

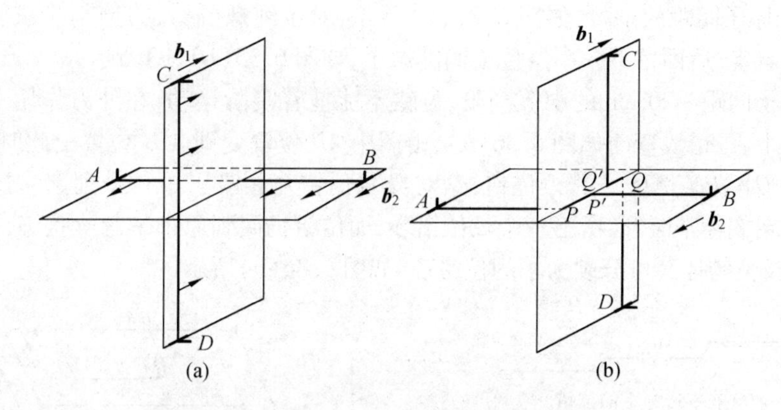

图 6.32　两个柏氏矢量互相平行的刃位错的交割

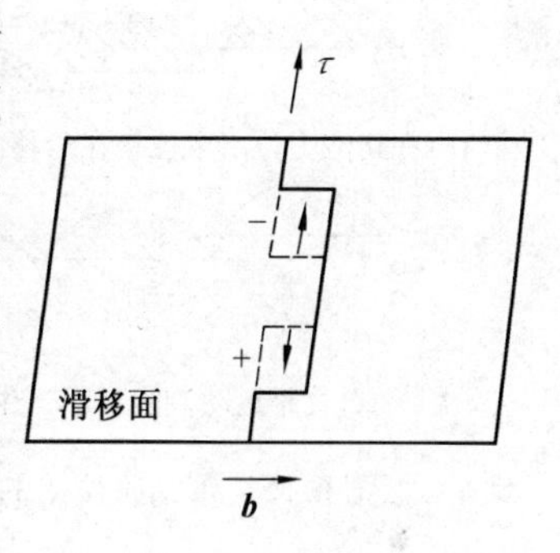

图 6.33　一对扭折的侧向展开

通常情况下，位错交割生成的曲折线段与原位错线具有不同的滑移面，如图 6.34 所示，这种由交割生成的小曲折线段叫割阶。图 6.34(a) 中，PP' 割阶为纯刃型，割阶滑移面如图 6.34(a) 所示，当原刃位错 AB 向左运动时，割阶 PP' 可在自己的滑移面上与之一起滑移，故叫滑移割阶。图 6.34

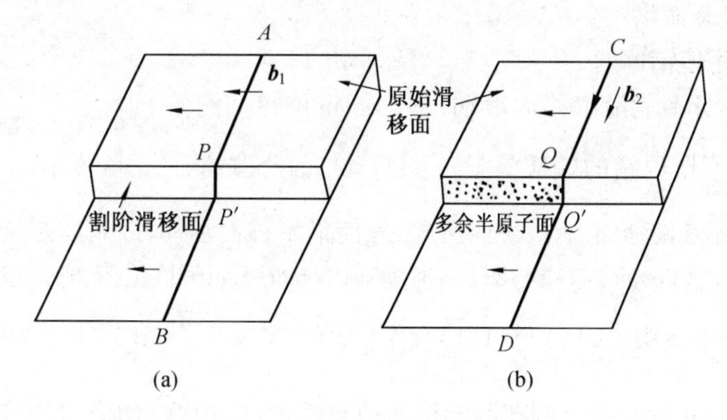

图 6.34　位错交割形成的割阶

(b)中,QQ'也是纯刃型割阶,但其滑移面为 QQ'与$\boldsymbol{b}_2$所决定的平面,多余半原子面,如图6.34(b)所示。显然原位错 CD 向左滑移时,需割阶攀移才能一起运动,故叫攀移割阶。当温度较低时难靠热激活来攀移,所以此时割阶成为原位错运动的阻力。

攀移割阶的大小不同,随原位错运动的情况也不同。但都将成为位错运动的阻力。

1~2 个原子间距的割阶,如图 6.35(a)所示,对于纯螺位错,刃型割阶只能靠攀移,被螺位错拖着走,后面留下一串空位或间隙原子,如图 6.35(b)(c)所示。

几个原子间距~20 nm 的中等割阶,位错不能拖着割阶运动,在外力作用下,在上下两个滑移面上,位错线弯曲如图 6.36(a),由图中 AB 位置变到 $A'B'$位置。此时和割阶相连的位错线 OM、PN 是反号的刃位错,这对异号位错互相吸引平行排列起来,形成位错偶。这种位错偶经常断开,留下一个长位错环,而位错仍回到原来带割阶状态,如图 6.36(b)所示。长位错环又可分裂为小的位错环,如图 6.36(c)所示。

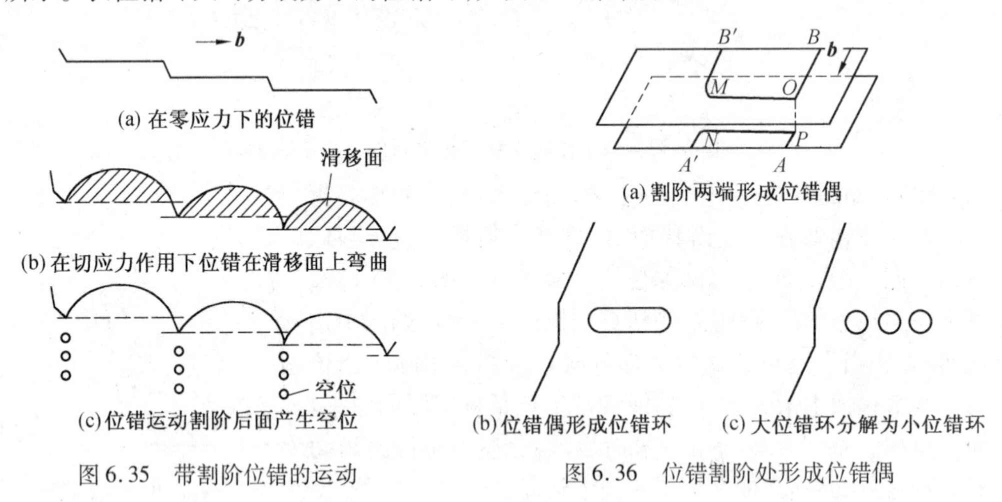

图 6.35　带割阶位错的运动

图 6.36　位错割阶处形成位错偶

20 nm 以上的大割阶,割阶两端的刃位错相隔太远,相互作用力微弱,以割阶为轴可以独立在自己的滑移面上旋转,这便是单点 F-R 位错源,如图 6.37 所示。无论割阶尺寸大小,上述三种情况,位错的运动都受到严重阻碍,这相当于金属获得显著强化。

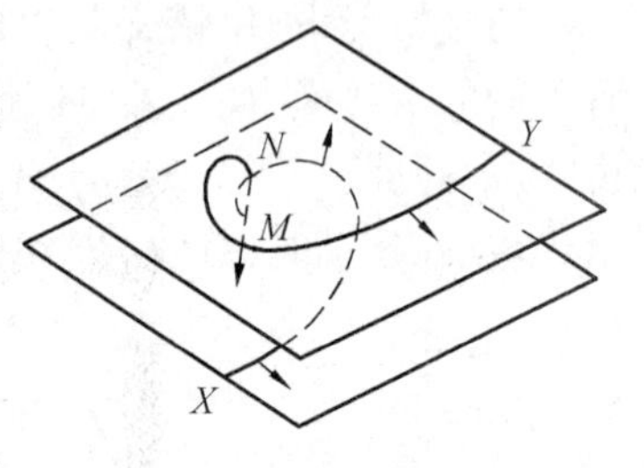

图 6.37　大割阶形成的单点 F-R位错源

6.5.3　固定位错

有些位错本身不能沿滑移面滑动,称为固定位错。例如,前述弗兰克不全位错的柏氏矢量$\frac{a}{3}\langle 111\rangle$与面心立方的密排面垂直,不在滑移面上,故不能滑移,只能借攀移而运动,故是固定位错。通过位错反应还可生成罗麦(Lomer)位错与罗麦-柯垂耳(Lomer-Cottrell)位错,它们也是固定位错。

在面心立方金属中,(111)与$(11\bar{1})$面上的柏氏矢量为$\frac{a}{2}[10\bar{1}]$与$\frac{a}{2}[011]$的位错 t_1,t_2,如图 6.38(a);在运动中可能在两滑移面的交线 AB 处相遇,AB为$[\bar{1}10]$,并发生如下位错反应,即

$$\frac{a}{2}[10\bar{1}]+\frac{a}{2}[011]\longrightarrow\frac{a}{2}[110] \tag{6.8}$$

柏氏向量$\frac{a}{2}[110]$与位错线 $AB([\bar{1}10])$构成的平面为(001)面,如图 6.38(b),不是面心立方结构的密排面,因此不能滑移,是个固定位错称为罗麦(Lomer)位错。

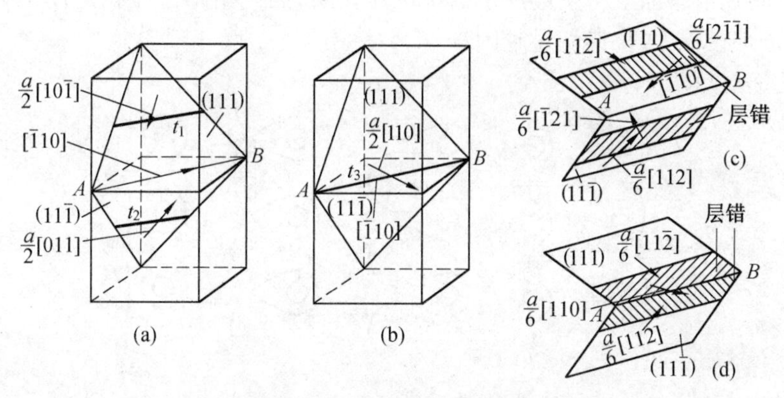

图 6.38　罗麦-柯垂耳位错的形成

柯垂耳认为当层错能不高时,原来的两个单位位错可分解为扩展位错,如图 6.38(c)所示。由图 6.38(c),在(111)面上的单位位错$\frac{a}{2}[10\bar{1}]$可如下分解$\boldsymbol{CA}\longrightarrow\boldsymbol{C\delta}+\boldsymbol{\delta A}$;在$(11\bar{1})$面上的单位位错$\frac{a}{2}[011]$的分解反应为$\boldsymbol{DC}\longrightarrow\boldsymbol{D\alpha}+\boldsymbol{\alpha C}$。领先的两个不全位错又可如下反应$\boldsymbol{\alpha C}+\boldsymbol{C\delta}\longrightarrow\boldsymbol{\alpha\delta}$。$\boldsymbol{\alpha\delta}$即为$\frac{a}{6}[110]$是新生位错的柏氏矢量,其位错线为 AB,具体的位错反应参考图 6.38(c)(d)。生成的新位错 $\boldsymbol{b}=\frac{a}{6}[110]$,位错线为$[\bar{1}10]$,为纯刃型,两者决定的平面为(001)不是面心立方的密排面,故为固定位错。该位错在(111)和$(11\bar{1})$面上分别通过层错与一个肖克莱不全位错相连,且两片层错互呈一定角度,如图 6.38(d)所示。这样一种由三个位错中间夹以两片层错所构成的“屋顶形”复杂位错显然是不可移动的,该位错叫“面角位错”,也叫罗麦-柯垂耳位错。由于{111}面相交可以有六种组合,故塑变时形成面角位错机会很多,它们将成为滑动位错的障碍,从而形成位错的塞积群,产生很高的加工硬化率。

6.5.4　滑动位错与第二相质点的交互作用

合金中,当第二相以细小弥散的微粒均匀分布于基体相中,将起到显著的强化效果。如果第二相微粒是通过过饱和固溶体时效处理时,沉淀折出称为时效强化或沉淀强化。第二相粒子的本性和尺寸决定了强化的机制。对于不可变形的第二相粒子,位错采用绕过机制,如钢中弥散析出的碳化物及氮化物。对可变形粒子,位错将采用切过机制,如 Ni-Cr-Al 合金中,当 Ni_3Al 质点较小时,位错将采用切过机制。

绕过机制如图 6.39 所示,位错绕过第二相粒子所需切应力 τ 与粒子间距 λ 有关。由式(2.21)可得

$$\tau=\frac{Gb}{\lambda} \tag{6.9}$$

当第二相粒子所占体积分数 f 一定,粒子半径 r 越小,粒子数量就越多,粒子间距 λ 也越小,位错绕过粒子所需切应力越大,强化作用越大。

对于可变形粒子,当其尺寸较小时,并与基体共格时能被位错切过,如图 6.40 所示。切过后,增加了新表面,故需作功。第二相粒子与基体点阵不同,晶格常数也不同,因此位错切过粒子时在滑移面上将引起原子错排也需作功,因此增加了位错运动阻力。对于切过机制,粒子半径越大,位错切过越困难。

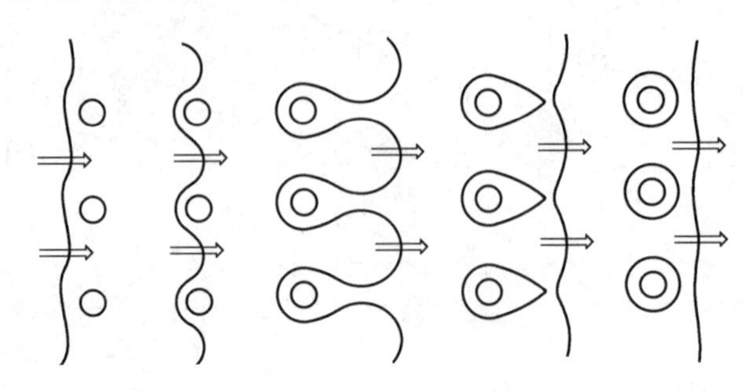

图 6.39 位错绕过第二相粒子示意图

对于弥散分布二相合金,析出相粒子尺寸与合金强度的关系如图 6.41。粒子开始析出阶段,析出细小共格过渡相,位错采用切过机制,越过粒子,随粒子尺寸增大,合金强度不断升高。当析出相粒子长大到一定程度,相当于图中 P 点后,位错采用绕过机制通过粒子,所需切应力反而小于切过粒子所需切应力,这时位错就以绕过粒子方式移动,故合金强度转为随粒子的长大而下降。显然当粒子尺寸相当于 P 点时,合金具有最高强度。

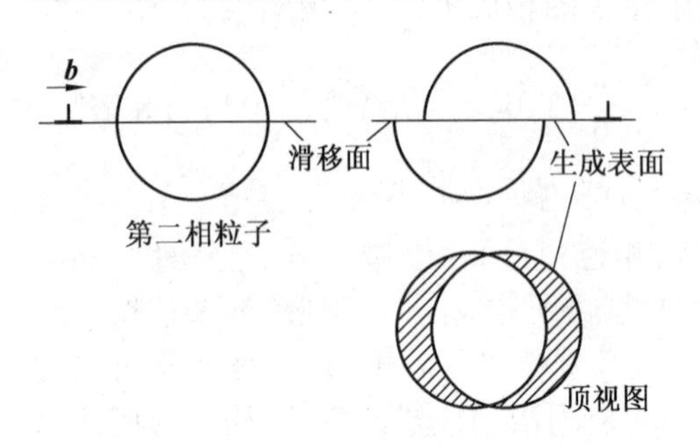

图 6.40 位错切过第二相粒子示意图

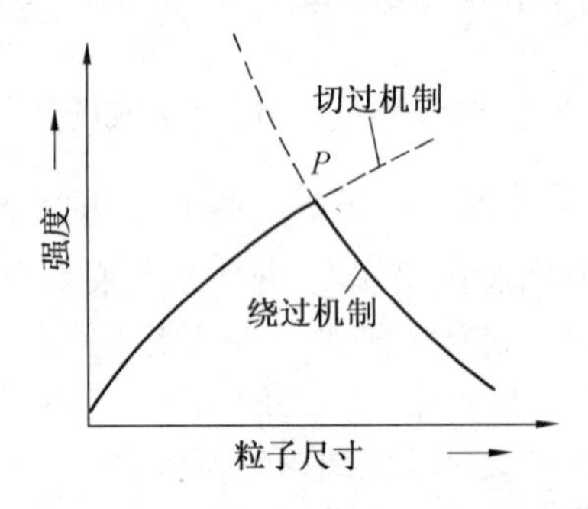

图 6.41 第二相粒子尺寸对合金强度的影响

6.6 断 裂

断裂是材料在外力的作用下丧失连续性的过程。断裂过程可分为裂纹的萌生与裂纹的扩展两部分。断裂的形式分为脆性断裂与韧性断裂。脆断指断裂前无明显变形的断裂;韧断指断裂前有明显塑变的断裂。断裂是工程构件主要破坏形式之一,由于脆断之前无朕兆可寻,因此危害性更大,因此对脆断研究也更多。本章先介绍裂纹扩展的理论,而后介绍裂纹的萌生及有关断裂的基本知识。

6.6.1 理论断裂强度

理论断裂强度指两个相邻原子平面在拉力作用下,克服原子间键力作用,使两个原子面分离的应力。

当作用力使原子间距超过 b 以后,原子间的吸引力 F 先增而后减,如图 6.42(a)(b)所示。若增长的原子间距等于 x,则 x/b 为应变。设应力-应变之间的关系用正弦曲线来描述,如图 6.42(c)所示,即

$$\sigma=\sigma_{max}\sin\left(2\pi x/\lambda\right) \tag{6.10}$$

式中 λ 是正弦曲线的波长。当 $x=\lambda/2$ 时,$\sigma\to 0$,原子基本上已完全分开。正弦曲线下的面积代表分离时所需的能量,可用积分方法求得

$$\int_0^{\lambda/2}\sigma_{max}\sin\left(2\pi x/\lambda\right)\mathrm{d}x=\lambda\sigma_{max}/\pi \tag{6.11}$$

断裂后产生两个新断裂面,设比表面能为 γ,则

$$2\gamma=\lambda\sigma_{max}/\pi \tag{6.12}$$

当位移很小时 $\sin x\approx x$,式(6.10)简化为

$$\sigma=\sigma_{max}2\pi x/\lambda \tag{6.13}$$

此时应力-应变服从虎克定律 $\sigma=E\cdot\varepsilon=E\cdot x/b$ 代入式(6.13)解得 $\lambda=2\pi b\sigma_{max}/E$ 再代入式(6.12)解得

$$\sigma_{max}=\sqrt{\frac{\gamma E}{b}}=\sigma_{th} \tag{6.14}$$

这就是理论断裂强度表达式,对许多金属材料 $\gamma\approx 0.01Eb$,由式(6.14)算出 $\sigma_{th}\approx E/10$。这是相当高的,与实测值相比,甚至差两个数量级。

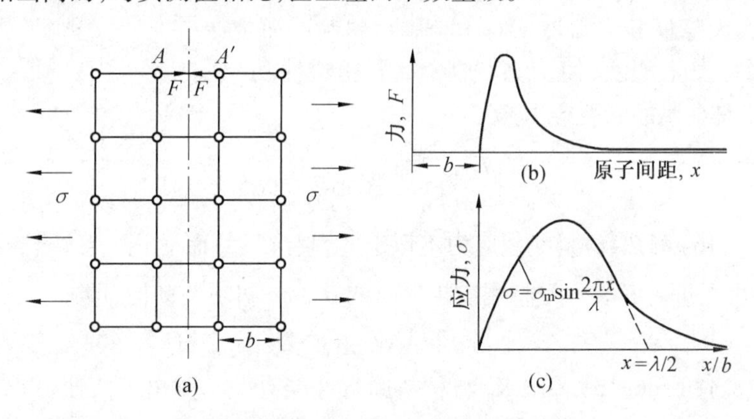

图 6.42 理论断裂强度估算示意图

6.6.2 Griffith 理论与断裂韧性

Griffith 早在 1920 年就提出脆性断裂的理论,指出实际断裂强度达不到理论断裂强度的原因是材料中已有现成裂纹。实际断裂强度不是两相邻原子面的分离应力,而是现成微裂纹的扩展的应力。

设厚度为 1 的无限大平板中,有一椭圆形穿透裂纹,外加应力为 σ,如图 6.43 所示。完好无裂纹时,材料具有弹性应变能,其密度为 $\frac{1}{2}\sigma\cdot\varepsilon=\frac{1}{2}\sigma^2/E$。当形成裂纹时,一部分

弹性能释放出来,系统总能量变化为 $\Delta v=v_E+v_s$,v_E 为弹性应变能,v_s 为表面能。Griffith 对薄板计算结果为

$$v_E=-\sigma^2\pi a^2/E,v_s=4a\gamma$$

故总的能量变化为

$$\Delta v=-\frac{\sigma^2\pi a^2}{E}+4a\gamma=-\frac{\sigma^2\pi(2a)^2}{4E}+2(2a)\gamma \tag{6.15}$$

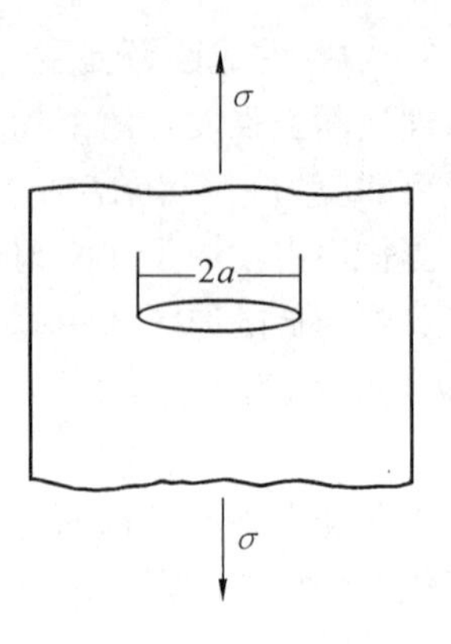

图 6.43　无限宽板中心裂纹

将 Δv 与 $2a$ 作图,如图 6.44 得到一开口向下的抛物线。如果$\partial\Delta v/\partial(2a)\leqslant 0$,裂纹将继续扩展直致断裂。故得到 Griffith 条件,即

$$\partial v_E/\partial(2a)\geqslant\partial v_s/\partial(2a)$$

即弹性应变能释放率大于表面能增长速度时裂纹将扩展。裂纹扩展的应力 σ_f 可由$\partial\Delta v/\partial(2a)=0$,求得

$$\sigma=\sigma_f=\left(\frac{2\gamma E}{\pi a}\right)^{\frac{1}{2}}\text{(平面应力状态)} \tag{6.16}$$

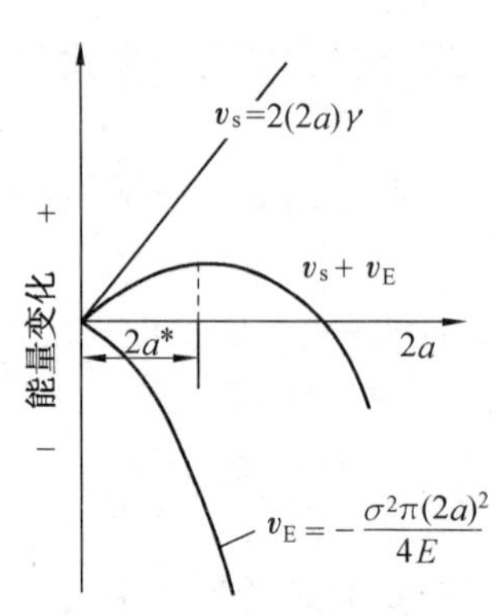

图 6.44　无限宽板中格里菲斯裂纹能量变化与裂纹长度的关系

图 6.44 中对应极值点的裂纹尺寸 $2a^*$ 称为临界裂纹尺寸,超过 $2a^*$ 裂纹将失稳。

式(6.16)为著名的 Griffith 公式。与理论断裂强度公式 $\sigma_{th}=(\gamma E/b)^{\frac{1}{2}}$ 比较,考虑到$\sqrt{2/\pi}\approx 1$,式(6.16)简化为$\sigma_f=(\gamma E/a)^{\frac{1}{2}}$。$a$ 为裂纹尺寸之半,b 为原子面间距,显然$a\gg b$,故 $\sigma_{th}\gg\sigma_f$。式(6.16)代表具有现成裂纹($2a$)时的裂纹扩展应力,它表明断裂应力与裂纹尺寸平方根成反比,材料中已存裂纹会大大降低断裂强度。对于金属材料脆断研究表明,裂纹尖端将发生塑变,使应力松驰,要消耗塑性功 γ_b,$\gamma_b\approx 10^3\gamma$。于是金属的断裂应力修正为

$$\sigma\approx\left(\frac{E\gamma_p}{\pi a}\right)^{-\frac{1}{2}}\text{(平面应力状态)} \tag{6.17}$$

由公式(6.16)可知,材料断裂应力不恒定,随裂纹尺寸而变化,裂纹是否扩展决定于 $\sigma\sqrt{\pi a}$,此量可测量。断裂力学将裂纹扩展时的 $\sigma\sqrt{\pi a}$ 叫断裂韧性,即

$$K_{1C}=\sigma(\pi a)^{\frac{1}{2}} \tag{6.18}$$

由公式(6.18),(6.16)看出 K_{IC} 与材料固有性能有关。测出 K_{IC},便可求出给定工作应力下,材料内允许存在的最大裂纹尺寸。其意义在于综合考虑了应力和裂纹尺寸对断裂的影响。

6.6.3　裂纹的萌生

Griffith 裂纹的形核机制随不同种类的脆性材料而异,经常被引用的几种机制有:

1. Simith 机制

Smith 认为如果低碳钢晶界中有一片碳化物,如图 6.45 所示。其厚度为 C_0,则铁素体内位错塞积群的应力集中可使碳化物开裂,形成长为 C_0 的微裂纹,在外力作用下,向邻近铁素体扩展,造成解理断裂。故微裂纹优先在微小的氧化物、碳化物等颗粒上形成。

2. Stroh 机制

在无第二相粒子存在时，微裂纹也能由图 6.46 所示的 Stroh 机制生成。

在位错塞积群顶端有很高的应力集中，在 $\theta\theta$ 方向（~70.5°）的正应力可拉出一裂口，如图 6.46 所示。

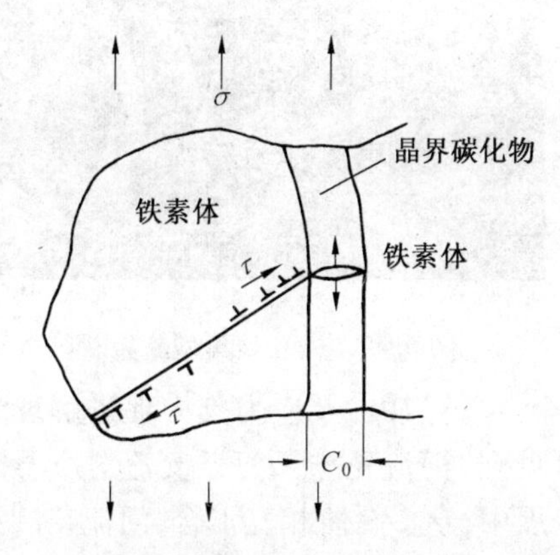

图 6.45　晶界碳化物上裂纹的形成（Smith 机制）

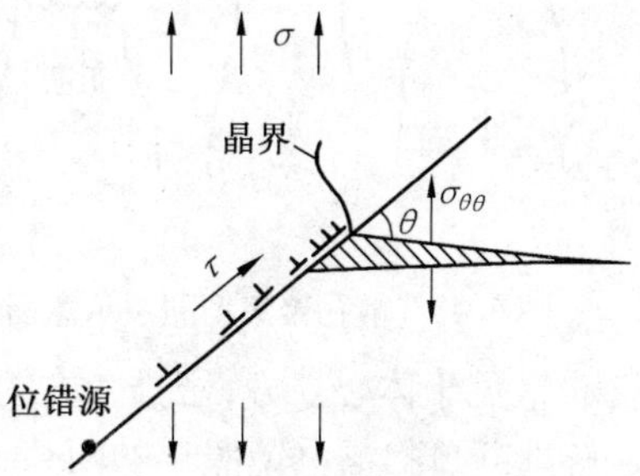

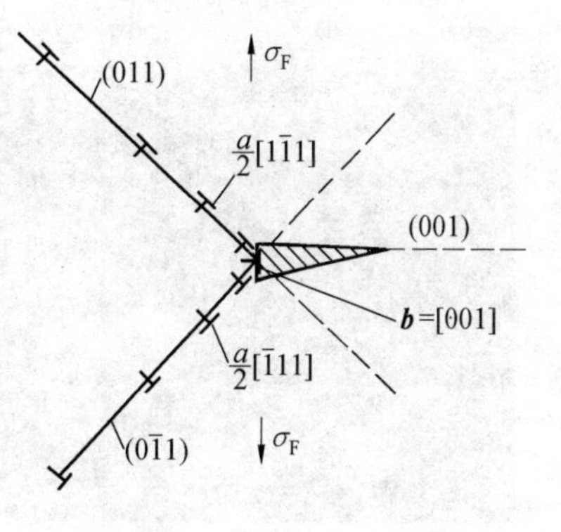

图 6.46　Stroh 机制

3. Cottrell 机制

体心立方两滑移面的相交处，可通过位错反应萌生微裂纹，如图 6.47 所示。

例如，铁的(011)和$(0\bar{1}1)$面上的单位位错可通过如下反应

$$\frac{1}{2}[\bar{1}1\bar{1}]+\frac{1}{2}[\bar{1}11]\longrightarrow[001]$$

生成 $\boldsymbol{b}=[001]$的刃位错，[001]正好与(001)垂直，如果有几个柏氏矢量为[001]的位错，就可形成(001)面上的微裂纹。

图 6.47　Cottrell 机制

除上述几种机制外，人们发现交叉孪晶带，交叉滑移带及晶界交汇处都可产生 Griffith 裂纹。

6.6.4　断裂形式

根据微观的断裂机制，可将工程结构材料的断裂分为纯剪切断裂，微孔聚集型断裂和解理断裂。下面介绍常见的后两种断裂方式。

1. 微孔聚集型断裂

微孔聚集型断裂过程包括微孔的形成，微孔的扩大和连接，最后使试样断裂，如图 6.48 所示，多数为韧性断裂。宏观断口呈灰暗的纤维状，扫描电镜照片可观察到大量孔坑，如图 6.49 所示。这些孔坑也称微坑，韧窝，迭波等。每个孔坑中，大都包含一个夹杂物或第二相粒子。材料塑性越好，韧窝也越深、越大。塑性变形对微孔的形成和发展起决定性作用，多数塑性好的面心立方金属属于这种断裂形式。

2. 解理断裂

解理断裂是在正应力作用下，产生的一种穿晶断裂，即断裂面沿一定的晶面（解理

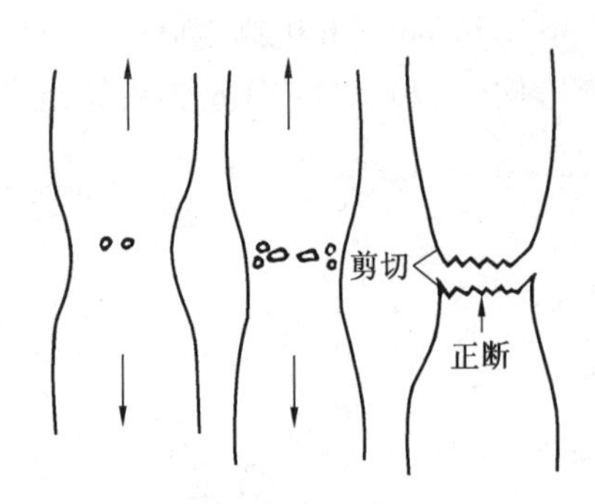

图 6.48　微孔聚集型断裂示意图

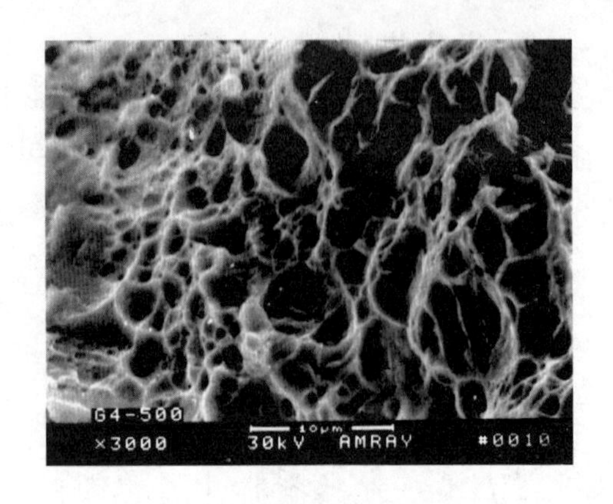

图 6.49　微孔聚集型断裂断口

面)分离,常见于体心立方,密排六方的金属及合金。低温冲击及应力集中促进解理断裂发生。解理断口扫描电镜照片如图 6.50 所示,可见到“河流花样”,每条支流对应不同高度的互相平行的解理面之间的台阶。解理裂纹扩展中,众多台阶相互汇合,河流花的流向即裂纹的扩展方向,如图 6.51 所示。

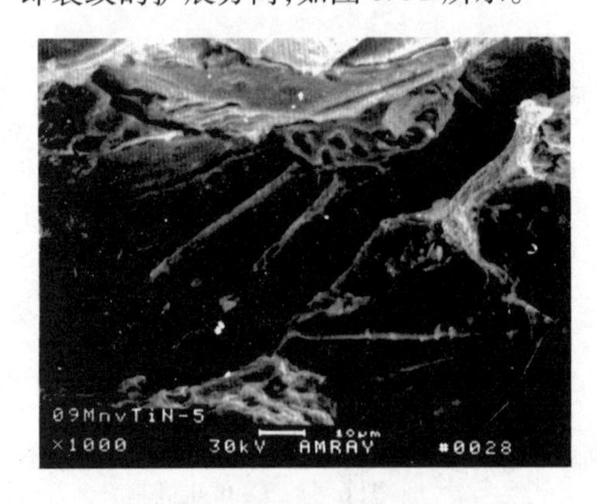

图 6.50　解理断裂的河流花样

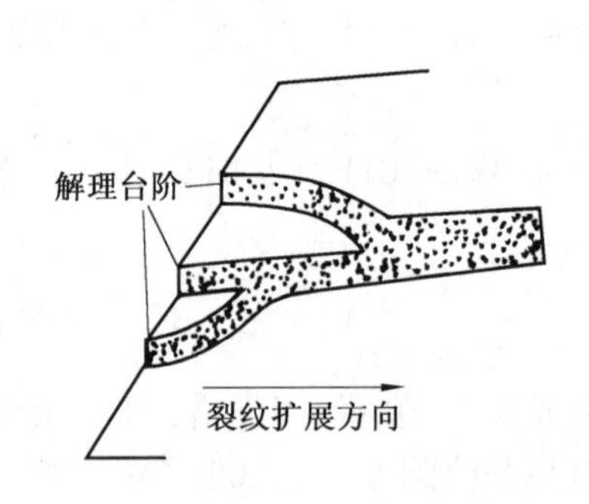

图 6.51　河流花样示意图

此外从工程实用角度,还可将断裂分为宏观塑性断裂与宏观脆性断裂。从裂纹的扩展路径可分为穿晶断裂与沿晶断裂两类,如图 6.52 所示。图 6.52(a)为穿晶断裂,裂纹穿过晶粒内部扩展可以是宏观塑性断裂,也可以是宏观脆性断裂。沿晶断裂如图 6.52(b)所示,裂纹沿晶界扩展,与晶界沉淀析出物及晶界夹杂有关,多为宏观脆性断裂。

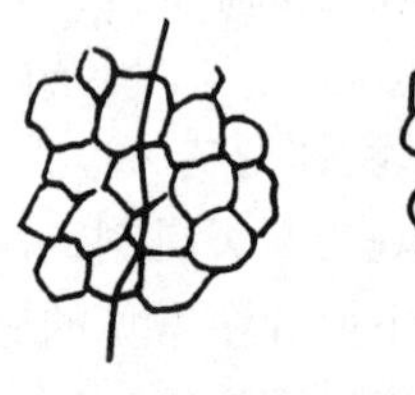

(a) 穿晶断裂

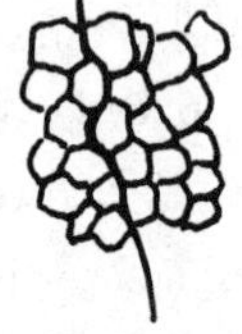

(b) 沿晶断裂

图 6.52　穿晶断裂与沿晶断裂

6.6.5　影响材料断裂的基本因素

材料是否脆性断裂取决于变形与断裂何者优先。脆断时,裂纹在保持尖锐条件下迅速扩展;韧断时,裂纹前沿产生大量塑变使裂纹钝化,应力得以松弛。是韧断还是脆断除受材料本性影响之外,还与应力状态,加载温度,加载速度及环境介质等因素有关。下面简介如下:

1. 结合键及晶体结构类型对材料断裂形式有决定性的影响

对不同材料的解理区域大小的观察表明:离子晶体,难熔氧化物,共价晶体解理区域存在范围均较大。面心立方金属一般不发生解理。体心立方金属在低温时易发生解理。

2. 材料的化学成分及显微组织对断裂行为也有重要影响

如前所述,金属材料具有细晶粒时,不仅提高了强度而且改善了塑性。但当晶界存在有害杂质的偏聚或折出脆性相时,将降低晶界对裂纹扩展的阻碍作用。例如,过共折钢中渗碳体如果以网状折出在晶界上,将使钢的塑性明显下降,易发生沿晶脆性断裂。

3. 裂纹及应力状态的影响

材料内部存在微裂纹时,由式(6.16)裂纹尺寸越大,断裂应力越低。如果裂纹尺寸较长时,即使是塑性材料也会产生脆性断裂。

材料内部存在裂纹时,在外力作用下,会在裂纹前沿引起很高的应力集中,并产生复杂的应力状态。当裂纹较深,试样较厚时,裂纹尖端附近处于三向拉应力的平面应变状态($\varepsilon_{zz}=0$)时,裂纹尖端可产生很高应力集中,形成一塑变区,并在此区内的第二相粒子等处萌生微孔,导致裂纹的萌生与扩展而发生脆断。而一些脆性材料如铸铁等,在三向压应力时,却表现出良好的塑性。

4. 温度对材料断裂行为的影响

实验表明:大多数塑性的金属材料随温度的下降,从韧性断裂向脆性断裂过渡,材料的屈服强度 σ_s 随温度下降而升高,而解理应力则受温度影响不明显,如图 6.53 所示。因此存在两应力相等的温度 T_c。当 $T<T_c$ 时,屈服强度高于解理强度,室温本来塑性较好的材料也将产生脆性断裂——解理断裂。T_c 称为脆性转变的温度。一般体心立方金属冷脆倾向大,脆性转折温度高。面心立方金属一般没有这种温度效应。脆性转折温度的高低,还与材料的成分,晶粒大小、组织状态等因素有关。

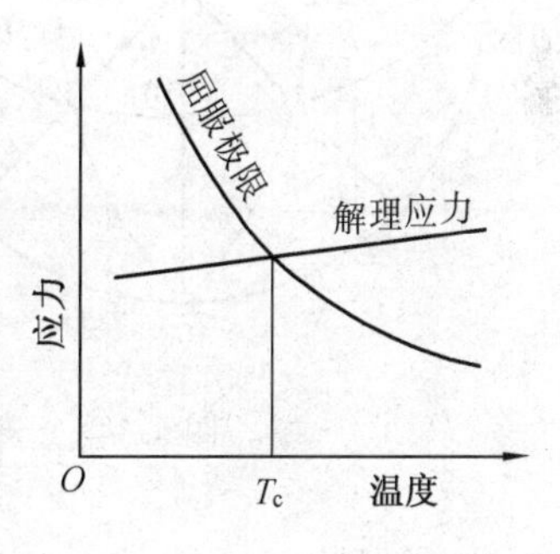

图 6.53　温度变化引起韧脆过渡示意图

此外环境介质,加载速率等对断裂行为也有影响。例如黄铜的"季裂"是在腐蚀性介质与应力同时作用下产生的应力腐蚀断裂。

习　　题

1. 解释以下基本概念

滞弹性　滑移　孪生　滑移带　加工硬化　形变织构　微观残余应力　宏观残余应力　割阶　扭折　交滑移　多滑移　取向因子　脆性断裂　韧性断裂　解理　断裂韧性

2. 密排六方金属镁能否产生交滑移?滑移方向如何?

3. 试用多晶体塑变理论解释室温下金属的晶粒越细强度越高塑性越好的现象。

4. 试述孪生与滑移的异同,比较它们在塑变过程中的作用。

5. 试述弥散硬化合金的强化机制。

6. 何为脆断?何为韧断?受哪些因素影响?

7. 何为断裂韧性?在机械设计中有何实际意义?

8. 铜单晶其外表面平行于(001)，若施加拉应力、力轴方向为[001]，测得 $\tau_c=0.7\ \mathrm{MN/m^2}$，求多大应力下材料屈服。

9. 标准(001)投影图如图 6.54，当力轴位于 P 点时，试找出初始滑移系与共轭滑移系，并解释超越现象；当力轴位于$(\bar{1}11)$极点时请找出所有可开动的等效滑移系。并说明两者应力-应变曲线的差别及其原因。

10. Fe 单晶拉力轴沿[110]方向，试问哪组滑移系首先开动？若 $\tau_c=33.8\ \mathrm{MPa}$，需多大应力材料屈服？

11. 一刃位错与一螺位错相交割，如图 6.55 所示，画出交割后的示意图，并说明所生成的新位错线段是割阶还是扭折，能否滑移。

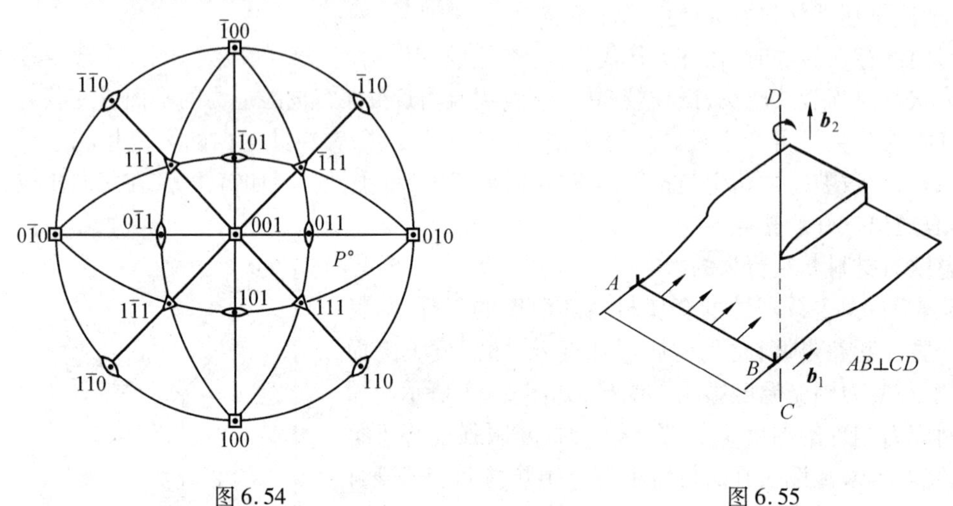

图 6.54　　　　图 6.55

第7章 回复与再结晶

经冷变形后的金属材料吸收了部分变形功,其内能增高,结构缺陷增多,处于不稳定状态。具有自发恢复到原始状态的趋势。室温下,原子扩散能力低,这种亚稳状态可一直保持下去。一旦受热,原子扩散能力增强,就将发生组织结构与性能的变化。回复、再结晶与晶粒长大是冷变形金属加热过程中经历的基本过程。

7.1 形变金属及合金在退火过程中的变化

7.1.1 显微组织的变化

将冷塑性变形的金属材料加热到 $0.5T_{熔}$ 温度附近,进行保温,随时间的延长,组织将发生一系列变化,如图7.1所示。第一阶段 $O\sim\tau_1$,显微组织无变化,晶粒仍是冷变形后的纤维状,称为回复阶段。第二阶段 $\tau_1\sim\tau_2$,在形变基体中出现等轴、无畸变的小晶粒,随时间延长不断生核并长大,到 τ_2 时完全变成新的等轴晶粒,称为再结晶阶段。再结晶完成后,继续保温,新晶粒逐步相互吞并长大,故 $\tau_2\sim\tau_3$ 第三阶段称为晶粒长大阶段。

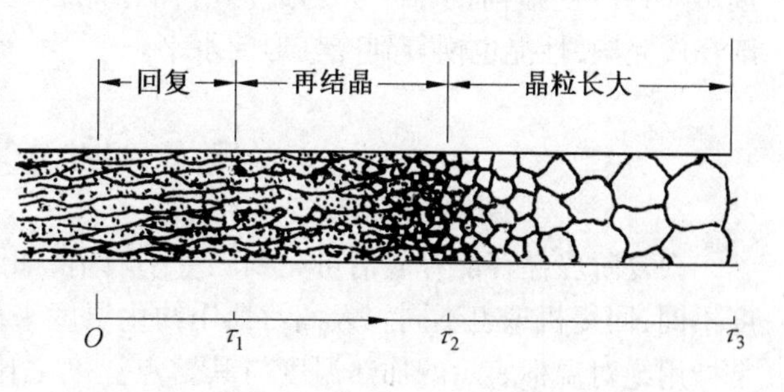

图7.1 回复,再结晶及晶粒长大过程示意图

7.1.2 储存能释放与性能变化

冷塑变时,外力所作的功尚有一小部分储存在形变金属内部,这部分能量叫储存能。加热过程中,原子活动能力增强,偏离平衡位置大,能量高的原子将向低能的平衡位置迁移,将储存能逐步释放出来,使内应力松驰。图7.2为三种不同类型的储存能释放谱。曲线A为纯金属、B与C为合金储存能释放谱。每条曲线都有一峰值,高峰开始出现对应再结晶开始,在此之前为回复。回复期A型纯金属储存能释放少,C型储存能释放最多。储存能的释放使金属的对结构敏感的性质发生不同程度的变化。

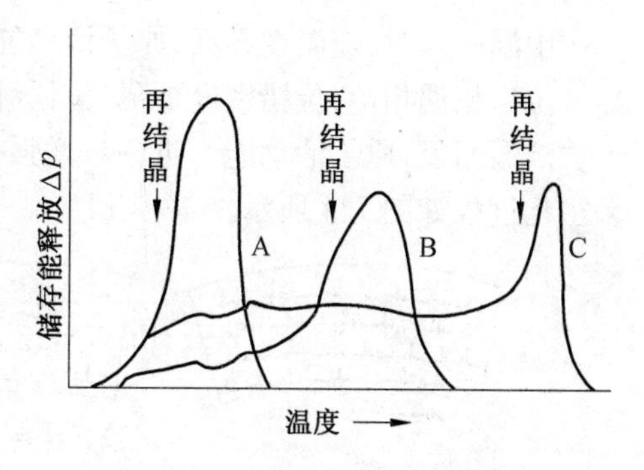

图7.2 储存能释放谱的类型

图7.3给出几种性能的变化与储存能的关系。

①硬度　通常回复期硬度仅有少量变化，这是因为回复阶段位错密度变化不大。再结晶期间，由于位错密度显著下降，使硬度恢复到冷塑变之前的水平。

②电阻率　回复引起点缺陷浓度明显下降，而点缺陷对电子散射作用比位错更有效，故回复阶段电阻率会显著下降。

③胞状亚结构尺寸　回复初期亚结构尺寸变化不大，回复后期及再结晶阶段，亚晶尺寸明显增大，同时胞壁厚度减薄。

④密度　回复阶段空位浓度减少，金属密度回升，但密度明显变化还是在再结晶阶段。

形变引入的大量位错随回复与再结晶的进行，逐步降到冷变形前的水平。与此同时储存能也逐渐释放完毕，性能也恢复到冷变形前水平。

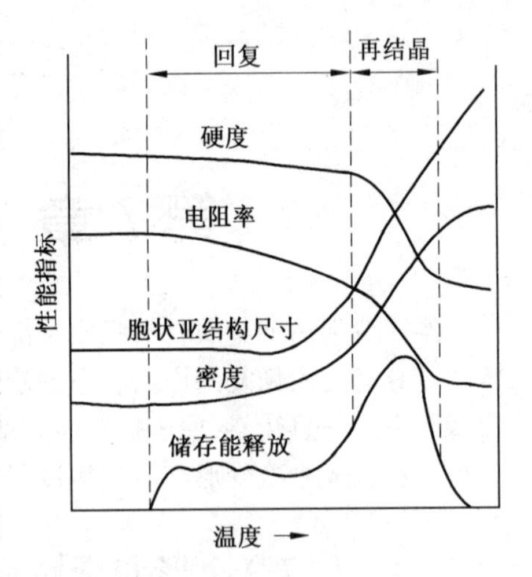

图 7.3　几种性能变化与储存能释放谱关系

7.2　回　复

回复阶段储存能释放谱可见到三个小峰值，如图 7.3 所示。这说明回复阶段加热温度不同，回复机理也不同。人们习惯用约化温度来表示加热温度的高低。所谓约化温度是指用绝对温标表示的加热温度与其熔点温度之比，即 $T_H = T/T_m$。$0.1<T_H<0.3$ 为低温回复；$0.3<T_H<0.5$ 为中温回复；$T_H>0.5$ 为高温回复。

7.2.1　回复机理

低温回复主要涉及点缺陷的运动。空位或间隙原子移动到晶界或位错处消失，空位与间隙原子的相遇复合，空位集结形成空位对或空位片，使点缺陷密度大大下降。

中温回复时，随温度升高，原子活动能力增强，位错可以在滑移面上滑移或交滑移，使异号位错相遇相消，位错密度下降，位错缠结内部重新排列组合，使亚晶规整化。

高温回复，原子活动能力进一步增强，位错除滑移外，还可攀移。主要机制是多边化，多边化过程如图 7.4 所示。

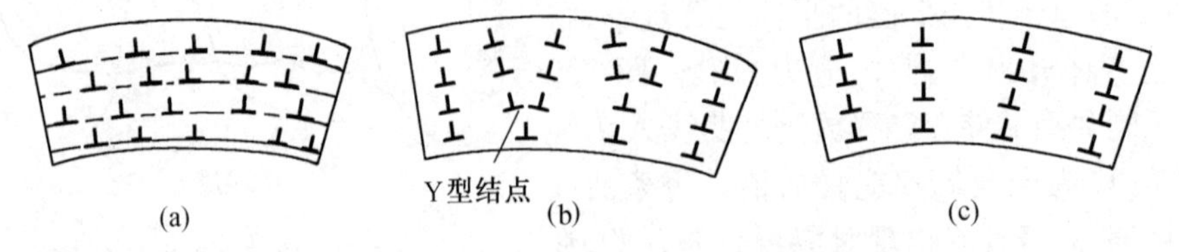

图 7.4　多边化过程中位错的重新分布

冷变形使平行的同号位错在滑移面上塞积，致使晶格弯曲，所增殖的位错杂乱分布，如图 7.4(a)所示。高温回复过程中，这些刃位错便通过攀移和滑移，由原来能量较高的水平塞积，改变为能量较低的沿垂直滑移面方向排列成位错墙，形成小角度倾侧晶界，如

图7.4(b)所示,把原先的晶粒分隔成许多取向稍有不同的亚晶,这种形成亚晶的过程称为多边化过程。多边化完成后,亚晶还可通过两个或更多个亚晶合并而长大,使亚晶界变得更清晰,位向差变大,如图7.4(c)所示。亚晶的合并可通过图7.4(b)中"Y"结点的移动实现,需靠位错的攀移、滑移与交滑移来完成。

总之,通过以上几种回复机制,使点缺陷数目减少,使位错互毁外,还使许多位错从滑移面转入亚晶界,使位错密度大大降低,并形成能量低的组态。同时使亚晶尺寸增大,亚晶之间的位向差变大。

7.2.2 回复动力学

研究回复动力学,可以了解冷变形金属在回复过程中的性能、回复程度与时间的关系,从而更好地控制回复过程。图7.5为经拉伸变形的纯铁在不同温度下加热时,屈服强度的回复动力学曲线。$(1-R)$为剩余加工硬化分数,t为退火时间。其中$1-R=(\sigma_r-\sigma_0)/(\sigma_m-\sigma_0)$,式中$\sigma_0$为纯铁充分退火后的屈服强度,$\sigma_m$是冷变形后的屈服强度,$\sigma_r$是冷变形后并经不同规程回复后的屈服强度。剩余加工硬化分数$(1-R)$与形变造成的缺陷的体积密度C_d成正比,即

$$1-R=B\cdot C_d \tag{7.1}$$

式中B为比例常数。回复时,C_d下降,$(1-R)$也下降,它们随时间t的变化速率之间关系为

$$\frac{d(1-R)}{dt}=B\cdot\frac{dC_d}{dt} \tag{7.2}$$

回复时,缺陷运动是热激活过程,因此可按化学动力学处理为

$$\frac{dC_d}{dt}=-AC_d e^{-Q/RT} \tag{7.3}$$

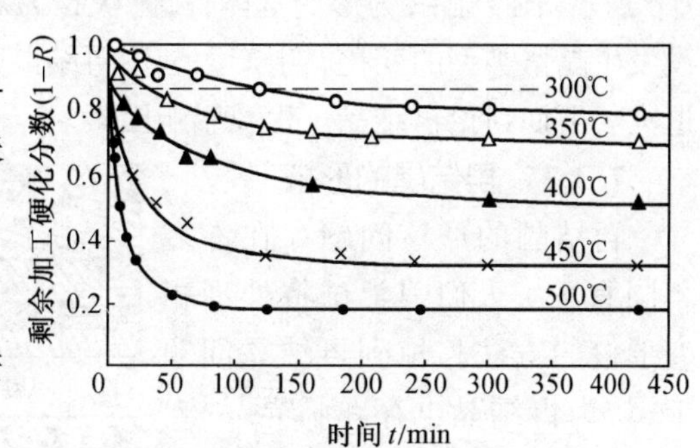

图7.5 经拉伸变形的纯铁在不同温度下加热时,屈服强度的回复动力学曲线

式中Q为激活能;R为气体常数;T绝对温度;A为一常数。将式(7.3)与式(7.2),(7.1)合并,得

$$\frac{d(1-R)}{dt}=-A(1-R)e^{-Q/RT} \tag{7.4}$$

将式(7.4)整理后积分得到

$$\ln(1-R)=-Ae^{-Q/RT}t+C' \tag{7.5}$$

式中C'为积分常数。如果在不同温度下回复到相同程度,例如图7.5虚线所示,$(1-R)$为常数。将式(7.5)移项整理后两边取自然对数,即

$$\ln t=C+Q/RT \tag{7.6}$$

式中C为常数。将$\ln t$与$1/T$作图,可得到一直线,若直线斜率为m,则激活能$Q=R\cdot m$。由于回复温度不同,回复机制也不同,故回复的不同阶段,其激活能值不同。实验证明,短时间回复所需激活能与空位迁移能相近。长时间回复,求得的激活能则与铁的自扩散激活能相近。因此有人认为回复开始阶段,回复机制以空位迁移为主,而后期以位错的攀移为主。

7.2.3 回复退火的应用

回复退火主要用来除去内应力。冷变形金属中存在的内应力通常是有害的。例如黄铜弹壳，放置一段时间后，由于内应力与外界气氛的作用，会发生晶间应力腐蚀开裂。但深冲后，260 ℃去应力退火后，不发生开裂。一般回复退火是在工件硬度基本不变的条件下，降低内应力，避免工件开裂或变形，改善耐蚀性。由回复动力学曲线，如图 7.5 所示。一定温度下性能的回复速度开始最快，随时间延长逐渐降低，直到回复速率为零。每一温度下只能达到一定回复程度。回复温度越高，回复速度越快，加工硬化残余分数越小。

7.3 再结晶

冷变形后的金属加热到一定温度之后，在变形基体中，重新生成无畸变的新晶粒的过程叫再结晶。再结晶使冷变形金属恢复到原来的软化状态。再结晶的驱动力与回复一样，也是冷变形所产生的储存能的释放。再结晶包括生核与长大两个基本过程，如图 7.6 所示。图中斜线为形变基体，白色块状为新生无畸变晶粒，与重结晶不同的是再结晶没发生晶格类型的变化。生产上利用再结晶消除冷加工变形的影响，该工艺称为再结晶退火。下面讨论再结晶过程及影响因素。

7.3.1 再结晶的形核

再结晶的形核问题存在许多不同看法。人们曾尝试将处理相变形核的方法移植到再结晶问题上，认为再结晶也存在临界晶核。把储存能作为再结晶形核的驱动力，新出现的界面为阻力，应用处理相变形核的方法——热力学分析方法得出了再结晶核心的临界尺寸，但与实验结果相差太大。随透射电镜技术的发展，人们根据对不同变形量的不同金属材料的观察，提出了不同的再结晶形核机制。

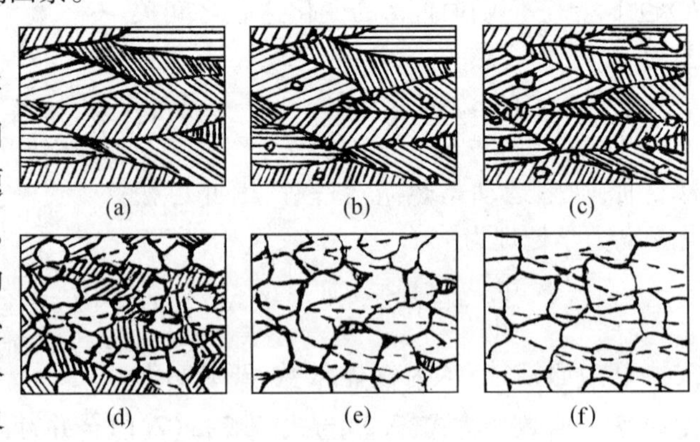

图 7.6 再结晶过程示意图

1. 小变形量的弓出形核机制

当变形量较小时，由于变形不均匀，相邻晶粒的位错密度相差可以很大，此时晶界中的一小段会向位错密度高的一侧突然弓出，如图 7.7(a)所示。晶界弓出部分是原晶界的一小段，两端被钉锚住，如图 7.7(b)所示。此晶界由Ⅰ位置移动到Ⅱ位置，扫掠出来的体积为 $\mathrm{d}V$，表面积增加 $\mathrm{d}A$。假定扫掠过后的小区域储存能全部释放。该区域就可成为再结晶核心。

弓出形核单位体积自由能的变化为

$$\Delta G=-E_s+\sigma\frac{\mathrm{d}A}{\mathrm{d}V} \tag{7.7}$$

式中 E_s 为两侧单位体积的储存能之差，是驱动力，阻力是晶界能的增加。当部分晶界弓

出一球表面时，则

$$dA/dV = \frac{d(4\pi R^2)}{dR} \bigg/ \frac{d}{dR}\left(\frac{4}{3}\pi R^3\right) = \frac{2}{R}$$

代入式(7.7)，并令 $\Delta G<0$ 得到

$$\Delta E_s > 2\sigma / R \tag{7.8}$$

由图 7.7(b)知 $R=L/\sin\alpha$，当 $\alpha=\frac{\pi}{2}$时，即晶界弓出成半球形，如图中虚线，$\sin\alpha=1$，R 达到一极小值，即 $R_{min}=L$，此时 $2\sigma/R_{min}$取得极大值，因此弓出形核的最大阻力是晶界弓出成半球时。克服这一阻力需满足

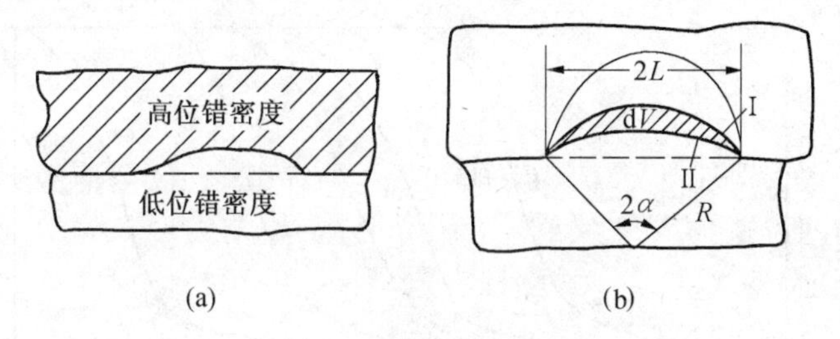

图 7.7 弓出形核机制

$$\Delta E_s > 2\sigma / L \tag{7.9}$$

由式(7.9)，ΔE_s 增大，L 可减小，说明形核容易。晶界弓出一旦超过半球形，由于 R 逐渐增大，$2\sigma/R$ 逐渐减小，晶核可自动长大。

2. 亚晶合并机制

变形量较大的高层错能金属再结晶核心通过亚晶合并来产生。采用多边化和亚晶界的“Y”过程或通过相邻亚晶的转动，逐步使小亚晶 A、B、C 合并成大的亚晶(ABC)，如图 7.8 所示，成为位错密度很低，尺寸较大的亚晶，随亚晶尺寸的增大，与四周的亚晶粒的位向差必然越来越大，最后形成大角度晶界。大角度晶界可动性大，可迅速移动，扫除移动路径中存在的位错，在其后留下无应变的晶体，这就形成了再结晶核心。

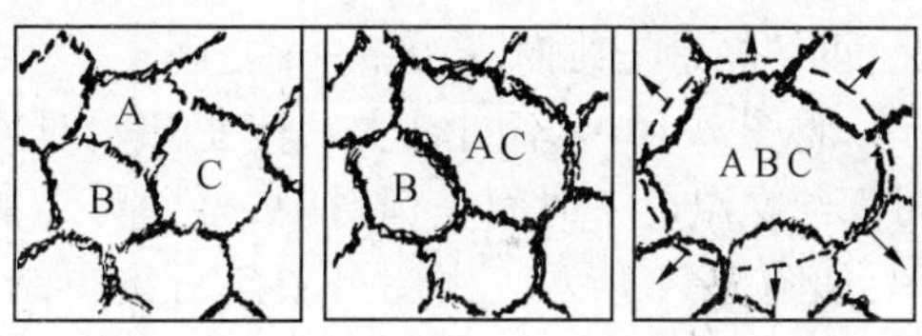

图 7.8 亚晶合并机制

3. 亚晶蚕食机制

变形量很大的低层错能金属扩展位错宽度大，不易束集，交滑移困难，位错密度很高。在位错密度很大的小区域，通过位错的攀移和重新分布，形成位错密度很低的亚晶。这个亚晶便向周围位错密度高的区域生长。相应的，亚晶界的位错密度逐渐增大，亚晶与周围形变基体取向差逐渐变大，最终由小角度晶界演变成大角度晶界。大角度晶界一旦形成，可突然弓出，迁移，蚕食途中所遇位错，留下无畸变晶体，成为再结晶核心，如图 7.9 所示。

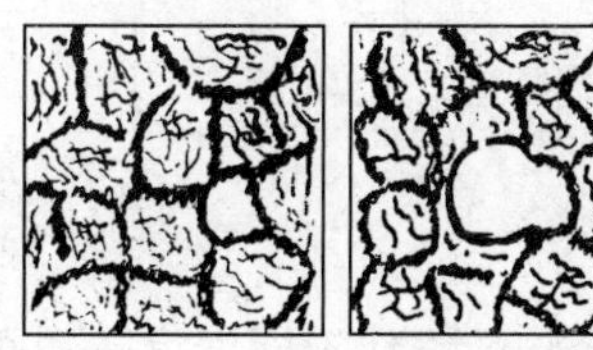

图 7.9 亚晶蚕食机制

总之,三种形核机制都是大角度晶界的突然迁移。所不同的是获得大角度晶界途径不同。

7.3.2 再结晶动力学

对恒温再结晶动力学人们作过大量研究。图 7.10 为纯铜经 98% 冷轧,在不同温度下等温再结晶,已经再结晶的体积分数 x_v 与等温时间 t 的关系曲线。具有典型的形核,长大过程的动力学特征。由图 7.10 可知等温温度越高,孕育期越短,再结晶速度越快。等温的每个温度下,再结晶速度开始很小,随 x_v 的增加而逐渐增大,并在大约 50% 处达到最大,然后又逐渐减小。多数学者认为再结晶动力学曲线可采用阿弗拉密(Avrami)方程描述

$$x_v = 1-\exp[-Bt^k] \tag{7.10}$$

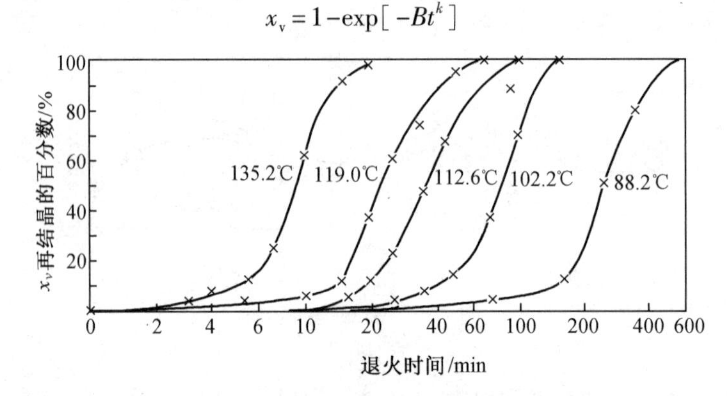

图 7.10 经 98% 冷轧纯铜(99.999% Cu)
在不同温度下的等温再结晶曲线

式中,B 和 k 均为常数,k 决定于再结晶形核率的衰减情况,再结晶是三维时,k 在 3 ~4 之间。

将图 7.10 中不同温度下转变开始时间与转为终了时间绘在温度—时间坐标系中,得到再结晶综合动力学图,如图 7.11 所示。由图可清楚看出再结晶温度越高,转变完成所需时间越短。

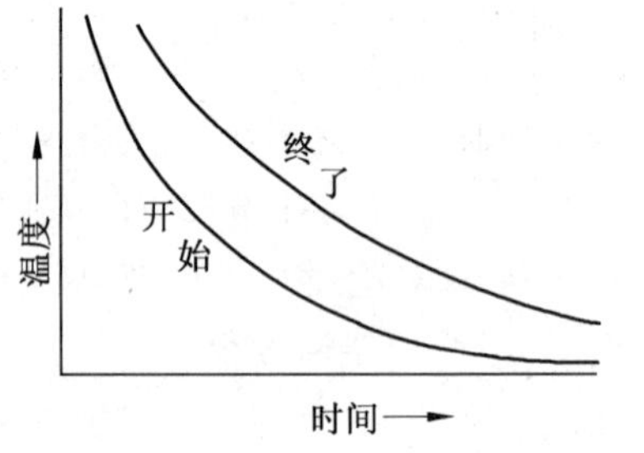

图 7.11 再结晶综合动力学曲线

阿弗拉密方程中的 B 和 k 可由实验方法求得。将式(7.10)移项整理,两边取自然对数,即

$$\ln \frac{1}{1-x_v} = Bt^k \tag{7.11}$$

两边再取对数得到

$$\lg\ln \frac{1}{1-x_v} = \lg B + k\lg t \tag{7.12}$$

图 7.12 系 98% 冷轧纯铜在不同温度等温再结晶的 $\lg\ln \frac{1}{1-x_v}-\ln t$ 图,图中大多数关系曲线具有线性关系。这说明用阿弗拉密方程描述等温再结晶体积分数与时间的关系与实际相符合。由图 7.12 可定出直线斜率,得出 k 值。

冷变形金属的再结晶也是一种热激活过程,再结晶速度符合阿累尼乌斯公式,即

$$V_{再} = A \cdot e^{-Q_R/RT} \tag{7.13}$$

再结晶速度 $V_{再}$ 与产生某一体积分数 x_v 所需的时间 t 成反比,即 $V_{再} \propto 1/t$,故有

$$\frac{1}{t}=A'\mathrm{e}^{-Q_{\mathrm{R}}/RT} \quad (7.14)$$

式中 A' 为比例系数，式(7.14)两边取对数得到

$$\ln\frac{1}{t}=\ln A'-Q_{\mathrm{R}}/RT \quad (7.15)$$

式(7.15)为一直线方程，故 $\ln\frac{1}{t}$ 与 $\frac{1}{T}$ 呈线性关系。可由直线斜率求出再结晶激活能。

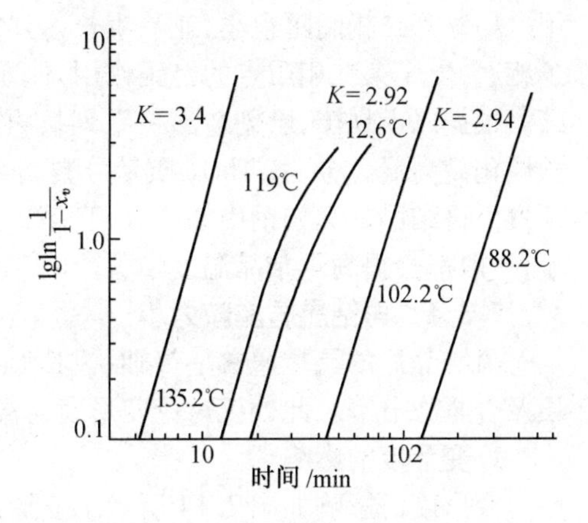

图 7.12　98% 冷轧纯铜不同温度再结晶的 $\lg\ln\frac{1}{1-x_v}-\lg t$ 图

7.3.3　影响再结晶的因素

影响再结晶的因素主要有以下几个方面：

1. 温度

由公式(7.13)，(7.14)可以看出加热温度越高，再结晶转变速度 $V_{再}$ 越快，完成再结晶所需的时间也越短。

2. 变形程度

金属的变形度越大，储存能也越多，再结晶驱动力也越大，因此再结晶温度也越低，如图 7.13。同时再结晶速度也越快。变形量增大到一定程度，再结晶温度基本稳定不变。工业纯金属经强裂冷变形后，最低再结晶温度约为 $0.4T_{\mathrm{m}}$(K)，T_{m} 为熔点。

3. 微量溶质原子

微量的溶质原子的存在对再结晶有巨大影响。溶质或杂质原子与位错，晶界存在交互作用，偏聚在位错及晶界处，对位错的运动及晶界的迁移起阻碍作用，因此不利于再结晶的形核与长大，阻碍再结晶，使再结晶温度升高。例如光谱纯铜 50% 再结晶的温度为 140 ℃，加入 0.01% 银后升高到 205 ℃，若加入 0.01% 镉后升高到 305 ℃。

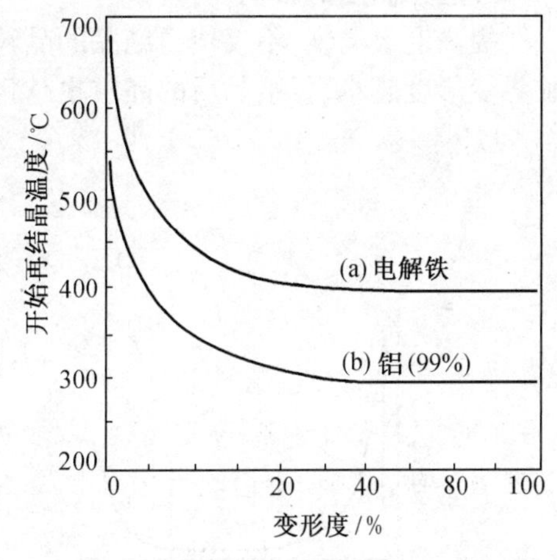

图 7.13　铁与铝开始再结晶温度与冷变形程度的关系

4. 原始晶粒尺寸

其他条件相同情况下，晶粒越细，变形抗力越大，冷变形后储存能越多，再结晶温度越低。相同变形度，晶粒越细，晶界总面积越大，可供形核场所越多，生核率也增大，故再结晶速度加快。

5. 分散相粒子

分散相粒子直径较大，粒子间距较大的情况下，再结晶被促进；而小的粒子尺寸和小的粒子间距，再结晶被阻碍。例如，$Al+CuAl_2$ 合金，当粒子直径为 0.3 μm 时，粒子间距 $\lambda>1$ μm，对再结晶起促进作用；当 $\lambda<1$ μm 则阻碍结晶的进行。

宽间距的弥散相能加速再结晶的原因是当再结晶处于形核阶段时，亚晶生长过程中，亚晶边界性质逐渐变化，与临近亚晶位向差不断增加，亚晶边界的迁移率也不断增加，一直到大角度边界出现，此时已完成形核，由于第二相间距宽，亚晶生长过程中尚未与第二相相遇已形成大角晶界。由于此时第二相粒子的存在会加速形核，故对再结晶有促进作

用。如果第二相间距很小,亚晶生长达到成为大角晶界的临界取向差之前就与第二相粒子相遇,由于第二相质点的钉锚作用,使亚晶生长速度减慢或停止,就阻碍了再结晶的形核。根据以上规律,已创造出一系列抗再结晶的新型合金。例如 TD 镍是 Ni-ThO_2 系弥散硬化型高温合金,其 ThO_2 质量分数为 2%,粒子尺寸为 0.1 μm 时,加热到 1 200 ℃仍不发生再结晶。又如钢中加入 V,Ti,Nb,Zr,Al 时,可生成弥散分布的化合物,其尺寸很小,一般都会提高再结晶温度。

7.3.4 再结晶后晶粒大小

再结晶后的晶粒通常呈等轴状,其大小受多种因素影响,主要有变形度,退火温度,杂质及合金成分等。此处仅讨论变形度与温度的影响。

1. 变形度的影响

变形度的影响如图 7.14 所示。变形量很小时,储存能少,不足以发生再结晶,故退火后晶粒尺寸不变;能发生再结晶的最小变形度通常在 2% ~8% 范围内,此时驱动力小,形核率低,最终能长大的晶粒个数少,再结晶退火后晶粒特别粗大,称为"临界变形度";超过临界变形度随变形度增加,储存能增加,从而使再结晶驱动力增加,导致生核率 N 与长大率 G 同时增加,但由于 N 增加速率大于 G,故再结晶后的晶粒得到细化。对于有些合金,当变形量相当大时再结晶晶粒又会重新粗化,这是晶粒异常长大造成的,我们将在后面加以介绍。

2. 退火温度的影响

提高退火温度,不仅使再结晶的晶粒长大,而且使临界变形度变小,如图 7.15 所示。临界变形度越小,再结晶后的晶粒也越粗大。

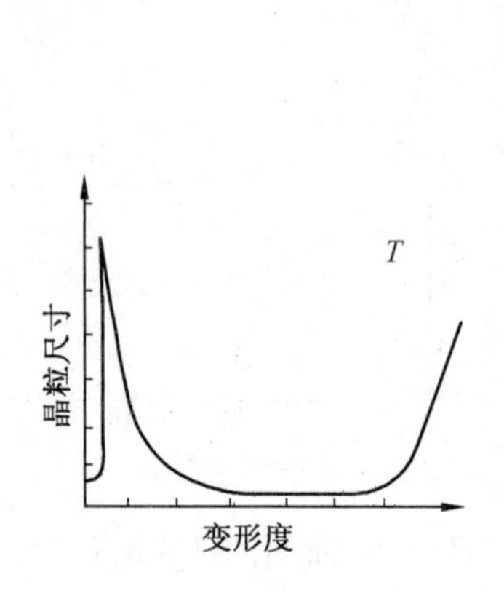

图 7.14 金属冷变形度对再结晶退火后晶粒大小的影响

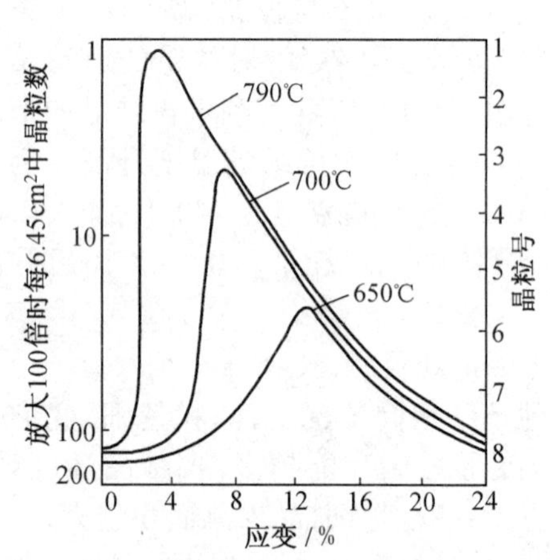

图 7.15 低碳钢(w_C=0.06%)变形度及退火温度对再结晶晶粒大小的影响

7.4 晶粒长大

冷变形金属在完成再结晶后,继续加热时,会发生晶粒长大。晶粒长大又可分为正常长大和异常长大(二次再结晶)。

7.4.1 晶粒的正常长大

再结晶刚刚完成,得到细小的无畸变等轴晶粒,当升高温度或延长保温时间,晶粒仍可继续长大,若均匀地连续生长叫正常长大。

1. 晶粒长大的驱动力

晶粒长大的驱动力,从整体上看,是晶粒长大前后总的界面能差。细小的晶粒组成的晶体比粗晶粒具有更多的晶界,故界面能高,所以细晶粒长大使体系自由能下降,故是自发过程。

从个别晶粒长大的微观过程来说,晶界具有不同的曲率则是造成晶界迁移的直接原因。设想有一如图 7.16 所示的双晶体,B 晶粒呈球状存在于 A 晶粒之中,两晶粒的交界是半径为 R 的球面。显然,如果晶界向减小 R 的方向移动,即向曲率中心移动,使体系总量下降。A、B 双晶体的界面能为

$$E_g = 4\pi R^2 \gamma_b \tag{7.16}$$

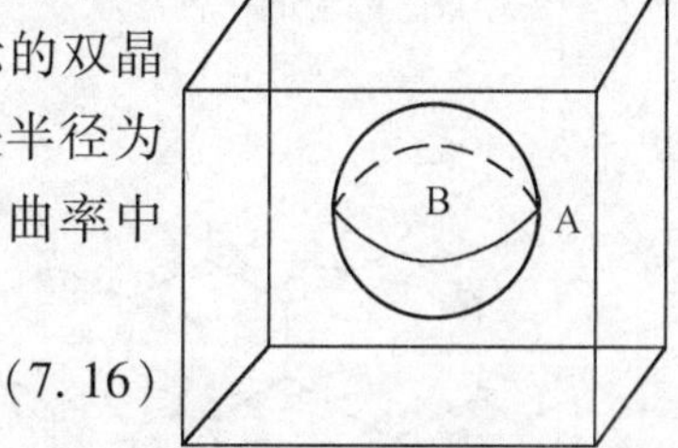

图 7.16 双晶体中的 A、B 两晶粒其中 B 呈球状,存在于 A 中

式中 γ_b 为单位面积的界面能。

晶界能随 R 的变化导致的变化是作用于晶界上的力,此力指向曲率中心,$F = dE_g/dR$。所以晶界移动的单位面积上的驱动力为

$$p = F/4\pi R^2 = \frac{d}{dR}(4\pi R^2 \gamma_b)/4\pi R^2 = \frac{2\gamma_b}{R} \tag{7.17}$$

考虑到空间任一曲面情况下,取两个主曲率半径 R_1,R_2 来描述任意曲面晶界的驱动力

$$P = 2\gamma_b \cdot \frac{1}{2}\left(\frac{1}{R_1}+\frac{1}{R_2}\right) = \gamma_b\left(\frac{1}{R_1}+\frac{1}{R_2}\right) \tag{7.18}$$

由公式(7.17),(7.18),晶界迁移驱动力随 γ_b 的增大而增大,随晶界的曲率半径增大而减小。晶界的移动方向总是指向曲率中心。

2. 晶粒的稳定形貌

相同体积情况下,球形晶粒的晶界面积最小,但如果晶粒呈球形,会出现堆砌的空隙。所以实际晶粒的平衡形貌,如图 7.17,呈十四面体。当三个晶粒相交于一直线时,其二维晶粒形状如图 7.18 所示。由作用于 O 点的张力平衡可得到

$$\gamma_{1-2} + \gamma_{2-3}\cos\phi_2 + \gamma_{3-1}\cos\phi_1 = 0 \tag{7.19}$$

或

$$\gamma_{1-2}/\sin\phi_3 = \gamma_{2-3}/\sin\phi_1 = \gamma_{3-1}/\sin\phi_2 \tag{7.20}$$

比界面能通常为常数,故 $\phi_1 = \phi_2 = \phi_3 = 120°$,故其平衡形貌如图 7.19 所示,三叉晶界,晶界角 120°。

实际的二维晶粒如图 7.20 所示,较大的晶粒往往是六边以上,如晶粒Ⅰ,较小的晶粒往往是少于六边,如晶Ⅱ。为保证界面张力平衡,晶界角应为 120°,故小晶粒的界面必定向外凸,大晶粒的界面必定向内凹。晶界迁移时,向曲率中心移动,如图 1.20 箭头所示,其结果必然是大晶粒吞食小晶粒而长大。

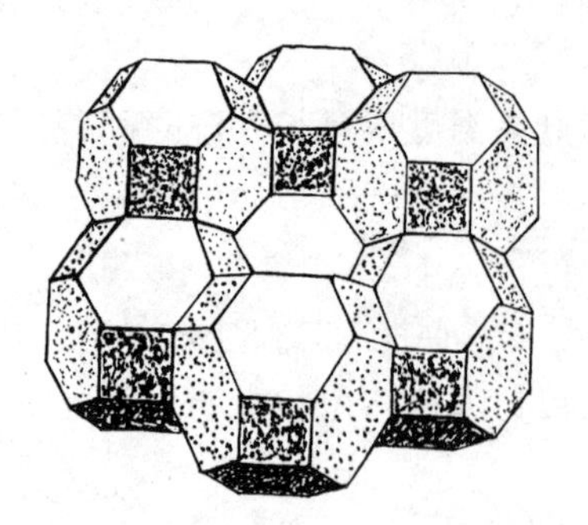

图 7.17　晶粒的平衡形状

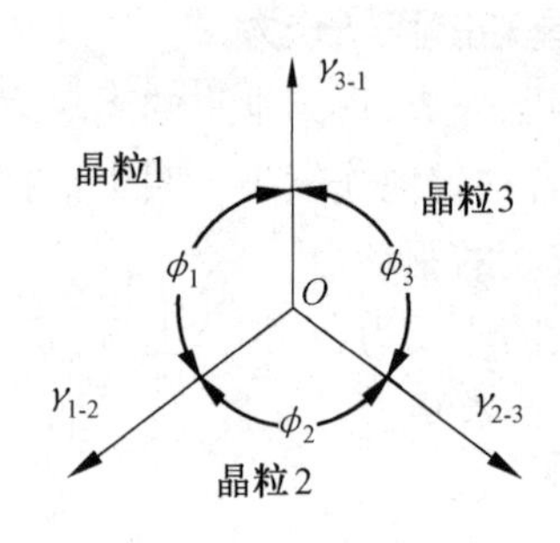

图 7.18　三晶粒交汇处表面张力与界面角的关系

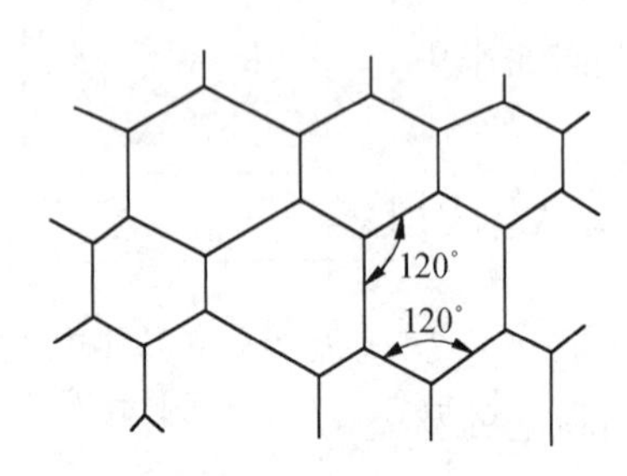

图 7.19　二维晶粒的稳定形状

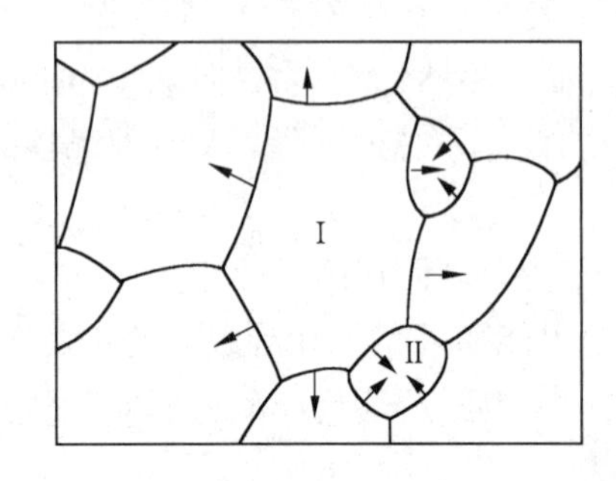

图 7.20　晶粒长大示意图
（箭头为晶界移动方向）

3. 影响晶粒长大的因素

晶粒长大是通过晶界迁移实现的，所以影响晶界迁移的因素都会影响晶粒长大。

①温度　晶界的迁移是热激活过程，晶粒的长大速度正比于 $e^{-Q/RT}$，因此温度越高晶粒长大速度越快。一定温度下，晶粒长到极限尺寸后就不再长大，但提高温度后晶粒将继续长大。

②杂质与合金元素　杂质及合金元素溶入基体后能阻碍晶界运动，特别是晶界偏聚显著的元素。一般认为杂质原子被吸附在晶界可使晶界能下降，从而降低了界面移动的驱动力，使晶界不易移动。

③第二相质点　弥散分布的第二相粒子阻碍晶界的移动，可使晶粒长大受到抑制。当晶界能所提供的晶界移动驱动力正好等于分散相粒子对晶界移动所施的约束力时，正常晶粒长大停止。此时晶粒的平均直径称为极限的晶粒平均直径，以 $\overline{D}_{\lim}$ 表示。可以证明

$$\overline{D}_{\lim}=4r/3f \tag{7.21}$$

式中，r 为分散相粒子半径；f 为分散相粒子所占体积分数。

由公式(7.21)可知，第二相粒子越细小，数量越多，阻碍晶粒长大能力越强。

④相邻晶粒的位向差　晶界的界面能与相邻晶粒的位向差有关，小角度晶界界面能低，故界面移动的驱动力小，晶界移动速度低。界面能高的大角度晶界可动性高。

7.4.2 晶粒的异常长大

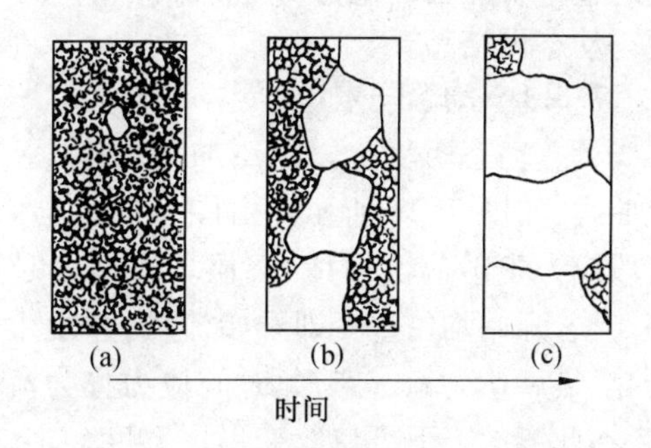

图 7.21 晶粒异常长大过程示意图

异常晶粒长大又称不连续晶粒长大或二次再结晶,是一种特殊的晶粒长大现象。发生这种晶粒长大时,基体中的少数晶粒迅速长大,使晶粒之间尺寸差别显著增大,直至这些迅速长大的晶粒完全互相接触为止,如图 7.21 所示。

发生异常长大的条件是,正常晶粒长大过程被分散相粒子,织构或表面热蚀沟等强烈阻碍,能够长大的晶粒数目较少,致使晶粒大小相差悬殊。晶粒尺寸差别越大,大晶粒吞食小晶粒的条件越有利,大晶粒的长大速度也会越来越快,最后形成晶粒大小极不均匀的组织,如图 7.21(c)所示。

二次再结晶在以下几种情况下出现:

金属变形时出现形变织构,一次再结晶后,往往仍得到具有织构的再结晶组织,这便是再结晶织构。再结晶织构可与形变织构相同,也可以是另一种织构,其取向与形变织构的取向存在一定位向关系。该组织中,再结晶晶粒具有相近的取向,基本不存在大角度晶界,故其晶界迁移率低,仅有少数迁移率高的大角度晶界存在,因此会发生二次再结晶。

当再结晶完成后,如果组织中存在弥散分布的第二相粒子,在一定温度下退火晶粒长大到一定就寸后便难于继续生长。若局部区域的第二相粒子分布较少,或加热温度升高,局部第二相粒子溶解,使这些局部区域阻碍晶界迁移的因素减弱或消失,则此处的晶粒便会继续长大。如果进一步升高温度,这些数量不多,尺寸较大的晶粒就会突然长大,发生二次再结晶。

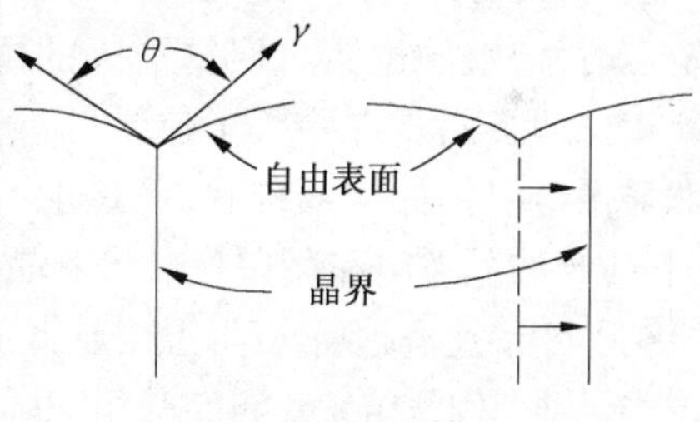

图 7.22 金属板表面热蚀沟及热蚀沟处晶界的迁移

对于金属薄板在加热条件下,在晶界与板面相交处,由于表面张力作用,会出现向板内凹陷的沟槽称为热蚀沟,如图 7.22 所示。晶界若从热蚀沟中迁移出去,势必会增加晶界面积,导致晶界迁移阻力增加。显然板越薄,被热蚀沟钉扎的晶界越多,若大多数晶粒的晶界被钉扎,仅少数晶粒边界可迁移,便会发生二次再结晶。

二次再结晶形成非常粗大的晶粒及非常不均匀的组织,从而降低了材料的强度与塑性。因此在制定冷变形材料再结晶退火工艺时,应注意避免发生二次再结晶。但对某些磁性材料如硅钢片,却可利用二次再结晶,获得粗大具有择优取向的晶粒,使之具有最佳的磁性。

7.5 金属的热变形

热变形或热加工指金属材料在再结晶温度以上的加工变形。工业生产中,高温进行的锻造,轧制等压力加工属热加工。了解金属材料的热变形规律及热加工过程中的组织转变规律,可指导生产实践,以获得优良的成品或中间制品。热加工过程中,在金属内部同时进行着加工硬化与回复再结晶软化两个相反的过程。就其性质来讲,可分为动态回复与动态再结晶。

7.5.1 动态回复

具有动态回复阶段的热加工真应力-真应变曲线,如图7.23所示。由图可知,变形开始阶段应力先随应变而增大,但增大速率越来越小,接着开始均匀塑变即开始流动,并发生加工硬化,最后达到稳定态,此时的应力称为流变应力,在此恒应力下可持续变形。温度一定,变形率 $\dot{\varepsilon}$ 越大,达到稳定阶段的应力和应变也越大。如果 $\dot{\varepsilon}$ 一定,变形温度越高,流变应力越小。

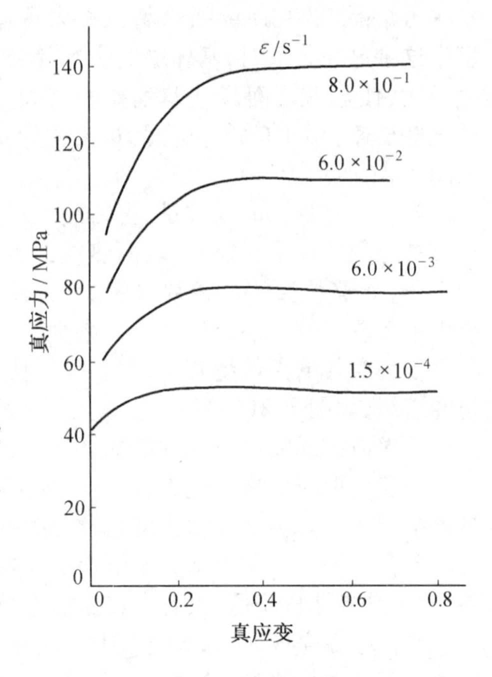

图7.23 动态回复阶段的应力-应变曲线(工业纯铁700 ℃)

动态回复主要发生在层错能高的金属材料的热变形过程中。层错能越高,扩展位错宽度 d 越小,不全位错易束集,故易产生交滑移。铝及铝合金,纯铁等高层错能金属热变形时,动态回复是其主要或唯一的软化机制。热加工使金属材料的显微组织发生了明显变化。热加工开始阶段,随变形抗力的增加,位错密度不断增加,当变形进行到一定程度,位错密度增加速率减小,直到进入稳定态,此时位错密度维持在 $10^{14}\sim10^{15}\,m^{-2}$。这是因为热变形产生加工硬化的同时,动态回复同步进行,螺位错的交滑移及刃位错的攀移使异号位错相遇相消,在稳定态时,增殖的位错与回复消灭的位错呈动态平衡。动态回复也导致了位错的重新分布,虽然显微组织仍保持纤维状,但透射电镜观察表明,拉长的晶粒内都存在等轴状亚晶,即胞状亚结构。变形速率越高,变形温度越低亚结构尺寸越小。动态回复组织比再结晶组织强度高,将动态回复组织通过快冷保持下来,已成功运用于提高建筑用铝镁合金挤压型材的强度方面。

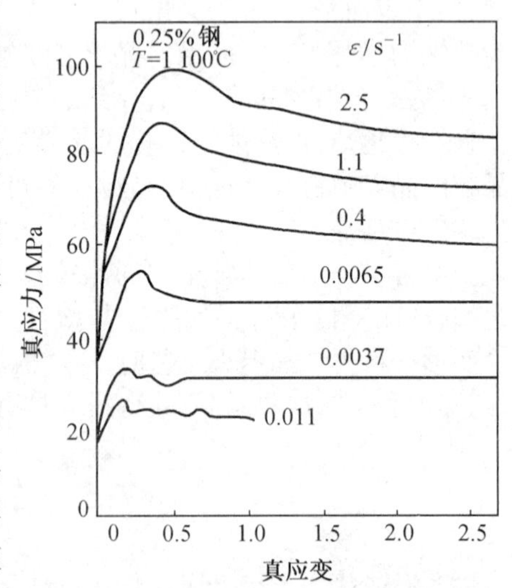

图7.24 动态再结晶阶段的应力-应变曲线

7.5.2 动态再结晶

具有动态再结晶阶段的真应力-真应变曲线,如图7.24所示。与动态回复的真应力-真应变曲线在形状上有明显不同。在高应变速率情况下,应力随应变不断增大,直达峰值后又随应变而下降,最后达到稳定态。峰值之前为加工硬化占主导,金属中只发生部分动态再结晶。随变形量增加位错密度不断增高,使动态再结晶加快,软化作用逐渐增强,当软化作用开始大于加工硬化作用时,曲线开始下降。当变形造成的硬化与再结晶造成的软化达到动态平衡时,曲线进入稳定阶段。在低应变速率下,与其对应的稳定态阶段的曲线呈波浪形变化,这是由于低的应变速率或较高的变形温度下,位错密度增加速率小,动态再结晶后,必须进一步加工硬化,才能再一次进行再结晶的形核。因此这种情况下,动态再结晶与加工硬化交替进行。使曲线呈波浪式。应变速率 $\dot{\varepsilon}$ 一定时,升高温度与温度一定时,降低应变速率对真应力-真应变曲线的影响相同。

层错能偏低的材料如铜及其合金,γ-Fe,奥氏体钢等易出现动态再结晶。这类材料由于层错能低,扩展位错宽度 d 大。不易束集,难以进行交滑移和攀移,热加工时,在各个局部地区积累足够高的位错密度便可发生动态再结晶。故动态再结晶是低错能金属材料热变形的主要软化机制。

与静态再结晶过程类似,动态再结晶也是通过新形成的大角度晶界及其随后移动的方式进行的。整个热变形过程中,再结晶不断通过生核及生长而进行。由于新生的晶粒仍受变形的作用,使动态再结晶的晶粒中,形成缠结状的胞状亚结构。动态再结晶晶粒的尺寸与变形达到稳定态时的应力大小有关,此应力越大,再结晶晶粒越细。

热变形中止或终止,由于材料仍处在高温,可发生静态再结晶,静态再结晶粒尺寸比动态再结晶晶粒尺寸大约一个数量级,这是热加工造成的混晶的重要原因。通过调整热加工工艺温度,变形度,应变速率或变形后的冷却速度可控制动态再结晶过程,改善材料性能。

7.5.3 热加工后的组织及性能

金属高温塑性好,变形抗力低,可进行大量的塑变,使铸锭中的组织缺陷明显改善。如使气泡焊合,将粗大铸态组织细化,改善夹杂物及脆性相的形态与分布,部分消除偏析。其结果提高了材料的致密度和机械性能,改善了组织。

热加工过程中,某些枝晶偏析,晶界杂质偏聚,夹杂物或第二相粒子将随变形的进行,沿加工变形方向分布,在浸蚀的宏观磨面上,可看到沿变形方向分布的,形态呈纤维状的“流线”,如图 7.25 所示。

图 7.26 为热轧 Q235 钢板,沿轧向呈层、带状,构成明显的“带状组织”。使金属材料的性能产生明显的方向性,特别是横向塑性变差。可通过正火或高温扩散退火加正火加以消除。

图 7.25 Q235 钢的热变形流线 1×

图 7.26 热轧 Q235 钢板带状组织 200×

正常热加工可使晶粒细化,但变形不均匀时,变形量处在临界变形度的部位,锻后晶粒特别粗大,变形量很大的地方易出现二次再结晶得到异常粗大的晶粒。终锻温度过高,锻后冷却过慢都会造成晶粒粗化,使组织性能变坏。因此对无相变的合金,或热变形后不进行热处理的钢件,应对热加工过程认真进行控制,以获得细小均匀的晶粒。

7.5.4 超塑性

某些金属材料在特定条件下拉伸可获得特别大的延伸率,例如延伸率可达200%,甚至可达1 000%,这种性能称为超塑性。

获得超塑性的条件是:

①变形一般在0.5 ~0.65$T_{熔}$ 进行。

②应变速率应加以控制,通常(1% ~0.01%)·s^{-1}。

③在超塑性变形温度下,材料具有微细等轴晶粒(≤10 μm)的组织。

④金属具有超塑性时,其流变应力 σ 和应变速率 $\dot{\varepsilon}$ 有如下关系

$$\sigma = K \cdot \dot{\varepsilon}^{m} \tag{7.22}$$

式中,m 为应变速率敏感性系数,超塑性时 $m \approx 0.5$,一般金属材料为0.01 ~0.04。

超塑性变形时,抛光表面不出现滑移线,也无形变亚晶出现,这说明变形不靠滑移进行。大多数人认为超塑性变形与晶粒间界的相对滑动和回转有关,较高温度下的晶界的黏性流动可产生很大的变形。

超塑性合金材料见表7.1。

表7.1 一些超塑性合金材料

材料		变形温度/℃	延伸率 δ	m
锌基	Zn-22Al	250	1500 ~ 2000	0.7
锡基	Sn-38Pb	20	700	0.6
铝基	Al-33Cu-7Mg	420 ~ 480	>600	0.72
	Al-25.2Cu-5.2Si	500	1310	0.43
	Al-11.7Si	450 ~ 550	480	0.28
	Al-6Cu-0.5Zn	420 ~ 450	~ 2000	0.5
	Al-6Mg-0.4Zr	400 ~ 520	890	0.6
铜基	Cu-9.8Al	700	700	0.7
	Cu-19.5Al-4Fe	800	800	0.5
	Cu-9Al-4Fe	800	-	0.49
钛基	Ti-6Al-4V	800 ~ 1 000	1 000	0.85
	Ti-5Al-2.5Sn	900 ~ 1 100	450	0.72
镍基	Ni-39Cr-10Fe-2Ti	810 ~ 980	1 000	0.5
镁基	Mg-6Zn-0.5Zr	270 ~ 310	1 000	0.6

续表 7.1

材　料		变形温度/ ℃	延伸率 δ	m
铁基	Fe-0.91C	716	133	0.42
	Fe-1.2C-1.6Cr	700	445	0.35
	Fe-0.18C-1.54Mn-0.1N	900	320	0.55
	Fe-4Ni	900	820	0.58
	Fe-4Ni-3Mo-1.6Ti	960	615	0.67
	Fe-0.16C-1.54Mn-1.98P-0.13V	900	367	0.55

由于超塑性材料延展性非常好,可以象玻璃那样吹制,形状非常复杂的零件可一次成型。由于变形时没有弹性应变,成型后也没有回弹,尺寸精度非常高。此外变形抗力小,变形温度低,对模具材料要求不高。缺点是使合金成为超塑性态比较麻烦。在等温下成型,成型速度慢,使模具易氧化。

超塑性是金属学中较新的重要领域,将引起越来越多的人的注意,目前已进入实用阶段。

习　题

1. 名词解释

回复　再结晶　多边化　二次再结晶　弓出形核　亚晶合并形核　动态回复　流线　带状组织　再结晶激活能　超塑性　应变速率敏感系数　临界变形度

2. 试述不同温度下的回复机制。

3. 何为一次再结晶和二次再结晶?发生二次再结晶的条件有哪些?

4. 何为临界变形度?在工业生产中有何意义?

5. 动态回复与动态再结晶的真应力-真应变曲线有何差异?试解释之。

6. 何为超塑性?获得超塑性需要满足哪些条件?超塑性对生产有何实际意义?

7. 请自己设计一实验方案测定某金属材料的再结晶激活能。

8. 用冷拔钢丝绳吊挂颚板进行固溶处理,颚板温度接近 1 100 ℃,吊车送往淬火水槽途中发生断裂。此钢丝绳是新的,无疵病。试分析钢丝绳断裂原因。

第8章　扩　散

扩散是物质内部由于热运动而导致原子或分子迁移的过程。在固体中,原子或分子的迁移只能靠扩散来进行。固体中的许多反应如:铸件的扩散退火、合金的许多相变、粉末烧结、离子固体的导电、外来分子向聚合物的渗透都受扩散控制。

8.1　扩散定律

8.1.1　菲克第一定律

研究扩散时首先遇到的是扩散速率问题,菲克在1855年提出了菲克第一定律,解决了这个问题。菲克第一定律的表达式为

$$J=-D\frac{\mathrm{d}c}{\mathrm{d}x} \tag{8.1}$$

式中,J 为扩散通量,原子数目/m^2 · s 或 kg/m^2 · s;c 为扩散组元的体积浓度,原子数/m^3 或 kg/m^3;D 为扩散系数,m^2/s;$\frac{\mathrm{d}c}{\mathrm{d}x}$为浓度梯度;"-"号表示扩散方向为浓度梯度的反方向,即扩散由高浓度区向低浓度区进行。

菲克第一定律表明,只要材料中有浓度梯度,扩散就会由高浓度区向低浓度区进行,而且扩散通量与浓度梯度成正比。

显然当扩散在恒稳态($\frac{\mathrm{d}c}{\mathrm{d}x}$和 J 不随时间变化)的条件下应用式(8.1)相当方便。实际上,大多数扩散过程都在非恒稳态($\frac{\mathrm{d}c}{\mathrm{d}x}$和 J 随时间变化)条件下进行的。因此式(8.1)的应用受到限制。

8.1.2　菲克第二定律

菲克第二定律是在菲克第一定律的基础上推导出来的,菲克第二定律的表达式为

$$\frac{\partial c}{\partial t}=D\frac{\partial^2 c}{\partial x^2} \tag{8.2}$$

式中,c 为扩散物质的体积浓度,原子数/m^3 或 kg/m^3;t 为扩散时间,s;x 为距离,m。

式(8.2)给出 $c=f(t,x)$ 函数关系。由扩散过程的初始条件和边界条件可求出式(8.2)的通解。利用通解可解决包括非恒稳态扩散的具体扩散问题。

8.1.3　扩散方程在生产中的应用举例

1. 扩散方程在渗碳中的应用

钢铁的渗碳是扩散过程在工业中应用的典型例子。把低碳钢制的零件放放渗碳介质中渗碳。零件被看作半无限长情况。渗碳一开始,表面立即达到渗碳气氛的碳浓度 c_s 并始终不变。这种情况的边界条件为 $c(x=0;t)=c_s$;$c(x=\infty;t)=c_0$,初始条件为

$c(x;t=0)=c_0$。

式(8.2)的通解为

$$\frac{c_s-c_x}{c_s-c_0}=\operatorname{erf}\left(\frac{x}{2\sqrt{Dt}}\right) \tag{8.3}$$

式中,c_0 为原始浓度;c_s 为渗碳气氛浓度;c_x 为距表面 x 处的浓度;$\operatorname{erf}\left(\frac{x}{2\sqrt{Dt}}\right)=\operatorname{erf}(Z)$ 为误差函数。表8.1列出了它的部分数据。

表8.1 误差函数表

Z	$\operatorname{erf}(Z)$	Z	$\operatorname{erf}(Z)$
0.00	0.000 0	0.70	0.677 8
0.01	0.011 3	0.75	0.711 2
0.02	0.022 6	0.80	0.742 1
0.03	0.033 8	0.85	0.770 7
0.04	0.045 1	0.90	0.796 9
0.05	0.056 4	0.95	0.820 9
0.10	0.112 5	1.00	0.842 7
0.20	0.222 7	1.20	0.910 3
0.25	0.276 3	1.30	0.934 0
0.30	0.328 5	1.40	0.952 3
0.35	0.379 4	1.50	0.966 1
0.40	0.428 4	1.60	0.976 3
0.45	0.475 5	1.70	0.983 8
0.50	0.520 5	1.80	0.989 1
0.55	0.563 3	1.90	0.992 8
0.60	0.603 9	2.00	0.995 3
0.65	0.642 0		

假定将渗层深度定义为碳浓度大于某一值 c_c 处铁棒表层的深度。图8.1中 t_1,t_2,t_3 时定义的渗层深度分别为 x_1,x_2,x_3。这时式(8.3)可写成

$$\frac{c_s-c_c}{c_s-c_0}=\operatorname{erf}\left(\frac{x}{2\sqrt{Dt}}\right) \tag{8.4}$$

式(8.4)左边为定值,这表明对于 c_c 为任一规定值时,$\frac{x}{2\sqrt{Dt}}$ 为定值。这样可得到渗层深度与扩散时间的关系式为

$$x=K\sqrt{Dt} \tag{8.5}$$

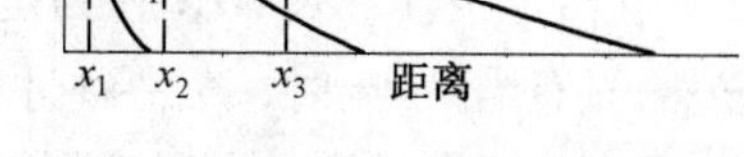

图8.1 渗碳过程中碳浓度随时间和距离变化的规律

式中 K 为常数。式(8.5)是一个很重要的结果,它说明"规定浓度的渗层深度"$x\propto\sqrt{t}$ 或 $t\propto x^2$。如要使扩散层深度增加一倍则扩散时间要增加三倍。

例　将纯铁放于渗碳炉内渗碳，假定渗碳温度为 920 ℃，渗碳介质碳浓度 $c_s = 1.2\%$，$D = 1.5\times10^{-11}\ \mathrm{m^2/s}$，$t = 10$ h。(1)求表层碳浓度分布；(2)如规定浓度渗层深度为表面至 0.3%C 处的深度，求渗层深度。

解　表层碳浓度分布为

$$c_x = 1.2\left[1-\mathrm{erf}\left(\frac{x}{2\sqrt{1.5\times10^{-11}\times3.6\times10^4}}\right)\right] = 1.2\left[1-\mathrm{erf}(6.8\times10^2 x)\right]$$

将 $c_x = 0.3$ 代入上式

$$\mathrm{erf}(6.8\times10^2 x) = 0.75$$

查表 8.1，$Z = 6.8\times10^2 x = 0.81$

$$x \approx 1.19\ \mathrm{mm}$$

2. 扩散方程在扩散退火过程的应用

显微编析是合金在结晶过程中形成的，在铸件、锻件中普遍存在。扩散退火时将零件在高温下长时间保温可促使成分的均匀化。扩散方程可帮助我们制定扩散退火工艺。

如图 8.2 所示，具有显微偏析的合金其组元分布大多呈周期性变化，可近似用一正弦曲线表示组元沿某方向 x 的分布情况，即

$$c = c_m \sin\frac{\pi x}{l} \tag{8.6}$$

式中，c 表示任一点 x 处的浓度与合金平均成分的差值；c_m 表示偏析的最大差值；x 代表距离。$x=0$ 处的成分为合金平均成分。l 为偏析波的波长的一半。

当合金在给定温度加热保温时，偏析组元将由高浓度处向低浓度处扩散，合金将逐渐均匀化。这种情况的边界条件为 $c(x=0,l,2l\cdots;t)=0$；初始条件为 $c(x=l/2,3l/2,5l/2\cdots;t=0)=c_m$。这时扩散方程(8.2)的通解为

$$c = c_m \sin\frac{\pi x}{l} \mathrm{e}^{-\pi^2 Dt/l^2} \tag{8.7}$$

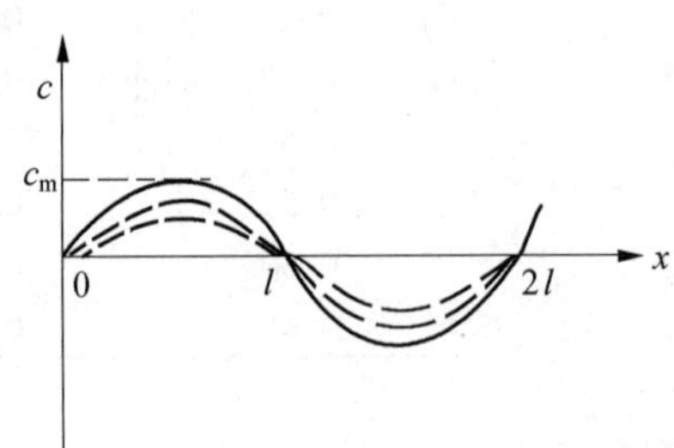

图 8.2　显微偏析中浓度随距离的变化

在研究扩散退火过程时只需掌握 $c_m(x=l/2,3l/2,5l/2\cdots)$ 的衰减情况问题就基本解决了。这些地方 $\sin\frac{\pi x}{l}=1$，公式(8.7)变为

$$c/c_m = \mathrm{e}^{-\pi^2 Dt/l^2} \tag{8.8}$$

在给定条件下 c_m，D，l 皆为定值。令 $\tau = l^2/\pi^2 D$（τ 具有时间量纲，被称为衰减时间）显然，只有当 $t\to\infty$ 时，$c/c_m\to0$ 才会完全均匀化，可见所谓均匀化只有相对意义。一般来说，只要偏析衰减到一定程度（如 1/10），即可认为均匀化了。

由公式(8.8)及 $\tau = l^2/\pi^2 D$ 可知，凡使 τ 降低的因素都可加速均匀化。增加扩散温度使 D 增加可以加快扩散速率。减小偏析波波长 l 是提高均匀化速率的最有效手段，因为 l 减小到 1/4，τ 则缩短到 1/16。凝固过程细化晶粒，及通过锻造、轧制、热处理使组织充分细化都可以大大缩短均匀化退火时间。

8.1.4 扩散的驱动力及上坡扩散

菲克定律指出扩散总是向浓度降低的方向进行的。但事实上很多情况,扩散是由低浓度处向高浓度处进行的。如固溶体中某些元素的偏聚或调幅分解。这种扩散被称为"上坡扩散"。上坡扩散说明从本质上来说浓度梯度并非扩散的驱动力。热力学研究表明扩散的驱动力是化学位梯度$\frac{\partial u_i}{\partial x}$。

由热力学等温等压条件下,体系自动地向自由能 G 降低的方向进行。设 n_i 为组元 i 的原子数,则化学位 $u_i=\left(\frac{\partial G}{\partial n_i}\right)_{TPn_i}$ 就是 i 原子的自由能。原子受到的驱动力可由化学位对距离的求导得出

$$F=-\frac{\partial u_i}{\partial x}$$

式中"-"号表示驱动力与化学位下降的方向一致,也就是扩散总是向化学位减少的方向进行的。

一般情况下的扩散如渗碳、扩散退火等$\frac{\partial \mathrm{u_i}}{\partial \mathrm{x}}$与$\frac{\partial \mathrm{C}}{\partial \mathrm{x}}$的方向一致,所以扩散表现为向浓度降低的方向进行。固溶体中溶质原子的偏聚、调幅分解等$\frac{\partial \mathrm{u_i}}{\partial \mathrm{x}}$与$\frac{\partial \mathrm{C}}{\partial \mathrm{x}}$方向相反,所以扩散表现为向浓度高的方向进行(上坡扩散)。

引起上坡扩散的还可能有下面一些情况:

1. 弹性应力作用下的扩散

金属晶体中存在弹性应力梯度时,将造成原子的扩散。大直径的原子跑向点阵的伸长部份,小直径的原子跑向点阵受压缩的部分,造成固溶体中溶质原子的不均匀。

2. 晶界的内吸附

一般情况晶界能量比晶粒内高,如果溶质原子位于晶界上可使体系总能量降低,它们就会扩散而富集在晶界上,使得晶界上浓度比晶内的高。

3. 电场作用下的扩散

很大的电场也促使晶体中原子按一定方向扩散。

8.2 扩散机制

为了深入认识固体中的扩散规律,需要了解扩散的微观机制。人们已经提出了多种扩散机制来解释扩散现象。其中有两种比较真实地反映了客观现实。一种是间隙机制,它解释了间隙固溶体中的间隙原子如 H,C,N,O 等小原子的扩散;另一种是空位机制,它解释了置换原子的扩散及自扩散现象。

8.2.1 间隙扩散

在间隙固溶体中溶质原子的扩散是从一个间隙位置跳动到近邻的另一间隙位置,发生间隙扩散。图 8.3 为面心立方结构的(100)晶面及该晶面上的八面体间隙。间隙原子从间隙 1 向间隙 2 跳动时必须把原子 3,4 推开,从它们之间挤过去。这就是说,间隙原子

在跳动时必须克服一个势垒。图 8.4 中,间隙原子从位置 1 跳到位置 2 必须越过的势垒是 G_2-G_1。只有那些自由能大于 G_2 的原子才能跳动。

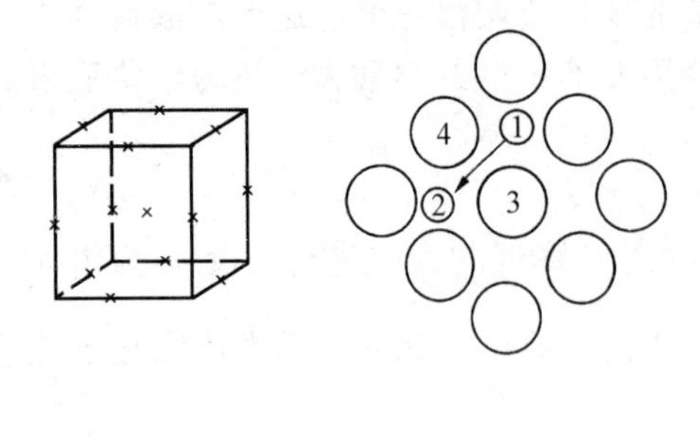

图 8.3　面心立方结构的八面体间隙及(100)晶面

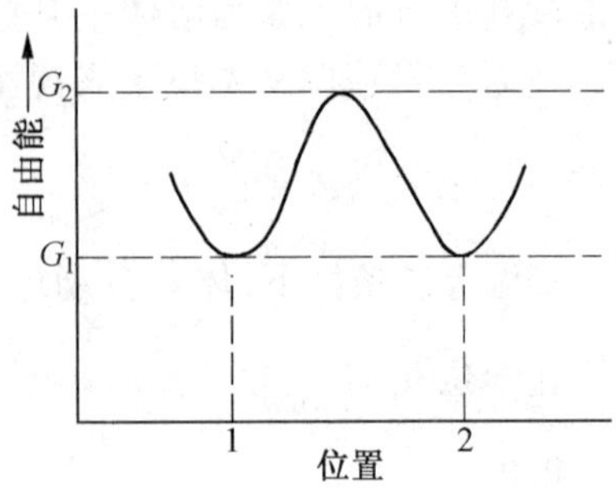

图 8.4　原子的自由能与其位置关系

8.2.2　置换扩散

在置换固溶体或纯金属中,各组元原子直径比间隙大得多,很难进行间隙扩散。置换扩散的机制是人们十分关心的问题。柯肯达尔效应对认识这个问题很有帮助。

1. 柯肯达尔效应

柯肯达尔的实验如图 8.5 所示。将一块纯铜和纯镍对焊起来,在焊接面上嵌上几根细钨丝(惰性)作为标记。将试样加热到接近熔点的高温长时间保温,然后冷却。经剥层化学分析得到图 8.5 所示的成分分布曲线。令人惊讶的是,经扩散后惰性的钨丝向纯镍一侧移动了一段距离。因为惰性的钨丝不可能因扩散而移动,镍原子与铜原子直径相差不大,也不可能因为它们向对方等量扩散时,因原子直径差别而使界面两侧的体积产生这样大的差别。唯一的解释是镍原子向铜一侧扩散的多,铜原子向镍一侧扩散的少,使铜一侧伸长,镍一侧缩短。

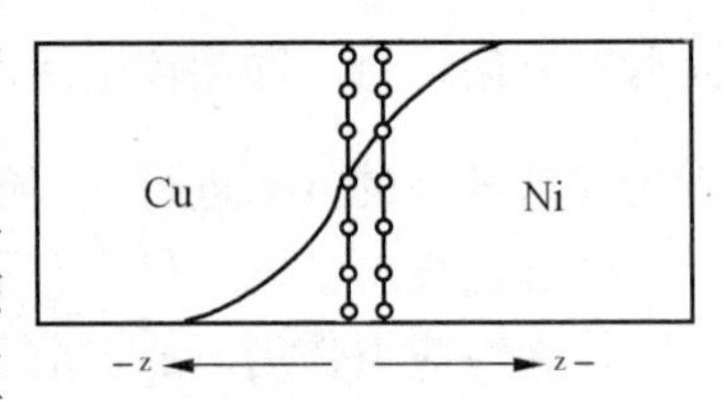

图 8.5　柯肯达尔效应

2. 空位扩散机制

曾有人提出过置换扩散机制为直接交换式,如图 8.6(a)所示,而环形换位式,如图 8.6(b)所示。直接交换式的激活能太高,难以实现。换位式的结果必然使流入和流出某界面的原子数相等,不能产生柯肯达尔效应。后来人们又提出了空位扩散机制,如图 8.6(c)所示。空位扩散机制认为晶体中存在的大量空位在不断移动位置。扩散原子近邻有空位时,它可以跳入空位,而该原子位置成为一个空位。这种跳动越过的势垒不大。当近邻又有空位时,它又可以实现第二次跳动。实现空位扩散有两个条件即扩散原子近邻有空位,该原子具有可越过势垒的自由能。

空位式扩散机制能很好地解释柯肯达尔效应,被认为是置换扩散的主要方式。在柯肯达尔实验中因镍原子比铜原子扩散的快,所以有一个净镍原子流越过钨丝流向铜一侧,同时有一个净空位流越过钨丝流向镍一侧。这样必使铜一侧空位浓度下降(低于平衡浓度),使镍一侧空位浓度增高(高于平衡浓度)。当两侧空位浓度恢复到平衡浓度时,铜一侧将因空位增加而伸长,镍一侧将因空位减少而缩短,这相当于钨丝向镍一侧移动了一段距离。

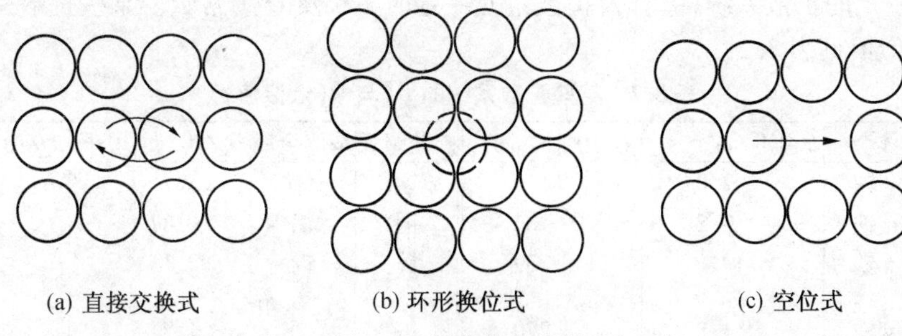

图 8.6　置换扩散机制

8.2.3　扩散系数公式

如图 8.7 所示，在晶体中取两个平面，间距为 dx，假定扩散过程中这两个平面的溶质浓度保持不变，平面Ⅰ上(x 处)的浓度为 c_1，平面Ⅱ上($x+dx$)的浓度为 c_2，$c_1>c_2$。

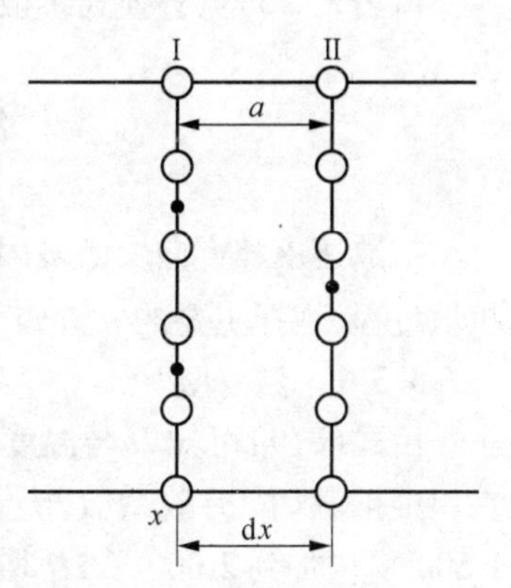

图 8.7　扩散系数公式推导

设扩散原子从平面Ⅰ跳到平面Ⅱ所需的超额能量为 q；原子的振动频率为 ν；平面Ⅱ上具有能接收扩散原子的位置(间隙或空位)的几率为 z。

由热力学可知，原子在任一瞬间具有跳跃所需的超额能量的几率 $P=e^{-q/kT}$。由于原子热运动的自由度为6($\pm x$，$\pm y$，$\pm z$)原子真正沿$+x$ 方向跳跃的几率为$\frac{1}{6}$。这样每个原子每秒钟向相邻位置跳跃的次数为 $\Gamma=\nu pz$。如每次跳跃的距离 $dx=a$，则每秒钟由平面Ⅰ跳跃到平面Ⅱ的原子数为 $\frac{1}{6}\Gamma ac_1$(ac_1 为Ⅰ面的原子数)。反过来，每秒钟由平面Ⅱ跳跃到平面Ⅰ的原子数为$\frac{1}{6}\Gamma ac_2$。这样沿 x 方向原子扩散的净流量，即扩散通量为

$$J=\frac{1}{6}\Gamma a(c_1-c_2)$$

因为 $dx=a$ 上式可改写为

$$J=-\frac{1}{6}\Gamma a^2\frac{dc}{dx}$$

与菲克第一定律比较得

$$D=\frac{1}{6}\Gamma a^2=\frac{1}{6}a^2\cdot\nu\cdot p\cdot z=\frac{1}{6}a^2\nu z e^{-q/kT}$$

令 $D_0=\frac{1}{6}a^2\nu z$；$N_A q=Q$(N_A 为阿弗加德罗常数)；$N_A k=R$(R 为气体常数)；则

$$D=D_0 e^{-Q/RT} \tag{8.9}$$

式中，D_0 为扩散常数；Q 为扩散激活能。

对于间隙扩散，Q 表示每 mol 间隙原子跳跃时需越过的势垒，对空位扩散，Q 表示 N_A 个空位形成能加上每 mol 原子向空位跳动时需越过的势垒。

对于一定的扩散系统(基体及扩散组元一定时)D_0 及 Q 为常数。某些扩散系统的 D_0 与 Q 的近似值见表 8.2。

表 8.2　某些扩散系统的 D_0 与 Q(近似值)

扩散组元	基体金属	$D_0/10^{-5}\mathrm{m}^2\cdot\mathrm{s}^{-1}$	$Q/10^3\mathrm{J}\cdot\mathrm{mol}^{-1}$	扩散组元	基体金属	$D_0/10^{-5}\mathrm{m}^2\cdot\mathrm{s}^{-1}$	$Q/10^3\mathrm{J}\cdot\mathrm{mol}^{-1}$
碳	γ 铁	2.0	140	锰	γ 铁	5.7	277
碳	α 铁	0.2	84	铜	铝	0.84	136
铁	α 铁	19	239	锌	铜	2.1	171
铁	γ 铁	1.8	270	银	银(体积扩散)	1.2	190
镍	γ 铁	4.4	283	银	银(晶界扩散)	1.4	96

由表 8.2 可见置换式扩散的 Q 值较高,这是渗金属比渗碳要慢得多的原因之一。

8.3　影响扩散的因素

扩散速度和方向受诸多因素影响。由 $D=D_0\mathrm{e}^{-Q/RT}$ 可知,凡对 D 有影响的因素都影响扩散过程,现择主要的分析如下。

8.3.1　温　度

由式(8.9)可知 D 与温度成指数关系,可见温度对扩散速度影响很大。图 8.8 为钍在钨中扩散时,扩散系数与温度的关系。由图中可看到钍在钨中晶内扩散时温度由 1 500 ℃增加到 2 000 ℃,D 增加了近 3 个数量级。因此生产上各种受扩散控制的过程都要考虑温度的重大影响。

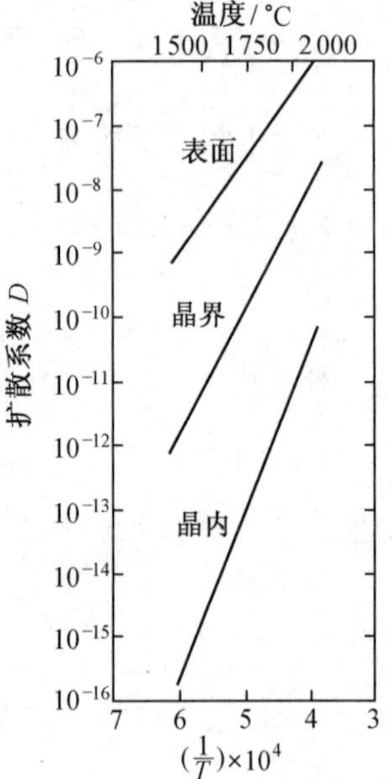

图 8.8　钍在钨中扩散时,扩散系数与温度的关系

8.3.2　固溶体类型

间隙固溶体中,间隙原子的扩散与置换固溶体中置换原子的扩散其扩散机制不同,前者的扩散激活能要小的多,扩散速度也快得多。这点在前面也作了详述。

8.3.3　晶体结构

在温度及成分一定的条件下任一原子在密堆点阵中的扩散要比在非密堆点阵中的扩散慢。这是由于密堆点阵的致密度比非密堆点阵的大引起的。这个规律对溶剂和溶质都适用,对置换原子和间隙原子也都适用。如纯铁在 912 ℃会发生同素异构转变 α⇌γ。在 910 ℃,碳在 α-Fe(体心立方)中的扩散系数约为碳在 γ-Fe(面心立方)中的 100 倍。工业上渗碳都是在 γ-Fe 中进行主要是因为在 γ-Fe 中碳的最大溶解度为 2.11% 而碳在 α-Fe 中的最大溶解度仅为 0.02%,在 γ-Fe 中可以获得更大的碳浓度梯度。另外一个重要原因是 γ-Fe 区的温度更高。这样仅管碳 912 ℃时在 α-Fe 中的扩散系数更大,在 γ-Fe 中渗碳仍可获得更快得多的速度。

晶体结构对扩散的影响还表现在一些对称性差的单晶中扩散系数的各向异性。扩散系数的各向异性在立方晶体中几乎不出现；但在铋（菱方晶系）中测量的结果表明，平行于 C 轴与垂直于 C 轴的自扩散系数比值约为一千。

8.3.4 浓 度

扩散系数是随浓度而变化的，有些扩散系统如金—镍系统中浓度的变化使镍和金的自扩散系数发生显著地变化。碳在927 ℃的γ-Fe中的扩散系数也随碳浓度而变化，只不过这种变化不是很显著。实际上对于稀固溶体或在小浓度范围内的扩散，将 D 假定与浓度无关引起的误差不大。在实际生产中为数学处理简便，我们常假定 D 与浓度无关。

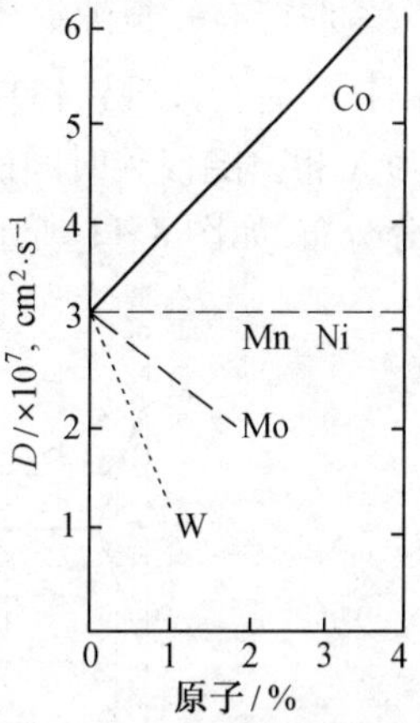

8.3.5 合金元素的影响

在二元合金中加入第三元素时，扩散系数也发生变化。某些合金元素对碳在 γ-Fe 中的扩散的影响，如图 8.9 所示。从图中可见第二元素的影响可分为三种情况：

图 8.9 合金元素对碳在钢中的扩散系数的影响（0.4% C 的钢，1 200 ℃）

①强碳化物形成元素如 W，Mo，Cr 等，由于它们与碳的亲和力较大，能强烈阻止碳的扩散，降低碳的扩散系数。如加入 3% Mo 或 1% W 会使碳在 γ-Fe 中的扩散速率减少一半。

②不能形成稳定碳化物，但易溶解于碳化物中的元素，如 Mn 等，它们对碳的扩散影响不大。

③不形成碳化物而溶于固溶体中的元素对碳的扩散的影响各不相同。如加入 4% Co 能使碳在 γ-Fe 中的扩散速率增加一倍，而 Si 则降低碳的扩散系数。

8.3.6 短路扩散

晶体中原子在表面、晶界、位错处的扩散速度比原子在晶内扩散的速度要快，如图 8.8 所示，因此称原子在表面、晶界、位错处的扩散为短路扩散。不难理解，在晶界及表面点阵畸变较大，原子处于较高能状态，易于跳动，而且这些地方原子排列不规则，比较开阔，原子运动的阻力小，因而扩散速度快。位错是一种线缺陷，可作为原子快速扩散的通道，因而扩散速度很快。

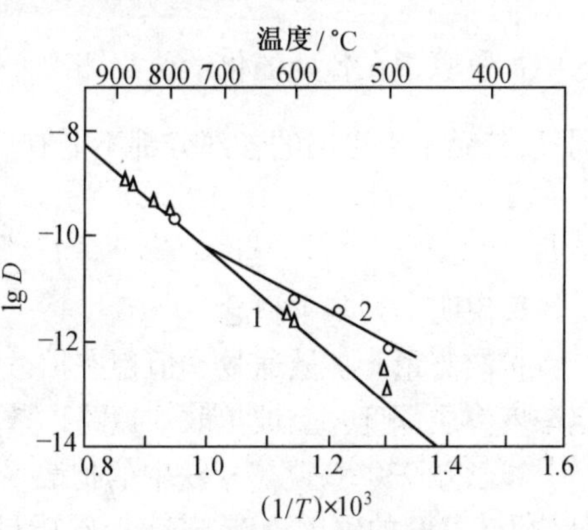

图 8.10 多晶银和单晶银的自扩散系数

1—单晶银； 2—多晶银

由于表面、晶界、位错占的体积份额很小，所以只有在低温时（晶内扩散十分困难）或晶粒非常细小时，短路扩散的作用才能起显著作用。图 8.10为单晶体银（无晶界）与多晶体银的自扩散系数。在 700 ℃以上二者扩散系数相同说明晶界扩散的作用不明显，700 ℃以下多晶体的扩散系数高于单晶体，温度越低这种差别越大，说明低温下晶界扩散的显著作用。

8.4 反应扩散

假定有一根纯铁棒,一端与石墨装在一起然后加热到 $T_1 = 780$ ℃保温。仔细研究渗碳铁棒后会发现铁棒在靠近石墨一侧出现了新相 γ 相(纯铁 780 ℃时应为 α),γ 相右侧为 α 相。随渗碳时间的延长 γ-α 界面不断向右侧移动。铁-碳相图及不同时刻铁棒的成分分布,如图 8.11 所示。这种通过扩散而产生新相的现象被称为反应扩散或相变扩散。

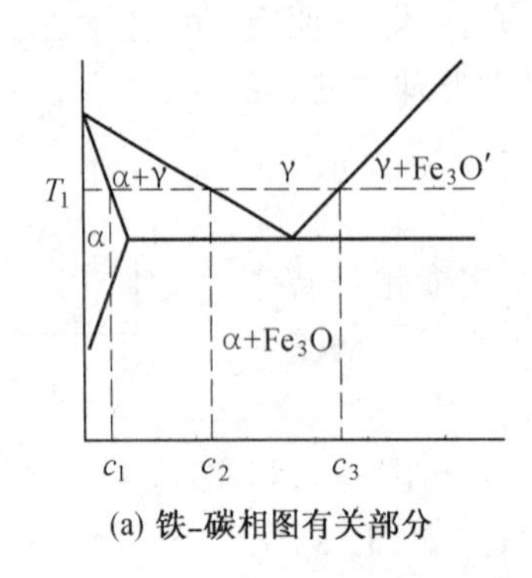

(a) 铁-碳相图有关部分

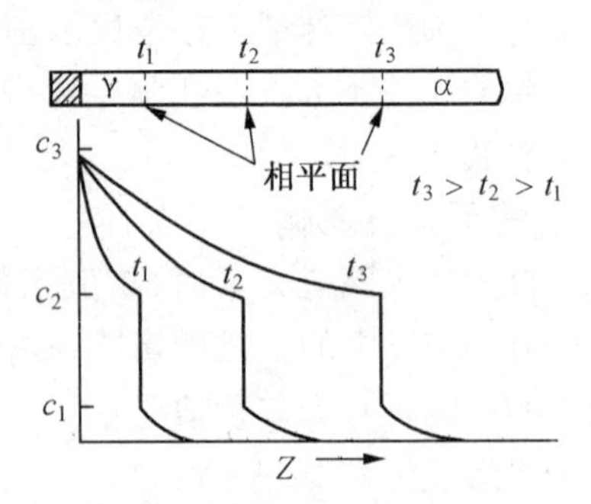

(b) 在 T_1 温度下渗碳铁棒中的成分分布

图 8.11 铁-碳相图及不同时刻铁棒的成分分布

反应扩散所形成的相及成分可参照相应的相图确定。如上例中由相图可知与石墨平衡的 γ 相浓度为 c_3,所以石墨-γ 界面上 γ 相浓度必为 c_3;与 α 相平衡的 γ 相浓度为 c_2,所以在 γ-α 界面上 γ 相的浓度必为 c_2;同理,γ-α 界面上的 α 相浓度必为 c_1。

在二元系中反应扩散不可能产生两相混合区。因为二元系中若两相平衡共存则两相区中扩散原子在各处的化学位 μ_i 相等,$\frac{d\mu_i}{dz}=0$,这段区域里没有扩散动力,扩散不能进行。同理,三元系中渗层的各部分都不能有三相平衡共存,但可以有两相区。

习　题

1. 说明下列基本概念

扩散流量　扩散通量　恒稳态扩散　非恒稳态扩散　扩散激活能　全渗层深度　规定浓度渗层深度　上坡扩散　短路扩散　反应扩散

2. 已知 930 ℃碳在 γ 铁中的扩散系数 $D=1.61\times10^{-12}\ \mathrm{m^2/s}$,在这一温度下对碳的质量分数为 0.1% 的碳钢渗碳,若表面碳质量分数在 1.0%,规定碳质量分数在 0.3% 处的深度为渗层深度。

(1)求渗层深度 x 与渗碳时间的关系式;

(2)计算 930 ℃渗 10 h,20 h 后的渗层深度 x_{10},x_{20};

(3)$\frac{x_{20}}{x_{10}}$说明了什么问题?

3. 已知碳在 γ-Fe 中的扩散常数 $D_0=2.0\times10^{-5}\ \mathrm{m^2/s}$,扩散激活能 $Q=140\times10^3\ \mathrm{J/mol}$。

(1)求 870 ℃,930 ℃碳在 γ-Fe 中的扩散系数;

(2)在其他条件相同的情况下于870 ℃和930 ℃各渗碳10 h,求$\frac{x_{930}}{x_{870}}$,这个结果说明了什么问题?

4. 为什么钢的渗碳在奥氏体中进行而不在铁素体中进行?

5. 为什么往钢中渗金属要比渗碳困难?

6. 什么是科肯达尔效应,解释其产生原因,它对人们认识置换式扩散机制有什么作用。

7. 元素在系统中扩散时,不同温度下的扩散系数 $D_{T_1}, D_{T_2}, \cdots$ 都可用实验方法测得。试根据扩散系数公式 $D=D_0 e^{-\frac{Q}{RT}}$设计一种求 D_0 和 Q 的实验方法。

8. 二块厚的共析钢试样在湿氢(强脱碳气氛)中分别加热到930 ℃和780 ℃长期保温(如10 h),然后冷却到室温。

(1)试画出930 ℃,780 ℃高温时,两块试样从表面到心部的浓度分布曲线;

(2)画出室温下两块铁板从表面到心部的组织示意图;

(3)试用反应扩散的理论来解释。

第 9 章　固态相变

广义的固态转变是指形变及再结晶在内的一切可引起组织结构变化的过程。狭义的固态转变也称固态相变,是指材料由一种点阵转变为另一种点阵,包括一种化合物的溶入或析出、无序结构变为有序结构、一个均匀固溶体变为不均匀固溶体等。在生产中对金属材料进行的热处理,就是利用材料的固态相变规律,通过适当的加热、保温和冷却,改变材料的组织结构,从而达到改善使用性能的目的。因此,为了研制开发新材料和充分发挥现有材料的潜力必须了解和掌握固态相变的规律与特点。

9.1　固态相变总论

9.1.1　固态相变分类

固态相变类型繁多,特征各异,不易按统一的标准分类,因此存在许多不同的分类方法。这里仅介绍几种常见分类方法。

1. 按热力学分类

利用热力学理论研究相变,使人们在了解相变规律和机制方面取得很大进展。从热力学角度出发,根据相变点的吉布斯自由焓函数的导函数的连续情况可将固态相变分为一级相变和二级相变。

相变过程中新旧两相自由焓相等,但自由焓的一阶偏导数不等,这种相变称为一级相变。其数学表达式为

$$G^{\alpha}=G^{\beta};\quad \left(\frac{\partial G^{\alpha}}{\partial T}\right)_P \neq \left(\frac{\partial G^{\beta}}{\partial T}\right)_P;\quad \left(\frac{\partial G^{\alpha}}{\partial P}\right)_T \neq \left(\frac{\partial G^{\beta}}{\partial P}\right)_T \tag{9.1}$$

由于$\left(\frac{\partial G}{\partial T}\right)_P=-S$,故相变时,熵呈不连续变化即有潜热的变化;由于$\left(\frac{\partial G}{\partial P}\right)_T=V$,因此相变时也有体积的突变。

相变过程中新旧两相自由焓相等,自由焓的一阶偏导数也相等,但自由焓的二阶偏导数不等,这种相变称为二级相变。由于自由焓的二阶偏导数与物理量比等压热容 c_{p}、压缩系数 K 和膨胀系数 α 的关系为

$$\left(\frac{\partial^2 G}{\partial T^2}\right)_P=-\left(\frac{\partial S}{\partial T}\right)_P=\frac{c_{\mathrm{p}}}{T};\quad \left(\frac{\partial^2 G}{\partial P^2}\right)_T=\left(\frac{\partial V}{\partial P}\right)_T=V\cdot K;\quad \left(\frac{\partial^2 G}{\partial P\partial T}\right)=V\cdot\alpha \tag{9.2}$$

故对于二级相变有

$$S^{\alpha}=S^{\beta};\quad V^{\alpha}=V^{\beta};\quad c_{\mathrm{p}}^{\alpha}\neq c_{\mathrm{p}}^{\beta};\quad K^{\alpha}\neq K^{\beta};\quad \alpha^{\alpha}\neq\beta^{\beta} \tag{9.3}$$

由式(9.3),二级相变时自由焓的一阶偏导数相等,故相变无潜热和体积变化,但热容、压缩系数和膨胀系数要发生突变。

大多数固态相变属于一级相变，磁性转变、超导态转变及一部分有序-无序转变为二级相变。一级相变符合相区接触法则，相邻相区的相数差一。对于二元相图通常两个单相区之间含有这两个相组成的两相区。对于二级相变，两个单相区仅以一条线分割，如图9.1 所示。

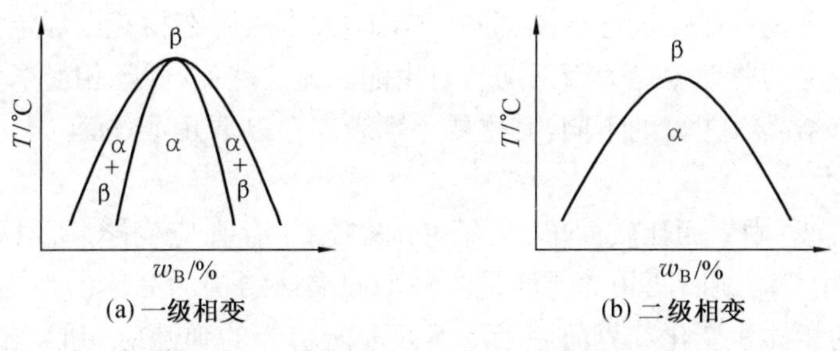

图 9.1　一级相变与二极相变在相图中的特征

根据一级相变与二级相变的定义，可以推出三级或更高级的相变，实际上三级及三级以上的相变极为少见。

2. 按结构变化分类

按相变过程中的结构变化可将固态相变分为，重构型相变和位移型相变。

重构型相变伴随原化学键的破坏，新键的形成，原子重新排列，所以这类相变要克服较高的能垒，相变潜热很大，因此相变进行缓慢。高温型石英在 867 ℃转变为高温鳞石英，而高温鳞石英 1 470 ℃转变为高温方石英，这些都是重构型相变。在金属材料中，过饱和固溶体的脱溶分解、共析转变等也属于这种相变。

与重构型相变不同，位移型相变前后不需要破坏化学键或改变其基本结构，相变时所发生的原子位移很小，且新相与母相之间存在一定晶体学位向关系。位移型相变所需要克服的能垒很低，相变潜热也很小，转变速度非常迅速。例如，低温型石英在 573 ℃转变为高温型石英，转变进行得非常迅速，并且无法阻止，这一转变伴随巨大的体积变化，当陶瓷体中存在大量石英时会造成石英晶粒破碎，降低陶瓷强度。此外，金属材料中的马氏体相变也属于此类转变。

3. 按相变方式分类

相变过程要经历涨落，根据涨落发生的范围与程度的不同，Gibbs 将其分为两类。一类是形核-长大型相变，另一类是连续型相变。

在很小范围内，发生原子相当激烈的重排，生成了新相的核心，新相与母相之间产生了相界，靠不断的生核和晶核的长大实现相转变叫形核-长大型相变。例如，脱溶沉淀、共析转变等。

若在很大范围内原子发生轻微的重排，相变的起始状态和最终状态之间存在一系列连续状态，不需形核，靠连续涨落形成新相，这种相变为连续型相变。例如本章要介绍的调幅分解是这种转变的典型例子。

另外还有很多分类方法，例如，按相变时能否获得符合状态图的平衡组织可将固态相变分为平衡转变与非平衡转变；按相变过程中有无原子的扩散可将固态相变分为扩散相变、半扩散相变和非扩散相变；按形核方式可将固态相变分为扩散形核相变和无扩散形核相变。尚有许多其他分类方法,但对于某种具体的固态相变,在各种分类中都会有自己的位置,例如,马氏体相变属于一级相变,位移型相变,形核-长大型相变,非扩散相变,非平衡相变等。

9.1.2　固态相变的特征

固态相变时,有些规律与液态结晶相同。例如,大多数固态相变也都包括形核与长大两个基本过程,相变的驱动力均为新旧两相自由能之差。然而,固态相变毕竟是以固相为母相,因此与液态结晶有明显的不同,其主要差别表现在以下几个方面。

1. 相变阻力大

液态结晶时,液-固界面比较简单,只存在界面能,不存在应变能,所以相变阻力只来自界面能。固态相变时新旧两相的界面是两种不同晶体结构的晶体的界面,除存在界面能外,还存在因两相体积变化和界面原子的不匹配所引起的弹性应变能。因此固态相变阻力包括界面能和应变能两项,故相变阻力增大。

在第 2 章,已经介绍了相界面的结构。在具体的固态相变中,新旧两相的界面结构最终是哪种结构,完全取决于界面能和应变能。固态相变过程具有自组织功能,它总是选择相变阻力最小、速度最快的有利途径进行。

界面能由结构界面能和化学界面能组成。前者是由界面处的原子键被切断或被削弱所引起,后者是由界面处原子的结合键与两相内部的结合键的差别引起的。界面能的大小依共格界面、半共格界面和非共格界面而递增。

应变能是由新旧两相比容不同和界面上原子的不匹配所引起。比容不同所引起的应变能与新相粒子的几何形状有关,其中盘状应变能最低,针状次之,球状最高。界面上原子的不匹配所引起的应变能以共格界面为最大,且随错配度 δ 的增大而增大。但错配度增大到一定程度,为降低应变能,将产生界面位错,界面结构变为半共格界面。错配度进一步增大,会形成应变能最低的非共格界面。错配度与界面结构、界面能、应变能和形核功的关系见表 9.1。

表 9.1　错配度与界面结构、界面能、应变能和形核功的关系

错配度($\delta=\Delta a/a$)	界面结构	界面能/$J\cdot m^{-2}$	应变能	形核功
0	理想共格	0	0	约为0
<0.05	完全共格	0.1	极低→高	很小
$0.05\sim0.25$	部分共格	<0.25	高→很低	其次
>0.25	非共格	~0.5	很低→0	最大

2. 惯析面和位向关系

固态相变时新相往往沿母相的一定晶面优先形成,该晶面被称为惯析面。例如,亚共析钢中的魏氏组织铁素体就是在奥氏体的$\{111\}_\gamma$上呈针片状析出的铁素体。奥氏体的$\{111\}_\gamma$面就是析出先共析铁素体的惯析面。陶瓷中较典型的马氏体相变为 ZrO_2 中正方相→单斜相(t→m)转变。正方相 t 析出单斜相 m 的惯析面为$\{110\}_t$。

固态相变过程中,为减少界面能,相邻的新旧两晶体之间的晶面和相对应的晶向往往具有确定的晶体学位向关系。例如钢中的面心立方的奥氏体向体心立方的铁素体转变时，两者便存在着$\{111\}_{\gamma}//\{110\}_{\alpha}$，$\langle\bar{1}01\rangle_{\gamma}//\langle 11\bar{1}\rangle$的晶体学位向关系。$ZrO_2$中正方相→单斜相(t→m)转变也有确定的晶体学位向关系：$(100)_m//(110)_t$，$[010]_m//[001]_t$。

当相界面为共格或部分共格界面时，新旧两相必定有一定的晶体学位向关系。如果两相之间没有确定的晶体学位向关系，必定为非共格界面。

3. 晶体缺陷的影响

固态相变时母相中的晶体缺陷对相变起促进作用，这是由于缺陷处存在晶格畸变，该处原子的自由能较高。形核时，原缺陷能可用于形核，使形核功比均匀形核功降低，故新相易在母相的晶界、位错、层错、空位等缺陷处形核。此外晶体缺陷对组元的扩散和新相的生长也有很大影响。实验表明，母相的晶粒越细，晶内缺陷越多，相变速度也越快。

4. 原子扩散的影响

对于扩散型相变，新旧两相的成分往往不同，相变必须通过组元的扩散才能进行。在此种情况下，扩散就成为相变的主要控制因素。但原子在固态中的扩散速度远低于液态，两者的扩散系数相差几个数量级，因此原子的扩散速度对扩散型固态相变有重大影响。随过冷度的增加，相变的驱动力增大，转变速度加快。但当过冷度增加到一定程度时，扩散成为决定性因素，再增大过冷度会使转变速度减慢，甚至原来的高温转变被抑制，在更低温度下发生无扩散相变。例如，共析钢从高温奥氏体状态快速冷却下来，扩散型的珠光体相变被抑制，在更低温度下发生无扩散的马氏体相变，生成亚稳的马氏体组织。

5. 过渡相

过渡相是指成分和结构，或两者都处于新旧两相之间的亚稳相。由于固态相变阻力大，原子扩散困难，尤其当转变温度低，新旧两相成分差异大时，难以直接形成稳定相，往往先形成过渡相，然后在一定条件下逐渐转变为自由能最低的稳定相。但有些固态相变可能由于动力学条件的限制，始终都是亚稳相的形成过程，而不产生平衡相。

9.1.3 固态相变的形核

固态相变的形核可分为扩散形核与无扩散形核，此外还有不需形核的固态相变，如调幅分解。本节只讨论扩散形核。与液态金属结晶类似，固态相变形核方式也有均匀形核与非均匀形核之分。但通常情况下，晶核主要在母相的晶界、层错、位错、空位等缺陷处形成，这属于不均匀形核。发生在无缺陷区域的均匀形核是少见的，然而均匀形核简单便于分析，所以先讨论均匀形核。

1. 均匀形核

固态相变的均匀形核与凝固时相比增加了应变能这一项，使形核阻力增大。因此形成一个新相晶核时系统的自由能变化为

$$\Delta G=n\Delta G_V+\eta n^{2/3}\sigma+n\varepsilon \tag{9.4}$$

式中，n为晶胚中的原子数；ΔG_V为新旧两相每个原子的自由能之差；σ为比表面能；ε为晶核中每个原子的平均应变能；η为形状因子，$\eta n^{2/3}$为晶核的表面积。

其中$n\Delta G_V$为负值是固态相变的驱动力。表面能的增加$\eta n^{2/3}\sigma$和应变能的增加$n\varepsilon$均为正值是固态相变阻力。

对式(9.4)求导,并令其等于零可得到临界晶核原子数 n^* 为

$$n^* = -\frac{8\eta^3\sigma^3}{27(\Delta G_V+\varepsilon)^3} \tag{9.5}$$

将式(9.5)代入式(9.4)可得到临界晶核形成功 $\Delta G^*_{均匀}$ 为

$$\Delta G^*_{均匀} = \frac{4}{27}\cdot\frac{\eta^3\sigma^3}{(\Delta G_V+\varepsilon)^2} \tag{9.6}$$

将 n^* 代入 $\eta n^{2/3}\sigma$ 项中,求出形成临界晶核表面能增加值 $A^*\sigma$,其中 A^* 为临界晶核表面积,即

$$A^*\sigma = \eta n^{2/3}\sigma = \frac{4}{9}\cdot\frac{\eta^3\sigma^3}{(\Delta G_V+\varepsilon)^2} \tag{9.7}$$

由式(9.6)和式(9.7)得到

$$\Delta G^*_{均匀} = \frac{1}{3}A^*\sigma \tag{9.8}$$

由式(9.8)可知固态相变的形核功也是临界晶核表面能的1/3,这似乎与液态金属结晶的均匀形核规律一致。但形核阻力除表面能外又增加了应变能一项。由式(9.5)和(9.6)看出临界晶核原子数 n^* 与临界晶核形成功 $\Delta G^*_{均匀}$ 均随 ε 的增加而增大,这使固态相变形核更加困难。所以形核时往往通过改变晶核形状和共格性等降低形核阻力,使固态相变得以进行。当新相和母相为共格界面时,界面能很低,相变阻力主要来自应变能,为减少应变能,新相晶核应为圆盘状或针状。当新相和母相为非共格界面时,若比容引起的应变能不大的情况下,相变阻力主要来自界面能,为减少界面能,新相晶核应为球形,以降低单位体积的表面积,减少界面能。

2. 非均匀形核

在实际晶体材料中存在大量晶体缺陷,如晶界、位错、层错、空位等,由于缺陷处原子具有缺陷能,在缺陷处形核时这些缺陷能可用于形核,因而形核功小于 $\Delta G^*_{均匀}$。由于晶体缺陷是不均匀分布的,所以优先在晶体缺陷处形核叫非均匀形核。非均匀形核时系统的自由能变化为

$$\Delta G = n\Delta G_V + \eta n^{2/3}\sigma + n\varepsilon - n'\Delta G_D \tag{9.10}$$

式中,ΔG_D 为晶体缺陷内每一个原子的自由焓的增加值;n' 为缺陷向晶核提供的原子数。与式(9.4)相比,多了一项 $-n'\Delta G_D$,使形核阻力减小。

(1)晶界形核

晶界形核受界面能和晶界几何形状等因素的影响,新相晶核在界面、界棱、界隅处形核可有不同几何形状。图9.2是在非共格情况下,三种不同位置上形成晶核的可能形状。

界面形核如图9.2(a),α 为母相,β 为新相。α 相的晶界为大角度晶界,界面能为 $\sigma_{\alpha\alpha}$。α/β 相界也为非共格界面,呈双凸透镜状,曲率半径为 r,界面能为 $\sigma_{\alpha\beta}$。界面张力平衡时,由几何学得

$$\sigma_{\alpha\alpha} = 2\sigma_{\alpha\beta}\cos\theta \tag{9.11}$$

新相 β 的表面积和体积分别为 $A_\beta = 4\pi r^2(1-\cos\theta)$ 和 $V_\beta = 2\pi r^3\left(\frac{2-3\cos\theta+\cos^3\theta}{3}\right)$,形

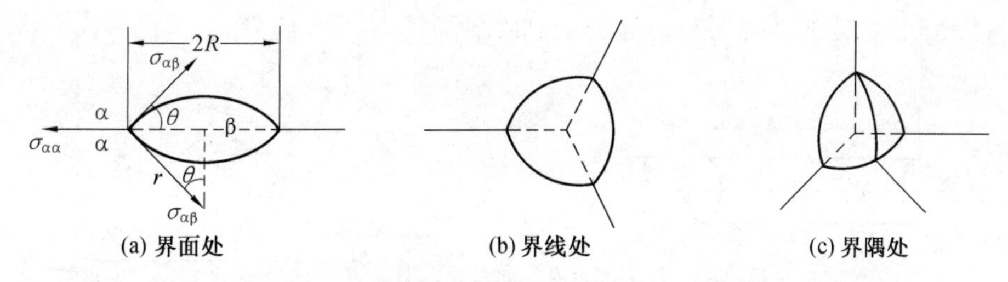

图 9.2　在非共格情况下晶界形核时的晶粒形状

成 β 晶核时，被消除的面积为 $A_\alpha=\pi R^2=\pi(r\sin\theta)^2=\pi r^2(1-\cos^2\theta)$；若 V_P 为原子体积，晶核原子数 $n=V_\beta/V_P$。由于非共格界面应变能很小，可以忽略，故形成 β 相晶核的自由能变化为

$$\Delta G=n\Delta G_V+\eta n^{2/3}\sigma=\frac{\Delta G_V}{V_P}V_\beta(A_\beta\sigma_{\alpha\beta}-A_\alpha\sigma_{\alpha\alpha}) \tag{9.12}$$

将 V_β,A_β,A_α 的表达式代入式(9.12)中，整理后得到，即

$$\Delta G=\left[2\pi r^2\sigma_{\alpha\beta}+\frac{2}{3}\pi r^3\frac{\Delta G_V}{V_P}\right](2-3\cos\theta+\cos^3\theta) \tag{9.13}$$

令 $\frac{\partial\Delta G}{\partial r}=0$，得到界面形核的临界晶核大小和临界晶核形成功，即

$$r^*=-\frac{2\sigma_{\alpha\beta}V_P}{\Delta G_V} \tag{9.13}$$

$$\Delta G^*=\frac{8\pi\sigma_{\alpha\beta}}{3}\frac{V_P^2}{\Delta G_V^2}(2-3\cos\theta+\cos^3\theta) \tag{9.14}$$

由式(9.14)可知当接触角 θ 很小时，$(2-3\cos\theta+\cos^3\theta)$ 很小，界面形核的形核功很小，故非共格晶核优先在界面处形核。当 $\theta=0$，$(2-3\cos\theta+\cos^3\theta)=0$，$\Delta G^*=0$，形核甚至成为无阻力过程。

可以证明晶界形核时，形核功按界面、界棱、界隅递减，因而界隅处形核最容易，但由于界面处提供的形核位置更多，所以固态相变往往以界面形核为主。

(2)位错形核

固态相变时，新相晶核往往也优先在位错线上形核。位错促进形核的主要原因如下。

在位错线上形核时，位错可释放出弹性能，使形核功减小。若在位错线 L 上形成一个单位长度圆柱形晶核，如图 9.3 所示。假定新旧两相为非共格界面，忽略体积变化引起的弹性应变能，自由能的变化 ΔG_D 和圆柱晶核半径 r 的关系为

$$\Delta G_D=\pi r^2\Delta G_V+2\pi r\sigma-A\ln(r/r_0)\approx\pi r^2\Delta G_V+2\pi r\sigma-A\ln r \tag{9.15}$$

式中，ΔG_V 为新旧两相单位体积自由能之差；σ 为比表面能；形核时，单位位错线所释放的应变能为 $A\ln r$。

其中对于螺位错 $A=\mu b^2/4\pi$；对于刃位错 $A=\mu b^2/4\pi(1-\nu)$；μ 为切变模量；ν 为波松比；r_0 为位错中心严重紊乱区半径。

由式(9.15)可知，与均匀形核相比，位错提供的能量$(-A\ln r)$可用于形核，使形核阻力减小。位错形核 ΔG_D 与 r 的曲线如图 9.4 所示。当 ΔG_V 很小时，得到曲线Ⅰ，形核仍有能垒 ΔG_D^*；当 ΔG_V 很大时，得到曲线Ⅱ，形核无能垒，如不考虑其他的因素形核可自发进行。

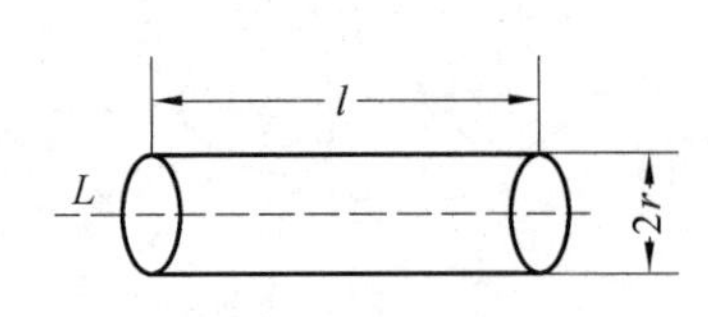

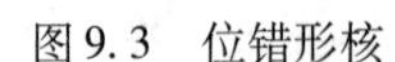
图 9.3 位错形核

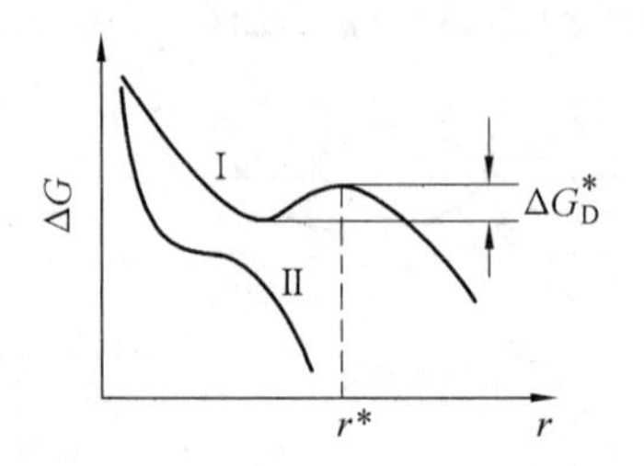

图 9.4 位错形核 ΔG_D 与 r 的关系

对于半共格界面,在位错处形核时位错可成为界面位错,补偿错配,降低界面能,使形核阻力减小。对于扩散型相变,新相与母相成分往往不同,由于溶质与位错的交互作用,可形成气团,产生溶质的偏聚,有利于新相的形核。此外位错可作为短路扩散的通道,使扩散激活能下降,可加快形核过程。

(3)层错形核

固态相变时,新相往往在层错区形核。例如,低层错能的面心立方金属,扩展位错的宽度 d 很大,有大量的层错区存在,层错区实际上就是密排六方晶体的密排面,这就为面心立方晶体的母相析出密排六方晶体的新相创造良好的结构条件,新相与母相易形成共格或半共格界面,这使形核易于在层错区发生。

(4)空位形核

空位对形核的促进作用已得到证实,尤其是大量过饱和空位存在时,既可促进溶质原子的扩散,又可作为新相形核位置。例如,连续脱溶时沉淀相在过饱和空位处进行非自发形核,使沉淀相弥散分布于整个基体中,由于晶界附近的过饱和空位扩散到晶界而消失,晶界附近会出现"无析出带"。

9.1.4 新相的长大

新相晶核形成后,通过新相与母相相界面的迁移,向母相中长大。长大的驱动力是新旧两相自由能之差。新相与母相的相界面可能是共格、半共格和非共格界面;新相与母相成分可能相同也可能不同,这使界面的迁移具有多种形式。当新相与母相成分相同,新相的长大只涉及界面最近邻原子的迁移,这种方式的长大称为界面过程控制长大。当新相与母相成分不同时,新相的长大除受界面过程控制外,还受原子扩散过程控制。

1. 界面过程控制的新相长大

在界面迁移过程中,根据界面附近原子迁移方式可将界面过程分为非热激活与热激活两种。

(1)非热激活界面过程控制的新相长大

新相长大即界面迁移时,不需要原子跳离原来的位置,也不改变相邻的排列次序,而是靠切变方式使原子做微小的移动,使母相转变为新相。例如 ZrO_2 中正方相→单斜相,钢中奥氏体→马氏体的转变。在这种协同型转变过程中,相界面的迁移速率极高且与温度无关,故是非热激活的。

对于某些半共格界面,可通过界面位错的滑动引起界面向母相中迁移,这种界面称为滑动界面。这种滑动界面的迁移与温度无关,也是非热激活的,即使在很低温度下也能高速移动。图9.5为fcc结构与hcp结构的新旧两相间有一组肖克莱不全位错构成的可滑动的半共格界面。每隔二层密排面就有一个肖克莱不全位错,它可以在{111}面上滑移,柏氏矢量$\boldsymbol{b}=\frac{a}{6}\langle 112\rangle$。肖克莱位错滑移后,会使层错区扩大或缩小,相界面发生迁移。若图中肖克莱不全位错向左移动,具有hcp结构的相会长大,而fcc结构的另一个相会缩小。

(2)热激活界面过程控制的新相长大

有些相变属非协同转变,但新相与母相成分相同,故转变无需扩散,新相的长大只受界面过程控制,例如块状转变。新相的长大靠原子随机独立跳跃过相界面实现,而原子越过界面时要克服一定的能垒,需要热激活,所以这种相变受热激活界面过程控制。相界面微观结构不同长大机制不同,可分为连续长大机制与台阶长大机制,这里只介绍连续长大机制。

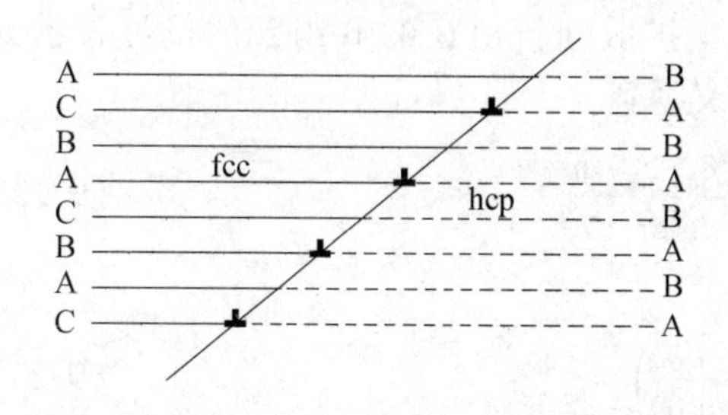

图9.5　由肖克莱不全位错构成的可滑动界面

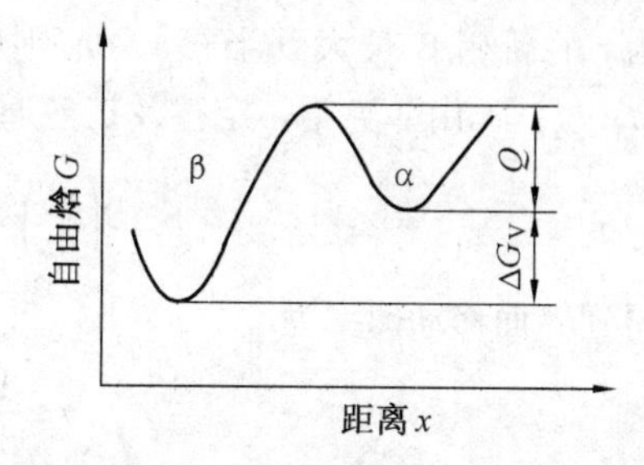

图9.6　原子越过相界面时的自由焓变化

如果母相的界面为非共格界面,新相界面易于容纳母相来的原子,长大可连续进行,故也称为连续长大。原子由母相α转移到新相β需越过位垒Q,由新相β转移到母相α则需要越过$(Q+\Delta G_V)$位垒,如图9.6所示。其中Q为激活能,ΔG_V为两相自由焓差。设原子由α相转移到β相上的频率为$\nu_{\alpha\to\beta}$,原子由β相转移到α相上的频率为$\nu_{\beta\to\alpha}$,原子震动频率为ν。根据麦克斯韦-玻尔兹曼定律,即

$$\nu_{\alpha\to\beta}=\nu\cdot e^{-Q/KT} \tag{9.16}$$

$$\nu_{\beta\to\alpha}=\nu\cdot e^{-(Q+\Delta G_V)/KT} \tag{9.17}$$

由α相转移到β相的净迁移频率为

$$\nu_{\alpha\to\beta}-\nu_{\beta\to\alpha}=\nu\cdot e^{-Q/KT}(1-e^{-\Delta G_V/KT}) \tag{9.18}$$

当β相界面上铺满一层原子后,整个界面向母相α推进的距离为δ,因此β相的长大速率为

$$u=\delta[\nu_{\alpha\to\beta}-\nu_{\beta\to\alpha}]=\delta\cdot\nu\cdot e^{-Q/KT}(1-e^{-\Delta G_V/KT}) \tag{9.19}$$

当过冷度ΔT很小时,ΔG_V很小,故$\Delta G_V/KT$也很小。当$|x|$很小时,$e^x\approx 1+x$,式(9.19)可简化为

$$u=\frac{\delta\nu}{KT}\cdot\Delta G_V\cdot e^{-Q/KT} \tag{9.20}$$

由式(9.20)可知过冷度ΔT很小时,新相长大速度与新旧两相自由能差即相变驱动力成正比。由于ΔT增加,ΔG_V增加,故新相长大速度u随过冷度的增大而增加。

当过冷度ΔT很大时,$\Delta G_V\gg KT$,$e^{-\Delta G_V/KT}\to 0$,式(9.19)可简化为

$$u=\delta\nu\cdot e^{-Q/KT} \tag{9.21}$$

当过冷度 ΔT 很大,即转变温度很低时,新相长大速度随温度的降低而急剧减小。

综上所述,在整个相变温度范围内,新相长大速率 u 随温度的降低呈先增后减的规律。

2. 扩散控制的新相长大

当新相与母相成分不同时,新相长大受到原子长程扩散控制,或受到界面过程和扩散过程同时控制。新相长大速度一般通过母相与新相界面上的扩散通量计算,当新旧两相的相界面为非共格界面时,新相的长大主要为体扩散控制长大。大多数扩散型固态相变属于此类。下面以脱溶转变为例进行讨论。

在 A–B 二元相图中,成分为 c_0 的过饱和固溶体 α 相,析出球状富 B 组元的 β 相粒子,在 T_1 温度下,两相平衡成分分别为 c_α 和 c_β,如图 9.7(a)所示。成分为 c_0 的 α 相析出 β 相时的质量分数,如图 9.7(b)所示。x 方向为以析出相球体中心为原点的球坐标系 ρ 的一个特定方向。为了简单,假定扩散系数 D 不随位置、时间和质量分数而改变。在 $\mathrm{d}t$ 时间内,若半径为 r 的新相 β 长大到半径 $r+\mathrm{d}r$,则由母相 α 扩散到新相 β 的 B 组元的量可表示为 $4\pi r^2(c_\beta-c_\alpha)\mathrm{d}r$。由菲克第一定律及扩散通量的定义得到

$$D\left(\frac{\partial c}{\partial p}\right)_r=\frac{4\pi r^2(c_\beta-c_\alpha)\mathrm{d}r}{4\pi r^2\mathrm{d}t} \tag{9.22}$$

于是得到界面移动速率为

$$u=\frac{\mathrm{d}r}{\mathrm{d}t}=\frac{D}{c_\beta-c_\alpha}\left(\frac{\partial c}{\partial p}\right)_r \tag{9.23}$$

由式(9.23)可知,扩散控制的新相长大的界面移动速率与扩散系数 D 和界面附近母相的浓度梯度成正比,与两相浓度差成反比。

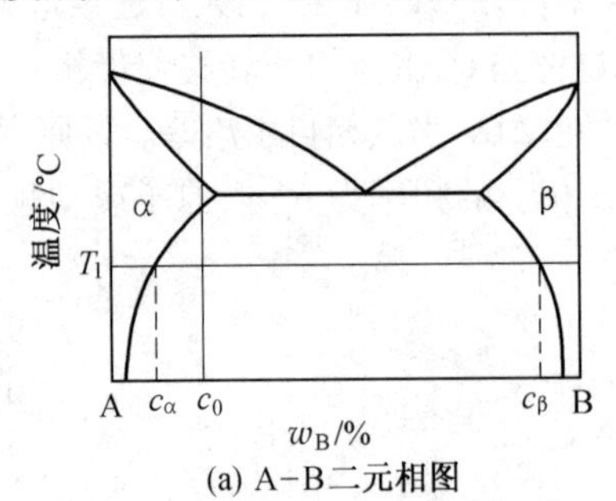

(a) A–B二元相图

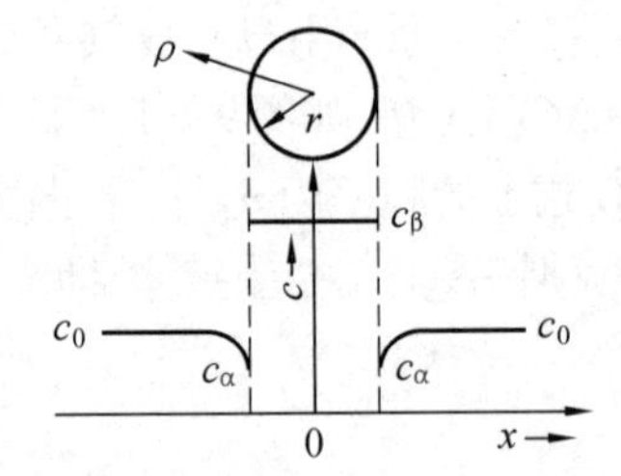

(b) 过饱和α相中析出球状富B组元的β相粒子的质量分数

图 9.7　与母相具有非共格界面的新相粒子长大时的质量分数

9.1.5　相变动力学

相变动力学旨在具体描述相变过程的微观机制、过程进行的速率及其外部因素的影响,而形核率是经典相变动力学研究的主要问题之一。下面讨论固态相变的形核率。

1. 形核率

形核率是单位时间、单位体积母相中形成新相晶核的数目。形核率 $\dot{N}$ 可表示为

$$\dot{N}=c^*f \tag{9.24}$$

式中,c^* 为单位体积母相中临界核胚的数目;f 为靠近临界晶核的原子能够跳到该晶核的频率(次数/单位时间)。

根据麦克斯韦-玻尔兹曼定律

$$c^{*}=c_{0}\mathrm{e}^{-\frac{\Delta G^{*}}{KT}} \tag{9.25}$$

式中,c_0 为单位体积母相中可供形核的位置数,在匀均形核情况下,c_0 为母相单位体积的原子数;ΔG^* 为临界晶核形成功;K 为玻尔兹曼常数;T 为绝对温度。

临界晶核的数目并不等于实际能够长大的晶核的数目。为了使临界晶核得以长大,至少有一个原子从母相转移到该晶核中。因此生核率必定与靠近临界晶核的原子能够跳到该晶核的频率 f 有关。f 可表示为

$$f=s\nu_{0}p\cdot\mathrm{e}^{-Q/KT} \tag{9.26}$$

式中,s 为在临界晶核附近母相的原子数;ν_0 原子的振动频率;p 进入该临界晶核的几率;Q 母相原子越过界面进入新相晶核所需越过的能垒,其值接近自扩散激活能。

由式(9.25)和(9.26)得到均匀形核的表达式为

$$\dot{N}=c*f=s\nu_{0}pc_{0}\mathrm{e}^{-\frac{\Delta G^{*}}{KT}}\mathrm{e}^{-\frac{Q}{KT}} \tag{9.27}$$

当过冷度 ΔT 增加时,新旧两相自由能差 ΔG_V 增大,形核功 ΔG^* 下降,$\mathrm{e}^{-\frac{\Delta G^*}{KT}}$ 迅速增加。由于温度变化对能垒 Q 影响不大,所以当 ΔT 增加时,由于转变温度的下降,导致 $\mathrm{e}^{-\frac{Q}{KT}}$ 迅速减小。$\mathrm{e}^{-\frac{\Delta G^*}{KT}}$ 和 $\mathrm{e}^{-\frac{Q}{KT}}$ 与 ΔT 的关系如图 9.8 中虚线所示。由式(9.27)可知形核率 $\dot{N}$ 受 $\mathrm{e}^{-\frac{\Delta G^*}{KT}}$ 和 $\mathrm{e}^{-\frac{Q}{KT}}$ 的共同影响,这使形核率 $\dot{N}$ 与 ΔT 的关系呈"山"形,如图 9.8 中实线所示。

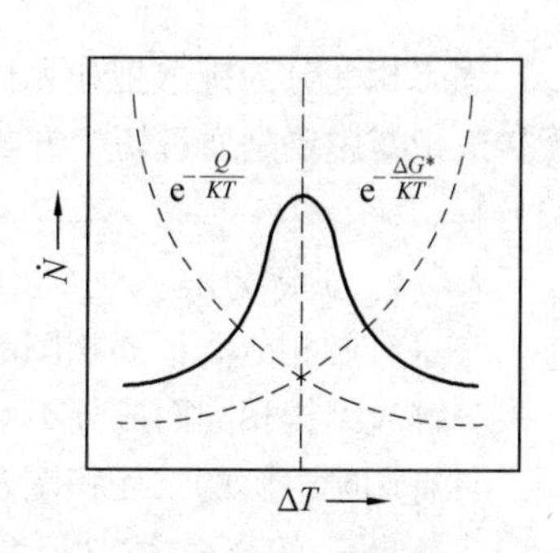

图 9.8　形核率与过冷度的关系

2. 相变动力学曲线和等温转变曲线

固态相变的转变量 x_V 与形核率 $\dot{N}$、转变速度 u、转变时间 t 紧密相关。假定形核是无规的,转变过程中母相成分保持不变,生长相的转变速度与形核率为常数,可推导出转变量 x_V 与 $\dot{N},u,t$ 的关系为

$$x_{V}=1-\exp\left(-\frac{\pi}{3}u^{3}\dot{N}t^{4}\right) \tag{9.28}$$

公式(9.28)称为 Johnson-Mehl 方程,相变动力学曲线可用该方程描述。图 9.9(a)为依据 Johnson-Mehl 方程绘制出的相变动力学曲线。

将图 9.9(a)即不同温度下的转变量与时间关系曲线转换到温度-时间坐标系中,可得到"温度-时间-转变量"曲线,即等温转变曲线也叫 TTT 曲线,如图 9.9(b)所示。对于大多数扩散相变,形核率 $\dot{N}$ 主要为形核功 ΔG^* 控制,对于冷却转变,过冷度 ΔT 增大,形核功 ΔG^* 减少,形核率 $\dot{N}$ 增加,转变速度加快;但过冷度对转变速度的影响与此相反,随 ΔT 增大即转变温度的下降,扩散系数 D 下降,扩散相变的线长大速度 u 要下降,使转变速度减慢。在这两个互相矛盾的因素共同作用下,使扩散相变的等温转变曲线呈现"C"字形。转变温度高时,形核孕育期长,转变速度慢,完成转变所需时间长;随温度下降,孕育期变短,转变速度加快,至某一温度,孕育期最短,转变速度最快;温度再降低,孕育期又逐渐增长,转变速度逐渐变慢,完成转变所需时间又逐渐变长,当温度很低时扩散相变甚至被抑制。

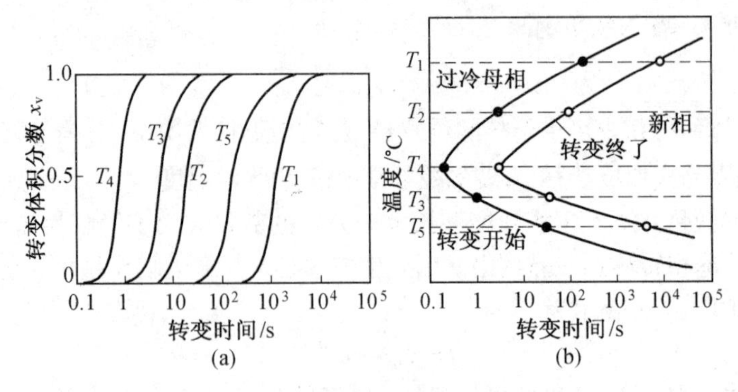

图 9.9　相变动力学曲线和等温转变曲线

9.2　扩散型相变

固态相变分为扩散型和无扩散型两类。扩散相变必须通过原子的扩散才能完成转变，无扩散相变主要是通过切变方式使相界面迅速推进而完成转变。下面讨论扩散相变中的调幅分解。

9.2.1　调幅分解

在具有两相分离形式相图的体系中,处于热力学不稳定状态下的母相,不需形核过程,自发分解成结构相同而成分不同的两相,这便是调幅分解。

具有调幅分解的二元相图及对应于该相图 T_1 温度下的自由焓-成分曲线,如图9.10所示。成分为 c_0 的合金,在 T_2 温度为均匀单相固溶体 α 相,快冷到 T_1 温度,产生 Δc 的成分起伏时自由焓 ΔG 的变化为

$$\Delta G=\frac{1}{2}[G(c_0+\Delta c)+G(c_0-\Delta c)]-G(c_0)\approx$$

$$\frac{1}{2}[G(c_0)+\Delta c\cdot G'(c_0)+\frac{(\Delta c)^2}{2}G''(c_0)+\cdots+G(c_0)-\Delta c\cdot G'(c_0)+\frac{(\Delta c)^2}{2}G''(c_0)-\cdots]-G(c_0)\approx$$

$$\frac{1}{2}G''(c_0)\Delta c^2 \tag{9.29}$$

由式(9.29)可知,若 $G''(c_0)<0$,则 $\Delta G<0$,任何成分起伏的产生都将导致系统自由焓的降低,所以分解无能垒,这种没有形核阶段的不稳定的分解叫调幅分解。

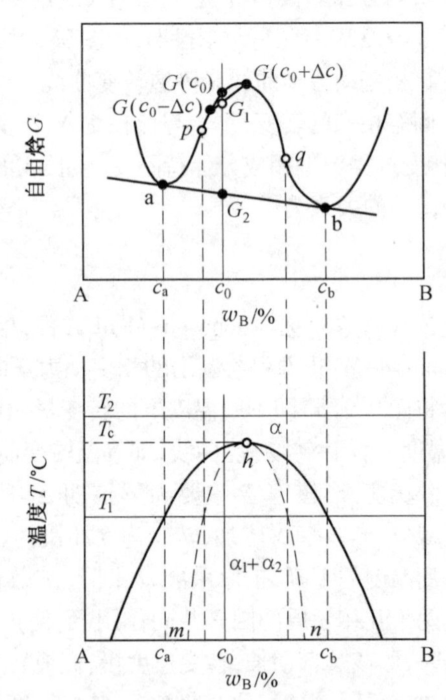

图 9.10　具有调幅分解的相图与 T_1 温度下的自由焓-成分曲线

图 9.10 示出产生 Δc 成分起伏前后的自由焓,分解前的自由焓 $G(c_0)$ 大于分解后的自由焓 G_1。自由焓-成分曲线的拐点 p 和 q

之间的合金，满足此条件无须形核，自发分解为成分为 c_a 和 c_b 的 α_1 与 α_2 两相。

对于在极小点与拐点之间的合金成分 c_0' 对自由焓的影响，如图 9.11 所示。由于 $G''(c_0')>0$，自由焓-成分曲线向上凹，故一旦出现成分起伏时，体系自由能将由分解之前的 $G(c_0')$ 升高到 G_1，但如果能分解为成分为 c_a 的 α_1 和成分为 c_b 的 α_2 两相，系统自由焓为 G_2，低于分解前的自由能 $G(c_0')$。此时，要靠形核方式分解，形核要满足一定的成分条件，并且有形核功。所以过饱和的固溶体的分解可分为调幅分解和形核长大两种方式。图 9.10 中的二元相图内的拐点线是这两种分解方式的分界线，在拐点线 mhn 上，$G''=0$。成分位于拐点线内的合金可发生调幅分解。

形核分解与调幅分解虽然都是扩散相变，最终都分解为成分不同的 α_1 和 α_2 两相，但分解过程中所经历的成分变化过程不同。形核分解如图 9.12(a)所示，新相与母相的成分不连续变化，母相中溶质原子的扩散为下坡扩散。调幅分解如图 9.12(b)所示，在分解过程中，新相与母相的成分连续变化，母相中溶质原子的扩散为上坡扩散。

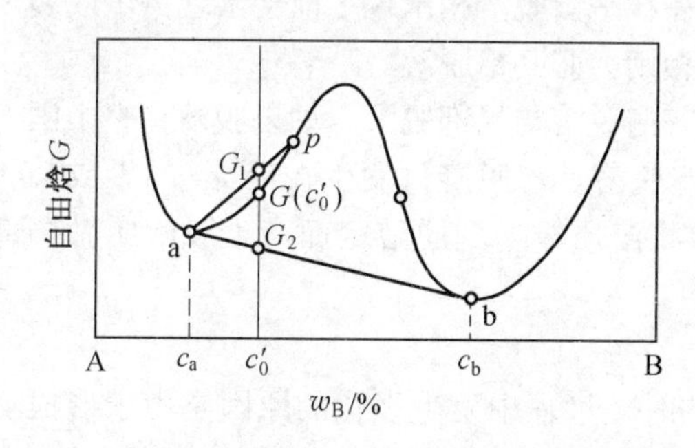

图 9.11　在极小点与拐点之间的合金成分对自由焓的影响

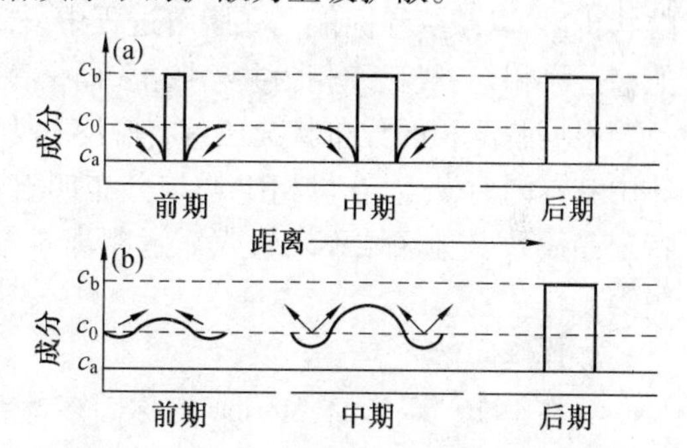

图 9.12　形核分解与调幅分解的成分变化

调幅分解使母相中产生成分梯度，会引起点阵常数和化学键的变化，导致系统能量升高。点阵常数的变化会产生应变能，化学键的变化会产生梯度能。两者均为调幅分解的阻力，其中应变能的影响更为显著，因此实际能发生调幅分解的界线已不再是拐点线，要比拐点线低许多。

Zn-Al，Al-Ag，Au-Ni 等少数的金属系统的均匀固溶体可以发生调幅分解。例如，Al-22% Zn合金经 425 ℃均匀化后水淬，在 150 ℃和 65 ℃时效均可发生调幅分解，观察到的调幅波长 λ 分别为 10 nm 和 5 nm。调幅分解对玻璃生产也具有重要作用。SiO_2-BaO_2，SiO_2-Na_2O，SiO_2-$Na_2B_8O_{13}$ 等玻璃系统的结构无序的均匀玻璃态物质也可以发生调幅分解。例如，75 mol 的 SiO_2-20 mol 的 B_2O_3-5 mol 的 Na_2O 系玻璃，于 500～600 ℃热处理，会以调幅分解方式进行两相分离，其中一相几乎是纯 SiO_2，另一相为富 Na_2O 的 B_2O_3。这种双相玻璃经热硫酸或热盐酸浸渍，可得到多孔的富 SiO_2 相的骨架，将其加热到 1 000 ℃进行快速致密化，可得到透明的多孔硼硅酸盐耐热玻璃。

9.2.2　过饱和固溶体的脱溶

1. 脱溶的分类

从过饱和固溶体内沉淀出稳定或亚稳定的沉淀相后，基体成为接近平衡浓度的固溶体的转变叫做脱溶。根据脱溶反应的不同特点可将脱溶分为不同种类。

在脱溶过程中,根据母相成分的变化情况可将脱溶分为连续脱溶与不连续脱溶。连续脱溶时,随新相的形成,尽管在脱溶相附近母相的浓度较低,并且由相界面向内母相的浓度逐步上升,但母相的浓度梯度仍呈连续变化,成分连续平缓的由过饱和状态变化到饱和状态。在脱溶过程中,新相的长大依靠远距离扩散。与此相反,不连续脱溶时,脱溶相一旦形成,其周围一定距离内的母相立刻由过饱和状态变为饱和状态,并与原始成分的母相形成明显的分界面,这个界面相当于大角度晶界,通过这个界面时不但成分发生了突变,而且取向也发生了变化,所以不连续脱溶也叫两相式脱溶或胞状式脱溶。不连续脱溶不需远程扩散,所得组织与共析转变产物很相似。

根据脱溶相与母相之间的界面性质也可将脱溶分为共格脱溶与非共格脱溶。当脱溶相与母相的晶体结构和点阵常数相近或反应温度较低时,两相之间易保持共格,此时新相呈圆盘、片状或针状析出,以减少应变能;反之,脱溶相与母相为非共格界面,新相呈等轴粒状析出,以减少界面能。在脱溶过程中,往往在平衡脱溶相出现之前会出现一个或多个亚稳过渡相,一般亚稳相为共格脱溶,而平衡相则为非共格脱溶。

根据脱溶相的分布状况还可将脱溶分为普遍脱溶与局部脱溶。如果脱溶在整个固溶体中基本同时发生,在母相中均匀分布叫普遍脱溶。若脱溶只发生在局部(晶界或某些特定晶面),其他区域不发生或靠远距离扩散将溶质输送到脱溶区而产生脱溶叫做局部脱溶。

2. 连续脱溶

早在1920年,P. D. Merica宣称固溶体在时效过程中发生强化的原因是由于形成亚显微尺寸的脱溶物,所谓亚显微尺寸是指尺寸小于光学显微镜所能分辨的极限尺寸。直到1950年以后,由于电子显微镜的发展与应用,才证实了这些亚显微尺寸的脱溶物的存在,并揭示了时效强化机制。在连续脱溶时,往往先形成一系列过渡相,形成脱溶序列,在一定条件下逐渐转变为自由能最低的稳定相。

(1)脱溶序列

Al-Cu二元合金相图的一部分及G. P. 区、θ'',θ'和θ相在α相中的溶解度如图9.13所示。图中,α为以铝为基的固溶体,θ相为平衡脱溶相$CuAl_2$,其余三个为互不相同的亚稳脱溶相。对于$w_{Cu}=4.5\%$的Al-Cu合金,将其加热到550 ℃保温一定时间后,水冷得到过饱和固溶体α'相,再将其重新加热到一定温度并保温。由图9.13可知,脱溶相将按如下序列出现G. P. 区$\rightarrow\theta''\rightarrow\theta'\rightarrow\theta$。

G. P. 区是溶质原子的偏聚区,铜的平均质量分数为90%。电子显微镜观察表明G. P. 区为圆盘状,直径约为8 nm,厚度为0.3~0.6 nm。它与母相结构相同,并具有完全共格的界面。在基体α相中均匀分布,密度约为10^{18}个/cm^3。这种微小的富铜脱溶相是由A. Gunier和D. Preston在1938年各自采用X射线实验(劳埃法)发现的,故简称为G. P. 区。

在G. P. 区形成后,接着析出一种称为θ''的过渡相。具有正方点阵,$a=b=0.404$ nm,$c=0.768$ nm。大多沿基体的{100}面析出,也是圆片状,厚度约2 nm,直径30 nm。该相与母相也具有共格界面,与母相的取相关系为$\{001\}_{\theta''}//\{001\}_{\alpha'}$,$\{001\}_{\theta''}//\{001\}_{\alpha'}$。为保持共格关系,会产生很大的点阵畸变,故$\theta''$的析出使合金得到显著强化。

图9.14 为几种不同成分的 Al-Cu 合金在 130 ℃的时效硬化曲线。随合金含铜量的增加，时效硬化效果更明显，并且硬度的峰值总是与 θ″+θ′并存的组织相对应，一旦 θ″消失硬度将明显下降。

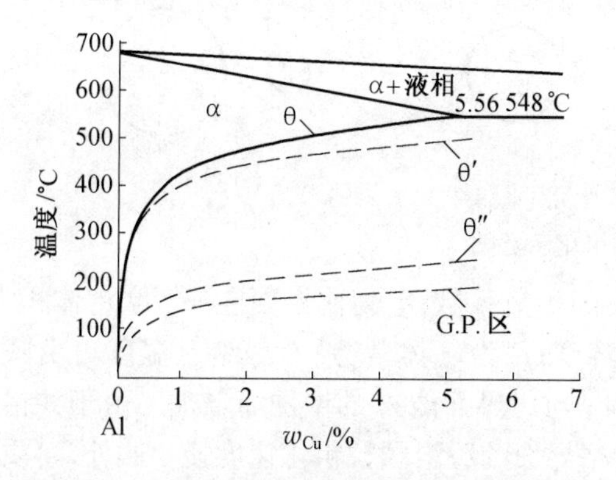

图9.13　Al-Cu 二合金相图的角及过渡相在 α 相中的溶解度曲线

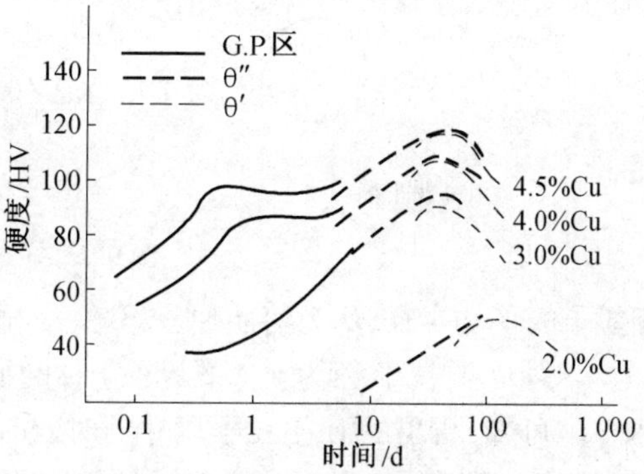

图9.14　Al-Cu 合金的时效硬化曲线

在许多其他时效硬化型合金中也存在与 Al-Cu 合金类似的脱溶序列。例如，Fe-C 合金中的高碳马氏体的脱溶序列为

$$\eta\text{-}Fe_2C(\varepsilon\text{-}Fe_{2.4}C)\rightarrow\chi\text{-}Fe_5C_2\rightarrow\theta\text{-}Fe_3C$$

但有些少数合金系的脱溶过程中不析出 G. P. 区和过渡相，时效过程中直接析出平衡相。

一般说来，时效过程中既无 G. P. 区又无过渡相，析出的合金的时效强化效果都比较弱。G. P. 区的形状既可以是盘状，也可以是棒状或球状。

(2)脱溶物粗化(Ostwald 熟化)

脱溶后期，脱溶相已成为弥散分布的平衡相，其粒子半径 r 大小不等，且颗粒之间的距离 d 远大于 $2r$。设 α 相中有两个半径不等的 β 粒子，半径分别为 r_1 和 r_2，且 $r_1>r_2$，由 Gibbs-Thomson 定律可知，溶解度与颗粒半径 r 有关，可表示为

$$c_\alpha(r)=c_\alpha(\infty)\left(1+\frac{2\sigma V_m}{RT\gamma}\right) \tag{9.30}$$

式中，$c_\alpha(r)$与 $c_\alpha(\infty)$分别为粒子半径为 r 和∞时的溶质原子 B 在 α 相中的溶解度；γ 为界面能；V_m 是 β 相的摩尔体积。

由式(9.30)可知，与小颗粒处于亚平衡的 α 相的浓度应大于大颗粒所对应的 α 相的浓度，即 $c_\alpha(r_2)>c_\alpha(r_1)$，在 α 相内部产生浓度梯度，如图 9.15(a)。小颗粒附近的溶质原子有向大颗粒周围扩散的趋势，扩散一旦发生，亚平衡 Ⅰ 被打破，如图 9.15(b)。为维持脱溶相与基体界面处的浓度平衡，必然发生小颗粒的溶解和大颗粒的长大，在新的粒子尺寸下与基体建立新的亚平衡Ⅱ，如图 9.15(c)。如此反复，脱溶相粒子发生粗化。

可以证明脱溶颗粒的平均尺寸 $\bar{r}_t$ 与时效时间 t 的关系为

$$(\bar{r}_t)^3=\frac{3}{2}\cdot\frac{D\sigma V_m c_\alpha(\infty)}{[c_\beta-c_\alpha(\infty)]RT}\cdot t+(\bar{r}_0)^3 \tag{9.31}$$

式中，$\bar{r}_0$ 为粗化开始时，成分为 c_β 的 β 相粒子的平均半径；$\bar{r}_t$ 为经过时间 t 后，粗化了的 β

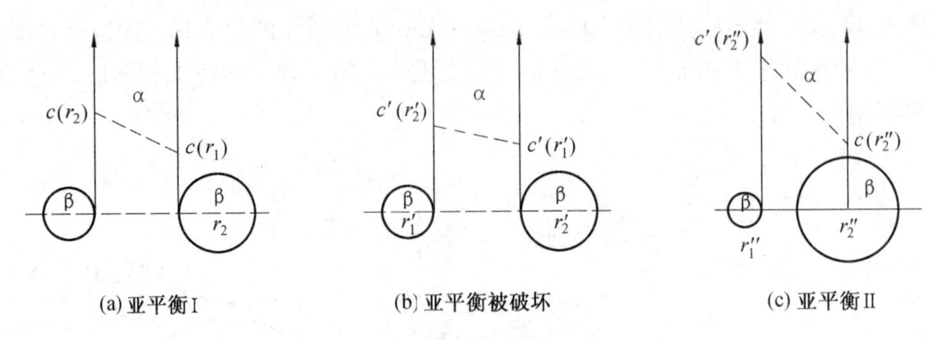

图 9.15　颗粒粗化示意图

相粒子的平均半径；D 为溶质原子 B 在 α 相中的扩散系数；σ 为比界面能；V_m 摩尔体积；$c_\alpha(\infty)$ 为 β 颗粒半径为∞（平界面）时的固溶度；R 为气体常数；T 为绝对温度。由式(9.31)可知，析出的 β 相粒子尺寸随时效时间 t 与比界面能 σ 的增加而增加。由于共格界面能低，所以共格界面的脱溶颗粒要比非共格界面的脱溶颗粒粗化速度慢。此外，溶质在基体的溶解度 $c_\alpha(\infty)$ 越低，脱溶颗粒粗化速度越慢。Ostwald 在 1900 年首先研究了颗粒粗化问题，文献中把这种颗粒粗化称为 Ostwald 熟化。

3. 不连续脱溶

过饱和固溶体的不连续脱溶也叫两相式脱溶或胞状式脱溶。通常在母相晶界上形核，然后呈胞状向某一相邻晶粒内生长，这与珠光体很相似。胞状脱溶物与母相有明显界面，如图 9.16 所示。

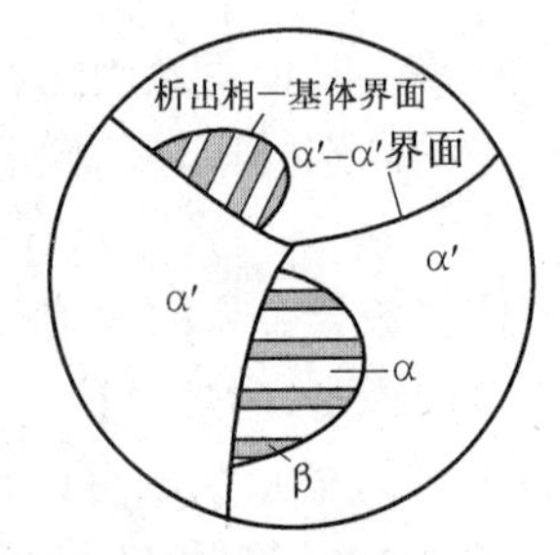

图 9.16　不连续沉淀示意图

参考图 9.17(a)，图 9.16 所表示的不连续沉淀反应可以写为 $\alpha'(c_0)\rightarrow\alpha(c_{\alpha'})+\beta(c_\beta)$，其中 α′相是成分为 c_0 的过饱和固溶体；β 相是晶体结构与成分均不同于母相 α′的平衡析出相，其成分为 c_β；胞状脱溶物中的 α 相与母相 α′相结构相同，但成分与母相不同，溶质含量为 $c_{\alpha'}$，$c_{\alpha'}$ 明显低于过饱和固溶体 α′的成分 c_0，但略高于该温度下的平衡成分 c_α，如图 9.17 所示，穿越图 9.16 中的 α–α′相界，溶质含量要产生突变，如图 9.17(b)所示。正是由于这种成分的不连续变化，导致跨越 α′–α 相界也会产生点阵常数的突变。

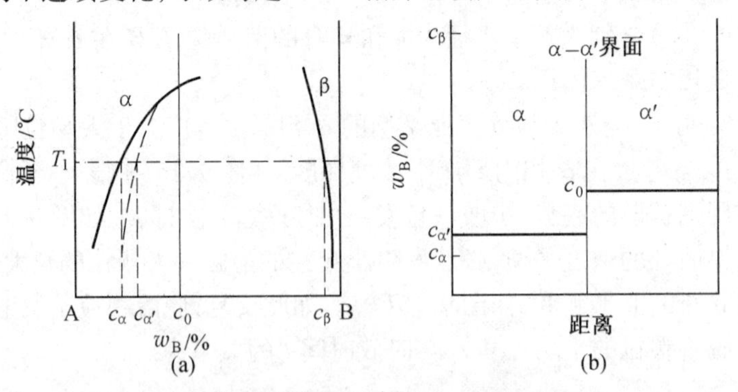

图 9.17　不连续脱溶相界面处成分的不连续变化

胞状脱溶物在晶界形核时，它与相临晶粒之中的一个形成不易移动的共格界面，而与另一晶粒间形成可动的非共格界面，因此胞状脱溶物仅向一侧长大，如图 9.16 所示。

胞状脱溶物的生长主要被晶界扩散所控制，与连续脱溶的长距离扩散不同，胞状脱溶物的生长靠短程扩散即可实现，扩散的距离仅为 1 μm 左右，相当于片间距的数量级。不连续脱溶区的生长示意图，如图 9.18 所示。设胞状脱溶物与基体的界面是厚度为 d 的平面，脱溶物长大时，该界面向前推移，导致成分为 c_0 的母相转变为层片相间的 α 与 β 的混合物，所以由此可算出脱溶区向母相的推进速度即长大速率。

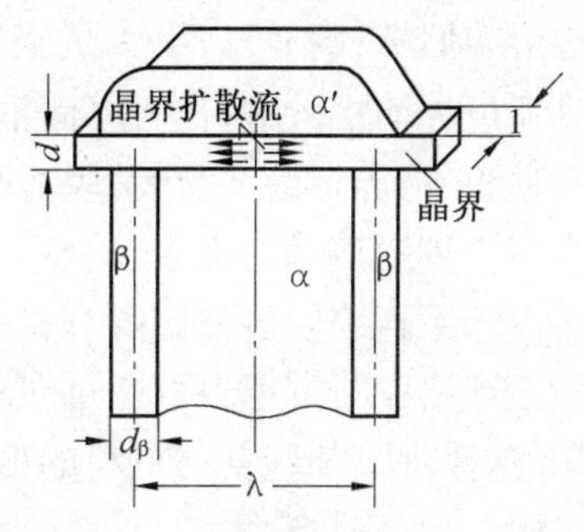

图 9.18　不连续脱溶区的生长示意图

在厚度为 d 的边界层内，β 相获得的溶质原子的通量为

$$J_\beta = \frac{dm}{d_\beta \cdot 1 \cdot dt} = (c_\beta - c_0)v \tag{9.32}$$

式中，v 为界面向基体推进速度；$(c_\beta - c_0)$ 为基体 α 转变为 β 时溶质的增量。

β 相所摄取的这些溶质原子是通过它们的边界扩散来完成的，如图 9.18 所示。由菲克第一定律，其扩散通量为

$$J_{扩散} = \frac{dm}{2(d \cdot 1) \cdot dt} = D_B \frac{c_0 - c_\alpha}{\lambda/2} \tag{9.33}$$

式中，D_B 为溶质原子在晶界的扩散系数；$\lambda/2$ 为扩散距离；c_0 为 α 片中心处的浓度；c_α 为界面处与 β 局部平衡的基体浓度。

当脱溶物稳定生长时，单位时间 β 相获得的溶质原子的量应等于单位时间边界扩散所提供的溶质原子的量，即

$$(c_\beta - c_0)vd_\beta \cdot 1 = \left(D_B \frac{c_0 - c_\alpha}{\lambda/2} \cdot 2d \cdot 1\right) \tag{9.34}$$

由式(9.34)得到

$$v = \frac{4dD_B(c_0 - c_\alpha)}{d_\beta \cdot \lambda(c_\beta - c_0)} \tag{9.35}$$

式(9.35)中，λ 与 β 片厚度 d_β 是两个相关参数，利用质量平衡可求出它们之间的关系

$$(\lambda \cdot 1 \cdot d)c_0 = c_\beta(d_\beta \cdot 1 \cdot d) + c_{\alpha'}[(\lambda - d_\beta) \cdot d \cdot 1] \tag{9.36}$$

由式(9.36)得到

$$d_\beta = \frac{\lambda(c_0 - c_{\alpha'})}{c_\beta - c_{\alpha'}} \tag{9.37}$$

将式(9.37)代入式(9.35)得到

$$v = \frac{4dD_B(c_\beta - c_{\alpha'})}{(c_\beta - c_0)\lambda^2 Q} \tag{9.38}$$

式中，$Q = (c_0 - c_{\alpha'})/(c_0 - c_\alpha)$。考虑到 $c_\beta \gg c_{\alpha'}$、$c_\beta \gg c_0$，式(9.38)近似为

$$v \approx \frac{4dD_B}{Q\lambda^2} \tag{9.39}$$

当合金成分和析出温度一定时，Q 为常数，d 通常取 0.5 nm。因此不连续析出时，界

面向基体推进的速度 v 与 D_B/λ^2 成正比。采用类似的方法也可得出如果通过体扩散向 β 供应溶质原子，则 v 与 D_B/λ 成正比。一些研究成果表明，不连续沉淀时的溶质的重新分布是通过界面扩散进行的，界面推进速度与 λ^2 成反比，符合式(9.39)。当晶界不均匀形核几率大，晶界扩散系数大，脱溶驱动力大时有利于不连续沉淀发生。

不连续脱溶可在许多合金系中发生，如 Cu-Mg，Cu-Ti，Cu-Be，Cu-Sn，Fe-Mo，Fe-Zn 等。由于不连续脱溶可妨碍有益强化合金的连续脱溶过程的进行，所以一般说来要避免发生不连续脱溶。但也可通过对不连续脱溶反应的控制，获得比共晶组织细得多的层片组织，这对提高某些复合材料的力学性能和电磁性能都是有利的。

9.2.3 共析转变

共析转变是指由单一的固态母相分解为两个(或多个)结构与成分不同的新相过程，其反应可表示为 $\gamma \rightarrow \alpha+\beta$。这种转变也包括形核长大过程，但由于转变在固态下进行，原子扩散缓慢，因此转变速率远低于共晶转变。共析组织与共晶组织的形貌类似，两相交替分布，可有片状、棒状等不同形态。例如，铁碳合金中的共析组织由片层状的铁素体与渗碳体组成，如图 9.19 所示。

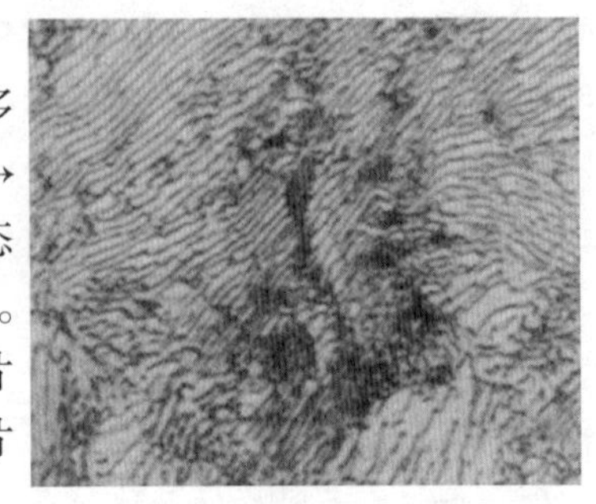

图 9.19 退火共析钢显微组织

1. 共析转变的形核与生长

共析转变时，新相常在母相晶界处形核，并以两相交替形成的方式进行。根据母相 γ 的晶界结构、成分、转变温度的不同，新相 α 和 β 中可能某一个为领先相。领先相形成时，通常与相邻晶粒之一有一定位相关系，而与另一晶粒无特定位向关系。共析转变的形核与生长，如图 9.20 所示。假定富含 B 组元的 β 为领先相，在晶界处形核并与 γ_1 晶粒具有一定位相关系，如图 9.20(a)所示。所形成的一小片 β 相要长大，需周围的 γ 相不断提供 B 组元。这造成 β 相周围的 γ 相中 B 组元显著降低，为富含 A 组元的 α 相的形核创造了条件，于是就在片状 β 相侧面形成小的片状 α 相，这便形成了共析转变的复相晶核，如图 9.20(b)所示。形核之后，α 与 β 两相将分别绕过对方而分叉生长，如图 9.20(c)，9.20(d)所示。α 相与 β 相可按此桥接机制交替生长，并向 γ 相纵深发展，最后形成一个细的层片状的共析领域，如图 9.20(e)所示。在 γ 相晶界处以及已形成的共析领域边缘，还会生成其他取向的片状 β 相晶核，并形成具有不同取向的复相晶核，这些晶核所形成的共析领域互相接触时，共析转变宣告结束。

共析体形核后，靠原子的短程扩散，导致两相耦合长大。原子的扩散主要沿新相与母相的界面进行，至少这种界面扩散在共析体长大过程中应当起到不可忽视的作用。长大机制如图 9.21 所示。

共析成分的 γ 相冷到共析温度以下的 T_1 温度，进行共析反应生成(α+β)共析组织，由图 9.21(a)可知与 α 相平衡的 γ 相的浓度为 $c_{\gamma\alpha}$，与 β 相平衡的 γ 相的浓度为 $c_{\gamma\beta}$，且 $c_{\gamma\alpha}>c_{\gamma\beta}$。界面前沿的母相存在浓度梯度，要发生溶质 B 原子的扩散，如图 9.21(b)所示。在 α 相前沿 B 组元浓度将降低，为恢复到该温度下的平衡浓度 $c_{\gamma\alpha}$，含 B 组元低的 α 相将长大。在 β 相前沿 B 组元浓度升高，同样为使浓度降低到 $c_{\gamma\beta}$，富 B 的 α 相也要生长，故 α 与 β 两相靠界面扩散耦合生长。

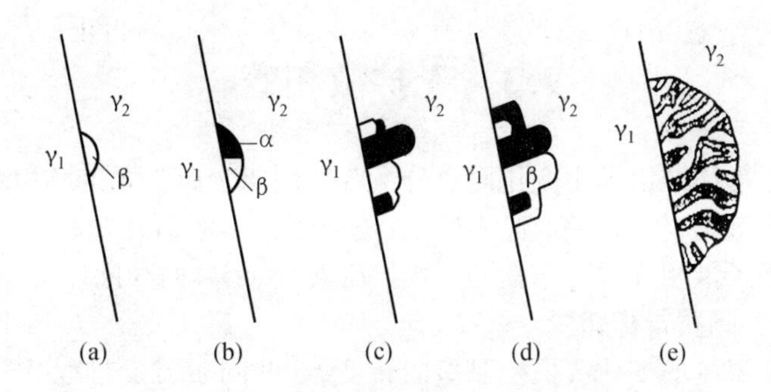

图 9.20　共析转变的形核与生长示意图

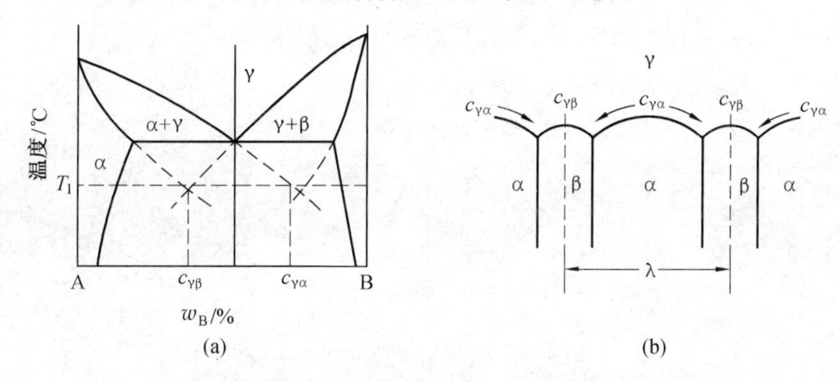

图 9.21　共析体生长时溶质原子的扩散

2. 共析体的片间距

共析体的片间距 λ 为相临两片 β(或 α)之间的距离,如图 9.21(b)。在恒温转变时,片间距基本保持恒定,片间距 λ 是一个很重要的参数,片间距越小,共析体强度越高塑性也越好。片间距大小主要取决于转变温度,过冷度越大,片间距越小。片间距与过冷度的关系可通过考察共析转变时的自由焓变化而求得。形成单位体积共析体的自由焓变化为

$$\Delta G = -\Delta G_V + A\sigma \tag{9.40}$$

式中,ΔG_V 转变前后单位体积自由焓的下降;A 单位体积 α-β 界面总面积;σ 为 α-β 相界的界面能。

参考图 9.21(b),$A = 2/\lambda$。当 $\Delta G = 0$ 时,共析领域将停止生长,设此时的片间距为 λ_m,由式(9.40)得到

$$\lambda_m = 2\sigma/\Delta G_V \tag{9.41}$$

由热力学可知

$$\Delta G_V = \frac{\Delta H \cdot \Delta T}{T_E} \tag{9.42}$$

式中,ΔH 为热焓差;T_E 平衡条件下共析温度;ΔT 为过冷度。将式(9.42)代入式(9.41)得到

$$\lambda_m = \frac{2\sigma T_E}{\Delta H} \cdot \frac{1}{\Delta T} \tag{9.43}$$

由式(9.43)可知共析体的片间距与过冷度成反比,共析转变温度越低,片间距 λ_m 越小。例如,共析钢的珠光体片间距满足经验公式 $\lambda = \frac{8.02}{\Delta T} \times 10^3$ nm。

9.3 无扩散相变

相变前后只是晶体结构发生变化而成分不改变的相变属于无扩散相变。无扩散相变中原子可采用无扩散切变方式完成晶格改组，也可借助热激活靠短程扩散跨过相界面完成相变。常见的无扩散相变包括陶瓷的同质异构转变、金属的马氏体转变和块型转变等。

9.3.1 陶瓷的同质异构转变

大多数陶瓷随温度的变化要发生晶型的转变，这些同素转变过程往往不需离子的长程扩散，故可认为是无扩散相变。在同素相变中具有代表性的无扩散相变分两类：第一类重构型相变；第二类位移型相变。两种无扩散相变模型如图 9.22 所示。

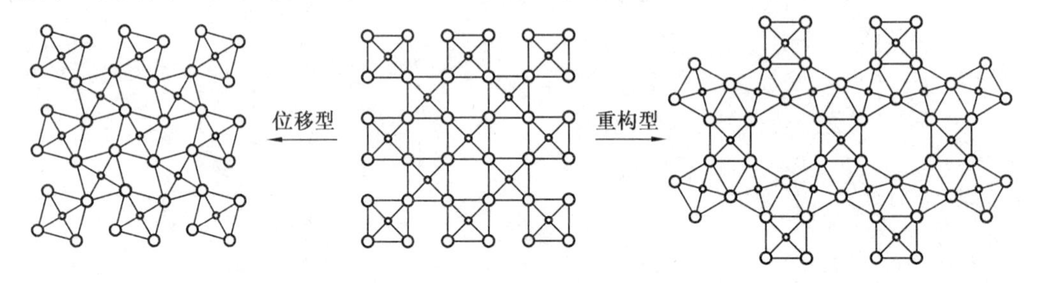

图 9.22 两种无扩散相变模型

位移型相变中，无需破坏原子的化学键，只需构成晶体的离子沿特定的晶面晶向整体地产生有规律的位移，使结构发生畸变就可完成相变。转变无需扩散，转变速度非常快。例如 ZrO_2 由高温冷至大约 1 000 ℃发生的正方相(t)→单斜相(m)的转变。

重构型相变中，伴随原化学键的破坏与新键的形成，原子靠近程扩散重新排列，相变所需激活能高，故重构型相变较难发生，转变速度缓慢，常常有高温相残留到低温的倾向。例如石英(SiO_2)由高温冷至 1 470 ℃发生高温方石英→高温鳞石英转变。

9.3.2 块型转变

块型转变最初是在 Cu-Zn 合金中发现的，后来在铜基合金、银基合金及铁碳合金等合金系中也发现了该类型转变。由图 9.23 所示的 Cu-Zn 二元相图可知，Zn 质量分数为 38% 的 Cu-Zn 合金由 β 相区快速冷却，通过 α+β 两相区时，可避免发生脱溶分解和马氏体转变，由 β 相转变为成分与母相相同的 α 相。这种块状的 α 相在 β 相晶界上形核，以每秒数厘米的速度很快长入周围 β 相中，因此原子来不及长程扩散，致使新相与母相具有相同成分，因此可将其看成无扩散相变。由于这种相呈现不规则块状外形，因此叫块型转变。然而这种相变与属于位移型相变的马氏体相变却有本质区别，马氏体相变是原子以协同运动的切变方式完成相转变，新相与母相间具有一定晶体学取向关系，相变具有浮凸效应。与此不同，块型转变时，α 相的长大靠非共格界面的热激活迁移完成，原子的迁移靠短程扩散。所以块型转变时，新相与母相间无一定晶体学取向关系，相变无浮凸效应。

由于块型转变是通过母相原子跨越界面进入新相的方式进行的，因此必须在足够高的温度下，保证原子具有短程扩散的能力，这种转变才能进行。图 9.24 为存在块型转变合金的一种可能的 CCT 图。以冷速①冷却，类似亚共析钢的先共析铁素体的析出，产生等轴 α 相；以冷速②冷却，产生魏氏组织 α 相；以冷速③冷却，产生块型转变；以冷速④冷却,发生马氏体转变。

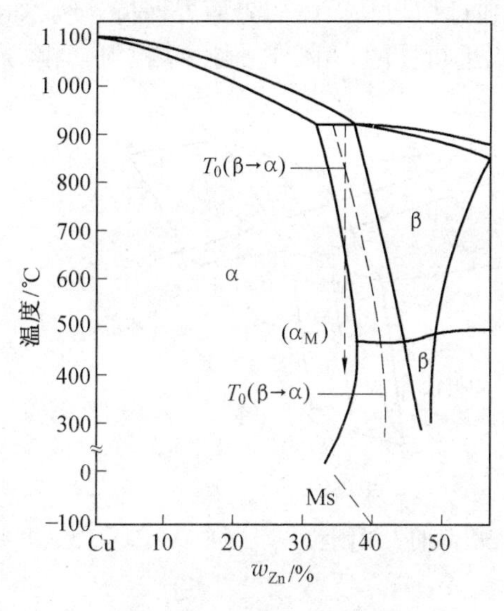

图 9.23　Cu-Zn 二元相图

$T_n - G_\alpha = G_\beta$;Ms—马氏体转变开始点

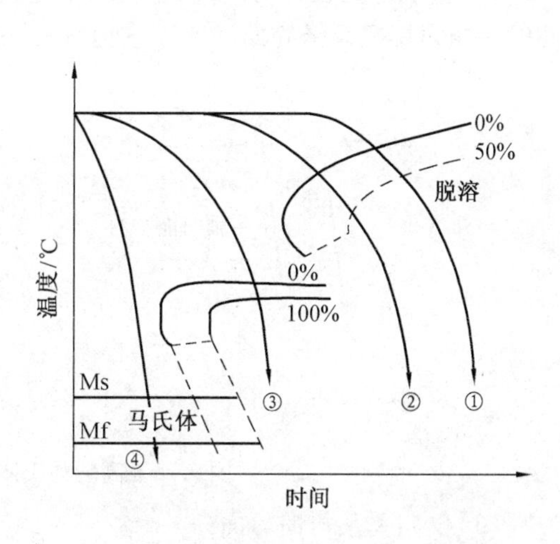

图 9.24　具有块型转变合金的一种可能的 CCT 曲线

除 Cu-Zn 合金外,在许多合金系中也发现了块型转变。例如,铁碳合金,只要将 γ 相以适当的冷速冷却,使之快到避免高温相的形成,慢到避免发生马氏体转变,就可以发生块型转变。

9.3.3　马氏体相变

据历史记载,我国在战国时代已进行钢的淬火,辽阳三道壕出土的西汉时代的钢剑即为淬火组织。但直到 19 世纪中期,索拜(Sorby)才首先用金相显微镜观察到淬火钢中的这种硬相。1895 年法国人 Osmond 为纪念德国冶金学家 Adolph Martens,将其命名为 Martensite(马氏体),所以马氏体最初只是指钢从奥氏体区淬火后所得到的组织。马氏体相变发生在很大过冷状态下,相变具有表面浮凸效应和形状的改变,属于无扩散的位移型相变。后来又陆续发现,在一些有色金属及其合金中,以及一些非金属化合物中都存在具有相同特征的固态相变,因此把具有这种转变特征的相变统称为马氏体相变,其转变产物称为马氏体。

1. 马氏体相变特点

与扩散相变不同,马氏体相变属于位移型相变,主要具有如下特征。

(1)马氏体相变的无扩散性

早在 20 世纪 40 年代就发现 Li-Mg 合金在−190 ℃时的长大速度仍可高达 10^5 cm/s 数量级。在−20 ~ −196 ℃,Fe-C 和 Fe-Ni 合金形成一片马氏体片的时间仅为 5×10^{-5} ~ 5×10^{-7} s。显然在这样低的温度下原子几乎不能扩散。此外,Fe-C 合金中的马氏体相变前后碳浓度也不发生变化。这表明马氏体相变具有无扩散的特征。

(2)切变共格性与表面浮凸现象

早在 20 世纪初,Bain E C 就发现预先抛光的试样发生马氏体相变后原来光滑的表面出现了浮凸,即马氏体形成时和它相交的试样表面发生倾动,一边凹陷,一边凸起,显微镜下观察则出现明显的山阴和山阳，如图 9.25(a)所示。若在原抛光试样表面划一直线 SS′，马氏体相变后，变成折线 S″T′T S，这些折线在母相与马氏体的界面处保持连续，如图 9.25(b)所示。这表明马氏体相变是以切变方式进行，并且相变过程中母相与新相马氏体的界面为切变共格界面。

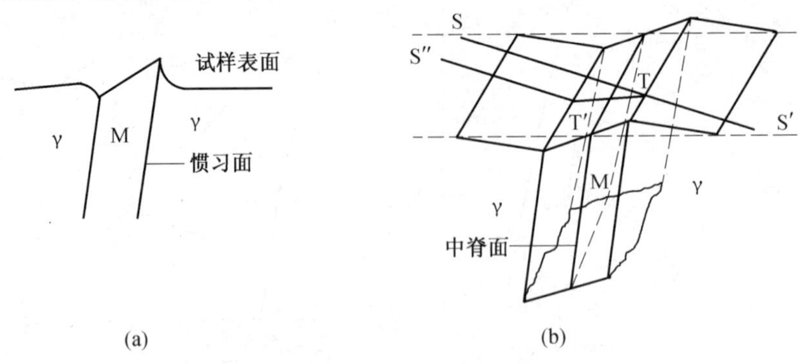

图 9.25　高碳马氏体相变引起的表面倾动

(3)位向关系与惯习面

马氏体相变时，新相与母相之间通常具有一定位向关系。对于铁基合金，面心立方奥氏体向体心正方马氏体转变(γ→M)，已观察到的位向关系主要有三种。

K-S 关系：$\{111\}_{\gamma}/\!/\{011\}_{m}$，$\langle 101\rangle_{\gamma}/\!/\langle 111\rangle_{m}$；

西山(N)关系：$\{111\}_{\gamma}/\!/\{110\}_{m}$，$\langle 211\rangle_{\gamma}/\!/\langle 110\rangle_{m}$；

G-T 关系：$\{111\}_{\gamma}/\!/\{110\}_{m}$ 差 1°，$\langle 110\rangle_{\gamma}/\!/\langle 111\rangle_{m}$ 差 2°。

面心立方奥氏体向六方马氏体转变(γ→ε)的位向关系为 $\{111\}_{\gamma}/\!/(0001)_{\varepsilon}$，$\langle 110\rangle_{\gamma}/\!/\langle 11\bar{2}0\rangle_{\varepsilon}$。

马氏体总是在母相的一定晶面上形成，该晶面叫惯习面。马氏体长大时，该面成为两相的相界面，由于马氏体相变具有切变共格的特性，所以惯习面为近似的不畸变面。不同材料中的马氏体相变具有不同的惯习面，钢中已测出的惯习面有 $\{111\}_{\gamma}$，$\{225\}_{\gamma}$ 和 $\{259\}_{\gamma}$；Cu-Zn 合金中的 β′马氏体的惯习面为 $\{133\}_{\beta}$；ZrO_2 中的正方相向单斜相的转变属于马氏体相变，其中片状马氏体的惯习面为 $\{671\}_{m}$ 或 $\{761\}_{m}$，板条马氏体的惯习面为 $\{100\}_{m}$。

(4)马氏体相变的可逆性与形状记忆效应

对于某些合金，马氏体相变具有可逆性。图 9.26 为 Ni 质量分数为 30% 的 Fe-Ni 合金冷却相变和加热时的逆转变。高温相为面心立方 γ 相，快冷至马氏体转变开始点(Ms)以下，发生马氏体相变，生成体心立方的 α′马氏体。然后再加热到 γ 相转变开始点(As)以上，α′马氏体直接靠逆转变变为面心立方的高温 γ 相。

钢室温时的平衡相为铁素体与渗碳体，马氏体是亚稳相。所以亚稳相马氏体在加热时，只要原子能够扩散就要从马氏体中析出碳化物，很难发生由马氏体直接转变为奥氏体的逆转变。而对于 Au-Cd 合金 Ms 与 As 相差仅有 16 ℃，相变热滞很小，加热和冷却时很容易发生逆转变，使马氏体呈现弹性似的长大和收缩，这类马氏体称为热弹性马氏体。具有热弹性马氏体转变的合金还有 Cu-Al-Ni，Cu-Al-Mn，Cu-Zn-Al 等合金。将具有热弹性马氏体转变的合金在 Ms 点以下进行塑性变形，当发生逆转变时，原来的变形可以被取消，这种效应叫形状记忆效应。

(5)马氏体相变的不完全性

马氏体相变是在 Ms～Mf(马氏体转变终了点)温度范围内进行,随转变温度的降低马氏体转变量增加,但总是或多或少残留一些母相。高碳钢和许多合金钢 Ms 点高于室温,Mf 点低于室温,快冷到室温,会保留相当数量的残余奥氏体。图 9.27 为碳钢中碳的质量分数对残余奥氏体量及淬火钢硬度的影响。由图可知 w_C>0.5% 时,碳钢中已出现残余奥氏体,且随钢中碳质量分数的增加残余奥氏体量增加,淬火钢硬度下降,但马氏体硬度一直随钢中碳质量分数的增加而增加。

陶瓷中的马氏体相变也具有不完全性,例如,在 ZrO_2-YO_2 陶瓷中的 t→m 的转变,所生成的"N"型马氏体片间的间隙为残留的母相。

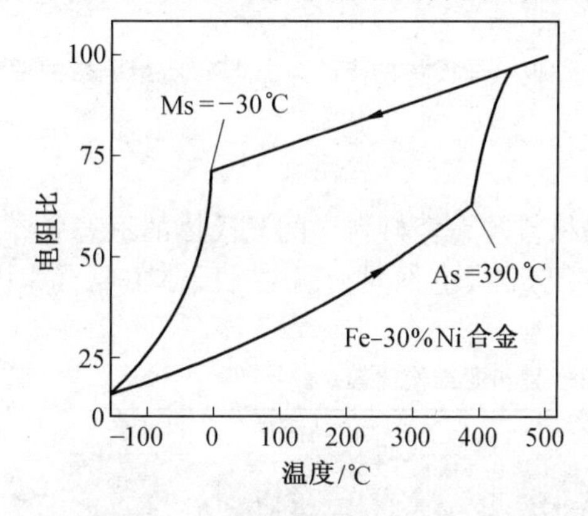

图 9.26　冷却相变和加热时的逆转变

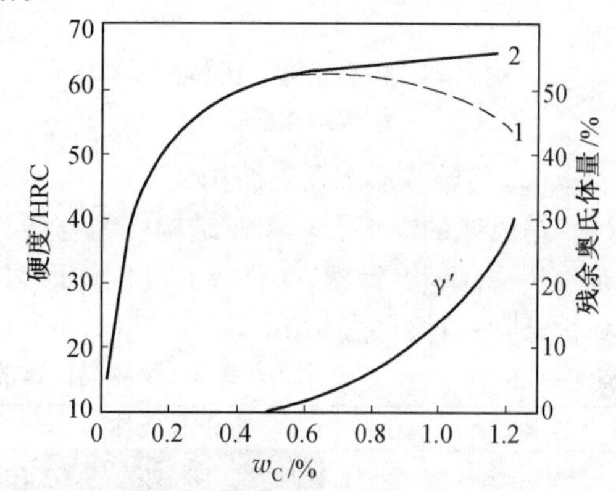

图 9.27　钢中碳质量分数对残余奥氏体及淬火钢硬度的影响(高于 Ac_1 及 Ac_{cm} 淬火)

1—淬火钢硬度　2—马氏体硬度

2.钢中马氏体的结构、形态及性能

最早的马氏体的定义是碳在 α-Fe 中的过饱和固溶体。由于不仅在钢中,在有色合金和陶瓷材料中也有马氏体相变,所以在 20 世纪 80 年代有些学者用马氏体相变特征为马氏体定义。将马氏体定义为母相无扩散的,以惯习面为不变平面的切变共格相变的产物。下面以钢中马氏体为例,简单介绍马氏体的结构、形态及性能。

(1)马氏体的晶体结构

不同材料中的马氏体的晶体结构也不尽相同。ZrO_2 基陶瓷中的正方相→单斜相(t→m)转变是典型的马氏体转变,转变产物是属于单斜系。Co,Co-Fe,Co-Ni 合金系中,面心立方结构的母相转变为密排六方结构的马氏体。钢中马氏体的晶体结构随合金和碳质量分数的变化,可存在体心立方、体心正方和密排六方三种晶体结构。

Mn 质量分数为 13%～25% 的高锰钢中的 ε′马氏体为密排六方结构,w_C<0.2% 时,低碳钢中的马氏体为体心立方结构,w_C>0.2% 的中碳和高碳钢中马氏体为体心正方结构。体心正方马氏体的晶体结构如图 9.28 所示。碳原子主要占据 z 轴方向的扁八面体间隙位置。随马氏体碳质量分数的增加,晶格参数 c 增加,a 下降,马氏体由体心立方结构变为体心正方结构,如图 9.29 所示。定义 c/a 为正方度,由图 9.29,w_C<0.2% 的低碳钢 $c/a=1$;w_C>0.2%,$c/a>1$,并且随碳质量分数的增加正方度增大。

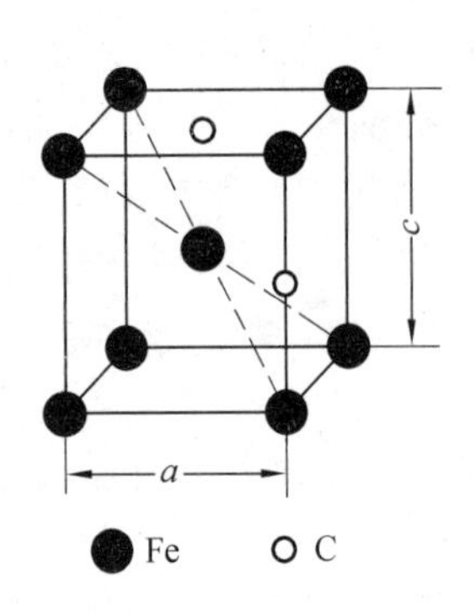

图 9.28　体心正方马氏体的晶体结构示意图

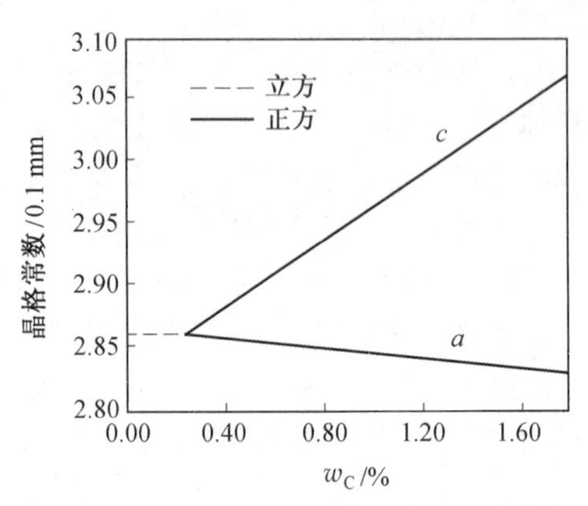

图 9.29　马氏体的点阵常数与碳质量分数的关系

(2)马氏体形态及亚结构

马氏体的组织形貌和亚结构极为复杂,金属材料及陶瓷材料中的马氏体的形态各异,有片状、板条状、针状、蝶状等。马氏体形态不同,亚结构也不同。钢中马氏体主要有片状和板条状两种,见表 9.2。

表 9.2　两种马氏体的组织形貌和亚结构比较

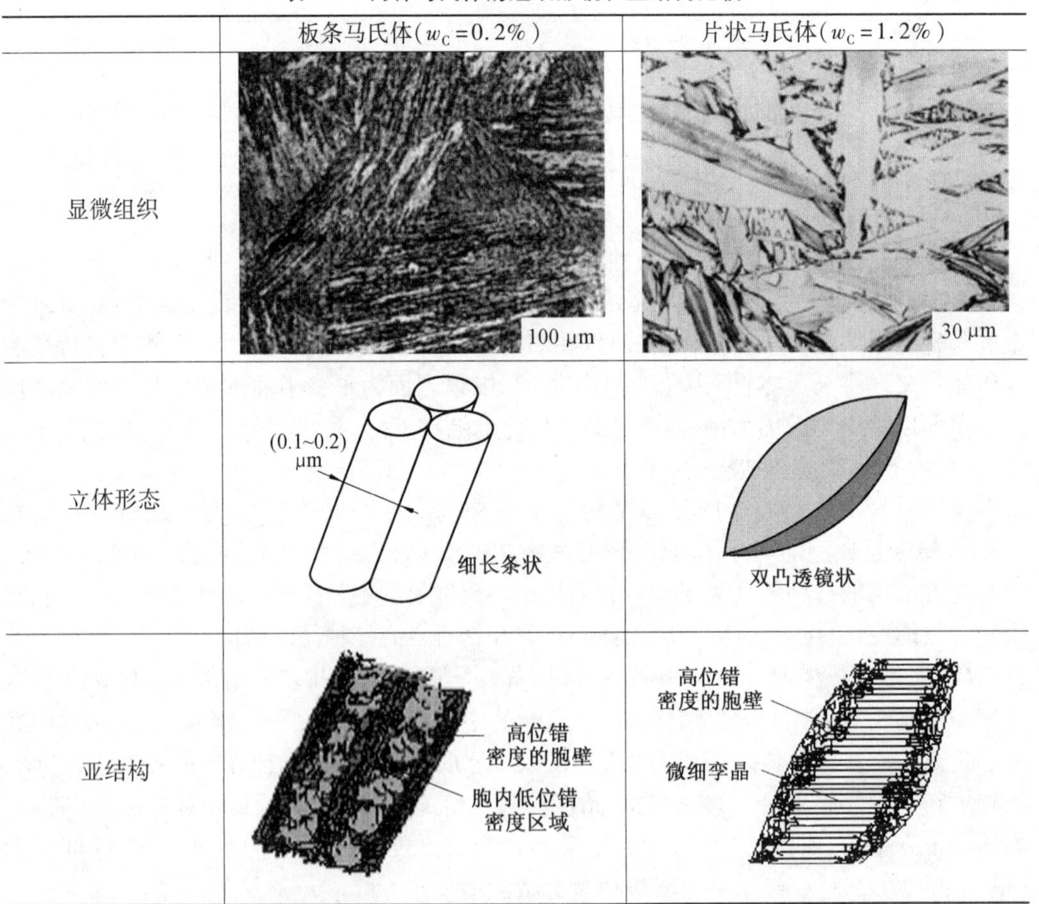

	板条马氏体(w_C=0.2%)	片状马氏体(w_C=1.2%)
显微组织	100 μm	30 μm
立体形态	(0.1~0.2) μm 细长条状	双凸透镜状
亚结构	高位错密度的胞壁 胞内低位错密度区域	高位错密度的胞壁 微细孪晶

w_C<0.2%的碳钢几乎全部生成板条状马氏体，亚结构为密度高达(10^{11} ~ 10^{12})/cm^2的位错，所以板条状马氏体也叫低碳马氏体或位错马氏体。w_C>1.0%的碳钢几乎全部生成双凸透镜状的片状马氏体，其亚结构主要为微细孪晶，所以片状马氏体也叫高碳马氏体或孪晶马氏体。在w_C>1.4%的马氏体片状中，经常可见到一条"中脊线"，仿佛把马氏体片分成两半，透射电镜分析表明"中脊线"是更微细的孪晶区。0.2%<w_C<1.0%的过冷奥氏体则形成片状和板条状混合的马氏体，且随碳质量分数的增加，片状马氏体所占比例增加。

(3)马氏体的性能

马氏体的最主要的性能特点是强度与硬度高。由于硬度与强度可通过经验公式换算，所以通过硬度的测定可推测淬火钢的强度。采用显微硬度计可测定马氏体的硬度，马氏体的硬度随马氏体碳质量分数的增加而增加。当w_C<0.5%时，马氏体硬度随碳质量分数的增加急剧增加；当w_C>0.5%时，马氏体硬度增加趋于平缓；当w_C>0.8%的马氏体硬度几乎不增加，图9.27中曲线2。所要说明的是马氏体的硬度并不代表淬火钢的硬度。曲线1为淬火钢的硬度。当w_C<0.5%时，马氏体硬度与淬火钢的硬度相同。当w_C>0.5%时，由于钢中出现残余奥氏体，且随钢碳质量分数的增加，残余奥氏体逐渐增高，使淬火钢的硬度呈明显下降趋势，如图9.27所示。

9.4 贝氏体相变

钢中的贝氏体转变发生在珠光体转变和马氏体转变温度范围之间，故称中温相变。由于转变温度较低铁原子和置换型的溶质原子难以扩散，但间隙原子碳可以扩散，故为半扩散相变。由于贝氏体相变具有过渡性，既有珠光体分解的某些特性，又有马氏体转变的一些特点，因此贝氏体相变是十分复杂的，至今仍存在切变学派和扩散学派之争。可将钢中贝氏体定义为：贝氏体是过冷奥氏体的中温转变产物，以贝氏体铁素体为基，同时可能存在θ-渗碳体或ε-碳化物或残余奥氏体等相构成的整合组织。由于贝氏体相变及其产物在实际生产中已得到重要应用。所以研究贝氏体相变具有重要应用价值和理论意义。

9.4.1 钢中贝氏体类型及形成过程

最初根据冷却转变的中温区上端和下端所形成的两种组织形态把钢中贝氏体分为羽毛状的上贝氏体和针片状的下贝氏体。后来又发现其他形态的贝氏体，例如无碳贝氏体、粒状贝氏体等。

贝氏体转变也是形核长大过程，也有孕育期。在孕育过程中，奥氏体靠碳原子的扩散会形成富碳区和贫碳区。贝氏体铁素体首先在奥氏体晶界处形核，随后长大。贝氏体铁素体是靠切变长大，还是靠扩散长大尚有分歧。此外，关于上贝氏体和下贝氏体中碳化物的析出机制也有争议。

9.4.2 贝氏体的组织形态

钢的成分不同，贝氏体转变温度不同，可生成不同类型的贝氏体。不同类型的贝氏体的形貌各异。各种贝氏体形成过程的示意图如图9.30所示。

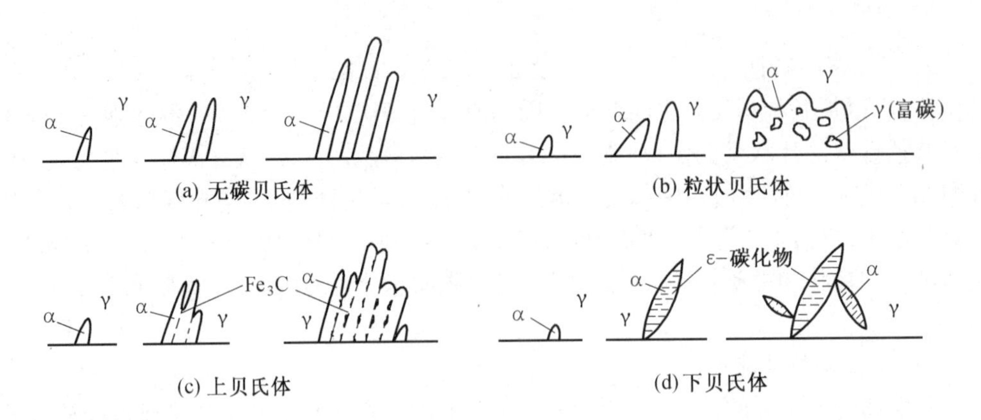

图 9.30　贝氏体形成过程示意图

1. 上贝氏体

在贝氏体转变温度范围的较高温度区域形成上贝氏体，其形成过程如图 9.30(c)所示。铁素体板条优先在原奥氏体晶界上形核，然后向一侧奥氏体中长大，铁素体板条互相平行排列，条间分布着断续短杆状渗碳体。碳在铁素体板条中呈过饱和状态，板条中具有较高密度的位错。随形成温度降低，铁素体板条数量增多，板条间的短杆状渗碳体尺寸减少。上贝氏体铁素体的 HRC 虽然可达 45 左右，但由于铁素体板条间析出较粗大的脆性短杆状渗碳体，所以塑性和韧性指标较低。

上贝氏体典型的光学显微组织形貌呈现羽毛状，如图 9.31(a)所示。电子显微镜下，上贝氏体组织由许多从奥氏体晶界向晶内平行生长的板条状铁素体和板条间存在的不连续的短杆状渗碳体组成，如图 9.31(b)所示。

(a)光学显微组织，400×

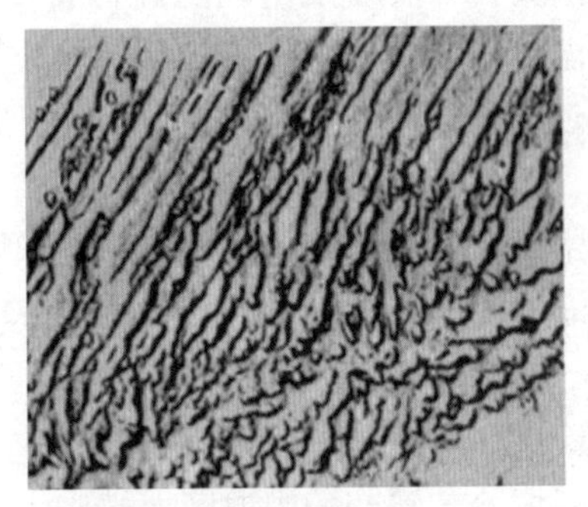

(b)透射电镜组织，4 000×

图 9.31　上贝氏体显微组织

2. 下贝氏体

下贝氏体在贝氏体转变温度范围的较低温度区域形成，其形成过程如图 9.30(d)所示。下贝氏体典型的光学显微组织形貌与片状马氏体相似，呈片状，如图 9.32(a)所示。利用透射电子显微镜，在下贝氏体中的片状铁素体内，可观察到沿一定惯习面析出的微细 ε-碳化物，其排列方向一般与片状铁素体长轴成 55°～60°夹角，如图 9.32(b)所示。下贝氏体中的片状铁素体的碳过饱和程度更高，片状铁素体的亚结构为高密度位错和微细孪晶。由此可以推测下贝氏体是以位错滑移切变或孪生切变方式形成的。下贝氏体不仅有高的强度与硬度,同时具有良好的塑性和韧性,综合性能优于片状马氏体。

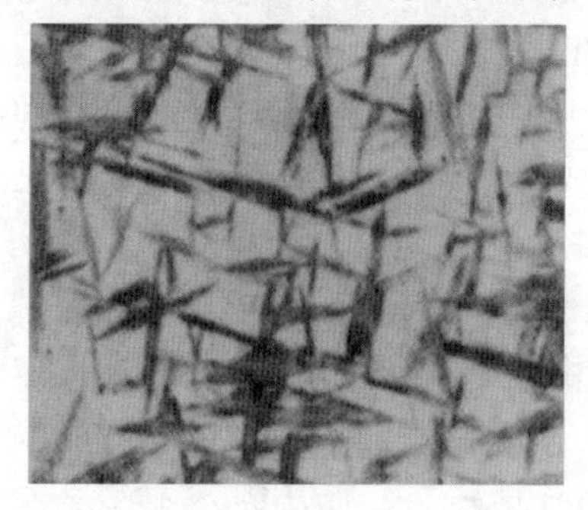

(a)光学显微组织

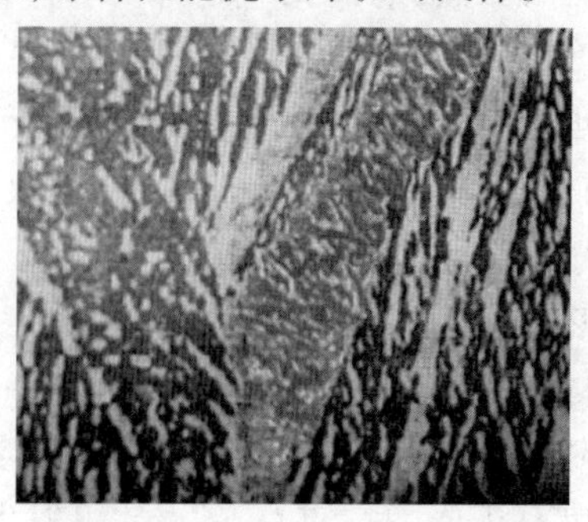

(b)透射电镜组织

图 9.32　下贝氏体显微组织

3. 其他类型的贝氏体

无碳贝氏体在低碳低合金钢中出现几率较多,也是在贝氏体转变区间的较高温度范围内形成的,其形成过程如图 9.30(a)所示。在无碳贝氏体中,尺寸和排列距离较宽的贝氏体铁素体片条平行排列,片条间是富碳的奥氏体或其随后分解的产物。

低中碳贝氏体钢热轧后空冷至贝氏体转变区间的较高温度范围时,也可形成粒状贝氏体,其形成过程如图 9.30(b)所示。粒状贝氏体为富碳的孤岛状的奥氏体分布在块状铁素体基体中,其孤岛状的奥氏体在随后的冷却过程中还可转变成其他产物。但也有人认为粒状贝氏体不是贝氏体转变产物,而是块型转变产物。

9.4.3　贝氏体钢及应用

贝氏体钢指热轧后空冷能得到全部贝氏体组织,或仅需正火就可以得到全部贝氏体组织的钢。合金元素 Mo 对先共析铁素体的析出和珠光体分解具有强烈的抑制作用,但不影响贝氏体转变。微量 B 使奥氏体向珠光体的转变进一步推迟,所以低碳贝氏体是在钼钢或硼钢基础上,添加可降低贝氏体转变开始点的 Mn,Cr,Ni 等,使贝氏体转变在更低温度下进行,使强度进一步提高。在此基础上还可添加碳化物形成元素 Nb,V,Ti。贝氏体钢具有高的强韧性,与淬回火钢相比其设备、工艺简单,价格低廉。例如,新型 Mn-B 系低碳贝氏体钢(w_C=0.21%,具有适量的锰和微量硼)已成功用于汽车连杆和叉车货叉。此外,含钼或中碳 Mn-B 贝氏体钢空冷就可得到贝氏体组织,抗拉强度高达 1 100 MPa 以上,与等强度淬火+回火组织相比,具有更高的冲击韧性和疲劳强度。

9.5　钢的热处理原理

在我国金属热处理具有悠久的历史,明代宋应星所著《天工开物》一书对退火、淬火、固体渗碳、形变强化、防氧化等均具有生动描述。近几十年,为满足冶金、机械制造业及航天等高科技领域发展的需要,在不同学科相互发展和渗透的基础上,材料热处理理论和工艺向着优质、高效、节能和无公害方向发展。由于热处理是通过改变钢的组织来改变钢的性能，所以必须首先学习钢的组织转变规律，即热处理原理。

9.5.1 钢的加热转变

钢件通过加热、保温和冷却，可改变其组织状态，在很大程度上提高其性能。无论是普通热处理，还是表面热处理，通常要首先加热到奥氏体。加热质量的好坏，对热处理后的组织与性能有很大影响。钢在加热或冷却时，形成奥氏体的温度范围一般可根据 $Fe-Fe_3C$ 状态图进行近似估计。

1. 加热与冷却的临界点

珠光体向奥氏体转变的驱动力为体系自由焓差。由图9.33可知，珠光体和奥氏体的自由焓都随温度的升高而降低，在平衡临界点 A_1（727 ℃）温度两相自由焓相等，所以只有加热温度高于 A_1 时，使 $G_P>G_\gamma$，才可发生珠光体向奥氏体转变。所以 P→γ 转变要有一定过热度 ΔT。

在实际加热时，珠光体向奥氏体转变的临界点随加热速度的升高而升高，习惯上将一定加热速度（0.125 ℃/min）的临界点用 Ac_1 表示。同理，$Fe-Fe_3C$ 相图中的上临界点 GS 线（A_3 线）与 ES 线（A_{cm} 线）加热时的临界点分别用 Ac_3 和 Ac_{cm} 表示。而冷却时的临界点则用 Ar_3 和 Ar_{cm} 表示。图9.34为加热或冷却对碳钢各临界点的影响。

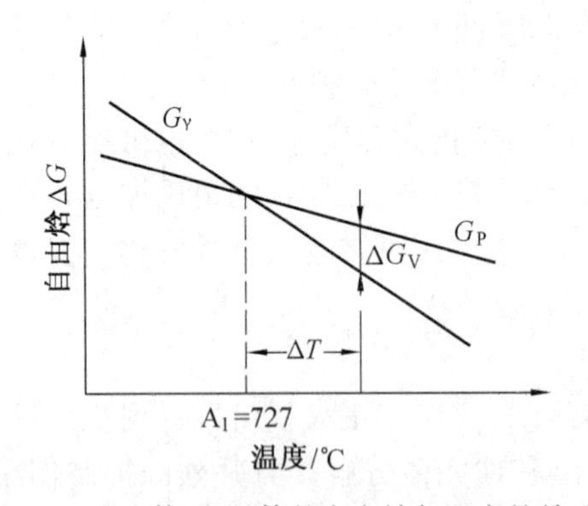

图9.33 珠光体、奥氏体的自由焓与温度的关系

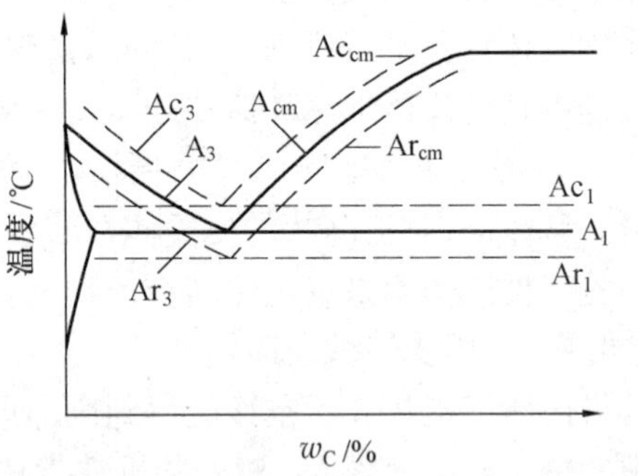

图9.34 加热或冷却对碳钢的临界点的影响

2. 共析钢的奥氏体化过程

共析钢加热到 Ac_1 以上，将发生珠光体向奥氏体的转变也叫奥氏体化，该转变可表示为

$$\underset{\substack{w_C=0.0218\% \\ \text{体心立方}}}{\alpha} + \underset{\substack{w_C=6.69\% \\ \text{复杂正交}}}{Fe_3C} \xrightarrow{Ac_1\text{ 以上}} \underset{\substack{w_C=0.77\% \\ \text{面心立方}}}{\gamma} \tag{9.44}$$

由式(9.44)可知，成分相差悬殊，晶体结构完全不同的两相 α 和 Fe_3C 转变成为另一种晶体结构的单相固溶体 γ。因此奥氏体化过程必定有晶格的重构和铁、碳原子的扩散。奥氏体化过程可分为四个阶段，即奥氏体的形核、奥氏体晶核长大、残余 Fe_3C 的溶解和奥氏体的均匀化，如图9.35所示。

将珠光体加热到 Ac_1 以上，经过一段孕育期后，奥氏体在铁素体与 Fe_3C 的相界处形核。这是因为相界面上原子排列紊乱，易满足形核所需的结构起伏，相界面还可释放出界面能，使形核功减小，有利于奥氏体形核。此外，奥氏体的碳含量界于铁素体与 Fe_3C 之间，在相界面形核易满足形核所需的成分起伏。所以奥氏体在铁素体与 Fe_3C 相界面处形核，如图 9.35(a)所示。

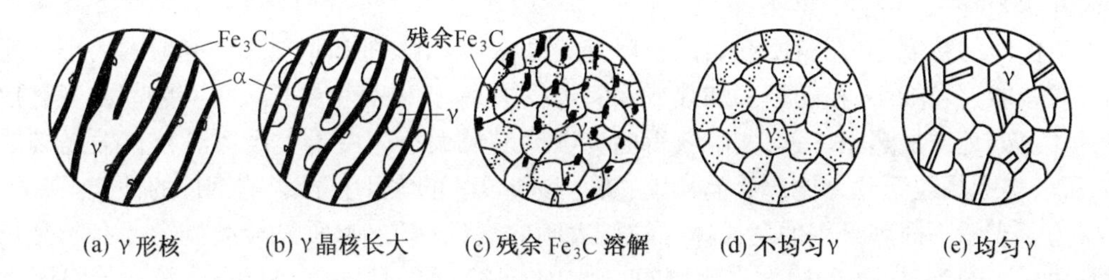

图 9.35　珠光体向奥氏体的转变示意图

奥氏体晶核一旦形成就开始长大，如图 9.35(b)所示。由 $Fe-Fe_3C$ 可知，在有一定过热度的情况下，与 Fe_3C 平衡的奥氏体的碳浓度 $c_{\gamma-Fe_3C}$ 高于与铁素体相平衡的奥氏体的碳浓度 $c_{\gamma-\alpha}$。于是奥氏体内产生碳浓度梯度，发生碳的扩散，使与 Fe_3C 相临的奥氏体的碳浓度低于平衡碳浓度 $c_{\gamma-Fe_3C}$，而与铁素体相临的奥氏体的碳浓度高于平衡碳浓度 $c_{\gamma-\alpha}$，如图 9.36 所示。为恢复平衡，需要奥氏体向铁素体与 Fe_3C 两个方向推移。由式(9.23)，扩散相变界面迁移速率 u 与新母两相浓度差成反比，由于奥氏体与铁素体碳质量分数的差远小于 Fe_3C 与奥氏体碳质量分数的差，所以奥氏体向铁素体方面长大速度较快，这使得铁素体完全转变完后，仍有 Fe_3C 颗粒残存在生成的奥氏体内。此外，铁素体内部也存在碳的扩散，这种扩散也有利于奥氏体生长，但由于浓度梯度小对奥氏体晶核长大影响不大。

奥氏体化温度越高，界面处奥氏体与铁素体的浓度差越小，奥氏体向铁素体方面推移速度越快，残余 Fe_3C 也越多。随保温时间的增加，残余 Fe_3C 将不断溶解，如图 9.35(c)所示。当残余 Fe_3C 全部溶解后，奥氏体内碳的分布是不均匀的，如图 9.35(d)所示。碳分布不均匀的奥氏体要经过长时间的保温，才可得到单相均匀的奥氏体，如图 9.35(e)所示。于是奥氏体化过程全部完成。

对于亚共析钢与过共析钢，必须加热到上临界点以上才能完全奥氏体化，得到单相奥氏体。如果加热温度在上下临界点之间，无论保温多长时间，必定存在一部分尚未转变的先共析相，这种加热叫“不完全奥氏体化”。

3. 奥氏体晶粒长大及其控制

奥氏体化完成后，如果继续加热或保温，奥氏体晶粒必然要长大。长大的驱动力是总界面能的减少。而奥氏体晶粒的大小直接影响冷却转变产物的性能，所以控制奥氏体晶粒的大小具有重要的实际意义。

(1)奥氏体晶粒度的概念

奥氏体晶粒度是衡量奥氏体晶粒大小的尺度。奥氏体晶粒的大小可用晶粒截面的平均直径或单位面积内的晶粒数目来表示，也可用晶粒度级别指数 G 表示。晶粒度级别的物理意义为

$$n=2^{G-1} \tag{9.45}$$

式中，n 为放大 100 倍时，1 平方英寸面积内的晶粒数目。晶粒越细小，n 越大，由式

(9.45)可知,G 也越大。根据冶金部部颁标准 YB27—1964 的规定,将钢加热到 930±10 ℃,保温 3~8 h,冷却后测定奥氏体晶粒度。测定奥氏体晶粒度时,通常在 100 倍的情况下与标准晶粒度等级图进行比较评级。标准等级图分为 1~8 级,其中由 8 级到 1 级晶粒尺寸越来越大。

奥氏体晶粒度分为三种,起始晶粒度是奥氏体化刚刚完成时,奥氏体晶粒的大小。起始晶粒一般比较细小,在随后的加热或保温过程中,奥氏体晶粒要长大。实际晶粒度是指在具体热处理或加热条件下,实际获得的奥氏体晶粒大小。由于奥氏体晶粒长大是必然的,所以实际晶粒尺寸总比起始晶粒大,实际晶粒尺寸的大小直接影响钢件的性能。

为了表示不同牌号钢的奥氏体晶粒长大倾向高低,引入本质晶粒度概念。本质晶粒度是根据 YB27—1964 的标准来测定的。通常在 100 倍的情况下与标准晶粒度等级图进行比较评级。若晶粒度在 1~4 级的定为本质粗晶粒钢,晶粒度在 5~8 级的定为本质细晶粒钢,如图 9.37 所示。但不能认为本质细晶粒钢在任何温度下加热都不粗化,实际上在950~1 000 ℃以上,本质细晶粒钢的奥氏体晶粒尺寸比本质粗晶粒钢还粗大,因为高于 950~1 000 ℃,本质细晶粒钢具有更大的长大倾向,只是在950 ℃以下本质细晶粒钢长大倾向小。铝脱氧或含钒、钛、铌、锆、钼、钨的钢为本质细晶粒钢。

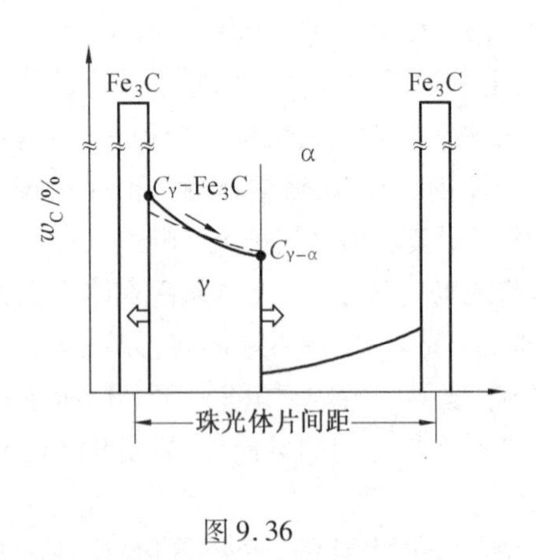

图 9.36

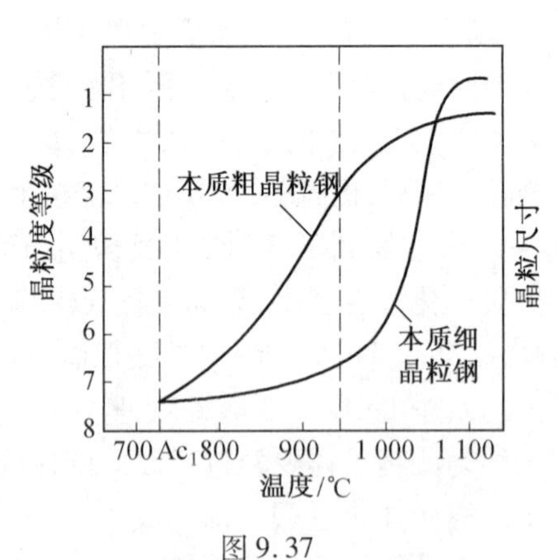

图 9.37

(2)影响奥氏体晶粒大小的因素

①加热温度与保温时间的影响　奥氏体化温度一定,随保温时间增加,晶粒不断长大,但长大到一定尺寸后几乎不再长大。奥氏体化温度越高,晶粒长大越快,与之对应的极限晶粒尺寸也越大。所以奥氏体化温度越低,保温时间越短,奥氏体晶粒越细小。

②加热速度的影响　最高加热温度相同,加热速度越快,奥氏体晶粒越细小。其原因有两方面,首先,加热速度越快,过热度越大,相变驱动力增大,形核率急剧增加,因而起始晶粒度越小;此外,加热速度越快,加热时间越短,奥氏体晶粒来不及长大,所以短时快速加热是细化奥氏体晶粒的重要手段。

③化学成分的影响　加热温度和保温时间相同时,钢中碳质量分数越低,奥氏体晶粒越细小。例如,同样加热到 1 300 ℃,保温 3 h,w_C=0.8% 的钢的奥氏体晶粒的平均面积为 0.15 mm^2,比 w_C=0.24% 的钢大 15 倍。合金元素对奥氏体晶粒长大的影响可分述如下。强烈阻止奥氏体晶粒长大的合金元素有 Al 和 V,Ti,Nb,Zr 等;一般阻碍奥氏体晶粒

长大的有 Mo,W,Cr 等;影响不大的有非碳化物元素 Si,Ni,Cu 等;促进奥氏体晶粒长大的有 Mn,P,C,N 和过量铝。一般阻止奥氏体晶粒长大的合金元素均能生成弥散分布的稳定碳化物或氮化物,在奥氏体化过程中,阻碍奥氏体晶粒长大。而促进奥氏体晶粒长大的元素固溶在奥氏体中会减弱铁原子的结合力,加速铁原子的自扩散,从而促进奥氏体晶粒长大。

④原始组织的影响　一般情况下,片状珠光体比粒状珠光体更容易过热,因为片状珠光体相界面多,奥氏体化时生核率高,转变速率快。奥氏体形成后,过早进入长大阶段,所以最终获得的奥氏体晶粒较粗大。原始组织为马氏体、贝氏体等非平衡组织时,易发生组织遗传性,例如经历了过热淬火的钢件的室温组织为马氏体组织,由于其原始奥氏体晶粒很粗大,在重新奥氏体化时,新生成的奥氏体晶粒与原来的粗大奥氏体晶粒具有相同的形状、大小和取向,这种现象叫组织遗传。为了杜绝组织遗传,需先采用正火或完全退火,获得近似平衡组织,然后再进行随后的淬火热处理。

4. 钢的加热缺陷与防止方法

加热质量对热处理后的组织和性能有很大影响,评定加热质量的主要依据是,奥氏体的晶粒大小与成分的均匀性、第二相的数量大小及分布、表面氧化和脱碳、变形开裂程度等。常见的加热缺陷有氧化、脱碳、欠热、过热、过烧等,产生加热缺陷的原因与加热工艺制定不合理或操作不当等有关。

(1)氧化与脱碳

氧化是指钢在氧化性介质中加热时,铁或合金元素与 O_2,CO_2,H_2O 相互作用,形成氧化物的过程。氧化分为两种,一种为表面氧化,即在钢的表面生成氧化膜;另一种为,在一定深度的表面层中发生晶界氧化。表面氧化影响工件尺寸,内氧化影响工件性能。氧化的速度主要取决于氧通过氧化膜的扩散速度,随着加热温度的升高,原子扩散系数迅速增大,氧化速度也急剧增大。特别是加热 600 ℃以上,形成以 FeO 为主的不致密氧化膜,氧原子在 FeO 中的扩散系数较大,氧更容易渗透到内部,使氧化加剧。

脱碳是指钢表层中的碳与介质中的 O_2,CO_2,H_2O 和 H_2 等反应,生成 CO_2,CO,CH_4 气体而逸出钢外,使钢中碳质量分数下降。钢中碳质量分数越高,越易发生脱碳。由于碳在钢中扩散速度较快,所以钢的脱碳速度总是大于氧化速度。由于脱碳层的存在,导致钢件淬火后表面硬度不足,疲劳强度下降。

为防止氧化和脱碳,可采用可控气氛加热、真空加热等方法,对于盐浴加热要有严格脱氧制度。

(2)欠热、过热与过烧

欠热也叫加热不足,产生原因是加热温度过低或保温时间过短。例如,亚共析钢奥氏体化时,残留部分铁素体,淬火后造成淬火钢硬度不足。加热温度过高或保温时间过长,造成奥氏体晶粒过分粗大的缺陷叫过热。例如,在过热淬火的过共析钢组织中,马氏体针呈粗大针片状,使工件脆性增加或产生淬火裂纹。所谓过烧,指加热时,奥氏体晶界局部熔化或晶界氧化。欠热和过热的工件必须进行返修。过烧的工件只能报废。加热缺陷产生的原因主要是操作不当或测温不准确造成的。所以合理制定加热保温工艺,加强设备维修与管理,定期校验炉温,可避免和减少加热缺陷的发生。

9.5.2 钢的冷却转变

冷却过程是热处理的关键工序,它决定冷却转变后的组织与性能。冷却方式是多种多样的,可分为连续冷却和等温冷却两大类。研究不同冷却条件下的过冷奥氏体转变规律及转变产物的组织形貌和性能无疑是十分重要的。

1. 过冷奥氏体等温转变曲线

在 A_1 温度以上奥氏体是稳定相,一旦过冷到 A_1 温度以下就成为不稳定相。这种处于过冷状态待分解的奥氏体被称为过冷奥氏体。过冷奥氏体在不同温度范围等温,可分解为不同类型的分解产物。由于发生相变时,金相组织形貌、线膨胀系数、铁磁性都要发生变化,所以可采用金相法、磁性法、膨胀法等测定出不同温度下的转变量与时间关系曲线,即相变动力学曲线。将其转换到温度-时间坐标系中,可得到"温度-时间-转变量"之间的关系曲线,即过冷奥氏体等温转变曲线。过冷奥氏体等温转变曲线也叫 TTT 曲线(时间、温度、转变三词的英文缩写),由于形状像"C"字,故也叫 C 曲线。

(1)共析钢等温转变曲线

图 9.38 为共析钢等温转变曲线,图中左边的曲线为等温转变开始线,右边的曲线为等温转变终了线,下部两条水平线分别是马氏体转变开始线(Ms 线)和马氏体转变终了线(Mf 线)。共析钢 C 曲线分为四个区。A_1 线以上为奥氏体稳定存在区;等温转变开始线左方是过冷奥氏体区;等温转变终了线右方是转变产物区;等温转变开始线与等温转变终了线之间为过冷奥氏体与转变产物共存区。Ms 线以下均为马氏体与残余奥氏体共存区。

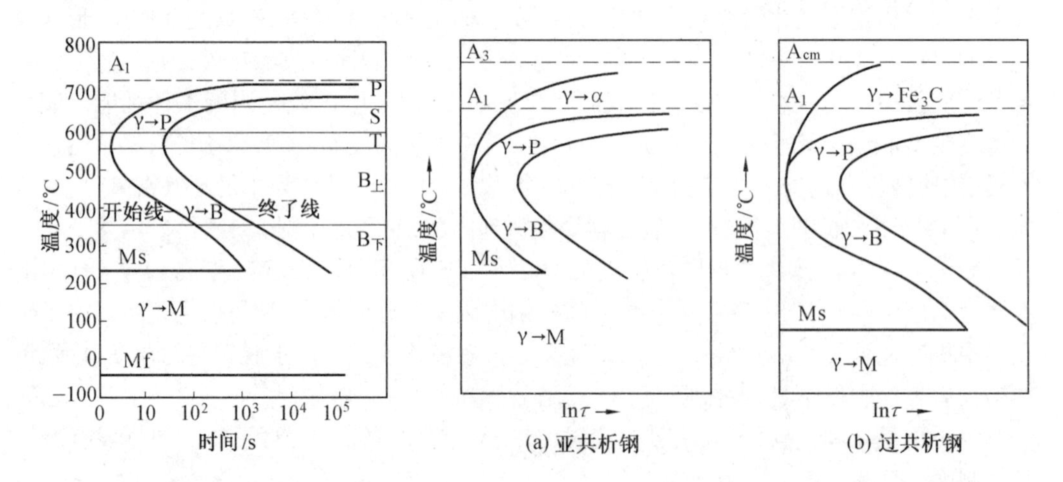

图 9.38 共析钢过冷奥氏体等温转变曲线图

图 9.39 碳质量分数对 C 曲线的影响

与其他扩散相变的等温转变曲线类似,共析钢等温转变曲线也呈"C"字。在 A_1 ~ 550 ℃为珠光体转变区,转变产物均为铁素体与渗碳体的层片状机械混合物,其片间距随过冷度的增加而减小。在该温度范围原子有足够的扩散能力,随转变温度的下降,由于相变驱动力的增加,使孕育期变短,转变速度加快。在鼻尖所对应的温度即 550 ℃,孕育期最短,奥氏体最不稳定。其中,A_1 ~650 ℃生成的较粗片状组织叫珠光体,用 P 表示,光学显微镜就可分辨出片层形态;650 ~600 ℃生成细片状组织叫索氏体,用 S 表示,高倍光学显微镜才可分辨其片层结构;600 ~ 550 ℃ 生成极细片状组织叫屈氏体,用 T 表示,只有在电镜下才能分辨清楚。片状珠光体的性能主要取决于片间距,片间距越小,强度硬度越高,塑性和韧性也越好。例如片间距 0.6 ~ 0.7 μm 的粗珠光体 $\sigma_b \approx 55$ MPa,$\sigma \approx 5\%$,HBW 约为 180;片间距 0.25 ~ 0.3 μm 的索氏体 $\sigma_b \approx 110$ MPa,$\sigma \approx 10\%$,HBW 约为 270。

550 ℃ ~ Ms 之间为贝氏体转变区,随转变温度的下降,虽然相变驱动力仍在增大,但碳原子扩散能力的急剧下降,导致转变速度下降,孕育期逐渐变长。550 ~ 350 ℃生成羽毛状的上贝氏体,350 ℃ ~ Ms 之间生成针片状下贝氏体。中温区下部形成的下贝氏体强韧性好,中温区上部形成的上贝氏体由于铁素体条片间析出条状渗碳体,所以冲击韧性差,强度低。

(2)影响奥氏体等温转变的因素

影响奥氏体等温转变的因素也就是影响 C 曲线的形状和位置的因素。下面利用 C 曲线的变化说明各种因素对奥氏体等温转变的影响。

①奥氏体碳浓度的影响　在碳钢中,共析钢 C 曲线最简单,如图 9.38 所示。亚共析钢与过共析钢的 C 曲线与共析钢类似,但多出了一条先共析铁素体析出线或先共析渗碳体析出线,如图 9.39 所示。此外,随钢中碳质量分数增加 Ms 点下降。亚共析钢随碳质量分数的增加 C 曲线右移,过共析钢随碳质量分数增加 C 曲线左移,而共析钢 C 曲线位置最靠右,所以共析钢过冷奥氏体最稳定。

②合金元素的影响　合金元素只有溶入奥氏体中才对过冷奥氏体等温转变产生重要影响。除 Co 外,几乎所有合金元素溶入奥氏体,都使 C 曲线右移,增大奥氏体稳定性,如图 9.40 所示。

Cr,Mo,W,V 等碳化物形成元素使 C 曲线右移,并具有双"鼻子",如图 9.40(a)所示,Mn,Si,Ni,Cu 等非碳化物形成元素使 C 曲线右移,但不改变其形状,如图 9.40(b)所示。

此外,有些合金元素对过冷奥氏体的三种分解转变,即先共析转变、珠光体转变和贝氏体转变的推迟作用不同,使 C 曲线形状发生改变。以上是合金元素单独作用的规律,如果多种合金元素复合加入对过冷奥氏体分解转变的影响更复杂,推迟作用也更明显。此外,除 Co,Al 外,绝大多数合金元素均使 Ms 点下降。

③奥氏体化状态的影响　随加热温度的升高,保温时间的增长,奥氏体的晶粒将不断长大,总晶界面积减小,成分更加均匀。不利于新相形核,使过冷奥氏体的稳定性增加,C 曲线右移。

2.过冷奥氏体连续冷却转变曲线

过冷奥氏体等温转变曲线可用来指导等温热处理工艺,也可粗略估计连续冷却条件下的热处理后的产物。但只限于粗略的定性分析,甚至可能作出错误判断。因此测定各种钢的过冷奥氏体连续冷却转变曲线十分必要。

过冷奥氏体连续冷却转变曲线也叫 CCT 曲线(continuous cooling transformation),其测定方法也有金相法、磁性法和膨胀法。下面以膨胀法为例简要介绍如下。

制备一组膨胀试样,利用膨胀仪,测定出奥氏体化后,以不同冷却速度冷却时的转变开始点和终了点。将各点绘在温度-时间坐标系中,并将具有相同意义的点连成曲线,可得到过冷奥氏体连续冷却转变曲线。

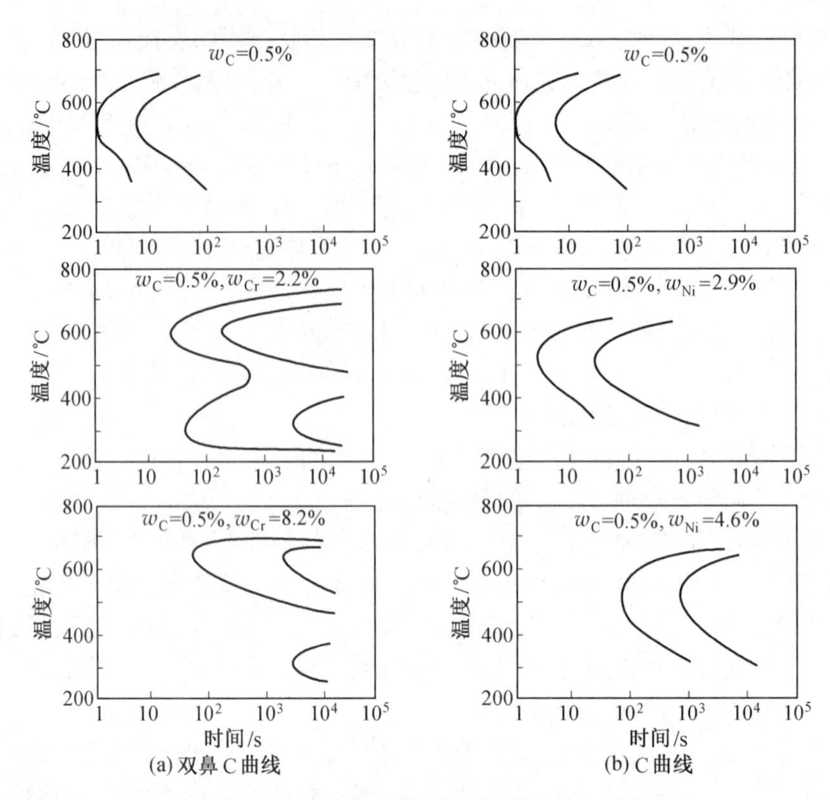

图 9.40 合金元素对过冷奥氏体等温转变的影响

共析碳钢的CCT曲线如图9.41所示。图中Ps线表示珠光体转变开始线，P_Z 表示珠光体转变终了，虚线K表示珠光体转变中止线。冷速 V_K 称为上临界冷却速度，是得到全部马氏体的最小冷速，V_K 越小，淬火冷却时越容易得到马氏体。冷速 V_K' 称为下临界冷却速度，是得到全部珠光体的最大冷速，V_K'越小，为得到全部珠光体的退火所需时间越长。冷速在 V_K 与 V_K'之间，当冷却曲线碰到珠光体转变中止线时，过冷奥氏体不再发生珠光体转变，继续冷却到Ms线以下发生马氏体转变。由图可知，以350 ℃/s冷速冷却得到马氏体+残余奥氏体；以5 ℃/s冷速冷却得到全部珠光体。

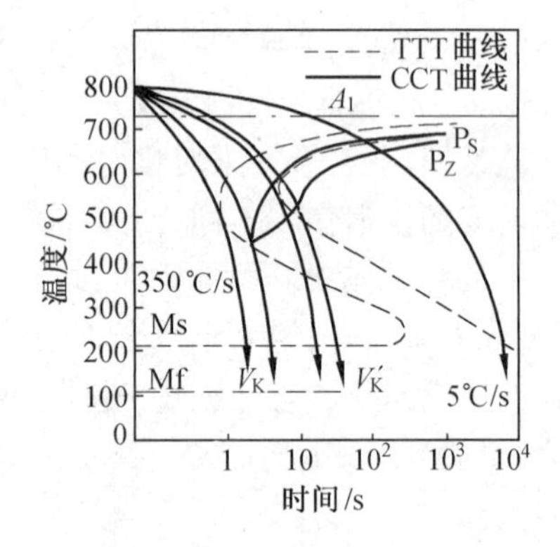

图 9.41 共析钢连续冷却转变曲线

由图9.41知，CCT曲线位于TTT曲线的右下方。如果以 V_K 冷速冷却时，已碰到TTT曲线的转变开始线，按TTT曲线应有一部分珠光体生成，但连续冷却转变时确无珠光体，其组织为马氏体+残余奥氏体。所以用TTT曲线估计连续冷却转变产物不够准确，但连续冷却对转变速率极快的马氏体相变无影响。此外，由共析钢和过共析钢等温C曲线可知，贝氏体转变的孕育期较长，连续冷却时达不到能发生贝氏体转变的孕育效果，故共析钢和过共析钢连续冷却无贝氏体转变。

过共析钢的CCT曲线形状与共析钢的CCT曲线相似，如图9.42所示。与共析钢相比，多出一条先共析渗碳体析出线，Ms线的右端的升高与析出先共析渗碳体，使周围奥氏体碳质量分数下降有关。

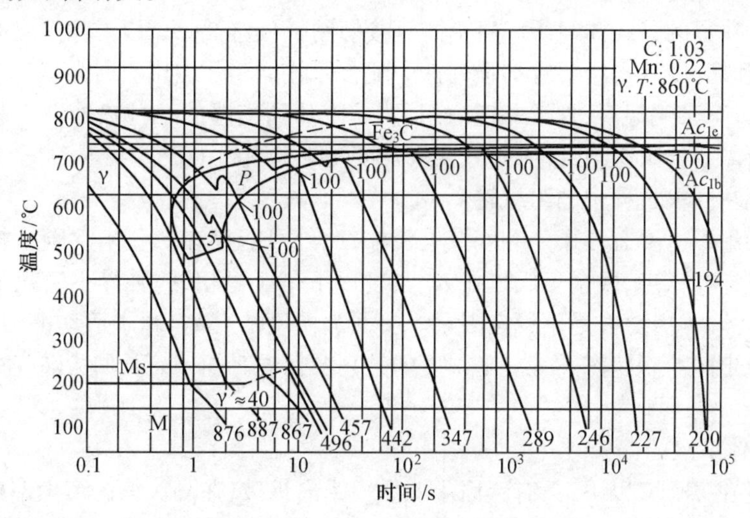

图9.42　过共析钢的连续冷却转变曲线

亚共析钢CCT曲线与共析钢完全不同，除都有珠光体转变区外，还出现了先共析铁素体析出区和贝氏体转变区。此外，由于铁素体和贝氏体的析出，使其周围的奥氏体碳质量分数升高，使马氏体转变开始点下降，故Ms线右端下降，如图9.43所示。图中的冷却曲线旁边的数字表示每种组织的形成量，最下边的数字表示转变产物的维氏硬度值。

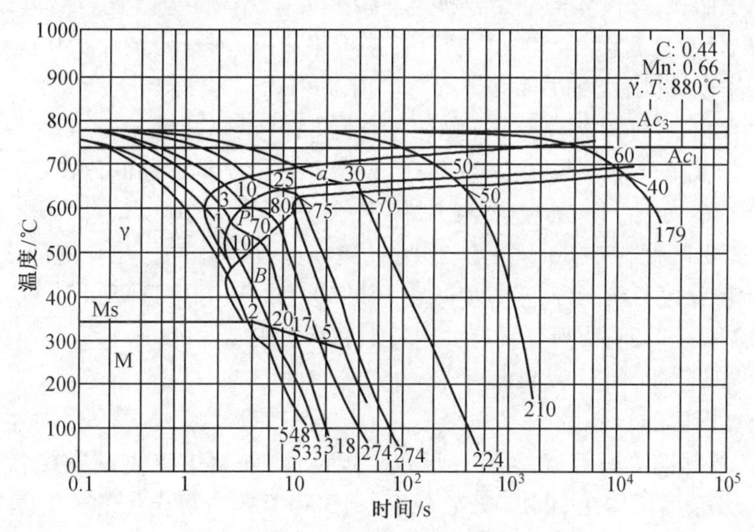

图9.43　亚共析钢的连续冷却转变曲线

利用连续冷却转变曲线可准确估算出不同冷速下的产物。由图9.43知，以大于上临界冷却速度 V_K 的冷速冷却，可得到马氏体+残余奥氏体；以小于下临界冷速 V'_K 的冷速冷却可得到铁素体+珠光体。冷却速度界于 V_K 与 V'_K 之间，除能得到马氏体+残余奥氏体外，还有可能得到贝氏体、铁素体、珠光体。最后需要指出的是奥氏体化条件对连续冷却转变曲线也有很大影响，选用或测定 CCT 曲线时要引起充分注意。

9.5.3 钢的回火转变

钢淬火所获得的马氏体组织一般不能直接使用，需进行回火，以消除内应力和降低脆性，增加塑性和韧性，获得所要求的强韧性的配合后才能实际应用。回火是将淬火钢加热到临界点 A_1 以下某一温度，保温一定时间，然后冷却到室温的一种热处理工艺。为保证回火后获得所需要的组织与性能，研究回火转变是十分重要的。

1. 淬火钢在回火过程中的组织转变

淬火钢的组织主要有马氏体和残余奥氏体，此外可能存在一些未溶碳化物等。马氏体处于含碳过饱和状态，残余奥氏体在 A_1 温度以下是亚稳相，此外淬火组织中的高密度位错、微细孪晶和内应力都是不稳定因素。随回火温度的升高，原子活动能力的增强，要向较稳定或稳定的组织状态转变。随温度的升高及保温时间的延长回火转变可经历以下过程。

(1)马氏体中碳的偏聚

回火温度在 100 ℃以下，只有碳原子能做短距离扩散，在马氏体内产生偏聚。一是碳原子非均匀偏聚到位错线上，形成“柯氏气团”。二是碳原子在马氏体晶格的$(001)_M$面偏聚，形成类似 G. P. 区，为碳化物的析出作准备，也称为“化学偏聚”。碳的偏聚使局部马氏体的正方度(c/a)增加，晶格畸变增大，同时增加了滑动位错运动的阻力，使马氏体强度硬度略有增高。

(2)马氏体的分解与碳化物类型的变化

100 ℃以上回火，马氏体便开始分解。低碳板条马氏体的分解比较简单，200 ℃以下只有碳的偏聚，不存在过渡相，200 ℃以上直接析出 $\theta-Fe_3C$。高碳片状马氏体的脱溶惯序为：100 ℃以上，析出极细片状 $\varepsilon-Fe_{2.4}C$ 或 $\eta-Fe_2C$；温度高于 200 ℃，$\eta-Fe_2C$ 或 $\varepsilon-Fe_{2.4}C$开始溶解，同时析出另一个亚稳相 $\chi-Fe_5C_2$，并迅速开始平衡相 $\theta-Fe_3C$ 的析出，在很宽的温度范围 $\chi-Fe_5C_2$ 与 $\theta-Fe_3C$ 共存，直到 450 ℃全部变为 $\theta-Fe_3C$。中碳($0.2\% < w_C < 0.6\%$)钢淬火后，得到板条与片状混合马氏体。100 ℃开始析出 $\varepsilon-Fe_{2.4}C$ 或 $\eta-Fe_2C$，200 ℃就有 $\theta-Fe_3C$ 析出，但无过渡相 $\chi-Fe_5C_2$ 的析出。随回火温度升高，马氏体的碳质量分数不断下降，正方度减小，到 250 ℃时正方度已降到 1.003。淬火高碳钢在 100 ~ 250 ℃以下回火，得到具有一定过饱和程度的 α 相和 $\varepsilon-Fe_{2.4}C$($\eta-Fe_2C$)的复相组织，叫回火马氏体，如图 9.44 所示。

(3)残余奥氏体的转变

$w_C>0.4\%$ 的碳钢淬火后，总含有少量残余奥氏体，随钢中碳质量分数增的加残余奥氏体量增多。残余奥氏体在 200 ℃开始分解，到 300 ℃残余奥氏体的分解基本完成。分解产物相当于相同温度下的等温分解产物下贝氏体。所要说明的是残余奥氏体的分解一般是不完全的。

(4)碳化物的聚集球化与长大

回火温度超过 400 ℃，析出的 $\theta-Fe_3C$ 要发生 Ostwald 粗化，$\theta-Fe_3C$ 聚集球化并长大。碳化物粒子的尺寸随回火温度的升高和保温时间的增长而增大。

(5)α 相的回复与再结晶

随回火温度的升高,马氏体中的高密度位错与精细孪晶将发生变化。片状马氏体在250 ℃以上回火,片状马氏体中的孪晶逐渐消失,出现位错网络。板条马氏体在400 ℃以上回火,会发生高温回复,使板条马氏体中的位错密度急剧下降,逐渐形成位错密度较低的亚晶。总之,回复后的马氏体仍然保持原来马氏体的针片状或板条状外形。这种在未发生再结晶的 α 相基体上分布着大量弥散碳化物的回火产物叫回火屈氏体。70 钢淬火加中温回火得到的回火屈氏体组织,如图 9.45 所示。

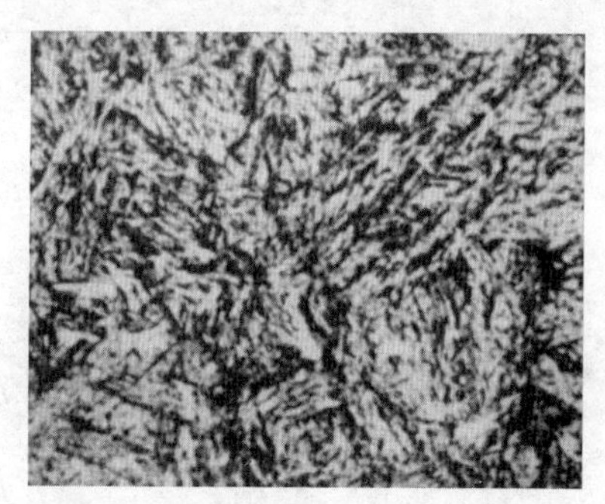

图 9.44　T12 钢 1 200 ℃淬火,180 ℃回火

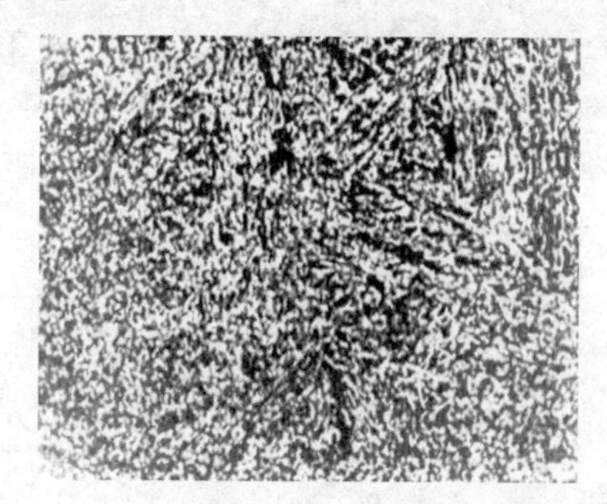

图 9.45　70 钢 830 ℃淬火,480 ℃回火

回火温度升高到 500 ℃以上,α 相可发生再结晶,失去淬火马氏体的外形,成为低位错密度的等轴晶。在已发生再结晶的 α 相基体上分布着细粒状的碳化物的回火产物叫回火索氏体,如图 9.46 所示。

2. 淬火钢回火时内应力与力学性能的变化

(1)淬火钢中内应力的消除

钢在淬火冷却过程中,由于工件各部位冷却不均匀,造成温度的不均匀,会引起热应力。由于奥氏体转变为马氏体体积要膨胀,所以当组织转变不完全或转变不同时,还会造成相变应力。两者的叠加形成淬火钢的内应力。内应力按平衡范围的大小分为三类。宏观区域性的应力称为第一类内应力;晶粒或亚晶粒范围内平衡的应力称为第二类内应力;由于碳的过饱和固溶,马氏体相变引起亚结构的变化及转变后新相与母相的共格等使晶格产生畸变而引起的应力称为第三类内应力。淬火钢件存在内应力往往是有害的,例如,第一类内应力往往易造成工件的变形与开裂,所以为消除淬火钢的内应力和提高工件韧性,淬火工件必须进行回火。在 α 相的回复与再结晶过程中,淬火钢的内应力逐步消除。回火温度和时间对第一类内应力的影响,如图 9.47 所示。不同温度下回火,在回火开始阶段,内应力快速下降,且随时间延长,内应力的下降趋于平缓。回火温度越高,内应力降低越显著。550 ℃回火一定时间第一类内应力基本消除。

(2)回火过程中性能的变化

淬火钢回火时的硬度变化,如图 9.48(a)所示。200 ℃以下回火时,硬度值变化很小。200 ℃以上回火时,硬度显著降低,且回火温度越高,回火硬度越低。

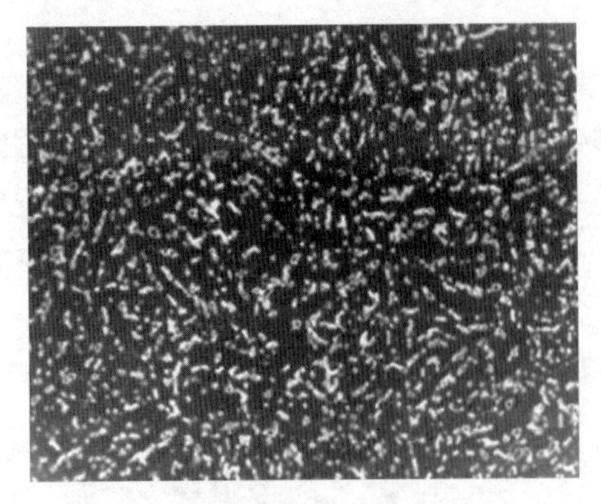

图 9.46　35SiMn 钢 850 ℃淬火,550 ℃回火的影响

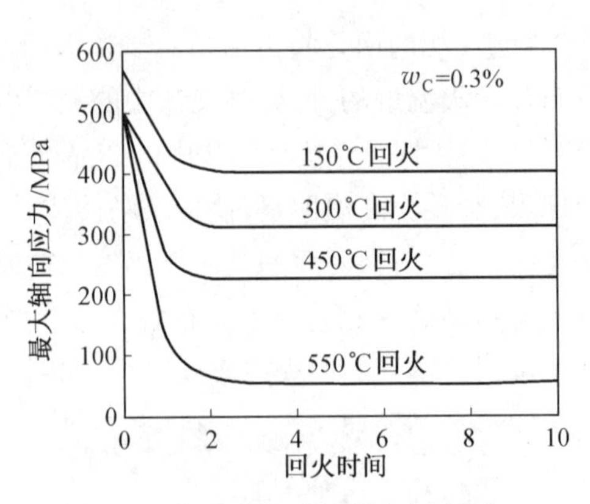

图 9.47　回火温度与时间对淬火-回火钢内应力的影响

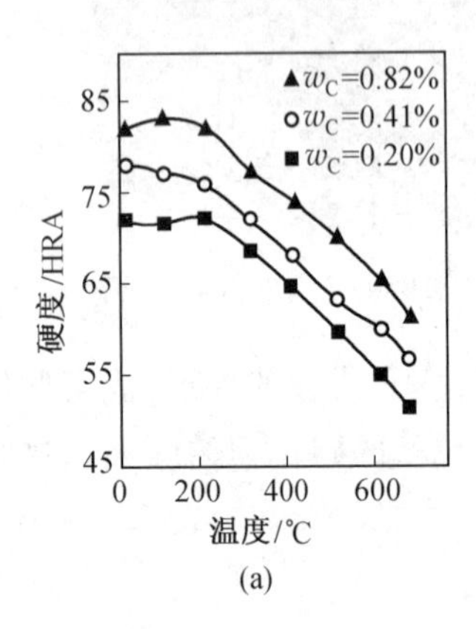

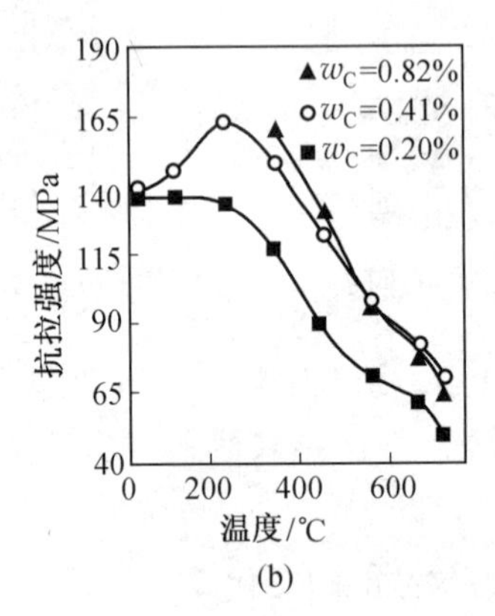

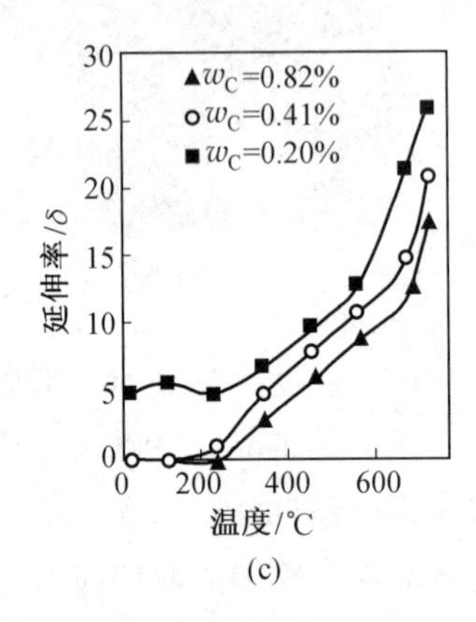

图 9.48　回火温度对力学性能的影响

淬火钢回火时的抗拉强度的变化规律,如图 9.48(b)所示。低碳钢淬火后得到板条马氏体,淬火状态或 200 ℃以下低温回火状态,其抗拉强度均较高。高碳钢淬火后得到片状马氏体,低于 300 ℃回火时,由于不能消除淬火的宏观应力,所以呈脆性断裂,不能准确测定其抗拉强度。当回火温度高于 300 ℃时,碳质量分数不同的钢的抗拉强度与回火温度的关系与淬火钢回火时的硬度变化规律相同,随回火温度升高抗拉强度明显下降。延伸率与回火温度的关系,如图 9.48(c)所示,其总的变化趋势是随回火温度的升高,延伸率增高。

3. 回火脆性

淬火钢回火时,随回火温度的升高,力学性能的变化趋势是强度与硬度降低,塑性提高。但冲击韧性并不是总是随回火温度的升高而简单地增加,有些钢在某些温度区间回火时,韧性比较低温度回火时反而显著降低,这种现象称为回火脆性,如图 9.49 所示。常见的回火脆性有两种,在较低温度(250 ~ 400 ℃)出现的回火脆性称为第一类回火脆性或低温回火脆性;在较高温度(450 ~ 650 ℃)出现的回火脆性称为第二类回火脆性或高温回火脆性。

第一类回火脆性几乎在所有的钢中都会出现。早期认为马氏体分解时沿马氏体片边界析出断续薄壳状 ε-$Fe_{2.4}C$ 降低晶界强度是产生第一类回火脆性的主要原因。近年来

几乎一致认为 θ-Fe_3C 和 χ-Fe_5C_2 早期的不均匀析出是产生第一类回火脆性的基本原因。目前尚无有效方法抑制和消除,所以称为不可逆回火脆性。为防止第一类回火脆性发生,生产中只能避开第一类回火脆性温度范围回火。

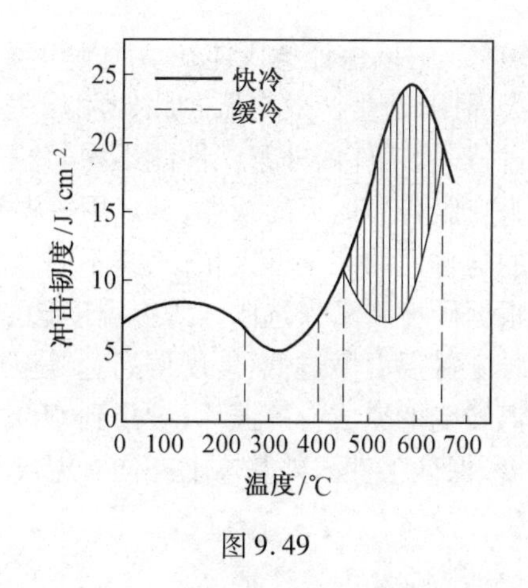

图 9.49

第二类回火脆性主要在合金结构钢中出现。淬火合金钢在第二类回火脆性温度范围回火并缓冷时出现这种回脆,回火后快冷不产生回火脆性,如图 9.49,所以第二类回火脆性也叫可逆回火脆性。产生原因主要与 P,As,Sb,Sn 等杂质元素在晶界的偏聚有关。钢中含有 Mn,Cr,Ni 等合金元素促进晶界的内吸附,使晶界进一步弱化,使第二类回火脆性增大。Mo,W 可抑制杂质元素在晶界的偏聚,可减弱回火脆性倾向。回火冷却时采用快冷或钢中加入质量分数为 0.5% 的 Mo 或 1.0% 的 W,可基本消除第二类回火脆性。

9.6 钢的热处理工艺

热处理工艺的种类很多,主要包括普通热处理、表面热处理和特殊热处理。普通热处理主要包括,退火、正火、淬火、回火。表面热处理包括,表面淬火和化学热处理。特殊热处理主要包括,形变热处理和磁场热处理等。

9.6.1 普通热处理

1. 钢的退火

将钢加热到临界点以上,保温一定时间,然后缓慢冷却,获得接近平衡组织的热处理工艺叫退火。在实际生产中退火可分为两大类,加热温度在 A_1 以上的退火称为"重结晶退火";在 A_1 温度以下的退火称为"低温退火"。按退火后的冷却方式可将退火分为连续冷却退火与等温退火,如图 9.50 所示。下面简单介绍常见的退火工艺。

(1)完全退火

完全退火主要用于亚共析钢,将钢加热到 Ac_3+(30~50) ℃,完全奥氏体化后,缓慢冷却,获得接近平衡组织的热处理工艺叫完全退火,如图 9.51 所示。主要目的是细化晶粒、消除过热缺陷、降低硬度、改善切削性能和消除内应力。

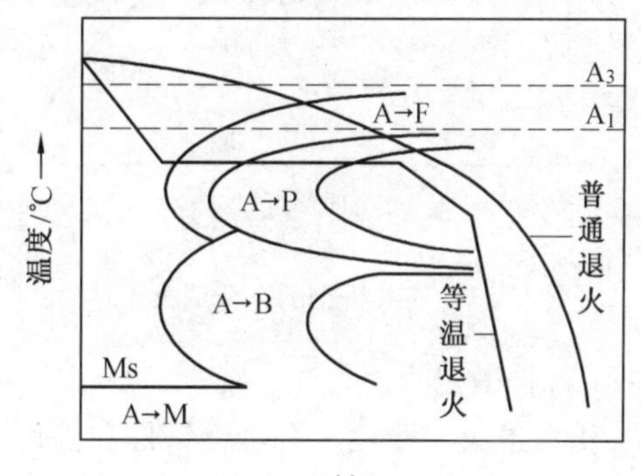

图 9.50 完全退火工艺

采用连续冷却方式退火时,退火冷速要足够慢。碳钢冷速为 100~200 ℃/h,一般合金钢冷速为 50~100 ℃/h,高合金钢冷速为

10～50 ℃/h,以保证奥氏体在 A_1～650 ℃转变。随炉缓冷或稍加控制可达到所需冷速,但退火周期长,生产效率低。此外,由于冷速难于控制得恰到好处,转变又是在一定温度范围进行,故工件内外组织性能不均匀。

为克服普通退火的缺点,常采用等温退火工艺,如图 9.51 所示。等温退火加热温度及目的与普通的完全退火相似,其不同点在于退火冷却方式不同。等温退火的等温温度主要根据硬度要求来选取。等温温度选取要适当,温度过高,工件硬度偏低且退火所需时间过长。等温温度过低,硬度偏高。等温退火的等温时间要参考奥氏体等温分解曲线,保证等温转变的完成。等温后,炉冷到 600 ℃即可出炉空冷。等温退火可准确控制转变的过冷度,保证工件内外基本上在同一温度下转变,工件组织性能均匀,并可缩短退火时间提高生产效率。

(2)球化退火

球化退火属于不完全退火,主要用于共析钢与过共析钢。球化退火的目的是降低硬度,便于切削加工,并为淬火作好组织准备。为防止冷却转变生成片状珠光体,球化退火的加热温度确定为 Ac_1+(20～40)℃,采用较短的保温时间,获得碳质量分数不均匀的奥氏体加弥散分布的未溶颗粒状碳物。当其冷到 Ar_1 点以下,在较小过冷度条件下,未溶的 Fe_3C 颗粒可成为 Fe_3C 非均匀形核的核心,每个 Fe_3C 晶核可独立长大,周围形成铁素体,这样便形成粒状珠光体。球化退火工艺分为普通球化退火和等温球化退火。普通球化退火与等温球化退火的加热工艺相同,但冷却工艺不同。普通球化退火要缓冷,对于碳钢冷速为 50～100 ℃/h,对于合金钢冷速为 10～50 ℃/h。等温球化退火则采用等温冷却方式,等温温度约为 Ar_1 以下 20 ℃。图 9.52 示出 T12 钢的两种球化退火工艺,对于原始组织中有粗大网状碳化物的过共析钢球化退火前要先正火消除网状后,再进行球化退火,否则网状碳化物加热时不易溶断。

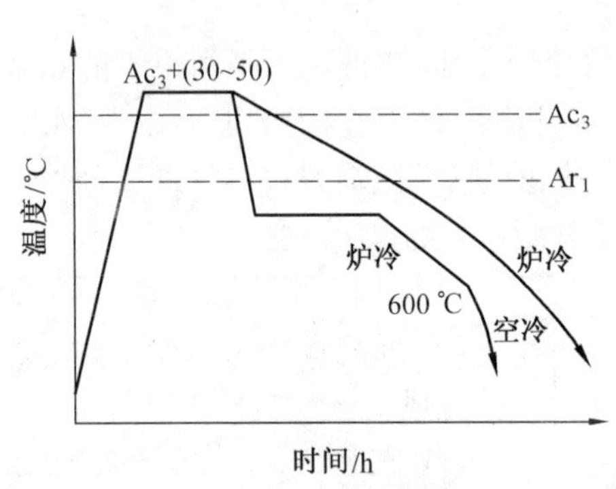

图 9.51　亚共析钢的完全退火工艺

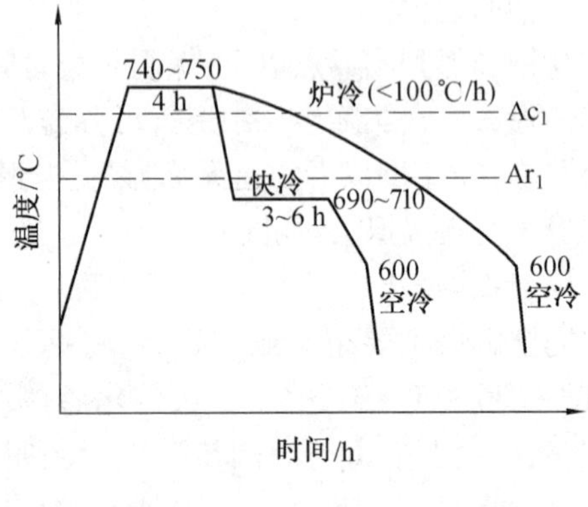

图 9.52　T12 钢球化退火工艺

(3)扩散退火

扩散退火主要用于合金钢铸件和铸锭,目的是依靠原子扩散消除晶内偏析,使化学成分均匀化。所以加热温度高,保温时间长是其主要特点。低合金钢铸件加热温度为 1 050～1 100 ℃,高合金钢加热温度为 1 100～1 250 ℃。保温时间一般为 10～15 h。铸锭加热温度可比铸件高 100 ℃。扩散退火使组织严重过热,必须采用完全退火或其他工艺方法细化晶粒。由于扩散退火耗热能过大，工件烧损严重，加上设备折旧，故成本高，所以不是特别必要，一般不采用扩散退火。

(4)去应力退火与再结晶退火

去应力退火属于低温退火，其目的是消除铸、锻、焊、冷冲压等工件的残余应力，同时还可降低硬度，提高尺寸稳定性和防止工件变形开裂。钢件加热温度较宽，一般为 500 ~ 650 ℃，保温时间按厚度选取，一般选 3 min/mm。去应力退火的加热冷却速度均要缓慢，以防止加热过程中工件变形和冷却过快重新产生内应力。

将冷变形金属加热到理论再结晶温度以上 100 ~ 150 ℃，适当保温，使变形晶粒重新转变为无畸变的等轴晶粒叫再结晶退火。再结晶退火也属于低温退火，其目的是消除冷变形金属的加工硬化和残余应力，恢复冷变形金属的塑性。

2. 钢的正火

将钢加热到上临界点(Ac_3，Ac_{cm})以上，保温使之完全奥氏体化后，在空气中冷却的热处理操作叫正火。正火加热温度的高低与钢的碳质量分数有关，高碳钢加热温度为 Ac_{cm}+(30 ~ 50) ℃；中碳钢为 Ac_3+(50 ~ 100) ℃；低碳钢为 Ac_3+(100 ~ 150) ℃。

正火冷却方式多采用空冷，对于大件也可采用吹风或喷雾冷却。正火适用于碳质量分数不同的碳钢和低、中合金钢，但不适用高合金钢。因为高合金钢过冷奥氏体十分稳定，空冷就可得到马氏体组织，不能得到珠光体。正火与完全退火的组织中都有片状珠光体，但正火得到的是伪共析组织，其片间距更小，钢的强度、硬度也更高。

正火的主要目的是，消除晶粒粗大、带状组织、魏氏组织等热加工缺陷及过共析钢网状碳化物的消除等。正火用于低碳钢，可提高其硬度，改善切削性能。对于性能要求不高的中碳钢和中碳合金钢工件，正火可作为最终热处理代替调质改善力学性能；对于过热淬火反修工件，常采用正火工艺，消除组织遗传性，以便重新淬火。

3. 钢的淬火与回火

工件通过淬火可显著提高硬度和强度，如果配合不同温度的回火，即可消除淬火内应力，又可获得不同的力学性能，满足不同的使用性能要求，所以淬火与回火是密不可分的。不同钢种的淬火与回火工艺不尽相同，合理制定淬火与回火工艺直接影响工件的性能和使用寿命。

(1)钢的淬火

淬火是将钢加热到临界点以上，保温一定时间，然后在水或油等冷却介质中，以大于上临界冷速 V_K 的冷速冷却，得到马氏体(或下贝氏体)的热处理操作。

①淬火加热温度　淬火加热温度的选择一般以得到均匀细小的奥氏体晶粒为原则。对于亚共析钢采用完全奥氏体后淬火，淬火加热温度为 Ac_3+(30 ~ 50) ℃。若将亚共析钢加热到 Ac_1 ~ Ac_3 之间淬火，淬火组织中除马氏体外，未溶的铁素体还将保留下来，造成硬度不足及硬度不均匀。淬火温度也不宜过高，以防止奥氏体晶粒粗化，淬火后得到粗大的马氏体。

共析钢或过共析钢采用不完全奥氏体化后淬火，淬火加热温度为 Ac_1+(30 ~ 50) ℃。此时淬火组织为细小的隐晶马氏体、残余奥氏体和未溶的细小弥散分布的碳化物。其强度与硬度高，耐磨性好，且具有一定的韧性。若将过共析钢淬火加热温度升高到 Ac_{cm} 以上，奥氏体晶粒将显著粗化，淬火后，得到粗大片状马氏体和大量残余奥氏体，虽然对硬度影响不大，但韧性明显下降，甚至出现淬火裂纹。

对于含有碳化物形成元素的合金钢，为加速奥氏体化过程，淬火温度可适当高些。对于低合金钢淬火温度为 Ac_3+(50～100) ℃。对含有 Cr,W,Mo,V 等合金元素的高合金钢，在奥氏体化时，由于合金碳化物难溶解，为使合金碳化物能溶入奥氏体中，所需加热温度更高。例如，W18Cr4V 的淬火加热温度高达 1 270～1 280 ℃。但对于碳、锰质量分数较高的钢，由于奥氏体化时晶粒易粗化，所以应选较低的淬火温度。

②淬火冷却介质　将经加热保温后的工件放到一定冷却介质中冷却是淬火的关键工序。淬火时为获得马氏体，一般都需要快速冷却，但冷却速度也不能过大，以避免产生过大的淬火应力，使工件变形或开裂。不同的冷却介质具有不同的冷却能力和冷却特性。理想的淬火冷却介质的冷却能力，如图 9.53 所示。温度在 650～400 ℃即 C 曲线鼻尖附近，冷却介质应有足够强的冷却能力，使工件快速冷却，以避免奥氏体分解为珠光体和上贝氏体。在此温度范围以下，由于奥氏体稳定性增高，冷却介质的冷却能力可适当降低，使工件在稍缓慢的冷速下冷却，以减少淬火应力，防止工件变形和开裂。

常用冷却介质有水质淬火剂、油质淬火剂、低温盐浴、碱浴和金属浴等。

水是最常用的淬火冷却介质，具有冷却能力强，价廉、安全、环保、易实现自动化和淬火工件不需清洗等优点，被广泛用于碳素钢的淬火。但水的冷却特性不好，以 20 ℃水为例，在需要快冷的 650～400 ℃范围内，水的冷速很小，大约 200 ℃/s。在 400 ℃以下需要慢冷的温度范围，水的冷速过快，在 300 ℃达到冷速的最大值 800 ℃/s。随水温升高，冷却能力下降，冷却特性变坏。所以淬火槽内的水温不能超过 30 ℃。水中加入适量 NaCl 或 NaOH 可改善水的冷却特性和增加冷却能力。例如，10% NaCl 水溶液，最大冷速移到 600 ℃左右，冷速可达 1 800 ℃/s。

油也是一种常用淬火冷却介质，有植物油和矿物油两类。植物油冷却特性比较理想，但价格高、易老化，故目前已被矿物油取代。常用的矿物油有机械油与锭子油。油的冷却能力比水小很多，但冷却特性好，适合做淬透性好的合金钢的淬火冷却介质。例如，20#机械油在需要快冷的中温度区，冷速快，在 550 ℃附近出现最大冷速，冷速为 200 ℃/s 左右。在需要缓冷的低温区冷速一般小于 30 ℃/s，比水慢得多。

低温盐浴和碱浴的冷却能力与矿物油相差不多。在高温区冷速快，随温度下降，冷速下降。这种冷却特性即可保证奥氏体向马氏体的转变，又可减少工件开裂变形，广泛用于分级淬火和等温淬火，适用与尺寸不大，形状复杂，要求变形量小的工件。

③淬火方法　淬火方法的选择原则是在确保获得优良的淬火组织和性能条件下，尽量减少淬火应力，减少变形与开裂。常用的淬火方法如图 9.54 所示。

单液淬火是将奥氏体化的工件投入一种冷却介质中冷却，直到马氏体转变结束，如图 9.54 中①。适合于形状简单的钢件。碳钢一般水淬，合金钢油淬。优点是操作简便，易实现机械化。缺点是易产生较大淬火应力，引起开裂变形。为减少淬火应力，常采用预冷淬火。将奥氏体化的工件从炉中取出，在空气或预冷炉中停留一定时间，减少了工件与淬火介质之间的温差，待工件冷到临界点稍上时，再投入淬火介质中冷却，可减小淬火应力，减少工件变形开裂倾向。其缺点是预冷时间不易控制，需靠经验来掌握。

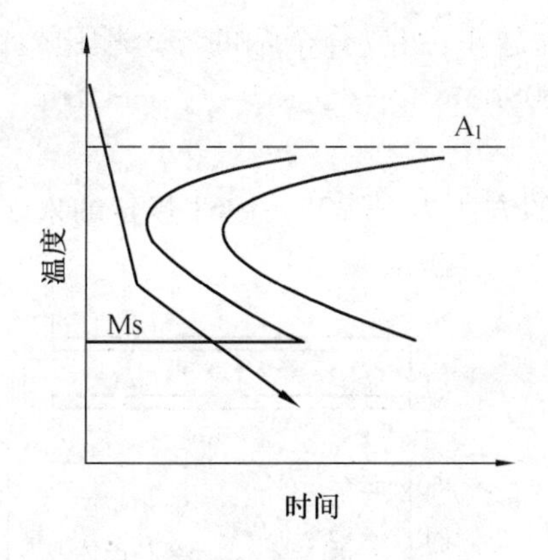

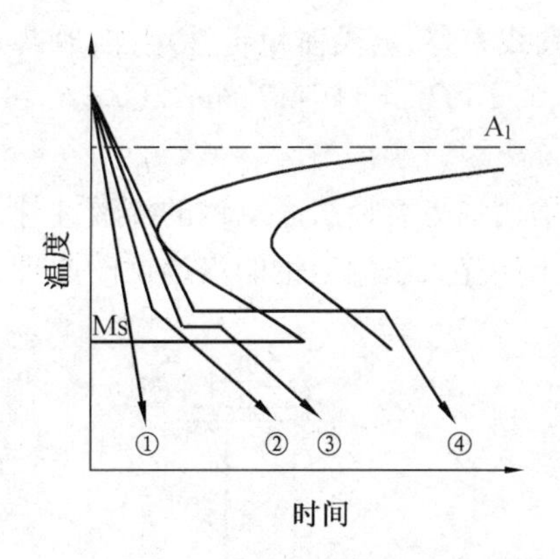

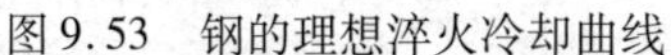

图 9.53　钢的理想淬火冷却曲线　　　　图 9.54　各种淬火冷却方法示意图

双液淬火是先将奥氏体化的工件投入一种冷却能力强的介质中冷却,冷至 300 ℃左右,转入冷却能力弱的介质中冷却,直至完成马氏体转变,如图 9.54 中②所示。其冷却曲线与图 9.53 的理想淬火冷却曲线类似,即避免了过冷奥氏体发生中途分解,又降低了低温区的冷却速度,减少了淬火应力,克服了单液淬火的缺点。碳钢一般以水为快冷介质,油为慢冷介质。对于淬透性好的合金钢也可以采用油淬空冷方法。

分级淬火是将奥氏体化的工件淬入 Ms 点附近温度的盐浴或碱浴中,停留 2 ~5 min,使工件内外温度较为均匀,然后取出空冷到室温,使之发生马氏体转变,如图 9.54③所示。分级温度可略高于或略低于 Ms 点,分级淬火不但减小了热应力,而且也减小了组织应力,从而减少了开裂变形倾向。采用 Ms 点以上分级,冷却介质温度较高,工件在浴炉中冷速较慢,等温时间又有限,截面尺寸大的工件难以达到上临界冷却速度。采用 Ms 点以下分级可克服该缺点,适应与稍大工件的淬火。

等温淬火是将奥氏体化的工件淬入 Ms 点以上的盐浴中,等温足够长的时间,使之转变为下贝氏体组织,如图 9.54④所示。与分级淬火不同,等温淬火除了能减少开裂变形倾向外,主要是为了获得强韧性更好的下贝氏体组织。等温的时间要参考 TTT 曲线确定,确保贝氏体转变的完成。

④钢的淬透性　钢的淬透性是指钢在淬火时获得马氏体的能力,其大小用一定条件下淬火获得的淬透层深度表示。所获得的淬透层深度越深,钢的淬透性越好。工件的淬透层深度是如何确定的呢？在未淬透的情况下,通常把由表面至半马氏体区的距离作为淬透层深度。所谓半马氏体区是指淬火组织中马氏体和非马氏体组织各占一半的区域。通常将该钢半马氏体区的硬度定为淬透层深度的临界硬度,利用测定横断面上的硬度分布曲线可决定出淬透层的深度。半马氏体区的硬度主要取决于钢的碳质量分数,不同碳质量分数的钢的半马氏体区的硬度不同,例如 45 钢半马氏体区的硬度为 42 HRC,而 T10 钢高达 55 HRC。

淬透性的测定方法主要有临界直径法和末端淬火法。临界淬火直径(D_c)是指圆棒试样在某种介质中淬火时,所能得到的最大淬透直径。所测得的 D_c 越大,淬透性越好。所谓淬透是指试样中心部位刚好达到半马氏体(或 90%,95% 马氏体)。在其他条件一定时,冷却介质冷却能力越强,临界直径 D_c 越大,所以 $D_{c水}>D_{c油}$。钢中加入合金元素可使

TTT 曲线右移,奥氏体稳定性增加,临界冷却速度越小,所以合金钢的淬透性比碳钢好。例如,60 钢 $D_{c水}=11\sim17$ mm,$D_{c油}=6\sim12$ mm; $60Si_2Mn$ 钢 $D_{c水}=55\sim62$ mm,$D_{c油}=32\sim46$ mm。

除用临界直径法表示钢的淬透性外,最常用的方法为 GB225—1963 规定的末端淬火法。末端淬火法测定钢的淬透性的原理,如图 9.55(a)所示。

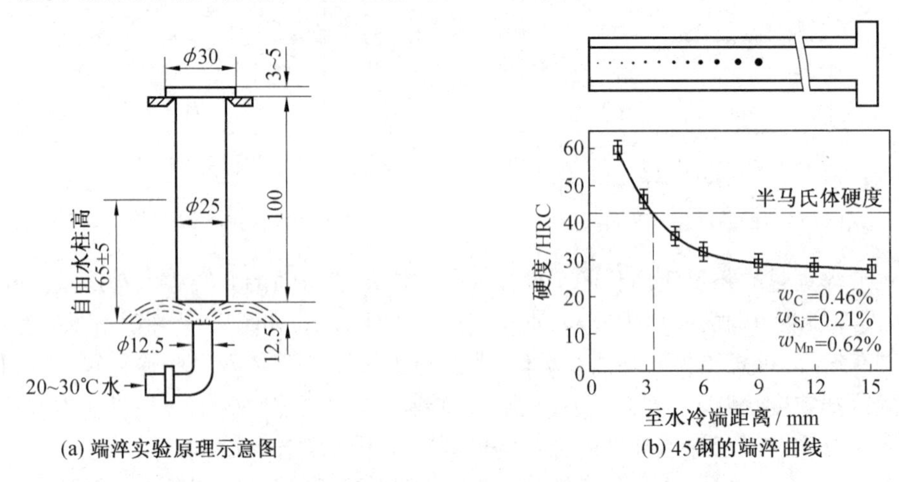

(a) 端淬实验原理示意图 (b) 45钢的端淬曲线

图 9.55 末端淬火法示意图

采用 $\phi25\times100$ mm 标准试样,奥氏体化后迅速放入实验装置中喷水冷却。显然靠近喷水口的试样末端冷速最大,随距水冷端距离的增加冷速逐渐减慢。冷却后的试样沿轴线方向磨去 0.2~0.5 mm,然后从试样末端起每隔 1.5 mm 测量一次硬度,可得到端淬曲线如图 9.55(b)所示。该曲线为 45 钢的端淬曲线,硬度呈剧烈下降趋势,说明该钢淬透性差。根据 GB225—1963 规定,可用 J $\frac{HRC}{d}$ 表示钢的淬透性,例如 J $\frac{42}{3}$ 表示距水冷端 3 mm处的 HRC 为 42。显然 J $\frac{42}{12}$ 比 J $\frac{42}{3}$ 淬透性好。在端淬曲线上,距水冷端 1.5 mm 处的硬度值最高,可代表钢的淬硬性(淬火所能达到的最大硬度);硬度下降最陡的位置对应钢的半马氏体硬度。

此外要把钢的“淬透性”与“淬硬性”区分开。钢淬火所能达到的最大硬度主要取决于马氏体的碳质量分数。例如,高碳钢淬火后淬硬性很高,但淬透性很小。而低碳合金钢淬硬性不高,但淬透性很大。钢的淬透性是重要的热处理工艺性能,工件整体淬火时,从表面到心部是否完全淬透对回火后的力学性能特别是冲击韧性有重要影响。所以,对于大截面重要的工件必须选用过冷奥氏体稳定性高的合金钢,保证淬火时完全淬透或获得足够深的淬透层。钢的淬透性越高,能淬透的工件截面尺寸越大,所以淬透性是机械零件选材的重要参考数据。

(2)钢的回火

将淬火钢重新加热到 A_1 点以下的某一确定温度。保温后,以适当方式冷却到室温的热处理操作称为“回火”。在生产中淬火与回火是紧密相连的,回火决定了钢件最终的组织与性能。在钢的回火转变一节,已经介绍了淬火钢回火过程中的组织转变和性能变化。

这里简单介绍回火工艺。

①低温回火　低温回火温度为150～250 ℃,回火组织为回火马氏体。淬火高碳钢常采低温回火,回火后的组织为隐晶回火马氏体、均匀细粒状碳化物和极少量的残余奥氏体。即保持了淬火钢的高硬度、高强度和优良的耐磨性,又在一定程度上消除了淬火应力,提高了韧性。对于低碳淬火钢,低温回火可减少淬火应力,提高钢的韧性,使钢具有优良的综合力学性能。

②中温回火　中温回火温度为350～500 ℃,回火组织为回火屈氏体。对于一般碳钢和低合金钢,中温回火时,α 相已发生回复,但仍保持淬火马氏体的形态,淬火内应力基本消除。碳化物已开始聚集,细小的碳化物颗粒弥散分布在 α 相基体上。经中温回火后的钢具有高的弹性极限,较高屈强比,良好的塑性与韧性。所以中温回火主要用于弹簧零件和一些热锻模具。

③高温回火　高温回火温度为500～650 ℃,回火组织为回火索氏体,主要用于中碳结构钢。调质处理后,钢具有优良的综合机械性能。可用来制作要求较高强度并承受冲击或交变载荷的重要机械零件,如曲轴、连杆、螺栓及齿轮等。回火后一般采用空冷,但对于有高温回火脆性的钢应采用快冷抑制第二类回火脆性的产生。

9.6.2　表面热处理

机械零件在扭转和弯曲等交变载荷作用下,表层承受比心部高得多的应力。在互相接触的工件表面还存在磨损或疲劳磨损,这使工件表面层的物质不断流失,所以有必要对表面进行强化。此外,对于承受冲击载荷的零件,在强化表面的同时,心部必须具有一定的塑性与韧性,只有采用表面热处理方法才可满足使用性能的要求。表面热处理包括表面淬火和化学热处理。

1. 表面淬火

表面淬火是利用快速加热方法使工件表面奥氏体化,然后淬火,而心部组织无变化。根据供热方式的不同,表面淬火法主要有感应加热表面淬火、火焰加热表面淬火、激光加热表面淬火、电子束加热表面淬火等。

(1)感应加热表面淬火

感应加热表面淬火工作原理如图 9.56 所示。工件置于感应圈中,当感应圈通过交变电流时,在工件表面形成感生电流即涡流,感生电流具有“表面效应”,表层电流强度可达几千安培,产生大量热能,使工件表面在几秒内加热到临界点以上,而心部温度仍然很低,随后采用喷射冷却方法快速冷却,使表面层获得马氏体。

在工程上规定由表面至涡流强度降低到表面最大涡流强度的 0.368 倍的位置为电流透入深度 δ。电流透入深度 δ 与电流频率 f 的平方根成反比,电流频率越高,电流透入深度越小。在生产中,要根据淬硬层深度选择电流频率。淬硬层深度 δ 为 0.5～2 mm,选高频淬火,常用电流频率为 80～1 000 kHz;淬硬层深度 δ 在 2～8 mm,选中频淬火,常用电流频率为 2 500～8 000 Hz;淬硬层深度 δ 为 8 mm 以上或较大工件穿透加热淬火时,可选工频淬火,电流频率为 50 Hz。频率一定时,所要求的硬化层越深,所需要的比功率越小。比功率确定后,加热温度主要取决于加热时间。由于感应加热淬火的硬化层深度易于控制,表面硬度高,适于生产大批量的形状简单的机械零件,且生产效率高,便于实现机械化,因此在生产中得到广泛应用。

(2)火焰加热表面淬火

火焰加热表面淬火是将工件置于高温火焰中进行快速加热,使其表面温度迅速达到淬火温度,心部仍为原始状态,然后快速淬入水或油中冷却,使工件表面获得马氏体组织,从而获得预期深度的硬化层的一种表面淬火方法。火焰加热表面淬火设备简单,使用方便灵活、成本低,适合单件小批量生产。表面淬火最常用的是乙炔-氧焰,也可用天然气、焦炉煤气、石油气等。

2. 化学热处理

化学热处理是将工件置于含有某种化学元素的介质中加热保温,使工件表层与介质起物理化学作用,从而改变表层的化学成分和组织的一种热处理工艺。化学热处理种类繁多,常以渗入的元素来命名,例如渗碳、渗氮、碳氮共渗、渗硼、渗铬等。化学热处理一般由三个基本过程组成:化学介质的分解、活性原子被金属表面吸收,以及渗入元素向金属内部扩散。

(1)钢的渗碳

把低碳钢放到渗碳介质中,加热到单相奥氏体区,保温足够长的时间,使表面碳浓度提高,该热处理工艺叫做渗碳。渗碳是应用最广泛的化学热处理工艺,要求表面具有高硬度高耐磨性,心部要求强而韧的重要零件可采用渗碳处理,如齿轮、活塞销等。根据渗剂不同可将渗碳分为固体、液体和气体渗碳。其中应用最普遍的为气体渗碳。

常用气体渗碳剂有两大类,一类为碳氢化合物有机液体,如煤油、苯、丙酮等。另一类为气态,如吸热式保护气、城市煤气、天然气、液化石油气等。上述各种渗剂在渗碳温度下裂化产生渗碳气体,其主要组成是 CO, C_nH_{2n+2}, CnH_{2n}, H_2, CO_2, H_2O, N_2 等。其中 CO, CnH_{2n+2}, CnH_{2n}都有渗碳能力, CO_2, H_2O 则是脱碳气氛, H_2 的脱碳作用不大。在渗碳温度下甲烷分解可产生活性碳原子,即

$$CH_4 \rightleftharpoons 2H_2+[C]-75.78\ \text{kJ}$$

该反应为吸热反应,所以升高温度会提高甲烷的渗碳活性,渗碳时气氛中甲烷比例不易过高,若含量过高,分解出的活性碳原子不能及时为工件所吸收,将形成炭黑沉积在工件表面,影响正常渗碳。渗碳气氛中的 CO 在渗碳温度下,可分解出活性碳原子,其反应如下

$$CO \rightleftharpoons CO_2+[C]+172.50\ \text{kJ}$$

该反应为放热反应,所以升高温度会使其分解产生活性碳原子的能力下降,所以 CO 是一种较弱的渗碳气体。

工件渗碳层碳质量分数的高低对其组织性能影响很大,由于工件的工作条件不同,对表面碳质量分数的要求也不同。因此必须按实际要求调整控制表层碳的质量分数。渗碳时,主要通过控制渗碳气氛的成分控制工件表层碳的质量分数。

气体渗碳包括可控气氛热处理和一般气体渗碳。一般气体渗碳多在井式气体渗碳炉内进行。下面以滴注式气体渗碳为例了解渗碳工艺,如图 9.57 所示。工件装在密封的渗碳罐中,加热到 900 ~ 950 ℃,向炉内滴入煤油等液态碳氢化合物,使其热裂分解,生成活性碳原子,活性碳原子被工件表面吸附,并渗入工件表面。

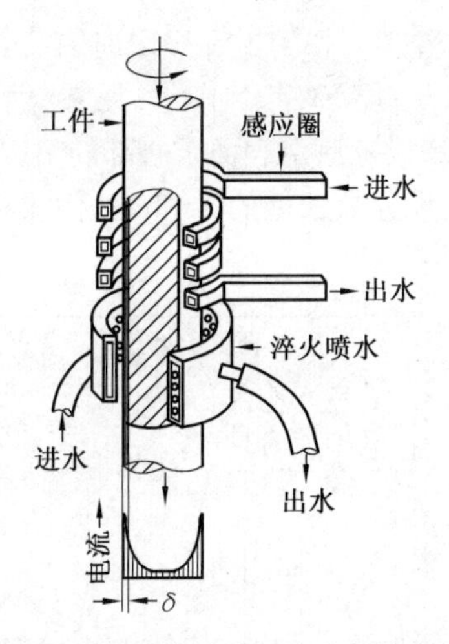

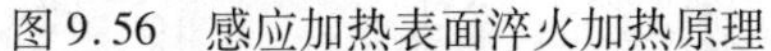
图 9.56　感应加热表面淬火加热原理

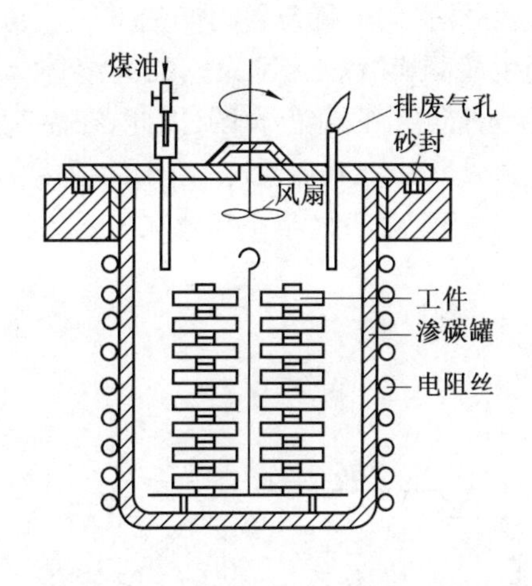

图 9.57　滴注式气体渗碳装置示意图

典型气体渗碳工艺曲线如图 9.58 所示。排气阶段,零件入炉后应尽量排除炉内空气,以防工件氧化。通常滴入产气量更大的甲醇或乙醇,排气时间为 30～60 min。排气后,关闭试样孔,进入强烈渗碳阶段。在强烈渗碳阶段,煤油滴量要大,以增大表面与次表层的浓度梯度,提高渗速。强烈渗碳阶段所需时间长短主要取决于层深。强渗后,渗碳进入扩散阶段,为保持预定的表层碳的质量分数,要降低煤油滴入量,充分保温使碳原子向内部扩散,最后得到所需要的渗碳层深和合适的碳浓度分布。如果渗碳炉配有氧探头和碳势控制仪,碳势可实现全自动控制。渗碳后,本质细晶粒钢可采用直接淬火法。工件由渗碳温度随炉降温至稍高于心部 Ar_3 温度,并保温 15～30 min,出炉淬火。对于本质粗晶粒钢,由于渗碳后奥氏体晶粒特别粗大,不能采用直接淬火工艺。工件渗碳后,可随炉冷至 880～860 ℃,再出炉空冷或入缓冷坑缓冷,然后重新加热淬火,该工艺称为一次淬火法。一般渗碳件表层碳质量分数为 0.85%～1.05%,渗层碳质量分数过渡要平缓,层深一般为 0.5～2 mm。渗碳工件淬火后都要采用低温回火,表层组织主要为高碳的细小针片状回火马氏体加均匀分布的细粒状碳化物,心部主要为回火的低碳马氏体。

(2)钢的渗氮

将钢件置于活性氮介质中,在一定温度下保温,使其表面渗入氮元素的工艺过程,叫渗氮或氮化。渗氮与渗碳相比具有更高的硬度、疲劳强度和耐磨性,并具有良好的耐蚀性。此外,渗氮温度一般较低,变形小。因此,广泛用于要求变形小、尺寸稳定性高、耐磨性好的零件。但渗氮工艺往往时间长,渗层浅,硬度梯度陡且承载能力差,使其应用受到一定限制。渗氮工艺主要分为气体渗氮、离子渗氮、盐浴渗氮、固溶渗氮和高压渗氮。

①气体渗氮　将氨气通入加热到渗氮温度的密封渗氮罐中,氨气与钢件接触,在 450 ℃以上可发生分解反应,即

$$2NH_3 \rightleftharpoons 3H_2+2[N]$$

活性氮原子被工件吸收,并向内部扩散,形成一定深度的氮化层。渗氮后的组织可参考 Fe-N 相图,如图 9.59 所示。在低于共析温度(590 ℃)气体渗氮时,由图 9.59 可知,首先生成含氮铁素体 α 相,当氮含量超过该温度下的饱和极限时,便转变为 γ′相(以 Fe_4N

为基的固溶体)。随渗氮时间的增加,当氮质量分数超过 γ′相的饱和极限时,在工件表面就会生成 ε 相(以 Fe_3N 为基的固溶体,$w_N=4.55\%\sim11.0\%$)。对于二元系,反应扩散时,不可能产生两相混合区,因此,在渗氮温度下,纯铁渗氮后由表面至心部的组织依次为 ε,γ′和 α 相。渗氮后缓冷,由于溶解度的变化,氮质量分数较低的 ε 和 α 相可以析出 γ′相,室温组织由表面至心部依次为 ε,ε+γ′,γ′,α+γ′和 α 相。

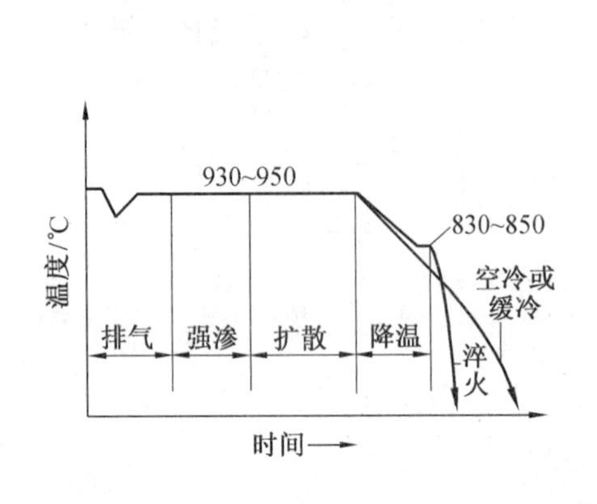

图 9.58 滴注式气体渗碳工艺曲线

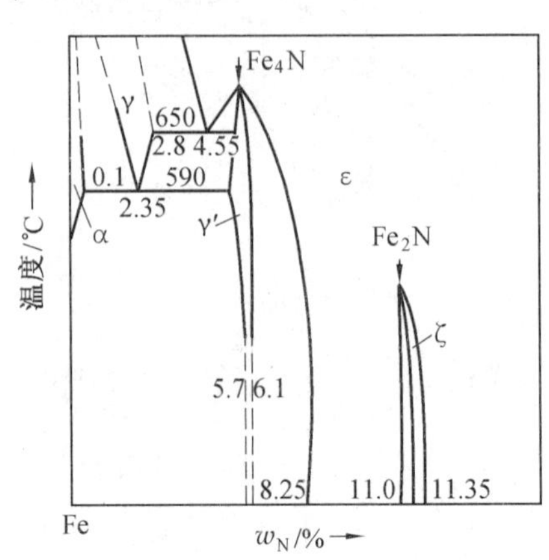

图 9.59 Fe-N 二元相图

利用氨气进行气体渗氮可分为强化氮化和抗蚀氮化。抗蚀氮化温度较高,所用时间较短,例如,700~750 ℃只需保温约 30 min,可获得致密的 ε 相层。经抗蚀氮化的碳钢、低合金钢和铸铁工件在自来水、湿空气、蒸汽和弱碱溶液中,具有较好的抗蚀性。

要求表面高硬度、高耐磨性、高精度、变形小的精密车床主轴、镗床的镗杆、发动机的汽缸套等可采用表面强化氮化。由于铁的氮化物稳定性差,易粗化,所以常选含铬、铝、钛、钼等合金元素的低碳及中碳合金钢。为使工件心部具有必要的综合力学性能,氮化前要调质处理,以获得回火索氏体。

渗氮时,氨的分解率对渗层硬度和深度均有影响。氨的分解率为排除的废气中氢气与氮气的体积与废气总体积之比,用以表示氨的分解程度。氨的分解率的大小取决于渗氮温度、氨气流量、零件总表面积等。分解率过高,工件表面吸附大量氢妨碍氮的吸收。分解率过低(<10%)提供的氮原子不足。在渗氮开始的 15~20 h 之内,表层 α 相尚未饱和,高度弥散的合金氮化物也正处在形成阶段,需要大量活性氮原子,应采用尽可能高的氮势,此时要采用较低的分解率(15%~20%)。当表面形成 ε 相层后,宜采用较高的分解率,即较低的氮势。否则会使 ε 相氮质量分数过高导致脆性增加,同时由于 ε 相过厚,阻碍氮原子由表面向心部扩散。此外,为维持过低的分解率必须增大氨的流量,也造成不必要的浪费。

气体氮化工艺可分为等温渗氮工艺、二段渗氮工艺和三段渗氮工艺。38CrMoAl 活塞杆的各种渗氮工艺如图 9.60 所示,其中图(a)为等温渗氮工艺。渗氮一直在恒定温度(510~520 ℃)下进行。为减少表层 ε 相的脆性,采用 3 h 退氮后炉冷。等温渗氮工艺过程简单,渗氮温度低,渗氮后表面硬度高、脆性低、变形小。其缺点渗速慢,为获得 0.5~0.6 mm 氮化层,需约 80 h。

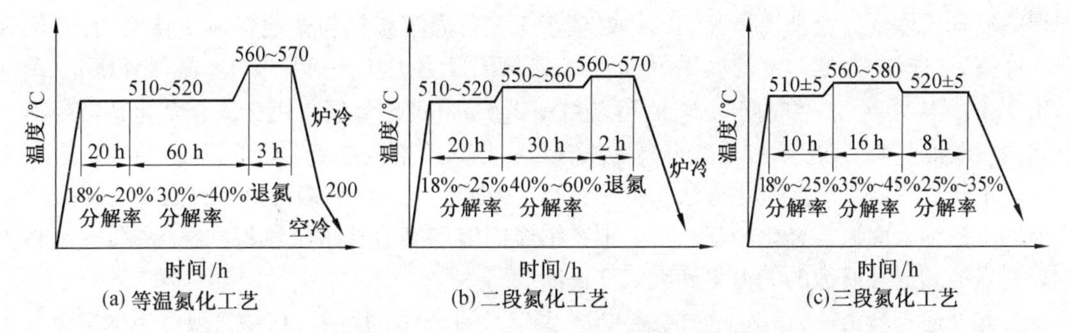

图 9.60　38CrMoAlA 钢的氮化工艺

二段渗氮工艺如图 9.60(b)所示。为缩短生产周期,将等温氮化第二阶段的温度提高到 550 ~ 560 ℃,以加速氮原子向内部扩散,增加渗层的厚度。由于低温阶段已形成高度弥散的较稳定的合金氮化物,所以在第二阶段即高温度阶段合金氮化物不会显著聚集,可在保证较高硬度的同时,缩短氮化工艺时间。

为进一步缩短氮化工艺时间,可采用三段渗氮工艺,如图 9.60(c)所示。将第二阶段的温度进一步升高到 560 ~ 580 ℃,增加氮原子的扩散速度。由于温度的进一步升高,会引起合金氮化物粗化,使硬度下降,所以将氮化的第三段的温度再降至较低温度,使表面硬度有所提高,获得 0.5 mm 氮化层。三段渗氮工艺比等温氮化工艺缩短了约 35 h。

②离子渗氮　离子渗氮是利用高压电场在含氮的稀薄气体中引起辉光放电,使电离的氮渗入工件表面的过程。它具有节能、耗氨少、渗速快、氮化层质量高及变形小的特点,因此得到国内外的重视。

离子渗氮原理如下,将欲渗工件放在阴极托盘上,盖上真空罩,抽真空,使真空室的真空度达到 0.13 ~ 1.3 Pa 后,通入干燥后的氨气,气压一般为 50 ~ 100 Pa。在阳极与阴极(工件)之间加上 400 ~ 500 V 直流电压。此时,炉内稀薄气体电离形成一层 2 ~ 3 mm 的辉光。在辉光放电过程中,被电离的氮和氢的正离子在高压电场作用下,快速冲向阴极(工件),在离子的轰击下,离子的动能转变为热能,工件迅速升温至渗氮温度。辉光稳定后加大氨的供给量,真空室压力控制在 10^2 ~ 10^3 Pa,并将电压升高到 600 ~ 1 000 V。一部分轰击工件表面的氮离子在夺取电子后直接渗入工件,另一部分氮离子引起“阴极溅射”。被溅射出的铁原子与氮原子(或氮离子)相结合,在工件表面形成呈蒸发状态的 FeN,FeN 中的氮在高温和离子轰击下不断向工件内部扩散。FeN 在释放氮的过程中依次形成 Fe_2N,Fe_3N,Fe_4N 各相。

离子渗氮温度一般为 450 ~ 700 ℃,离子渗氮温度越高,氮化层表面硬度越低,扩散层越深。离子渗氮速度比气体氮化快得多,其渗速为 0.06 ~ 0.1 mm/h,对于 0.3 ~ 0.5 mm 的渗层,离子氮化仅需数小时。离子渗氮组织与普通气体氮化基本相同,改变气氛的组成和压力可以控制氮化组织。离子渗氮表层硬度比普通气体氮化更高,而且脆性更小。广泛用于结构钢、不锈钢、耐热钢和有色金属。

③固溶渗氮　固溶渗氮是 1993 年在 Wiesbaden 的热处理学术研讨会上作为不锈钢表面改性新工艺提出来的。固溶渗氮是将不锈钢置于一定压力下的氮气、氨气或氮与氨的混合气体中,加热到 1 050 ~ 1 150 ℃,利用奥氏体的高溶碳能力,使氮渗入钢件表面,获

得高氮奥氏体或高氮马氏体表层的热处理新工艺。固溶渗氮与普通气体氮化不同,氮化温度高,渗速快,氮的浓度梯度平缓。例如,渗氮温度为 1 100～1 150 ℃,氮气分压 p_N 在 $10^{-4}\times10^5$ Pa 之间,扩散时间为 24 h,可获得深 2.5 mm 的渗氮层。由于氮合金化是当今不锈钢发展的趋势,靠冶炼方法获得高的氮含量必须采用增压电渣重熔等设备,给生产带来诸多不便。因此采固溶氮化方法获得高氮奥氏体或高氮马氏体表层是一种有重要应用价值的不锈钢表面氮合金化的新方法。不锈钢经固溶渗氮后其耐蚀性得到显著提高,尤其是耐点蚀和缝隙腐蚀的能力得到大幅度提高。

此外还有盐浴渗氮,渗氮介质为 400～650 ℃的 KNO_3 盐浴。在渗氮温度下 KNO_3 可发生如下反应

$$4KNO_3 \longrightarrow 2K_2O+5O_2+4[N]$$

生成的活性氮,可渗入工件表面。在相同温度和时间条件下,KNO_3 盐浴渗氮具有更快的渗速。例如,低碳的 IF 钢,渗氮 8 h,可获得 1 mm 氮化层。

(3)钢的碳氮共渗

碳氮共渗是将钢件置于能产生碳、氮活性原子的化学介质中加热保温,使钢件表面同时吸收碳和氮,并向内部扩散,形成具有一定厚度和一定碳氮浓度的渗层,然后以一定方式冷却的热处理操作。根据碳氮共渗所用介质的物理状态的不同,可将碳氮共渗分为固体、液体和气体三种。根据共渗温度不同,可将碳氮共渗分为高温碳氮共渗(750～950 ℃)和低温碳氮共渗(500～650 ℃)。固体碳氮共渗生产效率低,操作条件差,很少采用。液体碳氮共渗即液体氰化,加热速度快、渗速快、质量好,但所用氰盐有剧毒,造成环境污染,碳氮逐步被淘汰。目前广泛应用的是气体碳氮共渗,气体碳氮共渗无毒性,表面质量易控制,易于实现机械化和自动化。

高温气体碳氮共渗的加热温度在 A_1 以上,渗剂可采用氨气加液态有机渗碳剂如煤油、苯、甲苯等,也可采用含碳、氮的有机化合物,如三乙醇胺[$(C_2H_4OH)_3N$]、尿素[$(NH_2)CO$]、甲酰胺($HCONH_2$)等。碳氮共渗层中的氮含量随共渗温度的增高而下降。超过 900 ℃,渗层的性能与渗碳相似,因此碳氮共渗温度常控制在 820～880 ℃。渗层表面碳氮总量约为 1.0%～1.25%,其中氮质量分数为 0.3%～0.5%,其渗层组织与渗碳相似。气体碳氮共渗工件可采用直接淬火,由于处理温度低,零件变形小,且硬度、耐磨性、疲劳强度和接触疲劳强度均优于渗碳,是一种很有前途的表面热处理工艺。

低温碳氮共渗也叫软氮化,主要以渗氮为主,加热温度在 A_1 以下,渗剂可采用尿素、甲酰胺、三乙醇胺等。软氮化处理时间短、温度低(500～650 ℃)、变形小,具有与气体氮化相近的表面硬度,具有优良的耐磨、耐疲劳、抗咬合与抗擦伤性能。适合渗层浅、负荷小、对变形要求严格的各种耐磨件及高速钢刀具等。

(4)渗金属

随着工业的发展,对钢铁材料的性能提出了更高的要求。为满足耐蚀、耐热、抗氧化等特殊性能,如果仅依靠生产特殊性能钢是不经济的,因为这样将需要大量稀缺金属,如 Cr,Ni,Co,Mo,W 等。采用渗金属的方法,即可满足这些特殊的使用性能要求,又可降低成本。渗金属的方法同样可分为固体、液体和气体三种方法。根据渗入元素的不同,可将渗金属分为渗铬、渗铝、渗钒等。这里仅简要介绍渗铬工艺。

渗铬方法主要有固体粉末渗铬法、气体渗铬法和盐浴渗铬法。

常用固体粉末渗铬有多种配方，当采用包装法（D. A. L 法）时，渗铬剂为60%的铬铁合金（$w_{Cr}=65\%$）和0.2%～3%的卤化氨，余量为稀释填充剂（陶土等）。将工件置于装满渗铬剂的渗铬箱中，密封好，加热到900～1 100 ℃，保温一定时间后缓冷，可获得一定深度的富铬层。钢的渗铬可通过下述反应实现。高温下卤化氨分解，所生成的 HX 气体与铬铁中的铬反应生成气态卤化亚铬（CrX_2），卤化亚铬的分解反应 $CrX_2 \rightarrow Cr+X_2$ 和置换反应 $CrX_2+Fe \rightarrow Cr+FeCl_2$，均可生成活性铬渗入工件表面。

气体渗铬的渗铬气氛为铬的卤化物，其制备方法如下，向放有铬铁合金粉的渗铬炉内通入卤酸气和氢气，卤酸气与铬反应，生成铬的卤化物，与固体粉末渗铬类似，也是通过卤化物的分解反应、置换反应和还原反应使工件表面渗铬。

固体粉末渗铬与气体渗铬温度较高，使渗铬工件心部组织粗化，因此低温盐浴渗铬受到了重视。以氯系盐类为基盐，以铬的氧化物、铬盐、铬粉为渗铬剂，在750～850 ℃温度下，可实现盐浴渗铬。盐浴渗铬温度低，渗速快，例如，T8 钢经 850 ℃×6 h 渗铬，可获得 48 μm 的渗铬层，表层铬的质量分数高达 86.9%，表面硬度可达 1 750 HV。由阳极极化曲线可知，与 1Crl8Ni9Ti 不锈钢相比，渗铬试样具有更低的致钝电流和维钝电流，更高的点蚀电位和更宽的钝化区。总之，渗铬件具有较好的抗蚀性、抗氧化性和耐磨性，可取代不锈钢应用于机械产品中，如燃气轮机、汽车、锅炉、石油化工等领域。

生产中已应用的化学热处理方法很多，按其作用来说，可分为两大类。一是提高表面机械性能，二是提高表面化学稳定性，也有两者兼顾的。除前面所介绍的各种工艺外，还有渗硼、渗硫、渗铝、渗硅、渗钒以及多元复合渗等，这里不一一列举。

3. 表面热处理新技术

（1）热喷涂

热喷涂是利用热源将金属或非金属材料加热到熔化或半熔化状态，利用高压气流将其雾化，喷射到工件表面，形成牢固的覆盖层的表面处理工艺。采用热喷涂方法可使工件表面获得所需要的力学性能和特殊的物理、化学性能。

热喷涂的热源不同，热喷涂方法也不同。火焰喷涂是利用可燃性气体燃烧放出的热进行的热喷涂，其中应用最广的气体是氧和乙炔。氧-乙炔焰的温度可高达 3 000 ℃，一般高温不剧烈氧化，不易升华，氧-乙炔焰能熔化的材料都可用火焰喷涂形成涂层。等离子喷涂是利用气体导电或放电所产生的等离子弧为热源的热喷涂。等离子弧能量高度集中，温度可达 20 000 ℃，适合喷涂陶瓷等高熔点材料。此外常用的喷涂方法还有电弧喷涂、感应加热喷涂、激光加热喷涂等。

喷涂所用材料及被喷涂对象种类繁多，金属、合金、陶瓷、高分子材料均可作为喷涂材料。而基体可以是金属、陶瓷、玻璃、木材、布锦、纸张等。热喷涂工艺灵活，生产效率高，基体受热程度低且变形小，操作温度范围广（30～2 000 ℃），涂层厚度变化大（0.5～5 mm），可使普通材料获得耐磨、耐蚀、抗氧化、隔热、导电、绝缘等特殊的表面性能，广泛用于机械、化工、建筑等行业中。

（2）气相沉积

气相沉积是近十多年发展起来的表面涂覆新技术，根据气相沉积成膜机制不同，可分为化学气象沉积（CVD）、物理气象沉积（PVD）和等离子化学气象沉积（PCVD）。

化学气象沉积是采用含有膜层中各种元素的挥发化合物或单质蒸汽，在热基体表面产生气相化学反应而获得沉积涂层的表面改性技术。例如，化学气象沉积 TiC 超硬涂层是将工件置于加热炉内的真空反应室，通入氢气，加热至 900～1 100 ℃，以氢气为载体气，将 $TiCl_4$ 和 CH_4 带入反应室，在工件表面发生化学反应 $TiCl_4+CH_4+H_2 \longrightarrow TiC+4HCl+2H_2$，生成的 TiC 沉积在工件表面。CVD 法设备简单、操作方便、成本低，所获得的沉积层均匀、纯度高、结合力强。但沉积温度一般较高，基材晶粒易粗化。为克服上述不足 CVD 技术正朝着低温和高真空方向发展。

物理气相沉积是在真空条件下，将蒸发、溅射等物理方法产生的沉积物质的原子或分子沉积在基材上，形成沉积层的过程。物理气象沉积工艺方法很多，如真空溅射、离子镀膜、真空蒸镀等。物理气象沉积成膜速度快、膜层质量好、外观色泽好、处理温度低、变形小，广泛用于光学、电子、机械和日用品等方面。

（3）离子注入

离子注入是根据工件表面性能选择适当种类的原子，使其在真空电场中离子化，在高电压作用下，将离子加速并注入工件表面，达到表面改性的目的。通常注入的离子种类有 Ni，Cr，Ti，Ta 等正离子。离子注入工艺的主要特点是，可向金属和合金表面注入任何所需元素，不受热力学条件、固溶度等因素的限制，可获得超常的固溶强化、沉淀强化的效果。离子注入无公害、环保、安全，但所用设备昂贵、成本高、注入层较薄且不适用于形状复杂和有内孔的零件。

（4）激光表面改性

激光具有方向性好、单色性好和高功率密度，激光照射工件表面，可使表面温度瞬时升高到相变点、熔点甚至沸点以上。常用的激光表面改性包括激光淬火、激光熔覆、激光熔化淬火等。

高能激光束照射到工件表面，使表面温度瞬时升高到淬火温度，形成奥氏体，而工件表层以下仍处在冷态，一旦停止照射，由于加热区与基体存在极高的温度梯度，使加热区因激冷获得超细化的隐晶马氏体，实现自冷淬火叫激光淬火。激光淬火生产率高、不用淬火剂、易于实现自动化，特点是硬度高、变形小。

利用激光在基体表面覆盖一层具有特定性能的涂覆材料叫激光熔覆。例如，在刃具表面涂覆 WC，可显著提高耐磨性。在激光熔覆的同时，用送粉器将粉状涂覆材料送入被称为送粉式。在室温将合金粉与黏合剂调和在一起，涂刷在工件表面，然后利用激光熔覆被称为预涂式。

第10章　金属材料

材料的发展与社会进步密切相连,材料的应用是衡量人类社会文明程度的重要标志之一。因此历史学家根据人类不同历史阶段所使用的材料,将历史划分为石器、青铜器和铁器时代。从古至今,无论工业、农业、国防和日常生活都离不开材料,特别是在生产力高度发达的今天,材料和材料科学的发展与进步已成为衡量一个国家科学技术水平的重要标志。材料科学的发展在国民经济中占有极其重要的地位,因此,材料、能源、信息被誉为现代经济发展的三大支柱。

工程材料是指具有一定性能、在一定条件下能承担某种功能,被用来制造零件或元件的材料。按使用性能可将工程材料分为结构材料和功能材料。结构材料以力学性能为主,兼有一定的物理、化学性能。功能材料以特殊的物理、化学性能为主,如具有电、光、声、磁、热等特殊功能和效应。此外,按化学组成为工程材料分类,可分为金属材料、无机非金属材料、高分子材料和复合材料。

金属材料又可分为黑色金属与有色金属两大类,通常将铁及其合金称为黑色金属,而铝、铜、镁、锌、钛等非铁金属及其合金称为有色金属。本章首先介绍工业用钢。

10.1　工业用钢

工业用钢是应用量最大、应用范围最广泛的金属材料。碳素钢冶炼方便、易于加工、价格低廉是应用最广泛的工业用钢。但随工业和科技的发展,碳素钢已不能满足越来越高的使用性能的要求,为弥补碳素钢的不足,发展了合金钢。在冶炼时,在碳钢基础上,有目的的加入一种或几种化学元素即合金元素可获得合金钢。钢中常用合金元素种类很多,如 Cr,Mn,Ni,Si,Mo,V,W,RE 等。合金元素与铁、碳及合金元素之间的相互作用而改变了钢的组织结构,使钢得到更优良的或特殊的性能。合金钢的性能较好,但价格较贵,因此,在碳钢能满足使用性能要求时,一般不用合金钢。下面首先介绍钢的合金化原理。

10.1.1　钢中合金元素

1. 合金元素在钢中的存在形式

钢中常加入的金属合金元素有 Cr ,Mn,Ni,Mo,W,V,Ti ,Nb,Zr,Ta,Al,Co,Cu,Re 等;常加入的非金属合金元素有 C,N,B,Si,有时 P,S 也可起合金元素作用。合金元素加入钢中,在钢中的主要存在形式有四种。

①以固溶形式存在　例如,非碳化物形成元素可固溶于铁素体、奥氏体或马氏体中。

②形成强化相　例如,对于碳化物形成元素可形成特殊碳化物或溶入渗碳体形成合金渗碳体。

③形成夹杂物　例如,合金元素与 O,N,S 作用形成氧化物、氮化物、硫化物。

④游离态存在　例如,Pb,Cu 既不固溶也不形成化合物,所以常以游离态存在。

2. 合金元素与铁、碳的相互作用

(1)合金元素与铁的相互作用

合金元素的加入,使铁的同素异构转变点 A_3,A_4 发生变化,其改变规律可由 Fe-Me 二元相图表现出来。根据合金元素对 γ 区的影响,将合金元素分为扩大 γ 区和缩小 γ 区两大类。其中扩大 γ 区的合金元素又可分为无限扩大 γ 区元素和有限扩大 γ 区元素。而缩小 γ 区的合金元素也可分为封闭 γ 区元素和缩小 γ 区元素。

无限扩大 γ 区元素加入铁中,可使 A_3 点下降,A_4 点升高,使 γ 相稳定存在的温度范围变宽,当其加入量增加到一定数量以上,室温下可获得单相奥氏体。这类合金元素有 Ni,Mn,Co,其中 Fe-Mn 二元相图,如图 10.1(a)所示。

有限扩大 γ 区元素加入铁中,也可使 A_3 点下降,A_4 点升高,但由于它们与铁只能形成有限固溶体,不能使 γ 相区完全开启。这类合金元素有 C,N,Cu,Zn,Au 等,其中 Fe-Cu 二元相图,如图 10.1(b)所示。

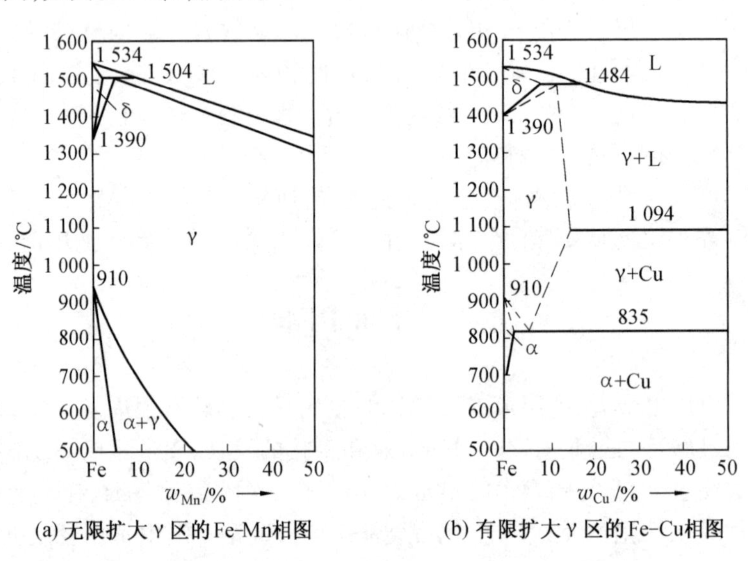

(a) 无限扩大 γ 区的 Fe-Mn相图　　(b) 有限扩大 γ 区的 Fe-Cu相图

图 10.1　扩大 γ 区的 Fe-Me 二元相图

封闭 γ 区元素加入铁中,可使 A_3 点上升,A_4 点下降,限制 γ 相的形成。当其加入量增加到一定数量以上,γ 相区被封闭,使 δ 相区与 α 相区连成一片,这类合金元素有 V,Cr,Ti,Mo,W,Si 等,其中 Fe-Cr 二元相图,如图 10.2(a)所示。

缩小 γ 区元素加入铁中,虽然也可使 A_3 点上升,A_4 点下降,使 γ 相存在的温度范围缩小,但由于固溶度小,不能使 γ 区封闭。这类合金元素有 B,Nb,Ta,Zr 等,其中 Fe-Nb 二元相图,如图 10.2(b)所示。

(2)合金元素与碳的相互作用

合金元素加入钢中,由于不同的合金元素与碳的亲和力不同,根据与碳相互作用情况可将钢中合金元素分为碳化物形成元素与非碳化物形成元素两大类。Ti,Zr,V,Nb,W,Mo,Cr,Mn,Fe 为碳化物形成元素,它们与碳的亲和力按由 Fe 到 Ti 的顺序逐渐增强。其中 Ti,Zr,V,Nb 为强碳化物形成元素,W,Mo,Cr 为中碳化物形成元素,Mn,Fe 为弱碳化物形成元素。合金元素与碳的亲和力越强,形成的碳化物越稳定,在钢中的溶解度也越小。碳化物具有高熔点、高硬度、脆性大等特点,是钢铁中的重要组成相。碳化物的成分、类型、数量、尺寸及分布对钢的性能有极重要的影响。各种碳化物的硬度与熔点见第1章表1.9和表1.10。

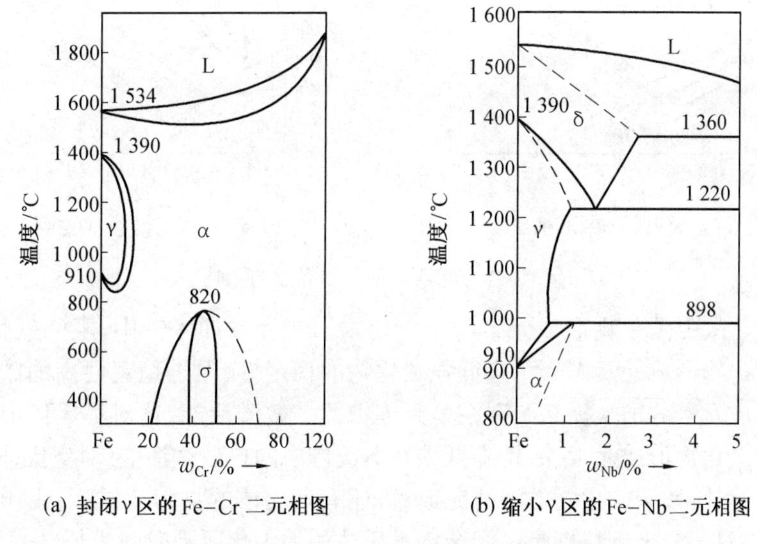

(a) 封闭γ区的Fe-Cr二元相图　　(b) 缩小γ区的Fe-Nb二元相图

图10.2　缩小γ区的Fe-Me二元相图

3. 合金元素对铁碳相图的影响

合金元素加入钢中,使钢的临界点的温度和碳质量分数发生改变,这使合金钢的热处理温度不同于碳钢。

合金元素对$Fe-Fe_3C$相图A_3,A_1温度的影响,如图10.3所示。除Co以外的扩大γ区元素Mn,Ni,Cu,N等加入钢中,使A_3,A_1温度下降。其中Mn对A_3,A_1温度的影响如图10.3(a)所示。由图可知随锰质量分数的增高,A_3,A_1温度不断下降。缩小γ区元素V,Cr,Ti,Mo,W,Si,Nb等加入钢中,使A_3,A_1温度升高。其中Cr对A_3,A_1温度的影响,如图10.3(b)所示。由图可知随Cr质量分数的增高,A_3,A_1温度不断升高。

所有合金元素加入钢中都使S,E点左移,其中扩大γ区元素使S,E点向左下方移动,如图10.3(a)所示;缩小γ区元素使S,E点向左上方移动,如图10.3(b)所示。对于高合金钢W18Cr4V,尽管$w_C \approx 0.7\% \sim 0.8\%$,但由于大量合金元素的加入,使S,E点大大左移,铸态组织中已出现莱氏体组织。

4. 合金元素对加热转变的影响

钢的加热转变属于扩散相变,包括奥氏体生核、奥氏体晶核长大、残余碳化物的溶解和奥氏体的均匀化。合金元素的加入对碳化物的溶解,碳和铁原子的扩散均有影响,所以必定对合金钢的奥氏体过程有重要影响。

首先合金元素的加入会对碳化物的溶解过程产生影响。强碳化物形成元素加入钢中,与碳相互作用可形成稳定性更高的特殊碳化物,如TiC,NbC,VC等;中碳化物形成元素与碳相互作用,可形成稳定性较高的特殊碳化物,如$M_{23}C_6$,M_7C_3,M_2C,MC等。这些合金碳化物的稳定性高于渗碳体,要使这些合金碳化物溶入奥氏体,必须加热到更高温度,

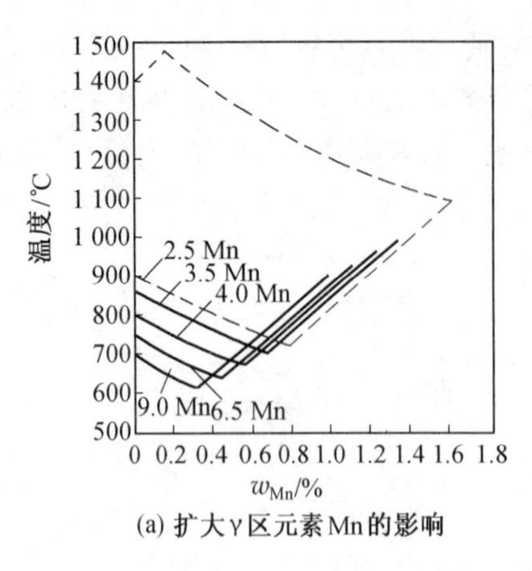

(a) 扩大γ区元素Mn的影响

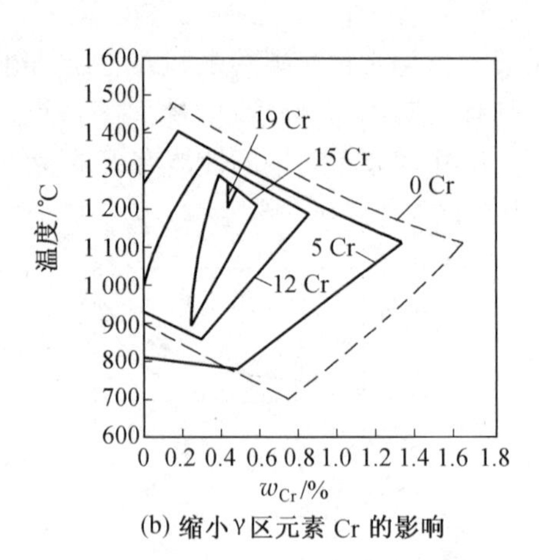

(b) 缩小γ区元素 Cr 的影响

图 10.3　合金元素对钢的临界点的影响

保温更长时间。故强碳化物形成元素与中碳化物形成元素加入钢中,阻碍碳化物溶解。钢中加入弱碳化物形成元素 Mn,可降低强碳化物的稳定性,促进稳定性高的碳化物的溶解。碳化物形成元素的加入提高了碳在奥氏体中的扩散激活能,这对奥氏体形成有一定阻碍作用。非碳化物形成元素镍、钴降低碳在奥氏体中的扩散激活能,对奥氏体形成有一定促进作用。此外,残余碳化物的溶解完成后,还有奥氏体的均匀化过程,由于合金元素扩散缓慢,所以对于合金钢特别是高合金钢奥氏体的均匀化所需时间更长。

合金元素对奥氏体晶粒长大的影响因合金元素的不同而异。强烈阻碍奥氏体晶粒长大的合金元素有 Al,Ti,Nb,V,Zr 等,中等阻碍的有 W,Mo,Cr 等,促进奥氏体晶粒长大的有 P,C,Mn(高碳时),影响不大的有 Si,Ni,Co,Cu 等。

5. 合金元素对过冷奥氏体转变的影响

合金元素对过冷奥氏体转变的影响主要表现在对过冷奥氏体等温转变曲线的影响。由钢的冷却转变一节知道,除 Co 使 C 曲线左移外,所有合金元素溶入奥氏体,都增加过冷奥氏体的稳定性,使 C 曲线右移。

Ti,Nb,V ,W,Mo 等强、中碳化物形成元素升高珠光体转变温度范围,降低贝氏体转变温度范围,将 C 曲线变为“双鼻子”。它们强烈推迟珠光体转变,但推迟贝氏体转变作用较弱。这些元素对 C 曲线形状的影响,如图 10.4 所示。

中碳化物形成元素 Cr 强烈推迟贝氏体转变,而对珠光体转变推迟作用较弱,对 C 曲线形状的影响,如图 10.5 所示。

一般认为非碳化物形成元素 Ni,Si,Co,Al,Cu 和弱碳化物形成元素 Mn,只改变 C 曲线位置,不改变形状。但很多文献报道 Si,Al 推迟贝氏体转变更强烈,其 C 曲线形状如图 10.6 所示。

钢中加入合金元素使 C 曲线右移,降低了钢临界淬火冷却速度,提高了钢的淬透性。在较缓和的冷速下,可获得更深的淬透层。由于强碳化物形成元素所形成的特殊碳化物十分稳定,一般在淬火加热温度不高时,不易溶入奥氏体,所以钢中最常见的提高淬透性的合金元素主要有 Cr,Mn,Si,Ni,B。

除 Al,Co 外,绝大多数合金元素加入钢中都降低 Ms 点。随钢中合金元素的增加,Ms

与 Mf 不断下降,淬火钢中的残余奥氏体量也不断增多。

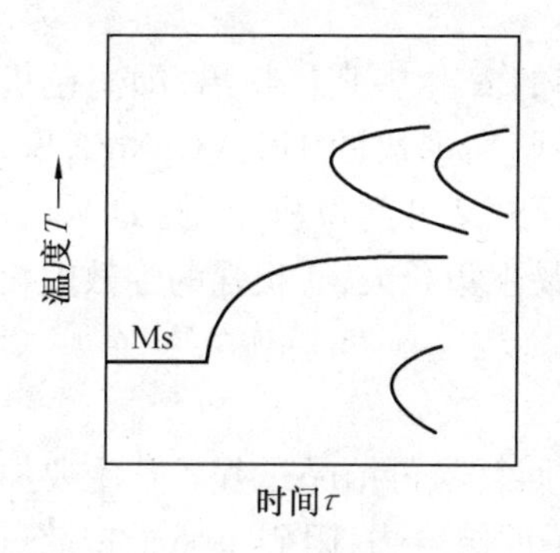

图 10.4 强碳化物形成元素对 C 曲线的影响

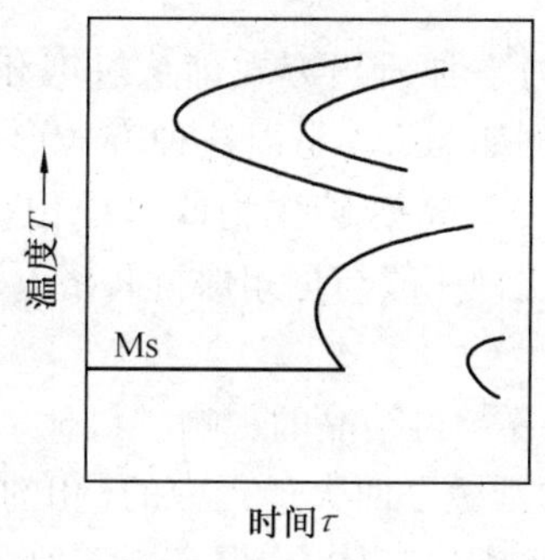

图 10.5 中碳化物形成元素 Cr 对 C 曲线的影响

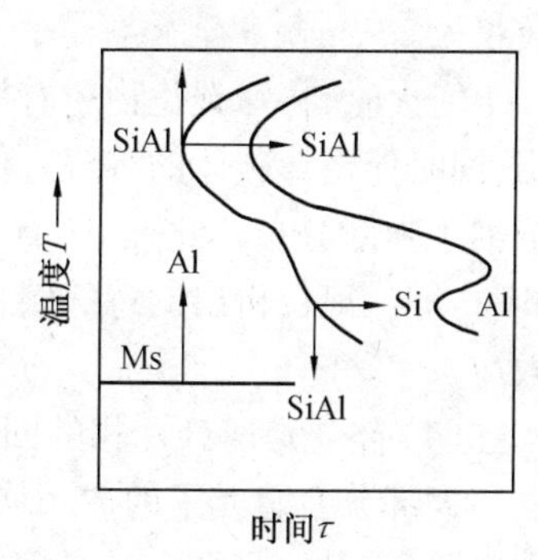

图 10.6 非碳化物形成元素 Al, Si 对 C 曲线的影响

6. 合金元素对回火转变的影响

淬火钢在不同温度下回火,可获得所需要的组织和性能。合金元素加入钢中可提高钢的回火稳定性,使回火转变的各阶段的转变速度大大减缓,将其推到更高的温度范围。

(1)合金元素对马氏体分解的影响

固溶于马氏体中的碳化物形成元素与碳的亲和力强,阻碍回火过程中碳的偏聚、亚稳碳化物和稳定碳化物的析出,推迟马氏体分解过程,可将碳钢马氏体分解完毕的温度由 260 ℃左右提高到 500 ℃左右。其中 V,Nb 提高钢的回火稳定性作用比 W,Mo,Cr 更强烈。

非碳化物形成元素 Si,Al,P 由于能抑制 ε-$Fe_{2.4}C$ 溶解和 Fe_3C 析出,从而也可推迟马氏体分解过程,提高钢的回火稳定性。非碳化物形成元素 Ni 和弱碳化物形成元素 Mn 对马氏体分解过程影响甚微。

(2)合金元素对回火过程中残余奥氏体转变的影响

淬火钢中残余奥氏体的转变基本遵循过冷奥氏体等温分解规律。大多数合金元素的加入都增加奥氏体的稳定性,使淬火钢中残余奥氏体量增加,并使残余奥氏体分解温度升高。例如,含碳化物形成元素多的高合金钢淬火后,在 500 ~ 600 ℃温度加热,残余奥氏体并不分解,而是在随后冷却时发生残余奥氏体向马氏体的转变,这称为“二次淬火”。

(3)合金元素对回火过程中碳化物析出的影响

如前所述,Si,Al 能抑制 ε-$Fe_{2.4}C$ 溶解和 Fe_3C 析出,使碳钢马氏体分解完毕的温度由 260 ℃提高到 300 ℃以上,Cr 也具有较弱的推迟作用。随回火温度升高,合金元素通过扩散重新分布,碳化物形成元素向渗碳体富集形成合金渗碳体,与此同时要发生合金渗碳体的粗化。非碳化物形成元素 Si,Al 和强、中碳化物形成元素对合金渗碳体的粗化起阻碍作用。

钢中含有强、中碳化物形成元素较多时,还会形成特殊碳化物。特殊碳化物的形成有原位析出和离位析出两种方式。随回火温度的不断升高,保温时间的增长,合金渗碳体溶解的碳化物形成元素不断增多,超过其溶解度时,合金渗碳体就在原位转变为特殊碳化物。例如,在高铬高碳钢中特殊碳化物 $(Fe,Cr)_7C_3$ 是由合金渗碳体 $(Fe,Cr)_3C$ 在原位转变过来的。由于原来合金渗碳体颗粒比较粗大,所以原位转变过来的特殊碳化物颗粒也较粗大。

回火时,特殊碳化物还有另一种析出方式即从过饱和的 α 相中直接析出,即离位析出,同时伴随渗碳体的溶解。例如 MC 均是以这种方式形成,所形成的 TiC,VC,NbC,WC 等细小弥散分布。此外,还有一些特殊碳化物既可原位析出又可离位析出,例如 W_2C,Mo_2C 等。离位析出的特殊碳化物一般与母相保持共格不易聚集长大,有很强的弥散硬化效应。

(4)合金元素对 α 相的回复与再结晶的影响

大部分合金元素的加入均延缓了回火过程中的(相的回复与再结晶过程。其主要原因有两个,其一是合金元素溶入钢的基体中,提高固溶原子的结合力,阻碍了原子扩散过程。其二是强、中碳化物形成元素还可形成高度弥散分布的特殊碳化物钉扎位错,延缓 α 相的回复与再结晶过程。其中 Co,Mo,W,Cr,V 显著提高 α 相的再结晶温度,Si,Mn 影响次之,Ni 影响较小。

10.1.2 工程结构钢

现代工业生产中使用的钢材品种繁多,为了便于生产、管理、选用和研究,有必要对工业用钢进行分类和编号。按用途可将钢分为结构钢、工具钢、特殊性能钢三大类。结构钢又可分为工程结构钢和机械制造结构钢。下面首先介绍工程结构钢。

工程结构钢是用来制造各种工程结构的一大类钢种,如制造桥梁、船体、高压容器、管道和建筑构件等。要求钢材有较高屈服强度,优良的塑性、韧性,较低的韧脆转折温度和较高的抗大气腐蚀能力。此外,还应有优良的工艺性能,如良好可焊性和冷成型性。

工程结构钢包括碳素工程结构钢和低合金高强度钢。碳素工程结构钢冶炼容易,成本低廉,虽然含有较多有害杂质,但也能满足一般工程结构使用性能要求,因而应用较广,用量很大,约占工程结构钢的 70%。在碳素工程结构钢基础上,加入少量合金元素所获得的低合金高强度钢具有更高的强度,更低的韧脆转化温度,更高的抗大气腐蚀能力,可用于制作要求自重轻、承载大、力学性能要求高的工程构件。

1. 碳素工程结构钢

按 GB/T700—1998 规定碳素工程结构钢按屈服强度等级分为五级,即 Q195,Q215,Q235 ,Q255 ,Q275。其中汉语拼音字母 Q 表示屈服强度,其后的数字表示屈服强度数值,单位 MPa。其中 Q195 与 Q275 未分等级;Q215 与 Q255 只有 A,B 两个等级,Q235 分 A,B,C,D 四个等级。等级的划分主要以有害元素硫、磷的质量分数来划分。例如,A 级 $w_S<0.050\%$,$w_P<0.045\%$;D 级 $w_S<0.035\%$,$w_P<0.035\%$。其中 A 级不做冲击实验,B 级做 V 型缺口常温冲击实验,C、D 级做 U 型缺口常温或-20 ℃冲击实验。碳素工程结构钢因冶炼脱氧方法不同可分为沸腾钢、半镇静钢和镇静钢。用 F 表示沸腾钢,用 b 表示半镇静钢。碳素工程结构钢的等级及脱氧方法标注在钢牌号的屈服强度数值的后面,例如,Q235-AF,A 表示级别,F 表示沸腾钢。

除硫、磷外,碳素工程结构钢另外常存元素的质量分数为 $w_C=0.06\%\sim0.38\%$,$w_{Si}<0.50\%$,$w_{Mn}<0.80\%$。碳素工程结构钢大部分以热轧成品供货,少数以冷轧薄板、冷拔管和丝供货。Q195 碳量低,塑性好,常用作铁丝及各种薄板,代替优质碳素结构钢中低碳的

08,08F,10 钢。Q275 属于中碳,有较高强度,可代替 30,40 钢制造不重要的机械零部件。

2. 低合金高强度结构钢

在碳素工程结构钢的基础上加入少量(小于 3%)合金元素可获得低合金高强度钢。为提高塑性与韧性,碳的质量分数一般为 0.1% ~0.2%。加入 Mn,Si 强化铁素体,其加入 w_{Mn}=0.8% ~1.7%,w_{Si}=0.2% ~0.6%。加入 V,Nb,Ti,N,RE 等微合金化,依靠沉淀强化和细晶强化提高钢的强度、塑性。加入 Cu,P 提高抗大气腐蚀能力。Mn 的加入还可降低韧脆转折温度。常见低合金高强度钢新旧标准对照及用途见表 10.1。

表 10.1 低合金高强度结构钢新旧标准对照及用途

标准	新标准(GB/T1591—1994)	旧标准(GB1591—1988)	用　途
代号意义举例	Q 390 D D — 质量等级 390 — σ_s=390 MPa Q — 屈服点中“屈”字的汉语拼音第一个字母	10 Mn P Nb RE RE — w_{RE}=0.02%~0.2% Nb — w_{Nb}=0.015%~0.05% P — w_P = 0.06%~0.12% Mn — w_{Mn}= 0.8%~1.2% 10 — w_C ≤0.14%	
牌号	Q295(A、B)	09MnV,09MnNb,09Mn2,12Mn	低压锅炉、容器、油罐、船舶等
	Q345(A ~E)	16Mn,16MnRE,12MnV,14MnNb,09MnCuPTi,10MnSiCu,18Nb	船舶、车辆、桥梁、压力容器、大型结构件、起重机等
	Q390(A ~E)	10MnPNbRE,15MnV,15MnTi,16MnNb	
	Q420(A ~E)	15MnVNb,14MnVTiRE	船舶、车辆、高压容器、电站设备、化工设备,锅炉等
	Q460(C、D、E)	14MnMoVBRE,14CrMnMoVB	

其中屈服强度为 345 MPa 等级的 16Mn 具有较高强度、良好的塑性和低温韧性是低合金高强度钢中应用最广泛、产量最多的钢种,与碳素工程结构钢 Q235 相比屈服强度提高 20% ~30%。

3. 提高低合金高强度结构钢力学性能的途径

(1)控制轧制过程

将含 Nb,Ti 的低合金高强度结构钢加热到 1 250 ~1 350 ℃,使 Nb,Ti 的碳、氮化合物部分溶入奥氏体中,以便在随后的轧制过程中析出,抑制再结晶和限制奥氏体晶粒的长大,在轧后的冷却过程中弥散析出特殊碳化物和氮化物起到强化作用。在 950 ℃以上的每一道次的压下都能使奥氏体发生动态再结晶,应变诱导析出的 Nb(C,N)等可阻碍奥氏体再结晶和晶粒长大。在 950 ℃以下,A_3 点以上的轧制,已变形的奥氏体只发生部分再结晶,或处于动态回复状态,形变奥氏体变为饼状,内部被交叉形变带分割成许多小块,在轧后的冷却过程中,先共析铁素体可在形变奥氏体的晶界和晶内同时生核,形成极细的铁素体晶粒,铁素体晶粒尺寸可达到 5 μm 左右。使材料的屈服强度达到 500 MPa 以上,韧脆转折温度明显下降。

(2)发展低碳贝氏体钢

钢中加入推迟先共析铁素体和珠光体转变作用强烈，推迟贝氏体转变作用较弱的合金元素 Mo，B，再加入 Mn，Cr 等元素进一步推迟先共析铁素体和珠光体转变，并使贝氏体转变开始点 B_s 下降，在轧后空冷或正火状态下，可获得下贝氏体。下贝氏体具有优良的强韧性，更低的韧脆转折温度。如果加入 Nb，Ti，V 等细化晶粒和弥散硬化的合金元素可进一步提高贝氏体钢的性能。成分为 $w_C=0.10\% \sim 0.16\%$，$w_{Mn}=1.10\% \sim 1.60\%$，$w_{Si}=0.17\% \sim 0.37\%$，$w_V=0.04\% \sim 0.1\%$，$w_{Mo}=0.30\% \sim 0.60\%$，$w_B=0.0015\% \sim 0.006\%$，$w_{RE}=0.15\% \sim 0.206\%$ 的 14MnMoVBRE 就是典型的低碳贝氏体钢。板厚 6～10 mm 热轧态的板材的力学性能 $\sigma_b>650$ MPa，$\sigma_S>500$ MPa，$\sigma>16\%$。

(3)低碳马氏体钢

对于淬透性好的低合金高强度结构钢，如 Mn-Si-Mo-V-Nb 系低碳马氏体钢可采用锻后直接淬火、自回火工艺，所获得的低碳马氏体具有高强度、高韧性和高疲劳极限，可达到合金调质钢的水平。

10.1.3　机械制造结构钢

机械制造结构钢又称机器零件用钢，用于制造各种机械零件，如轴类、齿轮、弹簧、轴承、紧固件和高强度结构等。机器零件在工作时可能呈受拉、压、弯、扭、冲击、摩擦等复杂应力作用，这些应力可以是单向或交变的，工作环境可能是高温或在腐蚀介质条件下工作，零件破坏方式多种多样，所以要求机械制造结构钢有优良的使用性能。

根据 GB/T3077—1998，机械制造结构钢的牌号由“数字+元素符号+数字”组成。前两位数字为以平均万分数表示碳的质量分数；所加合金元素均以元素符号表示，其后的数字为以平均百分数表示的该合金元素的质量分数。如果合金元素平均质量分数小于 1.5%，牌号中一般只标明元素符号，不标注表示质量分数的数字。若质量分数≥1.5%，≥2.5%，≥3.5%…，则元素符号后相应地标出 2，3，4…。如果 S，P 质量分数均小于0.025%为高级优质钢，牌号后要加“A”，其他均为优质钢，其 S，P 质量分数均小于 0.035%。

根据生产工艺和用途可将机械制造结构钢分为：调质钢、渗碳钢、弹簧钢、轴承钢等。

1. 调质钢

轴类零件是机器设备上最常见且重要的零件，如机床主轴、汽车半轴、发动机曲轴、连杆以及高强度螺栓等，工作时受力情况比较复杂，要求具有优良的综合力学性能。中碳钢或中碳合金钢调质后获得的回火索氏体具有较高的强度、塑性、韧性、疲劳极限、断裂韧度和较低的韧脆性转折温度，可以满足工件使用性能的要求。

(1)调质钢的化学成分

调质钢碳的质量分数为 0.3%～0.5%，以保证调质后，碳化物有足够的体积分数，通过弥散硬化获得所需要的强度，但碳质量分数也不宜过高，以防止塑性与韧性指标的下降。为了增加淬透性，调质钢中常加入 Cr，Mn，Si，Ni 和微量 B 以提高淬透性。此外，Mn，Si，Ni 固溶于铁素体中还可起到固溶强化作用。为获得细化的铁素体晶粒，必须防止加热时奥氏体晶粒过分长大，所以常加入中、强碳化物形成元素 W，Mo，V，Ti，Nb 等细化奥氏体晶粒。此外，合金调质钢有较大“回脆”倾向，W，Mo 的加入也可抑制“第二类回火脆性”的发生。

调质钢是根据淬透性高低进行分级的，也就是根据合金元素质量分数的多少来分级。同一级别的调质钢在应用时可互换。

碳素调质钢，如45，45B等，淬透性低，一般采用水或盐水冷却，变形开裂倾向大，适合做截面尺寸小，力学性能要求不高的工件。由于碳素调质钢价格便宜在能满足淬透性要求的前提下，得到普遍应用。

40Cr，45Mn2，40MnB等合金调质钢属于同一等级，少量合金元素的加入，显著增加了钢的淬透性，一般采用油淬，油淬临界直径为30～40 mm。适于制造较重要的调质件，如机床主轴、汽车、拖拉机上的连杆、螺栓等。38CrSi，30CrMnSi，35CrMo，42CrMo，42MnVB，40CrNi等为淬透性较高的一级钢种，采用油淬，油淬临界直径为40～60 mm。可制造截面尺寸较大的中型甚至大型零件，如曲轴、齿轮等。40CrNiMo，34Cr3MoV，37CrNi3，25Cr2Ni4W等为淬透性更高的一级钢种，油淬临界直径为60 mm以上，适合制作大截面的承受重载的工件，如航空发动机轴等。

（2）调质钢的热处理

调质钢在热加工后，必须经过预备热处理降低硬度，以利于切削加工；预备热处理还可消除热加工缺陷，改善组织为淬火做好准备。对合金含量较低的钢，可采用正火或完全退火。对合金含量较高的钢采用正火加高温回火作为预备热处理。高温回火可使正火处理所得到的马氏体转变为粒状珠光体。

最终热处理为调质。碳钢淬火温度为Ac_3+（30～50）℃，合金钢可适当提高淬火温度。回火温度为500～650 ℃。具体回火温度按硬度选取，要求强度硬度高的选下限。常用调质钢的热处理工艺及力学性能见表10.2。

表10.2　常用调质钢的热处理工艺及力学性能

钢种	热处理工艺	力学性能				
		$\sigma_{0.2}$/MPa	σ_b/MPa	δ/%	ψ/%	a_k/(J·cm^{-2})
45	830～840 ℃水淬，580～640 ℃回火（空）	≥350	≥650	≥17	≥38	≥45
40Cr	850 ℃油淬，500 ℃回火（水、油）	≥800	≥1 000	≥9	≥45	≥60
40CrMn	840 ℃油淬，520 ℃回火（水、油）	≥850	≥1 000	≥9	≥45	≥60
35SiMn	900 ℃水淬，590 ℃回火（水、油）	≥750	≥900	≥15	≥45	≥60
38CrMoAl	940 ℃水、油淬，640 ℃回火（水、油）	≥850	≥1 000	≥14	≥50	≥90
40CrNiMo	850 ℃油淬，600 ℃回火（水、油）	≥850	≥1 000	≥12	≥55	≥100
40SiNiCrMoV	927 ℃正火，870 ℃淬油，300 ℃两次回火	≥1 520	≥1 860	≥8	≥30	≥39

合金调质钢有较大高温回脆倾向。为防止高温回火脆性发生，高温回火后要采用水冷或油冷。对于大锻件要采用合金化方法防止回脆。钢中杂质P，Sn，Sb，As等在原奥氏体晶界偏聚引起晶界脆化，是产生高温回火脆性的主要原因。钢中加入稀土元素也可减轻或消除二类回火脆性，这是因为稀土元素能与杂质元素生成金属间化合物LaP，LaSn，CeP，CeSb等。加Mo或W也可防止和减轻高温回火脆性。

调质钢不一定都进行调质处理。因为回火索氏体组织不能充分发挥碳提高钢的强度方面的潜力，所以当零件以提高强度和疲劳强度为主要目的时，可采用淬火加低温回火代替调质。由于碳对过饱和 γ 相的固溶强化作用、ε-$Fe_{2.4}C$ 的沉淀强化和马氏体相变的冷作硬化使中碳回火马氏体具有极高的强度。应用于航空航天结构件上的低合金超高强度结构钢就是以调质钢为基础发展起来的。为改善低合金超高强度结构钢韧性,采用真空感应炉熔炼和电渣重溶减少钢中气体和有害杂质含量。加入能抑制 ε-$Fe_{2.4}C$ 溶解和 Fe_3C 析出的合金元素 Si 等,提高回火稳定性,将一类回火脆性的温度提高。例如,在 40CrNiMo 基础上加入 V,Si,提高 Mo 含量,得到 300M(40SiNiCrMoV)钢,V 可细化晶粒,Si 可提高回火稳定性,使该钢回火温度提高到 300 ℃以上,使韧性得到显著改善。300M 钢的热处理工艺为:927 ℃正火,870 ℃淬火,300 ℃两次回火。大截面(ϕ300)中心的力学性能 $\sigma_{0.2} \geqslant 1520$ MPa,$\sigma_b \geqslant 1\ 860$ MPa,$\delta \geqslant 8\%$,$\psi \geqslant 30$,$\alpha_k \geqslant 39$ J/cm^2。其强度指标大幅度增高,塑性、韧性指标稍有下降,断裂韧度 K_{IC} 达到 75 MPam$^{1/2}$。

低合金超高强度结构钢和合金调质钢经淬火加低温回火后,其韧性与碳的质量分数有关。例如,低合金超高强度钢当碳的质量分数超过 0.3%,虽然,随着碳的质量分数的增高强度持续增高,但钢的韧性特别是断裂韧度显著下降。所以应合理控制碳质量分数,以得到最佳强度与塑性的配合。

2. 渗碳钢与氮化钢

要求表面高硬度高耐磨,心部有较高韧性和足够强度的机械零件需要进行表面化学热处理。为适应渗碳和氮化热处理发展了渗碳钢和氮化钢。

(1)渗碳钢

渗碳钢均为低碳钢,w_C=0.1% ~0.25%,个别钢种可达到 0.3%。低碳是保证心部得到低碳马氏体,具有足够的强韧性。为了增加淬透性加入 Cr,Mn,Ni,Si,B;为了获得本质细晶粒钢加入少量 W,Mo,Ti,V,Nb 等中、强碳化物元素,防止渗碳温度下奥氏体晶粒粗化,以便实现渗碳预冷直淬工艺,同时还可形成合金碳化物增加渗层耐磨性。

碳素渗碳钢 15、20 淬透性低适合制作尺寸小、载荷轻、对心部强度要求不高的小型耐磨零件,如活塞销、套筒、链条等。油淬临界直径小于 20 mm 的有一定淬透性的 20Cr,20MnV,20Mn2 等钢种适合中等载荷,并要求抗冲击和耐磨的小型零件。油淬临界直径 20 ~40 mm 的中淬透性渗碳钢。20CrMnTi,20MnVB,20MnTiB,20CrMnMo 等适合制造尺寸较大、承受中等载荷的重要零件,如汽车或拖拉机传动齿轮等。油淬临界直径 70 mm 以上的高淬透性渗碳钢 20Cr2Ni4A,18Cr2Ni4WA 等,适合制作大型重载的齿轮和轴类,如航空发动机和坦克齿轮。

气体渗碳温度为 930 ℃左右,可采用滴注式气体渗碳也可采用可控气氛渗碳。采用氧探头、碳势控制仪等可实现碳势和层深精确控制。工件经渗碳和随后淬火加低温回火热处理后,表层组织为高碳回火马氏体、弥散分布的碳化物及少量残余奥氏体,具有高硬度、高接触疲劳强度、优异耐磨性。心部组织为既强又韧的低碳马氏体。常用渗碳钢渗碳后的热处理工艺及力学性能见表 10.3。

渗碳后的热处理根据渗碳钢种的不同有所差异,对于 20CrMnTi 等本质细晶粒钢可采用渗碳后,预冷到 870 ℃左右直接淬火加低温回火。对于 20Cr 等本质粗晶粒钢渗碳后由于奥氏体晶粒特别粗大不能直接淬火,应空冷或缓冷到室温,然后重新加热淬火加低温回火。对于 12CrNi3A,20Cr2Ni4,18Cr2Ni4WA 等高淬透性的渗碳钢,渗碳后由于奥氏体晶粒特别粗大，渗层表层碳质量分数又高，若直接淬火，渗层中将保留大量残余奥氏体，使表面硬度下降。所以渗碳后要空冷或缓冷，在淬火前进行一次 620～650 ℃高温回火，使碳化物充分析出，随后加热到较低温度，即 Ac_1+(30～50) ℃淬火，再进行一次低温回火。此外，该钢也可采用渗碳空冷或缓冷后，重新两次淬火加低温回火工艺。但此法成本高、工件易氧化、脱碳，生产中要慎用。

表 10.3　常用渗碳钢渗碳后的热处理工艺及力学性能

钢　种	热处理工艺	力学性能				
		$\sigma_{0.2}$/MPa	σ_b/MPa	δ/%	ψ/%	a_k/(J·cm^{-2})
20Cr	880 ℃油淬，200 ℃回火	≥550	≥850	≥10	≥40	≥60
20MnV	880 ℃油淬，200 ℃回火	≥600	≥800	≥10	≥40	≥70
20CrMnTi	870 ℃油淬，200 ℃回火	≥850	≥1 100	≥10	≥45	≥70
20MnTiBRE	850 ℃油淬，200 ℃回火	≥1 079	≥1 373	≥10	≥45	≥59
12CrNi3A	860 ℃油淬，780 油淬，200 ℃回火	≥685	≥930	≥11	≥50	≥71
18Cr2Ni4WA	850 ℃油淬，200 ℃回火	≥834	≥1 175	≥11	≥45	≥98

(2)氮化钢

为了提高齿轮、曲轴、汽缸套、阀杆等零件的耐磨性和疲劳强度，常采用表面强化渗氮。氮化工艺详见 9.6 节。普通气体渗氮以氨气为渗剂，氮化温度一般为 480～570 ℃。为保证渗氮后心部组织有比较好的综合力学性能，渗氮钢多采用中碳合金钢，渗氮前要经过调质处理。钢中加入氮化物形成元素 Al，Mo，Cr，V 等可形成与基体共格的弥散分布的合金氮化物，可显著地提高氮化层的硬度和耐磨性。氮原子的渗入可显著提高零件表面残余压应力，使工件疲劳强度与接触疲劳强度显著增高。最典型的氮化钢为 38CrMoAlA 钢，气体氮化后表面硬度可达 900～1 000HV。不含 Al 的调质钢 35CrMo，40Cr，40CrV 等也可用于氮化，氮化后表面硬度也可达到 500～800HV，硬度梯度比 38CrMoAlA 要平缓。

所要说明的是碳质量分数不同的碳钢、合金钢、铸铁均可进行表面抗蚀氮化。抗蚀氮化能提高表面抗蚀性的原因是，表面生成了致密的 ε-$Fe_{2-3}N$。此外，不锈钢也可通过固溶氮化实现不锈钢表面氮合金化，提高不锈钢抗局部腐蚀的能力。

3. 弹簧钢

弹簧钢是用于制造各种弹簧的钢种。弹簧的主要作用是吸收冲击能量，起减震和缓和冲击的作用。弹簧钢应具有高的弹性极限、疲劳极限和屈强比($\sigma_{0.2}/\sigma_b$)，具有一定的塑性与韧性。高温和腐蚀介质条件下工作的弹簧还应有良好的回火稳定性和抗蚀性。根据弹簧成形方法可将弹簧钢分为热成型和冷成型两类。

为满足弹簧元件对使用性能的要求，热成型弹簧钢碳的质量分数为 0.4%～0.74%，并加入 Si，Mn，Cr，V 进行合金化。其中 Cr，Mn，Si 可增加淬透性，Mn，Si 还可强化铁素体，V 可细化晶粒。为提高疲劳寿命，要求钢的杂质含量少，表面质量高。

热成型弹簧的热处理工艺是淬火加中温回火。中温回火消除了绝大部分的淬火残余应力，得到回火屈氏体，即细小的渗碳体颗粒弥散分布在已发生回复的 α 相基体上。常用热成型弹簧钢的热处理工艺、力学性能及应用见表 10.4。

表 10.4　常用热成型弹簧钢的热处理工艺、力学性能及应用

钢　　种	热　处　理	力学性能				用　　途
		$\sigma_{0.2}$/MPa	σ_b/MPa	δ/%	ψ/%	
65	840 ℃油淬 480 ℃回火	800	1 000	9	35	截面<12 ~ 15 mm 小弹簧
65Mn	830 ℃油淬 480 ℃回火	800	1 000	8	30	截面 8 ~ 15 mm 螺旋弹簧、板弹簧
60Si2Mn	870 ℃油淬 460 ℃回火	1 200	1 300	5	25	截面<25 mm 螺旋弹簧、板弹簧
60Si2MnWA	850 ℃油淬 420 ℃回火	1 700	1 900	5	20	工作温度≤350 ℃,截面<50 mm,螺旋弹簧、板弹簧
70Si3MnA	860 ℃油淬 420 ℃回火	1 600	1 800	5	20	截面<25 mm 各种弹簧
50CrVA	850 ℃油淬 520 ℃回火	1 100	1 300	10	45	工作温度<400 ℃,截面<30 mm,重载螺旋弹簧,板弹簧
50CrMnA	840 ℃油淬 490 ℃回火	1 200	1 300	6	35	截面<50 mm 螺旋弹簧、板弹簧
55SiMnMoVNb	880 ℃油淬 530 ℃回火	≥1 300	≥1 400	≥7	≥35	可代替 50CrV

除热成型弹簧外,还有冷成型弹簧。例如,制造直径较细的螺旋弹簧时,可先进行多次冷拔,使钢丝具有很高的表面光洁度,并具有极高强度和一定塑性。然后将冷拔钢丝冷卷成型,再在 250 ~ 300 ℃回火 1h ,去除应力和稳定尺寸,可得到冷成型弹簧。碳素冷成型弹簧钢碳质量分数为 0.6% ~ 0.9% ,以保证冷成型弹簧具有较高的弹性极限、疲劳极限和一定的塑性与韧性。

4. 滚动轴承钢

滚动轴承钢是用于制造轴承圈和滚动体的专用钢种。轴承元件工作时多为点或线接触,承受的真应力高达 1 500 ~ 5 000 MPa,因此要求滚动轴承钢必须有非常高的硬度和抗压强度。由于滚动轴承工作时长期承受变动载荷,应力交变次数每分钟高达数万次,在接触压应力和摩擦力综合作用下极易产生接触疲劳破坏,如麻点、浅层剥落与深层剥落。此外,轴承钢还应有一定韧性、尺寸稳定性和抗大气和润滑油腐蚀能力。

为满足滚动轴承使用性能的要求,滚动轴承钢的碳质量分数控制在 0. 95% ~ 1. 15% 。使马氏体中碳的质量分数维持在 0. 45% ~ 0. 5% ,以保证马氏体的高硬度和提高零件的接触疲劳强度。此外,必须有足够的碳生成弥散分布碳化物提高硬度和耐磨性。碳质量分数也不宜过多,避免碳化物粗化或呈网状、带状分布,强烈降低接触疲劳强度。

轴承钢以 Cr 为主要合金元素,Cr 可以增加钢的淬透性,还可形成合金渗碳体,对提高腐蚀能力也有益处。但 Cr 含量不宜过多,若 w_{Cr}>1. 65% ,会引起碳化物分布不均匀和增加残余奥氏体量,降低接触疲劳强度、硬度和尺寸稳定性。为进一步增加滚动轴承钢的淬透性,还可加入 Si、Mn 进行合金化。

滚动轴承钢的牌号与其他合金结构钢不同,碳质量分数不标出(w_C = 0. 95% ~ 1. 15%),用汉语拼音字母“G”表示滚动轴承钢,加入的合金元素均以元素符号表示,其中“Cr”后的数字为以平均千分数表示铬元素的质量分数,其他合金元素表示方法同合金结构钢。常用滚动轴承钢的质量分数、热处理工艺和用途见表 10.5。

表 10.5　滚动轴承钢的质量分数、热处理工艺和用途

钢　　种	主要质量分数/%							热处理工艺		主要应用
	w_C	w_{Cr}	w_{Si}	w_{Mn}	w_V	w_{Mo}	w_{Re}	淬火温度/℃	回火温度/℃	
GCr6	1.05 ~ 1.15	0.40 ~ 0.70	0.15 ~ 0.35	0.20 ~ 0.40				800 ~ 820	150 ~ 170	<10 mm 的各种滚动体
GCr9	1.0 ~ 1.10	0.90 ~ 1.12	0.15 ~ 0.35	0.20 ~ 0.40				800 ~ 820	150 ~ 160	<20 mm 的各种滚动体
GCr15	0.95 ~ 1.05	1.30 ~ 1.65	0.15 ~ 0.35	0.20 ~ 0.40				820 ~ 840	150 ~ 160	25 ~ 50 mm 钢球，壁厚<14 mm、外径<250 mm 的轴承套，直径 25 mm 左右滚柱
GCr15 SiMn	0.95 ~ 1.05	1.30 ~ 1.65	0.40 ~ 0.65	0.90 ~ 1.20				820 ~ 840	170 ~ 200	直径 20 ~ 200 mm 的钢球，壁厚 > 14 mm、外径 > 250 mm 的套圈
GMnMoVRe	0.95 ~ 1.05		0.15 ~ 0.40	1.10 ~ 1.40	0.15 ~ 0.25	0.4 ~ 0.6	0.05 ~ 0.10	770 ~ 810	170 ±5	代用 GCr15 用于军工和民用轴承
GSiMnMoV	0.95 ~ 1.10		0.45 ~ 0.65	0.75 ~ 1.05	0.20 ~ 0.30	0.2 ~ 0.4		780 ~ 820	175 ~ 200	与 GMnMoVRe 相同

滚动轴承钢的预备热处理为球化退火，获得粒状珠光体。其目的是降低硬度，改善切削加工性能，并为淬火做组织上的准备。最终热处理工艺是淬火加低温回火。最终热处理后的组织为极细小的回火马氏体、弥散分部的碳化物和少量的残余奥氏体，其硬度为 HRC61 ~ 66。对于精密零部件淬火后尚需冷处理，减少残余奥氏体量，保证尺寸精度，然后再低温回火。在轴承磨削加工后为消除磨削应力，一般还要在 120 ~ 150 ℃保温 5 ~ 10 h。

10.1.4　工具钢

工具钢是用于制造各种加工工具的钢种。根据用途不同可分为刃具、模具和量具三大类。按化学成分可分为碳素工具钢、合金工具钢和高速钢三类。刃具钢应有高硬度、高耐磨性、一定的塑性和韧性，有的还要求热硬性。模具钢分为热作模具钢与冷作模具钢。热作模具钢用于制造热锻模、压铸模等，应具有较高的高温强度和硬度，优良的塑性与韧性，较好的抗“热疲劳”性能等。冷作模具钢用于制造冷冲模、冷镦模、拔丝模、冷轧辊等，应具有高硬度高耐磨性，一定的塑性和韧性。量具钢用来制造量规、卡尺、千分尺等，要求具有高硬度、高耐磨性和高的尺寸稳定性。各类工具的工作条件不同，对性能的要求也不同，所以各类工具钢的化学成分、热处理工艺和所获得的组织往往也不同。

1. 碳素工具钢

按 GB/T1298—1986 标准，碳素工具钢牌号最前面用汉语拼音字母“T”表示碳素工具钢，其后的数字为以千分数表示碳的质量分数，碳素工具是 w_C = 0.65% ~ 1.35% 的高碳钢。含锰较高者，钢号后标以“Mn”，高级优质钢尚需加“A”。牌号由 T7，T8，T9…T13。

例如,T8MnA 的 $w_C=0.75\%\sim0.84\%$,$w_{Mn}=0.4\%\sim0.60\%$,$w_S\leqslant0.020\%$,$w_P\leqslant0.030\%$,是高级优质碳素工具钢。

碳素工具钢生产成本低,冷、热加工性能好,最终热处理采用不完全淬火加低温回火,可获得高硬度和高耐磨性。例如,T12 经 760 ~ 780 ℃水淬,180 ~ 200 ℃回火,硬度可达到 HRC60 ~ 62。所以碳素工具钢在生产中得到广泛应用。其缺点是淬透性低、热硬性差,仅适合制作如木工工具、丝锥、板牙、手锯条等手动工具和低速切削的刃具如钻头、刨刀等。

2. 合金工具钢

合金工具钢的编号原则与合金结构钢大体相同,所不同的是碳质量分数的表示方法不同。当 $w_C\geqslant1\%$ 不标出,$w_C\leqslant1\%$ 时,以千分数表示碳的质量分数。合金元素表示方法也与合金结构钢大体相同,不同的是对含铬低的钢,铬的质量分数也是以平均千分数表示的,并在数字前加"0",以示区别。常见低合金工具钢的牌号、质量分数、热处理工艺及硬度见表 10.6。

表 10.6 常见低合金工具钢的牌号、质量分数、热处理工艺及硬度

钢种	主要质量分数/%					热处理工艺		硬度 HRC
	w_C	w_{Mn}	w_{Si}	w_{Cr}	w_W	淬火温度/℃	回火温度/℃	
Cr06	1.30 ~ 1.45	0.20 ~ 0.40	≤0.35	0.50 ~ 0.70		780 ~ 810	160 ~ 180	63 ~ 65
Cr	0.95 ~ 1.10	≤0.40	≤0.35	0.75 ~ 1.05		830 ~ 860	150 ~ 170	62 ~ 64
Cr2	0.95 ~ 1.10	≤0.35	≤0.40	1.30 ~ 1.60		830 ~ 850	150 ~ 170	62 ~ 65
9SiCr	0.85	0.30 ~ 0.60	1.20 ~ 1.60	0.95 ~ 1.25		830 ~ 860	150 ~ 200	62 ~ 64
CrMn	1.30 ~ 1.50	0.40 ~ 0.75	≤0.40	1.30 ~ 1.60		820 ~ 840	160 ~ 200	63 ~ 65
CrWMn	0.95 ~ 1.05	0.80 ~ 1.10	0.15 ~ 0.35	0.90 ~ 1.20	1.20 ~ 1.60	820 ~ 840	160 ~ 200	62 ~ 65
CrW5	1.25 ~ 1.50	≤0.40	≤0.40	0.40 ~ 0.70	4.50 ~ 5.50	820 ~ 840	150 ~ 160	65 ~ 66

加入 Cr,Si,Mn 显著提高了钢的淬透性,例如 9SiCr 的油淬直径可达 40 ~ 50 mm。所以 Cr,Cr2,9SiCr,CrWMn 可以制造较大截面、形状复杂的刃具,如车刀、绞刀、拉刀和冷作模具等。

为了提高合金工具钢的耐磨性,进一步增加了钢的碳质量分数。例如 Cr06,CrW5 钢碳的质量分数高达 1.25% ~ 1.50%。此外为了进一步提高硬度与耐磨性采用 W 合金化,W 的加入可形成特殊合金碳化物,显著提高钢的硬度与耐磨性。例如 CrW5 钢在水冷时硬度可达 67 ~ 68HRC,所以 Cr06,CrW5 等钢适合制造慢速切削硬金属用的刀具,如车刀、铣刀、刨麻花钻等。合金元素的加入,特别是非碳化物形成合金元素 Si 的加入还可提高回火稳定性,使合金工具钢在 250 ~ 300 ℃下,硬度仍可保持在 60HRC 以上。

合金工具钢的预备热处理为球化退火,获得硬度较低的球状珠光体组织,以便切削加工,并为淬火作好组织准备。最终热处理采用不完全淬火加低温回火,获得细小的回火马氏体、弥散分布的碳化物和少量残余奥氏体。常用合金工具钢的淬火、回火工艺及处理后的硬度见表10.6。合金工具钢淬透性较好,为了减少开裂变形,一般采用油淬,但对于淬透性不好的Cr06,CrW6,W钢,也常采用水淬。对于淬透性高的钢种为减少变形也可以考虑分级和等温淬火。例如,当直径小于40 mm时,9SiCr可采用硝盐分级,分级淬火温度为180 ℃左右,停留时间2~5 min。也可在180~200 ℃等温淬火30~40 min,获得下贝氏体组织,下贝氏体组织的硬度仍可达60HRC以上,强度与塑性得到较大提高。

3. 高速钢

为了适应高速切削,必须提高工具钢的热硬性,为此采用W,Mo,Cr,Co,V等进行合金化来发展高速钢。高速钢的主要特点是除具有高硬度、高耐磨性和一定的韧性外,还具有优异的热硬性,在600 ℃时硬度仍可达到55HRC以上。根据钢中主要合金元素成分可将高速钢分为三类:钨系高速钢、钼系高速钢和钨钼系高速钢。高速钢牌号中一般不标碳的质量分数,合金元素表示方法也与合金结构钢大体相同。常用高速钢的牌号和质量分数见表10.7。

表10.7　常用高速钢的牌号和质量分数

类别	牌　　号	美国钢号	主要质量分数/%						
			w_C	w_W	w_{Mo}	w_V	w_{Cr}	w_{Co}	w_{Al}
通用型	W18Cr4V	T1	0.70~0.80	17.5~19.0	≤0.30	1.0~1.4	3.80~4.40		
	9W18Cr4V		0.90~1.0	17.5~19.0	≤0.30	1.0~1.4	3.80~4.40		
	W12Cr4VMo		1.20~1.40	11.5~13.0	≤0.30	1.00~1.40	3.80~4.40		
	W6Mo5Cr4V2	M2	0.8~0.9	5.50~6.75	4.50~5.50	1.75~2.20	3.80~4.40		
	W2Mo8Cr4V	M1	0.8~0.9	1.40~2.10	8.20~9.20	1.00~1.30	3.80~4.40		
	Mo8Cr4V2	M10	0.8~0.9		7.75~8.50	1.80~2.20	3.80~4.40		
特殊高性能	W6Mo5Cr4V3	M3	1.10~1.25	5.75~6.75	4.75~5.75	2.80~3.30	3.80~4.40		
	W18Cr4VCo5	T4	0.75	18.00		1.00	4.00	5.00	
	W2Mo9Cr4VCo8	M42	1.05~1.15	1.15~1.85	9.00~10.00	0.95~1.35	3.50~4.25	7.75~8.75	
	W6Mo5Cr4V2Co8	M36	0.80	6.00	5.00	2.00	4.00	8.00	
	W7Mo4Cr4V2Co5	M41	1.10	6.75	3.75	2.00	4.25	5.00	
	W12Cr4V5Co5	T15	1.50~1.60	12.0~13.0		4.50~5.25	3.75~5.00	4.75~5.25	
	W6Mo5Cr4V2Al		1.05~1.20	5.50~6.75	4.50~5.50	1.75~2.20	3.80~4.40		0.80~1.20

高速钢可分为通用型高速钢和特殊高性能高速钢,其中钨系高速钢 W18Cr4V 和钨-钼系高速钢 W6Mo5Cr4V2 应用最普遍,属于通用型高速钢。特殊高性能高速钢包括高碳高钒型高速钢,如 W6Mo5Cr4V3;一般含钴型高速钢,如 W18Cr4VCo5;高碳钒钴型高速钢,如 W12Cr4V5Co5;超硬型高速钢,如 W6Mo5Cr4V2Al。

(1)高速钢的合金化原理

高速钢属于高碳钢,碳的质量分数为 0.70% ~1.60%,其中含有大量 W,Mo,Cr,V,Co 以及总量少于 2% 的其他合金元素,如 Al,Si,RE,Nb,N 等。

碳的加入量必须保证淬火后可得到高碳马氏体,高温回火时能造成显著的弥散硬化效应。弥散硬化所析出的强化相主要为 M_2C 型(W_2C,Mo_2C),MC 型(VC)和 $M_{23}C_6$ 型($Cr_{23}C_6$)合金碳化物。高速钢的碳质量分数必须与所加合金元素相匹配,碳质量分数过高或过低均对性能有不利影响。当钢中强碳化物形成元素钒的质量分数增加时,碳质量分数必须相应增加,例如 W6Mo5Cr4V2 钢碳的质量分数为 0.80% ~0.90%,而 W6Mo5Cr4V3 钢碳的质量分数增加到 1.10% ~1.25%。

W,Mo,V 的加入可提高高速钢的回火稳定性,并在回火过程中产生弥散硬化效应,使高速钢具有优良的热硬性。W,Mo 作用相同,所以高速钢有钨系、钨-钼系和钼系高速钢之分,其中一份 Mo 相当于二份 W。V 的弥散硬化作用显著,高速钢中 V 的加入量在 1% ~5%,随钒质量分数的增加,钢的硬度和耐磨性增加,磨削加工性能变坏。加入非碳化物形成元素 Co 可抑制合金碳化物的粗化,并能生成 CoW 金属间化合物增加弥散硬化效果,进一步提高钢的回火稳定性和热硬性。在所有高速钢中 Cr 的质量分数均为 4%,主要是提高钢的淬透性,也能提高钢的抗氧化性和抗腐蚀性。

(2)高速钢的铸态组织

由于高速钢中含有大量合金元素,使 E,S 点大大左移,当其平衡冷却时,可发生共晶转变,生成莱氏体,所以又称高速钢为莱氏体钢。虽然不同高速钢成分差异较大,但由于主加元素大体相同,所以室温铸态组织也相似。W18Cr4V 钢的铸态组织为粗大鱼骨状共晶组织莱氏体、中心黑色 δ-共析体、四周白亮的马氏体+残余奥氏体组成,如图 10.7 所示。采用热处理的方法难以消除粗大共晶碳化物,必须通过锻造方法将其打碎,锻造时应增大锻压比,反复镦粗拔长,使碳化物分布均匀。碳化物是否细小,分布是否均匀是考核高速钢的主要性能指标。

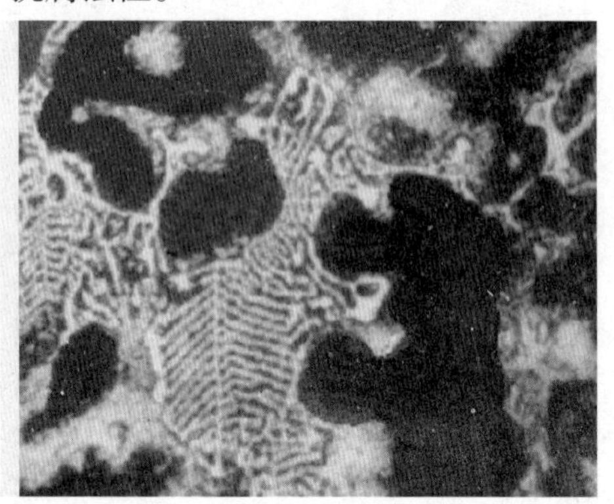

图 10.7 铸态组织

(3)高速钢的热处理

为了降低硬度便于切削加工,并为淬火作好组织准备,锻轧后需要球化退火。W18Cr4V 钢的退火温度为 860 ~880 ℃,稍高于 Ac_1,保温 2 ~3 h。此时高温组织为含合金元素不多的奥氏体和未溶的剩余碳化物,然后随炉缓慢冷却,可转变为粒状珠光体和剩余碳化物。退火状态下合金碳化物的体积分数大约为 30%。为了提高生产效率也可采用等温球化退工艺,即 860 ~880 ℃,保温 2 ~3 h,快速降温至 720 ~750 ℃保温 4 ~5 h,随炉冷至 550 ℃出炉空冷。

高速钢 W18Cr4V 的淬火与回火工艺，如图 10.8 所示。高速钢的淬火目的是为了获得回火稳定性高的高合金马氏体，并在回火时析出细小弥散分布的合金碳化物，产生弥散硬化效应，使钢具有高的硬度和热硬性。由于高速钢中的合金碳化物比较稳定，所以必须加热到更高的温度才能使之溶入奥氏体，淬火后才能得到高合金马氏体。高速钢中含铬的 $M_{23}C_6$ 型碳化物在 900 ℃便可大量溶入，但含 W，V 的 M_6C，MC 型碳化物必须加热到 1 000 ~1 100 ℃以上才开始溶解。所以淬火加热温度高是高速钢热处理最重要的特点。在 W18Cr4V 钢的正常淬火温度 1 270 ~1 280 ℃下，奥氏体中合金元素的 w_W =7% ~8%，w_V =1.0% ~1.4%，w_{Cr} ≈4.0%，剩余碳化物的质量分数约 9% ~8%。由于剩余碳化物可阻碍奥氏体晶粒长大，所以淬火时奥氏体晶粒仍然很细小。淬火温度也不宜过高，以防止工件过热或过烧。此外，由于高速钢是高合金钢，导热性差，为减少工件变形和缩短高温停留时间，淬火加热一般要采用两次预热或一次预热。高速钢有极好的淬透性，空冷就可得到马氏体，但为了防止空冷析出合金碳化物，降低马氏体中的合金含量，影响热硬性，所以必须采用油冷或分级淬火（分级温度为 580 ~620 ℃）。W18Cr4V 钢的淬火工艺，如图 10.8 所示。

高速钢淬火后的组织为马氏体+碳化物+残余奥氏体，其中残余奥氏体的量约为 20% ~30%。回火目的是在回火过程中产生弥散硬化效应和减少残余奥氏体量，使高速钢获得优良的热硬性和更高的硬度。1 280 ℃淬火 W18Cr4V 钢不同温度下回火，回火后的硬度和回火温度之间的关系，如图 10.9 所示。

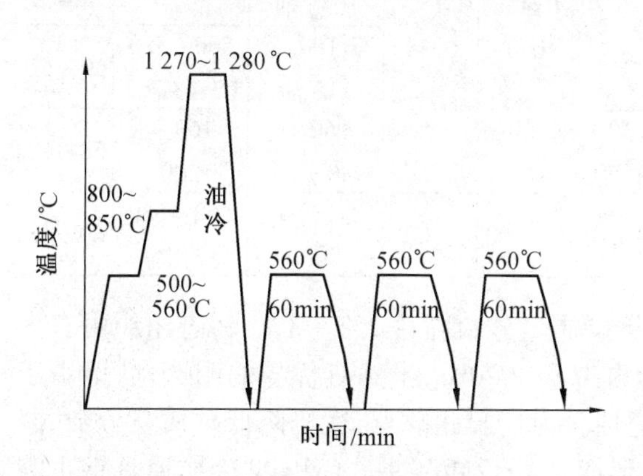

图 10.8　W18Cr4V 钢淬火与回火工艺

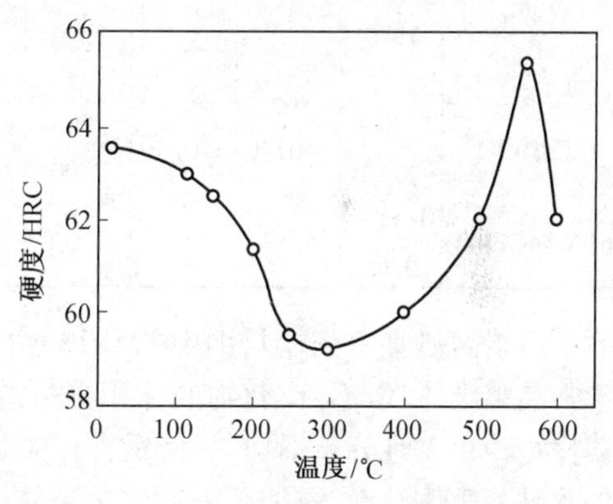

图 10.9　1 280 ℃淬火 W18Cr4V 钢不同温度下回火后的硬度

400 ℃以下回火，仅有少量 M_3C 合金渗碳体析出；450 ℃以上 M_3C 回溶，M_2C 和 MC 型合金碳化物开始弥散析出，产生弥散硬化效应；在 560 ℃达到峰值，HRC 为 63 ~65。所以高速钢回火温度选在 560 ℃左右。此时，马氏体碳的质量分数仍能保持在 0.25% 左右。高速钢淬火后的残余奥氏体十分稳定，回火加热时并不分解。在回火后的冷却过程中发生“二次淬火”，部分残余奥氏体转变为马氏体。经 560 ℃一次回火后残余奥氏体量仅能降至 10% 左右，必须进行 560 ℃三次回火，才可使残余奥氏体降到 2% 以下。此外，每一次回火都可以消除新产生的马氏体的淬火应力。高速钢回火工艺如图 10.8 所示。

4. 冷作模具钢

用于制作金属冷变形的模具,如冷锻、冷冲、冷挤压、冷镦、拉丝等模具的用钢叫冷作模具钢。其工作温度不高,但要求高硬度、高耐磨性和一定韧性。小型模具常采用碳素工具钢和低合金工具钢制作,如 T10,T12,9Mn2V,CrWMn 等。尺寸大、形状复杂、重负荷的模具常采用高淬透性、高耐磨性的高碳高铬模具钢(如 Cr12MoV)、高速钢基体钢(6W6Mo5Cr4V)和高碳中铬模具钢(如 Cr6WV)等。常用冷作模具钢的质量分数、热处理工艺及硬度见表 10.8。

表 10.8　常用冷作模具钢的质量分数、热处理工艺及硬度

钢　号	质量分数/%							热处理工艺		硬度 HRC
	w_{C}	w_{Si}	w_{Mn}	w_{Cr}	w_{W}	w_{Mo}	w_{V}	淬火温度/℃	回火温度/℃	
9Mn2V	0.85～0.95	≤0.40	1.70～0.95				0.10～0.25	780～810 油	160～200	60～61
CrWMn	0.90～1.05	≤0.40	0.80～1.10	0.90～1.20	1.20～1.60			800～820 油	160～200	60～61
9CrWMn	0.85	≤0.40	0.90～1.20	0.50～0.8	0.50～0.8			800～830 油	150～260	57～61
Cr12	2.00～3.00	≤0.40	≤0.40	11.5～13.0				950～1000 油	200～450	58～64
Cr12MoV	1.45～1.70	≤0.40	≤0.40	11.0～12.5		0.4～0.6	0.15～0.35	980～1030 油	150～170	61～64
								1 100～115 油	500～520(2～3 次)	60～62
Cr6WV	1.00～1.15	≤0.40	≤0.40	5.50～7.00	1.10～1.50			960～980 热油	160～200	58～62
6W6Mo5Cr4V	0.55～0.65			4.00	～6.00	～5.00	1.00	1 180～1 200 油	560～580(3 次)	60～63

高碳高铬型冷作模具钢中的 Cr12,由于碳质量分数高达 2%～3%,铸态组织中有大量共晶莱氏体,Cr_7C_3 碳化物的体积分数约占 16%～20%,虽然有优异的耐磨性,但由于碳化物较粗大且分布不均匀,使钢有较大脆性。为克服此缺点,适当降低碳质量分数,减少共晶莱氏体数量,添加 Mo,V 细化晶粒,形成了 Cr12MoV 钢。Cr12 型冷作模具钢也需要通过锻造方法将粗大共晶碳化物打碎,锻后也需要球化退火。Cr12MoV 具有极高淬透性,截面 300～400 mm 以下可以完全淬透,其热处理工艺见表 10.8。可采用一次硬化法,即低温淬火加低温回火。由于淬火加热温度为 980～1 030 ℃,此时奥氏体晶粒十分细小,尚有大量未溶碳化物,淬火变形小,强度与韧性较好,生产上多采用此法。有时为获得较好的热硬性也可采用二次硬化法,即采用较高淬火温度(1 100～1 150 ℃),使 Cr_7C_3 碳化物大量溶入奥氏体中,淬火后有大量残余奥氏体和含铬量高的淬火马氏体,采用 500～520 ℃多次回火,可使残余奥氏体转变为马氏体,使钢的硬度回升到 60～62HRC。

为保留 Cr12 型钢优异耐磨性和克服碳化物分布不均匀现象,适当降低碳和铬的质量分数,产生了高碳中铬型冷作模具钢,如 Cr6WV,Cr5MoV,Cr4V2MoV 等。高碳中铬型冷作模具钢属于过共析钢，由于铸造属于不平衡冷却，铸态组织中可具有少量莱氏体，也需锻造将合金碳化物打碎，退火状态碳化物体积分数约为15%。该类钢具有耐磨性好，热处理变形小，适合制作要求较高硬度、耐磨和具有一定韧性的冷作模具，其中Cr6WV的热处理工艺及处理后硬度见表10.8。

基体钢是根据通用高速钢基体成分而设计的，它即有高速钢的强度和红硬性，又降低了脆性，适合制造高冲击负荷下工作的冷作模具。其中6W6Mo5Cr4V是在高速钢W6Mo5Cr4V2的基础上适当降低碳、钒而得到的。与高速钢W6Mo5Cr4V2的热处理工艺相比，只是将淬火温度降低了30～40 ℃，其他未改变。

5. 热作模具钢

热作模具钢是用于制造金属热成型模具的钢种。一种是对红热固态金属施加压力使金属成型，如锤锻模、热挤压模等。另一种是液态金属压力铸造用的模具即压铸模。锤锻模表面温升可高达600～650 ℃，压铸模内表面温度可达800 ℃，模具工作时要经受升温和降温的交变作用。要求热作模具钢有一定热强性、较好韧性、优良抗高温氧化性和抗热疲劳性等。此外，为保证模具整个截面组织和性能的均匀性，需要有优良淬透性。

为满足使用性能要求，热作模具钢为中碳，其碳的质量分数为0.3%～0.6%，以保证具有优良的韧性、较高强度和硬度；加入Cr，Mn，Ni，Si提高淬透性；此外，Cr，Si，W，Mo能提高高温强度和回火稳定性，也有助于提高模具抗热疲劳性能。W，Mo还可防止二类回脆。常用热作模具钢的质量分数、热处理和硬度见表10.9。

表10.9　常用热作模具钢的质量分数、热处理和硬度

钢号	质量分数/%								热处理工艺		硬度HRC
	w_C	w_{Si}	w_{Mn}	w_{Cr}	w_{Mo}	w_W	w_V	w_{Ni}	淬火温度/℃	回火温度/℃	
5CrMnMo	0.50～0.60	0.25～0.60	1.20～1.60	0.60～0.90	0.15～0.35				830～850油	490～640	30～47
5CrNiMo	0.50～0.60	≤0.40	0.50～0.80	0.50～0.80	0.15～0.35			1.40～1.80	840～860油	490～660	30～47
3Cr2W8V	0.30～0.40	≤0.40	≤0.40	2.20～2.70		7.50～9.00	0.20～0.50		1050～1150油	600～620	50～54
4Cr5MoSiV	0.32～0.42	0.8～1.20	≤0.40	4.50～5.50	1.00～1.50		0.30～0.50		1000～1025油	540～650	40～54
4Cr5MoSiV1	0.32～0.42	0.80～1.20	≤0.40	4.50～5.50	1.00～1.50		0.80～1.10		1010～1030油	560～580 2次回火	49～51
4Cr5W2SiV	0.32～0.42	0.80～1.20	≤0.40	4.50～5.50		1.60～2.40	0.80～1.10		1010～1030油	580 2次回火	49
5Cr4W5Mo2V	0.40～0.50	≤0.40	0.20～0.60	3.80～4.50	1.70～2.30	4.50～5.30	0.80～1.20		1130～1140油	600～630	50～56

其中，5CrMnMo与5CrNiMo是最常用的锤锻模用钢，其热处理工艺见表10.9。为减小变形或开裂，可采用分级淬火和等温淬火，也可采用在空气中预冷至750～780 ℃，然后油冷至150～200 ℃，再出油空冷。回火温度主要根据锻模尺寸和所要求硬度来决定。例

如,小型模具要求硬度为44～47HRC,回火温度490～510 ℃,得到回火屈氏体。大型模具要求硬度为34～37HRC,回火温度560～600 ℃,得到回火索氏体。5CrMnMo具有中等淬透性,适合制作模高小于400 mm的锤锻模,模高大于400 mm的锤锻模应采用高淬透性的5CrNiMo。

热挤压模或压铸模在工作时与红热金属或液态金属接触时间长,受热温度高,常采用高热强性的3Cr2W8V及含有5% Cr的铬系型热变形模具钢,如4Cr5MoSiV,4Cr5MoSiV1,4Cr5W2SiV等。其热处理工艺见表10.9。由于此类钢含有W,Mo,V,在500～600 ℃回火中能析出W_2C,Mo_2C,VC等碳化物,产生弥散硬化作用。此外这类钢还具有高淬透性、高回火稳定性和抗高温氧化性,广泛用于铝合金压铸模、热挤压模、热剪刃、精密锻造模具等。

6. 量具钢

量具钢是用于制造卡尺、千分尺、块规、塞规等量具的钢种。由于量具必须保证具有非常高的尺寸精度,在使用过程中经常受到摩擦与碰撞,所以要求量具钢应具有高硬度、高耐磨性、足够的韧性和较好的抗蚀性及高的尺寸稳定性。

根据量具的种类及精度要求,量具可选用不同的钢种。尺寸小、精度要求不高、形状简单的量规、塞规、样板等,选用碳素工具钢T10A,T11A,T12A;精度要求较高的块规、塞规、环规、样套等可选用低合金工具钢,如Cr2,CrMn,CrWMn及滚动轴承钢Gr15;要求在腐蚀条件下工作的要选用马氏体不锈钢4Cr13,9Cr18。此外,要求精度不高,形状简单的量具也可采用渗碳钢15,15Cr,20,20Cr。

量具钢热处理的主要特点是,在保持高硬度、高耐磨性的前提下,尽量采取各种措施使量具在长期使用中保持尺寸稳定性。量具钢的淬火在保证硬度的前提下,尽量取淬火温度的下限,以减小变形。一般采用油冷,不宜采用分级淬火和等温淬火,以减少残余奥氏体量。高精度的量具淬火后立即采用冷处理,以减少残余奥氏体量,增加尺寸稳定性。回火一般采用低温(150～160 ℃)长时间回火,回火时间不少于4～5h。为进一步提高尺寸稳定性,降低残余内应力,回火后还要在120～150 ℃进行24～36 h的时效处理。

10.1.5 特殊性能钢

具有特殊使用性能的钢种叫特殊性能钢,特殊性能钢包括不锈钢、耐热钢、耐磨钢、磁钢等,下面分辊介绍。

1. 不锈钢

在工业生产中,零件在服役过程中经常会遇到各种腐蚀介质,如各种不同质量分数和类型的酸、盐、碱、腐蚀气体和水蒸气等。由于金属被腐蚀会引起金属零件的失效,所以提高金属零部件抗腐蚀性能十分重要。在自然环境或一些腐蚀介质中具有耐腐蚀性能的一类钢叫不锈钢。

(1)金属的腐蚀概念

根据腐蚀过程中是否产生腐蚀电流,将金属的腐蚀分为化学腐蚀和电化学腐蚀。化学腐蚀中不产生电流,腐蚀过程中会形成覆盖在金属表面的腐蚀产物,使金属与腐蚀介质隔离开,如果这层保护膜稳定、致密、完整可阻碍腐蚀过程的进行。形成保护膜的过程叫钝化。因此提高金属抗化学腐蚀能力主要是通过合金化等方法,使金属生成完整致密的钝化膜。

在实际生产中,在不同腐蚀介质中的腐蚀类型多属于电化学腐蚀。由于金属微观成分、组织和应力的不均匀使工件不同微区的电极电位不同,在有电解质溶液存在时会形成微电池。其中电位低的区域为阳极,阳极发生氧化反应,即 $Me \rightarrow Me^{n+} + ne$。金属离子 Me^{n+} 进入溶液中,电位低的区域不断被腐蚀。提高基体金属的电极电位,可使两极电位差减少,从而降低腐蚀电流,有效提高金属材料的抗蚀性能。

(2)不锈钢的合金化原理

加入 Cr,Ni,Si 等元素提高钢基体的电极电位。其中 Cr 是决定不锈钢耐蚀性的最主要的合金元素。Cr 加入铁中与铁形成固溶体时,其电极电位随 Cr 质量分数的增加呈突变式变化,Cr 的摩尔比达到 12.5%,25%…,即 1/8,2/8…n/8 时,铁的电极电位突然显著升高。摩尔比 12.5% 相当于 $w_{Cr}=11.7\%$,所以一般不锈钢中的铬的质量分数均在 13% 以上。

钢中加入 Cr,Si,Al 等元素可形成 Cr_2O_3,SiO_2,Al_2O_3 等稳定、致密、完整的钝化膜,提高耐蚀性。加入足够的 Cr 可获得单相铁素体或马氏体不锈钢,加入 Cr-Ni 或 Cr-Mn-N 可获得单相奥氏体钢,室温下为单相组织可以减少微电池的数量,提高耐蚀性。加入 Mo,Cu 等能提高钢的抗非氧化性酸的腐蚀能力。加入 Ti,Nb 等能减小铬的偏析,可减少晶间腐蚀倾向。此外,少数钢种加入 S 可以改善切削加工性能。

氮为强烈形成和稳定 γ 区元素,采用氮合金化可节约价格贵的镍,并显著提高奥氏体不锈钢的强度,而不损害钢的塑性和韧性。氮合金化可显著提高钢的抗蚀性,氮有助于形成初次膜及以后的含铬钝化膜,引起点蚀的有效电压、点蚀电位和保护电位均随氮含量的增加而增加。氮对点蚀的作用可用抗孔蚀当量 PREN 来表示。Hans Berns 提供的抗孔蚀当量:PREN=%Cr+3.3%Mo+30%N,其中%Cr,%Mo,%N 分别表示各元素的质量分数。由孔蚀当量公式看出高氮不锈钢有优异的抗腐蚀性能,特别是抗局部腐蚀能力。

(3)常用不锈钢种类和特点

常用不锈钢包括铁素体不锈钢、马氏体不锈钢、奥氏体不锈钢和双相不锈钢。不锈钢牌号前面的数字为以平均千分数表示的碳的质量分数,但 $w_C \leqslant 0.03\%$ 及 0.08% 者,钢号前面分别冠以“00”及“0”,其他合金元素表示方法同合金结构钢。不锈钢有害元素含量低,如 $w_S \leqslant 0.030\%$,$w_P \leqslant 0.035\%$。

①铁素体不锈钢　常用铁素体不锈钢的质量分数、热处理及性能见表 10.10。铁素体不锈钢的 Cr 质量分数高达 12%~30%,C 的质量分数低,$w_C \leqslant 0.15\%$,有时还加入合金元素 Ti,Mo,Al,Si 等。

铁素体不锈钢不含价格昂贵的 Ni,所以价格比奥氏体不锈钢低,其强度高于奥氏体不锈钢,并具有优良的抗应力腐蚀性能,但韧性低、脆性大,存在冷脆现象。高铬铁素体不锈钢脆性大的原因是多方面的。通常高铬铁素体不锈钢晶粒粗大是脆化的重要原因之一。晶粒粗化的原因是体心立方铁的扩散系数大,所以铁素体不锈钢具有低的晶粒粗化温度和高的晶粒粗化速度。此外,铁素体不锈钢加热冷却过程中无相变,又不能通过相变来细化晶粒。对于 $w_{Cr}>17\%$ 的高铬铁素体不锈钢 550~820 ℃长期加热,由铁素体中析出 Fe-Cr 金属间化合物 σ 相,伴随较大体积效应,σ 相常常沿晶界分布,引起很大脆性。

将钢加热到850～950 ℃可使σ相溶入铁素体中,随后快冷可抑制σ相析出。w_{Cr}>15%的铁素体不锈钢还存在475 ℃脆性,即在400～520 ℃范围内长时间加热后或在此温度范围缓冷时,钢在室温下很脆,此现象在475 ℃加热更甚,所以称为“475 ℃脆性”。475 ℃脆性产生的原因与铁素体内的铬原子的有序化有关,形成许多富铬铁素体α″(80% Cr,20% Fe),其点阵结构为体心立方,它们与母相保持共格,引起畸变和内应力,此时引起钢的强度升高,冲击韧度下降。“475 ℃脆性”也可采用580～650 ℃保温1～5 h后,快冷消除之。

表10.10 常用铁素体不锈钢的质量分数、热处理及性能

类型	钢号	质量分数/%					热处理工艺		力学性能			
		w_C	w_{Si}	w_{Mn}	w_{Cr}	其他	淬火温度/℃	回火温度/℃	σ_b/MPa	$\sigma_{0.2}$/MPa	δ%	ψ%
铁素体型	0C13	≤0.08	≤0.6	≤0.8	12.0～14.0		1000～1050 油、水	700～790 油、水、空	500	350	24	60
	1Cr14S	≤0.15	≤0.6	≤0.8	13.0～15.0	w_S=0.2/0.4	1010～1050 油、水	680～780 油、水	550	300	16	55
	1Cr17	≤0.12	≤0.8	≤0.8	16.0～18.0			退火750～800,空	400	250	20	50
	1Cr28	≤0.15	≤1.0	≤0.8	27.0～30.0	w_{Ti}≤0.2		700～800,空	450	300	20	45
	0Cr17Ti	≤0.08	≤0.8	≤0.8	16.0～18.0	w_{Ti}=5×w_C～0.80		700～800,空	450	300	20	
	1Cr17Ti	≤0.12	≤0.8	≤0.8	16.0～18.0	w_{Ti}=5×w_C～0.80		700～800,空	450	300	20	—
	1Cr25Ti	≤0.12	≤1.0	≤0.8	24.0～27.0	w_{Ti}=5×w_C～0.80		700～800,空	450	300	20	45
	1Cr17Mo2Ti	≤0.10	≤0.8	≤0.8	16.0～18.0	w_{Mo}=1.6～1.9	w_{Ti}≥7×w_C	750～800,空	500	300	20	35

高铬含量的铁素体不锈钢在氧化性酸中具有良好的耐蚀性,并具有较高抗氧化性,广泛应用于硝酸、氮肥、磷酸等工业,也可作为高温抗氧化材料。其中Cr17型铁素体不锈钢应用更普遍。

②马氏体不锈钢　常用马氏体不锈钢的质量分数、热处理及性能见表10.11。与铁素体不锈钢相比,马氏体不锈钢Cr质量分数的上限有所下降,为12%～18%,C质量分数为0.1%～1.0%。由于碳量增加或加入扩大γ区的元素Ni使该钢种的Ms点上升到室温以上,加热时有较多奥氏体,甚至可完全奥氏体化,快冷时可发生马氏体相变,因此叫马氏体不锈钢。

碳质量分数较低的马氏体不锈钢1Cr13,2Cr13,1Cr13Mo,1Cr17Ni2经淬火、高温回火热处理,具有较好的综合力学性能,可用于制造汽轮机叶片、石油热裂设备等不锈钢结构件。碳质量分数较高的3Cr13,4Cr13,7Cr17,8Cr17,9Cr18,9Cr18MoV等经淬火加低温回火后,具有较高硬度与强度,用于制造要求抗蚀的医用手术工具、测量工具、不锈钢轴承、弹簧等。马氏体不锈钢的耐蚀性、塑韧性、焊接性较铁素体不锈钢和奥氏体不锈钢都差,但由于它具有较高的强度与硬度的同时兼有较好的耐腐蚀性,所以是机械工业中广泛使用的一类钢。

表 10.11 常用马氏体不锈钢的质量分数、热处理及性能

类型	钢号	质量分数/%					热处理工艺		力学性能					
		w_C	w_{Si}	w_{Mn}	w_{Cr}	其他	淬火温度/℃	回火温度/℃	σ_b/MPa	$\sigma_{0.2}$/MPa	δ%	ψ%	a_K/J·cm^{2}	HRC
马氏体型	1C13	0.08~0.15	≤0.6	≤0.6	12.0~14.0		1000~1050 油、水	700~790 油、水、空	600	420	20	60	90	
	2C13	0.16~0.24	≤0.6	≤0.6	12.0~14.0		1000~1050 油、水	660~770 油、水、空	600	450	10	55	80	
	3Cr13	0.25~0.34	≤0.6	≤0.6	12.0~14.0		1000~1050 油	200~300						48
	4Cr13	0.35~0.45	≤0.6	≤0.6	12.0~14.0		1050~1100 油	200~300						50
	3Cr13Mo	0.25~0.35	≤0.6	≤0.6	12.0~14.0	w_{Ti}=0.5~1.0	1020~1075 油	200~300						50
	1Cr17Ni2	0.11~0.17	≤0.8	≤0.8	16.0~18.0	w_{Ni}=1.5~2.5	950~1050 油	275~350 空	1100		10		50	—
	9Cr18	0.90~1.00	≤0.8	≤0.8	17.0~19.0		1000~1050 油	200~300 油,空						55
	9Cr18MoV	0.85~0.95	≤1.0	≤0.8	17.0~19.0	w_{Mo}=1.0~1.3 w_V=0.07~0.12	1050~1075 油	100~200 空						55

③奥氏体不锈钢 常用奥氏体不锈钢的质量分数、热处理及性能见表 10.12。与铁素体不锈钢和马氏体不锈钢相比,该钢种除含较多铬外,还加入扩大 γ 区元素,如 Ni,Mn,N,室温为奥氏体。

为防止冷却时析出$(Cr,Fe)_{23}C_6$使基体局部贫铬,降低抗蚀性,所以奥氏体不锈钢一般含碳量较少,$w_C \leqslant 0.12\%$。为获得单相奥氏体,需加入扩大 γ 区元素 Ni 或 Mn。单独加入 Ni,为获得单相奥氏体,Ni 的质量分数要达到 24%,但 Cr,Ni 配合使用时,$w_{Ni}=8\%$,$w_{Cr}=17\%$就能得到单相奥氏体,所以奥氏体不锈钢的主要成分为$w_{Cr} \geqslant 18\%$,$w_{Ni} \geqslant 8\%$,如 1Cr18Ni9,0Cr18Ni9,在 18-8 基础上又发展了许多新钢种。

为了节约价格昂贵的 Ni 或防止 Ni 析出引起 Ni 过敏,采用 Mn-N 联合加入,发展了 Fe-Cr-Mn-Ni-N 系和 Fe-Cr-Mn-N 系奥氏体不锈钢,例如 0Cr18Mn8Ni5N,Cr17Mn13Mo2N 等。为了提高抗蚀性,进一步降低碳量,加入 Mo,Cu 提高钢在盐酸、硫酸、磷酸、尿素中的抗蚀性,发展了 00Cr18Ni14Mo2Cu2,00Cr17Ni14Mo2 等钢种。为防止晶间腐蚀，加入 Ti，Nb，如 1Cr18Ni9Ti，1Cr18Ni11Nb 等。为进一步提高耐蚀性和耐热性增加了 Cr，Ni 的量，形成了 1Cr23Ni13，1Cr23Ni18，0Cr23Ni28Mo3Cu3Ti 等钢。

表 10.12　常用奥氏体不锈钢的质量分数、热处理及性能

类型	钢　号	质量分数/%						热处理工艺	力学性能			
		w_C	w_{Si}	w_{Cr}	w_{Ni}	w_{Mn}	其　他	淬火温度/℃	σ_b/MPa	$\sigma_{0.2}$/MPa	δ%	ψ%
奥氏体型	0C18Ni9	≤0.06	≤1.0	17.0～19.0	8.0～11.0	≤2.0		1080～1130 水	500	200	45	60
	1Cr18Ni9	≤0.12	≤1.0	17.0～19.0	8.0～11.0	≤2.0		1100～1150 水	550	200	45	50
	0Cr18Ni9Ti	≤0.08	≤1.0	17.0～19.0	8.0～11.0	≤2.0	$w_{Ti}=5\times w_C$～0.7	1080～1130 水	500	200	40	55
	1Cr18Ni9Ti	≤0.12	≤1.0	17.0～19.0	8.0～11.0	≤2.0	$w_{Ti}=5(w_C-0.02)$～0.8	1100～1150 水	550	200	45	50
	00Cr18Ni10	≤0.03	≤1.0	17.0～19.0		≤2.0		1050～1100 水	490	180	40	60
	00Cr17Ni14Mo2	≤0.03	≤1.0	16.0～18.0	12.0～16.0	≤2.0	$w_{Mo}=$1.8～2.5	1050～1100 水	490	180	40	60
	00Cr18Ni14Mo2Cu2	≤0.03	≤1.0	17.0～19.0	12.0～16.0	≤2.0	$w_{Mo}=$1.2～2.5 $w_{Cu}=$1.0～2.5	1050～1100 水	490	180	40	60
	0Cr18Mn8Ni5N	≤0.10	≤1.0	17.0～19.0	4.00～6.00	7.50～10.0	$w_N=$0.15～0.25	1100～1150 水	650	300	45	60
	Cr17Mn13Mo2N	≤0.10	≤1.0	16.5～18.0		12.0～15.0	$w_{Mo}=$1.8～2.2 $w_N=$0.2～0.3	1030～1070 水	750	450	30	55
	0Cr23Ni28Mo3Cu3Ti	≤0.06	≤1.0	22.0～25.0	26.0～29.0	≤0.8	$w_{Mo}=$2.5～3.0 $w_{Cu}=$2.5～3.5 $w_{Ti}=$0.4～0.7	1100～1150 水	550	200	45	60

为了获得均匀的奥氏体组织提高抗蚀性及消除加工硬化，奥氏体不锈钢也需要热处理。常用热处理工艺有固溶处理、稳定化处理和去应力处理。

常用奥氏体不锈钢固溶处理加热温度和处理后的力学性能见表 10.12。奥氏体不锈钢固溶处理工艺为加热到 1 000～1 150 ℃，使碳化物全部溶入奥氏体中，然后水冷，获得单相奥氏体组织。稳定化处理的加热温度为 850～900 ℃保温 1～4 h，使 Cr 的碳化物溶入钢中，碳与强碳化物形成元素可形成 TiC、NbC，将钢中的碳固定住，在随后冷却过程中可防止 $Cr_{23}C_6$ 析出，不会产生贫铬区，减小晶间腐蚀倾向。去应力退火一般加热到 300～350 ℃，然后缓慢冷却，消除焊接应力和冷加工的残余应力，提高钢的抗应力腐蚀性能。

④双相不锈钢　双相不锈钢是近几十年发展起来的新型不锈钢。适当控制 Cr 当量和 Ni 当量，使固溶组织中铁素体和奥氏体相约各占一半，一般较少的相也需达到 30%。双相钢兼有铁素体不锈钢和奥氏体不锈钢的优点。双相钢具有较高强度和疲劳强度，屈服强度是 18-8 型奥氏体钢的两倍，与奥氏体钢相比具有更高抗应力腐蚀能力。同时具有奥氏体钢的优异的耐酸性、良好的可焊性和低的韧脆转折温度等优点。虽然双相不锈

钢的脆化倾向与铁素体不锈钢相比有所降低,但也存在铁素体不锈钢的各种脆化倾向。双相不锈钢可分为不同级别,低合金型代表牌号为 UNSS32304(23Cr-4Ni-0.1N),中合金型代表牌号为 UNSS31803(22Cr-5Ni-3Mo-0.15N),高合金型代表牌号为 UNSS32550(25Cr-6Ni-3Mo-2Cu-0.2N),超级双相不锈钢代表牌号为 UNSS32750(Cr25-7Ni-3.7Mo-0.3N)。尤其是含 Mo,Cu,W,N 的超级双相不锈钢具有良好的耐蚀性和综合力学性能,可与超级奥氏体不锈钢相媲美,适用于苛刻的介质条件。

⑤沉淀硬化型不锈钢　为获得高强度不锈钢,一般采用在马氏体基体上产生沉淀强化的方法。为保证钢的耐蚀性和 Ms 点在室温以下或所需要的温度,Cr 质量分数一般控制在 12%~17%,Ni 质量分数一般控制在 4%~8%。加入 Mo,Al,Cu,Nb,是为人工时效时从过饱和马氏体中析出金属间化合物而产生沉淀强化。其中马氏体沉淀硬化型不锈钢 Custom455($w_{Cr}=12\%$,$w_{Ni}=8\%$,$w_{Cu}=2.5\%$,$w_{Ti}=1.2\%$,$w_{Nb}=0.3\%$)经高温固溶处理和 480 ℃时效 4 h,屈服强度 $\sigma_{0.2}=1\ 620$ MPa、抗拉强度 $\sigma_b=1\ 690$ MPa、延伸率 $\delta=12\%$、硬度为 49HRC。对于半奥氏体沉淀硬化型不锈钢 0Cr15Ni7Mo2Al 经 950 ℃固溶处理,-38 ℃冷处理和 510 ℃时效处理后,屈服强度 $\sigma_{0.2}=1\ 551$ MPa、抗拉强度 $\sigma_b=1\ 655$ MPa、延伸率 $\delta=6\%$、硬度为 48HRC。

2. 耐热钢

耐热钢是在高温下服役部件的用钢,常用来制作蒸汽锅炉、燃气涡轮、石化和喷气式发动机的零部件。许多部件的工作温度在 300 ℃以上,有的工作温度高达 1 200 ℃,所以要求耐热钢有足够的热强性、优良的抗高温氧化性和抗高温介质腐蚀性。

(1)耐热钢的合金化

钢在高温下与空气接触要发生氧化,在 575 ℃以上会生成 FeO。FeO 为 Fe 的缺位固溶体,铁在 FeO 内有很高的扩散速率。而氧化膜生长速度主要取决于铁的扩散速率,因此 FeO 层增厚很快,所以要提高抗氧化性必须阻止 FeO 的出现。加入 Cr,Al,Si 可提高 FeO 出现的温度,并能生成致密的含 Cr_2O_3,Al_2O_3,Fe_2SiO_4 的保护膜,有效地提高高温抗氧化性。

加入 W,Mo,Cr 能增强基体原子的结合力,提高再结晶温度,因此可显著提高耐热钢的高温强度。加入 V,Ti,Nb 形成高温条件下稳定存在的 MC 型碳化物,起到沉淀强化作用。由于体心立方的 α 相高温强度低,所以加入 Ni,Mn,N 等扩大 γ 区元素,获得奥氏体,以提高高温强度。此外,加入 Ni,Ti,Al 等可形成金属间化合物 $Ni_3(AlTi)$,产生沉淀强化,也可提高高温强度。

(2)常用耐热钢

①铁素体-珠光体耐热钢　常用铁素体-珠光体耐热钢质量分数见表 10.13。该钢种含合金元素总量少于 5%,经过热处理可使钢产生固溶强化和弥散硬化,使蠕变抗力增高,广泛用于动力、石化、化工等行业。常作为锅炉用钢和管道材料,在 450~620 ℃蒸汽介质中可长期服役。

铁素体-珠光体耐热钢一般采用正火(950~1 050 ℃)或淬火后,在高于使用温度 100 ℃(600~750 ℃)回火。其中马氏体高温回火的组织具有更高的持久强度。例如,12Cr1MoV 钢 980 ℃水淬,740 ℃回火后,在 580 ℃温度下,工作 10 000 h 的破断应力即持久强度为 $\sigma_{10^4}^{580}=127$ MPa,600 ℃的持久强度为 $\sigma_{10^4}^{600}=100$ MPa。12Cr2MoWVSiTiB 钢经

1 010 ~1 030 ℃奥氏体化后空冷,得到粒状贝氏体,再经 770 ~790 ℃回火,得到有良好组织稳定性的组织,其 620 ℃的持久强度为 $\sigma_{10^5}^{620}=63.7\sim98.2$ MPa。其中 V,Ti 主要起沉淀强化作用,Cr,W,Mo 固溶于基体中起固溶强化作用,B 起强化晶界作用。Cr,Si 可提高钢在 600 ~620 ℃时的抗氧化性。

表 10.13　常用铁素体-珠光体耐热钢化学成分

牌　号	质量分数/%							
	w_C	w_{Cr}	w_{Mo}	w_V	w_{Si}	w_{Mn}	w_{Ti}	w_B
15CrMo	0.12 ~ 0.18	0.80 ~ 1.10	0.40 ~ 0.55		0.17 ~ 0.37	0.40 ~ 0.70		
12CrMoV	0.08 ~ 0.15	0.40 ~ 0.60	0.25 ~ 0.35	0.15 ~ 0.30	0.17 ~ 0.37	0.40 ~ 0.70		
12Cr1MoV	0.08 ~ 0.15	0.90 ~ 1.20	0.25 ~ 0.35	0.15 ~ 0.30	0.17 ~ 0.37	0.40 ~ 0.70		
12Cr2MoWVTiB	0.08 ~ 0.15	1.60 ~ 2.10	0.50 ~ 0.60	0.28 ~ 0.42	0.46 ~ 0.75	0.45 ~ 0.65	0.06 ~ 0.12	~0.008

②马氏体耐热钢　常用马氏体耐热钢质量分数见表 10.14,分为高铬钢和硅铬钢。该钢种合金元素总量一般大于 10%。高铬钢是在 Cr13 型马氏体不锈钢基础上,为提高热强性加入少量 W,Mo,V 等合金元素,常用钢号有 1Cr13,2Cr13,1Cr13Mo,1Cr11MoV,1Cr12WMoV 等。可制造使用温度低于 580 ℃的汽轮机、燃气轮机、增压器叶片等。硅铬钢除加入 Cr,Mo,V 等元素外,还加入了 Si,以提高其抗氧化性能,主要钢号有 4Cr9Si3,4Cr10Si2Mo 等。主要用于使用温度低于 750 ℃的受动载荷的部件,如汽车发动机、柴油机的排气阀和 900 ℃以下的加热炉底板等。此外,为进一步提高高温性能,进一步增加 Cr 的质量分数,获得了 8Cr20Si2Ni,1Cr17Ni2 等钢种。

表 10.14　常用马氏体耐热钢质量分数

牌　号	质量分数/%							
	w_C	w_{Cr}	w_{Mo}	w_V	w_{Si}	w_W	w_{Mn}	w_{Ni}
1Cr13,2Cr13	见表 10.11 马氏体不锈钢							
1Cr11MoV	0.11 ~ 0.18	10.0 ~ 11.5	0.50 ~ 0.70	0.25 ~ 0.40	≤0.5		≤0.60	
1Cr12WMoV	0.11 ~ 0.18	11.0 ~ 13.0	0.50 ~ 0.70	0.15 ~ 0.30	≤0.4	0.70 ~ 1.00	0.50 ~ 0.90	0.4 ~ 0.8
4Cr9Si2	0.35 ~ 0.50	8.0 ~ 10.0			2.00 ~ 3.00		≤0.70	≤0.60
4Cr10Si2Mo	0.35 ~ 0.45	9.0 ~ 10.5	0.70 ~ 0.90		1.90 ~ 2.60		≤0.70	≤0.60

马氏体耐热钢的热处理工艺为 1 000 ~1 100 ℃加热,使合金元素固溶于奥氏体中,采用空冷或油冷,然后在高于使用温度 100 ℃回火。回火温度一般高于 600 ℃,以避开回火脆性区,回火后采用空冷或油冷。

③奥氏体耐热钢　由于奥氏体原子排列致密,原子间结合力较强,再结晶温度较高,因此奥氏体耐热钢比铁素体-珠光体耐热钢和马氏体耐热钢具有更高的热强性和高温抗氧化性。根据强化原理可将奥氏体耐热钢分为固溶强化型、碳化物强化型和金属间化合物强化型,其典型奥氏体耐热钢质量分数、热处理工艺和用途举例见表 10.15。

表 10.15　典型奥氏体耐热钢质量分数、热处理工艺和用途举例

类型	牌　号	质量分数/%							热处理工艺	用途举例
		w_C	w_{Cr}	w_{Ni}	w_{Mn}	w_{Al}	w_{Si}	其　他		
固溶强化	1Cr18Ni9 Mo	≤0.14	17~19	9~11				w_{Mo}: 2.5	1 050~1 100 ℃空冷	700 ℃以下工作的蒸汽过热气管、燃气轮机叶片、喷气发动机排气管等
	1Cr18Ni11Nb	≤0.10	17~19	9~13				w_{Nb}<0.15	1 100~1 100 ℃水淬	
	1Cr14Ni19 W2Nb	0.07~0.12	13~15	18~20				w_W: 2.0~2.7 w_{Nb}: 0.9~1.3	1 140~1 160 ℃水淬	
	1Cr25Ni20 Si2	≤0.20	24~27	18~21	≤1.5		1.5~2.5		1 100~1 150 ℃油、水、空	高温加热炉及燃烧室构件、燃气轮机、增压器涡轮及叶片等
	Cr20Ni32	<0.1	20.5	32		0.3		w_{Ti}: 0.3 w_{Cu}: 0.3	1 100~1 150 ℃ 水淬	
碳化物强化	Cr25Ni20	0.35~0.45	24~26	19~26					铸态	高温加热炉耐热构件
	4Cr14Ni14 W2Mo	0.4~0.5	13~15	13~15	≤0.7		≤0.8	w_W: 2.0~2.75 w_{Mo}: 0.25~0.40	1 150~1 200 ℃淬火, 650~750 ℃时效	内燃机重负荷排气阀,燃气轮机叶片等
	4Cr13Ni8Mn8 MoVNb	0.34~0.40	11.5~13.5	7~9	7.5~9.5		0.3~0.8	w_{Nb}: 0.25~0.5 w_V: 1.25~1.55 w_{Mo}: 1.1~1.4	1140 ℃水冷;770~800 ℃时效	650 ℃以下工作的涡轮盘、排气阀、紧固件等
金属间化合物强化	0Cr15Ni26Mo Ti2AlVB	≤0.08	13.5~16.0	24~27	1.0~2.0	≤0.4	0.4~1.0	w_{Ti}: 1.75~2.30 w_B: 0.001~0.01	980~1000 ℃油冷, 700~760 ℃时效	700 ℃以下工作的喷气发动机部件等
	0Cr15Ni35W2 Mo2Ti2Al3B	≤0.08	14~16	33~36	0.5	2.4~2.8	≤0.4	w_W: 1.7~2.2 w_{Ti}: 2.1~2.5 w_B≤0.015 w_{Mo}: 1.7~2.2	1 140 ℃ 4 h 空冷, 830 ℃时效 3 h, 650 ℃时效 16 h	750~800 ℃以下工作的部件,可部分替代镍基合金
	0Cr14Ni37W6 Ti3Al2B	≤0.08	12~16	35~40	≤0.5	1.4~2.2	≤0.6	w_W:5.0~6.5 w_{Ti}: 2.4~3.2 w_B<0.02	1 180 ℃1.5 h 空, 1 050 ℃ 4 h 空, 800 ℃时效 16 h	

固溶强化型奥氏体耐热钢是在 18-8 型不锈钢基础上发展起来的。该钢种加入 Mo,W 以强化奥氏体,加入 Nb 可生成部分 NbC 强化晶界。由于 Mo,W,Nb 都是强铁素体形

成元素，为保持奥氏体的稳定，可将 Ni 质量分数提高。为进一步提高高温抗氧化性，有的钢种增加了 Cr 量或采用 Si 合金化，为稳定奥氏体相应增加了 Ni 量。典型钢种见表 10.15。固溶强化型奥氏体耐热钢采用 1 050 ~ 1 150 ℃固溶处理后，具有中等持久强度 $\sigma_{10^5}^{650} \approx 100$ MPa，可在 600 ~ 700 ℃温度下长期工作。

碳化物强化型奥氏体耐热钢与固溶强化型奥氏体耐热钢相比，主要是增加了碳的质量分数，即 $w_C \approx 0.3\% \sim 0.5\%$，保证固溶处理加人工时效可弥散析出足够的以 MC 型碳化物为主的特殊碳化物，如 NbC，VC。为节约价格昂贵的 Ni，以 Mn 代 Ni，还发展了 4Cr13Mn8Ni8MoVNb 等钢种。

金属间化合物强化型奥氏体耐热钢与其他类型奥氏体耐热钢相比，将 Ni 的质量分数提高，加入 Al、Ti，以保证固溶处理加人工时效时能生成金属间化合物 $\gamma''-Ni_3(Al,Ti)$ 相，进一步提高热强性。有时加入少量 B 强化晶界，提高高温抗蠕变性能。金属间化合物强化型奥氏体耐热钢具有更好的热强性和抗高温氧化性，可在 750 ~ 800 ℃温度下长期工作，部分替代镍基高温合金，制造喷气发动机部件等。典型钢号成分、热处理及用途举例见表 10.15。

工业加热炉需要大量的耐热构件，工作时承受应力不大，但要求有优良的抗氧化性。高 Cr-Ni 奥氏体钢可在 1 000 ~ 1 200 ℃的温度下长期工作，常用钢号为 3Cr18Ni25Si2，1Cr25Ni20Si2，2Cr25Ni20 等。为节约价格昂贵的 Ni，发展了 Cr-Mn-N 奥氏体耐热钢，常用钢号为 3Cr18Mn12Si2N，2Cr20Mn9Ni2Si2N，5Cr21Mn9Ni4N 等替代高 Cr-Ni 奥氏体钢。

3. 耐磨钢

耐磨钢是具有高耐磨性的钢种，其中高锰钢 Mn13 以其优异的加工硬化能力和高韧性被广泛应用于冶金、矿山、交通等行业。用于制造挖掘机铲斗、碎石机颚板、拖拉机和坦克的履带板、铁道上的辙岔等。在高压力或冲击负荷下能产生强烈的加工硬化和形变诱发马氏体，具有优异的耐磨性。常用钢种 ZGMn13 的质量分数为 $w_C = 0.9\% \sim 1.4\%$，$w_{Mn} = 11.5\% \sim 15\%$，$w_{Si} = 0.3\% \sim 1.0\%$，$w_S \leqslant 0.05$，$w_P \leqslant 0.12\%$，$w_{Cr} \leqslant 1\%$，$w_{Ni} \leqslant 1\%$，$w_{Cu} \leqslant 0.3\%$。

高锰钢机械加工比较困难，一般采用铸造。高锰钢铸造后硬而脆，必须进行水韧处理，即 1 050 ~ 1 100 ℃加热水淬，以获得单相均匀奥氏体，使其具有强韧结合，并耐冲击的优良性能。水韧处理后的 ZGMn13 各项指标为 $\sigma_b = 800 \sim 1\ 000$ MPa，$\sigma_{0.2} = 250 \sim 400$ MPa，$\delta = 35\% \sim 40\%$，$\psi = 40\% \sim 50\%$，$a_{kV} = 20 \sim 30$ J/cm。水韧处理后的高锰钢受到冲击后会诱发生成马氏体，表面也会产生加工硬化，使表面硬度强度显著升高，使耐磨性显著增高。在冲击载荷很小的情况下不易产生加工硬化和诱发生成马氏体，故耐磨性有所降低。有实验证明，在磨损应力较小的情况下，Mn13 钢耐磨性不如介稳奥氏体锰钢。用于实验的锰钢的质量分数见表 10.16。耐磨性以一定时间（20 min）内试样损失质量（g）的倒数表示。介稳奥氏体锰钢耐磨性与磨损冲击功之间的关系，如图 10.10 所示。冲击功小于1.0 J 时，系列介稳奥氏体锰钢的耐磨性均明显优于高锰钢 Mn13，当冲击功大于3.0 J 时，高锰钢 Mn13 的耐磨性高于介稳奥氏体锰钢。此外高锰钢无磁性，也可用于既耐磨又抗磁化的零件。

表 10.16　实验用锰钢的质量分数、热处理工艺及相组成

牌　号	质 量 分 数/%					热处理工艺	相 组 成
	w_C	w_{Mn}	w_{Si}	w_S	w_P		
Mn4	1.10	3.86	0.57	0.025	0.032	1 050 ℃水淬	α+γ
Mn5	1.11	5.00	0.51	0.021	0.014	1 050 ℃水淬	γ
Mn6	1.00	6.10	0.80	0.029	0.040	1 050 ℃水淬	γ
Mn8	0.91	7.89	0.47	0.023	0.014	1 050 ℃水淬	γ
Mn13	1.10	12.5	0.62	0.023	0.015	1 050 ℃水淬	γ

4. 易削钢

切削加工性是钢的重要工艺性能之一，发展易削钢可提高切削速度，延长刀具寿命。在改善切削加工性方面，非金属夹杂物和金属间化合物起了重要作用。钢中加入 S，Te，Pb，Ca 等元素，可形成 MnS，CaS，MnTe，PbTe 等夹杂物。在热轧时延轧向被拉长，呈条状或纺锤状，破坏了钢的连续性，减少切削摩擦力、降低刃具的耗损，而对钢材的纵向力学性能影响不大。

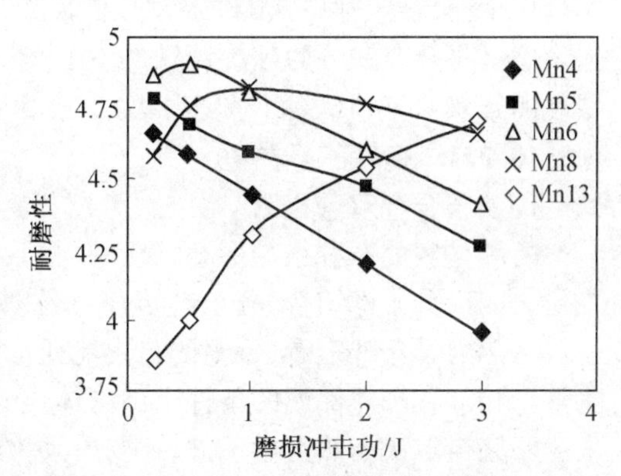

图 10.10　介稳奥氏体锰钢耐磨性与磨损冲击功之间的关系

当钢中有足够量 Mn 时，可形成 MnS 夹杂物。MnS 夹杂物在切削剪切区作为应力集中源，可引起切屑断裂，降低刀具与切屑的摩擦，导致切削温度和切削力的下降，减少刀具磨损和提高刀具寿命。低碳硫易削钢 Y12，Y20 中硫的质量分数为 0.08% ~0.2%，含锰量高的中碳钢 Y40Mn 中硫的质量分数为 0.18% ~0.30%。

Pb 对改善切削加工性能也是有益的，所以含铅易削钢的应用是仅次于硫易削钢。铅在钢中溶解度极低，以分散单质质点形式分布在钢中，可作为内部润滑剂，降低切削摩擦力，使切削力和切削温度下降，减少刀具磨损。Pb 对室温强度、塑性和韧性影响较小，但使用温度接近 Pb 的熔点时，钢会产生热脆。含铅易削碳钢中铅的质量分数为 0.15% ~0.30%。此外，钢中加入 Se，Te，Bi，Ca 也可改善切削加工性能。为了改善切削性能，S，Pb，Ca，Te 等元素可复合加入，会收到更佳效果，例如 S-Te-Pb，Ca-S，Ca-S-Pb 易削钢具有更好的切削性能。

10.2　铸　　铁

铸铁是以铁、碳、硅为主要成分，并在结晶过程中具有共晶转变的多元铁基铸造合金。铸铁的化学成分一般为 $w_C=2\% \sim 4\%$，$w_{Si}=1\% \sim 3\%$，$w_{Mn}=0.1\% \sim 1.0\%$，$w_S=0.02\% \sim 0.25\%$，$w_P=0.05\% \sim 1.0\%$。与钢相比铸铁碳质量分数高，有害元素 S，P 含量高，其力学

性能如强度、塑性与韧性等较低,但具有优良的耐磨性、减震性及低的缺口敏感性。铸铁价格低廉、具有优良铸造性和切削加工性,因此在工业生产中被广泛应用,其用量仅次于钢材。按质量统计,机床中铸铁件占60% ~90%,汽车与拖拉机中铸铁件占50% ~70%。随着铸铁铸造技术,如变质处理和球化处理的成功应用及铸铁合金化和热处理等强化手段的应用,铸铁的应用将越来越广。

根据碳在铸铁中的存在形式可将铸铁分为灰口铁、白口铁、麻口铁。

②灰口铁　碳主要以石墨形式存在,断口呈灰黑色,是目前应用最广泛的一类铸铁;

②白口铁　碳主要以 Fe_3C 形式存在,共晶组织为莱氏体,断口呈银白色,硬度高脆性大;

③麻口铁　介于两者之间,碳既以 Fe_3C 形式存在,又以石墨形式存在。

由于白口铁、麻口铁脆性大,工业上很少应用,工业上广泛应用的是灰口铁。根据石墨形态可将灰口铁分为球墨铸铁(石墨呈球形)、蠕墨铸铁(石墨呈蠕虫状)、可锻铸铁(石墨呈团絮状)、灰口铁(石墨呈片状)。

10.2.1　铸铁的石墨化

1. 铁碳合金双重相图

石墨是碳的一种结晶形态,属于六方系,原子呈层状排列,同层原子以共价键结合,层与层之间以分子键结合,分子键结合力弱,所以石墨的强度极低。

从热力学条件上看,石墨的自由能比渗碳体低,所以石墨为稳定的平衡相,而渗碳体为亚稳相。在加热保温的条件下渗碳体可解析出石墨,$Fe_3C \rightarrow 3Fe+C$(石墨)。但相变的发生不完全取决于热力学条件,还要看动力学条件。

从结构和成分上看由液相、奥氏体或铁素体中析出石墨都比析出渗碳体困难。首先,石墨形核必须有更大的浓度起伏,例如,共晶转变时液相 $w_C = 4.26\%$,而石墨 $w_C = 100\%$,两者成分差异远大于液相与渗碳体的成分差异;其次,液相的近程有序原子集团、奥氏体或铁素体的晶体结构都与复杂正交结构的渗碳体的晶体结构相近,而与六方点阵的石墨差异较大。所以从动力学条件上看有利于渗碳体形核。在实际生产中,铸铁液体的化学成分、过热度、冷却速度以及孕育处理等状况不同,结晶时可完全按 $Fe-Fe_3C$ 状态图进行结晶,也可以完全按 Fe-C(石墨)状态图进行结晶。

将 $Fe-Fe_3C$ 相图和 Fe-C(石墨)相图绘在一起称为铁碳合金双重相图,如图 10.11 所示。图中实线为 $Fe-Fe_3C$ 系,虚线为 Fe-C(石墨)系,凡是虚线与实线重合的线条都用实线表示,图中 G 表示石墨。由图可知 $Fe-Fe_3C$ 相图位于 Fe-C 相图的右下方。

2. 铸铁的石墨化过程

石墨化就是铸铁中石墨的形成过程。参考图 10.11 中的 Fe-C(石墨)状态图,共晶成分($w_C = 4.26\%$)的铸铁水如果按 Fe-C(石墨)状态图进行结晶,其冷却曲线,如图 10.12 所示。当铸铁水以极缓慢的冷速冷却时,首先液相简单冷却,冷至 1 154 ℃开始凝固,形成奥氏体加共晶石墨的共晶体。随温度下降,由于奥氏体溶碳量不断下降,奥氏体中将析出二次石墨,冷至 738 ℃时,奥氏体碳的质量分数变为 0.68%,此时发生共析转变生成铁素体加共析石墨。温度再下降,由于铁素体固溶碳量减少,将由铁素体中析出少量三次石墨。

亚共晶合金与过共晶合金的石墨化过程与共晶合金类似,所不同的是在共晶转变之前,亚共晶合金首先析出奥氏体即 $L \rightarrow \gamma$,过共晶合金首先析出一次石墨即 $L \rightarrow G_Ⅰ$,当冷至 1 154 ℃,液相成分变到共晶点成分时,才开始进行共晶转变。

根据上述石墨化过程的分析，在极缓慢的情况下，石墨化过程可分为两个阶段。石墨化第一阶段包括液态石墨化（液相中析出一次石墨和共晶液相进行共晶反应生成共晶石墨）和奥氏体中析出二次石墨过程。石墨化第二阶段主要为共析转变形成共析石墨的过程。第一阶段石墨化温度高，碳原子扩散能力强，容易进行得完全。第二阶段石墨化温度低，碳原子扩散能力弱，石墨化往往进行得不充分，甚至被抑制。所以灰口铁除以铁素体为基体外，还可以铁素体加珠光体为基体或以珠光体为基体。当冷速过快时，若第一阶段石墨化也被抑制，则会得到白口铁。

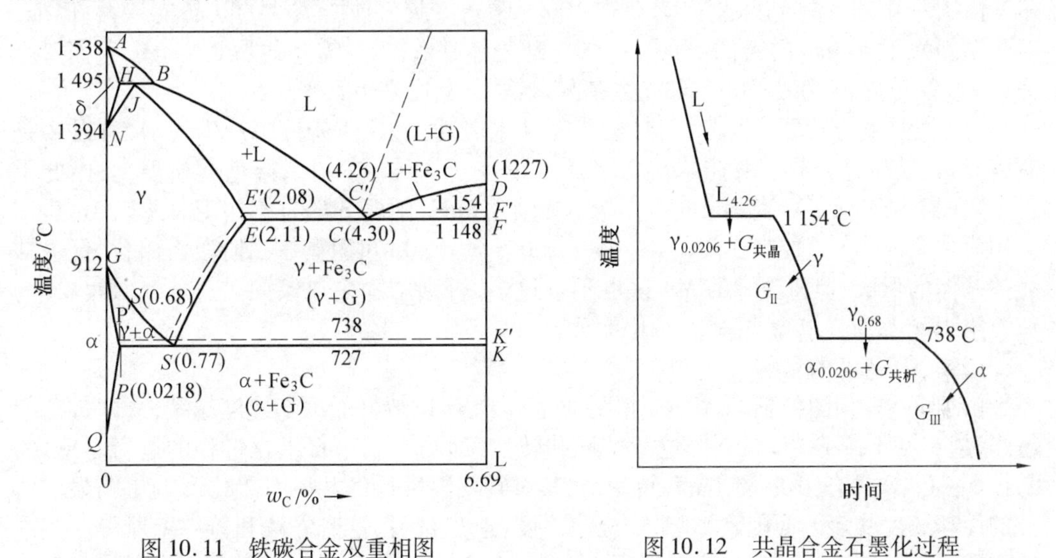

图 10.11　铁碳合金双重相图　　　　图 10.12　共晶合金石墨化过程

3. 影响石墨化的因素

铸铁的组织主要取决于石墨化进行的程度，所以了解影响石墨化的因素显得十分重要。实践证明，铸铁的化学成分和结晶时的冷却速度是影响石墨化和铸铁显微组织的主要因素。

（1）化学成分的影响

根据合金元素对石墨化的影响不同，可将其排序如下：

Al，C，Si，Ti，Ni，Cu，P，Co，Zr，Nb，W，Mn，Mo，S，Cr，V，Fe，Mg，Co，B。其中 Nb 是中性的，其前边的为石墨化元素，其后边的为反石墨化元素。各元素离 Nb 越远，其作用越强烈。

C，Si 都是强烈促进石墨化元素。C 质量分数越高，越有利于石墨形核，Si 的加入可提高碳在铁中的活度，也具有促进石墨形核的作用。此外，Si 的加入使共晶与共析温度升高，共晶点与共析点左移，这些均有利于石墨的形核。P 也是石墨化元素，作用不如 C 强烈。当 $w_P>0.2\%$ 时会出现 Fe_3P，它常以二元磷共晶和三元磷共晶存在。磷共晶硬且脆，细小均匀分布时可提高耐磨性，若呈网状分布，将降低铸铁强度，增加脆性，所以除耐磨铸铁外，磷的质量分数应控制在 0.2% 以下。为综合考虑 C，Si，P 对显微组织的影响，引入碳当量 C_E 和共晶度 S_C 的概念。

碳当量是将 w_{Si} 和 w_P 折合成相当的碳的质量分数与实际碳的质量分数 w_C 之和，即

$$C_E=w_C+(w_{Si}+w_P)/3 \tag{10.1}$$

共晶度是指铸铁中实际碳质量分数 w_C 与共晶碳质量分数之比，反映铸铁的实际成分接

近共晶成分的程度。当 $S_C=1$ 为共晶铸铁,$S_C>1$ 为过共晶铸铁,$S_C<1$ 为亚共晶铸铁。

$$S_C=\frac{w_C}{4.26-\frac{1}{3}(w_{Si}+w_P)} \tag{10.2}$$

生产实践表明,提高碳当量 C_E 和共晶度 S_C 使石墨化能力增强,石墨数量增多且变得粗大,铁素体数量增多,导致灰口铁抗拉强度和硬度呈直线下降。一般铸铁碳当量控制在4%左右,共晶度应接近1。铸铁共晶度对不同壁厚铸件显微组织的影响,如图 10.13 所示。由图可知铸件壁厚度越薄,为获得 100%珠光体灰口铁所需要的共晶度越大,例如,对于壁厚大于40 mm 的铸件,为获得100%珠光体基灰口铁,需要共晶度大于0.6;而壁厚为5 mm 的铸件,为获得100%珠光体基灰口铁,共晶度必须大于0.9。

S是强烈阻碍石墨化元素,而且会降低铁水流动性,并使铸件中产生气泡,所以S是有害元素,其质量分数一般控制在0.15%以下。Mn能扩大γ区,降低共析温度,因此也属于阻碍石墨化元素。但Mn能与S反应,生成MnS,削弱S的有害作用。所以Mn与S作用后多余的Mn应控制在 $w_{Mn}=0.4\%\sim1.0\%$ 为宜,Mn可阻碍第二阶段石墨化,促进珠光体基体的形成,但铸铁中的Mn量也不宜过多,否则增加白口倾向。总之,C、Si、Mn为调节组织元素,P为控制元素,S为限制元素。

(2)冷却速度的影响

由于Fe-C相图位于 $Fe-Fe_3C$ 相图的左上方,所以铸件的冷却速度越缓慢,即过冷度越小,越有利于按Fe-C状态图进行结晶和转变,即越有利于石墨化过程的进行。反之,易按 $Fe-Fe_3C$ 状态图进行结晶和转变,尤其对转变温度低的共析石墨化影响更明显。铸件的冷却速度受多方面因素影响,如浇注温度、造型材料、铸造方法和铸件壁厚等。其中铸件壁厚是影响冷却速度的主要因素。在影响冷速的其他条件一定时,铸件壁厚越薄,冷速越快,白口倾向越大。铸件壁厚对铸铁显微组织的影响见图10.14,对于同一化学成分($w_C+w_{Si}=4.5\%$),壁厚小于5 mm时为白口铸铁,壁厚在10~40 mm时为珠光体灰铸铁,壁厚大于50 mm为铁素体灰铸铁。由图10.14还可看出随碳、硅总加入量的增加,铸铁白口倾向降低。

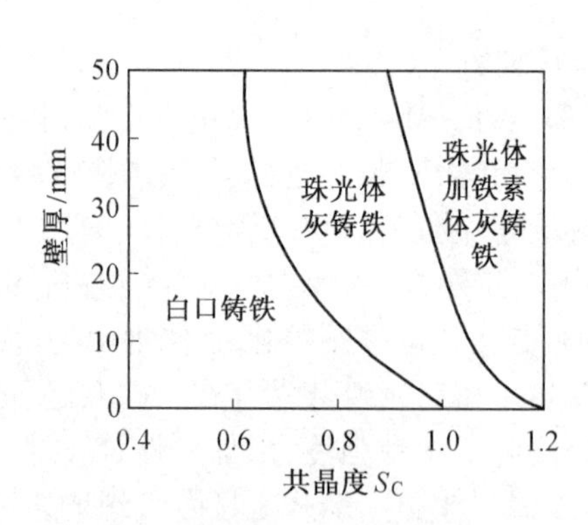

图 10.13　共晶度对不同壁厚铸件显微组织的影响

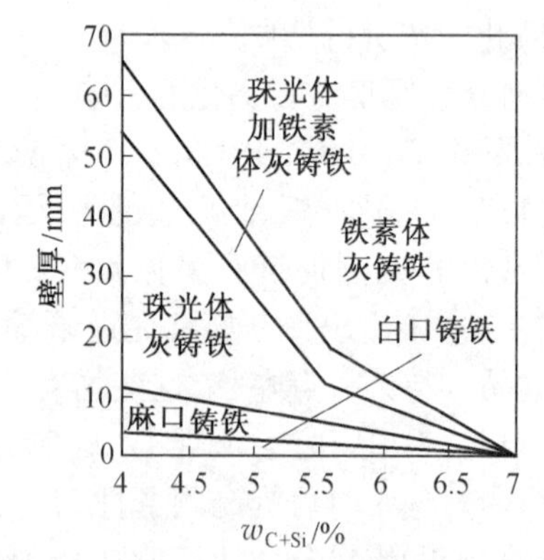

图 10.14　铸件壁厚与铸铁碳、硅质量分数之和对铸件显微组织的影响

10.2.2　铸铁中石墨形态的控制

铸铁的组织是由钢基体和石墨两部分组成。对于灰口铸铁,在与铁水相接触的条件

下，石墨是以片状方式生长的。在石墨基面上，每个碳原子均以共价键结合方式与邻近碳原子结合，结合力特别强，而层与层之间间距大，结合力弱。若垂直基面生长，需在已形成石墨的某一原子层面上，生长出另一新原子层面，由于层与层之间结合力弱，如果新原子层面不够大，便有可能重新溶入铸铁液中。而每一层面的边缘即侧面上的碳原子总有一个共价键是没有结合的，只要铸铁液中有个别碳原子进入适当位置，便能牢固结合上去。所以石墨晶核在垂直基面方向生长得缓慢，沿侧向生长得快，于是长成片状。

石墨抗拉强度极低，塑性极差，延伸率几乎为零，所以铸铁中的石墨像基体中的孔洞和裂纹，破坏了铸铁的连续性，减少了基体利用率。当石墨呈片状时，割裂基体作用最严重，极易引起应力集中效应，使铸铁的力学性能变差。石墨若呈蠕虫状、团絮状或球状可显著提高铸铁的力学性能。所以提高铸铁的力学性能的关键是控制铸铁中石墨的形态、大小、数量和分布情况。

1. 孕育处理

以硅铁（$w_{Si}=75\%$）和硅钙合金为孕育剂，在浇注时采用冲入法将其加入到液态铁水中，促进石墨的非自发形核，细化片状石墨。钙的加入能形成 CaC_2，CaC_2 可作为石墨非均匀形核的核心。硅的加入，在铁水中形成许多微小富硅区，增大了成分起伏，此外硅铁的溶解造成局部微区的温度下降，形成温度起伏，所以硅的加入有利于激发自生石墨晶核。经孕育处理的灰口铁叫孕育铸铁，其显微组织为在细小的珠光体基体上，分布着细小片状石墨，提高了铸铁的硬度与抗拉强度。

2. 球化处理

将球化剂加入到铸铁水中的操作叫球化处理。常用球化剂有镁、稀土、稀土-镁合金三种。纯镁的球化率和球化作用高，但镁的比重小、沸点低于铁水温度，加入时易燃烧和引起铁水飞溅，使球化处理操作不便。稀土作球化剂操作简便安全，能净化铁水，减轻“干扰元素”的反球化作用，但球化作用不如镁。稀土-镁合金是我国首创的球化剂，克服了上述两种球化剂的不足。其中主要成分为 $w_{RE}=17\%\sim25\%$，$w_{Mg}=3\%\sim12\%$，$w_{Si}=34\%\sim42\%$，$w_{Fe}=21\%\sim27\%$，采用冲入法加入，加入的质量分数为合金总量的 $0.8\%\sim1.5\%$，可获得形状圆整的球状石墨。

如前所述，未球化处理的铸铁水中，石墨晶核在垂直基面方向生长得缓慢，沿侧向石墨生长得快，于是长成片状。氧和硫促进石墨片状生长，加入球化元素镁和稀土可脱去氧和硫，减缓侧向生长速度。此外镁和稀土原子还可吸附在石墨晶核的柱面上，如图 10.15（a）。这也会减缓石墨侧向长大速度，使碳原子只好长到基面上，为石墨球化创造了有利条件。球状石墨是以夹杂物为非自发形核的核心，多个石墨原子团附着在这个异质晶核上而连接在一起，处在每个原子团边缘的碳原子为相邻两晶粒所共有，形成一个个角锥体石墨晶核，如图 10.15（b），（c）。通过热激活，在每个角锥体晶粒的基面上会产生螺位错，裸露的螺旋台阶有利于二维碳原子集团生长，于是每个单晶的主要生长方向均为[0001]方向，所形成的外表面均为（0001）面。图 10.15（c）为球状石墨的螺旋生长示意图。

球化剂中，镁和稀土增加了白口倾向，因此球化处理后，立即加入硅铁合金或硅铁与硅钙合金进行孕育处理。孕育处理可使石墨球数量增多，球径减小，形状圆整，分布均匀，极大地消除应力集中效应，提高了基体利用率。

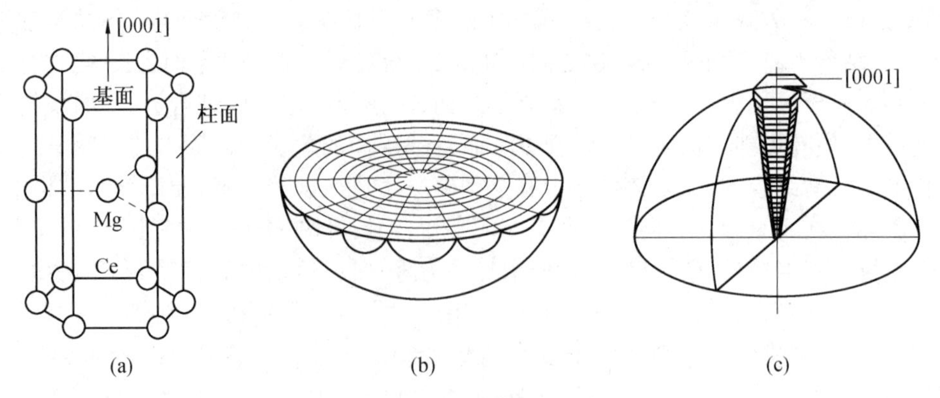

图 10.15　球状石墨的生长过程

3. 蠕化处理

铸铁中石墨的另一种形态是蠕虫状，界于球状和片状之间，端部圆钝，长宽比较小，约为 2～8，与片状石墨相比，应力集中效应减轻，力学性能明显提高。浇铸时将蠕化剂冲入，可获得蠕虫状石墨。蠕化剂一般同时包括球化元素和反球化元素。例如，常用蠕化剂有镁和钛铝复合蠕化剂，靠镁的球化作用和钛、铝反球化元素的干扰作用的综合作用，可获得蠕虫状石墨。蠕化剂的加入增加了白口倾向，因此蠕化处理后，一般要采用硅铁合金进行孕育处理。

4. 可锻化退火

可锻化退火即石墨化退火，是将白口铁进行加热到 900～1 000 ℃，此时的组织为奥氏体和渗碳体。在保温过程中，在奥氏体和渗碳体交界处将生成石墨晶核。随渗碳体不断地溶入奥氏体，碳原子通过奥氏体中的扩散，不断扩散到石墨晶核处，使石墨晶核不断长大，形成团絮状石墨。可锻化退火周期长达数十个小时，为缩短可锻化退火时间通常对铸铁液进行孕育处理。孕育剂中常含有铋、铝、硼、钛、稀土等元素。少量铋强烈阻碍共晶石墨化，保证铸件得到白口，为可锻铸铁的退火创造了条件。可锻化退火时少量铋并不显著阻碍退火过程的石墨化，而少量硼的加入又能强烈促进退火过程的石墨化。所以常采用硼-铋作为孕育剂。此外在铁液中加入能形成氮化物、碳化物和稀土氧化物的元素也可促进石墨化退火过程中石墨团絮的形核。团絮状石墨减轻了对基体的割裂作用，缓解了应力集中，使铸铁的力学性能得到改善。

10.2.3　常用铸铁

1. 灰口铸铁

灰口铸铁石墨呈片状，根据基体组织不同可分为铁素体、铁素体-珠光体和珠光体三种。

灰口铁的质量分数、牌号、处理方法、显微组织及应用举例见表 10.17。灰口铁牌号由“灰铁”二字汉语拼音字首“HT”和其后的数字组成，数字表示最低抗拉强度值。例如，HT200 表示最低抗拉强度不低于 200 MPa 的灰口铸铁。对于同一成分的灰口铸铁，由于铸件壁厚不同，冷却速度不同，所得显微组织差别较大，强度差别也较大。锰是反石墨化元素，若要得到铁素体为主的 HT100，锰质量分数要适当低些，而对于珠光体基灰口铁，如 HT200，HT250 等，应适当增高锰质量分数，以便抑制共析石墨化，获得珠光体基灰口铸铁。较高强度灰口铸铁，如 HT300 和 HT350，要采用硅铁（$w_{Si}=75\%$）和硅钙合金进行孕育处理，以细化片状石墨，提高其力学性能。灰口铸铁中石墨呈片状，割裂基体严重且易引起引力集中，故属于脆性材料，其延伸率小于1%。

表 10.17　灰口铁的质量分数、牌号、处理方法、显微组织及应用举例

铸铁牌号	铸件壁厚/mm	质量分数/%					处理方法	显微组织		应用举例
		w_C	w_{Si}	w_{Mn}	w_P	w_S		基体	石墨	
HT100	—	3.4～3.9	2.1～2.6	0.5～0.6	<0.3	<0.15		铁素体+少量珠光体	粗片状	下水管、底座、外罩支架等低负荷不重要零件
HT150	<30 30～50 >50	3.2～3.5	2.0～2.4 1.9～2.3 1.8～2.2	0.5～0.8 0.5～0.8 0.5～0.9	<0.3	<0.15		铁素体+珠光体	较粗片状	端盖、轴承座、齿轮箱、工作台等中等负荷零件
HT200	<30 30～50 >50	3.2～3.5 3.1～3.4 3.0～3.3	1.6～2.0 1.5～1.8 1.4～1.6	0.7～0.9 0.7～0.9 0.8～1.0	<0.3	<0.12		珠光体	中等片状	汽缸、齿轮、飞轮、齿轮箱外壳、凸轮等承受较大负荷的零件
HT250	<30 30～50 >50	3.0～3.3 2.9～3.2 2.8～3.1	1.5～1.8 1.4～1.7 1.3～1.6	0.8～1.0 0.9～1.1 1.0～1.2	<0.2	<0.12	细珠光体	较细片状		
HT300	<30 30～50 >50	3.0～3.3 2.9～3.2 2.8～3.1	1.4～1.7 1.3～1.6 1.2～1.5	0.8～1.0 0.9～1.1 1.0～1.2	<0.15	<0.12	孕育处理	索氏体或屈氏体	细小片状	齿轮、凸轮、机床卡盘、滑动壳体、重负荷的床身、液压筒、液压泵等受高负荷的零件
HT350	<30 30～50 >50	2.8～3.1 2.8～3.1 2.7～3.0	1.3～1.6 1.2～1.5 1.1～1.4	1.0～1.3 1.0～1.3 1.1～1.4	<0.15	<0.10	孕育处理			

灰口铸铁的显微组织取决于石墨化进程，如果第二阶段石墨化即共析石墨化进行得很充分可得到铁素体灰铁；如果完全被抑制得到珠光体灰铁；如果部分进行可得到铁素体+珠光体基体灰铁。三种不同基体的灰口铸铁的显微组织，如图 10.16 所示。

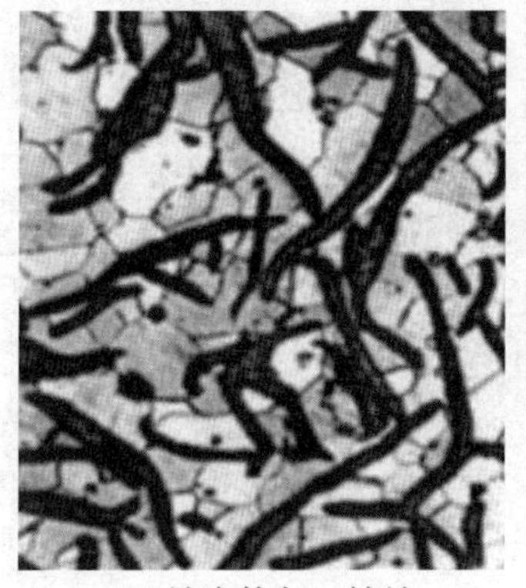

（a）铁素体灰口铸铁

（b）珠光体灰口铸铁

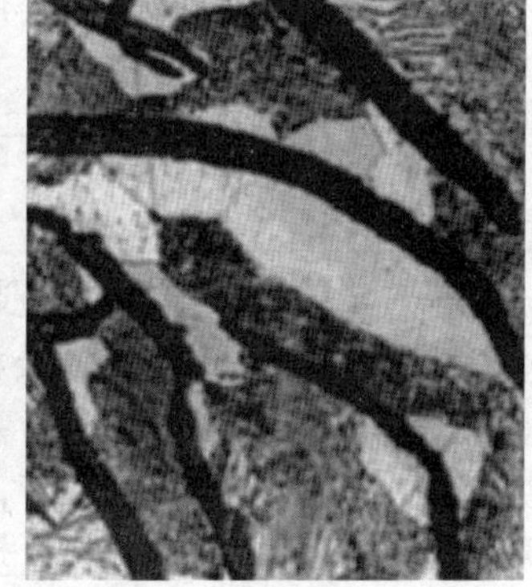

（c）铁素体+珠光体灰口铸铁

图 10.16　灰口铸铁的显微组织

热处理不能改变石墨的形态和分布，所以不能显著改善灰口铸铁的力学性能。故灰口铸铁的热处理主要是消除铸造应力。去应力退火加热温度一般为500～560 ℃，保温一段时间后，随炉缓冷至150 ℃出炉。对与壁厚不均匀的铸件，薄壁处易出现白口，不易切削加工，为消除白口，要采用退火或正火工艺。消除白口的热处理的加热温度为850～950 ℃，保温1～5 h，使共晶渗碳体分解，然后炉冷或空冷，最终得到珠光体+铁素体基体的灰口铸铁或珠光体基体的灰口铸铁，降低了硬度，改善了切削加工性能。

2. 球墨铸铁

球墨铸铁石墨呈球状，它对基体割裂作用减轻，消除了应力集中效应，充分发挥了基体的强度与塑性。由于球化处理时加入了Mg和RE，增加了白口倾向，所以与灰口铸铁相比，球墨铸铁的碳当量稍高，碳当量为4.5%～4.7%，其中w_C=3.7%～4.0%，w_{Si}=2.0%～2.1%，反石墨化元素Mn稍低，w_{Mn}≤0.3%～0.8%。S是阻碍球化元素，它能与球化元素Mg，Ce反应生成硫化物，所以要严格控制含硫量，一般球化处理前铁水中硫的质量分数小于0.06%。降低P含量可提高铸铁塑性与韧性，所以球墨铸铁的P的质量分数小于0.08%。生产中，对上述成分的铸铁水先采用球化处理，随后进行孕育处理可获得球墨铸铁。

球铁牌号见表10.18，由“球铁”二字汉语拼音字首“QT”和其后的两组数字组成，两组数字分别表示最低抗拉强度值和最小延伸率。例如QT 450-10表示最低抗拉强度不低于450 MPa，延伸率不低于10%的球墨铸铁。

表10.18 球墨铸铁牌号、基体组织、力学性能及应用举例

铸铁牌号	基体组织	力学性能				应用举例
		σ_b/MPa	$\sigma_{0.2}$/MPa	δ/%	硬度/HB	
		最小值				
QT400-18	铁素体	400	250	18	130～180	汽车、拖拉机底盘零件；后桥壳、阀体、阀盖、轮毂等
QT400-15	铁素体	400	250	15	130～180	
QT450-10	铁素体	450	310	10	160～210	
QT500-7	铁素体+珠光体	500	320	7	170～230	齿轮、传动轴、阀门、电动机架
QT600-3	珠光体+铁素体	600	370	3	190～270	柴油机、汽油机曲轴；车床、铣床主轴；凸轮、连杆、液压汽缸等
QT700-2	珠光体	700	420	2	225～305	
QT800-2	珠光体或回火组织	800	480	2	245～335	
QT900-2	贝氏体或回火马氏体	900	600	2	280～360	汽车、拖拉机传动齿轮；柴油机凸轮

球墨铸铁的力学性能主要取决于基体的组织。际墨铸铁基体可以是铁素体、铁素体+珠光体、珠光体、贝氏体及淬火加不同温度回火组织，如回火马氏体、回火屈氏体等。铸态球墨铸铁的显微组织如图10.17所示，其中铁素体+珠光体球墨铸铁和珠光体球墨铸铁可像钢一样通过热处理进行强化，如正火、等温淬火，淬火加不同温度回火。各类球墨铸铁的力学性能及应用举例也见表10.18。球墨铸铁除保留了灰铸铁的优点外，通过热处理还可进一步提高力学性能，可部分替代钢材，在工业上得到广泛应用，是最重要的铸造金属材料。

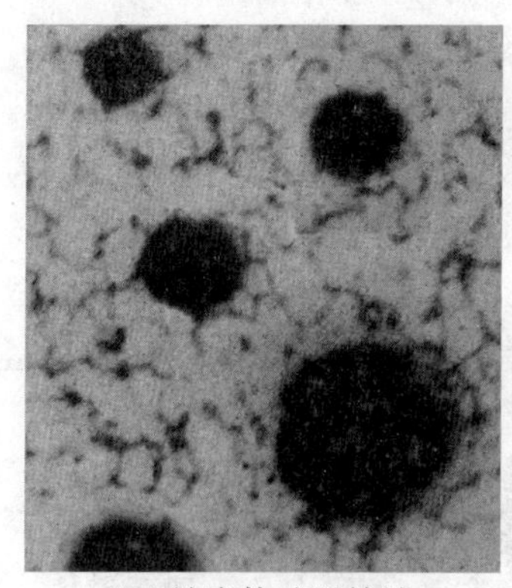

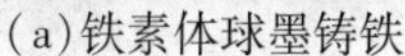

(a)铁素体球墨铸铁

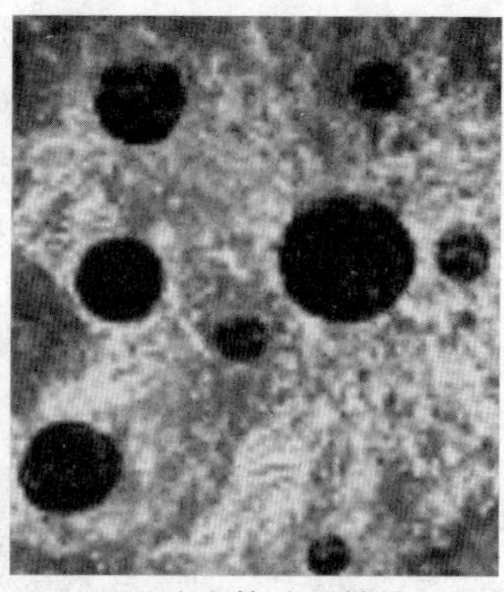

(b)珠光体球墨铸铁

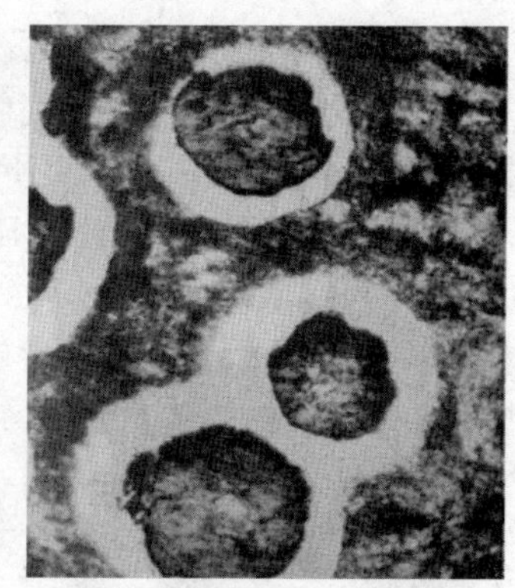

(c)铁素体+珠光体球墨铸铁

图 10.17　球墨铸铁的显微组织

3. 蠕墨铸铁

蠕墨铸铁的化学成分与球墨铸铁相似,也要求较高碳当量,碳当量为 4.3% ~4.6%。低的硫、磷含量,适当的锰含量,其质量分数为:$w_C = 3.5\% \sim 3.9\%$,$w_{Si} = 2.1\% \sim 2.8\%$,$w_{Mn} = 0.4\% \sim 0.8\%$,$w_S < 0.1\%$,$w_P < 0.1\%$。获得蠕墨铸铁的方法是,先对铸铁液进行蠕化处理,接着进行孕育处理,可得到石墨形状为蠕虫状的蠕墨铸铁。

蠕墨铸铁牌号、基体组织及力学性能见表 10.19。其牌号由“蠕铁”二字汉语拼音字首“RT”和其后的数字组成,数字表示最低抗拉强度值。蠕墨铸铁的力学性能界于灰铸铁和球墨铸铁之间。蠕墨铸铁基体组织也有三种:铁素体、铁素体+珠光体、珠光体,其中铁素体蠕墨铸铁的显微组织,如图 10.18 所示。

表 10.19　蠕墨铸铁牌号、基体组织及力学性能

铸铁牌号	基体组织	力学性能			
		最小值			硬度/HBW
		σ_b/MPa	$\sigma_{0.2}$/MPa	δ/%	
RuT420	珠光体	420	335	0.75	200 ~ 280
RuT380	珠光体	380	300	0.75	193 ~ 274
RuT340	珠光体+铁素体	340	270	1.0	170 ~ 249
RuT300	铁素体+珠光体	300	240	1.5	140 ~ 217
RuT260	铁素体	260	195	3	121 ~ 197

蠕墨铸铁的力学性能主要取决于石墨蠕化的效果。蠕化效果用蠕化率表示,蠕化率表示在检测视场中蠕虫状石墨占全部石墨的百分数。适当控制球化元素镁或稀土含量可得到高的蠕化率。蠕墨铸铁的强度、塑性和韧性均优于灰口铸铁。与相同基体的球墨铸铁相比,蠕墨铸铁的强度稍低,塑性与韧性却明显低于球墨铸铁。但蠕墨铸铁减震性和铸造性均优于球墨铸铁,还具有耐热冲击和抗热生长等优点,因此蠕墨铸铁广泛用于电动机外壳、柴油机缸盖、机座、床身、钢锭模、排水管、阀体等。

4. 可锻铸铁

可锻铸铁是由一定成分的白口铁经石墨化退火得到的一种高强度铸铁。由于石墨呈团絮状,对基体割裂作用小,所以可锻铸铁比灰口铸铁强度高,塑性与韧性好,因此叫可锻铸铁或展性铸铁,其实可锻铸铁是不可锻造的。

可锻铸铁为团絮状石墨分布在钢的基体上，根据基体组织不同可分为黑心可锻铸铁、珠光体可锻铸铁和白心可锻铸铁。其中黑心可锻铸铁在铁素体基体上分布着团絮状石墨，其显微组织，如图10.19所示。根据GB/T9440—1988标准，可锻铸铁牌号中“KT”为“可铁”二字汉语拼音字首，“H”，“Z”和“B”分别表示“黑心可锻铸铁”、“珠光体可锻铸铁”和“白心可锻铸铁”，其后的二组数字分别表示最低抗拉强度值和最小延伸率。可锻铸铁牌号、力学性能及应用举例见表10.20。由于石墨呈团絮状使可锻铸铁强度、尤其是塑性明显高于灰口铸铁。

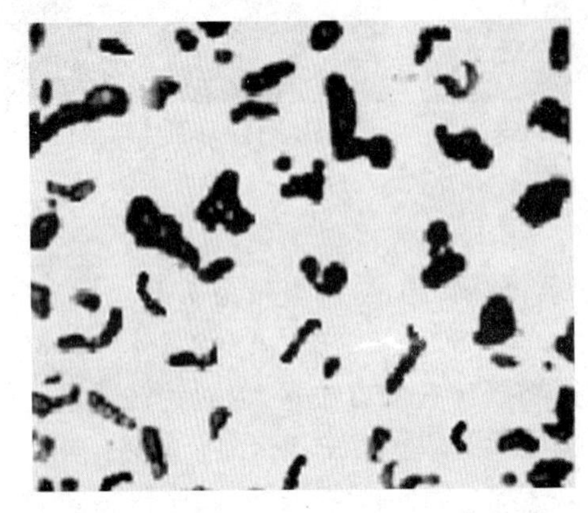

图10.18　铁素体蠕墨铸铁的显微组织

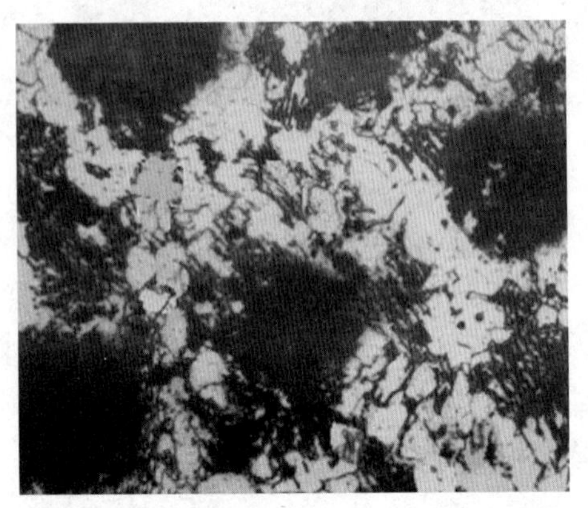

图10.19　黑心可锻铸铁的显微组织

表10.20　可锻铸铁的牌号、力学性能及应用举例

类型	铸铁牌号及分级		力学性能				应用举例
			σ_b/MPa	$\sigma_{0.2}$/MPa	δ/%	硬度/HBW	
	A	B	最小值				
黑心可锻铸铁（铁素体可锻铸铁）	KTH300-06		300	—	6	120～163	弯头、三通等管件
		KTH330-08	330	—	8		汽车与拖拉机前后轮壳、减速器壳、转向节等受冲击震动的零件
	KTH350-10		350	200	10		
		KTH370-12	370	—	12		
珠光体可锻铸铁	KTZ450-06		450	280	6	152～219	曲轴、凸轮轴、连杆、齿轮、轴套等承受较高动静载荷和要求较高耐磨性的零件
	KTZ550-04		500	340	4	179～241	
	KTZ650-02		600	420	2	201～269	
	KTZ700-02		700	550	2	240～290	
白心可锻铸铁	KTB350-04		350	—	4	不大于230	同黑心可锻铸铁（因生产工艺复杂周期长，应用较少）
	KTB380-12		380	200	12	不大于200	
	KTB400-05		400	220	5	不大于220	
	KTB450-07		450	260	7	不大于220	

要生产可锻铸铁，首先要得到白口铁，所以可锻铸铁的石墨化元素 C，Si 的含量要比灰口铸铁少，w_C=2.0% ~2.8%，w_{Si}=1.2% ~1.8%。对于铁素体可锻铸铁 Mn 含量要低，w_{Mn}=0.3% ~0.6%。对于珠光体可锻铸铁为抑制共析石墨化，反石墨化元素 Mn 含量要增高，w_{Mn}=0.8% ~1.2%。

可锻铸铁的显微组织取决于石墨化退火工艺，石墨化退火工艺曲线，如图 10.20 所示。将白口铸铁在中性介质中加热到900 ~ 1 000 ℃，此时为奥氏体和 Fe_3C 两相。充分保温，使亚稳的 Fe_3C 分解为奥氏体和石墨，由于石墨化过程是在固态下进行，石墨在各个方向上不断聚集，故形成团絮状石墨。随后炉冷将析出二次石墨，并依附在已形成的团絮状石墨上。如果要得到珠光体可锻铸铁，需炉冷至共析温度以上，约 820 ~ 880 ℃，然后出炉空冷，抑制了共析石墨化，得到组织为 P+团絮状石墨的珠光体可锻铸铁，如图 10.20 中①所示。

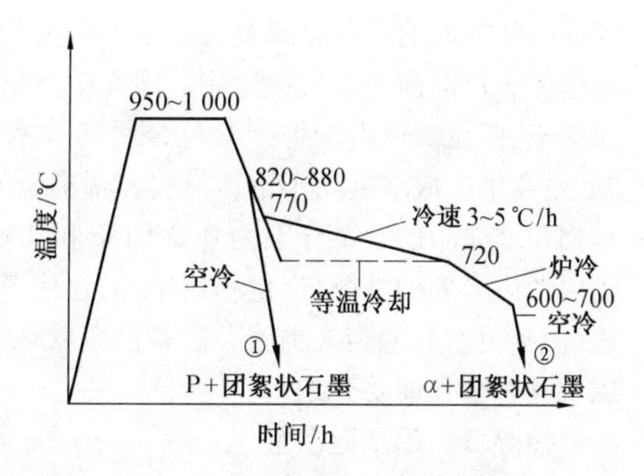

图 10.20　石墨化退火工艺曲线

如果要得到铁素体可锻铸铁，有两种冷却方法，如图 10.20 中②所示。一种按图中实线冷却，在 Fe-C 相图的共析温度区间以 3 ~5 ℃/h 的极慢冷速冷却，使之发生共析石墨化即，γ→α+石墨，共析石墨也依附在已有的团絮状石墨上，形成以铁素体为基的可锻铸铁。另一种，按②中虚线冷却，冷至共析温度以下，约 720 ℃，使之发生珠光体转变，然后通过长期保温使珠光体转变为铁素体加石墨，也可得到铁素体为基的可锻铸铁。铁素体可锻铸铁的表层脱碳呈灰白色，断口心部有大量团絮状石墨呈黑绒色，故铁素体可锻铸铁也叫黑心可锻铸铁。

如果白口铁铸件在氧化性介质中退火，表面形成 1.5 ~2 mm 脱碳层，表面形成铁素体，而心部得到珠光体基加团絮状石墨，其断口中心呈白色，表面呈暗灰色，故称白心可锻铸铁。白心可锻铸铁退火周期长，但性能并不比另外两类可锻铸铁好，所以应用较少。

塑性好、强度较低的黑心可锻铸铁适合制作耐冲击、减震、耐磨的零件。珠光体可锻铸铁强度较高，具有一定塑性与韧性，可用于制造承受较高冲击、震动及扭转载荷的零件。各类可锻铸铁的应用举例详见表 10.20。

10.3　有色金属及合金

钢铁材料习惯上称为黑色金属，钢铁以外的金属及合金称为有色金属。工业上应用的有色金属种类很多，分为轻金属、重金属、贵金属、稀有金属和放射性金属五大类。重金属是比重大于 4.5 g/cm^3 的有色金属，如铜、镍、铅、锌、锑等；轻金属是比重小于 4.5 g/cm^{3}的有色金属，包括铝、镁、铍、锂、钙等；贵金属指在地壳中含量少，开采和提取都比较困难，价格比一般金属贵的金属，如金、银和铂族元素；稀有金属是指在地壳中分布不广，开采冶炼较难，在工业上应用较晚的金属，包括稀有轻金属，稀有高熔点金属、稀有分散金属、稀土金属等；放射性金属是指具有放射性衰变的金属元素，如镭、铀、钍等。

随着航空、航天、原子能、汽车、机电、化工等工业的发展，对金属材料的使用性能提出了更高更特殊的要求。例如，高的比强度、高的蠕变极限、优秀的抗腐蚀性、高导电性或高电阻、良好的电子放射性和优秀的磁性等。在钢铁材料不能胜任的条件下，必须使用具有各种特殊性能的有色金属及其合金。但由于矿藏资源以及生产技术等因素的限制，一些有色金属目前尚不能大量应用。地壳中含量最多的四大金属中铝占首位，铁占第二、镁和钛居三、四位。但由于生产有色金属的技术复杂，需要消耗大量电能和受矿石品位的限制，至今生产成本远高于钢铁材料。稀有金属在地壳中含量更为稀少，例如我国丰产的钨和钼在地壳中的含量分别为 0.0001% 和 0.0002%。因此，在研究使用有色金属时，除了需要考虑必要的性能、产量和成本外，还应考虑节约有色金属，把它们用到最需要的地方去，使其更有效地为人类服务。有色金属种类繁多，本节仅对作为结构材料的常用有色金属及其合金作简要介绍。

10.3.1 铝及铝合金

1. 铝及铝合金牌号

(1)纯铝及变形铝合金牌号

1997 年 1 月 1 日我国开始实施新标准《变形铝和铝合金牌号表示方法》。新的牌号表示方法采用变形铝和铝合金国际牌号注册组织推荐的国际四位数字体系牌号命名方法。例如，工业纯铝有 1070、1060 等，Al-Mn 合金有 3003 等，Al-Mg 合金有 5052，5086 等。由于我国一直采用前苏联的牌号表示方法。一些老牌号的铝及铝合金化学成分与国际四位数字体系牌号不完全吻合，不能采用国际四位数字体系牌号代替，为保留国内现有的非国际四位数字体系牌号，不得不采用四位字符体系牌号命名方法（GB/T3196—1996），以便逐步与国际接轨。例如，老牌号 L1 与国际四位数字体系牌号的 1070 的化学成分不完全吻合，于是采用四位字符体系表示为 1070A；老牌号 LF21 的化学成分与国际四位数字体系牌号 3003 不完全吻合，于是采用四位字符体系表示为 3A21。

四位数字体系和四位字符体系牌号第一个数字表示铝及铝合金的类别，其含义如下：1XXX 系列为纯铝($w_{Al} \geqslant 99\%$)；2XXX 系列为以铜为主要合金元素的铝合金；3XXX 系列为以锰为主要合金元素的铝合金；4XXX 系列以硅为主要合金元素的铝合金；5XXX 系列以镁为主要合金的铝合金；6XXX 系列为以镁、硅为主要合金元素的铝合金；7XXX 系列以锌为主要合金元素的铝合金；8XXX 系列以其他元素为主要合金元素的铝合金。

(2)铸造铝合金牌号

根据 GB/T1173—1995 标准，铸造铝合金牌号采用 Z 为铸造，Al 为基本元素的元素符号，其余字母表示合金元素符号，其后数字表示合金元素平均质量分数（%），A 表示优质。合金代号表示方法为 ZL 为“铸”、“铝”两字的汉语拼音第一个字母，其后的数字代表合金系，其中 1，2，3，4 分别代表铝硅、铝铜、铝镁、铝锌系列合金，第二、三个数字代表顺序号。例如，牌号 ZAlSi7MgA（合金代号 ZA_101A），ZAlCu4（合金代号 ZA203）等。

2. 纯铝

铝的蕴藏量在金属元素中居首位，是工业中应用最广的有色金属材料。铝具有面心立方结构，具有极好的塑性，适于冷热加工成型。铝的密度为 2.7×10^3 kg/m^3，除了镁和铍以外，它是工程金属中最轻的，因此具有高的比强度。铝还具有良好的导电和导热性，其电导率仅次于银和铜。此外，铝在大气中能生成致密氧化膜，保护内部的材料不受环境腐蚀。

纯铝可分为高级纯铝(99.93% ~99.999%)、工业高纯铝(99.85% ~99.90%)和工业纯铝(98.00% ~99.70%)。高纯铝的新牌号采用四位数字体系牌号和四位字符体系牌号(GB/T3190—1996)，新旧牌号对照及杂质质量分数见表 10.21。高纯铝及工业高纯铝用于科学研究、化工工业等特殊场合。工业纯铝主要用于制作导线、电缆、铝箔、导热和日用器皿等。

表 10.21　部分纯铝的新旧牌号对照及杂质质量分数

新牌号 (GB/T3190—1996)	旧牌号 (GB3190—1982)	质量分数/%					
		w_{Si}(≤)	w_{Fe}(≤)	w_{Cu}(≤)	w_{Mn}(≤)	w_{Mg}(≤)	w_{Al}(≥)
1A99	LG5	0.003	0.003	0.005	—	—	99.99
1A97	LG4	0.015	0.015	0.005	—	—	99.97
1A95	—	0.030	0.030	0.010	—	—	99.95
1A93	LG3	0.04	0.04	0.010	—	—	99.93
1A90	LG2	0.06	0.06	0.010	—	—	99.90
1A85	LG1	0.08	0.10	0.010	—	—	99.85
1070A	代 L1	0.20	0.25	0.03	0.03	0.03	99.70
1060	代 L2	0.25	0.35	0.05	0.03	0.03	99.60
1050A	代 L3	0.25	0.40	0.05	0.05	0.05	99.50
1035	代 L4	0.35	0.60	0.10	0.05	0.05	99.35
1200	代 L5	1.00(Si+Fe)		0.05	0.05	—	99.00

3. 铝合金

(1)铝合金的分类

纯铝的强度不高，但对铝进行合金化可以大幅度提高强度。铝合金中常加入的主要合金元素有铜、镁、硅、锌、锰，辅加的微量元素有钛、钒、硼、镍、铬、稀土元素等。根据铝合金的成分、用途和生产工艺特点，通常将铝合金分为变形铝合金与铸造铝合金两大类。

变形铝合金靠压力加工方式加工成材，为使合金具有优良的冷热压力加工性能，其合金元素含量不宜过高。铸造铝合金为获得优良的铸造性，一般选用共晶合金或合金中有一定量的共晶组织的合金。此外，根据铝合金能否进行热处理强化还可以把铝合金分为可热处理强化铝合金与不可热处理强化铝合金两类。

(2)铝合金的强化

固态铝无同素异构转变，不能像钢那样借助于同素异构相变进行淬火强化。铝合金主要应用固溶强化、时效强化、细晶强化、过剩相强化来提高其力学性能。对于不可热处理强化的铝合金冷变形也是一种重要强化方式。

①固溶强化　在高温时，合金元素能与铝形成有限固溶体，随温度下降，溶解度减小，脱溶相将析出。若析出速度缓慢，易得到过饱和固溶体，可获得较好的固溶强化效果，使

合金强度显著升高，而塑性和韧性并不明显下降。铝合金中常用于固溶强化的合金元素有镁、锰、锌等，其中锌和镁在铝中的固溶度都很大，且随温度下降，固溶度显著降低，如图10.21和图10.22所示。例如，450 ℃时镁在铝中的最大固溶度为17.4%，室温降至1.9%，由于Al_8Mg_5析出缓慢，所以在实际铸造条件下，铝能固溶3%～6%镁。随固溶镁量的增加，铝合金的强度显著增高。例如，$w_{Mn}=0.2\%\sim0.6\%$，$w_{Mg}=4.7\%\sim5.7\%$的铝合金抗拉强度可增加到270 MPa，比工业纯铝提高了约三倍。所要说明的是对于一些铝的简单二元系，如Al-Zn合金系，由于组元间具有相似的物理化学性质和相近的原子尺寸，固溶体的畸变程度低，导致固溶强化效果不显著。因此铝合金的强化一般不单纯依靠固溶强化。

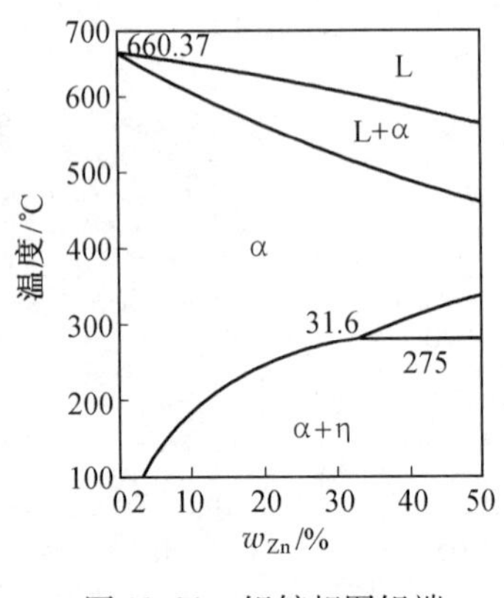

图10.21　铝锌相图铝端

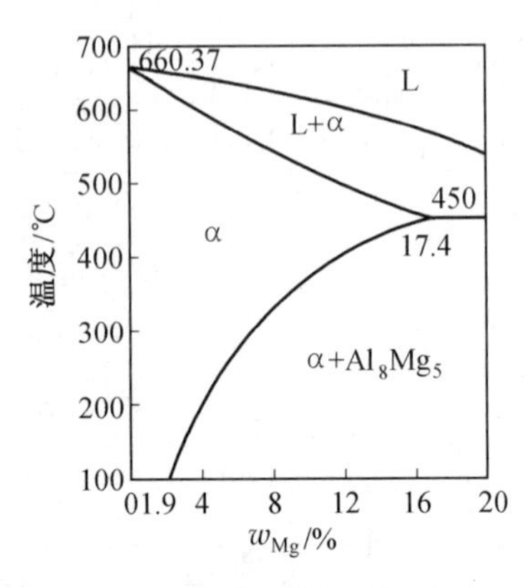

图10.22　铝镁相图铝端

②时效强化　时效强化也称沉淀强化，是铝合金最重要的强化手段。在9.2节介绍了Al-4.5% Cu合金的连续脱溶。脱溶相将按如下序列出现G.P.区→θ″→θ′→θ($CuAl_2$)。在G.P.区形成后，接着析出一种称为θ″的过渡相。具有正方点阵，$a=b=0.404$ nm，$c=0.768$ nm。大多沿基体的{100}面析出，呈圆片状，厚度约2 nm，直径30 nm。该相与母相具有共格界面，为保持共格关系，会产生很大的点阵畸变，故θ″的析出使合金得到显著强化。继续时效，θ″相将逐渐转变为θ′相使弹性应变区减小，合金的强度硬度随θ′相的析出长大逐渐下降，会出现过时效。铝合金种类不同可有不同的脱溶序列，例如，Al-Mg-Si系脱溶相序列为：G.P.区→β″→β′→β(Mg_2Si)；Al-Cu-Mg系为：G.P.区→S″→S′→S(Al_2CuMg)；Al-Zn-Mg系为：G.P.区→M′→M($MgZn_2$)。总之，时效强化应满足以下基本条件，沉淀相在高温下，在铝基固溶体中有较大溶解度，且随温度的下降溶解度急剧降低；时效过程中，沉淀相具有一系列亚稳相，亚稳相应弥散分布且与母相保持共格；沉淀相必须是高硬度的不可变形粒子。

③过剩相强化　当铝中加入的合金元素含量超过其极限溶解度时，在固溶处理时，便有一部分不能溶入固溶体中，而以第二相形式出现，称之为过剩相。过剩相多为硬而脆的金属间化合物，可阻碍位错运动使滑移难以进行，导致合金强度、硬度提高，而塑性、韧性降低。合金中过剩相的数量越多，其强化效果越好，但过剩相过多时，会使合金变脆而导致强度、塑性降低。在耐热铝合金中，稳定性高的呈骨架状或汉字状的过剩相可有效地提高高温强度。

④细晶强化　对变形铝合金而言，主要是细化 α 相（铝基固溶体）。可以通过变形和再结晶退火实现晶粒细化，也可以采用变质处理方法细化铸态组织。变质处理可采用 Al-Ti合金、Al-Ti-B 合金或 $K_2TiF_6+KBF_4$ 等为变质剂，生成的 $TiAl_3$，TiB_2，$(Ti,Al)B_2$ 可起到非均匀形核作用，细化 α 相。

对于铸造铝合金，主要采用变质处理使过剩相细化和改善其形态和分布状态。例如，在 Al-Si 合金中，初晶硅呈粗大板片状或多边形块状，共晶硅呈粗大针片状，使合金的塑性指标强烈降低，并且使切削性能变坏。采用 P，Ce 等变质可有效地细化初晶硅，采用 Na，Sr，Ba，Ca 等变质可有效地细化共晶硅。

（1）变形铝合金

变形铝合金的旧牌号（GB3190—1982）将其分为防锈铝合金、硬铝合金、超硬铝合金和锻铝合金。并分别采用汉语拼音字母加顺序号（数字）表示，代表上述四种变形铝合金的字母分别为：LF（防锈铝），LY（硬铝），LC（超硬铝），LD（锻铝）。例如，LY11 表示 11 号硬铝，LD5 表示 5 号锻铝。为与国际接轨，新牌号（GB/T3190—1996）采用了四位数字体系和四位字符体系牌号。部分变形铝合金新旧牌号对照及杂质质量分数见表 10.22。

表 10.22　部分变形铝合金的新旧牌号对照及杂质成分

新牌号 （GB/T3190—1996）	旧牌号 （GB3190—1982）	质量分数/%					
		w_{Cu}	w_{Mg}	w_{Mn}	w_{Fe}	w_{Si}	其　他
2A01	LY1	2.2～3.0	0.2～0.5	<0.2	<0.5	<0.5	Ti：0.03～0.15 Be：0.001～0.005
2A02	LY2	2.6～3.2	2.0～2.4	0.45～0.7	<0.3	<0.3	
2A11	LY11	3.8～4.8	0.4～0.8	0.4～0.8	<0.7	<0.7	
2A12	LY12	3.8～4.9	1.2～1.8	0.3～0.9	<0.5	<0.5	
6A02	LD2	0.2～0.6	0.45～0.9	0.15～0.35 （或 Cr）	<0.5	0.5～1.2	Ti：0.15
2A50	LD5	1.8～2.6	0.4～0.8	0.4～0.8	<0.7	0.7～1.2	Ti：0.15
2B50	LD6	1.8～2.6	0.4～0.8	0.4～0.8	<0.7	0.7～1.2	Cr：0.01～0.2 Ti：0.02～0.1
2A14	LD10	3.9～4.8	0.4～0.8	0.4～1.0	<0.7	0.6～1.2	Ti：0.15
7A03	LC3	1.8～2.4	1.2～1.6	<0.1	<0.5	<0.5	Zn：6.0～6.7 Cr：<0.05 Ti：0.02～0.08
7A04	LC4	1.4～2.0	1.8～2.8	0.2～0.6	<0.5	<0.5	Zn：5～7 Cr：0.1～0.25
7A10	LC10	0.5～1.0	3.0～4.0	0.2～0.35	<0.3	<0.3	Zn：3.2～4.2 Ti：<0.05
5A02	LF2	0.1	2.0～2.8	0.15～0.4	<0.4	<0.4	Ti：0.15
5A05	LF5	0.1	4.8～5.5	0.3～0.6	—	—	Zn：0.2
3A21	LF21	0.2		1.0～1.6	<0.6	<0.7	Ti：0.15

相同牌号的铝及铝合金,状态不同时,力学性能不相同。按照 GB/T16475—1996《变形铝和铝合金状态代号》标准,基础代号、名称及说明与应用见表 10.23。其中热处理状态(T)、加工硬化状态(H)等后面的数字表示细分状态。例如,T4 表示固溶处理后自然时效状态,T5 表示高温成形冷却后再人工时效状态,T6 表示固溶处理后人工时效状态等。关于细分状态代号的说明与应用本书未列出,可参阅 GB/T16475—1996。

表 10.23　基础代号、名称及说明与应用(GB/T16475—1996)

代　号	名　　称	说　明　与　应　用
F	自由加工状态	适用于在成型过程中,对于加工硬化和热处理条件无特殊要求的产品,该状态产品的力学性能不作规定
O	退火状态	适用于经完全退火获得最低强度的加工产品
H	加工硬化状态	适用于通过加工硬化提高强度的产品,产品在加工硬化后可经过(也可不经过)使强度有所降低的附加热处理,H 代号后面必须 跟有两位或三位阿拉伯数字
W	固溶热处理状态	一种不稳定状态,仅适用于经固溶热处理后,室温下自然时效的合金,该状态代号仅表示产品处于自然时效阶段
T	热处理状态(不同于 F,O,H)	适用于热处理后,经过(或不经过)加工硬化达到稳定状态的产品,T 代号后面必须跟有一个或多位阿拉伯数字

①硬铝　硬铝属于 Al-Cu-Mg 系或 Al-Cu-Mg-Mn 系合金,几种不同牌号硬铝的质量分数见表 10.22。Al-Cu-Mg 系等温截面如图 10.23。由图可知,在 500 ℃(实线)时,铝基固溶体 α 相可溶解较多铜和镁,在 200 ℃(虚线)时,α 相溶解的铜和镁数量显著减小。

几种硬铝的成分范围如图 10.23 所示,由图可知硬铝 2A02 的强化相为 S($CuMgAl_2$)相,2A11 和 2A12 的强化相为 θ($CuAl_2$)相+S 相。与 θ 相相比,S 相具有更高的稳定性和沉淀硬化效果。以 S 为强化相的 2A02 硬铝具有优良的耐热性。Mg/Cu 高的 2A12 硬铝主要以 S 为强化相,合金具有高强度和硬度。2A11 硬铝的 Mg/Cu 低,以 θ 为主要强化相,合金具有中等强度和较好塑性。硬铝中 2A12 应用最广,该合金经 495 ~ 503 ℃ 固溶处理加自然时效会形成 G. P. 区和析出过渡相 S″使合金强度显著提高,时效 4 天后合金的力学性能指标 σ_b = 450 MPa,$\sigma_{0.2}$ = 320 MPa,δ = 17%,ψ = 30%。若合金在 150 ℃使用,需采用 185 ~ 195 ℃人工时效。硬铝抗蚀性差,为提高其抗蚀性,通常在硬铝表面通过热轧包一层纯铝,称之为包铝。2A12 包铝板材具有很高抗蚀性,可用于制造飞机蒙皮、桁条、梁及动力骨架等。

②超硬铝　属于 Al-Zn-Mg-Cu 系的超硬铝合金是在 Al-Zn-Mg 三元系基础上发展起来的。几种不同牌号超硬铝的成分见表 10.22。由于组元间的相互作用,Al-Zn-Mg 三元系存在一系列新相,除二元相 Mg_5Al_8,$Mg_{17}Al_{12}$,MgZn、$MgZn_2$(η)等之外,尚可形成三元相 $Al_2Mg_3Zn_3$(T 相)。其中 η-$MgZn_2$ 和 T-$Al_2Mg_3Zn_3$ 在铝中的溶解度均很大,固溶后在低温时效时具有强烈的时效硬化效应。当锌和镁的质量分数等于 9% 时具有最高的抗拉强度。超过此值后,因晶界析出网状脆性相而使合金脆化。超硬铝合金对应力腐蚀较敏感,铜、锰、铬的加入可提高合金抗蚀性。铜能降低晶内和晶间的电位差,使腐蚀过程均匀,因而提高抗蚀性。此外,铜的加入还可形成 S-$CuMgAl_2$ 相作为沉淀强化相,并使沉淀

相细化,使合金的强度和塑性得到提高。铬、锰的加入使晶粒细化和变长(晶粒长短轴比约为6∶1),延长晶间腐蚀的途径,减缓应力腐蚀倾向。也可采用对合金外表面加包铝层,使超硬铝合金不与腐蚀介质接触,防止应力腐蚀。由于超硬铝合金的电位比纯铝低,故应采用电极电位更低的 $w_{Zn}=1\%$ 的 Al-Zn 合金作包铝层。超硬铝一般经人工时效后使用。7A04(LC4)型材的固溶温度为455~480 ℃,采用两次时效制度:120±5 ℃×3 h+160±5 ℃×3 h,可形成 G.P. 区和 η′相,合金获得最大强化效果,$\sigma_b>490$ MPa,$\sigma_{0.2}=410$ MPa,$\delta>7\%$。适合制作承受高载荷零部件,如飞机大梁、起落架等。

③锻铝　锻铝合金属于 Al-Mg-Si-Cu 系,加入镁和硅的主要目的是形成主要强化相 $Mg_2Si(\beta)$。由 Al-Mg_2Si 伪二元相图可知在 595 ℃,Mg_2Si 在 Al 中的固溶度可达1.95%,随温度下降,固溶度显著减少,如图 10.24。故淬火后进行时效,可形成 G.P. 区和过渡相 β″,使合金得到强化。铜的加入还可形成 $\theta(CuAl_2)$ 相、$S(CuMgAl_2)$ 相和 $W(Cu_4Mg_5Si_4Al)$ 相,进一步增加时效强化作用。锰的加入可起固溶强化作用和增加抗蚀性。

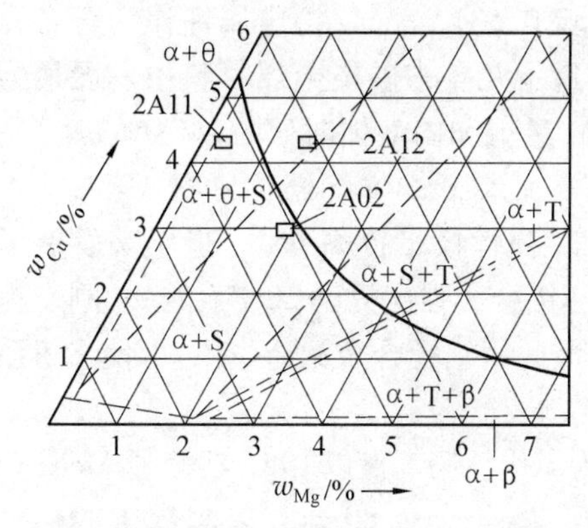

图 10.23　Al-Cu-Mg 系等温截面(铝角)

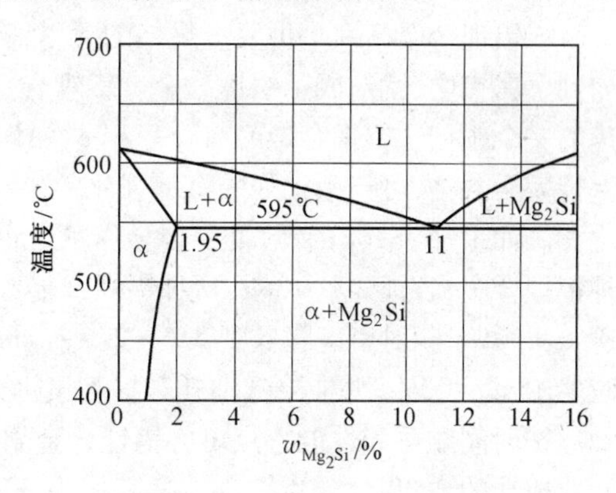

图 10.24　Al-Mg_2Si 伪二元相图

锻铝合金具有优良工艺性能,可进行锻造、轧制、挤压、冲压,并可进行时效强化,主要用于中、高载荷的锻件和模锻件。部分锻铝的牌号和质量分数见表 10.22。6A02(LD2)的铜含量较低,主要强化相为 β 相,其强度比其他锻铝低,但具有优良的塑性,模锻件经淬火加人工时效后的主要力学性能指标,$\sigma_b=330$ MPa,$\delta_5=16\%$,HBW 为 95,可锻制形状复杂的中等载荷的锻件和模锻件。2A14(LD10)的含铜量较高,主要强化相为 θ 相与 β 相,还有少量 $S(CuMgAl_2)$ 相,是锻铝中强度最高的品种。2A14 模锻件经500±5 ℃固溶处理和165 ℃人工时效 6~15 h 后,主要力学性能指标 $\sigma_b=480$ MPa,$\delta_5=19\%$,HBW 为 135,可锻制高载荷锻件和模锻件。

④防锈铝合金　防锈铝合金属于 Al-Mg,Al-Mn 系铝合金。Al-Mg 二元相图铝角,如图 10.22 所示,虽然镁在铝中最大溶解度高达 17.4%,但由于脱溶相 Mg_5Al_8 析出缓慢且时效硬化作用不显著,镁只起固溶强化作用,属于不可热处理强化的铝合金。$w_{Mg}<5\%$ 的合金在退火状态下可获得过饱和单相固溶体。Al-Mg 系防锈铝合金的主要性能特点是密度小、塑性高、强度低,并具有优良抗蚀性和焊接性,故在工业上得到广泛应用。经 390~420 ℃热透,保温 0.5 h 后空冷的完全退火状态的 5A02(LF2)合金的 $\sigma_b\approx200$ MPa,$\delta=17\%$,所获得的组织成分均匀,耐腐蚀性好。

3A21(LF21)合金属于 Al-Mn 系，w_{Mn} = 1.0% ~1.6%。由图 10.25 可知 3A21 合金退火状态的组织为 $\alpha+MnAl_6$。锰的作用主要产生固溶强化，此外 $MnAl_6$ 弥散分布可细化晶粒和起到一定弥散强化作用。由于 $MnAl_6$ 与基体的电极电位相近，所以腐蚀电流很小，合金也具有较高抗蚀性，在大气和海水中的抗蚀性与纯铝相当。冷轧状态和冷轧后进行 250 ~ 280 ℃低温退火状态的合金的抗拉强度分别为 216 MPa 和 127 MPa。3A21 合金在航空工业中主要用于深冲加工且受力不大的工件，如油箱、铆钉、导管以及建筑构件等。

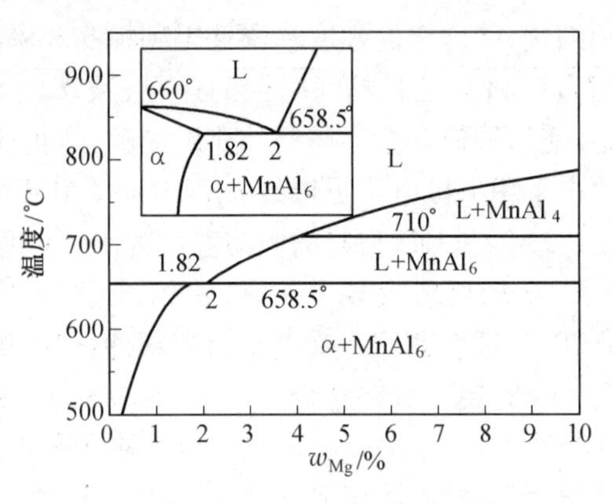

图 10.25 Al-Mn 二元相图铝角

⑤铝锂合金 锂是世界上最轻的元素，密度仅 0.531 g/cm^3，把金属锂作为合金元素加到金属铝中，就形成了铝锂合金。铝锂合金是近十几年来航空金属材料中发展最为迅速的一个领域。铝锂合金系有介稳相 $\delta'-Al_3Li$，在过饱和固溶体时效时，$\delta'-Al_3Li$ 与基体保持完全共格，可产生很强的沉淀强化效果。如果加入 Mg，Cu 等还可生成 Al_2MgLi 等强化相。如果加入 1% 的锂，可使合金密度下降 3%，弹性模量提高 6%。近年来发展了一种铝锂合金，含锂 2% ~3%，这种铝锂合金比一般铝合金强度提高 20% ~24%，刚度提高 19% ~30%，相对密度降低到 2.5 ~2.6 g/cm^3。因此用铝锂合金制造飞机，可使飞机质量减轻 15% ~20%，并能降低油耗和提高飞机性能。

按时间顺序和性能特点可将铝锂合金划分为 3 代。第 1 代以 1957 年美国 Alcoa 公司研究成功的 2020 合金为代表。第 2 代为 20 世纪 70 年代至 80 年代发展起来的铝锂合金，其中美国的 2090、英国的 8090 和前苏联的 1420 是具有代表性的铝锂合金，具有密度低、弹性模量高等优点，都已获得了一定的应用。进入 20 世纪 90 年代以后，人们针对第 2 代铝锂合金本身存在的各向异性、不可焊、塑韧性及强度水平较低等问题，开发出了具有特殊优势的第 3 代新型铝锂合金。其中的高强可焊合金和低各向异性合金是第 3 代铝锂合金的发展方向。如高强可焊的 Weldalite 系列合金，低各向异性的 AF/C489 合金，高韧的 2097 合金，高抗疲劳裂纹的 C-155 合金及超轻的 8024 Al-Li-Zr 合金(1999 年注册)等。

在合金成分设计上，新型铝锂合金降低了 Li 的含量，增加了 Cu 的含量，并且添加了一些新的合金化元素 Ag，Mn，Zn 等；在性能水平上，新型铝锂合金较以往铝锂合金都有了较大幅度的提高，其中尤以低各向异性铝锂合金和高强可焊铝锂合金最引人注目。由于含 Sc 铝合金具有优异的性能，因此在铝锂合金中添加 Sc 成为新型铝锂合金的一个发展方向。

新型铝锂合金性能优异，例如，Weldalite049 合金固溶处理后进行 180 ℃×15 h 人工时效(T6)，其主要力学性能指标为 $\sigma_{0.2}$ = 692 MPa，σ_b = 731 MPa，δ = 3%，E = 75 ~80 GPa，密度为 2.72 g/cm^3。其他部分铝锂合金的质量分数和性能见表 10.23。

表 10.23 部分铝锂合金的质量分数和性能

合金	质量分数/%						热处理状态	力学性能					密度/ g/cm^3
	w_{Cu}	w_{Li}	w_{Mg}	w_{Zr}	其他	w_{Al}		$\sigma_{0.2}$/ MPa	σ_b/ MPa	δ/ %	K_{Ic}/ $MPa \cdot m^{1/2}$	E/ GPa	
X2020	4.5	1.0	—	—	0.5Mn, 0.2Cd	余量	T6	531	579	3	—	77.2	—
8090-CP271	1.0 ~ 1.6	2.2 ~ 2.7	0.6 ~ 1.3	0.04 ~ 0.16	—	余量	T6	445	555	7	37	81.2	2.52 ~ 2.54
2090	2.4 ~ 3.0	1.9 ~ 2.6	0.25	0.08 ~ 0.15	—	余量	T8	530	569	7.9	42.5	79.9	2.57
2095	3.9 ~ 4.6	0.7 ~ 1.5	0.25 ~ 0.8	0.04 ~ 0.18	0.25 ~ 0.6Ag	余量	T6	667	700	8	—	79	2.72
1460	2.7 ~ 3.3	1.8 ~ 2.3	0.2	0.08 ~ 0.14	0.05 ~ 0.14Sc 0.005 ~ 0.15Ce	余量	T6	490	570	8	—	80	2.59 ~ 2.6

注:T6 淬火加完全人工时效。

(2)铸造铝合金

铸造铝合金应有较高的流动性,较小的线收缩,热裂倾向要小,并且有足够的强度和较高抗蚀性。由于共晶合金或合金中具有一定量的共晶组织,因此具有优良的铸造性能。铸造铝合金中合金元素的含量一般比变形铝合金要高。常用铸造铝合金的牌号、代号、质量分数、处理状态、力学性能和用途见表 10.24。合金牌号中 Z 表示铸造,Al 表示基本元素铝的元素符号,其余字母表示合金元素符号;其后数字表示元素的平均质量分数(%),A 表示优质。合金代号意义如下:ZL 表示铸造铝合金,其后的第一个数字表示合金系,其中 1,2,3,4 分别表示铝硅、铝铜、铝镁、铝锌系合金,第二三个数字表示顺序号。例如,牌号为 ZAlCu5MnA 的铸造铝合金其代号为 ZL201A。代号中“ZL”表示铸造铝合金 、“2”表示铝铜系、“01”表示顺序号,A 表示优质,其主要质量分数为 $w_{Cu}=4.5\% \sim 5.3\%$,$w_{Mn}=0.6\% \sim 1.0\%$ 的铸造铝合金。

为了满足铸件使用性能的要求,经常对铸造铝合金件进行相应的热处理,以改善铸造铝合金的力学性能,提高抗蚀性和尺寸稳定性等。常用热处理形式有:

T1,即人工时效,主要目的是改善零件切削加工性;

T2,即退火,主要目的是消除铸造应力、消除机械加工引起的加工硬化,提高合金塑性;

T4,即淬火(实际是淬火+自然时效),主要目的是提高具有可时效硬化合金的强度和硬度,以及提高 100 ℃以下工作的 Al-Mg 系铸造用铝合金零件的抗蚀性;

T5,即淬火+部分人工时效,主要目的是为了得到足够的强度,并保持良好的塑性;

T6,即淬火+完全人工时效,主要目的是为了获得最大的强化效果;

T7,即淬火+稳定化退火,对较高温度下工作的零件,在接近其工作温度下回火,以提高尺寸稳定性和保持较高强度;

T8,即淬火+软化退火,退火温度高,主要目的是降低合金硬度,提高塑性。

表 10.24　常用铸造铝合金的牌号、代号、质量分数、处理状态、力学性能和用途

新牌号 GB/T1173—1995	代号	主要质量分数/%						热处理代号	力学性能			应用举例
		w_{Si}	w_{Cu}	w_{Mg}	w_{Zn}	其他	w_{Al}		σ_b/MPa	δ/%	HBW	
ZAlSi12	ZL102	10 ~ 13	<0.6	<0.05	<0.3	<0.5 Mn	余量	T2	140 ~ 150	3.0 ~ 4.0	50	形状复杂 200 ℃以下的低负荷零件
ZAlSi7Mg	ZL101	6 ~ 8	—	0.2 ~ 0.4	—	—	余量	T5	200 ~ 210	2.0	60	形状复杂中等负荷的零件
								T6	230	1.0	70	
ZAlSI7Cu4	ZL107	6.5 ~ 7.5	3.5 ~ 4.5				余量	T6	250 ~ 280	2.5 ~ 3.0	90 ~ 100	工作温度在 225 ℃以下汽缸、油泵壳体等
ZAlSi5Cu1Mg	ZL105	4.5 ~ 5.5	1.0 ~ 1.5	0.35 ~ 0.6	<0.2	<0.5 Mn	余量	T5	200 ~ 240	0.5 ~ 1.0	70	
ZAlSi5Cu6Mg	ZL110	4.0 ~ 6.0	5.0 ~ 8.0	0.2 ~ 0.5			余量	T1	130 ~ 150		80	在较高温度下工作的零件如活塞等
ZAlSi12Cu1Mg1Ni1	ZL109	11 ~ 13	0.5 ~ 1.5	0.8 ~ 1.5		0.5 ~ 1.5 Ni	余量	T1	200	0.5	90	
								T6	250	—	100	
ZACu4	ZL203	<1.5	4.5 ~ 5.0	<0.03	<0.1	<0.1 Mn	余量	T5	220	3	70	200 ℃以下,中等负荷形状简单零件
ZAlCu5MnA	ZL201	<0.3	4.5 ~ 5.3	<0.05	<0.1	0.6 ~ 1.0Mn 0.15 ~ 0.35Ti	余量	T4	300	8	70	在 175 ~ 300 ℃以下温度工作的零件
								T5	340	4	90	
ZAlMg10	ZL301	<0.3	<0.1	9.5 ~ 11.5	<0.1	<0.1 Mn	余量	T4	280	9	60	耐腐蚀,能承受较大震动载荷的零件
ZAlMg5Si1	ZL303	0.8 ~ 1.3	<0.1	4.5 ~ 5.5	<0.2	0.1 ~ 0.4Mn	余量		147	1	55	耐腐蚀的低载荷的零件
ZAZn11Si7	ZL401	6.0 ~ 8.0	—	0.1 ~ 0.3	9.0 ~ 13.0	—	余量	T1	200	2	80	200 ℃以下,形状复杂的零件及压铸件
ZAlZn6Mg	ZL402	—	—	0.3 ~ 0.8	5.0 ~ 7.0	0.3 ~ 0.8 Cr	余量	T1	220 ~ 240	4	65 ~ 70	

①铝硅系铸造合金　铝硅系铸造合金是应用最广泛的铸造铝合金,包括简单铝硅合金和特殊铝硅合金。Al-Si 相图如图 10.26 所示。硅在铝中最大溶解度只有 1.65%,而且脱溶转变既无 G.P. 区又无过渡相,故二元铝硅合金属于不能热处理强化的合金。

ZAlSi12 属于简单铝硅合金,具有共晶成分,有很好的流动性,补缩能力强,热裂倾向小,适合制作形状复杂的 200 ℃以下应用的低负荷零件。未变质合金的显微组织为少量

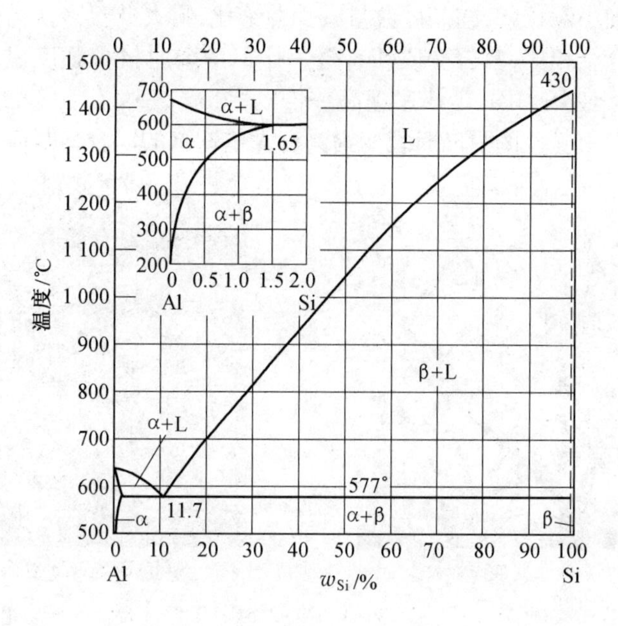

图 10.26 Al-Si 二元相图

初晶硅+粗大针片状共晶体,力学性能差。若采用钠、锶等变质剂变质处理,除了可使共晶硅细化为细粒状外,还会对 Al-Si 二元相图产生影响,使共晶点右移,共晶合金具有亚共晶组织,如图 10.27 所示。变质处理使 $w_{Si}=13\%$ 的 Al-Si 合金的抗拉强度由 125 MPa 提高到约 195 MPa,延伸率由 2% 提高到 13%。

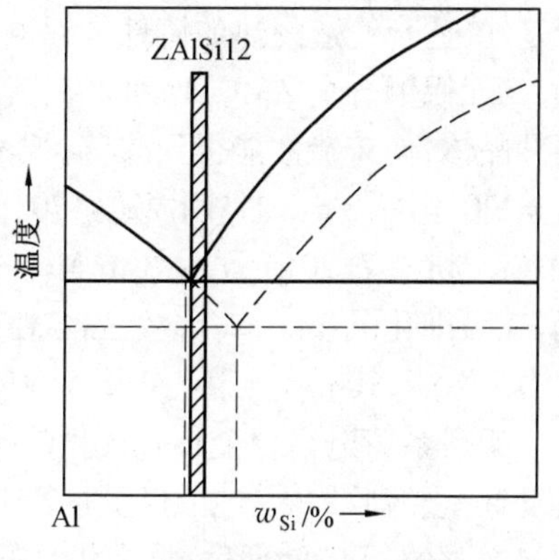

图 10.27 变质处理对 Al-Si 相图的影响
——未变质 ---变质

对二元铝硅合金进行合金化,例如加入 Cu,Mg,Ni 等,可获得特殊铝硅合金,在保持较好铸造性的同时,还可形成 $CuAl_2$,Mg_2Si,Al_2CuMg 多种强化相。特殊铝硅合金还可通过淬火加时效(T5,T6)处理,使合金力学性能得到进一步提高。例如,ZAlSi7Cu4 经淬火和完全人工时效,由于析出与母相共格的 $CuAl_2$ 的过渡相 θ″相,使抗拉强度比简单铝硅合金 ZAlSi12 提高近一倍,$\sigma_b=250\sim280$ MPa,$\delta=2.5\%\sim3\%$,适合制作较高负荷并在 225 ℃以下工作的汽缸、油泵壳体等零部件。

过共晶铝硅合金是一种新型汽车和摩托车类活塞用合金,为获得低的线膨胀系数和优良的耐磨性,硅质量分数已增高到 20% 以上。为提高高温强度常采用 Fe,Mn,Ni,Ce 等合金化。Al-21Si-1.5Cu-1.5Ni-2.5Fe-0.5Mg 合金的铸态组织,如图 10.28(a)所示,初晶硅呈粗大多边形块状,共晶硅呈粗大针片状,富铁相呈粗大针状,使力学性能和切削性变坏,所以必须进行变质处理。采用 P,Ce 变质可有效细化初晶硅,采用 Sr,Na,Sb 等变质对细化共晶硅有利,其中 Sr 的效果最佳。如果采用 P+Sr+Ce 复合变质,可同时细化初晶硅与共晶硅,并改善富铁形态,变质组织如图 10.28(b)所示。由图 10.28(b)可知共晶硅数量增多并成为细小颗粒状，初晶硅数量减少并细化，粗大针状富铁相变为富铁富铈鱼骨状相。与未变质合金相比，复合变质使合金 300 ℃的瞬时抗拉强度提高 29%，室温抗拉强度提高 30%，σ_b=245 MPa，延伸率提高一倍以上，δ=3.5%。拉伸断口的 SEM 分析表明复合变质使断口由脆性的沿晶断裂变为具有大量韧窝的混合状断口。

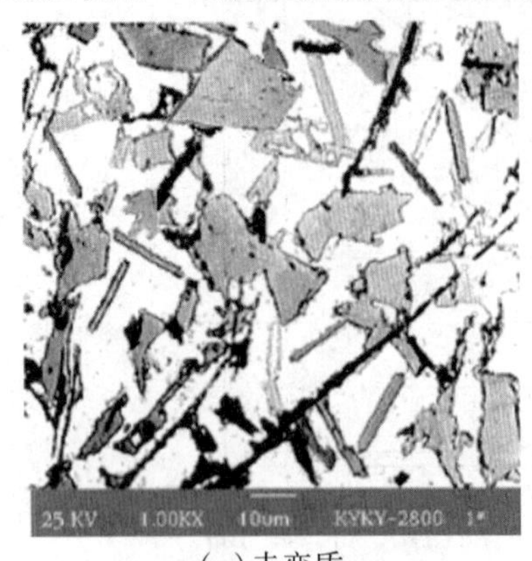

(a)未变质

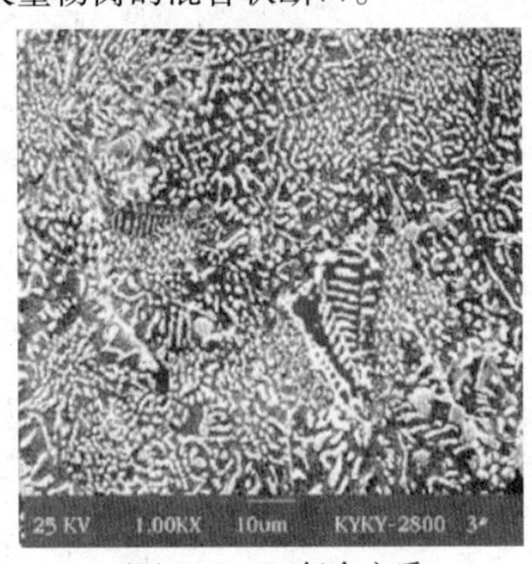

(b)P+Sr+Ce 复合变质

图 10.28　Al-21Si-1.5Cu-1.5Ni-2.5Fe-0.5Mg 合金的铸态组织

②其他铸造铝合金　铝铜系铸造铝合金的主要强化相为 $CuAl_2$，具有较高强度和热稳定性，适合铸造耐热的铸件。铝铜合金由于铜含量较高，铸造性变差，耐蚀性降低。例如，二元铝铜合金 ZAlCu4(ZL203)流动性差，热裂倾向大，需加入一定量硅，形成一定量的共晶体，使铸造性能得到改善。ZAlCu4 铸件经固溶处理加部分人工时效(T5)处理后，σ_b=220 MPa，δ=3%，HBW 为 70，适合制造在 200 ℃以下使用的中等负荷的零件。ZAlCu5MnA(ZL201)为 Al-Cu-Mn 系合金，锰可起到固溶强化和提高高温力学性能的作用，钛可细化晶粒。该合金经固溶处理加部分人工时效(T5)处理后，具有较高的室温与高温力学性能，其中 σ_b=340 MPa，δ=4%，HBW 为 90，适合制作在 300 ℃以下工作的零部件。

铝镁系铸造铝合金具有优良的抗蚀性，并且比重小、强度和韧性较高，但铸造性不好，流动性差、线收缩大、热强度低。ZAlMg10(ZL301)含镁量高具有优良抗蚀性，经固溶处理加自然时效(T4)处理后，具有优良的综合力学性能，其 σ_b=280 MPa，δ=9%、HBW 为 60，适合制作耐腐蚀，能承受较大震动载荷的零件。

铝锌系铸造合金铸造工艺性能好，价格便宜，铸态下具有较高强度，可不经热处理直接使用，但密度大、耐蚀性差。其力学性能见表 10.24。适合制作 200 ℃以下且形状复杂的零件及压铸件。

铝稀土系合金中加入适量的合金元素，如 Cu，Ni，Mn，Cr，Ti 等进行合金化，可显著提高高温持久强度，使铝稀土系合金的工作温度可进一步提高到 350～400 ℃，但其室温强度与塑性较低。目前铝稀土系合金还未纳入 GB/T1173—1995 标准中。

10.3.2　铜及铜合金

铜是人类最早使用的金属材料，自然界中有单质铜存在。墓葬考古发现，早在 6000 年前的史前时期，埃及人就已使用了铜器。铜虽然是一种古老的金属，但由于铜具有许多优异的特性和功能，如高导电性和导热性，良好的抗腐蚀能力，优良的铸造性能和冷热加工性能，所以至今仍然被广泛应用。工业中广泛应用的铜及铜合金有工业纯铜、黄铜、青铜和白铜。

1. 纯铜

纯铜是玫瑰红色金属，表面形成氧化铜膜后，外观呈紫红色，故常称为紫铜。铜为面心立方金属，无同素异构转变，无磁性，密度为 8.9 g/cm³，熔点为 1 083 ℃。纯铜主要用于制作电工导体以及配制各种铜合金。工业纯铜中含有 Sn，Bi，O，S，P 等杂质，使铜的导电能力下降。Pb 和 Bi 能与铜形成熔点很低的共晶体（Cu+Pb）和（Cu+Bi），共晶温度分别为 326 ℃和 270 ℃，分布在铜的晶界上。进行热加工时（温度为 820～860 ℃），因共晶体熔化，破坏晶界的结合，使铜发生热脆现象。S，O 与 Cu 也形成共晶体（$Cu+Cu_2S$）和（$Cu+Cu_2O$），共晶温度分别为 1 067 ℃和 1 065 ℃，因共晶温度高，它们不引起热脆性。但由于 Cu_2S，Cu_2O 都是脆性化合物，在冷加工时易产生冷脆。

根据 GB/T466—1982 可将铜分为冶炼铜和加工铜。冶炼铜的代号采用化学元素符号结合顺序号表示，元素符号与顺序号中间划一横线，金属纯度随顺序号增加而降低。冶炼铜有两个牌号即纯度大于 99.95% 的一号铜（代号为 Cu-1）和纯度大于 99.90% 的二号铜（代号为 Cu-2）。Cu-1 适用于电解铜，供熔铸铜线锭、铜锭、铜棒和铸造合金用；Cu-2 适用于电工用铜线锭，供压延导电线材、铜棒和型材用。

加工铜分为纯铜、无氧铜、脱氧铜和银铜，其组别、牌号、代号、质量分数及用途见表 10.25。纯铜有三个牌号即一号铜、二号铜和三号铜，代号为 T1，T2 和 T3。T1 和 T2 纯度较高，含氧较低，用于导电合金和配制高纯合金。T3 含氧较高用做一般铜材等。其中含氧低（w_O<0.01%）的称无氧铜，有两个牌号，即一号无氧铜和二号无氧铜，代号为 TU1 和 TU2，用做电真空器件等。磷脱氧铜共有两个牌号，即一号脱氧铜和二号脱氧铜，代号为 TP1，TP2，主要用于焊接铜材。

表 10.25　加工铜的组别、牌号、质量分数及用途

组别	牌号	代号	质量分数/%			用　途
			w_{Cu+Ag}	其　他	杂质总和	
纯铜	一号铜	T1	≥99.95		≤0.05	①导电和高纯度合金用
	二号铜	T2	≥99.90		≤0.10	②导电用
	三号铜	T3	≥99.70		≤0.30	③一般用
无氧铜	一号无氧铜	TU1	≥99.97		≤0.03	电真空器件和仪器、仪表用
	二号无氧铜	TU2	≥99.95		≤0.05	
磷脱氧铜	一号脱氧铜	TP1	≥99.90	P：0.005-0.012	≤0.10	焊接铜材，用于热交换器冷凝管等
	二号脱氧铜	TP2	≥99.98	P：0.013-0.050	≤0.15	
银铜	0.1 银铜	TAg0.1	Cu≥99.95	Ag：0.06-0.12	≤0.30	

2. 铜合金

（1）铜的合金化与分类

根据铜的化学成分可将铜分为黄铜、青铜和白铜三大类，其中以锌为主要元素的铜合金称为黄铜，以镍为主要元素的铜合金称为白铜，除锌和镍以外的其他元素作为主要合金元素的铜合金为青铜。

工业纯铜强度低,采用冷作硬化的方法可使强度大幅度提高,但延伸率急剧下降。因此为满足制作结构件的要求必须对铜进行合金化。通过合金化可实现固溶强化、时效硬化、过剩相强化。常用于固溶强化的元素有 Zn,Al,Sn,Mn,Ni,Si 等,它们在铜中的固溶度均在 6% 以上,具有较好的固溶强化效果,其中 Sn,Sb 固溶强化效果最佳,Mn,Ni,Si,Al,Zn 次之。铜中固溶少量杂质元素会强烈降低铜的导电性,所以杂质含量高的纯铜或铜合金不宜用作要求高导电性的元件。

许多元素在固态铜中的溶解度随温度的降低急剧减小,如 Be,Ti,Zr,Cr 等。这些铜合金的过饱和固溶体时效时可发生脱溶反应,能形成 G. P. 区或析出与母相共格的过渡相,具有很强的时效硬化效应。例如,$w_{Be}\approx 2\%$ 的铍青铜的强化相为电子化合物 CuBe,淬火后冷轧再人工时效抗拉强度可达 1 200 MPa。此外,含镍的硅青铜、含锆的铬青铜等也具有 Ni_2Si,Cr_2Zr 等时效强化相。

过剩相强化在铜合金中应用也十分普遍,例如双相黄铜中的 CuZn、锡青铜中的 $Cu_{31}Sn_8$ 等均有较高的过剩相强化作用。

(2)黄铜

黄铜是铜与锌的合金,Cu-Zn 二元相图,如图 10.29 所示。包晶温度(903 ℃)下,锌在铜中的固溶体度较多,$w_{Zn}=32.5\%$,在 456 ℃固溶的锌最多,$w_{Zn}=39.0\%$。在 α 固溶体中,铜锌原子比为 3∶1 时可形成有序固溶体 Cu_3Zn,Cu_3Zn 有两个变体 α_1 和 α_2。由于 α 固溶体高温和室温均有较高塑性,所以单相黄铜具有良好冷热加工性能。β 相为电子化合物 CuZn,高温时塑性好,可以采用热加工成型,456 ~ 468 ℃进行有序化转变,形成的 β′ 有序相,脆性大,故双相黄铜不宜进行冷变形。

黄铜具有良好力学性能和优良抗大气、海水腐蚀的能力,而且具有价格便宜、易加工成型、色泽美丽等优点,是应用最广的有色金属材料。黄铜产品既可铸造又可压力加工完成。

锌对铸态黄铜力学性能的影响如图 10.30 所示。单相黄铜随锌质量分数的增高,其强度与硬度不断升高,锌质量分数为 30% 时综合力学性能最佳;双相黄铜随锌质量分数的增高,强度不断升高,但塑性急剧降低;含锌量进一步增高,合金为单相 β(CuZn),会产生脆性,使合金性能变坏,所以黄铜中锌的质量分数一般不超过 45%。

根据 GB/T1176—1987,铸造铜合金牌号中:Z 为铸造;Cu 为基体铜的元素符号;其余字母表示主要合金元素符号;其后数字表示元素的平均质量分数。常用铸造黄铜牌号、质量分数、力学性能及用途见表 10.26。例如,ZCuZn31Al2 表示 $w_{Zn}\approx 31\%$,$w_{Al}\approx 2\%$ 的铸造铝黄铜(31-2 铝黄铜)。

常用加工黄铜的主要质量分数、牌号和代号见表 10.27。最简单的黄铜是 Cu-Zn 二元合金,称为简单黄铜或普通黄铜。H 代表加工黄铜,其后的数字代表铜的平均质量分数。H96,H90,H85,H80 有良好导电性、导热性、耐蚀性,适中的强度,优良的塑性,可用作冷凝器和散热器。H70,H68 强度高且塑性好,用于深冲、深拉件,如散热气外壳、导管、炮弹壳等。H59,H62 为双相黄铜,可经受热压力加工,用于制造销钉、螺帽、导管等零件。

表 10.26　常用铸造黄铜牌号、质量分数、力学性能及用途

新合金牌号（GB1176—1987）	主要质量分数/%			铸造方法	机械性能			应用举例
	w_{Zn}	w_{Cu}	其他		σ_b/MPa	δ/%	HBW	
ZCuZn38	余量	60～63	Fe<0.8 Al<0.5	S(砂型) J(金属型)	295 295	30 30	59 69	五金件、热交换器、动力汽缸与衬套等
ZCuZn25Al6Fe3Mn3	余量	60～66	Al:4.5～7.0 Fe:2.0～4.0 Mn:1.5～4.0	S J	725 740	10 7	157 167	重载下的螺母、涡杆、滑块、涡轮等零件
ZCuZn31Al2	余量	66～68	Al:2.0～3.0 Fe<0.8	S J	295 390	12 15	79 89	造船及机器制造中的耐腐蚀零件
ZCuZn40Mn2	余量	57～60	Mn:1.0～2.0	S J	345 390	20 25	79 88	在空气、淡水、海水、蒸汽（小于 300 ℃）和各种液体燃料中工作的零件，如阀体、阀杆等
ZCuZn40Mn3Fe1	余量	53～58	Mn:3.0～4.0 Fe:0.5～1.5	S J	450 500	15 10	100 110	耐海水腐蚀的零件，如船舶的螺旋桨等铸件
ZCuZn40Pb2	余量	58～63	Pb:0.5～2.5 Al:0.2～0.8	S J	200 250	10 20	80 90	制造高耐磨、耐腐蚀零件，如衬套、齿轮等
ZCuZn33Pb2	余量	63～67	Pb:1.0～3.0 Fe<0.8	S	180	12	49	
ZCuZn16Si4	余量	79～81	Si:2.5～4.5 Fe<0.6	S J	360 390	15 20	88 98	接触海水工作的管件、水泵等，在 250 ℃以下蒸汽中工作的铸件

表 10.27　常用加工黄铜的质量分数、牌号和代号

组别	牌号	代号	主要质量分数/%			杂质总和/%
			w_{Cu}	w_{Zn}	其他合金元素	
普通黄铜	96 黄铜	H96	95.0～97.0	余量		≤0.2
	90 黄铜	H90	88.0～91.0			≤0.2
	80 黄铜	H80	79.0～81.0			≤0.3
	68 黄铜	H68	67.0～70.0			≤0.3
	62 黄铜	H62	60.5～63.5			≤0.5
	59 黄铜	H59	57.0～60.0			≤1.0
铅黄铜	63-3 铅黄铜	HPb63-3	62.0～65.0	余量	Pb2.4～3.0	≤0.75
	59-1 铅黄铜	HPb59-1	57.0～60.0		Pb0.8～1.9	≤1.0
锡黄铜	62-1 锡黄铜	HSn62-1	61.0～63.0	余量	Sn0.7～1.1	≤0.3
加砷黄铜	70-1 锡黄铜	HSn70-1	69.0～71.0	余量	Sn:0.8～1.3, As:0.03～0.06	≤0.3
铝黄铜	60-1-1 铝黄铜	HAl60-1-1	58.0～61.0	余量	Al:0.7～1.5, AS:0.1～0.6, Fe:0.7～1.5	≤0.7
	67-2.5 铝黄铜	HAl67-2.5	66～68		Al:2～3	
铁黄铜	59-1-1 铁黄铜	HFe59-1-1	57.0～60.0	余量	Fe:0.6～1.2, Al:0.1～0.5	≤0.3
	58-1-1 铁黄铜	HFe58-1-1	56.0～58.0		Mn:0.5～0.8, Sn:0.3～0.7	≤0.5

续表 10.27

组别	牌号	代号	主要质量分数/%			杂质总和/%
			w_{Cu}	w_{Zn}	其他合金元素	
锰黄铜	58-2 锰黄铜	HMn 58-2	57.0~60.0	余量	Mn:1.0~2.0	≤1.2
镍黄铜	65-5 镍黄铜	HNi 65-5	64.0~67.0	余量	Ni:5.0~6.5	≤0.3
硅黄铜	80-3 硅黄铜	HSi 80-3	79.0~81.0	余量	Si:2.5~4.0	≤1.5

黄铜易发生应力腐蚀和脱锌,脱锌是电化学腐蚀,在中性盐水溶液中,锌发生选择性溶解。双相黄铜脱锌倾向比单相黄铜大,加入微量的砷可防止脱锌。应力腐蚀又称"季裂",是在拉应力与潮湿空气或氨等腐蚀介质联合作用下发生的低应力脆断。为防止应力腐蚀开裂,冷加工后的黄铜要采用 260~300 ℃去应力退火。

为了改善黄铜的某种性能,在二元黄铜的基础上加入其他合金元素的黄铜,称为特殊黄铜。常用的合金元素有 Al,Si,Sn,Pb,Mn,Fe 与 Ni 等,分别称为铝黄铜、硅黄铜、锡黄铜等,其组别、牌号、代号和质量分数见表 10.27。特殊黄铜用 H 加第二个主加元素符号及除锌以外的成分数字组表示。例如,HAl60-1-1 为 $w_{Cu}\approx60\%$,$w_{Al}\approx1\%$,$w_{Fe}\approx1\%$ 的铝黄铜(60-1-1 铝黄铜)。

在黄铜中加铝可在合金表面生成致密氧化膜,防止进一步氧化,加入铝还提高黄铜的屈服强度和抗腐蚀性,但稍降低塑性。铝质量分数小于 4% 的黄铜除了具有良好的加工、铸造等工艺性能外,还有优良的机械性能和抗蚀性。例如,HAl60-1-1 抗拉强度可达 450 MPa,延伸率可达 15%,适合制作在海水中工作的高强度零件。

在黄铜中加入 1% 的锡能显著改善黄铜的抗海水和海洋大气腐蚀的能力,因此称为"海军黄铜"。例如,砷质量分数为 0.03%~0.06% 的 HSn70-1 的抗拉强度可达 300 MPa,延伸率可达 40%,适合制造海轮上用的管材、冷凝器(管)等。锡还能改善黄铜的切削加工性能。

铅在铜中的固溶度极低,在铅黄铜中,铅呈独立相存在,对黄铜的强度影响不大。黄铜加铅的主要目的是改善切削加工性和提高耐磨性,其中 HPb59-1 又称快削黄铜,适合于热冲压和切削方法制作零件。HPb63-3 具有很的好耐磨性,适合制作钟表零件等。

黄铜加锰可提高机械性能、耐热性能和抗海水、氯化物和过热蒸汽的腐蚀性能。例如,HMn58-2 主要用于制造海轮上的零件和电信器材等。

黄铜加硅可提高机械性能、耐磨性和抗蚀性;黄铜加镍可提高机械性能和抗蚀性;黄铜加铁主要是细化晶粒和提高力学性能。

(3)青铜

除黄铜和白铜(铜镍合金)以外的铜合金均称为青铜,按青铜成分可分为锡青铜和特殊青铜。根据特殊青铜的主加元素可将其分为铝青铜、铍青铜等。与其他铜合金一样,青铜也分为加工青铜和铸造青铜两大类。

①常用青铜　常用铸造青铜牌号、主要质量分数、力学性能及用途见表 10.28。根据 GB/T 1176—1987,铸造青铜牌号中的 Z 为铸造,Cu 为基体元素的元素符号,其余字母为主要合金元素符号,其后数字表示元素的平均质量分数。

表 10.28　常用铸造青铜牌号、主要质量分数、力学性能及用途

类别	新合金牌号（GB1176—1987）	主要成分/%						铸造方法	机械性能			应用举例
		w_{Sn}	w_{Al}	w_{Pb}	w_{Zn}	w_{Cu}	杂质及其他		σ_b/MPa	δ/%	HBW	
锡青铜	ZCuSn10P1	9.0~11.5				余量	P:0.5~1.0，杂质总合≤0.75	S J	220 250	3 2	78.5 88.5	高负荷和高滑动速度下工作的耐磨零件，如衬套、轴瓦、齿轮等
	ZCuSn10Pb5	9.0~11.0		4.0~6.0		余量	杂质总合≤1.0	S J	195 245	10 10	68.5 68.5	耐蚀、耐酸的配件以及破碎机衬套、轴瓦等
	ZCuSn10Zn2	9.0~11.0			1.0~3.0	余量	杂质总合≤1.5	S J	240 245	12 6	68.5 78.5	高负荷和小滑动速度下工作的重要零件，如阀、旋塞、泵体、齿轮等
	ZCuSn3Zn8Pb6Ni1	2.0~4.0		4.0~7.0	6.0~9.0	余量	Ni:0.5~1.5，杂质总合≤1.0	S J	175 215	8 10	59 68.5	在各种液体燃料以及海水、淡水和蒸汽（≤225 ℃）中工作的零件，如阀门和管配件
	ZCuSn3Zn11Pb4	2.0~4.0		3.0~6.0	9.0~13.0	余量	杂质总合≤1.0	S J	175 215	8 10	59 59	海水、淡水、蒸汽中，压力不大于 2.5 MPa 的管配件
	ZCuSn5Pb5Zn5	4.0~6.0		4.0~6.0	4.0~6.0	余量	杂质总合≤1.0	S J	200	13	59	较高负荷的耐磨耐腐蚀零件，如轴瓦、衬套、缸套、涡轮等
铝青铜	ZCuAl8Mn13Fe3		7.0~9.0			余量	Fe:2.0~4.0，Mn:12.0~14.5 杂质总合≤1	S J	600 650	15 10	157 167	适用于制造重型机械用轴套，以及要求强度高、耐磨、耐压零件，如法兰、阀体等
	ZCuAl8Mn13Fe3Ni2		7.0~8.5			余量	Fe:2.5~4.0，Mn:11.5~14.0 杂质总合≤1	S J	645 670	20 18	157 167	强度高耐腐蚀的重要铸件，如船舶螺旋桨、高压阀体、泵体，以及耐压、耐磨零件
	ZCuAl9Mn2		8.0~10.0			余量	Mn:1.5~2.5，杂质总合≤1	S J	390 440	20 20	84 93	耐蚀、耐磨零件及要求气密性高的铸件，如衬套、齿轮、涡轮，增压器内气封等
	ZCuAl9Fe4Ni4Mn2		8.5~10.0			余量	Fe:4.0~5.0，Ni:4.0~5.0，Mn:0.8~2.5，杂质总合≤1	S	630	16	98	强度高、耐蚀性好的重要铸件，也可用做耐磨和 400 ℃以下工作的零件，如轴承、齿轮、涡轮、阀体等
	ZCuAl10Fe3		8.5~11.0			余量	Fe:2.0~4.0，杂质总合≤1	S J	490 540	13 15	98 108	强度高、耐磨、耐蚀的重要铸件，如轴套、涡轮以及 250 ℃以下工作的管配件
铅青铜	ZCuPb30			27.0~33.0		余量	杂质总合≤1	J	60	4	25	要求高滑动速度的双金属轴瓦，减磨零件等
	ZCuPb10Sn10	9.0~11.0		8.0~11.0			杂质总合≤1	S J	180 220	7 5	65 70	中等载荷的滑动轴承、双金属轴瓦、摩擦片等

常用加工青铜的牌号、代号、主要质量分数、力学性能和用途见表 10.29。根据 GB/T 5233—1985 代号意义如下:青铜的汉语拼音字母“Q”加第一个主加元素符号及除元素铜外的成分数字组表示。

表 10.29　常用加工青铜的牌号、代号、主要质量分数、力学性能及用途

组别	牌　号	代　号	主要质量分数/%				材料状态	力学性能		应用举例
			w_{Sn}	w_{Zn}	w_{Cu}	杂质及其他		σ_b/MPa	δ/%	
锡青铜	4-3 锡青铜	QSn4-3	3.5～4.5	2.7～3.3	余量	杂质总量≤0.2	O HX8 HX9	300 500 600	38 5 1	弹簧元件、抗磁零件、化工器械等
	4-4-2.5 锡青铜	QSn4-4-2.5	3.0～5.0	3.0～5.0	余量	Pb:1.5～3.5, 杂质总量≤0.2	O HX8	≥300 ≥520	35 6	飞机、拖拉机、汽车轴承、轴承套衬垫等
	6.5-0.1 锡青铜	QSn6.5-0.1	6.0～7.0		余量	P: 0.1～0.25, 杂质总量≤0.1				
	6.5-0.4 锡青铜	QSn6.5-0.4	6.0～7.0		余量	P: 0.26～0.4, 杂质总量≤0.1	O HX8 HX9	300 500 600	38 5 1	导电好的弹簧、抗磁元件、耐磨零件等
	7-0.2 锡青铜	QSn7-0.2	6.0～8.0		余量	P:0.1～0.25, 杂质总量≤0.1				
铝青铜	5 铝青铜	QAl5	≤0.1	≤0.5	余量	Al:4.0～6.0,Mn≤0.5, Fe≤0.5,Pb≤0.03, 杂质总量≤1.6	O HX8	380 750	65 5	在海水中工作的零件
	7 铝青铜	QAl7	≤0.1	≤0.5	余量	Al:6.0～8.0,Mn≤0.5, Fe≤0.5,Pb≤0.03, 杂质总量≤1.6	O HX8	470 980	70 3	重要弹簧及弹性元件
	9-2 铝青铜	QAl9-2	≤0.1	≤1.0	余量	Al:8.0～10.0,Mn≤0.5, Fe:2.0～4.0,Pb≤ 0.03,杂质总量≤0.75	O HX8	550 900	40 5	船舶零件、耐磨及耐蚀零件
	10-3-1.5 铝青铜	QAl10-3-1.5	≤0.1	≤0.5	余量	Al:8.5～10.0,Mn:1.0～ 2.0,Fe:2.0～4.0,Pb≤ 0.03,杂质总量≤1.7	O HX8	650 900	25 8	飞机、船舶用高强度、高耐磨、抗蚀零件
铍青铜	2 铍青铜	QBe2	—	—	余量	Be:1.8～2.1,Fe≤0.15, Al≤0.15,Ni:0.2～0.4, Pb≤0.05,杂质总量≤0.5	T6 TX51	1 150 1 250	2 1.5	
	1.9 铍青铜	QBe1.9	—	—	余量	Be:1.85～2.1,Fe≤0.15, Al≤0.15,Ni:0.2～0.4, Pb≤0.05,Ti:0.1～0.25, 杂质总量≤0.5	T6 TX51	1 150 1 250	2 1.5	高级弹簧及弹性元件,特殊耐磨零件、电器转换开关、电接触器等
	1.7 铍青铜	QBe1.7	—	—	余量	Be:1.6～1.85,Fe≤0.15, Al≤0.15,Ni:0.2～0.4, Pb≤0.05,Ti:0.1～0.25, 杂质总量≤0.25	T6	1 150	3.5	

续表 10.29

组别	牌号	代号	主要质量分数/%				材料状态	力学性能		应用举例
			w_{Sn}	w_{Zn}	w_{Cu}	杂质及其他		σ_b/MPa	δ/%	
硅青铜	3-1 硅青铜	QSi3-1	≤0.25	≤0.5	余量	Si:2.7~3.5,Mn:1.0~1.5,Ni≤0.2,Fe≤0.3,Pb≤0.03,杂质总量≤1.1	O HX8 HX9	350 600 700	40 3 1	弹簧及弹性元件、涡轮涡杆齿轮等耐磨件
硅青铜	1-3 硅青铜	QSi1-3	≤0.1	≤0.2	余量	Si:0.6~1.1,Ni:2.4~3.4,Mn:0.1~0.4,Fe≤0.1,Pb≤0.15,杂质总量≤0.5	T6	700	1.5	耐磨、耐蚀的结构件、排气或进气门的导向套等

注:O(M)—退火状态, HX8(Y)—硬化状态, HX9(T)—特硬状态, T6(CS)—淬火+人工时效, TX51(CYS)—淬火后冷轧再人工时效(新状态代号见 GB/T16475—1996,括号内为原状态代号)

Cu-Sn 二元相图铜端,如图 10.31 所示。α 相是锡溶于铜中的固溶体,具有良好的冷热变形性能;β 相是以电子化合物 Cu_5Sn 为基的固溶体,高温塑性较好,降温时会发生共析分解,室温下是硬脆相;γ 相与 δ 相都是以电子化合物 $Cu_{31}Sn_8$ 为基的固溶体,复杂立方结构,硬而脆,不能进行塑性变形;ε 相是以电子化合物 Cu_3Sn 为基的固溶体,呈密排六方结构,也是硬脆相。γ 相在 520 ℃会发生共析反应:$\gamma \xrightarrow{520\ ℃} \alpha+\delta$。由于反应温度高,反应进行得很快,故共析反应不易控制。但 δ 相在 350 ℃所发生的共析反应:$\delta \xrightarrow{350\ ℃} \alpha+\varepsilon$,由于反应温度低,原子扩散困难,共析反应易被抑制。因此工业上应用的锡青铜的室温组织不是 $\alpha+(\alpha+\varepsilon)_{共析体}$ 而是 $\alpha+(\alpha+\delta)_{共析体}$。

铸态锡青铜的机械性能与成分和组织关系,如图 10.32 所示。青铜的强度随锡质量分数的增加,不断升高。当锡质量分数达到 25% 左右时,由于合金中 δ 含量过多,继续增加锡质量分数会导致强度急剧下降。w_{Sn} = 7% ~8% 以下的锡青铜有优良的塑性和较高强度,锡含量如果继续增加,合金塑性急剧下降,所以压力加工青铜时锡的质量分数小于 8%,铸造青铜时锡的质量分数不超过 14%。

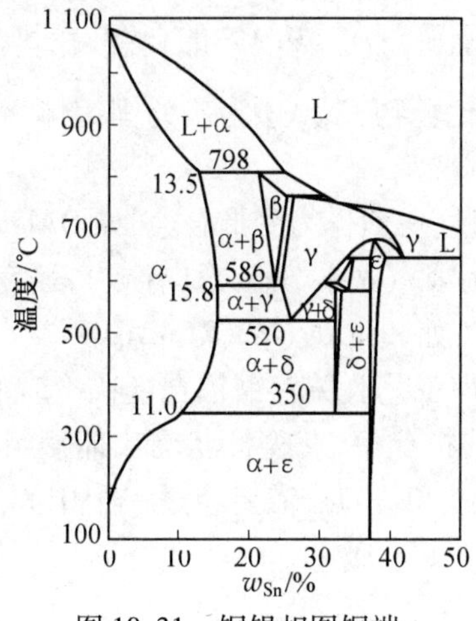

图 10.31 铜锡相图铜端

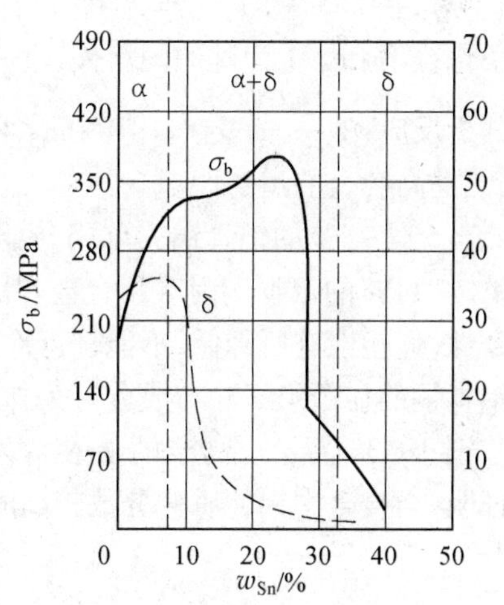

图 10.32 铸态锡青铜的机械性能与成分和组织关系

为改善二元锡青铜工艺性能和力学性能，工业用锡青铜需加入 Zn，P，Pb，Ni 等进行合金化。磷在铜合金中常作脱氧剂用，能改善浇铸性能。磷在锡青铜中的溶解度较小，当 $w_P \geq 0.1\%$ 时称为磷锡青铜。其组织与二元锡青铜不同，除 α 和 δ 相外，还可出现化合物 Cu_3P 相。锡磷青铜的强度随磷量的增高，不断升高，当 $w_P \approx 0.1\%$ 强度与塑性均有显著增加，当 $w_P \approx 0.5\%$ 左右时，强度达到最高值，塑性指标已有所下降。所以压力加工青铜时，$w_P \leq 0.4\%$，如 QSn6.5-0.1，QSn6.5-0.4。对于铸造锡青铜为了提高耐磨性，可适当提高磷的加入量，例如，ZCuSn10P1 中磷的质量分数可达 1%，含有较多的 Cu_3P，Cu_3P 与 δ 相并列为硬质点，具有较小的摩擦系数及优良的耐磨性。

锌的加入能减少铜锡合金的凝固温度范围，提高合金液的流动性，减少分散缩孔和偏析，显著改善青铜的铸造性能。锌可大量溶入锡青铜基体 α 相中，改善力学性能，可以替代部分价格昂贵的锡，使锡青铜的成本下降。例如，压力加工锡锌青铜 QSn4-3（w_Sn = 3.5% ~4.5%，w_{Zn} = 2.7% ~ 3.3%）有较高强度和优良塑性。又如，铸造锡锌青铜 ZCuSn3Zn11Pb4（w_{Sn}=2.0% ~4.0%，w_{Zn}=9.0% ~13.0%，w_{Pb}=3.0% ~6.0%）具有较好的力学性能和优良的抗腐蚀性能。

铅的加入可提高锡青铜的切削性和抗蚀性，但显著降低其力学性能和热加工性，所以铸造青铜中铅的加入量一般为 3% ~7%。

常用铸造锡青铜和压力加工锡青铜的力学性能和用途，见表 10.28 和表 10.29。

②特殊青铜　由于锡是一种稀缺元素，所以工业上还使用许多不含锡的无锡青铜，它们不仅价格便宜，还具有所需要的特殊性能。无锡青铜主要有铝青铜、铍青铜、锰青铜、硅青铜等，此外还有成分较为复杂的三元或四元青铜。

(a)铝青铜　铝青铜是青铜中应用最广的一种，与锡青铜相比具有更高的机械性能，更好的耐磨、耐蚀、耐热性，具有良好的流动性，无偏析倾向，是高质量的致密的铸锻件。用于制造轮船上使用的螺旋桨、高压泵体、涡轮、齿轮、轴套等高强度耐磨耐蚀零部件。

铜铝二元相图如图 10.32 所示，在共晶温度（1 036 ℃）下，铝在铜基 α 固溶体中，w_{Al}=7.4%，在 565 ℃时，w_{Al}=9.4%。铝在 α 固溶体中有较强的固溶强化作用。β 相是以电子化合物 Cu_3Al 为基的固溶体，具有体心立方点阵。w_{Al}>9.4% 的合金，在 565 ℃会发生共析反应：$\beta \xrightarrow{565\ ℃} \alpha+\gamma_2$，其中 γ_2 相为以电子化合物 Cu_9Al_4 为基的固溶体，γ_2 相硬而脆，能提高合金的耐磨性。

w_{Al}=5% ~8% 的铝青铜为单相合金，具有高塑性，一般作为变形合金，如 QAl5，QAl7。w_{Al}=9% ~11% 的铝青铜为双相合金，其铸态组织为 $\alpha+(\alpha+\gamma_2)_{共析}$，具有较高强度、优良的耐磨性，但塑性有所降低，不能进行冷热压力加工，如 ZCuAl9Mn2，ZCuAl10Fe3 等。

铝青铜的显微组织除与成分有关外，还与热处理工艺有关。铜铝合金快冷时 β 相的转变如图 10.33 所示。高温的 β 相淬水，可抑制共析分解，获得针状马氏体型组织 β′。实验证明，当合金中铝的质量分数较高时，β 相转变为 β′相时，需要经过一个中间过渡相 β_1，即

$$\beta \xrightarrow{有序化} \beta_1 \xrightarrow{无扩散相变扩散} \beta'(\gamma')$$

其中，β 为体心立方点阵，原子无序；β_1 为有序相；$\beta'(\gamma')$ 为含铝量不同的马氏体。铝质

量分数为9% ~11%的合金,800 ℃水淬,400 ℃回火可获得最高硬度值。

在铝青铜中加入 Fe,Ni 和 Mn 等元素,可进一步改善合金的各种性能。铸造铝青铜加入铁可增加非均匀形核的核心,细化铸态组织。铁的加入还可增加合金抗蚀性,并能提高力学性能,最佳加入量,$w_{Fe}\approx3\%$时,铁量过高将降低塑性和韧性。例如,压力加工青铜QAl9-2 和铸造青铜 ZCuAl10Fe3 等。镍具有显著沉淀硬化作用,可提高铝青铜的强度、稳定性和耐蚀性。锰在冶炼上常作为脱氧剂,锰的加入可起固溶强化作用,能提高合金强度与硬度。生产中经常采用多种元素联合加入,可形成性能更优异的多元铝青铜,例如,ZCuAl8Mn13Fe3Ni2,ZCuAl9Fe4Ni4Mn2 等。常用铸造铝青铜和压力加工铝青铜的牌号、化学成分、力学性能和用途,见表 10.28 和表 10.29。

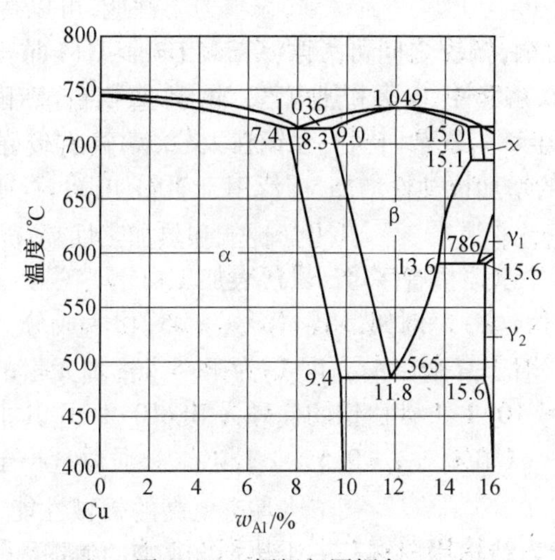

图 10.33　铜铝相图铜角

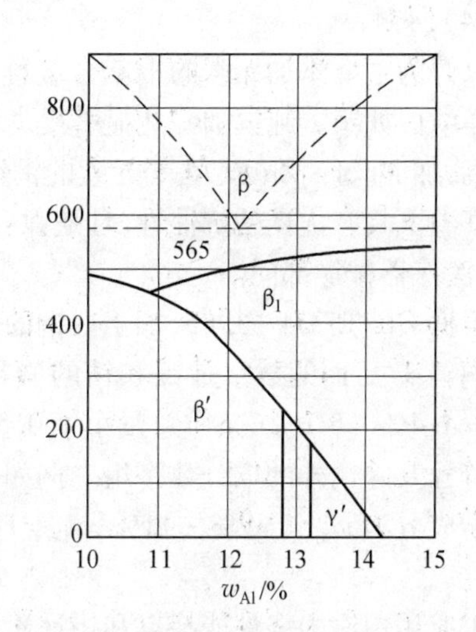

图 10.34　铜铝合金快冷时 β 相的转变（亚稳相区界限）

(b)铍青铜　铍青铜是一种沉淀硬化效应极强的合金,高温 866 ℃,铍在铜中的溶解度为 2.7% 。室温溶解度降为 0.16% ,其沉淀硬化相为电子化合物 CuBe。$w_{Be}=1.6\%\sim2.1\%$的铍青铜经淬火及人工时效处理后,具有高的强度、硬度、疲劳强度和弹性极限,而且耐蚀、耐磨、耐寒、无磁。此外还具有优良的导电性和导热性,受冲击不起火花。铍青铜是一种优异的弹性材料,其牌号、代号、化学成分、力学性能及用途见表 10.29。

(c)其他青铜　压力加工硅青铜牌号、成分、力学性能及用途见表 10.29。硅在铜中的最大溶解度为 5.4% ,$w_{Si}>3.5\%$的合金在非平衡结晶时会出现硬脆相,使铸态合金塑性开始下降。所以工业硅青铜硅的质量分数小于 3.5% 。硅青铜也有显著沉淀硬化现象,采用适当的热处理可获得较高强度与硬度。硅青铜弹性极限较高,有良好耐磨性和耐蚀性,可用于弹簧及弹性元件、涡轮、涡杆、齿轮等耐磨件。二元硅青铜中加入锰可起固溶强化作用,加入镍可形成沉淀硬化相 Ni_2Si,进一步提高力学性能。

铅青铜牌号、代号、化学成分及用途见表 10.29。固态下铜铅之间互不溶解,所以铅青铜的显微组织为纯铜基体上分布铅颗粒。由于铅与铜的比重相差大,因此浇铸过程中极易产生比重偏析,影响产品质量。铅青铜有很好的切削性和自润滑性,但耐蚀性较差,常作高速、受冲击的重载轴承和耐磨零件。例如,ZCuPb30 适合制作高速、冲击、重载条件下工作的轴承;ZCuPb10Sn10 适合制作表面压力高,又存在侧压力的滑动轴承,最高峰值达 100 MPa 的内燃机双金属轴瓦,以及活塞销(套)、摩擦片等。

铬青铜具有高硬度、高强度和高的抗蠕变强度,并且具有优良导电性、导热性和耐磨性。适合制作导电、导热和耐磨零件。添加少量 Al、Mg 可提高合金抗氧化性,加入锆可形成金属间化合物 Cr_2Zr。Cr_2Zr 是良好的沉淀硬化相,所以铬青铜属于可热处理强化的合金。成分为 $w_{Cr}=0.7\% \sim 1.2\%$,$w_{Zr}=0.5\% \sim 0.8\%$,$w_{Mg}=0.1\% \sim 0.5\%$,$w_{Al}=0.1\% \sim 0.5\%$ 的铬青铜其主要性能为:$\sigma_b=560$ MPa、$\delta=15\%$,电导率为 80%,软化温度 550 ℃,适合制造电阻焊电极、电火花电极、电工结构件如接线端子、导电轴、导电轮等。

(4)白铜

以镍为主要添加元素的铜基合金称为白铜,铜镍之间可无限互溶,当 $w_{Ni}>16\%$ 时合金色泽洁白如银。纯铜加镍能显著提高强度、耐蚀性、电阻和热电性。铜镍二元合金称普通白铜,加 Mn,Fe,Zn 和 Al 等元素的铜镍合金称为复杂白铜。白铜在大气、海水、过热蒸汽和高温下具有优良的抗蚀性,且随镍含量的增加抗蚀性增加,广泛用于船舶、电站、石油化工、医疗器械等部门。

根据 GB/T5234—1985,加工白铜的代号中汉语拼音字母"B"代表加工白铜。对于普通白铜,"B"后面的数字是镍和钴的质量分数(%)。例如,白铜代号为 B5,化学成分为 $w_{Ni+Co}=4.4\% \sim 5.0\%$,杂质总量小于 0.5%。对于复杂白铜,"B"后为第一个主加元素的元素符号及除铜外的成分数字组。例如,牌号 10-1-1 铁白铜的代号为 BFe10-1-1,其主要化学成分为 $w_{Ni+Co}=9\% \sim 11\%$,$w_{Fe}=1.0\% \sim 1.5\%$,$w_{Mn}=0.5\% \sim 1.0\%$,杂质总量小于 0.7%。

工业用白铜根据性能特点和用途不同分为结构用白铜和电工用白铜两种,分别满足各种耐蚀和特殊的电、热性能。

①结构白铜　结构白铜的特点是机械性能和耐蚀性能好,色泽美观。结构白铜中,最常用的是 B30、B10 和锌白铜。B30 在白铜中耐蚀性能最强,可用作高温高压下的冷凝器等,但价格较贵。

锌能大量固溶于铜镍之中,能产生固溶强化作用,且具有优良抗腐蚀性,常用锌白铜牌号有 BZn15-20。二元锌白铜中加入质量分数为 1.5% ~2.0% 的铅,可改善切削加工性能,能加工成各种精密零件,故加铅锌白铜 BZn15-24-1.8,BZn15-24-1.5 广泛用于仪器仪表及医疗器件中。这种合金具有高的强度和耐蚀性,弹性也较好,外表美观,价格低廉。

铝白铜中的铝能与镍形成强化相 α(NiAl)和 β($NiAl_2$),采用固溶处理加人工时效,可显著提高合金的强度。例如,BAl13-3 在 900 ℃固溶处理,经冷轧 25% 变形后于 550 ℃时效其抗拉强度 $\sigma_b=800 \sim 900$ MPa,$\delta=5\% \sim 10\%$。由于铝白铜具有高强度、高弹性和高耐蚀性,常替代 B30。

铁能增加白铜强度又不降低塑性,尤其可提高抗流动海水的冲蚀能力,故BFe10-1-1具有与 B30 相当的耐蚀性。

②电工白铜　电工白铜(精密电阻合金用白铜)有良好的热电性能。BMn 3-12 锰

铜、BMn 40-1.5 康铜、BMn 43-0.5 考铜以及以锰代镍的新康铜(又称无镍锰白铜,含锰10.8% ~12.5%、铝 2.5% ~4.5%、铁 1.0% ~1.6%)是含锰量不同的锰白铜。锰白铜是一种精密电阻合金。这类合金具有高的电阻率和低的电阻率温度系数,适合制作标准电阻元件和精密电阻元件。是制造精密电工仪器、变阻器、仪表、精密电阻、应变片等用的材料。康铜和考铜的热电势高,还可用作热电偶和补偿导线。

10.3.3 轴承合金

滑动轴承是汽车、拖拉机、机床等机械制造工业中用以支撑轴进行工作的零件。轴承合金是制造滑动轴承中的轴瓦和内衬的材料,轴在轴瓦中高速旋转,轴瓦受到强烈的摩擦,并承受较高的周期性载荷。要求轴承合金具备以下性能。

①良好的磨合能力、较高的耐磨性、较小的摩擦系数,尽可能延长使用寿命和减小轴的磨损;

②较高的疲劳强度、抗压强度,足够的塑性和韧性,承受较大的周期性载荷;

③良好的导热性防止摩擦升温加重黏着磨损,良好的耐蚀性防止润滑油侵蚀。

在满足上述性能要求之外,轴承合金的组织最好是软基体上分布硬质点。轴承运转时,软基体易磨损而凹下,硬质点凸出在软基体之上。存在的间隙可存储润滑油,有效减少轴和轴瓦的磨损。软基体可承受冲击震动,并使轴和轴瓦很好磨合,偶然进入外来硬质点也可压入软基体中,防止擦伤轴。

轴承合金按化学成分可分为锡基、铅基、铝基、铜基和铁基等数种,使用最多的是锡基和铅基,它们又叫巴氏合金。轴承合金的牌号编号方法为:“Z”表示铸造,第一个元素为基体金属,其余为主要元素,其后数字为该元素的平均质量分数(%)。例如 ZSnSb12Pb10Cu4 为铸造锡基轴承合金,$w_{Sb}=12\%$,$w_{Pb}=10\%$,$w_{Cu}=4\%$,余量为锡。常用铸造轴承合金牌号、成分、硬度及用途,见表 10.30。

1. 锡基轴承合金

锡基轴承合金是以锡为基础,加入 Sb,Cu 等元素组成的合金。最常应用的锡基轴承合金为 ZSnSb11Cu6,其成分见表 10.30。$w_{Sb}<9\%$ 为单相锡基固溶体 α 相,$w_{Sb}>9\%$ 出现化合物 SnSb。铸造时,SnSb 易上浮,为防止比重偏析加入一定量的铜,可形成高熔点的星形或针状格架 Cu_3Sn,防止 SnSb 上浮。其铸态显微组织如图 10.35 所示。基体为硬度较低的 α 相,白色块状为硬质点 SnSb 化合物,星形或针状相为 Cu_3Sn。其优点是具有良好的塑性、导热性和耐蚀性,而且摩擦系数和膨胀系数小,适合于制作重要轴承,如汽轮机、发动机和压气机等大型机器的高速轴承。缺点是疲劳强度低,工作温度较低(不高于150 ℃),价格较贵。生产上常在低碳钢轴瓦上浇注一薄层锡基轴承合金,即采用双金属轴承,既提高了强度又降低了成本。

2. 铅基轴承合金

铅基轴承合金是以铅为基体,加入 Sb,Sn,Cu 等合金元素组成的合金,可部分替代锡基轴承合金。最常用的铅基轴承合金是 ZPbSb16Sn16Cu2,其成分见表 10.30,属于过共晶合金。软基体为(α+β)共晶,其中 α 为以铅为基的固溶体,β 为以锑为基的固溶体。加 Sn 和 Sb 能形成白色块状化合物 SnSb 硬质点,并能起到固溶强化作用。加 Cu 可形成针状高熔点化合物 Cu_3Sn,防止比重偏析。ZPbSb16Sn16Cu2 的显微组织,如图 10.36 所示。

表 10.30 常用铸造轴承合金牌号、成分、硬度及用途

类别	合金牌号	质量分数/%								硬度 HBW	应用举例
		w_{Sn}	w_{Pb}	w_{Cu}	w_{Al}	w_{Sb}	w_{Zn}	其他	杂质总量		
锡基	ZSnSb12Pb10Cu4	余量	9.0 ~ 11.0	2.5 ~ 5.0	—	11.0 ~ 13.0	—	0.1Fe 0.1As	<0.55	29	一般发动机、电动机主轴轴承
	ZSnSb11Cu6	余量	0.35	5.5 ~ 6.5	—	10.0 ~ 12.0	—	0.1Fe 0.1As	<0.55	27	大功率高速蒸汽机、内燃机、涡轮压缩机轴承
	ZSnSb8Cu4	余量	0.35	3.0 ~ 4.0	—	7.0 ~ 8.0	—	0.1Fe 0.1As	<0.55	24	一般大型机械轴承及轴衬
	ZSnSb4Cu4	余量	0.35	4.0 ~ 5.0	—	4.0 ~ 5.0	—	—	<0.50	20	涡轮机、内燃机高速轴承及轴衬
铅基	ZPbSb16Sn16Cu2	15.0 ~ 17.0	余量	1.5 ~ 2.0	—	15.0 ~ 17.0	0.15	0.1Bi 0.1Fe 0.3As	<0.60	30	用于汽车、轮船发动机等轻负荷高速轴衬
	ZPbSb15Sn5	4.0 ~ 5.5	余量	0.5 ~ 1.0		14.0 ~ 15.5	0.15	0.1Bi 0.1Fe 0.2As	<0.75	20	汽车和拖拉机发动机轴衬等
铜基	ZCuPb30	1.0	27.0 ~ 33.0	余量	—	0.2	—	0.3Mn	<1.0	25	高速高温重负荷下工作的航空发动机、高压柴油机等轴承
	ZCuSn11P1	9.0 ~ 11.5	0.25	余量	—	—	—	0.5 ~ 1.0P	<0.70	90	中速及受力较大的固定载荷轴承，如电动机、泵、机床用轴瓦
铝基	ZAlSn6Cu1Ni1	5.5 ~ 7.0	—	0.7 ~ 1.3	余量	—	—	0.7 ~ 1.3Ni 0.7Fe 0.7Si	<1.5	40	耐磨、耐热、耐蚀，用于高速、重载发动机轴承

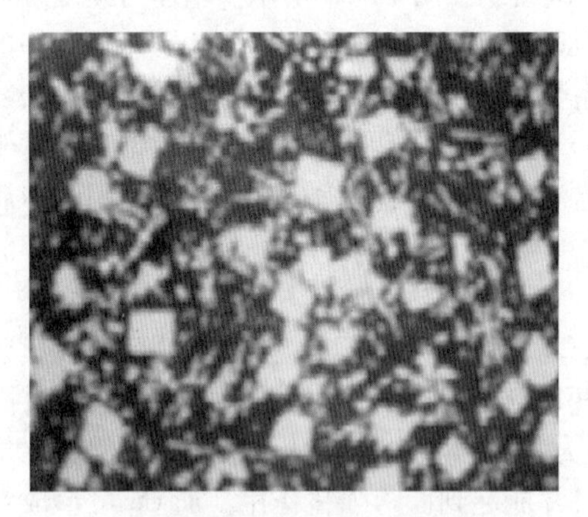
图 10.35 ZSnSb11Cu6 铸态组织

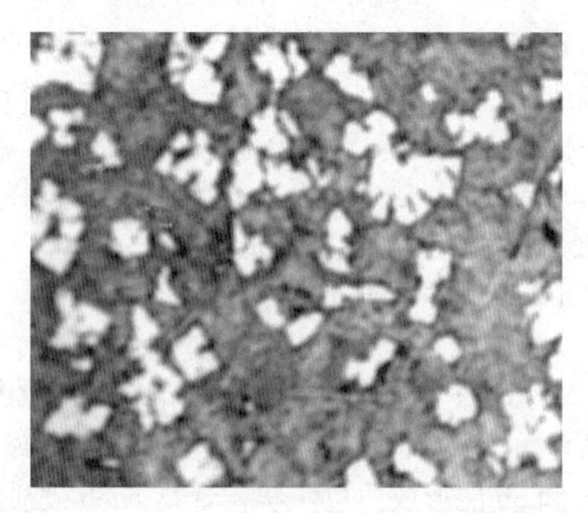
图 10.36 ZPbSb16Sn16Cu2 铸态组织

铅基轴承合金的强度、硬度、导热性和耐蚀性均比锡基轴承合金低，而且摩擦系数较大，但价格便宜。适合于制造中、低载荷的轴瓦，如汽车、拖拉机曲轴轴承、铁路车辆轴承等。

3. 铝基轴承合金

铝基轴承合金是一种较新型的轴承合金，其密度小，导热性好，承载能力和疲劳强度高，耐蚀性好，减磨性好。适用于高速高负荷下工作的轴承，且价格便宜。目前在汽车、拖拉机、内燃机上已得到广泛应用。按成分可分为 Al-Sn，Al-Sb-Mg 系两大类。

Al-Sn 系轴承合金以 Al 基固溶体为硬基体，其上分布着软质点 Sn。在 Al-Sn 合金中加入 Cu 和 Ni，由于它们固溶于铝中，所以可进一步提高基体强度。其中 ZAlSn6Cu1Ni1 成分、性能及用途见表 10.30。

4. 铜基轴承合金

常用铜基轴承合金有锡青铜、铝青铜、铅青铜、锑青铜等，例如，铅青铜 ZCuPb30 是硬基体铜上分布软质点铅，具有高的导热性、优良的耐磨性、较高的疲劳强度，适合高负荷、高速、大功率发动机轴承。常用铜基轴承合金牌号、成分、用途见表 10.30。

此外，高铝的锌基合金具有高强度、高韧性及良好的低温性能如 ZA-303、ZA27。该合金具有摩擦系数小，导热率高，并具有一定的自润滑性，可用于替代传统的铜基轴承合金制造轴瓦、轴套等部件，与铜瓦相比可降低成本 30% 以上，具有明显的经济效益。

10.3.4 钛及钛合金

钛在地壳中的含量约为 1%。钛及其合金由于具有比强度高、耐热性好、抗蚀性能优异等突出优点，自 1952 年正式作为结构材料使用以来，发展极为迅速。目前，在航空工业和化工工业中得到了广泛的应用。但钛的化学性质十分活泼，因此钛及其合金的熔铸、焊接和部分热处理均要在真空或惰性气体中进行，致使生产成本高，价格较其他金属材料贵得多。

1. 纯钛

钛是一种银白色的金属，密度小（$4.5\times10^3\ kg/m^3$）、熔点高（1 668 ℃），有较高的比强度和比刚度、较高的高温强度，这使得在航空工业上钛合金的用量逐渐扩大并部分取代了铝合金。钛的热膨胀系数很小，在加热和冷却过程中产生的热应力较小。钛的导热性差，约为铁的 1/5，摩擦系数大，所以钛及其合金的切削、磨削加工性能较差。在 550 ℃以下的空气中，钛的表面很容易形成薄而致密的惰性氧化膜，因此，它在氧化性介质中的耐蚀性比大多数不锈钢更为优良，在海水等介质中也具有极高的耐蚀性；钛在不同质量分数的硝酸、硫酸、盐酸以及碱溶液和大多数有机酸中，也具有良好的耐蚀性；但氢氟酸对钛有很大的腐蚀作用。

纯钛具有同素异晶转变，在 882.5 ℃以上直至熔点具有体心立方晶格，称为 β-Ti，在 882.5 ℃以下具有密排六方晶格，称为 α-Ti。一般说来，具有密排六方晶格的金属像 Zn，Cd，Mg 等都是较脆的，不易塑性变形，但 α-Ti 的塑性远比它们要高，可在室温下进行冷轧，其厚度减缩率可超过 90% 而不出现明显的裂纹，这在该结构中的金属中是罕见的。钛的塑性好主要是由于其轴比小于 1.633（$c/a=1.587$），使得它的滑移面主要不是（0001）基面（因基面的面间距并不是最大，滑移阻力就不是最小），而主要是$\{10\bar{1}0\}$棱柱面和{10$\bar{1}$1}棱锥面(当然{0001}基面也参与变形),这样,Ti 与 Zn,Cd,Mg 相比,有效的滑移系统增多了,故其塑性好。此外,Ti 的孪晶变形占很大的比例,而 Ti 的孪晶作用又比 Zn,Cd,Mg 等大得多,这也是 α-Ti 的塑性较 Zn,Cd,Mg 等为好的一个原因。如果精细地去除杂质(主要是氧),钛及其合金还是优异的低温材料,它可以在液氮(-196 ℃)甚至液氢(-253 ℃)温度下保持良好的塑性,这是一般的钢铁材料甚至铝合金所不及的。

钛中常见的杂质有 O,N,C,H,Fe,Si 等元素,少量的杂质可使钛的强度和硬度上升而塑性和韧性下降。按杂质的含量不同,工业纯钛可分为 TA1,TA2,TA3 三个牌号,其中"T"为"钛"字的汉语拼音字头,数字为顺序号,数字越大,杂质含量越多,强度越高,塑性越低。用 Mg 还原 TiCl4 制成的工业纯钛称为海绵钛,或称镁热法钛,其纯度可达99.5%,工业纯钛的含钛量一般为99.5% ~99.0%。

工业纯钛的室温组织为密排六方晶格的 α 相,不能进行热处理强化,实际生产和工程应用中主要采用冷变形的方法对其进行强化。因此工业纯钛的热处理方式主要是再结晶退火和消除应力退火。

工业纯钛塑性高,具有优良的焊接性能和耐蚀性能,长期工作温度可达 300 ℃,可制成板材、棒材、线材、带材、管材和锻件等。它的板材、棒材具有较高的强度,可直接用于飞机、船舶、化工等行业,以及制造各种耐蚀并在 300 ℃以下工作且强度要求不高的零件,如热交换器、制盐厂的管道、石油工业中的阀门等。工业纯钛的力学性能见表 10.31。

表 10.31　工业纯钛的化学成分和力学性能

牌号	杂质质量分数≤/%						力学性能		
	w_{Fe}	w_{Si}	w_{C}	w_{N}	w_{H}	w_{O}	σ_b/MPa	δ/%	ψ/%
TA1	0.15	0.10	0.05	0.03	0.015	0.10	≥350	>30	>50
TA2	0.30	0.15	0.10	0.05	0.015	0.15	≥450	>30	>45
TA3	0.30	0.15	0.10	0.05	0.015	0.15	≥550	>30	>30

2. 钛的合金化及钛合金的分类

(1)钛的合金化

在钛中加入合金元素形成钛合金,以使工业纯钛的强度获得显著提高。钛合金与纯钛一样,也具有同素异晶转变,转变的温度随加入的合金元素的性质和含量而定。加入的合金元素通常按其对钛的同素异晶转变温度的影响分成三类:扩大 α 相区,使 α→β 转变的温度升高的元素称为 α 相稳定元素,如 Al,O,N,C 等;扩大 β 相区,使 β→α 转变的温度降低的元素称为 β 相稳定元素,根据该类元素与钛所形成的状态图不同,又将其细分为 β 同晶型元素(如 Mo,V,Nb,Ta 及稀土等)和 β 共析型元素(如 Cr,Fe,Mn,Cu,Si 等);对相变温度影响不大的元素称为中性元素,如 Zr,Sn 等。图 10.37 为 α 相稳定元素和 β 相稳定元素对钛同素异晶转变温度的影响规律。

上述三类合金化元素中,α 相稳定元素和中性元素主要对 α-Ti 进行固溶强化,其中尤以 Al 的作用最为显著,它还会使钛合金的密度减小,比强度升高,并提高合金的耐热性和再结晶温度,但含量超过 6% 以后,可能出现脆性相 Ti_3Al,故 Al 的含量通常以 6% 为限。β 相稳定元素对 α-Ti 也有固溶强化作用,由图 10.37(b)可以看出,通过调整其成分可改变 α 和 β 相的组成量,从而控制钛合金的性能,该类元素是可热处理强化钛合金中不可缺少的。

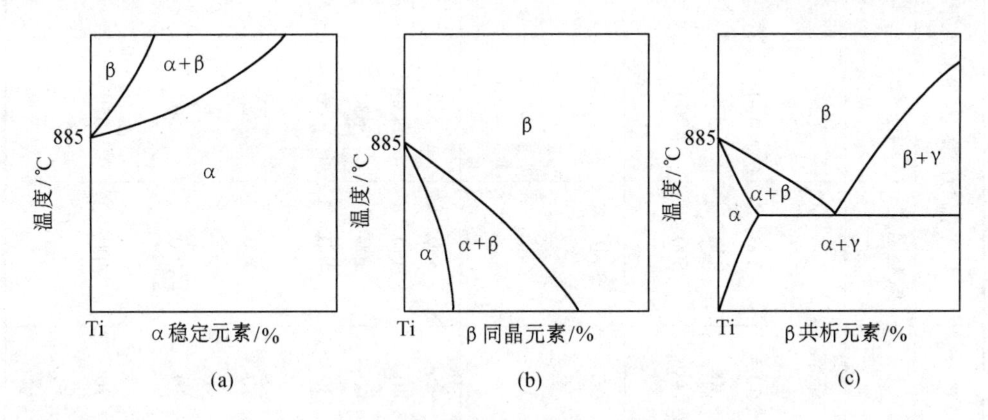

图 10.37　合金元素对钛同素异晶转变温度的影响

(2)钛合金的分类

钛合金按退火状态下的相组成可将其分为 α 型钛合金、β 型钛合金和 α+β 型钛合金三大类,分别以 TA,TB 和 TC 后加顺序号表示其牌号。表 10.32 列出了我国钛合金的化学成分及主要力学性能。

①α 钛合金　该类合金中主要加入的合金元素是 Al,其次是中性元素 Sn 和 Zr,它们主要起固溶强化作用。这类合金在退火状态下的室温组织是单相 α 固溶体。由于工业纯钛的室温组织也可看作是单相 α 固溶体,因此,α 钛合金的牌号与工业纯钛相同,均划入 TA 系列,它包括 TA4 ~ TA8 五个具体牌号。

α 钛合金不能进行热处理强化,热处理对于它们只是为了消除应力或消除加工硬化。该类合金由于含 Al、Sn 量较高,因此耐热性高于合金化程度相同的其他钛合金,在 600 ℃以下具有良好的热强性和抗氧化能力,α 钛合金还具有优良的焊接性能。

常用的合金牌号为 TA7 和 TA5。TA7(Ti-5% Al-2.5% Sn)是我国应用最多的 α 钛合金,铝是钛合金中最重要的合金元素之一,几乎所有的钛合金都含有铝,它既能通过固溶强化提高钛合金的强度,又能降低其密度。TA7 实际上是在 TA6 合金的基础上加入 2.5% Sn形成的,由于 Sn 也能起固溶强化作用,使合金的抗拉强度 σ_b 由 700 MPa 提高到 800 MPa,塑性和韧性仍保持 TA6 的水平,所以获得广泛应用。TA7 合金组织稳定,热塑性和焊接性能良好,热稳定性也较好,长期使用温度可达 500 ℃。TA7 合金在宇航工业中已成为标准型的压力容器材料,因为它的比强度几乎是铝合金和不锈钢的两倍。TA5 合金含有微量的硼使弹性模量提高,该合金具有适宜的强度,焊接性能好,耐海水腐蚀性高,主要作为船板用板材使用。TA8 合金是在 TA7 中加入 1.5% Zr 和 3% Cu 而形成的一种耐热性较高的 α 钛合金,可制作在 500 ℃长期工作的零件,如超音速飞机的涡轮壳等。TA4 主要用作钛合金的焊丝。

表 10.32　钛合金的化学成分及主要力学性能(棒材)

合金类型	合金牌号	化学成分	热处理规范	室温力学性能				高温力学性能(不小于)		
				σ_b/MPa	δ_5/%	ψ/%	α_K/J·cm^{-2}	试验温度/℃	瞬时强度 σ_b/MPa	持久强度 σ_{100}/MPa
α钛合金	TA1	工业纯钛	650～700 ℃,1 h,空冷	350	25	50	—	—	—	—
	TA5	Ti-3.3～4.7Al-0.005B	700～850 ℃,1 h,空冷	450	20	40	—	—	—	—
	TA6	Ti-4.0～5.5Al	750～800 ℃,1 h,空冷	700	10	27	30	350	430	400
	TA7	Ti-4.0～6.0Al-2.0～3.0Sn	750～850 ℃,1 h,空冷	800	10	27	30	350	500	450
	TA8	Ti-4.5～5.5Al-2.0～3.0Sn-2.5～3.2Cu-1.0～1.5Zr	750～800 ℃,1 h,空冷	1 000	10	25	20～30	500	700	500
β钛合金	TB2	Ti-2.5～3.5Al-7.5～8.5Cr-4.7～5.7Mo-4.7～5.7V	淬火:800～850 ℃,保温30 min,空冷或水冷	<1 000	18	40	30	—	—	—
			时效:450～500 ℃,8 h,空冷	1 400	7	10	15	—	—	—
(α+β钛合金)	TC1	Ti-1.0～2.5Al-0.7～2.0Mn	700～750 ℃,1 h,空冷	600	15	30	45	350	350	330
	TC2	Ti-1.0～2.5Al-0.8～2.0Mn	700～750 ℃,1 h,空冷	700	12	30	40	350	430	400
	TC4	Ti-5.5～6.0Al-3.5～4.5V	700～800 ℃,1～2 h,空冷	920	10	30	40	400	630	580
	TC6	Ti-5.5～7.0Al-0.8～2.3Cr-2.0～3.0Mo	750～870 ℃,1 h,空冷	950	10	23	30	450	600	550
	TC8	Ti-5.8～6.8Al-2.8～3.8Mo-0.20～0.35Si	—	1 050	10	30	30	450	720	700
	TC9	Ti-5.8～6.8Al-2.8～3.8Mo-1.8～2.0Sn-0.2～0.4Si	950～1 000 ℃,1 h,空冷+530±10 ℃,6 h,空冷	1 080	9	25	30	500	800	600
	TC10	Ti-5.5～6.5Al-1.5～2.5Sn-5.5～6.5V-0.35～1.0Fe-0.35～1.0Cu	700～800 ℃,1 h,空冷	1 050	12	30	40	400	850	800

②α+β 钛合金　该类合金的退火组织为α+β,以 TC 加顺序号表示其合金的牌号。这类合金中同时含有 β 相稳定元素(如 Mn,Cr,Mo,V,Fe,Si 等)和 α 相稳定元素(如 Al)。合金中组织以 α 相为主,β 相的数量通常不超过 30%。该类合金可通过淬火及时效进行强化,热处理强化效果随 β 相稳定元素含量的增加而提高。由于应用在较高温度时淬火加时效后的组织不如退火后的组织稳定,故多在退火状态下使用。α+β 钛合金的室温强度和塑性高于 α 钛合金,但焊接性能不如 α 钛合金,组织也不够稳定。α+β 钛合金的生产工艺比较简单,通过改变成分和选择热处理制度又能在很宽的范围内改变合金的性能,因此,α+β 钛合金应用比较广泛,其中尤以 TC4(Ti-6% Al-4% V)合金的用途最广,用量最多,其年消耗量占钛合金总用量的 50% 以上。

TC4 合金含 Al 量为 6%,以固溶强化提高 α 相的强度,加入 β 相稳定元素 V,使合金的组织中在平衡状态下含有(7~10)% 的 β 相,可改善合金的塑性。该合金退火状态下的抗拉强度为 950 MPa,在 400 ℃时有稳定的组织和较高的抗蠕变强度,又有很好的抗海水应力腐蚀的能力。可用于制造航空发动机压气机盘和叶片、火箭发动机的壳体、在 400 ℃以下工作的零部件以及化工用泵、船舶部件、蒸汽轮机等。该合金通过淬火和时效处理后,其强度可进一步提高至 1 100 MPa。

③β 钛合金　以 TB 加顺序号表示该类合金的牌号。为保证合金在退火或淬火状态下为 β 单相组织,β 钛合金中加入了大量的多组元 β 相稳定元素,如 Mo,V,Mn,Cr,Fe 等,同时还加入一定数量的 α 相稳定元素 Al。目前工业上应用的 β 钛合金主要为亚稳定的 β 钛合金,即在退火状态为 α+β 两相组织,将其加热到 β 单相区后淬火,因 α 相来不及析出而得到的过饱和的 β 相,称为亚稳 β 相或 β′相。

由于室温组织是单一的具有体心立方晶格的 β 相,所以该类合金塑性好,易于冷加工成形,成形后可通过时效处理,使强度得到大幅度提高。由于含有大量的 β 相稳定元素,所以该类合金的淬透性高,能使大截面零部件经热处理后得到均匀的高强度的组织。但由于化学成分偏析严重,加入的合金元素又多为重金属,失去了钛合金的原来优势,故这种类型的合金只有两个牌号,而实际获得应用的仅有 TB2 一种。不过,目前国内外对 β 钛合金的研制极为关注。

以上三类合金在示意相图的位置如图 10.38 所示。图中 C_α 为 β 相稳定元素室温下在 α 相的溶解度,C_β 为室温下平衡组织为单一的 β 相时 β 相稳定元素的最小含量,虚线为马氏体转变开始温度随成分变化的曲线,C_K 为马氏体转变开始温度降至室温时 β 相稳定元素的含量。

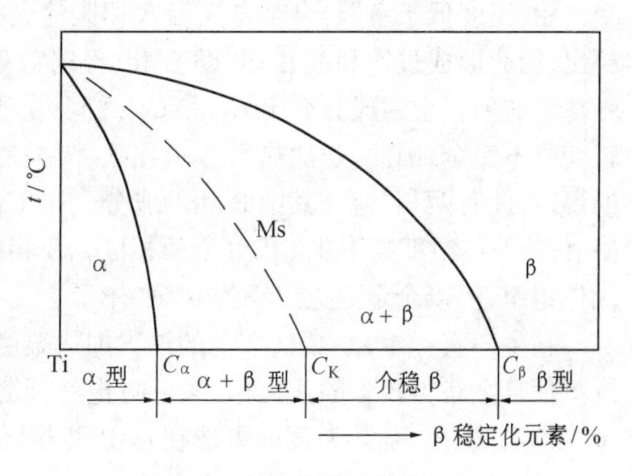

图 10.38　钛合金分类示意图

3. 钛合金的热处理

钛合金的热处理主要包括为提高合金塑性和韧性、消除应力、稳定组织而进行的退火,以及为强化合金而进行的淬火和时效。

①退火　退火是钛合金应用最广的热处理工艺，主要有消除应力退火、再结晶退火和双重退火等。消除应力退火的目的是消除合金压力加工、机械加工及焊接过程中产生的内应力，加热温度一般低于合金的再结晶温度。再结晶退火的目的是消除合金的加工硬化效应，恢复合金塑性，并获得比较稳定的组织，加热温度一般高于合金的再结晶温度，但要低于 $\alpha+\beta\leftrightarrows\beta$ 的相变温度（对 β 钛合金则在相变温度附近），以免因晶粒粗大使合金塑性下降。双重退火是为了改善两相合金的塑性，断裂韧性和稳定组织，第一次加热温度高于或接近再结晶终了温度，使再结晶充分进行，但晶粒又不明显长大，而后空冷；第二次退火加热到稍低的温度，保温较长时间，使 β 相充分地分解聚集，保证在使用过程中组织稳定。

②淬火　时效钛合金热处理强化的基本原理与铝合金相似，属于淬火时效强化型。但在淬火过程中发生的相变比铝合金甚至比钢要复杂，因合金的成分、淬火温度及冷却方式的不同而生成不同的亚稳相，其中包括马氏体。现简要说明如下。

图 10.39 为含 β 相稳定元素（同晶型）的钛合金亚稳示意相图，图中两条虚线分别为马氏体转变开始线（Ms）和马氏体转变终了线（Mf）。当 β 相稳定元素含量小于 C_K 时，马氏体转变的终了温度高于室温，合金自高温 β 相区淬火将发生无扩散型马氏体相变，生成 α′或 α″亚稳相，它们是 β 相稳定元素在六方晶格的 α-Ti 中形成的置换式过饱和固溶体，分别称为六方马氏体和斜方马氏体。α′型马氏体有两种形态，合金元素含量少时，Ms 点高，形成块状，在电子显微镜下呈板条状，合金元素含量高时，Ms 点低，形成针状马氏体。α″型马氏体中合金元素含量更高，Ms 点更低，因而马氏体针更细。钛合金中的马氏体与钢中的马氏体不同（前者属于置换式过饱和固溶体，而后者则属于间隙式过饱和固溶体），其强度和硬度低，塑性好，对钛合金的强化作用不大。当 β 相稳定元素含量大于 C_K 时，马氏体转变开始，温度低于室温，合金自高温 β 相区淬火将得不到马氏体组织，由于 α 相又来不及析出，因此形成过饱和的 β 相，即 β′相，经时效处理后，β′相中析出弥散的 α 相而使合金强化。如果合金的成分介于 C_K 和 C_K 之间，由于马氏体转变终了温度低于室温，马氏体转变将不完全，因此，若加热到 β 单相区，淬火后将得到 α′+β′组织；如果加热到 T_K 以下的温度，此时两相共存，其中 β 相的成分大于 C_K，淬火后不发生马氏体转变，淬火组织为 α+β；若加热温度高于 T_K（仍处于两相区），β 相的成分应小于 C_K，淬火后可部分转变为马氏体组织，所以合金淬火组织为 α+α′+β′。

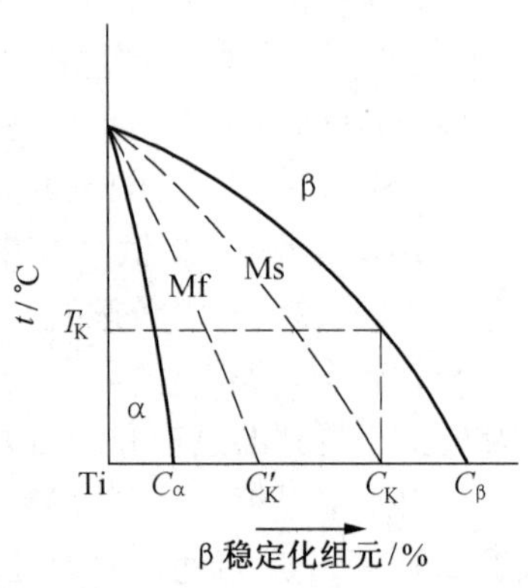

图 10.39　含 β 相稳定元素（同晶型）的钛合金亚稳示意相图

在生产实际中，α+β 钛合金的淬火加热温度一般选在 α+β 两相区的高温部分，这样既可使合金获得较多的亚稳相，又可防止晶粒发生长大。对 β 钛合金（成分大于 C_K 的合金）而言，其淬火加热温度既可选在 α+β 两相区的高温部分，也可选在 β 单相区的低温部分。淬火冷却方式一般为水冷或空冷。

另外，合金成分在 C_K 附近的一些合金，在淬火后，可能形成 ω 相。ω 相是一种特殊形式的马氏体，具有特异的六方晶格，并且与母相 β 保持共格关系。ω 相硬而脆，虽然使合金的强度和硬度显著提高，但会使合金的塑性急剧下降，脆性显著增大，应从工艺和成分上避免它的出现。

钛合金淬火后所得的 α′，α″，ω 和 β′相均是不稳定的，在加热时要发生分解，分解的最终产物为平衡组织 α+β。若合金有共析反应如图 10.37（c），则最终平衡产物为 α+Ti_XMe_Y（Me 为合金元素）。在分解过程的某一阶段可以获得弥散的 α+β 相，使合金弥散强化，这是钛合金淬火时效强化的基本原理。

必须指出，钛马氏体对 β 相稳定元素呈过饱和，对钛马氏体进行加热分解时，自过饱和的 α 相中析出的沉淀相是 β 相，即 α′→α+β（沉淀）；β′相（亚稳 β 相）对钛呈过饱和，对 β′相进行时效处理，自过饱和的 β′相中析出的沉淀相是 α 相，即 β′→β+α（沉淀）；淬火后所得的亚稳相中，马氏体的强度、硬度比亚稳 β 相高，但由于马氏体时效分解的强化效果不如亚稳 β 相，因此淬火后希望获得较多的亚稳 β 相，以便能得到较高的强化效果。

在同一成分的钛合金中，淬火加热温度决定了亚稳 β 相的成分和数量，而时效温度及时间直接控制着 α 析出相的形貌、分布和析出速度，进而影响合金的强度和塑性。根据零部件的性能要求，钛合金的时效温度一般选择在 500 ℃左右，时效时间为 2～20 h 不等。一般说，β 相稳定元素含量低的合金，时效时亚稳相分解速率快，2 h 可达稳定状态。而 β 相稳定元素含量高的合金，则需较长的时效时间才能达到性能的稳定。

第11章　高分子材料

11.1　概　　述

11.1.1　高分子材料的基本概念

现代工业的发展,使人们对工程材料的研究和开发进入了一个新的历史时期。高分子材料以其特有的性能:质量轻、比强度高、比模量高、耐腐蚀性能好、绝缘性好,被大量地应用于工程结构中。

高分子材料是以高分子化合物为主要组分的材料。高分子化合物是相对分子质量很大的化合物,每个分子可含几千、几万甚至几十万个原子。高分子材料可分为有机高分子材料(塑料、橡胶、合成纤维等)和无机高分子材料(松香、纤维素等)。有机高分子材料是由相对分子质量大于 10^4,且以碳、氢元素为主的有机化合物组成(亦称高聚物)。

1. 高分子化合物的组成

高分子化合物的相对分子质量虽然很大,但其化学组成并不复杂,都是由一种或几种简单的低分子化合物通过共价键重复连接而成。这类能组成高分子化合物的低分子化合物叫单体,见表11.1,它是合成高分子材料的原料。由一种或几种简单的低分子化合物通过共价键重复连接,而成的链称为分子链。大分子链中的重复结构单元叫链节。链节的重复次数即链节数叫聚合度。例如,聚氯乙烯分子是由 n 个氯乙烯分子打开双键,彼此连接起来形成的大分子链,可表示为

$$n[\underset{}{CH_2}{=}\underset{\displaystyle Cl}{\underset{|}{CH}}] \longrightarrow \left(CH_2{-}\underset{\displaystyle Cl}{\underset{|}{CH}} \right)_n$$

其中氯乙烯就是聚氯乙烯的单体, $\left[CH_2{-}\underset{\displaystyle Cl}{\underset{|}{CH}} \right]$ 就是聚氯乙烯分子链的链节,n 就是聚合度。聚合度反映了大分子链的长短和相对分子质量的大小,可见高分子化合物的相对分子质量(M)是链节的相对分子质量(M_0)与聚合度(n)的乘积,即

$$M=M_0\times n$$

高分子材料是由大量的大分子链聚集而成,每个大分子键的长短并不一样,其数值呈统计规律分布。所以,高分子材料的相对分子质量是大量大分子链相对分子质量的平均值。

2. 高分子化合物的聚合

由低分子化合物合成高分子化合物的基本方法有以下两种。

(1)加聚反应(加成聚合反应)

由一种或多种单体相互加成,或由环状化合物开环相互结合成聚合物的反应称加聚反应。在此类反应的过程中没有产生其他副产物,生成的聚合物的化学组成与单体的基本相同。其中由一种单体经过加聚反应生成的高分子化合物称均聚物,而由两种或两种以上单体经过加聚反应生成的高分子化合物称共聚物。

(2)缩聚反应

由一种或多种单体互相缩合生成聚合物,同时析出其他低分子化合物(如水、氨、醇、卤化氢等)的反应称缩聚反应。与加聚反应类似,由一种单体进行的缩聚反应称均缩聚反应,由两种或两种以上的单体进行的缩聚反应称共缩聚反应。

表 11.1 常见单体及结构

单体名称	单体结构式	高聚物名称
乙　烯	$CH_2=CH_2$	聚乙烯
丙　烯	$CH_3-CH=CH_2$	聚丙烯
苯乙烯	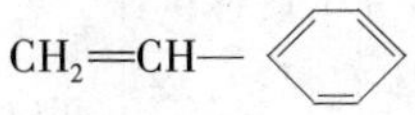 $CH_2=CH-C_6H_5$	聚苯乙烯
氯乙烯	$CH_2=CH-Cl$	聚氯乙烯
四氟乙烯	$CF_2=CF_2$	聚四氟乙烯
丙烯腈	$CH_2=CH-CN$	丁腈橡胶
甲基丙烯酸甲酯	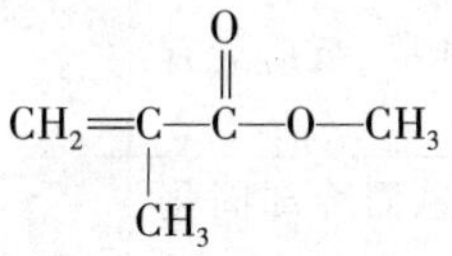 $CH_2=C(CH_3)-C(=O)-O-CH_3$	聚甲基丙烯酸甲酯(有机玻璃)
三聚甲醛	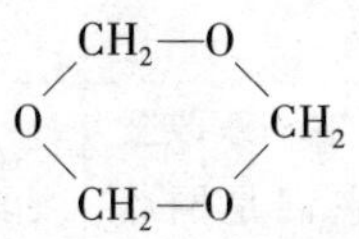 环状 $(CH_2-O)_3$:CH_2-O、O、CH_2、CH_2-O 组成六元环	聚甲醛
双酚 A	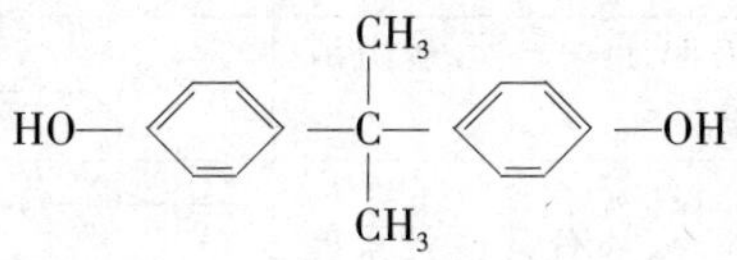 $HO-C_6H_4-C(CH_3)_2-C_6H_4-OH$	聚碳酸酯

3. 高分子化合物的分类及命名

(1)高分子化合物的分类

高分子化合物的分类方法见表 11.2。

表 11.2　高分子化合物的分类

分类方法	类　别	特　点	举　例	备　注
按性能及用途	塑　料	室温下呈玻璃态,有一定形状,强度较高,受力后能产生一定形变的聚合物	聚酰胺、聚甲醛、聚砜、有机玻璃、ABS、聚四氟乙烯、聚碳酸酯、环氧、酚醛塑料	其中塑料、橡胶、纤维称为三大合成材料
	橡　胶	室温下呈高弹态,受到很小力时就会产生很大形变,外力除后又恢复原状的聚合物	通用合成橡胶(丁苯、顺丁、氯丁、乙丙橡胶)、特种橡胶(丁腈、硅、氟橡胶)	
	纤　维	由聚合物抽丝而成,轴向强度高、受力变形小,在一定温度范围内力学性能变化不大的聚合物	涤纶(的确良)、锦纶(尼龙)、腈纶(奥纶)、维纶、丙纶、氯纶(增强纤维有芳纶、聚烯烃)	
	胶黏剂	由一种或几种聚合物作基料加入各种添加剂构成的,能够产生粘合力的物质	环氧、改性酚醛、聚氨酯 α-氰基丙烯酸酯、厌氧胺黏剂	
	涂　料	是一种涂在物体表面上能干结成膜的有机高分子胶体的混合溶液,对物体有保护、装饰(或特殊作用:绝缘、耐热、示温等)作用	酚醛、氨基、醇酸、环氧、聚氨酯树脂及有机硅涂料	
按聚合物反应类型	加聚物	经加聚反应后生成的聚合物,链节的化学式与单体的分子式相同	聚乙烯、聚氯乙烯等	80% 聚合物可经加聚反应生成
	缩聚物	经缩聚反应后生成的聚合物,链节的化学结构与单体的化学结构不完全相同,反应后有小分子物析出	酚醛树脂(由苯酚和甲醛缩合、缩水去水分子后形成的)等	
按聚合物的热行为	热塑性塑　料	加热软化或熔融而冷却固化的过程可反复进行的高聚物,它们是线型高聚物	聚氯乙烯等烯类聚合物	
	热固性塑　料	加热成型后,不再熔融或改变形状的高聚物,它们是网状(体型)高聚物	酚醛树脂、环氧树脂	
按主链上的化学组成	碳　链	主链由碳原子一种元素组成的聚合物	—C—C—C—C—	
	杂　链聚合物	主链除碳外,还有其他元素原子的聚合物	—C—C—O—C— —C—C—N— —C—C—S—	
	元素有机聚合物	主链由氧和其他元素原子组成的聚合物	—O—Si—O—Si—O—	

(2)高分子化合物的命名

常用高分子材料大多数采用习惯命名法,即在单体前面加"聚"字,如聚氯乙烯等。也有一些在原料名称后加"树脂"二字,如酚醛树脂等。

有很多高分子材料采用商品名称,它没有统一的命名原则,对同一种材料可能各国的名称都不相同。商品名称多用于纤维和橡胶,如聚乙内酰胺称尼龙6、绵纶、卡普隆;丁二稀和苯乙烯共聚物称丁苯橡胶等。

有时为了简化,往往用英文名称的缩写表示,如聚氯乙烯用PVC等。

11.1.2 高分子化合物的结构

高分子材料的应用状态多样,性能各异。其性能不同的原因是不同材料的高分子成分、结合力及结构不同。高分子化合物的结构比低分子化合物复杂得多,但按其研究单元不同可分为分子内结构(高分子链结构)、分子间结构(聚集状态结构)。

1. 高分子链结构(分子内结构)

(1)高分子链结构单元的化学组成

在周期表中只有ⅢA,ⅣA,ⅤA,ⅥA中部分非金属、亚金属元素(如N,C,B,O,P,S,Si,Se等)才能形成高分子链。其中碳链高分子产量最大,应用最广。由于高聚物中常见的C,H,O,N等元素均为轻元素,所以高分子材料具有相对密度小的特点。

高分子链结构单元的化学组成不同,则性能不同。这主要是不同元素间的结合力大小不同所致。表11.3为高聚物中一些共价键的键长和键能。

表11.3 高聚物中一些共价键的键长和键能

键	键长/nm	键能×4.2/($kJ \cdot mol^{-1}$)	键	键长/nm	键能×4.2/($kJ \cdot mol^{-1}$)
C—C	0.154	83	C═O	0.121	179
C═C	0.134	146	C—Cl	0.177	81
C—H	0.110	99	N—H	0.101	0.3
C—N	0.147	73	O—H	0.096	111
C≡N	0.115	213	O—O	0.132	25
C—O	0.146	66			

(2)高分子键的形态

高分子链可有不同的几何形态,如图11.1所示。

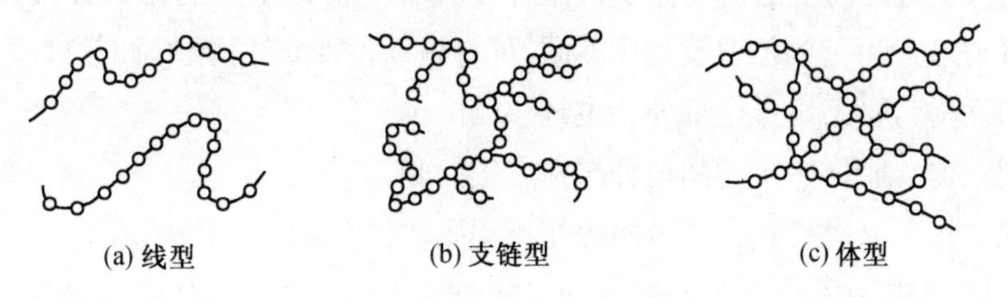

(a)线型　(b)支链型　(c)体型

图11.1 高分子键的形态

①线型分子链　由许多链节组成的长链，通常是卷曲成线团状。这类结构高聚物的特点是弹性、塑性好，硬度低，是热塑性材料的典型结构。

②支链型分子链　在主链上带有支链。这类结构高聚物的性能和加工都接近了线型分子链高聚物。

③体型分子链　分子链之间有许多链节互相横向交联。具有这类结构的高聚物硬度高、脆性大、无弹性和塑性，是热固性材料的典型结构。这种结构亦称网状结构。

(3)高分子链中结构单元连接方式

任何高分子都是由单体按一定的方式连接而成。

①均聚物中聚氯乙烯单体的连接方式

(a)头-尾连接：

$$\begin{array}{cccccccccccc} — & CH_2 & — & CH & — & CH_2 & — & CH & — & CH_2 & — & CH & — \\ & & & | & & & & | & & & & | & \\ & & & Cl & & & & Cl & & & & Cl & \end{array}$$

(b)头-头或尾-尾连接：

$$\begin{array}{cccccccccccc} — & CH_2 & — & CH & — & CH & — & CH_2 & — & CH_2 & — & CH & — \\ & & & | & & | & & & & & & | & \\ & & & Cl & & Cl & & & & & & Cl & \end{array}$$

(c)无规连接：

$$\begin{array}{ccccccccccccccccc} — & CH_2 & — & CH & — & CH_2 & — & CH & — & CH & — & CH_2 & — & CH_2 & — & CH & — \\ & & & | & & & & | & & | & & & & & & | & \\ & & & Cl & & & & Cl & & Cl & & & & & & Cl & \end{array}$$

②共聚物中单体的连接方式(以 A、B 两种单体共聚为例)

(a)无规共聚：—ABBABBABAABAA—

(b)交替共聚：—ABABABABABABAB—

(c)嵌段共聚：—AAAABBAAAABB—

(d)接枝共聚：

$$\begin{array}{ccccccccccccc} — & A & A & A & A & A & A & A & A & A & A & A & — \\ & & & & | & & & & & & | & & \\ & & & & B & & & & & & B & & \\ & & & & B & & & & & & B & & \\ & & & & B & & & & & & B & & \end{array}$$

(4)高分子链的构型(链结构)

所谓高分子链的构型是指高分子链中原子或原子团的空间的排列方式，即链结构。按取代基 R 在空间所处的位置及规律不同，可有以下三种立体构型，如图 11.2 所示。

①全同立构　取代基 R 全部处于主链一侧。

②间同立构　取代基 R 相间地分布在主链两侧。

③无规立构　取代基 R 在主链两侧作不规则的分布。

高分子链的构型不同，则性能不同。例如全同立构的聚丙烯容易结晶，熔点为 165 ℃，可纺成丝，称丙纶丝；而无规立构的聚丙烯其软化温度为 80 ℃，无实用价值。

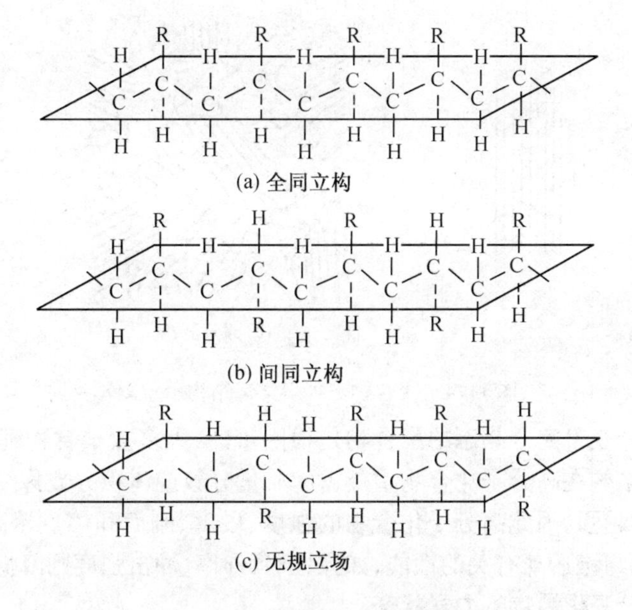

图 11.2　乙烯类高聚物的构型

(5)高分子链的构象

高分子链的主链都是通过共价键连接起来的。它有一定的键长和链角(C—C 键长为 0.154 μm,链角为 109°28′)。在保持键长和键角不变的情况下,它们可以任意旋转,这就是单键的内旋转。如图 11.3 所示。

单键内旋转的结果,使原子排列位置不断变化。高分子键很长,每个单键都在内旋转,而且频率很高(室温下乙烷分子可达 $10^{11}\sim10^{12}$ Hz),这必然造成高分子的形态瞬息万变。这种由于单键内旋所引起的原子在空间占据不同位置所构成的分子键的各种形象,称为高分子链的构象。高分子链构象不同时,将引起大分子链的伸长或回缩,通常将这种由构象变化而引起大分子链的伸长或回缩的特性称为大分子链的柔顺性。高分子链的内旋转越容易,其柔顺性越好。具有较好柔预性的聚合物其强度、硬度、熔点较低,但弹性和塑性好;刚性分子链聚合物则强度、硬度、熔点较高,弹性、韧性差。

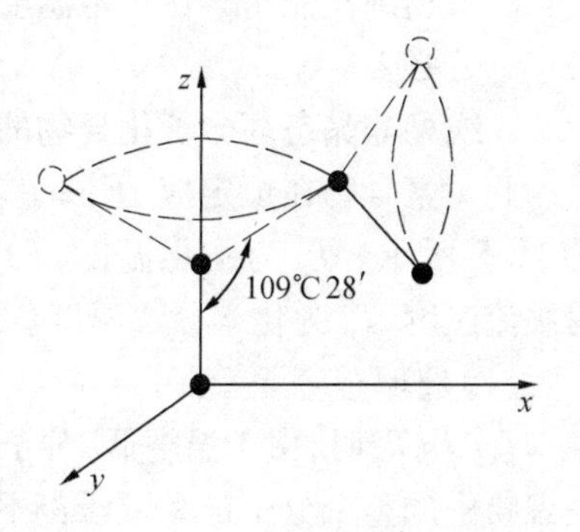

图 11.3　C—C 键的内旋转示意图

2. 高分子的聚集态结构(分子间结构)

高分子化合物的聚集态结构是指高聚物内部高分子链之间的几何排列和堆砌结构,也称超分子结构。依分子在空间排列的规整性可将高聚物分为结晶型、部分结晶型和无定型(非晶态)三类。结晶型聚合物分子排列规整有序,此高聚物的聚集状态亦称晶态;无定形聚合物分子排列杂乱不规则,此高聚物的聚集状态亦称非晶态;部分结晶型的分子排列情况介于二者之间,此高聚物的聚集状态亦称部分晶态。高聚物的三种聚集状态结构如图 11.4 所示。

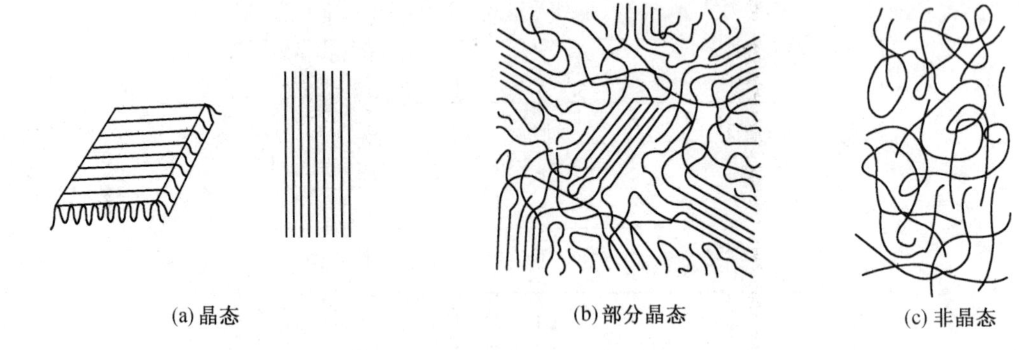

图 11.4　聚合物三种聚集态结构示意图

在实际生产中获得完全晶态的聚合物是很困难的，大多数聚合物都是部分晶态或完全非晶态。晶态结构在高分子化合物中所占的质量分数或体积分数称结晶度。结晶度越高，分子间作用力越强，因此高分子化合物的强度、硬度、刚度和熔点越高，耐热性和化学稳定性也越好；而与键运动有关的性能，如弹性、延伸率、冲击强度则降低。

11.1.3　高分子化合物的力学状态

高聚物的性能与其在一定温度下的力学状态有关，因此了解高聚物的力学状态及其特点十分必要。

1. 线型非晶态高分子化合物的力学状态

此类聚合物在恒定应力下的变形–温度曲线，如图 11.5 所示。T_x 为脆化温度，T_g 为玻璃化温度，T_f 为黏流温度，T_d 为化学分解温度。

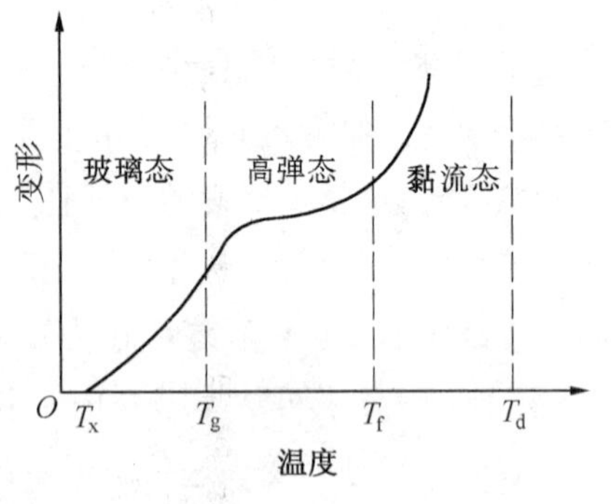

图 11.5　线型非晶态高聚物的变形、温度曲线示意图

（1）玻璃态

$T_x<T<T_g$ 时，由于温度低，分子热运动能力很弱，高聚物中的整个分子链和键段都不能运动，只有键长和键角可作微小变化。高聚物的力学性能与低分子固体相似，在外力作用下只能发生少量的弹性变形，而且应力和应变符合虎克定律。

高聚物呈玻璃态的最高温度为玻璃化温度（T_g）。处于玻璃态的高聚物具有较好的力学性能。在这种状态下使用的材料是塑料和纤维。

当 $T<T_x$ 时，由于温度太低，分子的热振动也被“冻结”，键长和键角都不能发生变化。此时施加外力时会导致大分子链断裂，高聚物呈脆性。高聚物呈脆性的最高温度称脆化温度。此时高聚物失去使用价值。

（2）高弹态

$T_g<T<T_f$ 时，由于温度较高，分子活动能力较大，因此高聚物可以通过单键的内旋转而使链段不断运动，但尚不能使整个分子链运动，此时分子链呈卷曲状态称高弹态。处于高弹态的高聚物受力时可产生很大的弹性变形（100% ~1 000%），外力去除后分子链又逐渐回缩到原来的卷曲状态，弹性变形随时间变化而逐渐消失。在这种状态下使用的高聚物是橡胶。

(3)黏流态

$T_f<T<T_d$ 时,由于温度高,分子活动能力大,不但链段可以不断运动,而且在外力作用下大分子链间也可产生相对滑动。从而使高聚物成为流动的黏液,这种状态称为黏流态。产生黏流态的最低温度称为黏流温度。

黏流态是高聚物成型加工的状态,将高聚物原料加热至黏流态后,可通过喷丝、吹塑、注塑、挤压、模铸等方法加工成各种形状的零件、型材、纤维和薄膜等。

2. 其他类型高聚物的力学状态

线型结晶高聚物按结晶度可分为完全晶态和部分晶态两类。对于一般相对分子质量的完全晶态线型高聚物来说,因有固定的熔点 T_m,而没有高弹态。对于部分晶态线型高聚物,因为高聚物内部既存在着晶态区又存在着非晶态区,所以在 $T_g \sim T_m$ 之间出现一种既韧又硬的皮革态。这是因为在 $T_g \sim T_m$ 之间非晶态区处于高弹态,具有柔韧性;晶态区具有较高的强度和硬度,两者复合成了皮革态。

对于体型非晶态高聚物,因具有网状分子,所以交联点的密度对高聚物的力学状态有重要影响。若交联点密度小,链段仍可以运动,此高聚物具有高弹态,弹性较好(如轻度硫化的橡胶)。若交联点密度很大,则链段不能运动,此时材料的 $T_g = T_f$,高弹态消失,高聚物就与低分子非晶态固体一样,其性能硬而脆(如酚醛塑料)。

11.1.4　高分子材料的老化及其改性

高分子材料在长期储存和使用过程中,由于受氧、光、热、机械力、水蒸气及微生物等外因的作用,使性能逐渐退化,直至丧失使用价值的现象称为老化。老化的根本原因是在外部因素的作用下,高聚物分子链产生了交联与裂解。所谓交联反应,就是指高聚物在外部因素作用下,使高分子从线型结构转变为体型结构,从而引起硬度、脆性增加,化学稳定性提高的过程。所谓裂解反应,就是指大分子链在各种外界因素作用下,发生链的断裂,从而使相对分子质量下降变软、变粘的过程。由于交联反应使高分子材料变硬、变脆及开裂,由于裂解反应使高分子材料变软、变粘,即老化现象。

老化是影响高分子材料制品使用寿命的关键问题,必须设法加以防止。目前采用的防老化措施有三种。

①改变高聚物的结构　例如将聚氯乙烯氯化,可以改变其热稳定性。

②添加防老化剂　高聚物中加入水杨酸脂、二甲苯酮类有机物和炭黑可防止光氧化。

③表面处理　在高分子材料表面镀金属(如银、铜、镍)和喷涂耐老化涂料(如漆、石蜡)作为防护层,使材料与空气、光、水分及其他引起老化的介质隔绝,以防止老化。

为了改善高聚物的性能,需要对其进行改性。利用物理或化学的方法来改进现有高聚物性能称聚合物的改性。其方法主要有两类:一类是物理改性,是利用填料来改变高聚物的物理、力学性能;另一类是化学改性,通过共聚、嵌段、接枝、共混、复合等化学方法使高聚物获得新的性能。聚合物的改性问题是当前高分子材料研究的一个重要方向。

11.2　工程塑料

11.2.1　塑料的组成与分类

1. 塑料的组成

塑料就是在玻璃态下使用的具有可塑性的高分子材料，它是以树脂为主要成分，加入各种添加剂，可塑制成型的材料。

(1)树脂

树脂是塑料的主要成分，它胶黏着塑料中的其他一切组成部分，并使其具有成型性能。树脂的种类、性质以及它在塑料中占有的比例大小，对塑料的性能起着决定性的作用。因此，绝大多数塑料就是以所用树脂命名的。

(2)添加剂

为改善塑料某些性能而必须加入的物质称添加剂。按加入目的及作用不同，可以有以下几类。

①填料　为改善塑料的某些性能(如强度等)，扩大其应用范围、降低成本而加入的一些物质称填料。它在塑料中占有相当大的比重，其用量可达20%～50%。加入铝粉可提高光反射能力和防老化；加入二硫化钼可提高润滑性；加入石棉粉可提高耐热性等。

②增塑剂　用来提高树脂的可塑性与柔顺性的物质。常用熔点低的低分子化合物(甲酸脂类、磷酸脂类)来增加大分子链间距离，降低分子间作用力，从而达到增加大分子链的柔顺性之目的。

③固化剂　加入后可在聚合物中生成横跨链，使分子交联，并由受热可塑的线型结构变成体型结构的热稳定塑料的一类物质，例如在环氧树脂中加入乙二胺等。

④稳定剂　提高树脂在受热和光作用时的稳定性，防止过早老化，延长使用寿命。常用稳定剂有硬脂酸盐、铅的化合物及环氧化合物等。

⑤润滑剂　为防止在塑料成型过程中粘在模具或其他设备上而加入的，同时可使制品表面光亮美观的物质，如硬脂酸等。

⑥着色剂　为使塑料制品具有美观的颜色及适合使用要求而加入的染料。

⑦其他　发泡剂、催化剂、阻燃剂、抗静电剂等。

2. 塑料的分类

(1)按树脂特性分类

①依树脂受热时的行为分热塑料和热固性塑料。

②依树脂合成反应的特点分聚合塑料和缩合塑料。

(2)按塑料的应用范围分类

①通用塑料　指产量大、价格低、用途广的塑料。主要指聚烯烃类塑料、酚醛塑料和氨基塑料。它们占塑料总产量的3/4以上，大多数用于生活制品。

②工程塑料　作为结构材料在机械设备和工程结构中使用的塑料。它们的力学性能较高，耐热、耐腐蚀性也较好，是当前大力发展的塑料，如聚酰胺等。

③特种塑料　具有某些特殊性能的塑料，如医用塑料、耐高温塑料等。这类塑料产量少，价格贵，只用于特殊需要的场合。

11.2.2 塑料制品的成型与加工

1. 塑料制品的成型

塑料的成型工艺形式多样,主要有注射成型、压制成型、浇涛成型、挤出成型、吹塑成型、真空成型等。

2. 塑料的加工

(1)机械加工

塑料具有良好的切削加工性,可用金属切削机床对其进行车、铣、刨、磨、钻及抛光等各种形式的机加工。但塑料的散热性差,弹性大,加工时容易引起工件的变形、表面粗糙,有时可能出现分层、开裂,甚至崩落或伴随发热等现象。因此应注意刀具角度、冷却介质及切削量等。

(2)塑料的连接

塑料间、塑料与金属或其他非金属的连接,除用一般的机械连接方法外,还有热熔接、溶剂黏接、胶黏剂黏结等。

(3)塑料制品的表面处理

为改善塑料制品的某些性能,美化其表面,防止老化,延长使用寿命等,通常采用表面处理。主要方法有涂漆、镀金属(铬、银、铜等)。镀金属可以采用喷镀或电镀。

11.2.3 塑料的性能特点

1. 用于工程上的塑料的优点

(1)相对密度小

一般塑料的相对密度为0.9~2.3,因而比强度高。这对运输交通工具来说是非常有用的。

(2)耐腐蚀性能好

塑料对一般化学药品都有很强的抵抗能力,如聚四氟乙烯在煮沸的“王水”中也不受影响。

(3)电绝缘性能好

塑料电绝缘性能好,因此大量应用在电机、电器、无线电和电子工业中。

(4)减摩、耐磨性能好

摩擦系数较小,并耐磨,可作轴承、齿轮、活塞环、密封圈等。在无机油润滑的情况下也能有效地进行工作。

(5)有消音吸震性

制作的传动摩擦零件可减小噪音、改善环境。

2. 塑料的缺点

(1)刚性差

塑料的弹性模量只有钢铁材料的1/100~1/10。

(2)强度低

塑料强度只有30~100 MPa,用玻璃纤维增强的尼龙也只有200 MPa,相当于铸铁的强度。

(3)耐热性低

大多数塑料只能在100 ℃以下使用,只有少数几种可以在超过200 ℃的环境下使用。

(4)膨胀系数大、导热系数小

塑料的线膨胀系数是钢铁的10倍,因而塑料与钢铁结合较为困难。塑料的导热系数只有金属的1/600~1/200,因而散热不好,不利于作摩擦零件。

(5)蠕变温度低

金属在高温下才发生蠕变,而塑料在室温下就会有里蠕变出现,称为冷流。

(6)有老化现象

(7)在某些溶剂中会发生溶胀或应力开裂

11.2.4 常用工程塑料

1. 常用热塑性工程塑料

(1)聚酰胺(尼龙、绵纶、PA)

聚酰胺是最早发现能够承受载荷的热塑性塑料,在机械工业中应用比较广泛。尼龙6、尼龙66、尼龙610、尼龙1010、铸型尼龙和芳香尼龙是应用于机械工业中的几种。由于其强度较高,耐磨、自润滑性好,且耐油、耐蚀、消音、减震,被大量用于制造小型零件(齿轮、涡轮等)替代有色金属及其合金。但尼龙容易吸水,吸水后性能及尺寸将发生很大变化,使用时应特别注意。

铸型尼龙(MC尼龙)是通过简便的聚合工艺使单体直接在模具内聚合成型的一种特殊尼龙。它的力学性能、物理性能比一般尼龙更好,可用于制造大型齿轮、轴套等。

芳香尼龙具有耐磨、耐辐射及很好的电绝缘性等优点,在95%的相对湿度下性能不受影响,能在200 ℃长期使用,是尼龙中耐热性最好的品种。可用于制作高温下的耐磨的零件,H级绝缘材料和宇宙服等。

(2)聚甲醛(POM)

聚甲醛是以线型结晶高聚物聚甲醛树脂为基的塑料。其结晶度可达75%,有明显的熔点和高强度、高弹性模量等优良的综合力学性能。其强度与金属相近,摩擦系数小并有自润滑性,因而耐磨性好。同时它还具有耐水、耐油、耐化学腐蚀、绝缘性好等优点。其缺点是热稳定性差,易燃,长期在大气中曝晒会老化。

聚甲醛塑料价格低廉,且性能优于尼龙,故可代替有色金属和合金并逐步取代尼龙制作轴承、衬套、齿轮等。

(3)聚砜(PSF)

聚砜是以透明微黄色的线型非晶态高聚物聚砜树脂为基的塑料。其强度高,弹性模量大,耐热性好,最高使用温度可达150~165 ℃,蠕变抗力高,尺寸稳定性好。其缺点是耐溶剂性差。主要用于制作要求高强度、耐热、抗蠕变的结构件、仪表零件和电气绝缘零件。如精密齿轮、凸轮、真空泵叶片、仪器仪表壳体、仪表盘、电子计算的积分电路板等。此外,聚砜具有良好的可电镀性,可通过电镀金属制成印刷电路板和印刷线路薄膜。

(4)聚碳酸脂(PC)

聚碳酸脂是以透明的线型部分结晶高聚物聚碳酸脂树脂为基的新型热塑性工程塑料。其透明度为86%~92%,被誉为“透明金属”。它具有优异的冲击韧性和尺寸稳定性,有较高的耐热性和耐寒性,使用温度范围为-100 ℃~+130 ℃,有良好的绝缘性和加工成型性。缺点是化学稳定性差,易受碱、胺、酮、酯、芳香烃的侵蚀,在四氯化碳中会发生“应力开裂”现象。主要用于制造高精度的结构零件,如齿轮、涡轮、涡杆、防弹玻璃、飞机挡风罩、座舱盖和其他高级绝缘材料。如波音 747 飞机上有 2 500 个零件用聚碳酸脂制造，质量达2 t。

(5) ABS 塑料

ABS 塑料是以丙烯腈(A)、丁二烯(B)、苯乙烯(S)的三元共聚物 ABS 树脂为基的塑料。它兼有聚丙烯腈的高化学稳定性和高硬度、聚丁二烯的橡胶态韧性和弹性、聚苯乙烯的良好成型性，故 ABS 塑料具有较高强度和冲击韧性，良好的耐磨性和耐热性，较高的化学稳定性和绝缘性，以及易成型、机械加工性好等优点。缺点是耐高、低温性能差，易燃、不透明。

ABS 塑料应用较广。主要用于制造齿轮、轴承、仪表盘壳、冰箱衬里以及各种容器、管道、飞机舱内装饰板、窗框、隔音板等。

(6)聚四氟乙烯(PTFE、特氟隆)

聚四氟乙烯是以线型晶态高聚物聚四氟乙烯为基的塑料。其结晶度为 55% ~75%，熔点为 327 ℃，具有优异的耐化学腐蚀性，不受任何化学试剂的侵蚀，即使在高温下及强酸、强碱、强氧化剂中也不受腐蚀，故有“塑料之王”之称。它还具有较突出的耐高温和耐低温性能，在-195 ℃ ~ +250 ℃范围内长期使用其力学性能几乎不发生变化。它摩擦系数小(0.04)，有自润滑性，吸水性小，在极潮湿的条件下仍能保持良好的绝缘性。但其硬度、强度低，尤其抗压强度不高，且成本较高。

主要用于制作减摩密封件，化工机械中的耐腐蚀零件及在高频或潮湿条件下的绝缘材料，如化工管道、电气设备、腐蚀介质过滤器等。

(7)聚甲基丙烯酸甲酯(PMMA、有机玻璃)

聚甲基丙烯酸甲酯是目前最好的透明材料，透光率达 92% 以上，比普通玻璃好。它的相对密度小(1.18)，仅为玻璃的一半。还具有较高的强度和韧性，不易破碎，耐紫外线和防大气老化，易于加工成型等优点。但其硬度不如玻璃高，耐磨性差，易溶于极性有机溶剂。它耐热差(使用温度不能超过 180 ℃)，导热性差，膨胀系数大。

主要用于制作飞机座舱盖、炮塔观察孔盖、仪表灯罩及光学镜片，亦可用作防弹玻璃、电视和雷达标图的屏幕、汽车风挡、仪器设备防护罩等。

2. 热固性塑料

热固性塑料的种类很多，大都是经过固化处理获得的。所谓固化处理就是在树脂中加入固化剂并压制成型，使其由线型聚合物变成体型聚合物的过程。这里只介绍以下两类。

(1)酚醛塑料

酚醛塑料是以酚醛树脂为基，加入木粉、布、石棉、纸等填料，经固化处理而形成的交联型热固性塑料。它具有较高的强度和硬度，较高的耐热性、耐磨性、耐腐蚀性及良好的绝缘性。广泛用于机械、电器、电子、航空、船舶、仪表等工业中，例如制作齿轮、耐酸泵、雷达罩、仪表外壳等。缺点是质地较脆、耐光性差、色彩单调(只有棕、黑色)。

(2)环氧塑料(EP)

环氧塑料是以环氧树脂为基，加入各种添加剂，经固化处理形成的热固性塑料。具有比强度高，耐热性、耐腐蚀性、绝缘性及加工成型性好的特点。缺点是价格昂贵。主要用于制作模具、精密量具、电气及电子元件等重要零件。

常用工程塑料的性能及应用见表 11.4。

表 11.4　常用工程塑料的分子结构式、性能和应用

名称（代号）	结构式	密度/g·cm^{-3}	抗拉强度/MPa	缺口冲击韧度/J·cm^{-2}	特点	应用举例
聚酰胺（尼龙）（PA）	$\text{-[}NH(CH_2)_m\text{-}NHCO\text{-}(CH_2)_n\text{-}2CO\text{]-}_n$	1.14～1.16	55.9～81.4	0.38	坚韧、耐磨、耐疲劳、耐油、耐水、抗霉菌、无毒、吸水性大	轴承、齿轮、凸轮、导板、轮胎帘布等
聚甲醛（POM）	$CH_3\text{—}C(=O)\text{—}O\text{-[}CH_2O\text{]-}_n C(=O)\text{—}CH_3$	1.43	58.8	0.75	良好的综合性能，强度、刚度、冲击、疲劳、蠕变等性能均较高，耐磨性好，吸水性小，尺寸稳定性好	轴承、衬垫、齿轮、叶轮、阀、管道、化工容器
聚砜（PSF）	$\text{-[}C_6H_4\text{—}C(CH_3)_2\text{—}C_6H_4\text{—}O\text{—}C_6H_4\text{—}S(=O)_2\text{—}C_6H_4\text{—}O\text{]-}_n$	1.24	84	0.69～0.79	优良的耐热、耐寒、抗蠕变及尺寸稳定性，耐酸、碱及高温蒸汽，良好的可电镀性	精密齿轮、凸轮、真空泵叶片、仪表壳、仪表盘、印刷电路板等
聚碳酸酯（PC）	$\text{-[}C_6H_4\text{—}C(CH_3)_2\text{—}C_6H_4\text{—}O\text{—}C(=O)\text{—}O\text{]-}_n$	1.2	58.5～68.6	6.3～7.4	突出的冲击韧性，良好的机械性能，尺寸稳定性好，无色透明、吸水性小、耐热性好、不耐碱、酮、芳香烃，有应力开裂倾向	齿轮、齿条、涡轮、涡杆、防弹玻璃、电容器等
共聚丙烯腈-丁二烯-苯乙烯（ABS）	$\text{-[}(CH_2\text{—}CH(CN))_x(CH_2\text{—}CH{=}CH\text{—}CH_2)_y(CH_2\text{—}CH(C_6H_5))_z\text{]-}_n$	1.02～1.08	34.3～61.8	0.6～5.2	较好的综合性能，耐冲击，尺寸稳定性好	
聚四氟乙烯（F-4）	$\text{-[}CH_2\text{—}CF_2\text{]-}_n$	2.11～2.19	15.7～30.9	1.6	优异的耐腐蚀、耐老化及电绝缘性，吸水性小，可在-180 ℃～+250 ℃长期使用。但加热后黏度大，不能注射成型	化工管道泵、内衬、电气设备隔离防护屏等
聚甲基丙烯酸甲酯（有机玻璃）（PM-MA）	$\text{-[}CH_2\text{—}C(CH_3)(COOCH_3)\text{]-}_n$	1.19	60～70	1.2～1.3	透明度高，密度小，高强度，韧性好，耐紫外线和防大气老化，但硬度低，耐热性差，易溶于极性有机溶剂	光学镜片、飞机座舱盖、窗玻璃、汽车风挡、电视屏幕等

续表 11.4

名称(代号)	结 构 式	密度/$g \cdot cm^{-3}$	抗拉强度/MPa	缺口冲击韧度/$J \cdot cm^{-2}$	特 点	应用举例
酚醛(PF)	$HO{-}C_6H_4{-}CH_2{-}[{-}C_6H_3(OH){-}CH_2{-}]_n{-}C_6H_4{-}OH$	1.24 ~ 2.0	35 ~ 140	0.06 ~ 2.17	机械性能变化范围宽,耐热性、耐磨性,耐腐蚀性能好,良好的绝缘性	齿轮、耐酸泵、刹车片、仪表外壳、雷达罩等
环氧(EP)	$\overset{O}{CH_2{-}CH}{-}CH_2{-}O{-}C_6H_4{-}C(CH_3)_2{-}C_6H_4{-}$ $[{-}O{-}CH_2{-}CH(OH){-}CH_2{-}C_6H_4{-}C(CH_3)_2{-}]_n$	1.1	69	0.44	比强度高,耐热性、耐腐蚀性、绝缘性能好,易于加工成型,但价格昂贵	模具、精密量具,电气和电子元件等

11.3 合成橡胶与合成纤维

11.3.1 橡 胶

1. 橡胶的组成

橡胶是以高分子化合物为基础的具有显著高弹性的材料。它是以生胶为原料加入适量的配合剂形成的高分子弹性体。

(1)生胶

它是橡胶制品的主要组成部分,其来源可以是天然的,也可以是合成的。生胶在橡胶制备过程中不但起着黏结其他配合剂的作用,而且是决定橡胶制品性能的关键因素。使用的生胶种类不同,则橡胶制品的性能亦不同。

(2)配合剂

配合剂是为了提高和改善橡胶制品的各种性能而加入的物质。主要有硫化剂、硫化促进剂、防老剂、软化剂、填充剂、发泡剂及着色剂等。

2. 橡胶的性能特点

橡胶最显著的性能特点是具有高弹性,主要表现为在较小的外力作用下,就能产生很大的变形,且当外力去除后又能很快恢复近似原来的状态;高弹性的另一个表面为其宏观弹性变形量可高达 100% ~1 000%。同时,橡胶具有优良的伸缩性和可贵的积储能量的能力,良好的耐磨性、绝缘性、隔音性和阻尼性,一定的强度和硬度。橡胶已成为常用的弹性材料、密封材料、减震防震材料、传动材料、绝缘材料。

3. 橡胶的分类

按原料来源,橡胶可分为天然橡胶和合成橡胶两大类;按应用范围,又可分为通用橡胶与特种橡胶两类。天然橡胶是橡树上流出的乳胶经加工而制成的;合成橡胶是通过人工合成制得的,具有与天然橡胶相近性能的一类高分子材料。通用橡胶是指用于制造轮胎、工业用品、日常用品的量大面广的橡胶,特种橡胶是指用于制造在特殊条件(高温、低温、酸、碱、油、辐射等)下使用的零部件的橡胶。

4. 常用橡胶材料

(1)天然橡胶

天然橡胶是从天然植物中采集出来的一种以聚异戊二烯为主要成分的天然高分子化合物。它具有较高的弹性、较好的力学性能、良好的电绝缘性及耐碱性,是一类综合性能较好的橡胶。缺点是耐油、耐溶剂较差,耐臭氧老化性差,不耐高温及浓强酸。主要用于制造轮胎、胶带、胶管等。

(2)通用合成橡胶

①丁苯橡胶　它是由丁二烯和苯乙烯共聚而成的。其耐磨性、耐热性、耐油、抗老化性均比天然橡胶好,并能以任意比例与天然橡胶混用,价格低廉。缺点是生胶强度低、黏接性差、成型困难、硫化速度慢,制成的轮胎弹性不如天然橡胶。主要用于制造汽车轮胎、胶带、胶管等。

②顺丁橡胶　它是由丁二烯聚合而成。其弹性、耐磨性、耐热性、耐寒性均优于天然橡胶,是制造轮胎的优良材料。缺点是强度较低,加工性能差、抗撕性差。主要用于制造轮胎、胶带、弹簧、减震器、电绝缘制品等。

③氯丁橡胶　它是由氯丁二烯聚合而成。氯丁橡胶不仅具有可与天然橡胶比拟的高弹性、高绝缘性、较高强度和高耐碱性,而且具有天然橡胶和一般通用橡胶所没有的优良性能,例如耐油、耐溶剂、耐氧化、耐老化、耐酸、耐热、耐燃烧、耐挠曲等性能,故有“万能橡胶”之称。缺点是耐寒性差、密度大,生胶稳定性差。氯丁橡胶应用广泛,它既可作通用橡胶,又可作特种橡胶。由于其具有耐燃烧,故可用于制作矿井的运输带、胶带、电缆;也可用作高速三角带及各种垫圈等。

④乙丙橡胶　它是由乙烯和丙烯共聚而成。具有结构稳定、抗老化能力强,绝缘性、耐热性、耐寒性好,在酸、碱中抗蚀性好等优点。缺点是耐油性差、粘着性差、硫化速度慢。主要用于制作轮胎、蒸汽胶管、耐热输送带、高压电线管套等。

(3)特种合成橡胶

①丁腈橡胶　它是由丁二烯与丙烯腈聚合而成。其耐油性好、耐热、耐燃烧、耐磨、耐有机溶剂,抗老化。缺点是耐寒性差,其脆化温度为-10 ℃ ~ -20 ℃,耐酸性和绝缘性差。主要用于制作耐油制品,如油箱、贮油槽、输油管等。

②硅橡胶　它是由二甲基硅氧烷与其他有机硅单体共聚而成。硅橡胶具有高耐热性和耐寒性,在-100 ℃ ~ 350 ℃范围内保持良好弹性,抗老化能力强、绝缘性好。缺点是强度低,耐磨性、耐酸性差,价格较贵。主要用作飞机和宇航中的密封件、薄膜、胶管和耐高温的电线、电缆等。

③氟橡胶　它是以碳原子为主链,含有氟原子的聚合物。其化学稳定性高、耐腐蚀性能居各类橡胶之首,耐热性好,最高使用温度为300 ℃。缺点是价格昂贵,耐寒性差,加工性能不好。主要用作国防和高技术中的密封件,如火箭、导弹的密封垫圈及化工设备中的

里衬等。常见橡胶的种类、性能和用途见表11.5。

表11.5 橡胶的种类、性能和用途

性能	通用橡胶						特种橡胶				
	天然橡胶NR	丁苯橡胶SBR	顺丁橡胶BR	丁基橡胶HR	氯丁像胶CR	乙丙橡胶EPDM	聚氨酯UR	丁腈橡胶NBR	氟橡胶FPM	硅橡胶	聚硫橡胶
抗拉强度/MPa	25~30	15~20	18~25	17~21	25~27	10~25	20~35	15~30	20~22	4~10	0~15
伸长率ρ/%	650~900	500~800	450~800	650~800	800~1 000	400~800	300~800	300~800	100~500	50~500	100~700
抗撕性	好	中	中	中	好	好	中	中	中	差	差
使用温度上限/℃	<100	80~120	120	120~170	120~150	150	80	120~170	300	-100~300	80~130
耐磨性	中	好	好	中	中	中	好	中	中	差	差
回弹性	好	中	好	中	中	中	中	中	中	差	差
耐油性		—	—	中	好	—	好	好	好	—	好
耐碱性	—	—	—	好	好	—	差	—	好	—	好
耐老化	—	—	—	好	—	好	—	—	好	—	好
成本		高			高				高	高	
使用性能	高强绝缘防震	耐磨	耐磨耐寒	耐酸碱气密防震绝缘	耐酸耐碱耐燃	耐水绝缘	高强耐磨	耐油耐水气密	耐油耐酸碱耐热真空	耐热绝缘	耐油耐酸碱
工业应用举例	通用制品、轮胎	通用制品、胶布、胶板、轮胎	轮胎、耐寒运输带	内胎、水胎、化工衬里、防震器	管道、胶带	汽车配件、散热管、电绝缘件	实心胎胶辊、耐磨件	耐油垫圈、油管	化工衬里、高级密封件、高真空胶件	耐高低温零件、绝缘件	丁腈改性用

11.3.2 合成纤维

凡能保持长度比本身直径大100倍的均匀条状或丝状的高分子材料均称纤维。它可分为天然纤维和化学纤维。化学纤维又可分为人造纤维和合成纤维。人造纤维是用自然界的纤维加工制成,如叫"人造丝"、"人造棉"的粘胶纤维和硝化纤维、醋酸纤维等。合成纤维是以石油、煤、天然气为原料制成的,发展很快。产量最多的有六大品种(占90%)。

缘纶又叫的确良,具有高强度、耐磨、耐蚀,易洗快干等优点,主要缺点是耐光性差。

腈纶在国外叫奥纶、开司米纶,它柔软、轻盈、保暖,有人造羊毛之称。

维纶的原料易得,成本低,性能与棉花相似且强度高。缺点是弹性较差,织物易皱。

丙纶是后起之秀,发展快,纤维以轻、牢、耐磨著称。缺点是可染性差,日晒易老化。

氯纶难燃、保暖、耐晒、耐磨,弹性也好,由于染色性差,热收缩大,它的应用受到限制。

11.4 合成胶黏剂和涂料

11.4.1 合成胶黏剂

1. 胶接特点

用黏接剂把物品连接在一起的方法叫胶接,也称黏接。和其他连接方法相比,它有以下特点。

①整个胶接面都能承受载荷,因此强度较高,而且应力分布均匀,避免了应力集中,耐疲劳强度好。

②可连接不同种类的材料,而且可用于薄形零件、脆性材料以及微型零件的连接。

③胶接结构质量轻,表面光滑美观。

④具有密封作用,而且胶黏剂电绝缘性好,可以防止金属发生电化学腐蚀。

⑤胶接工艺简单,操作方便。

胶接的主要缺点是不耐高温,胶接质量检查困难,胶黏剂老化。另外,操作技术对胶接性能影响很大。

2. 胶黏剂的组成

胶黏剂又称黏结剂、胶合剂或胶水。它有天然胶黏剂和合成胶黏剂之分,也可分为有机胶黏剂和无机胶黏剂。主要组成除基料(一种或几种高聚物)外,尚有固化剂、填料、增塑剂、增韧剂、稀释剂、促进剂等。

3. 胶黏剂的选择

为了得到最好的胶接结果,必须根据具体情况选用适当的胶黏剂的成分,万能胶黏剂是不存在的,胶黏剂的选用要考虑被胶接材料的种类、工作温度、胶接的结构形式以及工艺条件、成本等。

4. 常用胶黏剂

(1)环氧胶黏剂

基料主要使用环氧树脂,我国应用最广的是双酚 A 型。它的性能较全面,应用广,俗称“万能胶”。为满足各种需要,有很多配方。

(2)改性酚醛胶黏剂

酚醛树脂胶的耐热性、耐老化性好,黏接强度也高,但脆性大、固化收缩率大,常加其他树脂改性后使用。

(3)聚氨酯胶黏剂

它的柔韧性好,可低温使用,但不耐热、强度低,通常作非结构胶使用。

(4)α 氰基丙烯酸酯胶

它是常温快速固化胶黏剂,又称“瞬干胶”。黏接性能好,但耐热性和耐溶性较差。

(5)厌氧胶

这是一种常温下有氧时不能固化,当排掉氧后即能迅速固化的胶。它的主要成分是甲基丙烯酸的双酯,根据使用条件加入引发剂。厌氧胶有良好的流动和密封性,其耐蚀性、耐热性、耐寒性均比较好,主要用于螺纹的密封,因强度不高密封后仍可拆卸。厌氧胶也可用于堵塞铸件砂眼和构件细缝。

(6)无机胶黏剂

高温环境要用无机胶黏剂,有的可在 1 300 ℃下使用,胶接强度高,但脆性大。种类很多,机械工程中多用磷酸-氧化铜无机胶。

11.4.2 涂　料

1. 涂料的作用

涂料就是通常所说的油漆,是一种有机高分子胶体的混合溶液,涂在物体表面上能干结成膜。涂料的作用有以下几点。

(1)保护作用

避免外力碰伤、摩擦,也防止大气、水等的腐蚀。

(2)装饰作用。

使制品表面光亮美观。

(3)特殊作用

可作标志用,如管道、气瓶和交通标志牌等。船底漆可防止微生物附着,保护船体光滑,减少行进阻力。另外还有绝缘涂料、导电涂料、抗红外线涂料、吸收雷达涂料、示温涂料以及医院手术室用的杀菌涂料等。

2. 涂料的组成

(1)黏结剂

黏结剂是涂料的主要成膜物质,它决定了涂层的性质。过去主要使用油料,现在使用合成树脂。

(2)颜料

颜料也是涂膜的组成部分,它不仅使涂料着色,而且能提高涂膜的强度、耐磨性、耐久性和防锈能力。

(3)溶剂

溶剂用以稀释涂料,便于施工,干结后挥发。

(4)其他辅助材料

如催干剂、增塑剂、固化剂、稳定剂等。

3. 常用涂料

酚醛树脂涂料应用最早,有清漆、绝缘漆、耐酸漆、地板漆等。

氨基树脂涂料的涂膜光亮、坚硬,广泛用于电风扇、缝纫机、化工仪表、医疗器械、玩具等各种金属制品。

醇酸树脂涂料涂膜光亮、保光性强、耐久性好,适用于作金属底漆,也是良好的绝缘涂料。

聚氨酯涂料的综合性能好,特别是耐磨性和耐蚀性好,适用于列车、地板、舰船甲板、纺织用的纱管,以及飞机外壳等。

有机硅涂料耐高温性能好,也耐大气腐蚀、耐老化,适于高温环境下使用。

为拓宽高分子材料在机械工程中的应用,人们用物理及化学方法对现有的高分子材料进行改性;积极探索及研制性能优异的新的高分子材料;采用新的工艺技术制取以高分子材料为基的复合材料,从而提高其使用性能。

功能高分子材料是近年来发展较快的领域。一批具有光、电、磁等物理性能的高分子材料被相继开发,应用在计算机、通信、电子、国防等工业部门;与此同时生物高分子材料在医学、生物工程方面也获得较大进展;可以预计未来高分子材料将在高性能化、高功能化及生物化方面发挥着日益显著的作用。

第12章　陶瓷材料

12.1　陶瓷概述

陶瓷是一种无机非金属材料,种类繁多,应用很广。传统上“陶瓷”是陶器与瓷器的总称。后来,发展到泛指整个硅酸盐材料,包括玻璃、水泥、耐火材料、陶瓷等。为适应航天、能源、电子等新技术的要求,在传统硅酸盐材料的基础上,用无机非金属物质为原料,经粉碎、配制、成型和高温烧结制得大量新型无机材料,如功能陶瓷,特种玻璃,特种涂层等。

新型无机材料与传统硅酸盐材料相比主要有以下差别。从组成上看,远远超过硅酸盐的范围,除氧化物和含氧酸盐之外,还有碳化物、氮化物、硼化物、硫化物及其他盐类和单质。从性能上看,不仅具有熔点高,硬度高,化学稳定性好,耐高温,耐磨损等优点,而且一些特殊陶瓷还具有一些特殊性能,如介电性、压电性、铁电性、半导性、软磁性、硬磁性等,为高新技术的发展提供了关键性材料,在现代工业中已得到越来越广泛的应用。在有些情况下陶瓷是唯一能选用的材料,例如内燃机的火花塞,瞬时引爆温度可达 2 500 ℃,并要求有良好的绝缘性和耐化学腐蚀性,显然金属材料和高分子材料不能满足要求。陶瓷材料与金属材料、高分子材料一起被称为三大固体材料。

陶瓷材料可以根据化学组成,性能特点或用途等不同方法进行分类。一般归纳为工程陶瓷和功能陶瓷两大类,见表12.1。

表12.1　陶瓷材料分类

分类	特　性	典型材料及状态	主要用途
工程陶瓷	高强度(常温,高温)	Si_3N_4,SiC(致密烧结体)	发动机耐热部件:叶片、转子、活塞、内衬、喷嘴、阀门
	韧　性	Al_2O_3,B_4C,金刚石(金属结合) TiN,TiC,B_4C,Al_2O_3,WC(致密烧结体)	切削工具
	硬　度	Al_2O_3,B_4C,金刚石(粉状)	研磨材料
功能陶瓷	绝缘性	Al_2O_3(高纯致密烧结体、薄片状) BeO(高纯致密烧结体)	集成电路衬底、散热性绝缘衬底
	介电性	$BaTiO_3$(致密烧结体)	大容量电容器
	压电性	$Pb(Zr_xTi_{1-x})O_3$(经极化致密烧结体)	振荡元件、滤波器
		ZnO(定向薄膜)	表面波延迟元件
	热电性	$Pb(Zr_xTi_{1-x})O_3$(经极化致密烧结体)	红外检测元件

续表 12.1

分类	特　性	典型材料及状态	主要用途
功能陶瓷	铁电性	PLZT(致密透明烧结体)	图像记忆元件
	离子导电性	β-Al_2O_3(致密烧结体)	钠硫电池
		稳定 ZrO_2(致密烧结体)	氧量敏感元件
	半导体	$LaCrO_3$,SiC	电阻发热体
		$BaTiO_3$(控制显微结构)	正温度系数热敏电阻
		SnO_2(多孔质烧结体)	气体敏感元件
		ZnO(烧结体)	变阻器
	软磁性	$Zn_{1-x}Mn_xFe_2O_4$(致密烧结体)	记忆运算元件、磁芯、磁带
	硬磁性	SrO·$6Fe_2O_3$(致密烧结体)	磁铁

陶瓷材料的各种性能都是由其化学组成、晶体结构和显微组织所决定的。下面将介绍常用工程陶瓷的成分、组织结构与性能。

12.2　陶瓷材料的典型结构

陶瓷是由金属(类金属)和非金属元素之间形成的化合物。这些化合物的结合键主要是离子键或共价键。它们可以是结晶型的,如 MgO,Al_2O_3,ZrO_2,SiC 等,也可以是非晶型的,如玻璃,甚至有些化合物在一定条件下可由非晶型转变为结晶型,如玻璃陶瓷。

12.2.1　离子晶体陶瓷结构

离子晶体陶瓷的结构类型很多,这里仅介绍几种最常见的晶体结构。第 1 章已介绍过几种典型离子晶体结构。MgO,NiO,FeO 等具有 NaCl 型结构;ZrO_2,VO_2,ThO_2 等具有 CaF_2 型结构,如图 1.31(b),(d)所示。

Al_2O_3,Cr_2O_3 等属于刚玉结构型,如图 12.1 所示。氧离子占密排六方结点位置,铝离子配置在氧离子组成的八面体间隙中,但只填 2/3,如图 12.1(b)。铝离子的排列要满足铝离子之间的间距最大,因此每三个相邻的八面体间隙,就有一个是有规律地空着,如图 12.1(a)所示。每晶胞有 6 个氧离子、4 个铝离子。

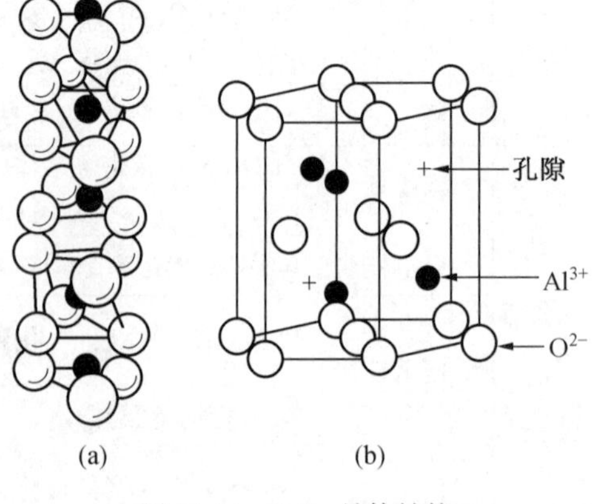

图 12.1　Al_2O_3 晶体结构

$CaTiO_3$,$BaTiO_3$,$PbTiO_3$ 等具有钙钛矿型结构,如图 12.2 所示。原子半径较大的钙离子与氧离子作立方最密堆积,半径较小的钛离子位于氧八面体间隙中,构成钛氧八面体[TiO_6]。钛离子只占全部八面体间隙的$\frac{1}{4}$。每个晶胞中有 1 个钛离子、1 个钙离子、3 个氧离子。

12.2.2 共价晶体陶瓷结构

共价晶体陶瓷多属金刚石结构,如图 1.28,或由其派生出的结构。

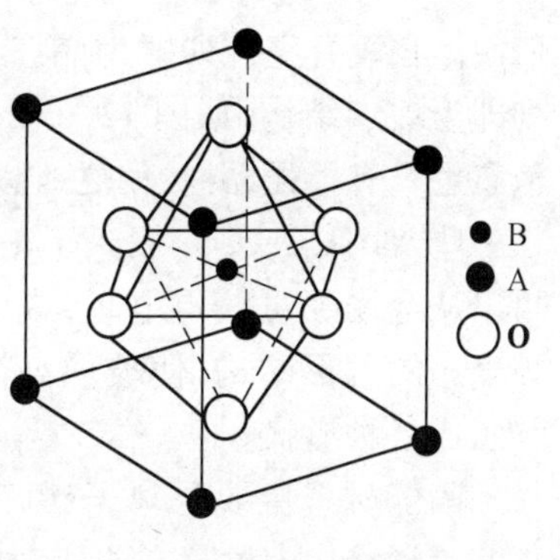

图 12.2 钙钛矿结构

SiC 结构与金刚石结构类似,只不过将位于四面体间隙的碳原子全换成了硅原子,图 12.3 属面心立方点阵,单胞拥有硅,碳原子各 4 个。

SiO_2 也属面心立方点阵,如图 12.4 所示。每个硅原子被 4 个氧原子包围,形成[SiO_4]四面体,如图 12.5(b)所示。四面体之间又都以共有顶点的氧原子互相连结。若四面体如图 12.5(a)长程有序连接,则形成晶态 SiO_2,这个单胞共有 24 原子,其中 8 个为硅原子,16 个为氧原子。纯 SiO_2 高温时具有这种晶体结构。

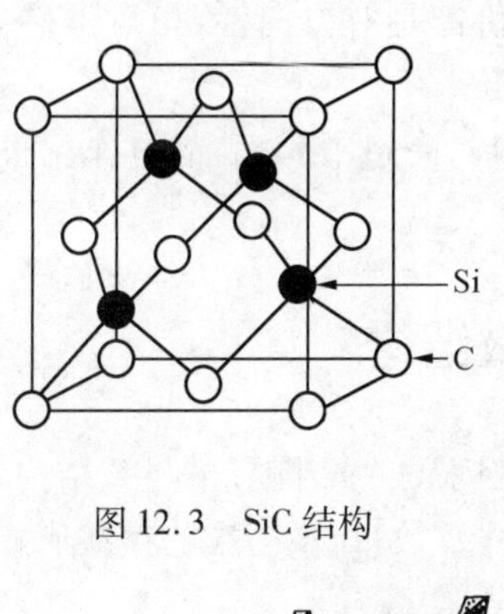

图 12.3 SiC 结构

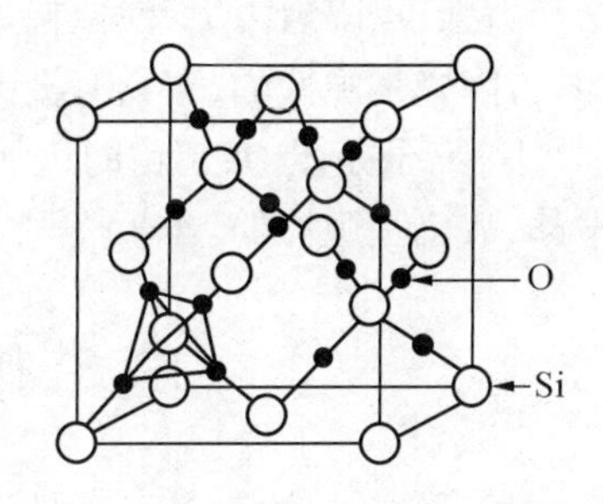

图 12.4 SiO_2 结构

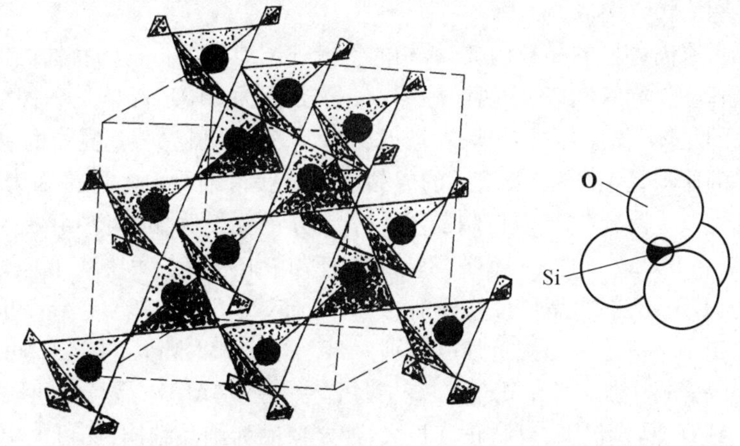

(a) [SiO_4] 四面体空间网络　　(b) [SiO_4] 四面体

图 12.5 SiO_2 空间网络结构

12.2.3 非晶型陶瓷结构

硅酸盐的基本结构[SiO_4]四面体中的原子结合既有离子链又有共价键,结合力很强。然而,这种结合对四面体中的氧原子来说其外层电子不是 8 个,而是 7 个。氧原子为克服电子的不足,可从金属那里获得电子(即 SiO_4^-)和金属结合,或每个氧原子再和另一个硅原子共用一对电子对,形成多面体群。每个氧原子都是搭桥原子,连接两个硅原子。如果四面体长程有序排列即为晶态 SiO_2，若短程有序排列即为玻璃结构，如图 12.6 所示。纯 SiO_2 即使在液态也具有很强黏性，使之难以加工成型。如果加入一些 Na_2O，CaO 等，引入了正的金属离子，氧离子可以从金属那里获得电子，成为非桥氧离子，打断玻璃态的网形结构，使玻璃高温时呈热塑性，便于加工成各种形状。

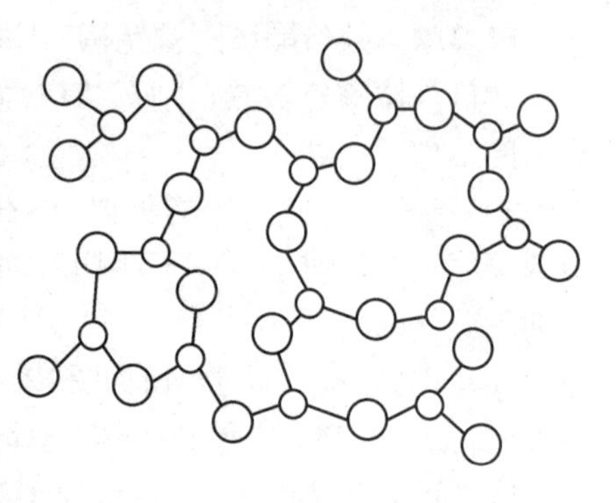

图 12.6 玻璃的网形结构

陶瓷材料主要是离子键与共价键化合物。虽然其晶体结构中也存在位错，如金刚石结构的滑移面为{111}、全位错的柏氏向量为 $\frac{1}{2}[110]$，但由于共价键结合力强，点阵阻力大，使位错难以运动。共价键具有方向性，相对位移会破坏共价键，故共价陶瓷是脆性的，但具有极高的硬度和熔点。

NaCl 型等离子晶体中，位错的运动需正负离子成对跨过滑移面，静电作用很强，一般也不能滑移，故也是脆性的。

12.3 陶瓷的显微结构

陶瓷的显微结构是决定其各种性能的最基本的因素之一。陶瓷的显微结构主要包括不同的晶相和玻璃相，晶粒的大小及形状，气孔的尺寸及数量，微裂纹的存在形式及分布。

12.3.1 晶 粒

陶瓷主要由取向各异的晶粒构成，晶相的性能往往能表征材料的特性。例如，刚玉瓷具有强度高、耐高温、绝缘性好，耐腐蚀等优点。这是因为 Al_2O_3 晶体是一种结构紧密，离子键强度很大的晶体。Al_2O_3 含量越高，玻璃相越少，气孔也越少，其性能也越好。

陶瓷制品的原料是细颗粒，烧结后的成品不一定获得细晶粒。这是因为烧结过程中要发生晶粒的生长。陶瓷生产中控制晶粒大小十分重要。例如，瓷料组成为细颗粒（小于 1 μm 的颗粒占 90.2%）的 α-Al_2O_3，8% 的油酸为黏结剂，在 1 910 ℃真空烧结，分别保温 15 分、60 分、120 分，平均晶粒尺寸分别为 54.3 μm，90.5 μm，193.7 μm，可见保温时间越短晶粒尺寸越小。测定常温抗折强度分别为 205 MPa，138 MPa，74 MPa，可见晶粒越细强度越高。如果瓷料中加入 1% MgO，在烧结过程中，在 α-Al_2O_3 晶粒之间形成镁铝尖晶石薄层，把 α-Al_2O_3 晶粒包围，可防止其长大，使之成品为细晶结构，还可大幅度提高其抗折强度。

晶粒的形状对材料的性能影响也很大。例如 α-Si_3N_4 陶瓷的晶粒呈针状，β-Si_3N_4 晶粒呈颗粒状或短干状，前者抗折强度比后者几乎高一倍。

晶粒越细，强度越高的原因是晶界上由于质点排列不规则，易形成微观应力。陶瓷在烧成后的冷却过程中，在晶界上会产生很大应力，晶粒越大，晶界应力越大，对于大晶粒甚至可出现贯穿裂纹。由 Griffith 公式，断裂应力与裂纹尺寸的平方根成反比，陶瓷中的已存裂纹，将会大大降低断裂强度。

12.3.2 玻璃相

玻璃相是陶瓷烧结时各组成物及杂质产生一系列物理、化学变化后形成的一种非晶态物质,它的结构是由离子多面体(如硅氧四面体[SiO_4])构成短程有序排列的空间网络。

玻璃相的作用是黏结分散的晶相,降低烧结温度,抑制晶粒长大和填充气孔。玻璃相熔点低,热稳定性差,导致陶瓷在高温下产生蠕变。因此,工业陶瓷必须控制玻璃相的含量,一般为20%~40%,特殊情况下可达60%。

12.3.3 气 相

气相指陶瓷孔隙中的气体即气孔,是陶瓷生产过程中形成,并被保留下来的。气孔对陶瓷性能有显著影响,它使陶瓷密度减小,并能减振,这是有利的一面,但使陶瓷强度下降,介电耗损增大,电击穿强度下降,绝缘性降低,这是不利的。因此,生产上要控制气孔数量、大小及分布。一般希望降低气孔体积分数,一般气孔占5%~10%,力求气孔细小,呈球形,分布均匀。但有时需增加气孔,如保温陶瓷和过滤多孔陶瓷等气孔率可达60%。

12.4 陶瓷材料制造工艺

陶瓷的种类繁多,生产制作过程各不相同,但一般都要经历以下三个阶段:坯料制备、成型与烧结。

12.4.1 坯料制备

采用天然的岩石、矿物、黏土等作为原料时,一般要经过原料粉碎—精选(除去杂质)—磨细—配料(保证制品性能)—脱水(控制坯料水分)—练坯、陈腐(去除空气)等过程。

当采用高纯度可控的人工合成粉状化合物作原料时,在坯料制备之前如何获得成分、纯度及粒度均达到要求的粉状化合物是坯料制备的关键。微米陶瓷、纳米陶瓷的制造成功均与粉状化合物的制备有关。

原料经过坯料制备以后,根据成型工艺要求,可以是粉料、浆料或可塑泥团。

12.4.2 成 型

陶瓷制品成型方法很多,按坯料的性能可分为三类:可塑法、注浆法和压制法。

可塑法又叫塑性料团成型法,坯料中加入一定量水分或塑化剂,使之成为具有良好塑性的料团,通过手工或机械成型。

注浆法又叫浆料成型法,是把原料配制成浆料,注入模具中成型。分为一般注浆成型和热压注浆成型。

压制法又叫粉料成型法,是将含有一定水分和添加剂的粉料,在金属模具中用较高的压力压制成型,与粉末冶金成型方法完全一样。

12.4.3 烧 结

陶瓷制品成型后还要进行烧结,未经烧结的陶瓷制品称为生坯,生坯经初步干燥之后即可涂釉,或直接送去烧结。生坯是由许多固相粒子堆积起来的聚积体。颗粒之间除了点接触外,尚存在许多孔隙,因此没有多大强度,必须经高温烧结后才能使用。

陶瓷生坯在加热过程中不断收缩,并在低于熔点温度下变成致密、坚硬的具有某种显微结构的多晶烧结体,这种现象称为烧结。

烧结时,主要发生晶粒尺寸及其外形的变化和气孔尺寸及形状的变化,如图 12.7 所示。生坯气孔是连通的,颗粒之间是点接触。在烧结温度下,以表面能的减少为驱动力,物质通过不同的扩散途径向颗粒点接触的颈部和气孔部位填充,使颈部渐渐扩大,减小气孔体积,细小颗粒之间开始形成晶界,并不断扩大晶界,使坯体致密化,连通的气孔缩小为孤立的气孔,分布在几个晶粒交界处。晶界上的物质继续向气孔扩散,使之进一步致密化,直到气孔基本排除。一般气孔体积分数小于 10%。烧结过程中,晶粒将不断长大,长大方式也是大晶粒吞食小晶粒。烧结后,坯体体积减少,密度增加,强度、硬度增加。微观的晶相并没发生变化,只是变得更致密,结晶程度更高。

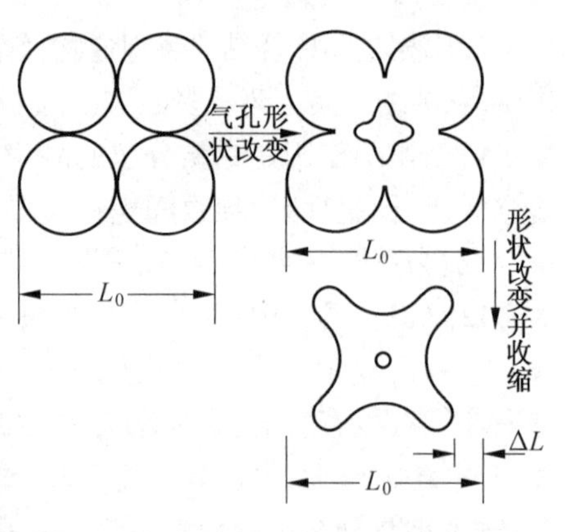

图 12.7　烧结现象示意图

常见的烧结方法有:热压或热等静压法;液相烧结法;反应烧结法。

热压或热等静压都是在压力和温度的联合作用下,使之烧结,烧结速度快,致密度高,由于烧结时间短,晶粒来不及长大,因此具有很好的力学性能。

液相烧结可得到完全紧密的陶瓷产品,例如在烧结 Al_2O_3 陶瓷时加入少量 MgO,可形成低熔点的玻璃相,玻璃相沿各颗粒的接触界面分布,原子通过液体扩散传输,扩散系数大,使烧结速度加快。其缺点是对陶瓷高温强度有损坏,高温易蠕变。

反应烧结是烧结过程中伴有固相反应,如 Si_3N_4 陶瓷的烧结。将硅粉放在氮气中加热,硅粉与气相反应

$$3Si+2N_2 \longrightarrow Si_3N_4 \tag{12.1}$$

当坯的表面生成 Si_3N_4 薄膜后,反应由气-固反应变为固相内部的反应,氮气很难扩散到内部,故烧结时间要长达几十个小时,烧结温度高达 1400 ℃时,产品中仍然有 1% ~ 5% 的硅没有参加反应。反应烧结的优点是无体积收缩,适合制备形状复杂,尺寸精度高的产品,但致密度远不及热压法,烧结后仍在有 15% ~30% 的总气孔率。为增加致密度,可在瓷料中加入 MgO,Al_2O_3 等金属氧化物,形成低熔点玻璃相,增加成品致密度,使之接近理论密度。

12.5　陶瓷材料的脆性及增韧

12.5.1　陶瓷材料的脆性

脆性是陶瓷材料的特征,在外力作用下,断裂无先兆。其直观表现是抗机械冲击性差,抗温度急变性差。脆性的本质与陶瓷材料主要是共价键、离子键有关。陶瓷的滑移系少,位错的柏氏矢量大,键的结合力强,位错运动的点阵阻力即派-纳力高,使位错难于运动。如果产生相对滑移,将破坏结合键,引起破断。陶瓷的屈服强度比金属材料高得多,通常陶瓷的屈服强度为 $E/30$,而金属为 $E/10^3$。陶瓷的理论屈服强度虽然很高,但实际断

裂强度都很低,这与陶瓷内存在大量微裂纹,引起应力集中有关。陶瓷抗压强度约为抗拉强度的15倍,这是因为压缩时,裂纹或闭合,或缓慢扩展。而拉伸时,裂纹达到临界尺寸就将失稳,立即断裂。

12.5.2 改善陶瓷脆性的途径

1. 降低陶瓷的微裂纹尺寸

由6.6节式(6.13)可知材料的断裂应力不恒定,随材料中存在的裂纹尺寸而变化,裂纹是否扩展决定于$\sqrt{a\pi}\cdot\sigma$,此量可测量。断裂力学将裂纹扩展时的$\sqrt{a\pi}\cdot\sigma$称为断裂韧性K_{IC}。即$\sigma=K_{IC}/\sqrt{a\pi}$,$K_{IC}$是材料固有的性能。由上式可知,断裂强度$\sigma$与裂纹尺寸的平方根成反比($a$为裂纹尺寸之半),裂纹尺寸越大,断裂强度越低。所以提高强度的方法是:获得细小晶粒,防止晶界应力过大产生裂纹,并可降低裂纹尺寸。此外,降低气孔所占分数,降低气孔尺寸也可提高强度。

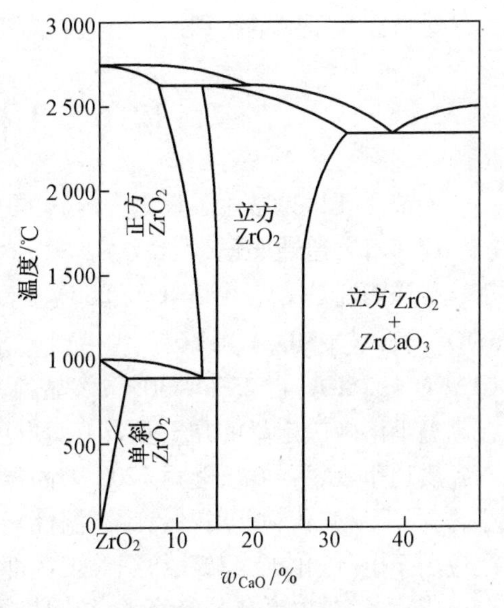

图 12.8 CaO-ZrO_2 相图

2. 陶瓷的相变增韧

和金属材料一样,陶瓷材料也存在相反应及同素异构转变。图12.8为CaO-ZrO_2相图。纯ZrO_2冷却时,会发生晶型的转变,在1 000 ℃左右,正方ZrO_2转变为单斜系ZrO_2,类似马氏体相变,伴随3%～5%体积膨胀。在转变温度上下循环加热和冷却,可使纯ZrO_2变成粉末。当加入足够量CaO时,可与ZrO_2完全互溶,并成为稳定的立方ZrO_2,从室温一直到熔化都不改变,见相图中立方ZrO_2单相区。这种稳定的ZrO_2是一种实用的耐热材料。当CaO数量较少时,可获得部分稳定的ZrO_2,其组织为单斜和立方ZrO_2,如图12.8中单斜ZrO_2+立方ZrO_2两相区。对部分稳定化的ZrO_2材料,加热到高温变为正方ZrO_2+立方ZrO_2,冷却时发生正方ZrO_2向单斜ZrO_2转变,使ZrO_2陶瓷韧性大为增加,这就是相变增韧陶瓷。

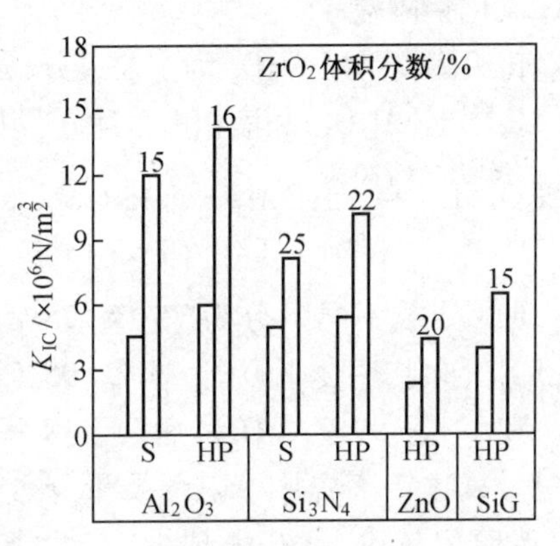

图 12.9 ZrO_2 对四种不同陶瓷的增韧效果

S—普通烧结;HP—热压烧结

相变增韧也可适用于不同陶瓷基体中。图12.9是四种陶瓷添加ZrO_2后对断裂韧性影响的示意图,由图可见,添加ZrO_2各种陶瓷韧性成倍增加。相变增韧的机理是未稳定的ZrO_2弥散分布在陶瓷基体中,由于两者具有不同的热膨胀系数,在烧结后的冷却过程中,ZrO_2粒子受到基体的压应力时,正方ZrO_2转变为单斜ZrO_2受抑制,当ZrO_2粒子十分小时,其转变温度可降至室温以下,即室温下为正方ZrO_2。当材料受外力时,基体对ZrO_2

粒子压力减小，抑制作用松弛，正方 ZrO_2 转变为单斜 ZrO_2，体积膨胀，引起基体产生微裂纹，从而吸收了主裂纹扩展的能量，达到增加断裂韧性的效果。

3. 纤维补强

利用强度及弹性模量均较高的纤维，使之均匀分布于陶瓷基体中。当这种复合材料受到外加负荷时，可将一部分负荷传递到纤维上去，减轻了陶瓷本身的负担，其次，瓷体中的纤维可阻止裂纹的扩展，从而改善了陶瓷材料的脆性。

12.6 工程陶瓷材料简介

本节主要讨论常用工程陶瓷材料的种类、性能及应用。

12.6.1 普通陶瓷

普通陶瓷是用黏土（$Al_2O_3 \cdot 2SiO_2 \cdot 2H_2O$）、长石（$K_2O \cdot Al_2O_3 \cdot 6SiO_2$，$Na_2O \cdot Al_2O_3 \cdot 6SiO_2$）、石英（$SiO_2$）为原料，经配料、成型、烧结而制成。组织中主晶相为莫来石（$3Al_2O_3 \cdot 2SiO_2$）占 25% ~30%，次晶相为 SiO_2；玻璃相占 35% ~60%，是以长石为溶剂，在高温下溶解一定量的黏土和石英而形成的液相冷却后所得到的；气相占 1% ~3%。该陶瓷质地坚硬，不导电，能耐 1200 ℃高温，加工成型性好，成本低廉。缺点是含较多玻璃相，高温下易软化，强度较低，耐高温性能及绝缘性能不如特种陶瓷。这类陶瓷产量大，广泛应用于电气、化工、建筑、纺织等工业部门。用作工作温度低于 200 ℃的酸碱介质容器、反应塔管道、供电系统的绝缘子、纺织机械中的导纱零件等。

12.6.2 特种陶瓷

1. 氧化铝陶瓷

氧化铝陶瓷是以 Al_2O_3 为主要成分，含有少量 SiO_2 的陶瓷，其相图如图 12.10 所示。在 1 880 ℃，刚玉（Al_2O_3）和液相 L 发生包晶反应生成不稳定化合物莫来石（$3Al_2O_3 \cdot 2SiO_2$）

$$Al_2O_3 + L \xrightleftharpoons{1\,880\ ℃} 3Al_2O_3 \cdot 2SiO_2 \tag{12.2}$$

Al_2O_3 质量分数不同可分为 75 瓷（75% Al_2O_3），又称刚玉-莫来石瓷、95 瓷（95% Al_2O_3）和 99 瓷（99% Al_2O_3），后两者称为刚玉瓷。氧化铝陶瓷中 Al_2O_3 质量分数越高，玻璃相越少，气孔也越少，其性能也越好，但工艺复杂，成本高。

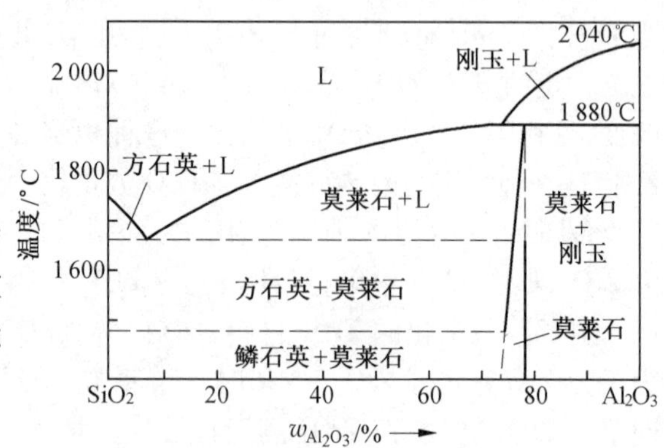

图 12.10 SiO_2-Al_2O_3 相图

氧化铝瓷强度比普通瓷高 2 ~3 倍，甚至 5 ~6 倍，仅次于金刚石、碳化硼、立方氮化硼和碳化硅，有很好的耐磨性；刚玉瓷抗高温蠕变能力强，耐高温；耐蚀性及绝缘性也好。主要缺点是脆性大，抗热震性差，不能承受环境温度剧变。主要用于制作内燃机的火花塞、火箭、导弹流罩、轴承、活塞、切削刀具，石油及化工用泵的密封环，熔化金属的坩埚及高温热电偶套管等。

2. 其他高熔点的氧化物陶瓷

BeO,CaO,ZrO_2,CeO_2,UO_2,MgO 等的熔点均在 2 000 ℃附近,甚至更高,具有一些特殊优异的性能。如氧化镁陶瓷耐高温,抗熔融金属腐蚀,可用作坩埚,熔炼高纯度 Fe,Cu,Mo,Mg,V,Th 及其合金。氧化锆陶瓷耐高温,耐腐蚀,室温下为绝缘体,但 1 000 ℃以上为导体,可用作熔炼 Pt,Pd,Rh 等金属的坩埚和高温电极。氧化铍陶瓷导热性高,和金属相近,抗热震性好,可作高频电炉的坩埚及高温绝缘的电子元件。由于铍的吸收中子截面小,故氧化铍陶瓷还可用作核反应堆的中子减速剂和反射材料。

3. 非氧化物工程陶瓷

碳化物如 SiC,B_4C;氮化物如 BN,Si_3N_4 等难熔化合物为主晶相的陶瓷具有优异的性能。

碳化硅陶瓷的最大优点是高温下强度高,在 1 400 ℃时,其抗弯强度保持在 500 ~ 600 MPa,而其他陶瓷在此温度下强度已显著降低。其次,导热性好,仅次于氧化铍陶瓷。热稳定性,耐蚀性,耐磨性均相当好。主要用于制造火箭尾喷管的喷嘴、浇注金属的浇道口、炉管、燃气轮机叶片、高温轴承、热交换器及核燃料包封材料等。

氮化硼陶瓷,属共价晶体,其晶体结构与石墨相近为六方系,故有白石墨之称。具有良好耐热性和导热性,其导热率与不锈钢相当,而膨胀系数比金属和其他陶瓷低得多,抗热震性和热稳定性均较好。高温绝缘性好,在 200 ℃是绝缘体。化学稳定性高,能抗多种熔融金属侵蚀。硬度比其他陶瓷低,可进行切削加工,并具有自润滑性。常用于制造热电偶套管、熔炼半导体金属的坩埚和冶金用高温容器和管道、高温轴承、玻璃制品成型模、高温绝缘材料等。

近年来,在 Si_3N_4 中添加一定数量的 Al_2O_3 构成新型陶瓷材料,叫赛纶陶瓷。它可用常压烧结法达到或接近热压烧结氮化硅陶瓷的性能,是目前强度最高,具有优异化学稳定性,耐磨性,热稳定性的陶瓷。

综上所述,陶瓷品种繁多,并具有许多优异性能,在工程结构中,得到越来越广泛的应用。随结构陶瓷的发展,种类繁多,用途各异的功能陶瓷不断涌现。导电陶瓷、压电陶瓷、磁性陶瓷、光学陶瓷(例如光导纤维,激光材料)、敏感陶瓷、超导陶瓷等正在各个领域中发挥着巨大作用。

习　题

1. 何为传统上的“陶瓷”? 何为工程陶瓷? 两者在成分上有何异同。
2. 陶瓷材料可应用在哪些领域? 它有哪些特点?
3. 玻璃的结构如何? 生产中如何改善玻璃的成型性?
4. 陶瓷材料为何是脆性的? 为什么抗拉强度常常远低于理论强度?
5. 何为反应烧结? 何为液相烧结? 各有何优缺点?
6. 改善陶瓷脆性的途径有哪些? 试说明机理。
7. 何为陶瓷的相变增韧? 试说明其机制。

第13章　复合材料

13.1　概　　述

13.1.1　复合材料的概念

随着现代机械、电子、化工、国防等工业的发展及航天、信息、能源、激光、自动化等高科技的进步，对材料性能的要求越来越高。除了要求材料具有高比强度、高比模量、耐高温、耐疲劳等性能外，还对材料的耐磨性、尺寸稳定性、减震性、无磁性、绝缘性等提出特殊要求，甚至有些构件要求材料同时具有相互矛盾的性能。如既导电又绝热；强度比钢好而弹性又比橡胶强，并能焊接等。单一的金属、陶瓷及高分子材料对此是无能为力的。若采用复合技术，把一些具有不同性能的材料复合起来，取长补短，就能实现这些性能要求，于是现代复合材料应运而生。

所谓复合材料是指由两种或两种以上不同性质的材料，通过不同的工艺方法人工合成的，各组分间有明显界面且性能优于各组成材料的多相材料。为满足性能要求，人们在不同的非金属之间、金属之间以及金属与非金属之间进行“复合”，使其既保持组成材料的最佳特性同时又具有组合后的新特性。有些性能往往超过各组成材料的性能的总和，从而充分地发挥了材料的性能潜力。“复合”已成为改善材料性能的一种手段，复合材料已引起人们的重视，新型复合材料的研制和应用也越来越广泛。

13.1.2　复合材料的分类

(1)复合材料种类很多，按照基体材料可将复合材料分为两类。

①非金属基复合材料　它又可分为：无机非金属基复合材料，如陶瓷基、水泥基复合材料等；有机材料基复合材料，如塑料基、橡胶基复合材料。

②金属基复合材料　如铝基、铜基、镍基、钛基复合材料等。

(2)按照增强材料可将复合材料分为三类。

①纤维增强复合材料　如纤维增强塑料、纤维增强橡胶、纤维增强陶瓷、纤维增强金属等。

②粒子增强复合材料　如金属陶瓷、烧结弥散硬化合金等。

③叠层复合材料　如双层金属复合材料(巴氏合金-钢轴承材料)、三层复合材料(钢-铜-塑料三层复合无油滑动轴承材料)。在这三类增强材料中，以纤维增强复合材料发展最快、应用最广。复合材料的分类见表13.1。

13.1.3　复合材料的命名

①强调基体时以基体为主来命名，例如金属基复合材料。

②强调增强材料时则以增强材料为主命名，如碳纤维增强复合材料。

③基体与增强材料并用的命名，常指某一具体复合材料，一般将增强材料名称放在前面，基体材料的名称放在后面，最后加“复合材料”而成。例如，“C/Al 复合材料”，即为碳纤维增强铝合金复合材料。

④商业名称命名，如“玻璃钢”即为玻璃纤维增强树脂复合材料。

表 13.1　复合材料的种类

增强体		基体							
		金属	无机非金属				有机材料		
			陶瓷	玻璃	水泥	碳素	木材	塑料	橡胶
金属		金属基复合材料	陶瓷基复合材料	金属网嵌玻璃	钢筋水泥	无	无	金属丝增强塑料	金属丝增强橡胶
无机非金属	陶瓷{纤维、粒料}	金属基超硬合金	增强陶瓷	陶瓷增强玻璃	增强水泥	无	无	陶瓷纤维增强塑料	陶瓷纤维增强橡胶
	碳素{纤维、粒料}	碳纤维增强金属	增强陶瓷	陶瓷增强玻璃	增强水泥	碳纤增强碳复合材料	无	碳纤维增强塑料	碳纤碳黑增强橡胶
	玻璃{纤维、粒料}	无	无	无	增强水泥	无	无	玻璃纤维增强塑料	玻璃纤维增强橡胶
有机材料	木材	无	无	无	水泥木丝板	无	无	纤维板	无
	高聚物纤维	无	无	无	增强水泥	无	塑料合板	高聚物纤维增强塑料	高聚物纤维增强橡胶
	橡胶胶粒	无	无	无	无	无	橡胶合板	高聚物合金	高聚物合金

13.2　复合材料的增强机制及性能

13.2.1　复合材料的增强机制

1. 纤维增强复合材料的增强机制

纤维增强复合材料是由高强度、高弹性模量的连续(长)纤维或不连续(短)纤维与基体(树脂或金属、陶瓷等)复合而成。复合材料受力时，高强度、高模量的增强纤维承受大部分载荷，而基体主要作为媒介，传递和分散载荷。

单向纤维增强复合材料的断裂强度 σ_c 和弹性模量 E_c 与各组分材料性能关系如下

$$\sigma_c = k_1[\sigma_f\varphi_f + \sigma_m(1-\varphi_f)]$$

$$E_c = k_2[\sigma_f\varphi_f + E_m(1-\varphi_f)]$$

式中，σ_f，E_f 分别为纤维强度和弹性模量；σ_m，E_m 分别为基体材料的强度和弹性模量；φ_f 为纤维体积分数；k_1，k_2 为常数，主要与界面强度有关。

纤维与基体界面的结合强度，还和纤维的排列、分布方式、断裂形式有关。

为达到强化目的，必须满足下列条件：

①增强纤维的强度、弹性模量应远远高于基体，以保证复合材料受力时主要由纤维承受外加载荷。

②纤维和基体之间有一定结合强度，这样才能保证基体所承受的载荷能通过界面传递给纤维，并防止脆性断裂。

③纤维的排列方向要和构件的受力方向一致，才能发挥增强作用。

④纤维和基体之间不能发生使结合强度降低的化学反应。

⑤纤维和基体的热膨胀系数应匹配，不能相差过大，否则在热胀冷缩过程中会引起纤维和基体结合强度降低。

⑥纤维所占的体积分数、纤维长度 L 和直径 d 及长径比 L/d 等必须满足一定要求。一般是纤维所占的体积分数越高、纤维越长、越细，增强效果越好。

2. 粒子增强型复合材料的增强机制

粒子增强型复合材料按照颗粒尺寸大小和数量多少可分为：弥散强化的复合材料，其粒子直径 d 一般为 0.01 ~ 0.1 μm，粒子体积分数 φ_p 为 1% ~ 15%；颗粒增强的复合材料，粒子直径 d 为 1 ~ 50 μm，体积分数为 $\varphi_p > 20\%$。

（1）弥散强化的复合材料的增强机制

弥散强化的复合材料就是将一种或几种材料的颗粒（<0.1 μm）弥散、均匀分布在基体材料内所形成的材料。这类复合材料的增强机制是：在外力的作用下，复合材料的基体将主要承受载荷，而弥散均匀分布的增强粒子将阻碍导致基体塑性变形的位错运动（例如金属基体的绕过机制）或分子链运动（高聚物基体时）。特别是增强粒子大都是氧化物等化合物，其熔点、硬度较高，化学稳定性好，所以粒子加入后，不但使常温下材料的强度、硬度有较大提高，而且使高温下材料的强度下降幅度减少，即弥散强化复合材料的高温强度高于单一材料。强化效果与粒子直径及体积分数有关，质点尺寸越小、体积分数越高，强化效果越好。通常 $d = 0.01 \sim 0.1$ μm，$\varphi_p = 1\% \sim 15\%$。

（2）颗粒增强复合材料的增强机制

颗粒增强复合材料是用金属或高分子聚合物为黏接剂，把具有耐热性好、硬度高但不耐冲击的金属氧化物、碳化物，氮化物黏结在一起而形成的材料。这类材料的性能既具有陶瓷的高硬度及耐热的优点，又具有脆性小、耐冲击等方面的优点，显示了突出的复合效果。由于强化相的颗粒较大（$d > 1$ μm），它对位错的滑移（金属基）和分子链运动（聚合物基）已没有多大的阻碍作用，因此强化效果并不显著。颗粒增强复合材料主要不是为了提高强度，而是为了改善耐磨性或者综合的力学性能。

13.2.2 复合材料的性能特点

复合材料虽然种类繁多，性能各异，但不同种类的复合材料却有相同的性能特点。

1. 比强度和比模量高

强度和弹性模量与密度的比值分别称为比强度和比模量。它们是衡量材料承载能力的一个重要指标，比强度越高，在同样强度下，同一零件的自重越小；比模量越大，在重量相同的条件下零件的刚度越大。这对高速运动的机构及要求减轻自重的构件是非常重要的。表 12.2 列出了一些金属和纤维增强复合材料性能的比较。由表可见，复合材料都具有较高的比强度和比模量，尤其是碳纤维-环氧树脂复合材料，其比强度比钢高 7 倍，比模量比钢大3倍。

表13.2 金属与纤维增强复合材料性能比较

材料＼性能	密　度/ $(g\cdot cm^{-3})$	抗拉强度/ 10^3 MPa	拉伸模量/ 10^5 MPa	比强度/ $10^6(N\cdot m\cdot kg^{-1})$	比模量/ $10^8(N\cdot m\cdot kg^{-1})$
钢	7.8	1.03	2.1	0.13	27
铝	2.8	0.47	0.75	0.17	27
钛	4.5	0.96	1.14	0.21	25
玻璃钢	2.0	1.06	0.4	0.53	20
高强碳纤维-环氧	1.45	1.5	1.4	1.03	97
高模碳纤维-环氧	1.6	1.07	2.4	0.67	150
硼纤维-环氧	2.1	1.38	2.1	0.66	100
有机纤维PRD-环氧	1.4	1.4	0.8	1.0	57
SiC纤维-环氧	2.2	1.09	1.02	0.5	46
硼纤维-铝	2.65	1.0	2.0	0.38	75

2. 良好的抗疲劳性能

由于纤维增强复合材料特别是纤维-树脂复合材料对缺口应力集中敏感性小，而且纤维和基体界面能够阻止疲劳裂纹扩展和改变裂纹扩展方向，因此复合材料有较高的疲劳极限，如图13.1所示。实验表明，碳纤维增强复合材料疲劳极限可达抗拉强度的70%～80%，而金属材料只有其抗拉强度的40%～50%。

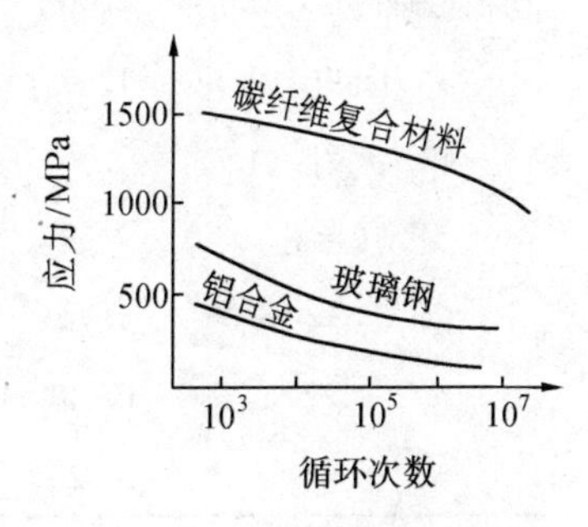

图13.1　三种材料的疲劳强度

3. 破断安全性能

纤维复合材料中有大量独立的纤维，平均每平方厘米面积上有几千到几万根。当纤维复合材料构件由于超载或其他原因使少数纤维断裂时，载荷就会重新分配到其他未破断的纤维上，因而构件不致在短期内突然断裂，故破断安全性好。

4. 优良的高温性能

大多数增强纤维在高温下仍能保持高的温度，用其增强金属和树脂基体时能显著提高它们的耐高温性能。例如，铝合金的弹性模量在400 ℃时大幅度下降并接近于零，强度也显著降低；而碳纤维、硼纤维增强后，在同样温度下强度和弹性模量仍能保持室温下的水平，明显起到了增强高温性能的作用。

5. 减震性能好

因为结构的自振频率与材料的比模量平方根成正比，而复合材料的比模量高，其自振频率也高。这样可以避免构件在工作状态下产生共振，而且纤维与基体界面能吸收振动能量，即使产生了振动也会很快地衰减下来，所以纤维增强复合材料具有很好的减震性能。例如用尺寸和形状相同而材料不同的梁进行振动试验时，金属材料制作的梁停止振动的时间为 9 s，而碳纤维增强复合材料制作的梁只需 2.5 s。

13.3 常用复合材料

13.3.1 纤维增强复合材料

1. 常用增强纤维

纤维增强复合材料中常用的纤维有玻璃纤维、碳纤维、硼纤维、碳化硅纤维、Kevlar 有机纤维等，这些纤维除可增强树脂之外，其中碳化硅纤维、碳纤维、硼纤维还可增强金属和陶瓷。常用增强纤维与金属丝性能对比见表 13.3。

表 13.3 常用增强纤维与金属丝性能对比

材料＼性能	密度/($g \cdot cm^{-3}$)	抗拉强度/10^3 MPa	拉伸模量/10^5 MPa	比强度/$10^6(N \cdot m \cdot kg^{-1})$	比模量/$10^8(N \cdot m \cdot kg^{-1})$
无碱玻纤	2.55	3.40	0.71	1.40	29
高强度碳纤(Ⅱ型)	1.74	2.42	2.16	1.80	130
高模量碳纤(Ⅰ型)	2.00	2.23	3.75	1.10	210
Kevlar49	1.44	2.80	1.26	1.94	875
硼纤	2.36	2.75	3.82	1.20	160
SiC 纤维(钨芯)	2.69	3.43	4.80	1.27	178
钢丝	7.74	4.20	2.00	0.54	26
钨丝	19.40	4.10	4.10	0.21	21
钼丝	10.20	2.20	3.60	0.22	36

(1)玻璃纤维

玻璃纤维是将熔化的玻璃以极快的速度拉成细丝而制得。按玻璃纤维中 Na_2O 和 K_2O 的含量不同，可将其分为无碱纤维(含碱量<2%)、中碱纤维(含碱量 2% ~12%)、高碱纤维(含碱量>12%)。随含碱量的增加，玻璃纤维的强度、绝缘性、耐腐蚀性降低，因此高强度复合材料多用无碱玻璃纤维。

玻璃纤维的特点是强度高，其抗拉强度可达 1 000 ~3 000 MPa；弹性模量比金属低得多，为$(3 \sim 5) \times 10^4$ MPa；密度小，为 2.5 ~2.7 g/cm^3，与铝相近，是钢的 1/3；比强度、比模量比钢高；化学稳定性好；不吸水、不燃烧、尺寸稳定、隔热、吸声、绝缘等。缺点是脆性较大，耐热性低，250 ℃以上开始软化。由于价格便宜，制作方便，是目前应用最多的增强纤维。

(2)碳纤维

碳纤维是人造纤维(粘胶纤维、聚丙烯腈纤维等)在 200 ~300 ℃空气中加热并施加一定张力进行预氧化处理，然后在氮气的保护下，在 1 000 ~1 500 ℃的高温下进行碳化处理而制得。其碳的质量分数可达 85% ~95%。由于其具有高强度,因而称高强度碳纤维,也称Ⅱ型碳纤维。这种碳纤维是由许多石墨晶体组成的多晶材料,其结构如图 13.2 所示。

如果将碳纤维在 2 000 ~3 000 ℃高温的氩气中进行石墨化处理,就可获得碳的质量分数为 98% 以上的碳纤维。这种碳纤维中的石墨晶体的层面有规则地沿纤维方向排列,具有高的弹性模量,又称石墨纤维或高模量碳纤维,也称Ⅰ型碳纤维。

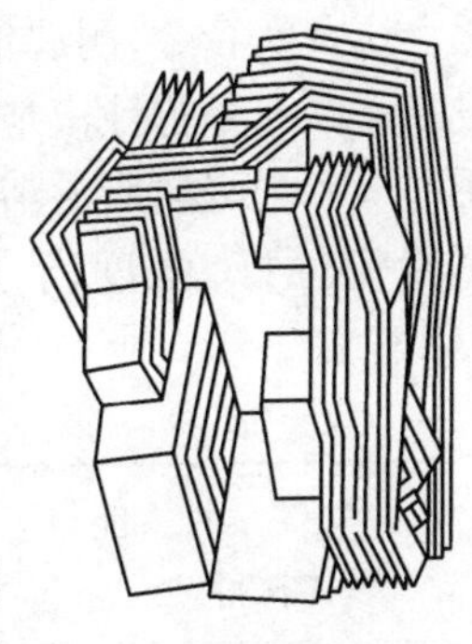

图 13.2　碳纤维结构示意图

与玻璃纤维相比,碳纤维密度小(1.33 ~2.0 g/cm^3);弹性模量高(2.8 ~4×10^5 MPa),为玻璃纤维的 4 ~6 倍;高温及低温性能好,在 1 500 ℃以上的惰性气体中强度仍保持不变,在-180 ℃下脆性也不增加;导电性好、化学稳定性高、摩擦系数小、自润滑性能好。缺点是脆性大、易氧化、与基体结合力差,必须用硝酸对纤维进行氧化处理以增强结合力。

(3)硼纤维

它是用化学沉积法将非晶态的硼涂覆到钨丝或碳丝上而制得的。具有高熔点(2 300 ℃)、高强度(2 450 ~2 750 MPa)、高弹性模量(3.8 ~4.9×10^5 MPa)。其弹性模量是无碱玻璃纤维的 5 倍与碳纤维相当,在无氧条件下 1 000 ℃时其模量值也不变。此外,它还具有良好的抗氧化性、耐腐蚀性。缺点是密度大、直径较粗及生产工艺复杂、成本高、价格昂贵,所以它在复合材料中的应用不及玻璃纤维和碳纤维广泛。

(4)碳化硅纤维

它是用碳纤维作底丝,通过气相沉积法而制得。具有高熔点、高强度(平均抗拉强度达 3 090 MPa)、高弹性模量(1.96×10^5 MPa)。其突出优点是具有优良的高温强度,在 1 100 ℃时其强度仍高达 2 100 MPa。主要用于增强金属及陶瓷。

(5)Kevlar 有机纤维(芳纶、聚芳酰酰胺纤维)

世界上生产的主要芳纶纤维是以对苯二胺和对苯甲酰为原料,采用"液晶纺丝"和'干湿法纺丝"等新技术制备的。其最大特点是比强度、比弹性模量高。其强度可达 2 800 ~3 700 MPa,比玻璃纤维高 45%;密度小,只有 1.45 g/cm^3,是钢的 1/6;耐热性比玻璃纤维好,能在 290 ℃长期使用。此外,它还具有优良的抗疲劳性、耐蚀性、绝缘性和加工性,且价格便宜。主要纤维种类有 Kevlar-29,Kevlar-49 和我国的芳纶Ⅱ纤维。

2. 纤维-树脂复合材料

(1)玻璃纤维-树脂复合材料

亦称玻璃纤维增强塑料,也称玻璃钢。按树脂性质可将其分为玻璃纤维增强热塑性塑料(即热塑性玻璃钢)和玻璃纤维增强热固性塑料(即热固性玻璃钢)。

①热塑性玻璃钢　它是由 20% ~40% 的玻璃纤维和 60% ~80% 的热塑性树脂(如尼龙、ABS 等)组成。它具有高强度和高冲击韧性,良好的低温性能及低热膨胀系数。热塑性玻璃钢的性能见表 13.4。

②热固性玻璃钢　它是由 60% ~70% 玻璃纤维(或玻璃布)和 30% ~40% 热固性树脂(环氧、聚酯树脂等)组成。主要优点是密度小,强度高,其比强度超过一般高强度钢和

铝合金及钛合金,耐腐蚀性、绝缘性、绝热性好;吸水性低,防磁,微波穿透性好,易于加工成型。缺点是弹性模量低,热稳定性不高,只能在 300 ℃以下工作。为此更换基体材料,用环氧和酚醛树脂混溶后作基体或用有机硅和酚醛树脂混溶后作基体制成玻璃钢。前者热稳定性好,强度高,后者耐高温,可作耐高温结构材料。热固性玻璃钢的性能见表 13.5。

表 13.4 几种热塑性玻璃钢的性能

性能 基体材料	密度/ $(g \cdot cm^{-3})$	抗拉强度/ MPa	弯曲模量/ 10^2 MPa	热膨胀系数/ 10^{-6}/℃
尼龙 60	1.37	182	91	3.24
ABS	1.28	101.5	77	2.88
聚苯乙烯	1.28	94.5	91	3.42
聚碳酸酯	1.43	129.5	84	2.34

表 13.5 几种热固性玻璃钢的性能

性能 基体材料	密度/ $(g \cdot cm^{-3})$	抗拉强度/ MPa	弯曲模量/ 10^2 MPa	抗弯强度/ 10^2 MPa
聚酯	1.7~1.9	180~350	210~250	210~350
环氧	1.8~2.0	70.3~298.5	180~300	70.3~470
酚醛	1.6~1.85	70~280	100~270	270~1 100

玻璃钢主要用于制作要求自重轻的受力构件及无磁性、绝缘、耐腐蚀的零件。例如,直升飞机机身、螺旋桨、发动机叶轮;火箭导弹发动机壳体、液体燃料箱;轻型舰船(特别适于制作扫雷艇);机车、汽车的车身,发动机罩;重型发电机护环、绝缘零件,化工容器及管道等。

(2)碳纤维-树脂复合材料

亦称碳纤维增强塑料。最常用的是碳纤维和聚酯、酚醛、环氧、聚四氟乙烯等树脂组成的复合材料。其性能优于玻璃钢,具有高强度、高弹性模量、高比强度和比模量。例如碳纤维-环氧树脂复合材料的上述四项指标均超过了铝合金、钢和玻璃钢。此外碳纤维-树脂复合材料还具有优良的抗疲劳性能、耐冲击性能、自润滑性、减摩耐磨性、耐腐蚀性及耐热性。缺点是纤维与基体结合力低,材料在垂直于纤维方向上的强度和弹性模量较低。

其用途与玻璃钢相似,如飞机机身、螺旋桨、尾翼,卫星壳体、宇宙飞船外表面防热层,机械轴承、齿轮、磨床磨头等。

(3)硼纤维-树脂复合材料

主要由硼纤维和环氧、聚酰亚胺等树脂组成。具有高的比强度和比模量,良好的耐热性。例如硼纤维-环氧树脂复合材料的拉伸、压缩、剪切和比强度均高于铝合金和钛合金。而其弹性模量为铝的 3 倍、为钛合金的 2 倍;比模量则是铝合金及钛合金的 4 倍。缺点是各向异性明显,即纵向力学性能高而横向性能低,两者相差十几~几十倍;此外加工困难,成本昂贵。主要用于航天、航空工业中制作要求刚度高的结构件,如飞机机身、机翼等。

(4)碳化硅纤维-树脂复合材料

碳化硅纤维与环氧树脂组成的复合材料具有高的比强度、比模量。其抗拉强度接近碳纤维-环氧树脂复合材料,而抗压强度为后者的2倍。因此,它是一种很有发展前途的新型材料。主要用于制作宇航器上的结构件,飞机的门、机翼、降落传动装置箱。

(5)Kevlar纤维-树脂复合材料

它是由Kevlar纤维和环氧、聚乙烯、聚碳酸酯、聚脂等树脂组成。最常用的是Kevlar纤维与环氧树脂组成的复合材料,其主要性能特点是抗拉强度大于玻璃钢,而与碳纤维-环氧树脂复合材料相似;延性好,与金属相当;其耐冲击性超过碳纤维增强塑料,具有优良的疲劳抗力和减震性;其疲劳抗力高于玻璃钢和铝合金,减震能力为钢的8倍,为玻璃钢的4~5倍。主要用于制作飞机机身、雷达天线罩、火箭发动机外壳、轻型船舰、快艇等。

3. 纤维-金属(或合金)复合材料

纤维增强金属复合材料是高强度、高模量的脆性纤维(碳、硼、碳化硅纤维)和具有较韧性及低屈服强度的金属(铝及其合金、钛及其合金、铜及其合金、镍合金、镁合金、银铅等)组成。此类材料具有比纤维-树脂复合材料高的横向力学性能,高的层间剪切强度,冲击韧性好,高温强度高,耐热性、耐磨性、导电性、导热性好,不吸湿,尺寸稳定性好,不老化等优点。但由于其工艺复杂,价格较贵,仍处于研制和试用阶段。

(1)纤维-铝(或合金)复合材料

①硼纤维-铝(或合金)复合材料　硼纤维-铝(或合金)基复合材料是纤维-金属基复合材料中研究最成功、应用最广的一种复合材料。它是由硼纤维和纯铝、形变铝合金、铸造铝合金组成。由于硼和铝在高温易形成AlB_2,与氧易形成B_2O_3,故在硼纤维表面要涂一层SiC,以提高硼纤维的化学稳定性。这种硼纤维称为改性硼纤维或硼矽克。

硼纤维-铝(或铝合金)基复合材料的性能优于硼纤维-环氧树脂复合材料,也优于铝合金、钛合金。它具有高拉伸模量、高横向模量,高抗压强度、剪切强度和疲劳强度。主要用于制造飞机和航天器的蒙皮、大型壁板、长梁、加强肋、航空发动机叶片等。

②石墨纤维-铝(或铝合金)基复合材料　石墨纤维(高模量碳纤维)-铝(或合金)基复合材料是由Ⅰ型碳纤维与纯铝或形变铝合金、铸造铝合金组成。它具有高比强度和高温强度,在500 ℃时其比强度为钛合金的1.5倍。主要用于制造航天飞机的外壳,运载火箭大直径圆锥段、级间段,接合器,油箱,飞机蒙皮,螺旋浆,涡轮发动机的压气机叶片,重返大气层运载工具的防护罩等。

③碳化硅纤维-铝(或合金)复合材料　它是由碳化硅纤维和纯铝(或铸造铝合金、铝铜合金等)组成的复合材料。其性能特点是具有高比强度和比模量、硬度高。用于制造飞机机身结构件及汽车发动机的活塞、连杆等。

(2)纤维-钛合金复合材料

这类复合材料由硼纤维或改性硼纤维、碳化硅纤维与钛合金(Ti-6Al-4V)组成。它具有低密度、高强度、高弹性模量、高耐热性、低热膨胀系数的特点,是理想的航天航空用结构材料。例如碳化硅改性硼纤维和Ti-6Al-4V组成的复合材料,其密度为3.6 g/cm^3,

比钛还轻，抗拉强度可达 1.21×10^{3} MPa，弹性模量可达 2.34×10^{5} MPa，热膨胀系数为 $(1.39\sim1.75)\times10^{-6}$/℃。目前纤维增强钛合金复合材料还处于研究和试用阶段。

(3)纤维-铜(或合金)复合材料

它是由石墨纤维和铜(或铜镍合金)组成的材料。为了增强石墨纤维和基体的结合强度，常在石墨纤维表面镀铜或镀镍后再镀铜。石墨纤维增强铜或铜镍合金复合材料具有高强度、高导电性、低的摩擦系数和高的耐磨性，以及在一定温度范围内的尺寸稳定性。用来制作高负荷的滑动轴承，集成电路的电刷、滑块等。

4. 纤维-陶瓷复合材料

用碳(或石墨)纤维与陶瓷组成的复合材料能大幅度提高陶瓷的冲击韧性和抗热震性、降低脆性，而陶瓷又能保护碳(或石墨)纤维，使其在高温下不被氧化。因而这类材料具有很高强度和弹性模量。例如碳纤维-氮化硅复合材料可在 1 400 ℃温度下长期使用，用于制造喷气飞机的涡轮叶片。又如碳纤维-石英陶瓷复合材料，冲击韧性比纯烧结石英陶瓷大 40 倍，抗弯强度大 5 ~ 12 倍，比强度、比模量成倍提高，能承受 1 200 ~ 1 500 ℃的高温气流冲击，是一种很有前途的新型复合材料。

除上述三大类纤维增强复合材料外，近年来研制了多种纤维增强复合材料，例如 C/C 复合材料，混杂纤维复合材料等。

13.3.2 叠层复合材料

叠层复合材料是由两层或两层以上不同材料结合而成。其目的是为了将组成材料层的最佳性能组合起来以得到更为有用的材料。用叠层增强法可使复合材料强度、刚度、耐磨、耐腐蚀、绝热、隔音、减轻自重等若干性能分别得到改善。常见叠层复合材料如下。

1. 双层金属复合材料

双层金属复合材料是将性能不同的两种金属，用胶合或熔合铸造、热压、焊接、喷涂等方法复合在一起以满足某种性能要求的材料。最简单的双金属复合材料是将两块具有不同热膨胀系数的金属板胶合在一起。用它组成悬壁梁，当温度发生变化后，由于热膨胀系数不同而产生预定的翘曲变形，从而可以作为测量和控制温度的简易恒温器，如图 13.3 所示。

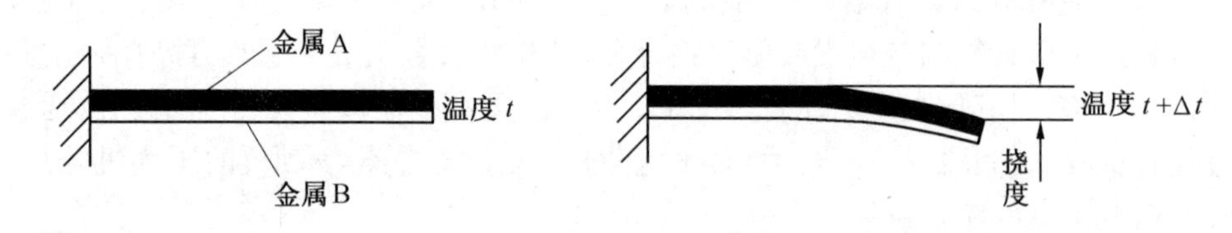

图 13.3 简易恒温器

此外，典型的双金属复合材料还有不锈钢-普通钢复合钢板、合金钢-普通钢复合钢板。

2. 塑料-金属多层复合材料

这类复合材料的典型代表是 SF 型三层复合材料，如图 13.4 所示。它是以钢为基体，烧结铜网或铜球为中间层，塑料为表面层的一种自润滑材料。其整体性能取决于基体，而摩擦磨损性能取决于塑料表层，中间层系多孔性青铜。其作用是使三层之间有较强的结合力，且一旦塑料磨损露出青铜亦不致磨伤轴。常用于表面层的塑料为聚四氟乙烯（如 SF-1）和聚甲醛（如 SF-2）。此类复合材料常用作无油润滑的轴承，它比单一的塑料提高承载能力 20 倍、导热系数提高 50 倍、热膨胀系数降低 75%，因而提高了尺寸稳定性和耐磨性。适于制作高应力（140 MPa）、高温（270 ℃）及低温（-195 ℃）和无油润滑条件下的各种滑动轴承，已在汽车、矿山机械、化工机械中应用。

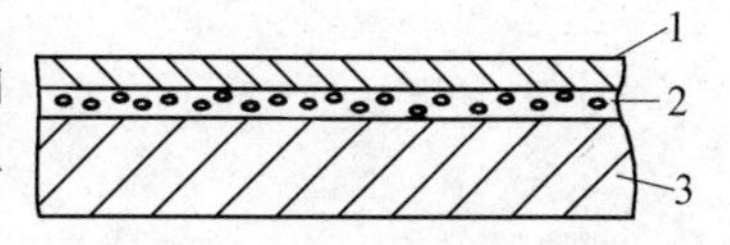

图 13.4　塑料-金属三层复合材料
1—塑料层 0.05 ~ 3 mm；
2—多孔性青铜中间层 0.2 ~ 0.3 mm；
3—钢基体

13.3.3　粒子增强型复合材料

1. 颗粒增强复合材料（d>1 μm，φ_p>20%）

金属陶瓷和砂轮是常见的颗粒增强复合材料。金属陶瓷是以 Ti，Cr，Ni，Co，Mo，Fe 等金属（或合金）为黏结剂，与以氧化物（Al_2O_3，MgO，BeO）粒子或碳化物粒子（TiC，SiC，WC）为基体组成的一种复合材料。其中硬质合金是以 TiC，WC（或 TaC）等碳化物为基体，以金属 Ni，Co 为黏结剂，将它们用粉末冶金方法经烧结所形成的金属陶瓷。无论氧化物金属陶瓷还是碳化物金属陶瓷，它们均具有高硬度、高强度、耐磨损、耐腐蚀、耐高温和热膨胀系数小的优点，常被用来制作工具（例如刀具、模具）。砂轮是由 Al_2O_3 或 SiC 粒子与玻璃（或聚合物）等非金属材料为黏结剂所形成的一种磨削材料。

2. 弥散强化复合材料（d=0.01 ~ 0.1 μm，φ_p=1% ~ 5%）

弥散强化复合材料的典型代表是 SAP 及 TD-Ni 复合材料，SAP 是在铝的基体上用 Al_2O_3 质点进行弥散强化的复合材料。TD-Ni 材料是在镍中加入（1% ~ 2%）Th。在压实烧结时，使氧扩散到金属镍内部氧化产生了 ThO_2。细小 ThO_2 质点弥散分布在镍的基体上，使其高温强度显著提高。SiC/Al 材料是另外一种弥散强化复合材料。

随着科学技术的进步，一大批新型复合材料将得到应用。C/C 复合材料、金属化合物复合材料、纳米级复合材料、功能梯度复合材料、智能复合材料及体现复合材料“精髓”的“混杂”复合材料将得到发展及应用。

第 14 章　功能材料

14.1　概　　述

14.1.1　功能材料的概念

随着科学技术的发展，对各种机械系统的要求不仅是具有足够的力学性能指标，而且还要求具有特殊的物理、化学性能。要实现这样的性能要求不仅要采用以强度指标为主的结构材料，而且还必须采用具有某些特殊物理、化学性能的功能材料。所谓功能材料是指具有特殊的电、磁、光、热、声、力、化学性能和生物性能及其转化的功能，用以实现对信息和能量的感受、计测、显示、控制和转化为主要目的的非结构性高新材料。

功能材料的产量和产值虽然远小于结构材料，但它的发展历史与结构材料一样悠久。铝、铜导线及硅钢片等都是最早的功能材料；随着电力技术工业的进步，电功能材料和磁功能材料得到了较大的发展；20 世纪 50 年代微电子技术的发展，带动了半导体电子功能材料迅速发展；60 年代出现的激光技术，70 年代的光电子技术也发展了相应的功能材料；80 年代后新能源材料和生物医学功能材料迅猛崛起；90 年代起，智能功能材料、纳米功能材料引起人们的极大兴趣。太阳能、原子能的利用，微电子技术、激光技术、传感技术、空间技术、海洋技术、生物医学技术、电子信息技术、工业机器人的发展，使得材料开发的重点由结构材料转向了功能材料。功能材料已成为现代高新技术发展的先导和基础，是 21 世纪重点开发和应用的新型材料。

14.1.2　功能材料的特点

1. 多功能化

功能材料往往具有多种功能，如 NiTi 合金既具有形状记忆性能，又具有结构材料的超弹性性能，此类例子不胜枚举。

2. 材料形态的多样性

功能材料的形态多种多样，同一成分的材料形态不同时，常会呈现不同的功能，如 Al_2O_3 陶瓷材料，拉成单晶时为人造宝石；烧结成多晶时常用作集成电路基板材料、透光陶瓷等；多孔质化时是催化剂的良好载体与过滤材料；纤维化时为良好的绝热保温材料。

3. 材料与元件一体化

结构材料常以材料形式为最终产品，并对其本身进行性能评价；而功能材料则以元件形式为最终产品，并对元件的特性与功能进行评价，材料的研究开发与元器件也常常同步进行，即材料与元件一体化。

4. 制造与应用的高技术性、性能与质量的高精密性及高稳定性

为了赋予材料与元件的特定功能与性能，需要严格控制材料成分（如高纯度或超高纯度要求、微量元素或特种添加剂含量等)和内部结构及表面质量,这往往需进行特殊制备与处理工艺;元器件的性能常常要求稳定在 1×10^{-6}(每摄氏度或每年)的数量级以上。因此,功能材料大多是知识密集、技术密集、附加值高的高技术材料。

14.1.3 功能材料的分类

功能材料的分类方法很多,目前尚无公认的统一方法。功能材料的分类见表14.1。

表14.1 功能材料的分类

按化学组成分	按使用性能分	按使用领域分
金属功能材料	电功能材料	传感器用敏感材料
	磁功能材料	仪器仪表材料
高分子功能材料	热功能材料	信息材料
	力、声学功能材料	能源材料
陶瓷功能材料	光学功能材料	电工材料
	化学功能材料	光学材料
复合功能材料	生物功能材料	生物医学材料

14.2 功能材料简介

14.2.1 电功能材料

电功能材料是指利用材料的电学性能和各种电效应等电功能的材料,其品种和数量较多,本节只介绍导电材料,电阻材料及电接点材料三种。

1. 导电材料

导电材料是用来制造传输电能的电线电缆及传导电信息的导线引线与布线的功能材料。其主要功能要求是具有良好的导电性,根据使用目的的不同,有时还要求一定的强度、弹性、韧性或耐热、耐蚀等性能。

导电材料主要包括常用导电金属材料、膜(薄膜或厚膜)导体布线材料、导电高分子材料、超导电材料等。

纯铜、纯铝及其合金是最常用的导电材料。为进一步提高使用性能和工艺性能,满足某些特殊需要,还发展了复合金属导电材料,如铜包铝线、镀锡铜线等。这些常规导电金属材料在此不做介绍,这里重点介绍一些特殊的导电材料。

(1)膜(薄膜或厚膜)导体布线材料

贵金属(如 Au,Pd,Pt,Ag 等)厚膜导体是厚膜混合集成电路最早采用的膜导体材料。为降低成本,近年来发展了 Cu,Al,Ni,Cr 等廉金属系厚膜导体布线材料。

薄膜导体布线材料主要包括单元薄膜(如膜)和复合薄膜(即多层薄膜如 Cr-Au,NiCr-Au薄膜等膜导电材料)。

(2)导电高分子材料

通过对高分子材料进行严格精确地分子设计,可以合成具有不同特性的导电高分子材料。导电高分子材料具有类似金属的电导率,且由于具有质轻、柔韧、耐蚀、电阻率可调节等优点,可望代替金属做导线材料、电池电极材料、电磁屏蔽材料和发热伴体等导电材料。

导电高分子材料按其导电原理可分为结构型导电高分子材料及复合型导电高分子材料。结构型高分子材料是指高分子结构上原本就显示出良好的导电性（有“掺杂剂”补偿离子时更是如此），它是通过电子或离子导电（如聚乙炔（PA）掺杂 H_2SO_4）的高分子材料；复合型导电高分子材料是指通过高分子与各种导电填料分散复合、层合复合或使其表面形成导电膜等方式制成的高分子导电材料。电阻率在 $10^{-2} \sim 10^{2}\ \Omega \cdot m$ 之间的导电性材料，如弹性电极和发热元件是由橡胶和塑料为基料、碳黑（或碳纤维）和金属粉末为填料复合制成的；电阻率在 $10^{-6} \sim 10^{-5}\ \Omega \cdot m$ 之间的高导电材料，如导电性涂料、粘合剂也可以用类似方法制成。

（3）超导电材料

一般金属均具有其直流电阻率随温度降低而减小的现象，在温度降至绝对零度时，其电阻率就不再下降而趋于一有限值。但有些导体的直流电阻率在某一低温陡降为零，被称为零电阻或超导电现象。具有超导电的物体被称为超导体。超导体有电阻时称为“正常态”，而处于零电阻时称为“超导态”。导体由正常态转变为超导态即电阻突变为零的温度称为超导转变温度，或临界温度 T_C。

超导体在临界温度 T_C 以下，不仅具有完全导电性（零电阻），还具有完全抗磁性，即置于外磁场中超导体内部的磁感应强度恒为零。零电阻及完全抗磁性是超导体的两个基本特征。使超导体从超导态转变为正常态的最低磁场强度和最小电流密度分别称之为临界磁场强度 H_C 和临界电流密度 J_C。理想的超导材料应有高的 T_C，H_C 和 J_C 值，而且要易于加工成丝。

自 1911 年发现超导现象以来，目前已发现具有超导性的物质有数千种，但能承载强电流的实用超导体为数不多。已研制成功的超导材料有元素超导体（例如 Nb 和 Pb）、合金超导体（如 Nb-Ti 及 Nb-Zr 合金）、化合物超导体（如 Nb_3Sn 和 V_3Ga）；有金属超导体、高分子超导体、陶瓷超导体。

由于一般超导体材料均具有 T_C 低的特点，所以研制高温超导材料就成为人们关注的焦点。自 1987 年起，超导材料的 T_C 值已有很大提高，已使一些超导材料的临界温度 T_C 提高到 77 K，使超导材料可在液氮条件下工作。十几年来高温超导材料的发展已经历了三代。第一代镧系，如 La-Cu-Ba 氧化物，$T_C = 91$ K；第二代钇系，如 Y-Ba-Cu 氧化物，我国已研制出 $T_C = 92.3$ K 的钇系超导薄膜；第三代铋系，如 Bi-Sr-Ca-Cu 氧化物，$T_C = 114 \sim 120$ K，铊系，如 Tl-Ca-Ba-Cu 氧化物，$T_C = 122 \sim 125$ K。1990 年发现的一种不含铜的钒系复合氧化物，其 T_C 已达 132 K。

超导材料的应用领域很多，主要应用有：①零电阻特性的应用，如制造超导电缆，超导变压器等。②高磁场特性的应用，如磁流体发电，磁悬浮列车，核磁共振装置，电动机等。

2. 电阻材料

电阻材料是利用物质固有的电阻特性来制造不同功能元件的材料。它主要用作电阻元件、敏感元件和发热元件。按其特性与用途可分为精密电阻材料、膜电阻材料和电热材料。

（1）精密电阻材料

精密电阻材料是指具有低的电阻温度系数、高精度、高稳定性和良好工艺性能的一类金属或合金。常见的精密电阻材料有：

①贵金属电阻合金，主要有 Au 基、Pt 基、Pd 基、Ag 基合金等，其特点是接触电阻小、耐蚀、抗氧化，但价格昂贵。

②Ni-Cr 系电阻合金，典型牌号为 6J22（$NiCr_{20}AlFe$），其特点是电阻率高、耐蚀、耐热、力学性能佳。

③Cu-Mn 系电阻合金，典型牌号是锰铜 6J12。

④Cu-Ni 系电阻合金，典型牌号为 Cu60Ni40。

⑤其他电阻合金，Mn 基、Ti 基及 Fe-Cr-Al 系改良型电阻合金。

（2）膜电阻材料

膜电阻材料的特点是体积小、质量轻、便于混合集成化。常见的膜电阻材料有以下两类。

①薄膜电阻材料　薄膜电阻材料常采用真空镀膜工艺（蒸发、溅射等）制成，与块状电阻材料相比其特点是电阻率高，温度系数可控制得更低。薄膜电阻材料主要有 Ni-Cr 系、Ta 系（如 Ta_2Ni 薄膜）和金属陶瓷系（Cr-SiO 薄膜）三大类。这里值得一提的是制膜工艺对薄膜电阻的特性影响甚大。薄膜电阻材料主要用于高精度、高稳定性、噪声电平低的电路及高频电路器件。

②厚膜电阻材料　厚膜电阻材料通常称为厚膜电阻浆料，它由导体粉料（包括金属、合金、金属氧化物和高分子导电材料）、玻璃粉料（硼硅铅系玻璃）和有机载体（有机黏结剂）三部分组成。厚膜电阻材料主要用作通用电阻、大功率电阻、高温高压电阻或高电阻器件。

3. 电接点材料

电接点材料是指用来制造建立和消除电接触的所有导体构件的材料。根据电接点的工作电载荷大小不同可将其分为强电、中电和弱电三类，但三者之间无严格界限。强电和中电接点主要用于电力系统和电器装置，弱电接点主要应用于仪器仪表、电信和电子装置。

（1）强电接点材料

强电接点材料的功能及性能要求为低接触电阻、耐电蚀、耐磨损及具有较高的耐电压强度、灭弧能力和一定的机械强度等。由于单一金属很难满足以上要求，故采用合金接点材料，常用强电接点材料有：

①真空开关接点材料，这类材料要求是抗电弧熔焊、坚硬而致密，这是由于真空开关接点表面特别光洁，易于熔焊。常用材料有 Cu-Bi-Ce，Cu-Fe-Ni-Co-Bi，W-Cu-Bi-Zn 合金等。

②空气开关接点材料，主要有银系合金和铜系合金，如 Ag-CdO，Ag-W，Ag-石墨，Cu-W，Cu-石墨等。

（2）弱电接点材料

弱电接点的工作电载荷（电信号及电功率）与机械载荷均很小，因此弱电接点材料应具有极好的导电性、极高的化学稳定性、良好的耐磨性及抗电火花烧损性。大多采用贵金属合金来制造，主要有 Ag 系、Au 系、Pt 系及 Pd 系金属合金四种。Ag 系接点材料主要用于高导电性、弱电流场合；Au 系合金具有较高的化学稳定性，多用于弱电流，高可靠性精密接点；Pt 系、Pd 系多用于耐蚀、抗氧化、弱电流场合。

(3)复合接点材料

由于贵金属接点材料价格昂贵且力学性能欠佳,故而开发了多种形式的复合接点材料。它是通过一定加工方式(轧制包覆、电镀、焊接、气相沉积等)将贵金属接点材料与非贵金属基底材料(支承材料、载体材料,如 Cu,Ni 金属及其合金)结合为一体,制成能直接用于制造接点零件制品的材料。它不仅价格便宜,而且可制造出电接触性能与力学性能优化结合的接点元件,因而复合接点材料已成为弱电接点材料的主流,国外已有 90% 以上的弱电接点均采用此类材料制品。

14.2.2 磁功能材料

磁功能材料是指利用材料的磁性能和磁效应(电磁互感效应、压磁效应、磁光效应、磁阻及磁热效应等)实现对能量及信息的转换、传递、调制、存贮、检测等功能作用的材料。它广泛应用于机械、电力、电子、电信及仪器仪表等领域。磁功能材料种类很多,按成分不同可将其分为金属磁性材料(含金属间化合物)和铁氧体(氧化物磁性材料);按磁性能不同可将其分为软磁材料与硬磁材料。

1. 软磁材料

软磁材料是指磁矫顽力低($H_C<10^3$ A/m)、磁导率高、磁滞损耗小、磁感应强度大,且在外磁场中易磁化和退磁的一类磁功能材料。它包括金属软磁材料及铁氧体软磁等类型。其中金属软磁材料的饱和磁化强度高(适于能量转换场合)、磁导率高(适于信息处理场合)、居里温度高,但电阻率低、有集肤效应、涡流损失大,故一般限于在低频领域应用。

纯铁及硅钢片是应用较早的金属软磁材料,其中硅钢片量较大。后来又研制了铁镍合金、铁钴合金及非晶、微晶软磁材料,下面分别加以介绍。

(1)铁镍合金软磁材料(亦称坡莫合金)

铁镍合金软磁材料是指镍的质量分数为(30~90)% 的铁镍软磁材料。常见牌号有 1J50(Ni50),1J80($Ni_{80}Cr_3Si$),1J85($Ni_{80}Mo_5$)等 6 种。这类材料的特点是具有较高的磁导率、较高的电阻率、且易于加工,适于交流弱磁场中使用,是用作精密仪表的微弱信息传递与转换、电路漏电检测、微电磁场屏蔽等元件的最佳材料。但因其 B_S 低,故不适于作功率传输器件。

(2)铁钴合金软磁材料

这类金属软磁合金材料具有 B_S 高(约 2.45 T),居里温度(高达 980 ℃)的特点,但因其电阻率较低,只适于作小型轻量电动机和变压器。

(3)非晶及微晶软磁材料

通过特殊的制备材料的方法(气相沉积电镀等)可以得到的非晶、微晶及纳米晶新型软磁材料。此类软磁材料具有极优良的软磁性能,如高磁导率、高饱和磁感强度、低矫顽力、低磁滞损耗、良好的高频特性、力学性能及耐蚀性等,是磁性材料开发中的一次飞跃,现已被广泛应用,且应用潜力仍然巨大。美国利用 Fe-10Si-8B 生产的非晶软磁材料作变压器铁心,其损耗只有硅钢片的 1/3。

2. 永磁材料(硬磁材料)

永磁材料是指材料在磁场充磁后,当磁场去除时其磁仍能长时间被保留的一类材料。高碳钢、Al-Ni-Co 合金、Fe-Cr-Co 合金、钡及锶铁氧化等都是永磁材料。

永磁材料应用很广，但主要有两个方面：其一是利用永磁合金产生的磁场，其二是利用永磁合金的磁滞特性产生转动力矩，使电能转化为机械能，如磁滞电动机。

永磁材料种类繁多，性能各异，按成分可分以下四种。

（1）Al-Ni-Co 系永磁合金材料

它是应用较早的永磁材料，主要特点是高剩磁、温度系数低、性能稳定。常见牌号有 LN10，LNG40。多用于永磁性能稳定性要求较高的精密仪器仪表及其装置中。

（2）永磁铁氧体

其主要包括钡铁氧体（$BaO \cdot 6Fe_2O_3$）和锶铁氧体（$SrO \cdot 6Fe_2O_3$）两种，常用牌号有 Y10T，Y25BH 等。此类材料的磁矫顽力与电阻率高而剩磁低，价格低廉。主要用于高频或脉冲磁场。

（3）稀土永磁材料

稀土永磁材料是以稀土金属 Re（Sm，Nd，Pr）与过渡族金属 TM（Co，Fe）为主要成分制成的一种永磁材料。现已成功研制出三代稀土永磁材料，第一代稀土永磁材料 $ReCo_5$ 型（如 $SmCo_5$）、第二代稀土永磁材料 $ReTM_{17}$ 型及第三代稀土材料 Nd-Fe-B 型。第四代 Sm-Fe-N，Sm-Fe-Ti，Sm-Fe-V-Ti 系稀土永磁材料正在研制中。已研制成功的稀土永磁材料中，稀土钴永磁材料的磁矫顽力极高、B_S 和 B_C 也较高、磁能积大且居里点高，但价格昂贵；而 Nd-Fe-B 的永磁性能更高，有利于实现磁性元件的轻量化、薄型化及超小型化，且价格降低了一半。

复合（黏结）稀土永磁材料是将稀土永磁粉与橡胶或树脂等混合，再经成型和固化后得到的复合磁体材料。此类材料具有工艺简单、强度高而耐冲击、磁性能高并可调整等优点。广泛用于仪器仪表、通信设备、旋转机械、磁疗器械、音响器件、体育用品中等。

（4）铁铬钴系永磁合金材料

其磁性能与 Al-Ni-Co 系合金相似，但加工性能良好（既可铸造成型也可冷加工成型），缺点是热处理工艺复杂。常见牌号有 2J83，2J85 等。

3. 信息磁材料

信息磁材料指用于光电通信、计算机、磁记录和其他信息处理技术中的存取信息类磁功能材料。它包括磁记录材料、磁泡材料、磁光材料、特殊功能磁材料等。

（1）磁记录材料

由磁记录材料制作的磁头和磁记录介质（磁带、磁盘、磁卡片及磁鼓等），可对声音、图像、文字等信息进行写入、记录、存储、并在需要时输出。常用作磁头的磁功能材料有（Mn，Zn）Fe_2O_3 系、（Ni，Zn）Fe_2O_3 系单晶及多晶铁氧体，Fe-Ni-Nb（Ta）系、Fe-Si-Al 系高硬度软磁合金以及 Fe-Ni（Mo）-B（Si）系、Fe-Co-Ni-Zr 系非晶软磁合金。应用最多的磁记录介质材料是 $\gamma-Fe_2O_3$ 磁粉和包 Co 的 $\gamma-Fe_2O_3$ 磁粉、Fe 金属磁粉、CrO_2 系磁粉、Fe-Co系磁膜以及 $BaFe_{12}O_{19}$系磁粉或磁膜等。

近年来发展的新型磁记录介质中，磁光盘具有超存储密度、极高可靠性、可擦次数多，信息保存时间长等优点，其主要材料为稀土-过渡族非晶合金薄膜和加 Bi 铁石榴石多晶氧化物薄膜。

（2）磁泡材料

小于一定尺寸且迁移率很高的圆柱状磁畴材料（亦称磁泡材料）可用作高速、高存储密度存储器。已研制出的磁泡材料有$(Y,Gd,Yb)_3(Fe,Al)_5O_{12}$系石榴石型铁氧体薄膜，$(Sm,Tb)FeO_3$ 系正铁氧体薄膜，$BaFe_{12}O_{19}$系磁铅石型铁氧体膜，Gd-Co 系、Tb-Fe 系非晶磁膜等。

(3)磁光材料

磁光材料是指应用于激光、光通信和光学计算机方面的磁性材料，其磁特性是法拉第旋转角高，损耗低及工作频带宽。主要有稀土合金磁光材料、$Y_3Fe_5O_{12}$膜红外透明磁光材料。

(4)特殊功能磁性材料

应用于雷达、卫星通信、电子对抗、高能加速器等高新技术中微波设备的材料称为微波磁材料，主要有微波电子管用永磁材料、微波旋磁材料及微波磁吸收材料。微波旋磁材料有 $Y_3Fe_5O_{12}$系石榴石型铁氧体、$(Mg、Mn)Fe_2O_4$ 系尖晶石型铁氧体、$BaFe_{12}O_{19}$系磁铅石型铁氧体等，可制作隔离器和环行器等非互易旋磁器件。微波磁吸收材料有非金属铁氧体系、金属磁性粉末或薄膜系等，可用作隐型飞机表面涂料等。

在磁场作用下可产生磁化强度和电极化强度，在电场作用下可产生电极化强度和磁化强度的材料称为磁电材料，主要有 D_yAlO_3，$GaFeO_3$ 等。超导-铁磁材料等一些特殊功能磁性材料也是发展很快的材料。

14.2.3　热功能材料

热功能材料是指利用材料的热学性能及其热效应来实现某种功能的一类材料。按照性能可将其分为：膨胀材料、测温材料、形状记忆材料、热释电材料、热敏材料、隔热材料等。它广泛用于仪器仪表、医疗器械、导弹等新式武器、空间技术和能源开发等领域。

1. 膨胀材料

绝大多数金属和合金均具有热胀冷缩的现象，其程度可用膨胀系数来表示。根据膨胀系数的大小可将膨胀材料分为三种，低膨胀材料、定膨胀材料和高膨胀材料。表 14.2 为膨胀材料的特点和用途。

表 14.2　膨胀材料的特点和用途

材料种类	低膨胀材料	定膨胀材料	高膨胀材料
特　点	-60 ℃ ~100 ℃内 膨胀系数极小	-70 ℃ ~500 ℃内 膨胀系数低或中等 且基本恒定	室温 ~100 ℃内 膨胀系数很大
类　别	Fe-Ni 系合金 Fe-Ni-Ci 系合金 Fe-Co-Cr 系合金 Cr 合金	Fe-Ni 系合金 Fe-Ni-Co 系合金 Fe-Cr 系合金 Fe-Ni-Cr 系合金 复合材料	有色金属合金(黄铜、纯镍、Mn-Ni-Cu 三元合金) 黑色金属合金(Fe-Ni-Mn 合金、Fe-Ni-Cr 合金)
用　途	①精密仪器仪表等器件； ②长度标尺、大地测量基线尺； ③谐振腔、微波通信波导管、标准频率发生器； ④标准电容器叶片、支承杆； ⑤液气储罐及运输管道； ⑥热双金属片被动层。	①电子管、晶体管和集成电路中的引线材料、结构材料； ②小型电子装置与器械的微型电池壳； ③半导体元器件支持电极。	用作热双金属片主动层材料，用于制造室温调节装置、自断路器、各种条件下的自动控制装置等。

2. 形状记忆材料

形状记忆材料是指具有形状记忆效应的金属(合金)、陶瓷和高分子等材料。材料在高温下形成一定形状后冷却,在低温下塑性变形为另外一种形状,然后经加热后通过马氏体逆相变,即可恢复到高温时的形状,这就是形状记忆效应。因常见形状记忆材料多为两种以上的金属元素构成,所以有人也称其为形状记忆合金。

按形状恢复形式,形状记忆效应应有单程记忆、双程记忆和全程记忆三种。所谓单程记忆是指材料在低温下塑性变形后,加热时会自动恢复其高温时的形状,再冷却时不能恢复到低温形状,此记忆效应为单程记忆。双程记忆是指材料加热时恢复高温形状,冷却时恢复低温形状,即温度升降时,高低温形状反复出现。全程记忆即材料在实现双程记忆的同时,如冷却到更低温度时出现与高温形状完全相反的形状,此记忆效应即为全程记忆。

目前已发现的形状记忆合金有几十种,它们大致可分为两个类别,第一类是以过渡族金属为基的合金;第二类是贵金属的 β 相合金。工程上有实用价值的是 NiTi 合金、Cu-Zn-Al 合金和 Fe-Mn-Si 合金。高分子形状记忆材料(又称热收缩材料)因具有质轻、易成型、电绝缘等优点,其研究和应用也得到了较大进展,已发现具有形状记忆效应的高分子材料有聚氨脂、苯乙烯-丁二烯共聚体等。

形状记忆材料是一种新型功能材料,在一些领域已得到了应用。表 14.3 列举了形状记忆材料的应用。

表 14.3　形状记忆材料的应用

应用领域	应用举例
电子仪器仪表	温度自动调节器,火灾报警器,温控开关,电路连接器,空调自动风向调节器,液体沸腾器,光纤连接,集成电路钎焊
航空航天	月面天线,人造卫星天线,卫星、航天飞机等自动启闭窗门
机械工业	机械人手、脚、微型调节器,各种接头、固定销、压板、热敏阀门,工业内窥镜,战斗机、潜艇用油压管、送水管接头
医疗器件	人工关节、耳小骨连锁元件,止血、血管修复件,牙齿固定件,人工肾脏泵,去除胆固醇用环,能动型内窥镜,杀伤癌细胞置针
交通运输	汽车发动机散热风扇离合器,卡车散热器自动开关,排气自动调节器,喷气发动机内窥镜
能源开发	固相热能发电机,住宅热水送水管阀门,温室门窗自动调节弹簧,太阳能电池帆板

3. 测温材料

利用材料的热膨胀、热电阻和热电动势等特性来制造仪器仪表测温元件的一类材料,称为测温材料。

测温材料按材质可分为高纯金属及合金、单晶、多晶和非晶半导体材料,陶瓷、高分子及复合材料;按使用温度可分为高温、中温和低温测温材料;按功能原理可分为热膨胀、热电阻、磁性、热电动势等测温材料。目前,工业上应用最多的是热电偶和热电阻材料。

热电偶材料包括制作测温热电偶的高纯金属及合金材料和用来制作发电,或电致冷器的温差电锥用的高掺杂半导体材料。

热电阻材料包括纯铂丝、高纯铜丝、高纯镍丝以及铂钴、铑铁丝等。

4. 隔热材料

防止无用的热及有害热侵袭的材料称为隔热材料。高温陶瓷材料、有机高分子材料及无机多孔材料是生产中常用的隔热材料。氧化铝纤维、氧化锆纤维、碳化硅涂层石墨纤维、泡沫聚氨酯、泡沫玻璃、泡沫陶瓷等均为隔热材料。此类材料的最大特性是有极大的电阻。随着现代航天航空技术的飞速发展,对隔热材料提出了更严格的要求,目前主要向着耐高温、高强度、低密度方向发展,尤其是向着复合材料发展。典型的轻质高效隔热材料见表 14.4。

表 14.4 典型轻质隔热材料

材　　料	密度/10^3(kg · m^{-3})	使用温度/ ℃
硅酸铝纤维	0.064 ~ 0.16	20 ~ 1 260
蜂窝状泡沫玻璃	0.08 ~ 0.16	−185 ~ 420
玻璃纤维加黏结剂	0.016 ~ 0.048	−185 ~ 120
硼硅玻璃纤维	0.032 ~ 0.16	20 ~ 820
石英纤维	0.048 ~ 0.192	20 ~ 1 370
二氧化硅气凝胶	0.064 ~ 0.096	−273 ~ 700
熔融石英	0.64	20 ~ 1 260
二氧化硅长纤维	0.048 ~ 0.16	−185 ~ 1 100

14.2.4 光功能材料

光功能材料种类繁多,按照材质分为光学玻璃、光学晶体、光学塑料等;按用途分为固体激光器材料、信息显示材料、光纤、隐形材料等。以下重点介绍固体激光器材料等现代光功能材料。

1. 固体激光器材料

固体激光器材料可分为激光玻璃和激光晶体材料两大类,它们均由基质和激活离子两部分组成。激光玻璃透明度高、易于成形、价格便宜,适于制造输出能量大、输出功率高的脉冲激光器;激光晶体的荧光线宽比玻璃窄、量子效率高、热导率高,应用于中小型脉冲激光器,特别是连续激光器或高重复率激光器的制作。固体激光器的主要应用可见表 14.5。

2. 信息显示材料

信息显示材料就是指能够将人眼看不到的电信号变为可见的光信息的一类材料。按显示光的形式分为两类:主动式显示用发光材料和被动式显示用发光材料。

主动式显示用发光材料是指在某种方式激发下的发光材料。在电子束激发下发光的材料,称为阴极射线发光材料;在电场直接激发下发光的材料,称为电致发光材料;能将不可见光转化为可见光的材料,称为光致发光材料。

表 14.5　固体激光器的主要应用

应用领域	应　用
农　业	育种,改良土壤
工　业	材料的加工:打孔、焊接、切割、划片,材料的表面热处理、测距、测长、测速、定位
生物医学	治疗视网膜脱离、皮肤病、牙科钻孔(除去神经)、用于手术(无血手术)、切除肿瘤、癌
自然科学	喇曼光谱、布里渊散射的研究、促进化学反应、分析试料
电子计算机光学	信息传递、电子计算机的记录装置、存贮器、情报处理、激光干涉仪、全息照相、应变计
军　事	测距、通信、跟踪、制导、导航、核聚变研究、激光武器
其　他	污染检测、灯塔、云高监测、盲人手杖、无形篱笆(防盗)

被动式显示用发光材料,在电场等作用下不能发光,但能形成着色中心,在可见光照射下能够着色从而显示出来。此类材料包括液晶、电着色材料、电泳材料,其中应用最广泛、最成熟的是液晶材料。

3. 光纤材料

光纤是高透明电介质材料制成的极细的低损耗导光纤维,具有传输从红外线到可见光区间的光和传感的两重功能。因而,光纤在通信领域和非通信领域都有广泛应用。

通信光纤是由纤芯和包层构成,纤芯是用高透明固体材料(高硅玻璃、多组分玻璃、塑料等)或低损耗透明液体(四氟乙烯等)制成,表面包层是由石英玻璃、塑料等有损耗的材料制成。

非通信光纤的应用也较为广泛,主要用于光纤测量仪表的光学探头(传感器)、医用内窥镜等的制作。

14.2.5　其他功能材料

除以上介绍的功能材料外,还有许多其他功能材料,例如半导体微电子功能材料、光电功能材料、化学功能材料(贮氢材料)、传感器敏感材料、生物功能材料、声功能材料(水声、超声、吸声材料)、隐形功能材料、功能梯度材料、功能复合材料、智能材料等。

1. 贮氢材料

氢是未来一种非常重要的能源,但其存贮较困难,利用金属或合金可固溶氢形成含氢的固溶体及形成氢化物,在需要时,在一定温度和压力下,金属氢化物可分解释放氢,这就是贮氢材料。

最早发现 Mg-Ni 合金具有贮氢功能,后来又开发了 La-Ni,Fe-Ti 贮氢合金。现已投入使用的贮氢材料有稀土系、钛系、镁系合金等。另外,核反应堆中的贮氢材料、非晶态贮氢合金及复合贮氢材料已引起人们的极大兴趣。

2. 传感器用敏感功能材料

传感器是帮助人们扩大感觉器官功能范围的元器件，它可以感知规定的被测量，并按一定的规律将之转换成易测输出信号。传感器一般由敏感元件和转换元件组成，其关键是敏感元件，而敏感元件则由敏感功能材料制造。

敏感功能材料种类很多，按其功能不同可分为力敏感功能材料、热敏感功能材料、气敏感功能材料、湿敏感功能材料、声敏感功能材料、磁敏感功能材料、电化学敏感功能材料、电压敏感功能材料、光敏感功能材料及生物敏感功能材料。

3. 隐形功能材料

为了对抗探测器的探测、跟踪及攻击，人们研制了隐形功能材料，根据探测器的相关类型，隐形材料可分为吸波隐形材料及红外隐形材料等。

吸波隐形材料是用来对抗雷达探测和激光测距的隐形材料，其原理是它能够吸收雷达和激光发出的信号，从而使雷达、激光探测收不到反射信号，达到隐形的目的。

红外隐形材料是用来对抗热像仪的隐形材料。

4. 智能材料

智能材料是指对环境具有可感知、可响应，并具有功能发现能力的材料。仿生功能被引入材料后，使智能材料成为有自检测、自判断、自结论、自指令和执行功能的材料。形状记忆合金已被应用于智能材料和智能系材料，如月面天线，智能管件联接件等。一些陶瓷智能材料、高分子智能材料正在被开发及利用。

5. 功能梯度材料

所谓功能梯度材料是依使用要求，选择两种不同性能的材料，采用先进的复合技术使中间部分的组成和结构连续地呈梯度变化，而内部不存在明显界面，从而使材料的性能和功能沿厚度方向呈梯度变化的一种新型复合材料。

功能梯度材料的最初研究开发是为解决航天飞机的热保护问题，其应用现已扩大到核能源、电子、光学、化学、生物医学工程等领域。其组成也由金属-陶瓷发展成为金属-合金、非金属-非金属、非金属-陶瓷、高分子膜（Ⅰ）-高分子膜（Ⅱ）等多种组合，种类越来越多，应用前景十分广阔。

随着科学技术的发展，更多更新更优越的功能材料将不断涌现，21 世纪是功能材料大力发展的世纪。

14.3　未来材料的发展

材料科学的进步促进了国民经济和现代科学技术的发展，而国民经济和现代科学技术的进步又为新材料的发展提供了方向和技术。新材料是知识密集、技术密集、资金密集的新兴产业，是多学科相互交叉和渗透的科技成果，充分体现出固体物理、有机化学、量子化学、固体力学、冶金科学、陶瓷科学、生物学、微电子学、光电子学等多学科的最新成就。因此，新材料的发展与其他新技术的发展是密切相关的。

在材料研制及设计中出现的新特点为：

①在材料的微观结构设计方面，将从显微构造层次（～1 μm）向分子、原子层次（1～

10 nm）及电子层次（0.1 ~1 nm）发展（研制微米、纳米材料）。

②将有机、无机和金属三大材料在原子、分子水平上混合而构成所谓的“杂化”（Hybrid）材料的设想，探索合成材料新途径。

③在新材料研制中，在数据库和知识库的基础上，利用计算机进行新材料的性能预报，利用计算机模拟揭示新材料微观的结构与性能及它们之间的关系。

④深入研究各种条件下材料的生产过程，运用新思维，采用新技术，进行材料的研制。半导体超晶格材料的设计，即所谓“能带工程”或“原子工程”就是一例。它通过调控材料中的电子结构，按新思维获取由组分不同的半导体超薄层交替生长的多层异质周期结构材料，从而推动半导体激光器的研制。

⑤选定重点目标，组织多学科力量联合设计某些重点新材料，如根据航天防热材料的要求而提出的“功能梯度”材料（FGM）的设想和实践。

在漫长的人类历史发展长河中，材料一直是社会进步的物质基础和先导，21 世纪是材料科学迅猛发展的时期。

参考文献

[1] 刘国勋. 金属学原理[M]. 北京:冶金工业出版社,1980.
[2] 胡庚祥. 金属学[M]. 上海:上海科学技术出版社,1980.
[3] 徐祖跃,李鹏兴. 材料科学导论[M]. 上海:上海科学技术出版社,1986.
[4] 卢光照. 金属学教程[M]. 上海:上海科学技术出版社,1985.
[5] 宋维锡. 金属学原理[M]. 北京:冶金工业出版社,1980.
[6] 李超. 金属学原理[M]. 哈尔滨:哈尔滨工业大学出版社,1989.
[7] 马泗春. 材料科学基础[M]. 西安:陕西科学技术出版社,1998.
[8] 胡德林. 金属学及热处理[M]. 西安:西北工业大学出版社,1994.
[9] 崔中圻. 金属学及热处理[M]. 哈尔滨:哈尔滨工业大学出版社,1998.
[10] 石德珂. 材料科学基础[M]. 北京:机械工业出版社,1999.
[11] 胡汉起. 金属凝固[M]. 北京:冶金工业出版社,1985.
[12] 罗尔斯 K M. 材料科学与材料工程导论[M]. 范玉殿,译. 北京:科学出版社,1982.
[13] 马兹 希拉特. 合金扩散和热力学[M]. 刘国勋,译. 北京:冶金工业出版,1984.
[14] 卡恩 R W. 物理金属学[M]. 北京钢铁学院金属物理教研室,译. 北京:科学出版社,1985.
[15] 肖纪美. 高速钢的金属学问题[M]. 北京:冶金工业出版社,1983.
[16] 王健安. 金属学与热处理[M]. 北京:机械工业出版社,1980.
[17] 戚正风. 金属热处理原理[M]. 北京:机械工业出版社,1987.
[18] 赵连城. 金属热处理原理[M]. 哈尔滨市:哈尔滨工业大学出版社,1987.
[19] 刘云旭. 金属热处理原理[M]. 北京:机械工业出版社,1981.
[20] 黄积荣. 铸造合金金相图谱[M]. 北京:机械工业出版社,1980.
[21] 郝石坚. 金属热加工原理(下册)[M],西安:陕西人民教育出版社,1989.
[22] 单丽云,王秉芳,朱守昌. 金属材料及热处理[M]. 北京:中国矿业大学出版社,1994.
[23] 王焕庭,李茅华,徐善国. 机械工程材料[M]. 大连:大连理工大学出版社,1991.
[24] 安运铮. 热处理工艺学[M]. 北京:机械工业出版社,1982.
[25] 崔崑. 钢铁材料及有色金属材料[M]. 北京:机械工业出版社,1981.
[26] 崔忠圻. 金属学与热处理(铸造、焊接专业用)[M]. 北京:机械工业出版社,1989.
[27] 安玉昆. 钢铁热处理[M]. 北京:机械工业出版社,1985.
[28] 熊剑. 国外热处理新技术[M]. 北京:冶金工业出版社,1990.
[29] 于春田. 金属基复合材料[M]. 北京:冶金工业出版社,1995.

[30] 颜鸣皋. 材料科学前沿研究[M]. 北京:航空工业出版社,1990.
[31] 皮亚蒂 G. 复合材料进展[M]. 赵渠森,译. 武汉:武汉工业大学出版社,1995.
[32] 师昌绪. 新型材料与材料科学[M]. 北京:科学出版社,1988.
[33] 周玉. 陶瓷材料学[M]. 哈尔滨:哈尔滨工业大学出版社,1995.
[34] 胡光立. 钢的热处理(原理和工艺)[M]. 西安:西北工业大学出版社,1993.
[35] 张鸿庆. 金属学与热处理[M]. 北京:机械工业出版社,1989.
[36] 王晓敏. 工程材料学[M]. 哈尔滨:哈尔滨工业大学出版社,1998.
[37] 周凤云. 工程材料及应用[M]. 武汉:华中理工大学出版社,1999.
[38] 朱张校. 工程材料[M]. 北京:清华大学出版社,2001.
[39] POTER D A, EASTERLING K E. Phase Transformafions in Metal and Alloys[M]. Chapaman & Hall USA,1996.
[40] BUDINSKI K G. Engineering Materials[M]. 4th Ed. A prentice-Hall Company, 1992.
[41] 吴建承. 金属材料学[M]. 北京:冶金工业出版社,2001.